Wolfgang Rautenberg

Einführung in die Mathematische Logik

Wolfgang Rautenberg

Einführung in die Mathematische Logik

Ein Lehrbuch

3., überarbeitete Auflage

STUDIUM

VIEWEG+
TEUBNER

Bibliografische Information der Deutschen Nationalbibliothek
Die Deutsche Nationalbibliothek verzeichnet diese Publikation in der Deutschen Nationalbibliografie; detaillierte bibliografische Daten sind im Internet über <http://dnb.d-nb.de> abrufbar.

Prof. Dr. Wolfgang Rautenberg
Fachbereich Mathematik und Informatik
Freie Universität Berlin
14195 Berlin

raut@math.fu-berlin.de

1. Auflage 1996
2., verbesserte und erweiterte Auflage 2002
3., überarbeitete Auflage 2008

Lektorat: Ulrike Schmickler-Hirzebruch | Susanne Jahnel

Vieweg+Teubner ist Teil der Fachverlagsgruppe Springer Science+Business Media.
www.viewegteubner.de

Umschlaggestaltung: KünkelLopka Medienentwicklung, Heidelberg
Satz und Layout: Der Autor
Druck und buchbinderische Verarbeitung: Strauss Offsetdruck, Mörlenbach
Gedruckt auf säurefreiem und chlorfrei gebleichtem Papier.

ISBN 978-3-8348-0578-2

Zum Geleit

von Lev Beklemishev, Utrecht

Das Gebiet der Mathematischen Logik – entstanden bei der Begriffsklärung von logischer Gültigkeit, Beweisbarkeit und Berechenbarkeit – wurde in der ersten Hälfte des vorigen Jahrhunderts von einer Reihe brillianter Mathematiker und Philosophen geschaffen, wie Frege, Hilbert, Gödel, Turing, Tarski, Mal'cev, Gentzen, und einigen anderen. Die Entwicklung dieser Disziplin wird als eine der größten Errungenschaften der Wissenschaft des 20. Jahrhunderts diskutiert: Sie dehnte die Mathematik in einen bislang unbekannten Bereich von Anwendungen aus, unterwarf logisches Schließen und Berechenbarkeit einer rigorosen Analyse, und führte schließlich zur Entwicklung des Computers.

Das Lehrbuch von Professor Wolfgang Rautenberg ist eine gut geschriebene Einführung in diesen schönen und zusammenhängenden Gegenstand. Es enthält klassisches Material wie logische Kalküle, die Anfänge der Modelltheorie und Gödels Unvollständigkeitssätze, ebenso wie einige von Anwendungen her motivierte Themen wie ein Kapitel über Logikprogrammierung. Der Autor hat große Sorgfalt darauf verwendet, die Darstellung lesbar und umfassend zu gestalten; jeder Abschnitt wird von einer guten Auswahl von Übungen begleitet.

Ein besonderes Lob ist dem Autor für die Darstellung des Zweiten Gödelschen Unvollständigkeitssatzes geschuldet, in welcher es dem Autor gelang, einen relativ einfachen Beweis der Ableitungsbedingungen und der beweisbaren Σ_1-Vollständigkeit zu geben; ein technisch diffiziler Punkt, der in Lehrbüchern vergleichbaren Niveaus gewöhnlich ausgelassen wird. Dieses Lehrbuch kann allen Studenten empfohlen werden, die die Grundlagen der Mathematischen Logik erlernen wollen.

Vorwort

zur 3. Auflage

Die dritte Auflage unterscheidet sich von der zweiten nicht nur in der Korrektur von Druckfehlern sondern in zahlreichen sachlichen und stilistischen Änderungen, verbesserten Beweisen und Übungen. Das Buch dürfte dadurch für den Anfänger noch leichter lesbar sein. Auch Stichwort- und Literaturverzeichnis wurden vollständig revidiert und eine historisch orientierte Einleitung wurde hinzugefügt.

Das Buch wendet sich an Studenten und Dozenten der Mathematik oder Informatik, und wegen der ausführlich diskutierten Gödelschen Unvollständigkeitssätze, die ja von hohem erkenntnistheoretischem Interesse sind, auch an Fachstudenten der Philosophischen Logik. Es enthält in den ersten drei Kapiteln den Stoff einer einsemestrigen Vorlesung über Mathematische Logik, die sowohl für den Masterstudiengang als auch den Bachelor-Studiengang geeignet ist. Das 1. Kapitel beginnt mit Elementen der Logik, wie sie für die Grundlagenphase des Bachelor-Studiums verlangt werden, und es enthält zu Beginn des 2. Kapitels das Wichtigste über algebraische und relationale Strukturen, Homomorphismen und Isomorphismen, was zur Aufbauphase eines wie auch immer gearteten Mathematikstudiums gehören sollte. Eine wie in **3.4** geführte Diskussion der Axiomatik der Mengenlehre ist zwar grundlagentheoretisch wichtig, hängt aber von den Zielen der Einführungsvorlesung ab.

Nicht alles über den Gödelschen Vollständigkeitssatz (Kapitel **3**) muss den Bachelor-Studenten vorbewiesen werden. Es genügt, den aussagenlogischen Kalkül zu behandeln und die nötigen Schritte einer Erweiterung auf die Prädikatenlogik nur zu beschreiben. Die letzten Abschnitte von Kapitel **3** befassen sich mit Anwendungen der Vollständigkeit und haben teilweise beschreibenden Charakter, mit Ausblicken auf aktuelle Themen wie z.B. die automatische Beweisverifikation.

Das Buch enthält auch das Basismaterial für eine Vorlesung *Logik für Informatiker*, über die weiter unten gesprochen wird, in Kapitel **5** das Material für eine die Logik fortsetzende Vorlesung *Modelltheorie* und in Kapitel **6** für eine Vorlesung *Rekursionstheorie* mit Anwendungen auf Entscheidungsprobleme.

Das Buch kann ganz unabhängig von Vorlesungen aber auch zum Selbststudium genutzt werden. Nicht zuletzt deshalb wurden Stichwort- und Symbolverzeichnis recht ausführlich verfasst und vor Beginn des Haupttextes ein Abschnitt *Notationen* eingefügt. Für den Großteil der Übungen gibt es Lösungshinweise in einem gesonderten Abschnitt am Ende des Buches. Außer einer hinreichenden Schulung im logischen Schließen sind spezielle Vorkenntnisse nicht erforderlich; lediglich für Teile von Kapitel **5** sind algebraische Grundkenntnisse nützlich, und für den letzten Abschnitt in Kapitel **7** gewisse Kenntnisse über Modelle der Mengenlehre.

Stil und Darstellung wurden in den ersten drei Kapiteln breit genug gehalten, so dass auch der Student noch vor dem Einstieg in eine Spezialdisziplin den Stoff durchaus selbstständig bewältigen kann. Ab Kapitel **4** steigen die Anforderungen allmählich, die man am sichersten durch selbstständiges Lösen der Übungen meistert. Auch verdichtet sich von dort an etwas die Darstellung, jedoch nicht auf Kosten sprachlicher Präzision. Klarheit und angemessener Umgang mit Notationen bleiben oberstes Gebot. Der Leser sollte Bleistift und Papier zum Nachrechnen stets parat halten.

Eine Besonderheit dieser Darstellung ist die eingehende Behandlung der Gödelschen Unvollständigkeitssätze. Diese beruhen auf der Repräsentierbarkeit rekursiver Prädikate in formalisierten Theorien, die in ihrer Urform den Hauptteil der Gödelschen Arbeit [Gö2] ausmacht. Dieser Linie folgend gewinnt wir in Kapitel **6** den ersten Unvollständigkeitssatz, die Unentscheidbarkeit des Tautologieproblems der Logik nach Church und die Resultate über Nichtdefinierbarkeit des Wahrheitsbegriffs von Tarski in einem Zuge. Das letzte Kapitel ist ausschließlich dem zweiten Unvollständigkeitssatz und seinem Umfeld gewidmet. Von besonderem Interesse ist dabei, dass Fragen über selbstbezügliche Aussagen aufgrund der Solovayschen und weiterführender Vollständigkeitssätze algorithmisch entscheidbar sind.

Die Klassifikation definierender Formeln für arithmetische Prädikate wird recht frühzeitig, schon bei der Repräsentation rekursiver Prädikate in **6.3** eingeführt. Denn sie trägt in besonderem Maße dazu bei, den engen Zusammenhang zwischen Logik und Rekursionstheorie sichtbar zu machen. Weitere Unentscheidbarkeitsresultate über formalisierte Theorien werden in den Abschnitten **6.5** und **6.6** behandelt, einschließlich einer Skizze über die Lösung des 10. Hilbertschen Problems.

In Kapitel **4** werden berechenbare Funktionen in natürlicher Weise durch PROLOG-Programme präzisiert. Dies ist für Studierende der Informatik interessant, heißt dies doch einerseits, PROLOG ist eine universelle Programmiersprache, in der prinzipiell alle Algorithmen beschrieben werden können. Andererseits werden durch den Unentscheidbarkeitnachweis des Existenzproblems erfolgreicher Resolutionen in **4.4** die prinzipiellen Schwierigkeiten erklärt, die mit der Problemlösung durch Anfragen an Logik-Programme zusammenhängen. Kapitel **4** muss in einer Vorlesung für Informatiker mit Abschnitt **6.1** über Grundbegriffe der traditionellen Rekursionstheorie natürlich in Zusammenhang gebracht werden.

Kapitel **5** behandelt die Grundlagen der erst um 1950 entstandenen und inzwischen weit gefächerten Modelltheorie. Hier werden in der mathematischen Logik entwickelte Techniken mit Konstruktionstechniken anderer Gebiete zum gegenseitigen Nutzen miteinander verbunden. Durch den Einsatz weitreichender Methoden gelingt es, klassische Resultate wie die Eliminierbarkeit der Quantoren in der Theorie des reellen und der des komplexen Zahlenkörpers recht schnell zu gewinnen.

Trotz seiner Themenvielfalt umfasst dieses Buch bei weitem nicht alles was die Mathematische Logik vorzuweisen hat. Lehrbücher mit enzyklopädischem Anspruch lassen sich heute selbst für deren Teilgebiete nicht mehr verfassen. Bei der Stoffauswahl können bestenfalls Akzente gesetzt werden. Das bezieht sich vor allem auf die über elementare Dinge hinausführenden Kapitel **4**, **5**, **6** und **7**. Die Auswahl orientiert sich durchweg an Grundergebnissen der Mathematischen Logik, die mit hoher Wahrscheinlichkeit von bleibendem Bestand sind.

Wo immer dies gelang, wurden in der Literatur vorliegende Beweise vereinfacht. Philosophische und grundlagentheoretische Probleme der Mathematik ebenso wie rein beweistheoretische Aspekte werden nicht systematisch behandelt, aber diesbezügliche Fragen werden an geeigneten Stellen im Text angeschnitten, vor allem im Zusammenhang mit den Gödelschen Sätzen. Wir haben uns dabei bemüht, einem Auseinanderdriften von Modell- und Beweistheorie entgegen zu wirken.

Es gibt in diesem Buche keine Formeltrennungen im fließenden Text. Dies kommt nicht nur dem Schriftbild zugute sondern auch einem unbehinderten Informationsfluß. Bemerkungen im Kleindruck enthalten in der Regel weiterführende Informationen oder verweisen auf das Literaturverzeichnis, das angesichts der Literaturfülle nur eine Auswahl repräsentieren kann. Die Einträge im Literaturverzeichnis sind alphabetisch nach ihren beim Zitieren verwendeten Kürzeln sortiert.

Die sieben Kapitel des Buches sind in Abschnitte gegliedert. Eine Referenz wie z.B. **4.5** bedeutet Kapitel **4**, Abschnitt **5** und Satz 4.5 meint den Satz Nr. 5 in Abschnitt **4** eines gegebenen Kapitels. Bei Rückbezug auf diesen Satz in einem anderen Kapitel wird die Kapitelnummer hinzugefügt. So ist Satz 6.4.5 beispielsweise Satz 4.5 in Kapitel **6**.

Auf der Website `www.math.fu-berlin.de/~raut` finden sich weitere Informationen zu dem Buch und zu verwandten Themen, z.B. Mengenlehre. Für hilfreiche Kritik danke ich zahlreichen Kollegen und Studenten; die Namensliste ist zu lang, um sie hier anzugeben. Besonderer Dank gilt Lev Beklemishev (Utrecht), Wilfried Buchholz (München), Peter Agricola, Michael Knoop, sowie dem durch einen tragischen Unfall aus zu früh dem Leben geschiedenen Mathematiker und Informatiker Ullrich Fuchs. Dem Vieweg+Teubner Verlag bin ich für die gute Zusammenarbeit verbunden.

Berlin, Mai 2008,

Wolfgang Rautenberg

Inhaltsverzeichnis

Einleitung

Ein wichtiges Merkmal der modernen Logik ist die klare Unterscheidung zwischen Objektsprache und Metasprache. Erstere ist in der Regel formalisiert oder mindestens formalisierbar. Letztere ist eine Art Umgangssprache, die sich von Autor zu Autor unterscheidet und nicht unerheblich von der Zielgruppe des Autors abhängt. Sie ist oft mit halbformalen Elementen verwoben, von denen die meisten ihren Ursprung in der Mengenlehre haben. Das Ausmaß der involvierten Mengenlehre ist unterschiedlich. Semantik und Modelltheorie nutzen strengere mengentheoretische Werkzeuge als die Beweistheorie. Aber im Mittel wird wenig mehr vorausgesetzt als Kenntnisse der mengentheoretischen Terminologie und der elementaren Mengenalgebra, wie sie in jedem mathematischen Kurs für Anfänger präsentiert werden. Vieles davon ist im Grunde nur eine *façon de parler*.

Da dieses Buch die *mathematische* Logik betrifft, ist seine Sprache die gemeinsame Umgangssprache aller mathematischen Disziplinen. Doch gibt es einen wesentlichen Unterschied. In der Mathematik interagieren Objekt- und Metasprache tiefgehend miteinander. Erstere ist bestenfalls partiell formalisiert, was sich als erfolgreich erwiesen hat. Eine Trennung von Objekt- und Metasprache ist nur im speziellen Kontext relevant, zum Beispiel in der axiomatischen Mengenlehre, wo Formalisierung nötig ist um anzugeben wie gewisse Axiome aussehen. Strikt formale Sprachen werden häufiger in der Informatik angetroffen. Ähnlich wie in der Logik gehören formale linguistische Elemente zu den Untersuchungsobjekten, etwa bei der Analyse komplexer Software oder einer Programmiersprache.

Der Darstellungsrahmen formaler Sprachen und Theorien wird traditionell die *Metatheorie* genannt. Eine wichtige Aufgabe einer metatheoretischen Analyse ist es, Verfahren für logische Schlüsse mittels sogenannter logischer Kalküle anzugeben, welche rein syntaktisch operieren. Es gibt sehr unterschiedliche logische Kalküle. Die Wahl kann von der formalisierten Sprache, der logischen Basis und anderen Faktoren abhängen. Grundlegende metatheoretische Werkzeuge sind in jedem Falle die naiven natürlichen Zahlen und induktive Beweisverfahren. Diese werden auch Beweise durch Metainduktion genannt, insbesondere wenn formalisierte Theorien in Objektsprachen behandelt werden, die über natürliche Zahlen und Induktion selbst sprechen. Induktion kann auch über gewissen Wortmengen eines Alphabets, oder über dem Regelsystem eines logischen Kalküls ausgeführt werden.

Die logischen Hilfsmittel der Metatheorie dürfen sich von denen der Objektsprache unterscheiden. Mitunter wird dies sogar explizit gefordert. Aber in diesem Buche ist die Logik der Objektsprachen und die der Metasprache stets dieselbe, nämlich die klassische zweiwertige Logik. Es gibt gute Gründe dafür, Letztere als die Logik des gesunden Menschenverstandes anzusehen. Mathematiker, Informatiker, Physiker, Linguisten und andere verwenden sie als gemeinsame Kommunikations-Plattform.

Es sollte bemerkt werden, dass sich die in den Wissenschaften verwendete Logik erheblich von der Logik der Alltagssprache unterscheidet, wo diese mehr eine Kunst ist als ein ernsthafter Versuch zu sagen was denn woraus folgt. Im Alltagsleben hängt die Bedeutung fast jeder Äußerung vom Kontext ab. In den meisten Fällen sind logische Relationen nur angedeutet, selten explizit ausgedrückt. Oft fehlen grundlegende Voraussetzungen der zweiwertigen Logik, zum Beispiel eine kontextfreie Verwendung der logischen Verknüpfungen. Probleme dieser Art werden in diesem Buche nur am Rande behandelt. Bis zu einem gewissen Grad kann eine mehrwertige Logik oder eine Kripke-Semantik helfen die Situation zu klären, und manchmal müssen komplexe mathematische Methoden genutzt werden, um derartige Probleme zu analysieren. In diesem Buch dient die Kripke-Semantik einem anderen Zweck, nämlich der Analyse selbstbezüglicher Aussagen in Kapitel **7**.

Wir ergänzen die bisherigen allgemeinen Ausführungen durch einige historische Bemerkungen, welche der Anfänger vermutlich eher zu schätzen weiß, wenn er zuvor zumindest Teile dieses Buches gelesen hat.

Die traditionelle Logik ist als Teil der Philosophie eine der ältesten wissenschaftlichen Disziplinen und kann bis in die Antike zurückverfolgt werden [1)]. Sie ist eine der Wurzeln der heute so genannten Philosophischen Logik. Die Mathematische Logik ist hingegen eine relativ junge Disziplin, entstanden durch das Bemühen von Peano, Frege und Russell um 1900, Mathematik insgesamt auf die Logik zu reduzieren. Sie entwickelte sich während des 20. Jahrhunderts zu einer Disziplin mit mehreren Teilgebieten und zahlreichen Anwendungen in Mathematik, Informatik, Linguistik und Philosophie. Von den Glanzpunkten der relativ kurzen Entwicklungsperiode der Mathematischen Logik nennen wir nur die wichtigsten. Siehe hierzu auch [Hei].

Den Anfang bildeten verschiedene Axiomatisierungen der Geometrie, der Algebra, und insbesondere der Mengenlehre. Davon sind die wichtigsten diejenige von Zermelo, ergänzt durch Fraenkel und von Neumann, ZFC genannt, und die Typentheorie von Whitehead und Russell. Letztere ist das Überbleibsel des Fregeschen Versuchs einer Reduktion der Mathematik auf die Logik. Stattdessen stellte es sich heraus, dass die Mathematik gänzlich auf der Mengenlehre als einer Theorie erster Stufe aufgebaut werden kann. Tatsächlich wurde diese Einsicht erst allmählich gewonnen und auch erst nachdem um 1915 der Rest verborgener Annahmen aus der Mengen-

[1)] Insbesondere zu den Stoikern und zu Aristoteles. Die aristotelischen Syllogismen sind nützliche Beispiele für Schlüsse in einer Sprache erster Stufe mit einstelligen Prädikatensymbolen. Einer dieser Syllogismen dient als ein Beispiel im Abschnitt **4.4** über Logikprogrammierung.

lehre entfernt wurde. Zum Beispiel ist der Begriff des geordneten Paares in Wahrheit ein mengentheoretischer oder kann zumindest als ein solcher verstanden werden. Es handelt sich nicht um einen logischen Begriff.

Gleich nachdem diese Axiomatisierungen abgeschlossen waren, entdeckte Skolem, dass es abzählbare Modelle von ZFC gibt; ein Rückschlag für die Hoffnung auf eine axiomatische Definition des abstrakten Begriffs einer Menge. Näheres hierzu in den Ausführungen in Abschnitt **3.4**. Skolem wies damit erstmals auf Grenzen der bis dahin so erfolgreichen axiomatischen Methode hin.

Etwa um dieselbe Zeit betraten zwei herausragende Mathematiker, Hilbert und Brouwer, die Szene und begannen ihren berühmten Streit über die Grundlagen der Mathematik. Dieser ist in zahlreichen Darstellungen und besonders ausführlich in [Kl2, Chapter IV] beschrieben worden und wird daher hier nicht wiedergegeben.

Der nächste Glanzpunkt ist die von Gödel bewiesene Vollständigkeit der von Hilbert im ersten modernen Lehrbuch über Mathematische Logik ([HA]) präsentierten Regeln der Prädikatenlogik. Damit wurde ein Traum von Leibniz in gewissem Umfange Wirklichkeit, nämlich die Schaffung einer *ars inveniendi* (einer Kunst des Erfindens) mathematischer Wahrheiten in Gestalt eines formalen Kalküls. Siehe hierzu **3.5**.

Hilbert hatte inzwischen seine Ansichten über die Grundlagen der Mathematik zu einem Programm entwickelt. Dieses zielte darauf ab, die Konsistenz der Arithmetik und darüber hinaus der Gesamtheit der Mathematik einschließlich der nichtfiniten mengentheoretischen Methoden mit finiten Mitteln zu beweisen. Dieses Programm fand zuerst begeisterte Zustimmung. Aber bereits 1931 zeigte Gödel mit seinen Unvollständigkeitssätzen, dass Hilberts ursprüngliches Programm fehlschlagen muss oder zumindest einer sorgfältigen Revision bedarf.

Viele Logiker betrachten die Gödelschen Sätze als das Top-Ergebnis der Mathematischen Logik des 20. Jahrhunderts. Eine Konsequenz dieser Sätze ist die Existenz konsistenter Erweiterungen der Peano-Arithmetik, in welchen wahre und falsche Sätze in friedlicher Koexistenz miteinander leben (siehe Abschnitt **7.2**) und deshalb von uns auch „Traumtheorien" genannt werden. Damit war auch Hilberts Ansatz gescheitert, Widerspruchsfreiheit als ein Wahrheitskriterium in der Mathematik zu betrachten. Selbst wenn ZFC widerspruchsfrei sein sollte, ist damit die Frage nicht geklärt, wie dieses oder ein erweitertes axiomatische System an der Realität zu messen ist. Ein integraler Bestandteil der Mengenlehre ist das Unendlichkeitsaxiom, und dieses überschreitet klar die Grenzen physikalischer Erfahrung.

Die von Gödel in [Gö2] entwickelten Methoden waren gleichermaßen bahnbrechend für die Entstehung der Rekursionstheorie um das Jahr 1936. Churchs Beweis der Unentscheidbarkeit des Tautologieproblems markiert einen weiteren herausragenden Erfolg. Nachdem Church hinreichende Belege durch eigene Forschungen sowie durch diejenigen von Turing, Kleene, und anderen gesammelt hatte, formulierte er 1936 seine berühmte These (Abschnitt **6.1**), obwohl zu der Zeit keine Computer im heutigen Sinne existierten, noch vorhersehbar war, dass Berechenbarkeit jemals die weitreichende Rolle spielen würde, die sie heute einnimmt.

Wie bereits erwähnt, musste Hilberts Programm revidiert werden. Von Gentzen wurde ein entscheidender Schritt unternommen, der als ein weiterer durchbrechender Erfolg der Mathematischen Logik und als Startpunkt der heutigen Beweistheorie angesehen wird. Die logischen Kalküle in **1.4** und **3.1** sind mit Gentzens Kalkülen des natürlichen Schließens verwandt. Eine Diskusssion der speziellen beweistheoretischen Ziele und Methoden liegt jedoch nicht im Rahmen dieses Buches.

Wir erwähnen ferner Gödels Entdeckung, dass es weder das Auswahlaxiom (AC) noch die Kontinuumshypothese (CH) sind, welche das Konsistenzproblem der Mengenlehre verursachen. Die Mengenlehre mit AC und CH ist konsistent, falls die Mengenlehre ohne AC und ohne CH dies ist. Dieses Grundresultat der Mathematischen Logik hätte ohne die Nutzung strikt formaler Methoden nicht gewonnen werden können. Das gilt auch für den 1963 von P. Cohen erbrachten Beweis der Unabhängigkeit von AC und CH von den Axiomen der Mengenlehre.

Das bisher Gesagte zeigt, dass die Mathematische Logik eng mit dem Ziel verbunden ist, der Mathematik eine solide Grundlage zu geben. Wir beschränken uns in dieser Hinsicht jedoch auf die Logik und ihr faszinierendes Wechselspiel mit der Mathematik. Die Geschichte lehrt, dass es unmöglich ist, eine programmatische Ansicht über die Grundlagen der Mathematik zu etablieren, welche die Gemeinschaft der Mathematiker als Ganzes zufriedenstellt. Die Mathematische Logik ist das richtige Werkzeug um die technischen Grundlagenprobleme der Mathematik zu behandeln, sie kann aber nicht deren epistemologische Fragen klären. Ungeachtet dessen ist die Mathematische Logik wegen ihrer zahlreichen Anwendungen und ihres übergreifenden Charakters zu einer der für die Mathematik und Informatik gleichermaßen bedeutsamen Disziplinen herangewachsen.

Notationen

Diese Notationen betreffen formale und terminologische Elemente der mathematischen Umgangssprache. Sie sind für Leser aufgelistet, die nicht regelmäßig mit Mathematik zu tun haben und müssen nicht in einem Zuge gelesen werden. Fast alle verwendeten Notationen sind Standard. $\mathbb{N}, \mathbb{Z}, \mathbb{Q}, \mathbb{R}$ bezeichnen die Mengen der natürlichen Zahlen einschließlich 0, der ganzen, rationalen bzw. der reellen Zahlen. n, m, i, j, k bezeichnen immer natürliche Zahlen, solange nichts anderes gesagt wird. Daher werden Zusätze wie $n \in \mathbb{N}$ in der Regel unterlassen.

$M \cup N$, $M \cap N$ und $M \setminus N$ bezeichnen wie üblich *Vereinigung*, *Durchschnitt*, bzw. *Differenz* der Mengen M, N, und $\subseteq$ die *Inklusion*. $M \subset N$ steht für $M \subseteq N$ und $M \neq N$, wird aber nur benutzt, wenn der Umstand $M \neq N$ besonders betont werden soll. Ist M in einer Betrachtung fest und $N \subseteq M$, darf $M \setminus N$ auch mit $\setminus N$ (oder $\neg N$) bezeichnet werden. $\emptyset$ bezeichnet die *leere Menge*, $\mathfrak{P}M$ die *Potenzmenge* von M, die Menge aller ihrer Teilmengen. Will man hervorheben, dass die Elemente einer Menge F selbst Mengen sind, heißt F auch eine *Mengenfamilie*. $\bigcup F$ bezeichnet die Vereinigung einer Mengenfamilie F, d.h. die Menge der Elemente, die in wenigstens einem $M \in F$ liegen, und $\bigcap F$ für $F \neq \emptyset$ den Durchschnitt, d.h. die Menge der zu allen $M \in F$ gehörenden Elemente. Ist $F = \{M_i \mid i \in I\}$ indiziert (siehe unten), bezeichnet man $\bigcup F$ und $\bigcap F$ meistens mit $\bigcup_{i \in I} M_i$ bzw. $\bigcap_{i \in I} M_i$.

$M \times N$ bezeichnet die Menge aller geordneten Paare (a, b) mit $a \in M$ und $b \in N$. Eine *Relation* zwischen M und N ist eine Teilmenge von $M \times N$. Ist $f \subseteq M \times N$ und gibt es zu jedem $a \in M$ genau ein $b \in N$ mit $(a, b) \in f$, heißt f eine *Funktion* (*Abbildung*) *von M nach N*. Das durch a eindeutig bestimmte Element b mit $(a, b) \in f$ wird mit $f(a)$ oder fa (die von uns bevorzugte Schreibweise) oder a^f bezeichnet. Man nennt fa den *Wert von f bei a* sowie $\mathit{ran} f = \{fx \mid x \in M\}$ das *Bild* (range) von f, während $\mathit{dom} f = M$ der *Definitionsbereich* (domain) von f heißt. Man schreibt $f\colon M \to N$ für 'f ist Funktion mit $\mathit{dom} f = M$ und $\mathit{ran} f \subseteq N$' [1]. Oft wird aber auch f selbst durch $f\colon M \to N$ zitiert. Ist $f(x) = t(x)$ für einen Term t, wird f auch mit $f\colon x \mapsto t$ oder $x \mapsto t$ bezeichnet. Terme werden in **2.2** erklärt.

$f\colon M \to N$ heißt *injektiv*, wenn $fx = fy \Rightarrow x = y$, für alle $x, y \in M$, *surjektiv*, wenn $\mathit{ran} f$ ganz N ausfüllt, und *bijektiv*, wenn f injektiv und surjektiv ist. Für $M = N$ ist die *identische Abbildung* $id_M\colon x \mapsto x$ Beispiel einer Bijektion. Sind f, g Abbildungen mit $\mathit{ran}\, g \subseteq \mathit{dom} f$, heißt die Funktion $h\colon x \mapsto f(g(x))$ auch deren *Produkt* (oder deren *Komposition*), oft notiert als $h = f \circ g$.

---

[1] Hochkommata dienen hier wie überall in diesem Buch der Abgrenzung gewisser Sprachpartikel, wie z.B. in Worten formulierter Prädikate, vom umgebenden Text.

Seien I, M beliebige Mengen, wobei I, ziemlich willkürlich, die *Indexmenge* genannt werde. M^I bezeichne die Menge aller $f\colon I \to M$. Oft wird eine Funktion $f \in M^I$ mit $i \mapsto a_i$ durch $(a_i)_{i\in I}$ bezeichnet und heißt je nach Zusammenhang eine indizierte *Familie*, ein I-*Tupel* oder eine *Folge*. Diese heißt *endlich* oder *unendlich*, je nachdem ob I endlich oder unendlich ist. Falls, wie in der Mengenlehre üblich, 0 mit $\emptyset$, und $n > 0$ mit $\{0, 1, \dots, n-1\}$ identifiziert wird, lässt M^n sich verstehen als die Menge der Folgen oder n-Tupel $(a_i)_{i<n}$ aus Elementen von M *der Länge* n. Einziges Element von M^0 $(= M^\emptyset)$ ist $\emptyset$, auch die *leere Folge* genannt. Diese hat die Länge 0. Gleichwertige Schreibweisen für $(a_i)_{i<n}$ bzw. $(a_i)_{i\leqslant n}$ sind $(a_0, \dots, a_{n-1})$ und $(a_0, \dots, a_n)$. Das Aneinanderfügen endlicher Folgen heißt auch deren *Verkettung*. So ist (a_0, a_1, a_2) verkettet mit (b_0, b_1) die Folge $(a_0, a_1, a_2, b_0, b_1)$.

Für $k \leqslant n$ heißt $(a_i)_{i<k}$ ein *Anfang* von $(a_i)_{i\leqslant n}$, und zwar ein *echter* Anfang, falls $k < n$. Häufig betrachten wir auch Folgen der Gestalt $(a_1, \dots, a_n)$, im Text durchweg mit $\vec{a}$ bezeichnet. Hier ist für $n = 0$ die leere Folge gemeint, genau wie $\{a_1, \dots, a_n\}$ für $n = 0$ grundsätzlich die leere Menge bedeutet.

Ist A ein *Alphabet*, d.h. sind die Elemente von A *Symbole* oder werden sie als solche bezeichnet, wird $(a_1, \dots, a_n)$ meistens in der Weise $a_1 \cdots a_n$ geschrieben und heißt ein *Wort* oder eine *Zeichenfolge* über A. Die leere Folge wird dann konsequenterweise das *leere Wort* genannt. Ein Anfang einer Zeichenfolge ξ heißt auch ein *Anfangswort* von ξ. Die Verkettung zweier Worte ξ und η werde mit $\xi\eta$ bezeichnet. Falls $\xi = \xi_1\eta\,\xi_2$ für gewisse Worte ξ_1, ξ_2 und $\eta \neq \emptyset$, heißt η auch ein *Teilwort* von ξ.

Teilmengen $P, Q, R, \ldots \subseteq M^n$ heißen n-*stellige Prädikate* oder *Relationen* von M, $n \geqslant 1$. Einstellige Prädikate werden mit den entsprechenden Teilmengen von M identifiziert, z.B. das Primzahlprädikat mit der Menge aller Primzahlen. Statt $\vec{a} \in P$ schreiben wir $P\vec{a}$, statt $\vec{a} \notin P$ auch $\neg P\vec{a}$. Falls $P \subseteq M^2$ und P ein Symbol ist wie z.B. $\lhd$, $<$, $\leqslant$, $\in$, wird aPb statt Pab geschrieben, also $a \lhd b$ statt $\lhd\, ab$ usw. Für $P \subseteq M^n$ heiße die durch

$$\chi_P\vec{a} = \begin{cases} 1 & \text{falls } P\vec{a}, \\ 0 & \text{falls } \neg P\vec{a} \end{cases}$$

definierte n-stellige Funktion χ_P die *charakteristische Funktion* von P. Dabei ist unerheblich, ob man die Werte $0, 1$ als Wahrheitswerte oder als natürliche Zahlen versteht wie dies in Kaptitel **6** geschieht, oder ob 0 und 1 in der Definition gar vertauscht werden. Wichtig ist nur, dass P durch χ_P eindeutig bestimmt ist.

Jedes $f\colon M^n \to M$ heißt eine n-stellige *Operation von M.* Meistens schreiben wir $f\vec{a}$ für $f(a_1, \dots, a_n)$. Eine 0-stellige Operation von M hat wegen $A^0 = \{\emptyset\}$ die Gestalt $\{(\emptyset, c)\}$ mit $c \in M$; diese wird kurz mit c bezeichnet und heißt eine *Konstante*. Jede n-stellige Operation von f von M wird durch

$$\mathit{graph}\, f := \{(a_1,\dots,a_{n+1}) \in M^{n+1} \mid f(a_1,\dots,a_n) = a_{n+1}\}$$

eindeutig beschrieben. Es handelt sich hier um eine $(n+1)$-stellige Relation, welche der *Graph von* f genannt wird. f und $\mathit{graph}\, f$ sind dasselbe, wenn – wie dies gelegentlich geschieht – M^{n+1} mit $M^n \times M$ identifiziert wird.

Am häufigsten werden 2-stellige Operationen angetroffen. Bei diesen wird das entsprechende Operationssymbol in der Regel zwischen die Argumente gesetzt. Eine derartige, hier mit $\circ$ bezeichnete Operation $\circ : M^2 \to M$ heißt

kommutativ	wenn $a \circ b = b \circ a$ für alle $a, b \in M$,
assoziativ	wenn $a \circ (b \circ c) = (a \circ b) \circ c$ für alle $a, b, c \in M$,
idempotent	wenn $a \circ a = a$ für alle $a \in M$,
invertierbar	wenn zu allen $a, b \in M$ Elemente $x, y \in M$ existieren mit $x \circ a = b$ und $a \circ y = b$.

Als Verallgemeinerung von $M_1 \times M_2$ lässt sich das *direkte Produkt* $N = \prod_{i\in I} M_i$ einer Mengenfamilie $(M_i)_{i\in I}$ verstehen. Jedes $a \in N$ ist eine auf I erklärte Funktion $a = (a_i)_{i\in I}$ mit $a_i \in M_i$ (eine *Auswahlfunktion*). a_i heißt auch die *i-te Komponente* von a. Falls $M_i = M$ für alle $i \in I$, ist $\prod_{i\in I} M_i$ offenbar mit M^I identisch. Dies gilt auch für $I = \emptyset$, weil $\prod_{i\in I} M_i = \{\emptyset\}$ und auch $M^I = \{\emptyset\}$.

Bezeichnen A, B metasprachliche Ausdrücke, stehen $A \Leftrightarrow B$, $A \Rightarrow B$, $A \,\&\, B$ und $A \vee B$ für A *genau dann wenn* B, *wenn* A *so* B, A *und* B bzw. A *oder* B. Dabei sollen die Symbole $\Rightarrow, \Leftrightarrow, \dots$ stärker trennen als sprachliche Bindungspartikel. Deshalb darf in einem Textteil wie z.B. '$T \vDash \alpha \;\Leftrightarrow\; \alpha \in T$, für alle $\alpha \in \mathcal{L}^0$' (Seite 64) das Komma nicht fehlen, weil '$\alpha \in T$ für alle $\alpha \in \mathcal{L}^0$' fälschlicherweise gelesen werden könnte als 'T ist inkonsistent'.

$s := t$ bedeutet, dass s durch den Term t definiert wird, oder wenn s eine Variable ist, auch die Zuweisung des Wertes von t zu s. Für Terme s, t sei $s > t$ grundsätzlich nur eine andere Schreibweise für $t < s$. Dieselbe Bemerkung bezieht sich auch auf andere unsymmetrische Relationssymbole wie $\leqslant$, $\subseteq$ usw.

In der mathematischen Umgangssprache werden Formeln oft direkt in den Text integriert und man bedient sich dabei auch gewisser verkürzender Schreibweisen. So wie man z.B. '$a < b$ und $b < c$' häufig zu '$a < b < c$', oder '$a < b$ und $b \in M$' zu '$a < b \in M$' verkürzt, darf '$X \vdash \alpha \equiv \beta$' für '$X \vdash \alpha$ und $\alpha \equiv \beta$' geschrieben werden ('aus der Formelmenge X ist die Formel α beweisbar und α ist äquivalent zu β'). Das Symbol $\equiv$ wird in diesem Buch nur metasprachlich verwendet, kommt also in keiner der behandelten formalen Sprachen vor.

Kapitel 1

Aussagenlogik

Die Aussagenlogik, worunter hier die 2-wertige Aussagenlogik verstanden sei, entstand aus der Analyse von Verknüpfungen gegebener Aussagen A, B, wie z.B.

A und B, A oder B, nicht A, wenn A so B.

Dies sind Verknüpfungen, die sich mit 2-wertiger Logik näherungsweise beschreiben lassen. Es gibt andere Aussagenverknüpfungen mit temporalem oder lokalem Aspekt, wie etwa *erst A dann B*, oder *hier A dort B* sowie modale Verknüpfungen aller Art, deren Analyse den Rahmen einer 2-wertigen Logik übersteigt und die Gegenstand einer temporalen, modalen oder sonstigen Teildisziplin einer mehrwertigen oder nichtklassischen Logik sind. Auch die anfänglich erwähnten Verknüpfungen haben in anderen Auffassungen von Logik und auch in der natürlichen Sprache oft einen Sinn, der mit 2-wertiger Logik nur unvollständig zu erfassen ist.

Von diesen Phänomenen wird in der 2-wertigen Aussagenlogik abstrahiert. Das vereinfacht die Betrachtungen erheblich und hat überdies den Vorteil, dass sich viele Begriffe wie der des Folgerns, der Regelinduktion, der Resolution usw. auf einer einfachen und durchsichtigen Ebene präsentieren lassen. Dies spart viele Worte, wenn in Kapitel **2** die entsprechenden prädikatenlogischen Begriffe zur Debatte stehen.

Wir behandeln hier nicht alles, was im Rahmen 2-wertiger Aussagenlogik einer Behandlung zugänglich ist, etwa 2-wertige Fragmente und Probleme der Definierbarkeit und Interpolation. Der Leser sei diesbezüglich z.B. auf [KK] oder [Ra1] verwiesen. Dafür wird etwas mehr über aussagenlogische Kalküle gesagt.

Es gibt vielfältige Anwendungen der Aussagenlogik. Wir verzichten aber auf die Darstellung direkter technischer Anwendungen, etwa in der Synthese logischer Schaltungen und dazugehörigen Optimierungsproblemen, sondern beschreiben ausführlich einige nützliche Anwendungen des Kompaktheitssatzes.

1.1 Boolesche Funktionen und Formeln

Die 2-wertige Logik beruht auf zwei Grundprinzipien, dem *Zweiwertigkeitsprinzip*, welches nur zwei Wahrheitswerte in Betracht zieht, nämlich *wahr* und *falsch*, sowie dem *Extensionalitätsprinzip*. Danach hängt der Wahrheitswert einer zusammengesetzten Aussage nur von den Wahrheitswerten ihrer Bestandteile ab, nicht aber noch von deren Sinn. Es ist plausibel, dass durch diese beiden Prinzipien in der Regel nur eine Idealisierung tatsächlicher Verhältnisse formuliert wird.

Fragen nach Wahrheitsgraden oder dem Sinngehalt von Aussagen werden in der 2-wertigen Logik ignoriert. Dennoch oder gerade deswegen ist dies eine erfolgreiche wissenschaftliche Methode. Man muss nicht einmal wissen, was genau die beiden nachfolgend mit 1 und 0 bezeichneten Wahrheitswerte *wahr* und *falsch* eigentlich sind. Man darf sie, wie dies im Folgenden auch geschieht, getrost mit den beiden Symbolen 1 und 0 identifizieren, oder mit anderen gefälligen Symbolen, z.B. $\top$ und $\bot$, oder `t` und `f`. Das hat den Vorteil, dass alle denkbaren Interpretationen von *wahr* und *falsch* offengehalten werden, z.B. auch solche rein technischer Natur, etwa die beiden Zustände eines Schaltelements in einem logischen Schaltkreis.

Unter einer n-stelligen *Booleschen Funktion* oder *Wahrheitsfunktion* verstehe man eine beliebige Funktion $f\colon \{0,1\}^n \mapsto \{0,1\}$. Deren Gesamtheit sei mit $\boldsymbol{B}_n$ bezeichnet. $\boldsymbol{B}_0$ enthält nur die beiden Konstanten 0 und 1. Die *Negation* $\neg$ mit $\neg 1 = 0$ und $\neg 0 = 1$ ist eine der vier 1-stelligen Booleschen Funktionen. Weil es 2^n viele n-Tupel aus $0, 1$ gibt, sieht man leicht, dass $\boldsymbol{B}_n$ genau 2^{2^n} viele Funktionen enthält.

Die Konjunktion *A und B* aus den beiden Aussagen A, B, die in formalisierten Sprachen meist mit $A \land B$ oder $A \,\&\, B$ bezeichnet wird, ist nach dem Wortsinn von *und* genau dann wahr, wenn A, B beide wahr sind, und sonst falsch. Der Konjunktion entspricht also eine 2-stellige Boolesche Funktion, die $\land$*-Funktion* oder *et-Funktion* und häufig kurz mit $\land$ bezeichnet. Diese ist durch ihre *Wertetabelle* oder *Wertematrix* $\left(\begin{smallmatrix} 1 & 0 \\ 0 & 0 \end{smallmatrix}\right)$ gegeben. Dabei bezeichne stets $\left(\begin{smallmatrix} 1\circ 1 & 1\circ 0 \\ 0\circ 1 & 0\circ 0 \end{smallmatrix}\right)$ die Wertematrix einer 2-stelligen Booleschen Funktion $\circ$, also $1 \land 1 = 1$, sowie $1 \land 0 = 0 \land 1 = 0 \land 0 = 0$.

Die Tabelle auf der nächsten Seite enthält in der ersten Spalte die gebräuchlichen 2-stelligen Aussagenverknüpfungen mit Beispielen ihrer sprachlichen Realisierung, in der zweiten Spalte ihre wichtigsten Symbole und in der dritten die Wertematrix der entsprechenden Wahrheitsfunktion. Die Disjunktion ist das *nichtausschließende oder*. Sie ist klar zu unterscheiden von der *Antivalenz* (dem *ausschließenden oder*). Letztere entspricht der Addition modulo 2, deswegen die Bezeichnung durch $+$. In schalttechnischen Systemen werden die Funktionen $+, \downarrow, \uparrow$ oft durch *xor*, *nor* und *nand* symbolisiert. Die letztgenannte heißt auch die *Sheffer-Funktion*.

Man muss eine Aussagenverknüpfung und die entsprechende Wahrheitsfunktion nicht gleichbezeichnen – z.B. könnte man $\wedge$ für die Konjunktion und *et* für die entsprechende Boolesche Funktion wählen – aber damit erschafft man nur neue Bezeichnungen, keine neuen Einsichten. Die Bedeutung eines Symbols wird stets aus dem Zusammenhang hervorgehen. Sind α, β Aussagen einer formalen Sprache, so bezeichnet z.B. $\alpha \wedge \beta$ deren Konjunktion; sind a, b hingegen Wahrheitswerte, bezeichnet $a \wedge b$ eben einen Wahrheitswert. Mitunter möchte man allerdings auch über die logischen Symbole $\wedge$, $\vee$, $\neg, \dots$ selbst reden und ihre Bedeutungen vorübergehend in den Hintergrund drängen. Man spricht dann von den *Junktoren* $\wedge, \vee, \neg, \dots$

Aussagenverknüpfung	**Symbol**	**Wertematrix**
Konjunktion *A und B;* *Sowohl A als auch B*	$\wedge$, &	1 0 0 0
Disjunktion (Alternative) *A oder B*	$\vee$	1 1 1 0
Implikation (Subjunktion) *Wenn A so B; Aus A folgt B;* *A nur dann wenn B*	$\rightarrow$, $\Rightarrow$	1 0 1 1
Äquivalenz (Bijunktion) *A genau dann wenn B;* *A dann und nur dann wenn B*	$\leftrightarrow$, $\Leftrightarrow$	1 0 0 1
Antivalenz *Entweder A oder B*	$+$	0 1 1 0
Nihilition *Weder A noch B*	$\downarrow$	0 0 0 1
Unverträglichkeit *Nicht zugleich A und B*	$\uparrow$	0 1 1 1

Aussagen, die mit den in der Tabelle angegebenen oder weiteren Verknüpfungen zusammengesetzt sind, können in dem Sinne bedeutungsgleich oder logisch äquivalent sein, dass ihnen bei jeweils gegebenen Wahrheitswerten ihrer Bestandteile stets derselbe Wahrheitswert entspricht. Dies ist z.B. der Fall bei den Aussagen

A sofern B, *A falls B,* *A oder nicht B.*

Diese Verknüpfung wird gelegentlich auch mit $A \leftarrow B$ bezeichnet und heiße die *konverse Implikation.* Sie erschien deswegen nicht in der Tabelle, weil sie durch Vertauschen der Argumente A, B aus der Implikation hervorgeht. Diese und ähnliche

Gründe sind dafür verantwortlich, warum nur wenige der 16 zweistelligen Booleschen Funktionen einer Bezeichnung überhaupt bedürfen.

Um logische Äquivalenzen zu erkennen und zu beschreiben ist die Schaffung eines Formalismus oder einer formalen Sprache nützlich. Die Situation ist vergleichbar mit derjenigen in der Arithmetik, wo sich allgemeine Gesetzmäßigkeiten bequemer und klarer mittels gewisser Formeln zum Ausdruck bringen lassen.

Wir betrachten aussagenlogische Formeln genau wie arithmetische Terme als Zeichenfolgen, die in bestimmter Weise aus Grundsymbolen aufgebaut sind. Zu den Grundsymbolen zählen hier wie dort sogenannte Variablen, die im vorliegenden Falle *Aussagenvariablen* heißen und deren Gesamtheit mit *AV* bezeichnet sei. Meist wählt man hierfür einer Tradition entsprechend die Symbole $p_0, p_1, \ldots$ Die Variablennumerierung unten beginnt aber mit p_1, was einer bequemeren Darstellung Boolescher Funktionen dient. Zu den Grundsymbolen gehören ferner gewisse logische Zeichen wie $\wedge, \vee, \neg, \ldots$, die auf der arithmetischen Ebene den Zeichen $+, \cdot, \ldots$ entsprechen. Schließlich verwendet man meistens gewisse technische Hilfssymbole, nachfolgend nur die beiden Klammern (,).

Jedesmal, wenn von einer aussagenlogischen Sprache die Rede ist, muss die Menge *AV* ihrer Variablen und die Menge der logischen Symbole, ihre *logische Signatur*, vorgegeben sein. So ist für Anwendungen der Aussagenlogik wie z.B. in Abschnitt **1.5** wichtig, dass *AV* eine beliebige Menge sein kann und nicht wie oben angedeutet abzählbar sein muss. Um konkret zu sein definieren wir ausgehend von den Symbolen $(\,,\,)\,, \wedge\,, \vee\,, \neg, p_1, p_2, \ldots$ eine aussagenlogische Sprache $\mathcal{F}$ wie folgt:

Rekursive Formelbestimmung

(F1) Die Variablen $p_1, p_2, \ldots$ sind Formeln, auch *Primformeln* genannt.

(F2) Sind α, β Formeln, so auch die Zeichenfolgen $(\alpha \wedge \beta)$, $(\alpha \vee \beta)$ und $\neg\alpha$.

Diese Erklärung ist so zu verstehen, dass nur die nach (F1) und (F2) bestimmten Zeichenfolgen in diesem Zusammenhang Formeln sind. Mit anderen Worten, $\mathcal{F}$ ist die kleinste (d.h. der Durchschnitt) aller Mengen Z von Zeichenfolgen aus obigen Symbolen mit den Eigenschaften

$$(\text{f1})\ p_1, p_2, \dots \in Z, \quad (\text{f2})\ \alpha, \beta \in Z \ \Rightarrow\ (\alpha \wedge \beta), (\alpha \vee \beta), \neg\alpha \in Z.$$

Beispiel. $(p_1 \wedge (p_2 \vee \neg p_1))$ ist eine Formel. Deren Anfang $(p_1 \wedge (p_2 \vee \neg p_1)$ hingegen nicht, weil eine schließende Klammer fehlt. Denn es ist anschaulich klar und wird weiter unten streng bewiesen, dass die Anzahl der in einer Formel vorkommenden Linksklammern identisch ist mit der Anzahl der dort vorkommenden Rechtsklammern. Jeder echte Anfang der obigen Formel verletzt offenbar diese Bedingung.

Die so definierten Formeln bezeichnen wir etwas genauer als *Boolesche Formeln*, weil sie mit der *Booleschen Signatur* $\{\wedge, \vee, \neg\}$ erzeugt wurden. Wenn weitere Junktoren zur logischen Signatur gehören sollen wie etwa $\to$ oder $\leftrightarrow$, muss (F2) entsprechend erweitert werden. Solange aber nichts anderes gesagt wird, sind $(\alpha \to \beta)$ und $(\alpha \leftrightarrow \beta)$ nur Abkürzungen: $(\alpha \to \beta) := \neg(\alpha \wedge \neg\beta)$ und $(\alpha \leftrightarrow \beta) := ((\alpha \to \beta) \wedge (\beta \to \alpha))$. Einem solchen Vorgehen liegen natürlich entsprechende logische Äquivalenzen zugrunde. Gelegentlich ist es nützlich, Symbole für das stets Falsche und das stets Wahre in der logischen Signatur zu haben, etwa $\bot$ und $\top$, *Falsum* und *Verum* genannt und auch mit 0 und 1 bezeichnet. Diese sind als zusätzliche Primformeln zu verstehen, und Klausel (F1) ist entsprechend zu erweitern. In der Booleschen Signatur lassen sich $\bot$ und $\top$ etwa durch $\bot := (p_1 \wedge \neg p_1)$ und $\top := \neg\bot$ definieren.

Vorerst sei $\mathcal{F}$ die Menge aller Booleschen Formeln. Doch gilt alles, was nachfolgend über $\mathcal{F}$ gesagt wird, sinngemäß auch für Formeln einer beliebigen aussagenlogischen Sprache. Aussagenvariablen werden im Folgenden mit den Buchstaben $p, q, \ldots$ bezeichnet, Formeln mit $\alpha, \beta, \gamma, \delta, \varphi, \ldots$, Primformeln auch mit π, und Formelmengen mit X, Y, Z, wobei diese Buchstaben auch indiziert sein können.

Zwecks Klammerersparnis bei der Niederschrift von Formeln verabreden wir gewisse Regeln, die in ähnlicher Form auch bei der Niederschrift arithmetischer Terme verwendet werden. Hierin bezeichnet $\circ$ einen beliebigen 2-stelligen Junktor.

1. Außenklammern in Formeln der Gestalt $(\alpha \circ \beta)$ dürfen weggelassen werden. Es darf also z.B. $\neg p_1 \vee (p_2 \wedge p_1)$ für $(\neg p_1 \vee (p_2 \wedge p_1))$ geschrieben werden;

2. In der Reihenfolge $\wedge, \vee, \to, \leftrightarrow$ trennt jeder Junktor stärker als alle vorangehenden. Man darf z.B. $\neg p_1 \vee p_2 \wedge p_1$ statt $(\neg p_1 \vee (p_2 \wedge p_1))$ schreiben;

3. Bei mehrfacher Zusammensetzung mit demselben Junktor wird Rechtsklammerung [1)] verwendet. So steht $\alpha_0 \to \alpha_1 \to \alpha_2$ für $\alpha_0 \to (\alpha_1 \to \alpha_2)$. Anstelle von $\alpha_0 \wedge \ldots \wedge \alpha_n$ und $\alpha_0 \vee \ldots \vee \alpha_n$ wird auch $\bigwedge_{i \leqslant n} \alpha_i$ bzw. $\bigvee_{i \leqslant n} \alpha_i$ geschrieben.

Solche Verabredungen beruhen auf einer verlässlichen Syntax, in deren Rahmen auch anschaulich klare Tatsachen – z.B. die Übereinstimmung der Anzahlen der Links- und Rechtsklammern in einer Formel – streng beweisbar sind. Derartige Beweise führt man in der Regel induktiv über den Formelaufbau. Um dies zu verdeutlichen, notieren wir das Zutreffen einer Eigenschaft $\mathcal{E}$ auf eine Zeichenfolge φ einfach durch $\mathcal{E}\varphi$. Zum Beispiel bedeute $\mathcal{E}$ 'In φ kommen gleichviele Rechts- wie Linksklammern vor'. Dann gilt $\mathcal{E}$ trivialerweise für Primformeln, und gelten $\mathcal{E}\alpha, \mathcal{E}\beta$, so offenbar auch $\mathcal{E}(\alpha \wedge \beta), \mathcal{E}(\alpha \vee \beta)$ und $\mathcal{E}\neg\alpha$. Daraus darf man schließen, dass $\mathcal{E}$ auf alle Formeln zutrifft. Denn dies ist ein besonders einfacher Anwendungsfall von folgendem

[1)]Diese hat gegenüber Linksklammerung Vorteile bei der Niederschrift von Tautologien in $\to$, siehe **1.3**.

Beweisprinzip durch Formelinduktion. *Es sei $\mathcal{E}$ eine Eigenschaft von Zeichenfolgen derart, dass*

(o) $\mathcal{E}\pi$ *für alle Primformeln* π,

(s) $\mathcal{E}\alpha, \mathcal{E}\beta \Rightarrow \mathcal{E}(\alpha \wedge \beta), \mathcal{E}(\alpha \vee \beta), \mathcal{E}\neg\alpha$, *für alle* $\alpha, \beta \in \mathcal{F}$.

Dann gilt $\mathcal{E}\varphi$ *für alle Formeln* φ.

Die Rechtfertigung dieses Prinzips ist einfach: Die Menge Z aller Zeichenfolgen mit der Eigenschaft $\mathcal{E}$ genügt wegen (o) und (s) den Bedingungen (f1) und (f2) Seite 4. Nun ist $\mathcal{F}$ aber die kleinste Menge dieser Art. Also $\mathcal{F} \subseteq Z$, d.h. $\mathcal{E}\varphi$ gilt für alle φ.

Man bestätigt induktiv leicht den anschaulich klaren Sachverhalt, dass eine zusammengesetzte Formel $\varphi \in \mathcal{F}$ (d.h. φ ist keine Primformel) entweder von der Gestalt $\neg\alpha$ oder $(\alpha \circ \beta)$ mit $\alpha, \beta \in \mathcal{F}$ und $\circ \in \{\wedge, \vee\}$ ist. Weniger einfach ist der Nachweis, dass eine derartige Zerlegung eindeutig ist, auch die *eindeutige Rekonstruktionseigenschaft* genannt. Zum Beispiel hat $(\alpha \wedge \beta)$ keine Zerlegung $(\alpha' \vee \beta')$ mit anderen Formeln α', β'. Um aber den Fluss der Dinge nicht aufzuhalten, behandeln wir diese Sachverhalte mit ausreichenden Hinweisen in den Übungen,

Bemerkung 1. Klammern werden für die eindeutige Rekonstruktionseigenschaft nicht wirklich benötigt. Vielmehr lassen sich aussagenlogische Formeln, ebenso wie z.B. auch arithmetische Terme, klammerfrei notieren, und zwar in *polnischer Notation*, oder auch in umgekehrter polnischer Notation, die in einigen Programmiersprachen Verwendung findet. Die Idee besteht darin, (F2) wie folgt zu verändern: Mit α, β sind auch die Zeichenfolgen $\wedge\alpha\beta$, $\vee\alpha\beta$, $\neg\alpha$ Formeln. Die umgekehrte polnische Notation unterscheidet sich von der angegebenen nur dadurch, dass die Junktoren den Argumenten nachgestellt werden. Die Entzifferung dieser Notationen ist für ungeübte Leser etwas mühsam, denn sie haben eine sehr hohe Informationsdichte. Dafür können Computer sie besonders schnell lesen und verarbeiten. Die Klammernotation hat gegenüber den klammerfreien im Grunde nur den Vorteil, dass sie die optische Entzifferung durch „Informationsverdünnung" erleichtert. Obwohl die eindeutige Rekonstruktion für die Polnische Notation nicht unmittelbar evident ist, ist der Beweis nicht schwieriger als für die Klammernotation. Ganz einfach wird dieser Nachweis übrigens dann, wenn man eine Boolesche Formel nicht als Zeichenfolge, sondern als ein spezielles Tupel von Zeichenfolgen definiert, das die Entstehungsgeschichte der Formel kodiert. Es gibt demnach durchaus mehrere Präzisionsmöglichkeiten des Begriffs einer aussagenlogischen Formel.

Anschaulich ist klar, was eine *Subformel* (oder *Teilformel*) einer Formel φ ist. Zum Beispiel ist $(p_2 \wedge p_1)$ eine Subformel von $(\neg p_1 \vee (p_2 \wedge p_1))$. Auch sollte jede Formel Subformel von sich selbst sein. Für manche Zwecke ist es jedoch bequemer, die Menge $\mathit{Sf}\varphi$ aller Subformeln von φ wie folgt zu kennzeichnen:

$$\mathit{Sf}\pi = \{\pi\} \text{ für Primformeln } \pi \quad ; \quad \mathit{Sf}\neg\alpha = \mathit{Sf}\alpha \cup \{\neg\alpha\},$$

$$\mathit{Sf}(\alpha \circ \beta) = \mathit{Sf}\alpha \cup \mathit{Sf}\beta \cup \{(\alpha \circ \beta)\} \text{ für einen 2-stelligen Junktor } \circ.$$

Hier liegt eine rekursive (oder induktive) Definition über den Formelaufbau vor. Ähnlich erklärt man z.B. auch den mit $\operatorname{rg}\varphi$ bezeichneten *Rang* von φ, der ein mitunter bequemeres Komplexitätsmaß für φ darstellt als die Länge von φ als Zeichenfolge. Sei $\operatorname{rg}\pi = 0$ für Primformeln π, und wenn $\operatorname{rg}\alpha$ und $\operatorname{rg}\beta$ schon definiert sind, sei

$$\operatorname{rg}\neg\alpha = \operatorname{rg}\alpha + 1, \quad \operatorname{rg}(\alpha\wedge\beta) = \operatorname{rg}(\alpha\vee\beta) = \max\{\operatorname{rg}\alpha, \operatorname{rg}\beta\} + 1.$$

Wir verzichten auf eine allgemeine Formulierung dieses Definitionsverfahrens, weil es sehr anschaulich ist und durch die obigen und noch folgenden Beispiele ausreichend verdeutlicht wird. Seine Rechtfertigung beruht, wie man sich denken kann, wesentlich auf der eindeutigen Rekonstruktionseigenschaft. Ist eine Eigenschaft durch Formelinduktion über den Aufbau von φ zu beweisen, wird dies oft schlagwortartig als *Beweis durch Induktion über* φ angekündigt. Analog wird die rekursive Definition einer auf $\mathcal{F}$ erklärten Funktion f oft kurz durch die Redewendung *wir definieren* f *rekursiv* (nicht ganz treffend auch *induktiv*) *über* φ angekündigt.

Da die Wahrheitswerte zusammengesetzter Aussagen nur abhängen von den Wahrheitswerten ihrer aussagenlogischen Bestandteile, dürfen wir den Aussagenvariablen in Formeln φ statt Aussagen auch Wahrheitswerte zuordnen, oder wie man zu sagen pflegt, diese mit Wahrheitswerten *belegen*. Für jede solche Belegung lässt φ sich auswerten, also ein Wahrheitswert errechnen. Ähnlich wird in der reellen Arithmetik ein Term ausgewertet, nur ist dessen Wert dann eine reelle Zahl. Ein arithmetischer Term t in den Variablen $x_1, \dots, x_n$ beschreibt eine n-stellige reelle Funktion, eine Formel φ in den Variablen $p_1, \dots, p_n$ hingegen eine n-stellige Boolesche Funktion. Dabei müssen nicht alle Variablen $p_1, \dots, p_n$ in φ wirklich vorkommen.

Um das Gesagte kurz zu formulieren, heiße eine Abbildung $w\colon \mathit{AV} \to \{0,1\}$ eine aussagenlogische *Belegung*, auch (aussagenlogisches) *Modell* genannt. w lässt sich rekursiv über den Formelaufbau eindeutig zu einer ebenfalls mit w bezeichneten Abbildung von ganz $\mathcal{F}$ nach $\{0,1\}$ fortsetzen: Es sei einfach $w(\alpha\wedge\beta) = w\alpha\wedge w\beta$, $w(\alpha\vee\beta) = w\alpha\vee w\beta$ und $w\neg\alpha = \neg w\alpha$. Dabei bezeichnen $\wedge$, $\vee$, $\neg$ auf der rechten Seite dieser Gleichungen natürlich die entsprechenden Booleschen Funktionen. Wenn vom *Wert* $w\alpha$ *einer Formel* α *bei der Belegung* w *der Variablen* die Rede ist, meint man den sich gemäß dieser Fortsetzung ergebenden Wert. Man könnte die erweiterte Abbildung z.B. auch mit $\hat{w}$ bezeichnen, doch ist eine Bezeichnungs-Unterscheidung dieser Abbildung von $w\colon \mathit{AV} \to \{0,1\}$ nicht zwingend.

Enthält die logische Signatur auch andere Junktoren, ist die Wertbestimmung entsprechend zu ergänzen, z.B. durch $w(\alpha\to\beta) = w\alpha\to w\beta$. Ist $\alpha\to\beta$ hingegen definiert wie bei uns, muss diese Gleichung beweisbar sein. In der Tat, sie ist es, denn $w(\alpha\to\beta) = w\neg(\alpha\wedge\neg\beta) = \neg w(\alpha\wedge\neg\beta) = \neg(w\alpha\wedge\neg w\beta) = w\alpha\to w\beta$. Auch $\bot$ und $\top$ wurden so definiert, dass stets $w\bot = 0$ und $w\top = 1$.

Es bezeichne $\mathcal{F}_n$ die Menge der Formeln von $\mathcal{F}$ in höchstens den Variablen $p_1, \ldots, p_n$, $n > 0$. Dann ist plausibel, dass $w\alpha$ für $\alpha \in \mathcal{F}_n$ lediglich abhängt von den Werten der $p_1, \ldots, p_n$. Also $(*): w\alpha = w'\alpha$, wenn $wp_i = w'p_i$ für $i = 1, \ldots, n$. Der einfache Beweis erfolgt durch Induktion über den Aufbau der Formeln aus $\mathcal{F}_n$: $(*)$ ist richtig für $p \in \mathcal{F}_n$, und gilt $(*)$ für $\alpha, \beta \in \mathcal{F}_n$, so offenbar auch für $\neg\alpha, \alpha \wedge \beta$ und $\alpha \vee \beta$.

Definition. Die Formel $\alpha \in \mathcal{F}_n$ *repräsentiert* die n-stellige Boolesche Funktion f, falls $w\alpha = fw\vec{p}$ für alle Belegungen w; dabei sei $w\vec{p} := (wp_1, \ldots, wp_n)$.

Weil $w\alpha$ für $\alpha \in \mathcal{F}_n$ durch $wp_1, \ldots, wp_n$ schon eindeutig festgelegt ist, repräsentiert α nur genau eine Funktion $f \in \boldsymbol{B}_n$, die gelegentlich auch mit $\alpha^{(n)}$ bezeichnet wird. So repräsentieren $p_1 \wedge p_2$ und $\neg(\neg p_1 \vee \neg p_2)$ beide die $\wedge$-Funktion, wie man sich anhand einer Tabelle leicht klarmacht. $\neg p_1 \vee p_2$ und $\neg(p_1 \wedge \neg p_2)$ repräsentieren beide die $\rightarrow$-Funktion, und $p_1 \vee p_2$, $\neg(\neg p_1 \wedge \neg p_2)$ und $(p_1 \rightarrow p_2) \rightarrow p_2$ allesamt die $\vee$-Funktion. Die *oder*-Verknüpfung ist demnach allein durch die Implikation ausdrückbar.

Man beachte hierbei: Da z.B. $\alpha := p_1 \vee p_2$ nicht nur zu $\mathcal{F}_2$, sondern auch zu $\mathcal{F}_3$ gehört, wird auch die Boolesche Funktion $f\colon (x_1, x_2, x_3) \mapsto x_1 \vee x_2$ durch α repräsentiert. Das dritte Argument ist allerdings nur ein „fiktives", oder anders formuliert, f ist „nicht wesentlich" 3-stellig, ebensowenig wie $(x_1, x_2, x_3) \mapsto x_1 \vee x_3$.

Bemerkung 2. Allgemein heißt eine Operation $f\colon M^n \to M$ *wesentlich n-stellig*, wenn f keine fiktiven Argumente hat. Dabei heißt das i-te Argument von f ein *fiktives*, wenn

$$f(x_1, \ldots, x_i, \ldots, x_n) = f(x_1, \ldots, x_i', \ldots, x_n), \text{ für alle } x_1, \ldots, x_n, x_i' \in M.$$

Die identische und die $\neg$-Funktion sind die wesentlich einstelligen Booleschen Funktionen, und von den 16 zweistelligen Funktionen sind nur 10 wesentlich zweistellig. Ist v_n die Anzahl aller und w_n die Anzahl aller wesentlich n-stelligen Booleschen Funktionen, beweist man unschwer $v_n = \sum_{i \leqslant n} \binom{n}{i} w_i$. Auflösung nach w_n ergibt $w_n = \sum_{i \leqslant n} (-1)^{n-i} \binom{n}{i} v_i$.

Übungen

1. $f \in \boldsymbol{B}_n$ heißt *linear*, wenn $f(x_1, \ldots, x_n) = a_0 + a_1x_1 + \cdots + a_nx_n$ für gewisse $a_0, \ldots, a_n \in \{0, 1\}$. Dabei bezeichne $+$ die Addition modulo 2 (exklusive Disjunktion) und es sei $a_ix_i = x_i$ für $a_i = 1$ und $a_ix_i = 0$ sonst. Man bestimme für jedes n die Anzahl der n-stelligen linearen Booleschen Funktionen.

2. Man beweise: ein echter Anfang ξ einer Formel α ist keine Formel.

3. Man beweise mit Hilfe von Übung 2 die eindeutige Rekonstruktionseigenschaft für $\mathcal{F}$: $(\alpha \circ \beta) = (\alpha' \circ' \beta')$ impliziert $\alpha = \alpha'$, $\circ = \circ'$ und $\beta = \beta'$.

4. Sei ξ eine Zeichenfolge. Man zeige, mit $\neg\xi$ ist auch ξ eine Formel. Ähnlich zeigt man $\alpha, (\alpha \wedge \xi) \in \mathcal{F} \Rightarrow \xi \in \mathcal{F}$ und $\alpha, (\alpha \rightarrow \xi) \in \mathcal{F} \Rightarrow \xi \in \mathcal{F}$.

1.2 Semantische Äquivalenz und Normalformen

Der Buchstabe w bezeichnet bis zum Ende dieses Kapitels immer eine aussagenlogische Belegung oder ihre Fortsetzung auf ganz $\mathcal{F}$. Formeln α, β heißen (logisch oder semantisch) *äquivalent*, auch *wertverlaufsgleich*, symbolisch $\alpha \equiv \beta$, wenn $w\alpha = w\beta$ für alle w. So ist z.B. $\alpha \equiv \neg\neg\alpha$. Offenbar gilt $\alpha \equiv \beta$ genau dann, wenn für ein beliebiges n mit $\alpha, \beta \in \mathcal{F}_n$ beide Formeln dieselbe n-stellige Boolesche Funktion repräsentieren. Daher können höchstens 2^{2^n} viele Formeln aus $\mathcal{F}_n$ paarweise nicht äquivalent sein, denn es gibt nicht mehr als 2^{2^n} viele Funktionen $f \in \boldsymbol{B}_n$.

In der Arithmetik schreibt man oft einfach $s = t$ um auszudrücken, dass die Terme s, t dieselbe Funktion repräsentieren; z.B. soll $(x + y)^2 = x^2 + 2xy + y^2$ die Wertverlaufsgleichheit des linken und rechten Terms zum Ausdruck bringen. Das kann man sich erlauben, weil die Termsyntax in der Arithmetik eine untergeordnete Rolle spielt. In der formalen Logik, wie immer dann, wenn syntaktische Betrachtungen im Vordergrund stehen, benutzt man das Gleichheitszeichen in $\alpha = \beta$ nur für die syntaktische Übereinstimmung der Zeichenfolgen α und β. Die Wertverlaufsgleichheit musste daher anders bezeichnet werden. Offenbar gelten für alle α, β, γ

$$
\begin{array}{rlr}
(\alpha\wedge\beta)\wedge\gamma \equiv \alpha\wedge\beta\wedge\gamma, & (\alpha \vee \beta) \vee \gamma \equiv \alpha \vee \beta \vee \gamma & \text{(Assoziativität);} \\
\alpha\wedge\beta \equiv \beta\wedge\alpha, & \alpha \vee \beta \equiv \beta \vee \alpha & \text{(Kommutativität);} \\
\alpha\wedge\alpha \equiv \alpha, & \alpha \vee \alpha \equiv \alpha & \text{(Idempotenz);} \\
\alpha\wedge(\alpha\vee\beta) \equiv \alpha, & \alpha \vee \alpha\wedge\beta \equiv \alpha & \text{(Absorption);} \\
\alpha\wedge(\beta\vee\gamma) \equiv \alpha\wedge\beta \vee \alpha\wedge\gamma, & \alpha \vee \beta\wedge\gamma \equiv (\alpha\vee\beta)\wedge(\alpha\vee\gamma) & \text{(Distributivität);} \\
\neg(\alpha\wedge\beta) \equiv \neg\alpha \vee \neg\beta, & \neg(\alpha \vee \beta) \equiv \neg\alpha\wedge\neg\beta & \text{(DeMorgansche Regeln).}
\end{array}
$$

Ferner ist $\alpha \vee \neg\alpha \equiv \top$, $\alpha\wedge\neg\alpha \equiv \bot$ und $\alpha\wedge\top \equiv \alpha \vee \bot \equiv \alpha$. Es ist nützlich, auch gewisse Äquivalenzen für Formeln aufzulisten, die $\rightarrow$ enthalten, zum Beispiel

$$\alpha \rightarrow \beta \equiv \neg\alpha \vee \beta \equiv \neg\alpha \vee \alpha\wedge\beta; \quad \alpha \rightarrow \beta \rightarrow \gamma \equiv \alpha\wedge\beta \rightarrow \gamma \equiv \beta \rightarrow \alpha \rightarrow \gamma.$$

Eine Verallgemeinerung ist $\alpha_1 \rightarrow \ldots \rightarrow \alpha_n \equiv \alpha_1\wedge \ldots \wedge\alpha_{n-1} \rightarrow \alpha_n$. Ferner sei die „Linksdistributivität" von $\rightarrow$ bezüglich $\wedge$ und $\vee$ erwähnt, d.h.

$$\alpha \rightarrow \beta\wedge\gamma \equiv (\alpha \rightarrow \beta)\wedge(\alpha \rightarrow \gamma) \quad ; \quad \alpha \rightarrow \beta \vee \gamma \equiv (\alpha \rightarrow \beta) \vee (\alpha \rightarrow \gamma).$$

Steht das Symbol $\rightarrow$ hingegen rechts, so gelten

$$\alpha\wedge\beta \rightarrow \gamma \equiv (\alpha \rightarrow \gamma) \vee (\beta \rightarrow \gamma) \quad ; \quad \alpha \vee \beta \rightarrow \gamma \equiv (\alpha \rightarrow \gamma)\wedge(\beta \rightarrow \gamma).$$

Bemerkung 1. Diese beiden letzten Äquivalenzen sind verantwortlich für ein kurioses Phänomen in der Alltagssprache. Zum Beispiel haben die beiden Aussagen

A: *Studenten und Rentner zahlen die Hälfte*, B: *Studenten oder Rentner zahlen die Hälfte*

offenbar denselben Sinn. Wie lässt sich dies erklären? Seien die Sprachpartikel *Student*, *Rentner*, *die Hälfte zahlen* durch S, R bzw. H abgekürzt. Dann drücken

$$\alpha : (S \to H) \wedge (R \to H), \qquad \beta : (S \vee R) \to H$$

die Sachverhalte A bzw. B etwas präziser aus. Nun sind α und β aber logisch äquivalent. Die umgangssprachlichen Formulierungen A, B von α bzw. β verschleiern den strukturellen Unterschied von α und β durch einen scheinbar synonymen Gebrauch von *und, oder*.

Offenbar ist $\equiv$ eine Äquivalenzrelation, d.h. es gelten

$$\begin{array}{rl} \alpha \equiv \alpha & \text{(Reflexivität)}, \\ \alpha \equiv \beta \;\Rightarrow\; \beta \equiv \alpha & \text{(Symmetrie)}, \\ \alpha \equiv \beta, \beta \equiv \gamma \;\Rightarrow\; \alpha \equiv \gamma & \text{(Transitivität)}. \end{array}$$

Darüber hinaus ist $\equiv$ eine *Kongruenz* [2)] auf $\mathcal{F}$, d.h. für alle $\alpha, \alpha', \beta, \beta'$ gilt

$$\alpha \equiv \alpha', \beta \equiv \beta' \;\Rightarrow\; \alpha \circ \beta \equiv \alpha' \circ \beta', \neg\alpha \equiv \neg\alpha' \qquad (\circ \in \{\wedge, \vee\}).$$

Deshalb gilt das sogenannte *Ersetzungstheorem*: $\alpha \equiv \alpha' \;\Rightarrow\; \varphi \equiv \varphi'$, wobei φ' aus φ dadurch hervorgeht, dass man die in φ eventuell vorkommende Subformel α an einer oder mehreren Stellen ihres Vorkommens durch α' ersetzt. So ergibt sich etwa aus $\varphi = (\neg p \vee \neg q) \wedge (p \vee q)$ durch Ersetzen der Subformel $\neg p \vee \neg q$ durch die äquivalente Formel $\neg(p \wedge q)$ die zu φ äquivalente Formel $\varphi' = \neg(p \wedge q) \wedge (p \vee q)$.

Ein ähnliches Ersetzungstheorem gilt übrigens auch für arithmetische Terme und wird bei Termumformungen ständig verwendet. Dies fällt deswegen nicht auf, weil $=$ statt $\equiv$ geschrieben wird und mit der Ersetzung meist richtig umgegangen wird. Der sehr einfache Beweis des Ersetzungstheorems wird in **2.4** in einem etwas erweiterten Rahmen ausgeführt. Ausgerüstet mit den Äquivalenzen $\neg(\alpha \wedge \beta) \equiv \neg\alpha \vee \neg\beta$, $\neg(\alpha \vee \beta) \equiv \neg\alpha \wedge \neg\beta$ und $\neg\neg\alpha \equiv \alpha$ konstruiert man mit dem Ersetzungstheorem zu jeder Formel φ leicht eine äquivalente Formel, in der das Negationszeichen nur noch unmittelbar vor Variablen steht. Zum Beispiel ergibt sich auf diese Weise $\neg(p \wedge q \vee r) \equiv \neg(p \wedge q) \wedge \neg r \equiv (\neg p \vee \neg q) \wedge \neg r$. Solche Umformungen führen auch syntaktisch zu den unten betrachteten konjunktiven und disjunktiven Normalformen.

Für den Lernenden ist immer eine gewisse Überraschung, dass *jede* Boolesche Funktion durch eine Boolesche Formel repräsentierbar ist. Es gibt dafür unterschiedliche Beweise. Wir wollen bei dieser Gelegenheit jedoch gewisse Normalformen kennenlernen und beginnen daher mit der folgenden

Definition. Primformeln und deren Verneinungen heißen *Literale*. Eine Disjunktion $\alpha_1 \vee \ldots \vee \alpha_n$, wobei jedes α_i eine Konjunktion von Literalen ist, heiße eine *disjunktive Normalform*, kurz eine DNF. Eine Konjunktion $\beta_1 \wedge \ldots \wedge \beta_n$, wobei jedes β_i eine Disjunktion von Literalen ist, heiße eine *konjunktive Normalform*, kurz eine KNF.

[2)] Dieser ursprünglich aus der Geometrie stammende Begriff ist in jeder algebraischen Struktur sinnvoll definiert und gehört zu den wichtigsten mathematischen Begriffen, siehe hierzu **2.1**.

Beispiele. $p \vee (q \wedge \neg p)$ ist eine DNF. Die Formel $p \vee q$ ist zugleich eine DNF und eine KNF, während $p \vee \neg(q \wedge \neg p)$ weder eine DNF noch eine KNF darstellt.

Satz 2.1 besagt, dass jede Boolesche Funktion durch eine Boolesche Formel repräsentiert wird, sogar durch eine DNF, und auch durch eine KNF. Dazu genügt z.B. der recht einfache Nachweis, dass es zu vorgegebenem n mindestens 2^{2^n} viele paarweise nichtäquivalente DNFs (bzw. KNFs) gibt. Doch führen wir den Beweis konstruktiv. Zu einer durch eine Wertetabelle gegebenen Booleschen Funktion wird eine sie repräsentierende DNF (bzw. KNF) explizit angegeben.

In der Formulierung von Satz 2.1 verwenden wir vorübergehend folgende Notation. Für Variablen p sei $p^1 = p$ und $p^0 = \neg p$. Wie man sich induktiv über n ($\geqslant 1$) leicht klarmacht, gilt für alle $x_1, \ldots, x_n \in \{0,1\}$

$$(*) \quad w(p_1^{x_1} \wedge \cdots \wedge p_n^{x_n}) = 1 \Leftrightarrow w\vec{p} = \vec{x} \quad (\text{d.h. } wp_1 = x_1, \ldots, wp_n = x_n).$$

Satz 2.1. *Jede Boolesche Funktion f, sagen wir $f \in \boldsymbol{B}_n$, ist repräsentierbar durch eine* DNF, *und zwar durch*

$$\alpha := \bigvee_{f(x_1,\ldots,x_n)=1} p_1^{x_1} \wedge \cdots \wedge p_n^{x_n}.$$ [3]

f ist zugleich repräsentierbar durch die KNF

$$\beta := \bigwedge_{f(x_1,\ldots,x_n)=0} p_1^{\neg x_1} \vee \cdots \vee p_n^{\neg x_n}.$$

Beweis. Unter Beachtung der Definition von α gilt für eine beliebige Belegung w

$$\begin{aligned} w\alpha = 1 \quad &\Leftrightarrow \quad \text{es gibt ein } \vec{x} \text{ mit } w(p_1^{x_1} \wedge \cdots \wedge p_n^{x_n}) = 1 \text{ und } f\vec{x} = 1 \\ &\Leftrightarrow \quad \text{es gibt ein } \vec{x} \text{ mit } w\vec{p} = \vec{x} \text{ und } f\vec{x} = 1 \quad \big(\text{nach } (*)\,\big) \\ &\Leftrightarrow \quad fw\vec{p} = 1. \end{aligned}$$

Aus $w\alpha = 1 \Leftrightarrow fw\vec{p} = 1$ folgt wegen der Zweiwertigkeit sofort $w\alpha = fw\vec{p}$. Analog beweist man die Repräsentierbarkeit von f durch β, oder man benutzt Satz 2.3. ❑

Beispiel. Für die *entweder-oder*-Funktion $+$ liefert das Konstruktionsverfahren von Satz 2.1 die repräsentierende DNF $p_1 \wedge \neg p_2 \vee \neg p_1 \wedge p_2$. Denn $(1,0)$, $(0,1)$ sind die beiden Tupel, für die $+$ den Wert 1 hat. Die durch den Satz gelieferte KNF hingegen lautet $(p_1 \vee p_2) \wedge (\neg p_1 \vee \neg p_2)$. Die äquivalente Formel $(p_1 \vee p_2) \wedge \neg(p_1 \wedge p_2)$ gibt den Sinn der exklusiven oder-Verknüpfung besonders anschaulich wieder.

---

[3] Die Disjunktionsglieder der Formel α seien z.B. gemäß lexikographischer Anordnung der n-Tupel $(x_1, \ldots, x_n) \in \{0,1\}^n$ angeordnet. Falls die Disjunktion leer ist, also f den Wert 1 nicht annimmt, sei α die Formel $\bot$ $(= p_1 \wedge \neg p_1)$. Analog sei $\top$ $(= \neg\bot)$ die leere Konjunktion. Dies entspricht den Konventionen, wonach die leere Summe hat den Wert 0, das leere Produkt den Wert 1 hat.

Die durch Satz 2.1 gegebene DNF für $\rightarrow$, nämlich $p_1 \wedge p_2 \vee \neg p_1 \wedge p_2 \vee \neg p_1 \wedge \neg p_2$, ist länger als die $\rightarrow$ ebenfalls repräsentierende DNF $\neg p_1 \vee p_2$. Die erstere ist aber dadurch ausgezeichnet, dass jede ihrer Disjunktionen jede der beiden vorkommenden Variablen genau einmal enthält. Eine DNF in n Variablen mit der analogen Eigenschaft heißt *kanonisch*. Satz 2.1 liefert die Repräsentierbarkeit durch kanonische Normalformen, wobei der Begriff der kanonischen KNF entsprechend erklärt sei. So wird z.B. $\leftrightarrow$ durch die kanonische KNF $(\neg p_1 \vee p_2) \wedge (p_1 \vee \neg p_2)$ repräsentiert.

Eine logische Signatur (eigentlich das ihr entsprechende System Boolescher Funktionen) heißt *funktional vollständig*, genauer *term-funktional vollständig*, wenn jede Boolesche Funktion durch eine Formel dieser Signatur repräsentierbar ist. Nach Satz 2.1 ist $\{\neg, \wedge, \vee\}$ funktional vollständig. Wegen $p_1 \vee p_2 \equiv \neg(\neg p_1 \wedge \neg p_2)$ und $p_1 \wedge p_2 \equiv \neg(\neg p_1 \vee \neg p_2)$ kann auf $\vee$ oder aber auf $\wedge$ auch noch verzichtet werden. Man erhält damit das

Korollar 2.2. $\{\neg, \wedge\}$ *und* $\{\neg, \vee\}$ *sind funktional vollständig.*

Um eine logische Signatur L als funktional vollständig nachzuweisen, genügt es daher, $\neg, \wedge$ oder $\neg, \vee$ durch Formeln in L zu repräsentieren. Weil z.B. $\neg p \equiv p \rightarrow 0$ und $p \wedge q \equiv \neg(p \rightarrow \neg q)$, ist $\{\rightarrow, 0\}$ funktional vollständig, ebenso wie z.B. $\{\rightarrow, \neg\}$. Dagegen ist z.B. $\{\rightarrow, \wedge, \vee\}$ und erst recht $\{\rightarrow\}$ funktional unvollständig. Denn induktiv über den Aufbau von Formeln α in $\rightarrow, \wedge, \vee$ folgt leicht $w\alpha = 1$ für jedes w mit $wp = 1$ für alle p. Daher gibt es kein derartiges α mit $\alpha \equiv \neg p$.

Bemerkenswerterweise ist die lediglich $\downarrow$ enthaltende Signatur bereits funktional vollständig. Denn $\neg p \equiv p \downarrow p$, sowie $p \wedge q \equiv \neg p \downarrow \neg q$ nach der Wertetafel für $\downarrow$. Analoges gilt auch für $\{\uparrow\}$, denn $\neg p \equiv p \uparrow p$ und $p \vee q \equiv \neg p \uparrow \neg q$. Dass mit $\{\downarrow\}$ auch $\{\uparrow\}$ funktional vollständig ist, entnimmt man auch dem Dualitätssatz unten.

Es gibt bis auf Termäquivalenz immer noch unendlich viele Signaturen. Dabei heißen Signaturen *termäquivalent*, wenn deren Formeln jeweils die gleichen Booleschen Funktionen repräsentieren wie z.B. die in Übung 2 genannten Signaturen.

Wir erklären eine Abbildung $\delta : \mathcal{F} \rightarrow \mathcal{F}$ rekursiv über die Formeln von $\mathcal{F}$ durch

$$p^\delta = p, \quad (\neg\alpha)^\delta = \neg\alpha^\delta, \qquad (\alpha \wedge \beta)^\delta = \alpha^\delta \vee \beta^\delta, \quad (a \vee \beta)^\delta = \alpha^\delta \wedge \beta^\delta.$$

α^δ heißt die zu α *duale Formel*. Sie entsteht aus α dadurch, dass $\wedge$ und $\vee$ miteinander vertauscht werden. Für eine DNF α ist α^δ offenbar eine KNF und umgekehrt. Die zu $f \in \boldsymbol{B}_n$ *duale Funktion* sei definiert durch $f^\delta(x_1, \dots, x_n) = \neg f(\neg x_1, \dots, \neg x_n)$. Offenbar gilt $(f^\delta)^\delta = f$. So ist $\wedge^\delta = \vee$, $\vee^\delta = \wedge$, $\leftrightarrow^\delta = +$, $\downarrow^\delta = \uparrow$, aber $\neg^\delta = \neg$. Mit anderen Worten, $\neg$ ist *selbstdual*. Auch d_3: $(x_1, x_2, x_3) \mapsto x_1 \wedge x_2 \vee x_1 \wedge x_3 \vee x_2 \wedge x_3$ ist ein oft zitiertes Beispiel. Wesentlich 2-stellige selbstduale Funktionen gibt es nicht, wie ein Blick auf die Wertetafeln zeigt. Die Dualisierungsbegriffe verbindet

Satz 2.3 (Dualitätssatz der 2-wertigen Logik). *Repräsentiert α die Funktion f, so repräsentiert die duale Formel α^δ die duale Funktion f^δ.*

Der recht einfache Beweis des Satzes, der sich kurz durch $(\alpha^{(n)})^\delta = (\alpha^\delta)^{(n)}$ wiedergeben lässt, sei hier übergangen. Statt dessen seien einige Anwendungen vorgestellt. $\leftrightarrow$ wird z.B. durch $p \wedge q \vee \neg p \wedge \neg q$ repräsentiert, die duale Funktion $+ = \leftrightarrow^\delta$ also durch die duale Formel $(p \vee q) \wedge (\neg p \vee \neg q)$. Die erste ist eine DNF, die letzte eine KNF. Allgemeiner: wird $f \in \boldsymbol{B}_n$ durch eine DNF α repräsentiert, so f^δ nach Satz 2.3 durch eine KNF, nämlich α^δ, und diese ist kanonisch falls α kanonisch ist wie im vorliegenden Beispiel. Falls wir nur wissen, dass jedes $f \in \boldsymbol{B}_n$ durch eine DNF repräsentierbar ist, so notwendigerweise auch durch eine KNF; denn die Abbildung $f \mapsto f^\delta$ ist wegen $\delta^2 = id_{\boldsymbol{B}_n}$ eine Bijektion von $\boldsymbol{B}_n$ auf sich.

Bemerkung 2. $\{\wedge, \vee, 0, 1\}$ ist *maximal funktional unvollständig*, d.h. ist eine Boolesche Funktion f nicht durch eine Formel in $\wedge, \vee, 0, 1$ repräsentierbar, so ist $\{\wedge, \vee, 0, 1, f\}$ bereits funktional vollständig, Übung 4. Es gibt bis auf Termäquivalenz nur fünf maximal unvollständige Signaturen wie E. Post 1920 bewies, außer der angegebenen nur $\{\rightarrow, \wedge\}$ und deren duale, sowie $\{\leftrightarrow, \neg\}$ und $\{d_3, \neg\}$. Die Formeln der letztgenannten Signatur repräsentieren genau alle selbstdualen Booleschen Funktionen. Schreibt man vorübergehend $\cdot$ statt $\wedge$, so ist wegen $\neg p \equiv 1 + p$ auch $\{0, 1, +, \cdot\}$ funktional vollständig. Das hat einen tieferen Grund: es ist dies zugleich die Signatur der Körper (siehe hierzu **2.1**) und in jedem endlichen Körper sind alle Funktionen seines Trägers als Polynome darstellbar. Für endliche Gruppen ist dies in der Regel falsch. Ferner gibt es für jede endliche Menge E eine verallgemeinerte 2-stellige Sheffer-Funktion, durch welche man jede Operation über E in einem analogen Sinne wie im 2-wertigen Falle erhält. Die Beweise dieser Behauptungen haben mehr mit Algebra als mit Logik zu tun. Wir verweisen daher z.B. auf [Ih].

Übungen

1. Man verifiziere die Äquivalenzen $(p \rightarrow q_1) \wedge (\neg p \rightarrow q_2) \equiv p \wedge q_1 \vee \neg p \wedge q_2$ und $p_1 \wedge q_1 \rightarrow p_2 \vee q_2 \equiv (p_1 \rightarrow p_2) \vee (q_1 \rightarrow q_2)$.

2. Man zeige, die Signaturen $\{+, 1\}$, $\{+, \neg\}$ und $\{\leftrightarrow, \neg\}$ sind termäquivalent. Deren Formeln repräsentieren genau die linearen Booleschen Funktionen.

3. Man beweise, die Formeln in $\{\wedge, \vee, 0, 1\}$ repräsentieren genau die *monotonen* Booleschen Funktionen, d.h. die Konstanten aus $\boldsymbol{B}_0$ und die $f \in \boldsymbol{B}_n$ mit
$$f(\dots, x_{i-1}, 0, x_{i+1}, \dots) \leqslant f(\dots, x_{i-1}, 1, x_{i+1}, \dots) \quad (i = 1, \dots, n)$$
für alle $x_1, \dots, x_n \in \{0, 1\}$.

4. Man zeige, die Signatur $\{\wedge, \vee, 0, 1\}$ ist maximal funktional unvollständig.

1.3 Tautologien und aussagenlogisches Folgern

Statt $w\alpha = 1$ schreibt man auch $w \vDash \alpha$ und sagt w *erfüllt* α. Wir werden dieser Schreibweise in der Regel den Vorzug geben. Ferner schreibt man $w \vDash X$, wenn $w \vDash \alpha$ für alle $\alpha \in X$, und nennt dann w ein *Modell für die Formelmenge* X. Falls es ein w mit $w \vDash \alpha$ bzw. mit $w \vDash X$ gibt, heißen α bzw. X auch *erfüllbar*. Die Relation $\vDash$, auch die *Erfüllungsrelation* genannt, hat offenbar die folgenden Eigenschaften:

$$w \vDash p \quad \Leftrightarrow \quad wp = 1 \quad (p \in AV); \qquad w \vDash \neg\alpha \quad \Leftrightarrow \quad w \nvDash \alpha;$$
$$w \vDash \alpha \wedge \beta \quad \Leftrightarrow \quad w \vDash \alpha \text{ und } w \vDash \beta; \qquad w \vDash \alpha \vee \beta \quad \Leftrightarrow \quad w \vDash \alpha \text{ oder } w \vDash \beta.$$

Im Hinblick auf die Erweiterungen der Erfüllungsbedingungen in **2.3** ist wichtig, dass die Erfüllungsrelation $w \vDash \alpha$ für vorgegebenes $w\colon AV \to \{0,1\}$ auch direkt definiert werden kann, und zwar rekursiv über α, entsprechend den soeben niedergeschriebenen Klauseln. w ist offenbar eindeutig durch eine Vorgabe darüber festgelegt, für welche Variablen $w \vDash p$ gelten soll. Auch ist die Notation $w \vDash \alpha$ für $\alpha \in \mathcal{F}_n$ bereits dann sinnvoll, wenn w nur für $p_1, \ldots, p_n$ erklärt wurde. Ein solches w kann man sich, wenn gewünscht, zu einer globalen Belegung fortgesetzt denken, indem man wp für die in α nicht vorkommenden Variablen z.B. identisch 0 setzt.

Falls die Formeln auch andere Junktoren enthalten, sind für diese die Erfüllungsbedingungen sinngemäß zu formulieren. Zum Beispiel erwarten wir

$$w \vDash \alpha \to \beta \quad \Leftrightarrow \quad \text{wenn } w \vDash \alpha, \text{ so } w \vDash \beta.$$

Ist $\to$ ein eigenständiger Junktor, wird dies gefordert. Wir haben $\to$ hingegen durch andere Junktoren so definiert, dass diese Erfüllungsklausel beweisbar ist.

Definition. α heißt *allgemeingültig* oder *logisch gültig*, auch eine 2-wertige *Tautologie* genannt, wenn $w \vDash \alpha$ (gleichwertig $w\alpha = 1$) für alle w. Wir schreiben dann $\vDash \alpha$. Eine nicht erfüllbare Formel heißt auch eine *Kontradiktion*.

Beispiele. Alle Formeln der Gestalt $\alpha \vee \neg\alpha$ sind Tautologien. $\bot$, $\alpha \wedge \neg\alpha$ und $\alpha \leftrightarrow \neg\alpha$ sind hingegen Kontradiktionen. So wird die Russellsche Antinomie auf Seite 58 so gewonnen, dass für die „Russellsche Menge" u die Kontradiktion $u \in u \leftrightarrow u \notin u$ gefolgert wird. In der aussagenlogischen Literatur oft zitiert werden die Tautologien

$p \to p$	(Selbstimplikation),
$p \to q \to p$	(Prämissenbelastung),
$(p \to q \to r) \to (q \to p \to r)$	(Prämissenvertauschung),
$(p \to q) \to (q \to r) \to (p \to r)$	(gewöhnlicher Kettenschluß),
$(p \to q \to r) \to (p \to q) \to (p \to r)$	(Fregescher Kettenschluß),
$((p \to q) \to p) \to p$	(Formel von Peirce).

Es ist offenbar entscheidbar, ob eine Formel α eine Tautologie ist oder nicht, indem man z.B. alle Belegungen der Variablen von α durchprobiert. Leider gibt es bis heute keine wesentlich effizienteren Verfahren. Diese gibt es nur für Formeln in gewisser Gestalt, siehe hierzu **4.2**. Auch das Prüfen einer Äquivalenz kann auf das Tautologieproblem reduziert werden. Denn offenbar gilt $\alpha \equiv \beta \Leftrightarrow\ \vDash \alpha \leftrightarrow \beta$.

Definition. Aus X *folgt* α *im aussagenlogischen Sinne*, symbolisch $X \vDash \alpha$, wenn $w \vDash \alpha$ für jedes Modell w von X.

Wir benutzen hier $\vDash$ zugleich als Zeichen für das Folgern als einer Relation zwischen Formelmengen X und Formeln α. Der Kontext wird stets klar erkennen lassen, was gemeint ist. Offensichtlich ist α allgemeingültig genau dann, wenn $\emptyset \vDash \alpha$, so dass die Notation $\vDash \alpha$ auch als verkürzte Schreibweise für $\emptyset \vDash \alpha$ verstanden werden kann.

$X \vDash \alpha, \beta$ meine in diesem Buch stets $X \vDash \alpha$ und $X \vDash \beta$, sowie $X \vDash Y$ stets $X \vDash \beta$ für alle $\beta \in Y$. Ferner schreiben wir meistens $\alpha_1, \dots, \alpha_n \vDash \beta$ anstelle von $\{\alpha_1, \dots, \alpha_n\} \vDash \beta$, und ebenso $X, \alpha \vDash \beta$ anstelle von $X \cup \{\alpha\} \vDash \beta$.

Bevor wir Beispiele angeben, notieren wir die offensichtlichen Eigenschaften

$$
\begin{array}{lll}
\text{(R)} & \alpha \in X \Rightarrow X \vDash \alpha & (\textit{Reflexivität}), \\
\text{(M)} & X \vDash \alpha \ \&\ X \subseteq X' \ \Rightarrow\ X' \vDash \alpha & (\textit{Monotonie}), \\
\text{(T)} & X \vDash Y \ \&\ Y \vDash \alpha \ \Rightarrow\ X \vDash \alpha & (\textit{Transitivität}).
\end{array}
$$

Beispiele für Folgerungsbeziehungen. (a) $\alpha, \beta \vDash \alpha \wedge \beta$ und $\alpha \wedge \beta \vDash \alpha, \beta$. Dies ist klar gemäß Wertematrix für $\wedge$. Angesichts der Transitivität (T) lässt (a) sich auch in der Weise $X \vDash \alpha, \beta \ \Leftrightarrow\ X \vDash \alpha \wedge \beta$ formulieren. (b) $\alpha, \alpha \to \beta \vDash \beta$. Denn $1 \to x = 1$ impliziert $x = 1$ nach der Wertetabelle für $\to$. (c) $X \vDash \bot \ \Rightarrow\ X \vDash \alpha$ für alle α. Denn $X \vDash \bot\ (= p_1 \wedge \neg p_1)$ kann nur dann gelten wenn X unerfüllbar ist, d.h. kein Modell hat, wie etwa $X = \{p, \neg p\}$. Das hat offenbar $X \vDash \alpha$ für beliebiges α zur Folge. (d) $X, \alpha \vDash \beta$ und $X, \neg\alpha \vDash \beta$ impliziert $X \vDash \beta$. Denn sei $w \vDash X$. Falls $w \vDash \alpha$, ergibt $X, \alpha \vDash \beta$ auch $w \vDash \beta$; falls aber $w \vDash \neg\alpha$, folgt $w \vDash \beta$ aus $X, \neg\alpha \vDash \beta$.

Eigenschaft (b) wird auch der *Modus Ponens* genannt, wenn man (b) als Regel formuliert. Siehe hierzu auch **1.6**. Durch (d) wird das häufig verwendete Beweisverfahren durch Fallunterscheidung wiedergegeben. Um eine Aussage β aus einer Prämissenmenge X zu erschließen, genügt es, diese unter einer Zusatzannahme α und ebenso auch unter der Annahme $\neg\alpha$ herzuleiten.

Für viele Zwecke nützlich ist die Abgeschlossenheit des Folgerns unter Substitutionen. Sie verallgemeinert die Beobachtung, dass z.B. aus $p \vee \neg p$ alle Tautologien der Gestalt $\alpha \vee \neg\alpha$ durch Substitution von α für p entstehen.

Definition. Eine *(aussagenlogische) Substitution* ist eine Abbildung $\sigma : AV \to \mathcal{F}$, die sich wie folgt in natürlicher Weise zu einer Abbildung $\sigma : \mathcal{F} \to \mathcal{F}$ erweitern lässt:

$$(\alpha \wedge \beta)^\sigma = \alpha^\sigma \wedge \beta^\sigma, \quad (\alpha \vee \beta)^\sigma = \alpha^\sigma \vee \beta^\sigma, \quad (\neg\alpha)^\sigma = \neg\alpha^\sigma.$$

Genau wie Belegungen lassen sich daher auch Substitutionen als auf ganz $\mathcal{F}$ erklärte Abbildungen auffassen, die durch ihre Einschränkungen auf AV eindeutig bestimmt sind. Ist z.B. $p^\sigma = \alpha$ für ein p und $q^\sigma = q$ sonst, so entsteht φ^σ aus φ durch Ersetzung von p durch α an allen Stellen des Vorkommens von p in φ. Dass mit φ auch φ^σ eine Tautologie ist, ist der Sonderfall $X = \emptyset$ der allgemeinen *Substitutionsinvarianz*

$$\text{(S)} \quad X \vDash \alpha \ \Rightarrow\ X^\sigma \vDash \alpha^\sigma \qquad (X^\sigma := \{\varphi^\sigma \mid \varphi \in X\}).$$

Beweis. Sei w eine Belegung und sei w^σ erklärt durch $w^\sigma p = wp^\sigma$. Wir zeigen

$$(*) \quad w \vDash \alpha^\sigma \ \Leftrightarrow\ w^\sigma \vDash \alpha$$

induktiv über α. Für Primformeln ist dies klar und die Induktionsannahme ergibt

$$w \vDash (\alpha \wedge \beta)^\sigma \Leftrightarrow w \vDash \alpha^\sigma \wedge \beta^\sigma \Leftrightarrow w \vDash \alpha^\sigma, \beta^\sigma \Leftrightarrow w^\sigma \vDash \alpha, \beta \Leftrightarrow w^\sigma \vDash \alpha \wedge \beta.$$

Das Analoge beweist man für $\vee$ und $\neg$. Damit gilt $(*)$. Zum Nachweis von (S) sei $X \vDash \alpha$, sowie $w \vDash X^\sigma$. Wegen $(*)$ ist $w^\sigma \vDash X$. Also $w^\sigma \vDash \alpha$, und damit $w \vDash \alpha^\sigma$. ❑

Die Folgerungsrelation hat eine weitere, insbesondere auch für mathematische Anwendungen bedeutsame Eigenschaft, die im nächsten Abschnitt bewiesen wird:

$$\text{(F)} \quad X \vDash \alpha \ \Rightarrow\ X_0 \vDash \alpha \text{ für eine endliche Teilmenge } X_0 \subseteq X.$$

Eine weitere wichtige und leicht beweisbare Folgerungseigenschaft ist ferner

$$\text{(D)} \quad X, \alpha \vDash \beta \ \Rightarrow\ X \vDash \alpha \to \beta.$$

Denn sei $X, \alpha \vDash \beta$ und w Modell für X. Wenn $w \vDash \alpha$, ist wegen $X, \alpha \vDash \beta$ auch $w \vDash \beta$. Damit ist $X \vDash \alpha \to \beta$ schon gezeigt. (D) heißt auch das (semantische) *Deduktionstheorem*. Auch die Umkehrung von (D) ist richtig, wie man leicht sieht, d.h. man darf $\Rightarrow$ in (D) durch $\Leftrightarrow$ ersetzen. Wiederholte Anwendung hiervon liefert

$$\alpha_1, \ldots, \alpha_n \vDash \beta \quad \Leftrightarrow \quad \vDash \alpha_1 \to \alpha_2 \to \ldots \to \alpha_n \to \beta \quad \Leftrightarrow \quad \vDash \alpha_1 \wedge \alpha_2 \wedge \ldots \wedge \alpha_n \to \beta.$$

Damit wird das Folgern von β aus einer endlichen Prämissenmenge gänzlich auf die Allgemeingültigkeit einer geeigneten Formel zurückgeführt.

Mit (D) lassen sich bequem Tautologien gewinnen. Um etwa $\vDash p \to q \to p$ zu beweisen, genügt nach (D) der Nachweis von $p \vDash q \to p$; dazu genügt, wiederum nach (D), der Nachweis von $p, q \vDash p$, und dies ist trivial. Durch einfache Anwendung von (D) erhält man leicht auch die beiden in Übung 1 genannten Kettenschlußformeln.

$X \subseteq \mathcal{F}$ heißt X *deduktiv abgeschlossen*, wenn $X \vDash \alpha \Rightarrow \alpha \in X$ für alle $\alpha \in \mathcal{F}$. Wegen (R) kann diese Bedingung gleichwertig durch $X \vDash \alpha \ \Leftrightarrow\ \alpha \in X$ ersetzt werden.

Beispiele sind die Menge aller Tautologien und ganz $\mathcal{F}$. Der Durchschnitt deduktiv abgeschlossener Mengen ist wieder deduktiv abgeschlossen. Daher ist jedes $X \subseteq \mathcal{F}$ Teilmenge einer kleinsten deduktiv abgeschlossenen Obermenge von X.

Bemerkung. Die Eigenschaften (R), (M), (T) und (S) teilt $\vDash$ mit fast allen nichtklassischen (mehrwertigen oder sonstigen) logischen Systemen. Eine Relation $\vdash$ zwischen Formelmengen und Formeln einer vorgegebenen aussagenlogischen Sprache $\mathcal{F}$ mit den für $\vdash$ sinngemäß formulierten Eigenschaften (R), (M), (T) und (S) heiße eine (aussagenlogische) *Konsequenzrelation.* Diese sind das Ausgangsmaterial für eine von Tarski begründete, sehr allgemeine und tragfähige Theorie logischer Systeme, der sich fast alle in der Literatur betrachteten logischen Systeme unterordnen. Alle in diesem Buch vorgestellten Logik-Kalküle haben z.B. diese Eigenschaften. Begriffe wie Tautologie, konsistent, deduktiv abgeschlossen usw. beziehen sich auf eine gegebene Konsequenzrelation $\vdash$. Eine Formelmenge X heißt z.B. *inkonsistent*, wenn $X \vdash \alpha$ für alle α, und anderenfalls konsistent. $\vdash$ selbst heißt inkonsistent, wenn $\vdash \alpha$ für alle α. Erfüllt $\vdash$ die oben für $\vDash$ formulierte, noch nicht bewiesene und im allgemeinen Falle auch nicht vorausgesetzte Eigenschaft (F), so heißt $\vdash$ *finitär.* (F) gilt für das Folgern über einer beliebigen endlichen logischen Matrix. Dies wird in Übung 3 in **5.7** als Beispiel einer Anwendung des Ultraproduktsatzes bewiesen und zugleich wesentlich verallgemeinert.

Übungen

1. Man beweise mit Hilfe des Deduktionstheorems

$$\vDash (p \to q \to r) \to (p \to q) \to (p \to r) \text{ und } \vDash (p \to q) \to (q \to r) \to (p \to r).$$

2. Man bestätige die Korrektheit der *Regel der disjunktiven Fallunterscheidung*: Wenn $X, \alpha \vDash \gamma$ und $X, \beta \vDash \gamma$, so $X, \alpha \vee \beta \vDash \gamma$. In suggestiver Schreibweise

$$\frac{X, \alpha \vDash \gamma \,\big|\, X, \beta \vDash \gamma}{X, \alpha \vee \beta \vDash \gamma}.$$

3. Man verifiziere die Korrektheit der folgenden *Kontrapositionsregeln*:

$$\frac{X, \alpha \vDash \beta}{X, \neg\beta \vDash \neg\alpha} \;;\; \frac{X, \neg\beta \vDash \neg\alpha}{X, \alpha \vDash \beta}.$$

4. Sei $\vdash$ eine beliebige Konsequenzrelation in $\mathcal{F}$ und $X^{\vdash} := \{\alpha \in \mathcal{F} \mid X \vdash \alpha\}$. Man zeige, $X^{\vdash}$ ist die kleinste deduktiv abgeschlossene Obermenge von X.

5. Sei $\vdash$ eine Konsequenzrelation in $\mathcal{F}$ und für beliebiges $X \subseteq \mathcal{F}$ erkläre man $X \vdash_0 \alpha :\Leftrightarrow X_0 \vdash \alpha$ für ein endliches $X_0 \subseteq X$. Man zeige, $\vdash_0$ ist eine finitäre Konsequenzrelation und $\vdash_0 \subseteq \vdash$.

1.4 Ein vollständiger aussagenlogischer Kalkül

Wir werden nun vermittels eines Regelkalküls eine Ableitungsrelation $\vdash$ definieren, die sich als identisch mit der Folgerungsrelation $\vDash$ erweist. Dieser Kalkül ist vom Typus der sogenannten Gentzen-Kalküle. Seine Regeln beziehen sich auf Paare (X, α) von Formelmengen X und Formeln α, wobei X – anders als in [Ge] – hier nicht endlich sein muss, da die von uns verfolgten Ziele dies nicht erfordern. In Anlehnung an [Ge] heißen die Paare (X, α) auch *Sequenzen.* Trifft $\vdash$ auf die Sequenz (X, α) zu, schreibt man $X \vdash \alpha$ (sprich X *ableitbar* α) und andernfalls $X \nvdash \alpha$.

Der Kalkül wird für $\wedge$ und $\neg$ formuliert und umfasst die umrahmten *Basisregeln* unten. Jede dieser Regel hat oberhalb des Trennstrichs gewisse *Prämissen* und darunter eine *Konklusion.* Nur (AR) hat keine Prämissen und erlaubt die Herleitung der Sequenzen $\alpha \vdash \alpha$, den *Anfangssequenzen.* Die Wahl der Signatur $\{\wedge, \neg\}$ ist eine Sache der Bequemlichkeit und gerechtfertigt durch ihre funktionale Vollständigkeit. Weitere Junktoren werden fortan gemäß den Definitionen

$$\alpha \vee \beta := \neg(\neg\alpha \wedge \neg\beta), \quad \alpha \to \beta := \neg(\alpha \wedge \neg\beta), \quad \alpha \leftrightarrow \beta := (\alpha \to \beta) \wedge (\beta \to \alpha).$$

verwendet. Man kann auch eine andere funktional vollständige Signatur wählen, muss aber in Kauf nehmen, dass die Formulierung eines Logik-Kalküls länger wird, weil dieser wesentlich von der gewählten Signatur abhängt. So muss ein vollständiger Kalkül etwa in $\{\neg, \wedge, \vee, \to\}$ auch auf $\vee$ und $\to$ bezogene Basisregeln enthalten.

(AR) $\dfrac{}{\alpha \vdash \alpha}$ (Anfangsregel)	(MR) $\dfrac{X \vdash \alpha}{X' \vdash \alpha}$ ($X' \supseteq X$, Monotonieregel)
($\wedge$1) $\dfrac{X \vdash \alpha, \beta}{X \vdash \alpha \wedge \beta}$	($\wedge$2) $\dfrac{X \vdash \alpha \wedge \beta}{X \vdash \alpha, \beta}$
($\neg$1) $\dfrac{X \vdash \alpha, \neg\alpha}{X \vdash \beta}$	($\neg$2) $\dfrac{X, \alpha \vdash \beta \mid X, \neg\alpha \vdash \beta}{X \vdash \beta}$

Dabei meint $X \vdash \alpha, \beta$ hier und im Folgenden immer $X \vdash \alpha$ und $X \vdash \beta$. Diese Verabredung ist wichtig, denn $X \vdash \alpha, \beta$ hat einen anderen Sinn in Gentzen-Kalkülen, die sich auf Paare von Formelmengen beziehen und die für beweistheoretische Untersuchungen wichtig sind. Die Regeln ($\wedge$1) und ($\neg$1) haben eigentlich zwei Prämissen, genau wie ($\neg$2). Nur lässt ($\neg$2) sich nicht in derselben Weise abgekürzt notieren. Man beachte ferner, dass ($\wedge$2) eigentlich aus zwei Teilregeln besteht, entsprechend den Konklusionen $X \vdash \alpha$ und $X \vdash \beta$. In ($\neg$2) steht X, α für $X \cup \{\alpha\}$. Diese verkürzende Schreibweise wird immer dann verwendet, wenn Missverständnisse ausgeschlossen sind. Auch wird $\alpha_1, \ldots, \alpha_n \vdash \beta$ für $\{\alpha_1, \ldots, \alpha_n\} \vdash \beta$ geschrieben, und $\vdash \alpha$ für $\emptyset \vdash \alpha$, analog wie für $\vDash$. Die Regel (MR) wird beweisbar, wenn *alle* Sequenzen (X, α) mit $\alpha \in X$ als Anfangssequenzen angesehen werden. Mit anderen Worten, wenn (AR) verschärft wird zu $X \vdash \alpha$ für beliebige $\alpha \in X$.

$X \vdash \alpha$ bedeutet genauer, dass die Sequenz (X, α) durch schrittweises Anwenden der Basisregeln gewonnen werden kann. Die Redeweise vom schrittweisen Anwenden der Basisregeln kann streng formal wie folgt präzisiert werden. Eine *Herleitung* sei eine endliche Folge $(S_0; \ldots; S_n)$ von Sequenzen S_i derart, dass jedes Folgenglied eine Anfangssequenz ist oder aus vorangehenden Folgengliedern durch Anwendung einer der Basisregeln gewonnen wurde. *Aus X ist α ableitbar* oder *beweisbar*, $X \vdash \alpha$, wenn es eine Herleitung $(S_0; \ldots; S_n)$ gibt mit $S_n = (X, \alpha)$. Dies ist eine der möglichen Definitionen der Relation $\vdash$. Einfaches Beispiel einer Herleitung mit der Endsequenz $\alpha, \beta \vdash \alpha \wedge \beta$ ist $(\alpha \vdash \alpha\ ;\ \alpha, \beta \vdash \alpha\ ;\ \beta \vdash \beta\ ;\ \alpha, \beta \vdash \beta\ ;\ \alpha, \beta \vdash \alpha \wedge \beta)$.

Interessanter noch ist das Ableiten von Regeln. Wir erläutern dies anhand nachfolgender Beispiele. Das zweite, eine Verallgemeinerung des ersten, gibt das oft verwendete Beweisverfahren der *reductio ad absurdum* wieder: α wird aus X bewiesen, indem die Annahme $\neg\alpha$ zum Widerspruch geführt wird. Die weiteren Beispiele beziehen sich auf den definierten Junktor $\rightarrow$. Weil dieser durch $\wedge, \neg$ wie angegeben *definiert* wurde, lautet beispielsweise die unten erwähnte $\rightarrow$-Elimination in der Originalsprache $\dfrac{X \vdash \neg(\alpha \wedge \neg\beta)}{X, \alpha \vdash \beta}$.

Beispiele beweisbarer Regeln

		Beweis	*angewendet*
$\dfrac{X, \neg\alpha \vdash \alpha}{X \vdash \alpha}$ (¬-Elimination)	1	$X, \alpha \vdash \alpha$	(AR), (MR)
	2	$X, \neg\alpha \vdash \alpha$	Annahme
	3	$X \vdash \alpha$	($\neg$2)
$\dfrac{X, \neg\alpha \vdash \beta, \neg\beta}{X \vdash \alpha}$ (reductio ad absurdum)	1	$X, \neg\alpha \vdash \beta, \neg\beta$	Annahme
	2	$X, \neg\alpha \vdash \alpha$	($\neg$1)
	3	$X \vdash \alpha$	¬-Elimination
$\dfrac{X \vdash \alpha \rightarrow \beta}{X, \alpha \vdash \beta}$ ($\rightarrow$-Elimination)	1	$X, \alpha, \neg\beta \vdash \alpha, \neg\beta$	(AR), (MR)
	2	$X, \alpha, \neg\beta \vdash \alpha \wedge \neg\beta$	($\wedge$1)
	3	$X \vdash \neg(\alpha \wedge \neg\beta)\ (= \alpha \rightarrow \beta)$	Annahme
	4	$X, \alpha, \neg\beta \vdash \neg(\alpha \wedge \neg\beta)$	(MR)
	5	$X, \alpha, \neg\beta \vdash \beta$	($\neg$1) auf 2 und 4
	6	$X, \alpha \vdash \beta$	¬-Elimination

		Beweis	angewendet
$\dfrac{X \vdash \alpha \mid X, \alpha \vdash \beta}{X \vdash \beta}$			
(Schnittregel)	1	$X, \neg\alpha \vdash \alpha$	Annahme, (MR)
	2	$X, \neg\alpha \vdash \neg\alpha$	(AR), (MR)
	3	$X, \neg\alpha \vdash \beta$	($\neg 1$)
	4	$X, \alpha \vdash \beta$	Annahme
	5	$X \vdash \beta$	($\neg 2$) auf 4 und 3
$\dfrac{X, \alpha \vdash \beta}{X \vdash \alpha \to \beta}$			
($\to$-Einführung)	1	$X, \alpha \wedge \neg\beta, \alpha \vdash \beta$	Annahme, (MR)
	2	$X, \alpha \wedge \neg\beta \vdash \alpha$	(AR), (MR), ($\wedge 2$)
	3	$X, \alpha \wedge \neg\beta \vdash \beta$	Schnittregel
	4	$X, \alpha \wedge \neg\beta \vdash \neg\beta$	(AR), (MR), ($\wedge 2$)
	5	$X, \alpha \wedge \neg\beta \vdash \alpha \to \beta$	($\neg 1$)
	6	$X, \neg(\alpha \wedge \neg\beta) \vdash \alpha \to \beta$	(AR), (MR)
	7	$X \vdash \alpha \to \beta$	($\neg 2$) auf 5 und 6

Die $\to$-Einführung ist nichts anderes als die syntaktische Form des in **1.3** semantisch formulierten Deduktionstheorems. Eine einfache Folge der $\to$-Elimination und der Schnittregel ist die *Abtrennungsregel*

$$\frac{X \vdash \alpha, \alpha \to \beta}{X \vdash \beta}.$$

Denn $X \vdash \alpha \to \beta$ liefert $X, \alpha \vdash \beta$ ($\to$-Elimination). Mit $X \vdash \alpha$ folgt daher $X \vdash \beta$ (Schnittregel). Angewendet mit $X = \{\alpha, \alpha \to \beta\}$ erhält man so $\alpha, \alpha \to \beta \vdash \beta$. Diese Schar von Sequenzen heißt auch der *Modus Ponens*. Mehr hierüber in **1.6**.

Viele Eigenschaften von $\vdash$ beweist man durch Regelinduktion. Zwecks bequemer Formulierung erklären wir zuerst einige Redeweisen. Eine Eigenschaft $\mathcal{E}$ von Sequenzen identifizieren wir mit der Menge aller Paare (X, α), auf die $\mathcal{E}$ zutrifft. In diesem Sinne ist z.B. die Folgerungsrelation $\vDash$ auch eine Eigenschaft, bestehend aus allen Paaren (X, α) mit $X \vDash \alpha$. Die hier betrachteten Regeln haben die Gestalt

$$R: \quad \frac{X_1 \vdash \alpha_1 \mid \cdots \mid X_n \vdash \alpha_n}{X \vdash \alpha}$$

und seien als *Gentzen-Stil-Regeln* bezeichnet. Wir sagen, $\mathcal{E}$ sei *abgeschlossen unter* R, wenn $\mathcal{E}(X_1, \alpha_1), \ldots, \mathcal{E}(X_n, \alpha_n) \Rightarrow \mathcal{E}(X, \alpha)$. Für eine Regel ohne Prämissen, also für $n = 0$, heißt dies einfach nur $\mathcal{E}(X, \alpha)$. So sind z.B. alle Regeln unseres Kalküls (semantisch) *korrekt*, was heißen soll, die Folgerungseigenschaft '$X \vDash \alpha$' ist unter allen Basisregeln abgeschlossen. Im Einzelnen bedeutet dies

$$\alpha \vDash \alpha, \quad X \vDash \alpha \Rightarrow X' \vDash \alpha \text{ für } X' \supseteq X, \quad X \vDash \alpha, \beta \Rightarrow X \vDash \alpha \wedge \beta, \quad \text{usw.}$$

Damit formulieren wir das sehr einfach zu rechtfertigende

Beweisprinzip durch Regelinduktion. *Ist eine Eigenschaft* $\mathcal{E}$ $(\subseteq \mathfrak{P}\mathcal{F} \times \mathcal{F})$ *abgeschlossen unter allen Basisregeln von* $\vdash$, *so gilt* $\mathcal{E}(X, \alpha)$ *immer wenn* $X \vdash \alpha$.

Dies ergibt sich leicht durch Induktion über die Länge einer Herleitung der Sequenz $S = (X, \alpha)$. Ist 1 diese Länge, ist alles klar, weil S dann Anfangssequenz ist. Nun sei $(S_0; \ldots; S_n)$ eine Herleitung von $S = S_n$, und nach Induktionsannahme sei $\mathcal{E}S_i$ für alle $i < n$. Ist S Anfangssequenz, so gilt $\mathcal{E}S$ gemäß Voraussetzung; andernfalls wurde S durch Anwendung einer Basisregel auf gewisse der S_i für $i < n$ gewonnen. Damit gilt aber auch $\mathcal{E}S$, denn $\mathcal{E}$ ist unter allen Basisregeln abgeschlossen.

Es gibt mehrere gleichwertige Definitionen von $\vdash$, darunter rein mengentheoretische. Die Gleichwertigkeitsbeweise solcher Definitionen sind ziemlich wortreich, aber nicht besonders inhaltsreich. Daher verzichten wir auf weitere Ausführungen hierüber, zumal im weiteren Verlauf der Ausführungen nur noch die Regelinduktion verwendet wird, nicht mehr die Definition von $\vdash$.

Wie bereits erwähnt, sind alle Basisregeln korrekt, d.h. die Folgerungseigenschaft ist unter allen Basisregeln abgeschlossen. Daher ergibt Regelinduktion sofort die *Korrektheit* des Kalküls $\vdash \subseteq \vDash$, oder ausführlich

$$X \vdash \alpha \;\Rightarrow\; X \vDash \alpha, \text{ für alle } X, \alpha.$$

Mit Regelinduktion beweist man z.B. auch $X \vdash \alpha \Rightarrow X^\sigma \vdash \alpha^\sigma$, und speziell den

Satz 4.1 (Endlichkeitssatz für $\vdash$). *Ist* $X \vdash \alpha$, *so ist bereits* $X_0 \vdash \alpha$ *für eine endliche Teilmenge* $X_0 \subseteq X$.

Beweis. Sei $\mathcal{E}(X, \alpha)$ die Eigenschaft '$X_0 \vdash \alpha$ für ein gewisses endliches $X_0 \subseteq X$'. Sicher gilt $\mathcal{E}(X, \alpha)$ für $X = \{\alpha\}$, mit $X_0 = X$. Und hat X eine endliche Teilmenge X_0 mit $X_0 \vdash \alpha$, so auch jede Obermenge $X' \supseteq X$. Also ist $\mathcal{E}$ unter (MR) abgeschlossen. Sei $\mathcal{E}(X, \alpha)$, $\mathcal{E}(X, \beta)$, etwa $X_1 \vdash \alpha$, $X_2 \vdash \beta$ für endliche $X_1, X_2 \subseteq X$. Dann ist auch $X_0 \vdash \alpha, \beta$ für $X_0 = X_1 \cup X_2$. Daher ist $X_0 \vdash \alpha \wedge \beta$ nach ($\wedge$1). Also gilt $\mathcal{E}(X, \alpha \wedge \beta)$, womit $\mathcal{E}$ auch unter ($\wedge$1) abgeschlossen ist. Analog zeigt man dies für alle übrigen Basisregeln für $\vdash$. Also ergibt sich die Behauptung gemäß Regelinduktion. ❑

Von großer Bedeutung ist der formale Konsistenzbegriff, der die Ableitungsrelation nach dem folgenden Lemma bereits vollkommen bestimmt. Es wird sich herausstellen, dass 'konsistent' den Begriff 'erfüllbar' adäquat beschreibt.

Definition. $X \subseteq \mathcal{F}$ heiße *inkonsistent* (bezüglich unseres Kalküls), wenn $X \vdash \alpha$ für alle Formeln α, und andernfalls *konsistent*. X heißt *maximal konsistent*, wenn X konsistent ist, doch jede echte Obermenge $X' \supset X$ inkonsistent ist.

Die Inkonsistenz von X lässt sich durch die Ableitbarkeit einer einzigen Formel kennzeichnen, nämlich von $\bot$ $(= p_1 \wedge \neg p_1)$. Denn $X \vdash \bot$ impliziert $X \vdash p_1, \neg p_1$ nach $(\wedge 1)$ und damit $X \vdash \alpha$ für alle α gemäß $(\neg 1)$, d.h. X ist inkonsistent. Ist dies umgekehrt der Fall, gilt speziell $X \vdash \bot$. Wir dürfen $X \vdash \bot$ daher lesen als 'X ist inkonsistent', und $X \nvdash \bot$ als 'X ist konsistent', wovon nachfolgendend oft Gebrauch gemacht wird. Eine maximal konsistente Menge X ist immer deduktiv abgeschlosssen, d.h. $X \vdash \alpha \Rightarrow \alpha \in X$ (Übung 3) und hat manche anderen Besonderheiten.

Lemma 4.2. *$\vdash$ hat die Eigenschaften*

$$\mathtt{C}^+ : X \vdash \alpha \Leftrightarrow X, \neg\alpha \vdash \bot, \qquad \mathtt{C}^- : X \vdash \neg\alpha \Leftrightarrow X, \alpha \vdash \bot.$$

Beweis. Mit $X \vdash \alpha$ gilt auch $X, \neg\alpha \vdash \alpha$. Da gewiss $X, \neg\alpha \vdash \neg\alpha$, ist $X, \neg\alpha \vdash \beta$ für alle β nach $(\neg 1)$, insbesondere $X, \neg\alpha \vdash \bot$. Sei umgekehrt Letzteres der Fall. Dann ist nach der Anmerkung oben $X, \neg\alpha \vdash \alpha$, also $X \vdash \alpha$ gemäß $\neg$-Elimination in den Beispielen vorhin. $\mathtt{C}^-$ bestätigt man völlig analog. ❑

Die noch nicht bewiesene Behauptung $\vDash \subseteq \vdash$ ist äquivalent mit $X \nvdash \alpha \Rightarrow X \nvDash \alpha$, für alle X und α, aber in dieser Formulierung erkennt man sofort, was für den Beweis zu tun ist: Da $X \nvdash \alpha$ nach $\mathtt{C}^+$ mit der Konsistenz von $X' := X \cup \{\neg\alpha\}$ gleichwertig ist, sowie $X \nvDash \alpha$ mit der Erfüllbarkeit von X', müssen wir nur zeigen, dass konsistente Mengen erfüllbar sind. Dieser Nachweis stützt sich auf

Lemma 4.3 (Satz von Lindenbaum). *Jede konsistente Menge X kann erweitert werden zu einer maximal konsistenten Menge $X' \supseteq X$.*

Beweis. Sei H die bzgl. Inklusion halbgeordnete Menge aller konsistenten $Y \supseteq X$. Weil $X \in H$, ist H nichtleer. Sei $K \subseteq H$ eine Kette, d.h. $Y \subseteq Z$ oder $Z \subseteq Y$ für alle $Y, Z \in K$. Dann ist $U = \bigcup K$ eine obere Schranke für K; denn für $Y \in K$ ist sicher $Y \subseteq U$, und darüber hinaus – und dies ist der springende Punkt – ist U auch konsistent: $U \vdash \bot$ ergibt nämlich $U_0 \vdash \bot$ für ein endliches $U_0 = \{\alpha_0, \ldots, \alpha_n\} \subseteq U$ nach Satz 4.1; ist etwa $\alpha_i \in Y_i \in K$ und Y die größte der Mengen $Y_0, \ldots, Y_n$, so ist $\alpha_i \in Y$ für alle $i \leqslant n$, also auch $Y \vdash \bot$ nach (MR), was $Y \in H$ widerspricht. Nach dem Zornschen Lemma (Seite 37) hat H daher ein maximales Element X', und dies ist offenbar eine maximal konsistente Erweiterungsmenge von X. ❑

Bemerkung 1. Obiger Beweis, der den Dingen ausnahmsweise etwas vorgreift, ist frei von Annahmen über die Mächtigkeit der Sprache. Lindenbaums ursprüngliche Konstruktion bezog sich hingegen auf abzählbare Sprachen $\mathcal{F}$ und verläuft wie folgt: Sei $X_0 := X \subseteq \mathcal{F}$ konsistent und $\alpha_0, \alpha_1, \ldots$ eine Aufzählung von $\mathcal{F}$. Man setze $X_{n+1} = X_n \cup \{\alpha_n\}$, falls diese Menge konsistent ist, und $X_{n+1} = X_n$ sonst. Dann ist $Y = \bigcup_{n\in\omega} X_n$ eine maximal konsistente Erweiterung von X, wie leicht zu verifizieren ist. Hier wird das mit dem Auswahlaxiom gleichwertige Lemma von Zorn nicht benötigt.

Lemma 4.4. *Eine maximal konsistente Menge X hat die Eigenschaft*

$$X \vdash \neg\alpha \Leftrightarrow X \nvdash \alpha, \textit{ für beliebiges } \alpha.$$

Beweis. Ist $X \vdash \neg\alpha$, so kann $X \vdash \alpha$ wegen der Konsistenz von X nicht gelten. Ist andererseits $X \nvdash \alpha$, so ist $X, \neg\alpha$ nach $\mathtt{C}^+$ konsistent. Folglich $\neg\alpha \in X$, denn X ist maximal konsistent. Also auch $X \vdash \neg\alpha$. ❑

Maximal konsistente Mengen erlauben eine einfache Modellkonstruktion. Dies zeigt

Lemma 4.5. *Eine maximal konsistente Menge X ist erfüllbar.*

Beweis. Sei w definiert durch $w \vDash p \Leftrightarrow X \vdash p$. Dann gilt für alle α

$$(*) \quad X \vdash \alpha \Leftrightarrow w \vDash \alpha.$$

Dies ist klar für Primformeln α gemäß Definition von w. Ferner ist

$$\begin{array}{rcll} X \vdash \alpha\wedge\beta & \Leftrightarrow & X \vdash \alpha, \beta & \text{(Regeln } (\wedge 1), (\wedge 2)\text{)} \\ & \Leftrightarrow & w \vDash \alpha, \beta & \text{(Induktionsannahme)} \\ & \Leftrightarrow & w \vDash \alpha\wedge\beta & \text{(Definition)} \\ X \vdash \neg\alpha & \Leftrightarrow & X \nvdash \alpha & \text{(Lemma 4.4)} \\ & \Leftrightarrow & w \nvDash \alpha & \text{(Induktionsannahme)} \\ & \Leftrightarrow & w \vDash \neg\alpha & \text{(Definition).} \end{array}$$

Das beweist $(*)$ und damit $w \vDash X$, also die Behauptung. ❑

Damit wurde die Gleichwertigkeit der Konsistenz und der Erfüllbarkeit einer Formelmenge gezeigt und wir erhalten nunmehr leicht das Hauptresultat des Abschnitts:

Satz 4.6 (Vollständigkeitssatz). *Für alle* X, α *gilt* $X \vdash \alpha \Leftrightarrow X \vDash \alpha$.

Beweis. $X \vdash \alpha \Rightarrow X \vDash \alpha$ ist die Korrektheit des Kalküls. Ist andererseits $X \nvdash \alpha$, so ist $X, \neg\alpha$ konsistent. Sei Y maximal konsistente Erweiterung von $X, \neg\alpha$ gemäß Lemma 4.3. Nach Lemma 4.5 ist Y erfüllbar, also auch $X, \neg\alpha$. Daher $X \nvDash \alpha$. ❑

Einen kürzeren, dafür aber die Substitutionen wesentlich benutzenden, eleganten Vollständigkeitsbeweis gibt Übung 5. Satz 4.6 liefert unmittelbar den

Satz 4.7 (Endlichkeitssatz für das Folgern). *Ist* $X \vDash \alpha$, *so ist* $X_0 \vDash \alpha$ *für eine gewisse endliche Teilmenge* X_0 *von* X.

Dies ist klar, denn für $\vdash$ gilt ja der Endlichkeitssatz. Hieraus ergibt sich leicht der

Satz 4.8 (Endlichkeitssatz der Erfüllbarkeit, Kompaktheitssatz). *X ist erfüllbar, wenn nur jede endliche Teilmenge von X erfüllbar ist.*

Denn ist X unerfüllbar, d.h. $X \vDash \bot$, ist nach Satz 4.7 schon $X_0 \vDash \bot$ für ein endliches $X_0 \subseteq X$, und der Satz ist bewiesen. Umgekehrt ergibt Satz 4.8 leicht den Satz 4.7. Beide Sätze sind also direkt auseinander herleitbar.

Weil Satz 4.6 keine speziellen Annahmen über die Mächtigkeit der Variablenmenge erfordert, gilt dieser ebenso wie der hieraus folgende Kompaktheitssatz ohne diesbezügliche Einschränkungen. Dies macht den Satz zu einem brauchbaren Instrument für Anwendungen, die im nächsten Abschnitt erläutert werden.

Bemerkung 2. Es lassen sich auch direkte Beweise für Satz 4.8 oder geeignete Umformulierungen hiervon angeben, die mit einem Regelkalkül nichts zu tun haben. So ist dieser Satz beispielsweise äquivalent mit $\bigcap_{\alpha \in X} \mathrm{Md}\,\alpha = \emptyset \Rightarrow \bigcap_{\alpha \in X_0} \mathrm{Md}\,\alpha = \emptyset$ für ein endliches $X_0 \subseteq X$, wobei $\mathrm{Md}\,\alpha$ die Menge aller Modelle von α bezeichnet. In dieser Formulierung wird die Kompaktheit eines gewissen, auf natürliche Weise entstehenden topologischen Raumes behauptet, dessen Punkte die Belegungen der Variablen sind. Daher auch der Name *Kompaktheitssatz.* Näheres zu diesem Thema findet man z.B. in [RS]. Übung 5 unten liefert nicht nur die Sätze 4.7 und 4.8, sondern auch die Tatsache, dass der Konsequenzrelation $\vDash$ weder neue Tautologien noch neue Regeln konsistent hinzugefügt werden können (Post-Vollständigkeit und strukturelle Vollständigkeit von $\vDash$, siehe hierzu [Ra1]).

Übungen

1. Man beweise, ist $X \cup \{\neg\alpha \mid \alpha \in Y\}$ inkonsistent und $Y \neq \emptyset$, so existieren Formeln $\alpha_0, \ldots, \alpha_n \in Y$ mit $X \vdash \alpha_0 \vee \ldots \vee \alpha_n$.

2. Man erweitere die Signatur $\{\neg, \wedge\}$ um $\vee$ und beweise die Vollständigkeit des Kalküls, der die bisherigen Regeln um die beiden folgenden ergänzt:
$$\frac{X \vdash \alpha}{X \vdash \alpha \vee \beta, \beta \vee \alpha} \quad ; \quad \frac{X, \alpha \vdash \gamma \mid X, \beta \vdash \gamma}{X, \alpha \vee \beta \vdash \gamma}.$$

3. Man zeige, maximal konsistente Mengen sind deduktiv abgeschlossen. Dies gilt für jeden logischen Kalkül, in dem Inkonsistenz durch die Ableitbarkeit von nur einer einzigen Formel wie etwa $\bot$ charakterisiert ist.

4. Es sei $\vdash$ eine finitäre Konsequenzrelation in $\mathcal{F}\{\wedge, \neg\}$ mit den Eigenschaften $(\wedge 1)$–$(\neg 2)$. Man zeige, $\vdash$ ist *maximal*, d.h. ist $\vdash' \supset \vdash$, so gilt $\vdash' \alpha$ für alle α.

5. Man zeige durch Rückführung auf Übung 4: es gibt genau eine Konsequenzrelation in $\mathcal{F}\{\wedge, \neg\}$, welche $(\wedge 1)$–$(\neg 2)$ erfüllt. Dies impliziert offenbar die Vollständigkeit des Kalküls $\vdash$, weil auch $\vDash$ diese Eigenschaften hat.

1.5 Anwendungen des Kompaktheitssatzes

Satz 4.8 ist sehr nützlich, um gewisse Eigenschaften endlicher Strukturen auf unendliche zu übertragen. Nachfolgend einige typische Beispiele. Diese könnte man auch mit dem prädikatenlogischen Kompaktheitssatz 3.3.2 behandeln, aber die Beispiele lehren, wie man die Konsistenz gewisser Aussagenmengen der Prädikatenlogik auch aussagenlogisch gewinnt. Dies erweist sich u.a. als nützlich für Kapitel **4**.

1. Jede Menge M kann (total) geordnet werden. [4)]

Das bedeutet, es gibt eine irreflexive, transitive und konnexe Relation $<$ auf M. Für endliches M folgt dies leicht induktiv über die Elementezahl von M. Die Behauptung ist klar für $M = \emptyset$ oder 1-elementiges M, und ist $M = N \cup \{a\}$ mit einer n-elementigen Menge N und $(n{+}1)$-elementigem M, erhält man aus einer nach Induktionsannahme existierenden Ordnung von N eine solche für M, indem man das Element a einfach „hintendran" setzt, d.h. es sei $x < a$ für alle $x \in N$.

Sei nun M beliebig. Wir betrachten für jedes Paar $(a,b) \in M \times M$ je eine Aussagenvariable p_{ab}. Sei X die Formelmenge bestehend aus den Formeln

$$\begin{array}{ll} \neg p_{aa} & (a \in M), \\ p_{ab} \land p_{bc} \to p_{ac} & (a,b,c \in M), \\ p_{ab} \lor p_{ba} & (a \neq b). \end{array}$$

Aus einem Modell w für X gewinnen wir sofort eine Ordnung $<$ durch die Erklärung $a < b \;\Leftrightarrow\; w \vDash p_{ab}$. So besagt $w \vDash \neg p_{aa}$ dasselbe wie $a \not< a$. Analog reflektieren die weiteren Formeln jeweils die Transitivität und die Konnexität. Nach Satz 4.8 hat X ein Modell, wenn nur jede endliche Teilmenge $X_0 \subseteq X$ eines hat. Sei X_0 gegeben. Darin kommen nur endlich viele Variablen vor. Folglich gibt es endliche Mengen $M_1 \subseteq M$ und $X_1 \supseteq X_0$, wobei X_1 genau so gebildet wird wie X, nur durchlaufen a,b,c jetzt die endliche Menge M_1 anstelle von M. Nun ist X_1 und damit X_0 tatsächlich erfüllbar: ist nämlich $<$ eine Ordnung der endlichen Menge M_1 und wird w durch $w \vDash p_{ab} \Leftrightarrow a < b$ erklärt, so ist w offenbar Modell für X_1.

2. Der Vierfarbensatz für unendliche planare Graphen.

Ein *einfacher Graph* sei ein Paar (E,K) mit einer Menge E, deren Elemente *Punkte* oder *Ecken* heißen, und einer Menge K von ungeordneten Paaren $\{a,b\}$ aus Punkten $a \neq b$, *Kanten* genannt (man kann K auch als irreflexive und symmetrische Relation verstehen, siehe **2.1**). Ist $\{a,b\} \in K$, so heißen a,b *benachbart.* (E,K) heiße *k-chromatisch*, wenn man eine Zerlegung $E = C_1 \cup \cdots \cup C_k$ mit $C_i \cap C_j = \emptyset$ für $i \neq j$

[4)] Nicht erklärte Begriffe werden in **2.1** definiert. Das Beispiel ist u.a. deswegen von Interesse, weil der Kompaktheitssatz echt schwächer ist als das Auswahlaxiom, nach welchem sich jede Menge sogar wohlordnen lässt. Also ist auch die Ordnungsfähigkeit aller Mengen schwächer als dieses.

(den Färbungsklassen) so angeben kann, dass benachbarte Punkte nicht die gleiche Farbe tragen. Kurzum, $a, b \in C_i \Rightarrow \{a, b\} \notin K$ für $i = 1, \ldots, k$.

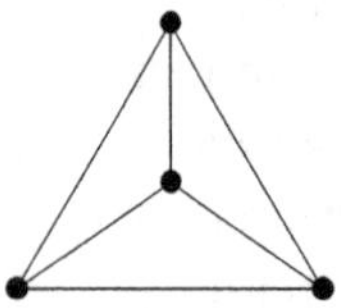

Die Figur zeigt den kleinsten 4-chromatischen Graphen, der nicht 3-chromatisch ist. Alle Punkte sind zueinander benachbart. Wir zeigen, ein Graph (E, K) ist k-chromatisch, wenn dies nur für jeden endlichen Teilgraphen (E_0, K_0) der Fall ist (K_0 besteht aus den Kanten $\{a, b\} \in K$ mit $a, b \in E_0$). Dazu betrachte man folgende aus den Variablen $p_{i,a}$ für $1 \leqslant i \leqslant k$ und $a \in E$ gebildete Formelmenge X:

$$p_{1,a} \vee \ldots \vee p_{k,a}, \quad \neg(p_{i,a} \wedge p_{j,a}) \quad (1 \leqslant i < j \leqslant k,\ a \in E),$$
$$\neg(p_{i,a} \wedge p_{i,b}) \quad (i = 1, \ldots, k,\ \{a, b\} \in K).$$

Wieder genügt es, ein Modell w für X anzugeben. Denn w liefert eine Einteilung $E = C_1 \cup \cdots \cup C_k$ in k Färbungsklassen durch die Erklärung $a \in C_i \Leftrightarrow w \vDash p_{i,a}$. Die erste Formel besagt nämlich, jeder Punkt gehört wenigstens einer Färbungsklasse an, die zweite sichert deren Disjunktheit, und die dritte, dass benachbarte Punkte nicht dieselbe Farbe tragen. Wir müssen also jede endliche Teilmenge X_0 von X erfüllen. Sei (E_0, K_0) der endliche Teilgraph von (E, K) mit allen Punkten, die als Indizes in den Variablen von X_0 auftreten. Die auf (E_0, K_0) bezogene Voraussetzung sichert die Erfüllbarkeit von X_0 analog wie in Beispiel 1, und alles ist gezeigt. Jeder planare (ohne Überschneidung von Kanten in die Ebene einbettbare) endliche Graph ist nach dem *Vierfarbensatz* 4-chromatisch. Also gilt dieser nach dem Bewiesenen auch für alle unendlichen Graphen, deren endliche Teilgraphen sämtlich planar sind.

3. Der Königsche Graphensatz.

Es gibt verschiedene Versionen dieses Satzes. Wir beziehen ihn hier auf gerichtete Bäume. Ein *gerichteter Baum* sei ein Paar $(E, \lhd)$ mit irreflexivem $\lhd \subseteq E^2$, so dass für ein gewisses $c \in E$, die *Wurzel* genannt, Folgendes gilt: c ist mit jedem anderen Punkt $a \in E$ durch genau einen *Weg* verbunden. Dies sei eine Folge $(a_0, \ldots, a_n)$ von Punkten mit $a_0 = c$, $a_n = a$ und $a_i \lhd a_{i+1}$ für alle $i < n$. Dies hat z.B. zur Folge, dass zu jedem $b \in E \setminus \{c\}$ genau ein Vorgänger $a \lhd b$ in E existiert.

Der Satz besagt nun: Hat jeder Punkt a nur endlich viele Nachfolger (Punkte b mit $a \lhd b$) und gibt es in $(E, \lhd)$ beliebig lange von c ausgehende Wege, dann gibt es auch einen unendlichen, mit c beginnenden Weg durch den Baum, d.h. eine Folge $(c_k)_{k \in \mathbb{N}}$ derart, dass $c_0 = c$ und $c_k \lhd c_{k+1}$. Zum Beweis erklären wir rekursiv $S_0 = \{c\}$ und $S_{k+1} = \{b \in E \mid \text{es gibt ein } a \in S_k \text{ mit } a \lhd b\}$. Weil jeder Punkt nur endlich viele Nachfolger hat, ist jede „Schicht" S_k endlich, und weil es beliebig lange Wege $(c, a_1, \ldots, a_k)$ gibt und offenbar $a_k \in S_k$, ist kein S_k leer. Ferner ist klar, dass die Schichten $S_0, S_1, \ldots$ paarweise disjunkt sind. Sei nun p_a für jedes $a \in E$ je eine Aussagenvariable und X bestehe aus den Formeln

$$\begin{array}{lll} \text{(A)} & \bigvee_{a\in S_k} p_a, \quad \neg(p_a \wedge p_b) & (a,b\in S_k,\ a\neq b,\ k=0,1,\ldots), \\ \text{(B)} & p_b \to p_a & (a,b\in E,\ a\lhd b). \end{array}$$

Ist $w \vDash X$, gibt es wegen (A) genau ein $c_k \in S_k$ mit $w \vDash p_{c_k}$. Speziell ist $c_0 = c$. Sei $a \in S_k$ so gewählt, dass $a \lhd c_{k+1} \in S_{k+1}$. Nach (B) ist wegen $w \vDash p_{c_{k+1}}$ auch $w \vDash p_a$, d.h. $a = c_k$, denn c_k ist der einzige Punkt in S_k mit $w \vDash p_{c_k}$. Also $c_k \lhd c_{k+1}$ für alle k. Damit ist $(c_k)_{k\in\mathbb{N}}$ tatsächlich ein Weg der gesuchten Art. Wieder ist jedes endliche $X_0 \subseteq X$ erfüllbar: Ist in X_0 von Variablen bis höchstens zur Schicht S_n die Rede, so ist X_0 Teilmenge einer endlichen Formelmenge X_1, welche wie X definiert ist, nur läuft k lediglich bis n. Und es ist klar, dass X_1 ein Modell hat.

4. Das Heiratsproblem (in linguistischem Gewande).

Sei N eine Menge von *Namen* (oder Worten) mit *Bedeutungen* in einer Menge B. Ein Name $\nu \in N$ kann *homonym* sein, d.h. mehrere Bedeutungen besitzen, oder *synonym* sein, d.h. mit anderen Namen aus N dieselbe Bedeutung haben, oder auch beides. Wir gehen von den plausiblen Annahmen aus, jeder Name ν habe nur endlich viele Bedeutungen, und k viele Namen haben mindestens k viele Bedeutungen. Wir behaupten, es gibt eine *Bedeutungsunifizierung*. Dies sei eine injektive Abbildung $f\colon N \to B$, die jedem ν eine seiner ursprünglichen Bedeutungen belässt.

Für endliche Mengen N zeigt man dies induktiv über die Elementezahl n von N: Für $n = 1$ ist die Behauptung klar. Sei nun $n > 1$. **Fall 1:** Je m $(< n)$ Namen haben mindestens $m + 1$ Bedeutungen. Man ordne einem beliebig gewählten $\nu \in N$ eine seiner Bedeutungen b zu, so dass von den Namen aus $N\backslash\{\nu\}$ je k Namen immer noch k Bedeutungen $\neq b$ haben. Nach Induktionsannahme gibt es eine Bedeutungsunifizierung für $N\backslash\{\nu\}$, welche zusammen mit (ν, b) eine solche für ganz N liefert. **Fall 2:** Es gibt ein m $(0 < m < n)$ und ein m-elementiges $M \subseteq N$ mit einer nur m-elementigen Menge B_M aller Bedeutungen der $\nu \in M$. Jedem $\nu \in M$ lässt sich gemäß Induktionsannahme eine seiner Bedeutungen aus B_M zuordnen. Von den Namen aus $N\backslash M$ haben je k $(\leqslant n - m)$ Namen dann immer noch k Bedeutungen außerhalb B_M wie man leicht sieht. Es gibt nach Induktionsannahme also auch eine Bedeutungsunifizierung für $N\backslash M$ in $B\backslash B_M$. Fügt man diese mit derjenigen für M zusammen, so ergibt sich offenbar eine solche für ganz N.

Um nun die Behauptung für beliebige Namensmengen N zu beweisen, ordne man jedem Paar $(\nu, b) \in N \times B$ je eine Variable $p_{\nu,b}$ zu und betrachte die Formelmenge

$$X: \quad \begin{cases} p_{\nu,a} \vee \ldots \vee p_{\nu,e} & (\nu \in N,\ a,\ldots,e \text{ die Bedeutungen von } \nu), \\ \neg(p_{\nu,x} \wedge p_{\nu,y}) & (\nu \in N,\ x,y \in B,\ x \neq y). \end{cases}$$

Ist $w \vDash X$, erhält man durch die Erklärung $f\nu = b \;\Leftrightarrow\; w \vDash p_{\nu,b}$ offenbar eine Bedeutungsunifizierung von N. Jedes endliche $X_0 \subseteq X$ hat ein Modell, weil dort nur endlich viele Namen als Indizes vorkommen und für diesen Fall die Behauptung bewiesen wurde. Damit hat auch X ein Modell.

5. Der Ultrafiltersatz.

Dieser Satz ist von herausragender Bedeutung in der Topologie, der Mengenlehre, der Modelltheorie (siehe **5.7**) und anderswo. Eine nichtleere Familie F von Teilmengen einer nichtleeren Menge I heißt ein *Filter auf* I, wenn für alle $M, N \subseteq I$

$$\text{(a) } M, N \in F \Rightarrow M \cap N \in F, \qquad \text{(b) } M \in F \;\&\; M \subseteq N \Rightarrow N \in F,$$

(a) und (b) zusammen sind gleichwertig mit $(\cap)$ $M \cap N \in F \Leftrightarrow M, N \in F$, wie man leicht sieht (man beachte $M \subseteq N \Rightarrow M \cap N = M$ für den Beweis von (b) aus $(\cap)$). Ein Filter $F \subseteq \mathfrak{P}I$ heißt *Ultrafilter auf* I, wenn F nebst $(\cap)$ auch noch die Bedingung $(\neg)$ $\neg M \in F \Leftrightarrow M \notin F$, für alle $M \subseteq I$ erfüllt; dabei sei $\neg M = I \setminus M$.

Für festes $J \subseteq I$ ist $F = \{M \subseteq I \mid M \supseteq J\}$ Beispiel eines Filters, denn gewiss gilt $J \subseteq M \cap N \Leftrightarrow J \subseteq M, N$. Ein simpler Spezialfall ist $F = \{I\}$. Wichtiges Beispiel eines Filters für unendliches I ist die Menge aller *koendlichen* Teilmengen $K \subseteq I$, d.h. $I \setminus K$ ist endlich. Denn $K_1 \cap K_2$ ist genau dann koendlich, wenn K_1, K_2 beide koendlich sind. Ultrafilter, die keine endlichen, also sämtliche koendlichen Mengen enthalten, heißen *nichttrivial.* $\{J \subseteq I \mid i_0 \in J\}$ ist für jedes $i_0 \in I$ ein trivialer Ultrafilter. Deren Existenz ist trivial. Das Problem sind nichttriviale Ultrafilter.

Ein Filter F heiße *echt*, wenn $F \neq \mathfrak{P}I$. Dies ist nach (b) gleichwertig mit $\emptyset \notin F$. Jeder echte Filter F erfüllt mit F für E die Voraussetzung im folgendem Satz, insbesondere der Filter aller koendlichen Teilmengen einer unendlichen Menge I. Der Satz sichert also die Existenz nichttrivialer Ultrafilter auf unendlichem I.

Ultrafiltersatz. *Jedes $E \subseteq \mathfrak{P}I$ kann zu einem Ultrafilter U auf I erweitert werden, sofern $\bigcap_{i \leqslant n} M_i \neq \emptyset$ für alle n und alle $M_0, \dots, M_n \in E$.*

Beweis. Man betrachte mit den Aussagenvariablen p_J für $J \subseteq I$ die Formelmenge

$$X: \quad p_{M \cap N} \leftrightarrow p_M \wedge p_N, \quad p_{\neg M} \leftrightarrow \neg p_M, \quad p_K \quad (M, N \subseteq I,\; K \in E).$$

Sei $w \vDash X$. Dann gelten offenbar $(\cap)$ und $(\neg)$ für $U := \{J \subseteq I \mid w \vDash p_J\}$. Also ist U Ultrafilter mit $E \subseteq U$. Es genügt daher zu zeigen, dass jede endliche Teilmenge von X ein Modell hat. Dazu reicht es offenbar, den Ultrafiltersatz für endliches $E \neq \emptyset$ zu beweisen. Das ist leicht. Denn sei $E = \{M_0, \dots, M_n\}$, $D := \bigcap_{i \leqslant n} M_i$ und $i_0 \in D$. Dann ist $U = \{J \subseteq I \mid i_0 \in J\}$ ein Ultrafilter mit $U \supseteq E$. ❑

Übungen

1. Man zeige mit dem Kompaktheitssatz: jede partielle Ordnung $\leqslant_0$ einer Menge M kann zu einer totalen Ordnung $\leqslant$ von M erweitert werden.

2. Sei U ein Ultrafilter auf einer unendlichen Menge I. Man zeige, U ist genau dann trivial, wenn ein $i_0 \in I$ existiert mit $U = \{J \subseteq I \mid i_0 \in J\}$.

1.6 Hilbert-Kalküle

Die in gewissem Sinne einfachsten logischen Kalküle sind sogenannte *Hilbert-Kalküle.* Sie beruhen auf ausgewählten Tautologien als *logischen Axiomen*, deren Auswahl aber recht willkürlich ist und auch wesentlich von der logischen Signatur abhängt. Sie benutzen ferner Schlussregeln wie z.B. den Modus Ponens MP : $\alpha, \alpha \to \beta / \beta$ [5]. Ein Vorteil dieser Kalküle besteht darin, dass formale Beweise durch endliche Formelfolgen unmittelbar präzisiert und veranschaulicht werden können. Dieser Vorteil wird sich vor allem bei der Gödelisierung des Beweisens auszahlen.

Im Folgenden betrachten wir einen solchen Kalkül mit MP als einziger Schlussregel. Der Kalkül wird vorübergehend mit $\mathrel|\!\!\sim$ bezeichnet, um ihn von dem in **1.4** betrachteten Regelkalkül $\vdash$ zu unterscheiden. Die logische Signatur enthalte nur $\neg, \wedge$. In den Axiomen von $\mathrel|\!\!\sim$ erscheint jedoch die durch $\alpha \to \beta := \neg(\alpha \wedge \neg\beta)$ definierte Implikation, was die Niederschrift dieser Axiome erheblich verkürzt.

Das *logische Axiomensystem* unseres Kalküls bestehe aus der Menge Λ aller Formeln der folgenden Gestalt, wobei an die Rechtsklammerung erinnert sei.

$$\Lambda 1 \quad (\alpha \to \beta \to \gamma) \to (\alpha \to \beta) \to (\alpha \to \gamma), \qquad \Lambda 2 \quad \alpha \to \beta \to \alpha \wedge \beta,$$
$$\Lambda 3 \quad \alpha \wedge \beta \to \alpha, \quad \alpha \wedge \beta \to \beta, \qquad \Lambda 4 \quad (\alpha \to \neg\beta) \to (\beta \to \neg\alpha).$$

Λ enthält nur Tautologien. Auch sind die aus Λ mit MP herleitbaren Formeln sämtlich Tautologien, denn $\vDash \alpha, \alpha \to \beta$ impliziert $\vDash \beta$. Wir werden nachweisen, dass aus Λ mittels MP alle 2-wertigen Tautologien beweisbar sind und beginnen mit folgender

Definition. Ein *Beweis* aus X (im Kalkül $\mathrel|\!\!\sim$) sei eine Folge $(\varphi_0, \dots, \varphi_n)$, so dass für jedes $k \leqslant n$: $\varphi_k \in X \cup \Lambda$ oder aber es existieren Indizes $i, j < k$ mit $\varphi_i = \varphi_j \to \varphi_k$ (d.h. φ_k entsteht durch Anwendung von MP auf Folgenglieder, die φ_k vorangehen). Ein Beweis $(\varphi_0, \dots, \varphi_n)$ mit $\varphi_n = \alpha$ heißt *ein Beweis für α aus X*. Es sei $X \mathrel|\!\!\sim \alpha$ (aus X ist α *beweisbar* oder *ableitbar*), wenn es einen Beweis für α aus X gibt.

Beispiel. $(p, q, p \to q \to p \wedge q, q \to p \wedge q, p \wedge q)$ ist ein Beweis für $p \wedge q$ aus $X = \{p, q\}$. Man beachte, das Folgenglied $p \to q \to p \wedge q$ dieses Beweises gehört zu Λ.

Weil ein Beweis nur endlich viele Formeln enthält, liefert obige Definition z.B. unmittelbar den wie Satz 4.1 formulierten Endlichkeitssatz für $\mathrel|\!\!\sim$. Jeder Anfang eines Beweises ist offenbar selbst ein Beweis. Ferner ist die Verkettung von Beweisen für α und für $\alpha \to \beta$ und die Verlängerung der entstehenden Folge um β ein Beweis für

---

[5] Diese Schreibweise soll grob gesagt zum Ausdruck bringen, dass β aus einer Formelmenge X als bewiesen gilt, wenn zuvor α und $\alpha \to \beta$ aus X bewiesen wurden. MP ist Beispiel einer 2-stelligen Hilbert-Regel. Für eine allgemeine Definition dieses Regel-Typs siehe z.B. [Ra1].

β, wie man mit bloßem Auge sieht. Damit gilt also

$$(*) \quad X \vdash \alpha, \alpha \to \beta \;\Rightarrow\; X \vdash \beta.$$

Kurzum, die Menge der aus X beweisbaren Formeln ist MP-*abgeschlossen*. Eine Anwendung von $(*)$ wird oft durch die Redeweise „MP ergibt...“ zitiert. Man sieht leicht, dass $X \vdash \alpha$ genau dann, wenn α zur kleinsten X umfassenden und unter MP abgeschlossenen Formelmenge gehört. Für die Gödelisierung des Beweisens und für das automatische Beweisen ist aber ratsam, mit dem obigen finiten Begriff eines Beweises zu arbeiten und die Mengenlehre aus dem Spiel zu lassen. Zum Glück befreit uns der folgende Satz von der Pflicht, Eigenschaften von Formeln α mit $X \vdash \alpha$ jedesmal induktiv über die Länge eines Beweises von α aus X nachzuweisen.

Satz 6.1 (Induktionssatz für $\vdash$). *Sei X gegeben und $\mathcal{E}$ eine Eigenschaft von Formeln mit* (o) *$\mathcal{E}\alpha$ gilt für alle $\alpha \in X \cup \Lambda$,* (s) *$\mathcal{E}\beta$, $\mathcal{E}(\beta \to \alpha) \Rightarrow \mathcal{E}\alpha$, für alle α, β. Dann gilt $\mathcal{E}\alpha$ für alle α mit $X \vdash \alpha$.*

Beweis durch Induktion über die Länge n eines Beweises von α aus X. Habe α einen Beweis Φ der Länge n und sei $\mathcal{E}\varphi$ für alle Formeln φ mit Beweisen einer Länge $< n$ angenommen. Ist $\alpha \in X \cup \Lambda$ – was für $n = 1$ stets der Fall ist – gilt $\mathcal{E}\alpha$ gemäß (o). Falls aber $\alpha \notin X \cup \Lambda$, so enthält Φ Glieder β und $\beta \to \alpha$ mit Beweisen einer Länge $< n$ (weil doch jeder Anfang von Φ selbst ein Beweis ist). Es gelten also $\mathcal{E}\beta$ und $\mathcal{E}(\beta \to \alpha)$ nach Induktionsannahme und somit $\mathcal{E}\alpha$ gemäß (s). ❑

Eine Anwendung von Satz 6.1 ist der Nachweis von $\vdash \subseteq \vDash$, oder ausführlicher

$$(Kor) \quad X \vdash \alpha \;\Rightarrow\; X \vDash \alpha \qquad (Korrektheit).$$

Denn sei $\mathcal{E}\alpha$ die Eigenschaft '$X \vDash \alpha$', mit fest vorgegebenem X. Sicher gilt $X \vDash \alpha$ für $\alpha \in X$. Dasselbe gilt für $\alpha \in \Lambda$. Also $\mathcal{E}\alpha$ für alle $\alpha \in X \cup \Lambda$ und (o) ist bestätigt. Sei nun $X \vDash \beta, \beta \to \alpha$. Dann ist auch $X \vDash \alpha$, was den Induktionsschritt (s) beweist. Nach Satz 6.1 gilt $\mathcal{E}\alpha$, d.h. $X \vDash \alpha$, wenn immer $X \vdash \alpha$. Damit ist (*Kor*) bewiesen.

Anders als in $\vdash$ sind für den Vollständigkeitsbeweis von $\vdash$ eine Reihe von Ableitungen auszuführen. Dies liegt in der Natur der Sache. Man muss Hilbert-Kalküle oft durch geduldige Ableitungen „erst einmal zum Laufen bringen“. Wir verwenden nachfolgend die offenkundige Monotonieeigenschaft $X' \supseteq X \vdash \alpha \;\Rightarrow\; X' \vdash \alpha$. Wie üblich stehe $\vdash \alpha$ für $\emptyset \vdash \alpha$.

Lemma 6.2. (a) $X \vdash \alpha \to \neg\beta \;\Rightarrow\; X \vdash \beta \to \neg\alpha$, (b) $\vdash \alpha \to \beta \to \alpha$,
(c) $\vdash \alpha \to \alpha$, (d) $\vdash \alpha \to \neg\neg\alpha$, (e) $\vdash \beta \to \neg\beta \to \alpha$.

Beweis. (a): Sicher ist $X \vdash (\alpha \to \neg\beta) \to (\beta \to \neg\alpha)$ nach Axiom $\Lambda 4$. Daraus und aus $X \vdash \alpha \to \neg\beta$ ergibt sich $X \vdash \beta \to \neg\alpha$ mit MP. (b): Es ist $\vdash \beta \wedge \neg\alpha \to \neg\alpha$ gemäß $\Lambda 3$, mit (a) also $\vdash\alpha\to\neg(\beta\wedge\neg\alpha) = \alpha\to\beta\to\alpha$. (c): Mit $\gamma := \alpha$, $\beta := \alpha\to\alpha$ in $\Lambda 1$ erhält man $\vdash(\alpha\to(\alpha\to\alpha)\to\alpha)\to(\alpha\to\alpha\to\alpha)\to\alpha\to\alpha$. Das ergibt mit (b) nach zweimaliger Anwendung von MP gerade (c). (d) folgt mit (a) dann aus $\vdash\neg\alpha\to\neg\alpha$. (e): Wegen $\vdash\neg\beta\wedge\neg\alpha\to\neg\beta$ und (a) ist $\vdash\beta\to\neg(\neg\beta\wedge\neg\alpha) = \beta\to\neg\beta\to\alpha$. ❑

Punkt (e) dieses Lemmas ergibt sofort, dass $\vdash$ die Regel $(\neg 1)$ aus **1.4** erfüllt, also $X\vdash\beta,\neg\beta \Rightarrow X\vdash\alpha$. Wegen $\Lambda 2, \Lambda 3$ erfüllt $\vdash$ sicher auch $(\wedge 1)$ und $(\wedge 2)$. Wir beweisen nach Abschluß einiger Vorbereitungen auch die Regel $(\neg 2)$ für $\vdash$ und erhalten danach leicht das gewünschte Vollständigkeitsresultat.

Lemma 6.3 (Deduktionstheorem). $X,\alpha\vdash\gamma$ *impliziert* $X\vdash\alpha\to\gamma$.

Beweis durch Induktion in $\vdash$ mit der Prämissenmenge X,α. Sei $X,\alpha\vdash\gamma$. Es bedeute $\mathcal{E}\gamma$ jetzt '$X\vdash\alpha\to\gamma$'. Zum Nachweis von (o) sei $\gamma\in X\cup\Lambda\cup\{\alpha\}$. Ist $\gamma = \alpha$, gilt $X\vdash\alpha\to\gamma$ nach Lemma 6.2(c). Ist $\gamma\in X\cup\Lambda$, so gilt sicher $X\vdash\gamma$. Weil auch $X\vdash\gamma\to\alpha\to\gamma$ nach Lemma 6.2(b), folgt $X\vdash\alpha\to\gamma$ mit MP. Zum Nachweis von (s) sei $X,\alpha\vdash\beta$ und $X,\alpha\vdash\beta\to\gamma$, so dass $X\vdash\alpha\to\beta, \alpha\to\beta\to\gamma$ nach Induktionsannahme. Zweimalige Anwendung von MP auf $\Lambda 1$ ergibt offenbar $X\vdash\alpha\to\gamma$. Damit ist (s) bestätigt und das Lemma bewiesen. ❑

Lemma 6.4. $\vdash\neg\neg\alpha\to\alpha$.

Beweis. Gemäß $\Lambda 3$ und MP ist $\neg\neg\alpha\wedge\neg\alpha\vdash\neg\alpha, \neg\neg\alpha$. Sei τ beliebig mit $\vdash\tau$. Die schon bewiesene Regel $(\neg 1)$ ergibt $\neg\neg\alpha\wedge\neg\alpha\vdash\neg\tau$, und Lemma 6.3 $\vdash\neg\neg\alpha\wedge\neg\alpha\to\neg\tau$. Nach Lemma 6.2(a) folgt $\vdash\tau\to\neg(\neg\neg\alpha\wedge\neg\alpha)$. MP liefert damit $\vdash\neg(\neg\neg\alpha\wedge\neg\alpha)$ und wegen $\neg(\neg\neg\alpha\wedge\neg\alpha) = \neg\neg\alpha\to\alpha$ die Behauptung des Lemmas. ❑

Lemma 6.5. $\vdash$ *erfüllt Regel* $(\neg 2)$, *d.h. wenn* $X,\beta\vdash\alpha$ *und* $X,\neg\beta\vdash\alpha$, *so* $X\vdash\alpha$.

Beweis. Sei $X,\beta\vdash\alpha$ und $X,\neg\beta\vdash\alpha$, also auch $X,\beta\vdash\neg\neg\alpha$ und $X,\neg\beta\vdash\neg\neg\alpha$ nach Lemma 6.2(d). Dann ist $X\vdash\beta\to\neg\neg\alpha, \neg\beta\to\neg\neg\alpha$ (Lemma 6.3), also $X\vdash\neg\alpha\to\neg\beta$ und $X\vdash\neg\alpha\to\neg\neg\beta$ nach Lemma 6.2(a). Daher $X,\neg\alpha\vdash\neg\beta,\neg\neg\beta$, also $X,\neg\alpha\vdash\neg\tau$ nach $(\neg 1)$, mit τ wie in Lemma 6.4. Folglich $X\vdash\neg\alpha\to\neg\tau$ (Lemma 6.3) und daher $X\vdash\tau\to\neg\neg\alpha$ nach Lemma 6.2(a). Wegen $X\vdash\tau$ folgt $X\vdash\neg\neg\alpha$ und mithin $X\vdash\alpha$ gemäß Lemma 6.4. ❑

Satz 6.6 (Vollständigkeitssatz). $\vdash\ =\ \vDash$.

Beweis. Nach *(Kor)* ist $\vdash\ \subseteq\ \vDash$. Weil $\vdash$ alle Basisregeln von $\vdash$ erfüllt, ist $\vdash\subseteq\ \vdash$. Nach Satz 4.6 sind $\vdash$ und $\vDash$ identisch, also $\vDash\ \subseteq\ \vdash$. Damit ist alles gezeigt. ❑

Danach gilt insbesondere $\vdash\alpha \;\Leftrightarrow\; \vDash\alpha$. Kurzum, genau die 2-wertigen Tautologien lassen sich mittels MP aus dem Axiomensystem Λ gewinnen.

Man erhält die Vollständigkeit von $\vdash\!\sim$ durch einen Beweis der einschlägigen Lemmata aus **1.4** in naheliegender Weise natürlich auch ohne Rückgriff auf $\vdash$.

Bemerkung. Es mag überraschend klingen, dass Λ1–Λ4 bereits ausreichen, um alle aussagenlogischen Tautologien zu gewinnen. Denn diese Axiome und alle daraus mit MP herleitbaren Formeln gelten sämtlich in der intuitionistischen und sogar in der Minimallogik, siehe hierzu etwa [Ra1]. Dass Λ dennoch alle Tautologien abzuleiten gestattet, liegt daran, dass → *definiert* wurde. Würde man → als eigenständigen Junktor betrachten, wäre dies nicht mehr der Fall. Um dies einzusehen, ändere man die Interpretation von ¬ durch die Erklärung $\neg 0 = \neg 1 = 1$. Auch dann erhalten alle Axiome von Λ bei jeder Belegung den Wert 1, ebenso wie auch alle aus Λ mit MP herleitbaren Formeln, nicht jedoch z.B. die Formel $\neg\neg p \to p$, die anders als in Lemma 6.4 behauptet, dann auch nicht herleitbar sein kann.

Mit Hilbert-Kalkülen lassen sich auch andere zwei- und mehrwertige Logiken axiomatisieren, z.B. das funktional unvollständige Fragment der zweiwertigen Logik in Übung 4. Auch das Fragment in $\wedge, \vee$, das zwar keine Tautologien hat, in dem aber interessante Hilbert-Regeln gelten, ist durch endlich viele derartige Regeln axiomatisierbar, darunter z.B. $p, q/p \wedge q$. Der Beweis hierfür ist jedoch weniger einfach als der Text oder die Übungen vermuten lassen. Jedes der unendlich vielen Fragmente 2-wertiger Logik mit oder ohne Tautologien ist durch einen Hilbert-Kalkül mit endlich vielen Hilbert-Regeln der betreffenden Sprache axiomatisierbar wie in [HeR] bewiesen wurde.

Neben Sequenzen- und Hilbert-Kalkülen gibt es weitere Kalküle, z.B. Tableau-Kalküle in verschiedenen Varianten, die vor allem für nichtklassische logische Systeme bedeutsam sind. In Kapitel **4** wird z.B. der für die Logikprogrammierung und das maschinelle Beweisen wichtige Resolutionskalkül behandelt.

Übungen

1. Man gebe einen Beweis für die Formel $p \to p$ aus Λ explizit an.

2. Man beweise die Vollständigkeit des Hilbert-Kalküls $\vdash$ in $\mathcal{F}\{\to, \bot\}$ mit MP als einziger Schlussregel, der Definition $\neg\alpha := \alpha \to \bot$, sowie den Axiomen

   A1 $\alpha \to \beta \to \alpha$, A2 $(\alpha \to \beta \to \gamma) \to (\alpha \to \beta) \to \alpha \to \gamma$, A3 $\neg\neg\alpha \to \alpha$.

3. Sei $\vdash$ eine finitäre Konsequenzrelation und $X \nvdash \alpha$. Man zeige mit dem Zornschen Lemma: es gibt ein $Y \supseteq X$ mit $Y \nvdash \alpha$ und $Y, \beta \vdash \alpha$ für alle $\beta \notin Y$ (Y ist *α-maximal*). Ferner beweise man $Y \vdash \beta \Leftrightarrow \beta \in Y$ für α-maximales Y.

4. Man beweise die Vollständigkeit des Kalküls $\vdash$ in $\mathcal{F}\{\to\}$ mit der Schlussregel MP und den Axiomen A1, A2 (Übung 2) und AP: $((\alpha \to \beta) \to \alpha) \to \alpha$.

Kapitel 2

Prädikatenlogik

In der Mathematik und auch in anderen Wissenschaften wie z.B. der Informatik, hat man häufig mit Individuenbereichen zu tun, in denen gewisse Relationen und Operationen ausgezeichnet sind. Über Eigenschaften solcher Relationen und Funktionen kann man in der Sprache der Aussagenlogik nur teilweise und sehr eingeschränkt reden. Also muss man die sprachlichen Ausdrucksmittel verfeinern um neue Beschreibungsmöglichkeiten zu gewinnen. Dafür sind außer logischen Symbolen auch Variablen für die Individuen des betreffenden Bereichs nötig, sowie Symbole für die in Rede stehenden Relationen und Operationen.

Prädikatenlogik ist der Teil der Logik, der die Eigenschaften solcher Relationen und Operationen einer logischen Analyse unterzieht. Dabei spielen solche sprachlichen Partikel wie „für alle" und „es gibt ein" eine zentrale Rolle, auch *Quantoren* genannt. In formalen Sprachen werden diese meistens durch $\forall$ und $\exists$ symbolisiert.

Wir befassen uns vorbereitend etwas näher mit Strukturen und Strukturklassen. Diese sind nicht nur der wesentliche Gegenstand mathematischer Betrachtungen, sondern stehen auch im Blickfeld der Prädikatenlogik, der Modelltheorie, der Informatik, usw. Sodann grenzen wir die wichtigste Klasse formaler Sprachen ein, die *Sprachen der 1. Stufe* oder *elementaren Sprachen.* Charakteristisch für diese ist eine Beschränkung in den Quantifizierungsmöglichkeiten. Wir diskutieren ausführlich die Semantik dieser Sprachen und gelangen zu einem Begriff des Folgerns aus beliebigen Prämissen, der das 2-wertige logische Schließen sehr genau präzisiert. Anschließend behandeln wir den Begriff einer formalisierten Theorie und die Einführung neuer Relationen- und Operationen durch explizite Definitionen. Über formales Beweisen reden wir erst wieder in Kapitel **3**.

Nichts in diesem Kapitel ist besonders tiefsinnig. Dennoch sind die Dinge wichtig für die Ausführungen in allen nachfolgenden Kapiteln.

2.1 Mathematische Strukturen

Unter einer *Struktur* $\mathcal{A}$ versteht man eine nichtleere Menge A zusammen mit gewissen ausgezeichneten Relationen und Operationen auf A sowie gewissen ausgezeichneten Konstanten. Die Menge A heißt auch der *Träger* von $\mathcal{A}$, auch *Trägermenge* oder *Grundmenge*. Die ausgezeichneten Relationen, Operationen und Konstanten heißen kurz die *(Basis-)Relationen, Operationen und Konstanten von* $\mathcal{A}$. Gelegentlich spricht man auch von einem *Bereich*, z.B. dem Zahlenbereich $(\mathbb{N}, <, +, \cdot, 0, 1)$, der ein Beispiel einer unendlichen Struktur ist. Dabei heißt eine Struktur *endlich* bzw. *unendlich*, je nachdem ob ihre Trägermenge endlich oder unendlich ist.

Für eine Struktur $\mathcal{A}$ soll der korrespondierende Buchstabe A künftig stets den Träger von $\mathcal{A}$ bezeichnen, ohne dass dies extra gesagt wird. Analog bezeichnet B den Träger von $\mathcal{B}$ usw. Falls $\mathcal{A}$ keine Operationen oder Konstanten enthält, heißt $\mathcal{A}$ auch eine *Relationalstruktur*; falls hingegen keine Relationen vorkommen, eine *algebraische Struktur* oder einfach eine *Algebra*. Zum Beispiel ist $(\mathbb{Z}, <)$ eine Relationalstruktur. Hingegen ist $(\mathbb{Z}, +, 0)$ eine algebraische Struktur, die *additive Gruppe* $\mathbb{Z}$. Auch die Menge $\mathcal{F}$ der aussagenlogischen Formeln aus **1.1** lässt sich als eine Algebra verstehen, ausgestattet mit den Operationen $(\alpha, \beta) \mapsto (\alpha \wedge \beta)$, $(\alpha, \beta) \mapsto (\alpha \vee \beta)$ und $\alpha \mapsto \neg\alpha$. Statt von der Formelmenge spricht man daher auch von der *Formelalgebra* $\mathcal{F}$.

Ungeachtet des Interesses an speziellen Strukturen betrachtet man oft ganze Klassen von Strukturen, etwa die aller Gruppen oder die Klasse aller Gruppen mit bestimmten Merkmalen. Selbst wenn man zunächst eine einzelne Struktur im Auge hat, nennen wir sie die Vorbildstruktur, ist man oft gezwungen, über gleichartige Strukturen in einem Atemzug, sozusagen in einer Sprache zu sprechen. Das lässt sich dadurch realisieren, dass man von den konkreten Bedeutungen der Relations- und Operationszeichen in der Vorbildstruktur absieht; man betrachtet diese Symbole für sich selbst, um sich damit eine (formale) Sprache zu schaffen, in welcher man über alle in einem Zusammenhang interessierenden Strukturen gleichzeitig zu reden imstande ist. Man schreibt z.B. eine Struktur $\mathcal{A} = (A, +, <, 0)$ dann auch in der Weise $\mathcal{A} = (A, +^{\mathcal{A}}, <^{\mathcal{A}}, 0^{\mathcal{A}})$, wobei $+^{\mathcal{A}}$, $<^{\mathcal{A}}$ und $0^{\mathcal{A}}$ die von den Symbolen $+$, $<$, 0 *in* $\mathcal{A}$ bezeichnete Relation, Operation bzw. Konstante bedeuten. Dadurch lässt sich von der Struktur $\mathcal{A}$ einerseits und der Symbolmenge $\{+, <, 0\}$ andererseits reden. Eine so entstehende Menge L von Relations-, Operations- und Konstantensymbolen mit jeweils gegebenen Stellzahlen heiße eine nichtlogische *Signatur*.

Für die Klasse aller Gruppen ist z.B. $L = \{\circ, e\}$ eine bevorzugte Signatur, wobei $\circ$ die Gruppenoperation und e das Einselement bezeichnet. Man kann Gruppen aber auch – wie dies weiter unten geschieht – als Strukturen der Signatur $\{\circ\}$ definieren. Natürlich könnte man statt $\circ$ auch $\cdot$, $*$ oder $+$ als Operationszeichen wählen, und

Letzteres geschieht in der Regel dann, wenn man mit abelschen Gruppen zu tun hat. Auf das konkrete Aussehen eines Symbols aus L kommt es in diesem Sinne wiederum nicht an. Worauf es letztlich ankommt ist dessen Stellenzahl.

$r \in L$ bedeute stets, dass r ein Relationszeichen, und $f \in L$, dass f ein Operationszeichen ist (auch *Funktionszeichen* genannt), jeweils von einer Stellenzahl $n > 0$, die natürlich von r bzw. f abhängt [1]. Eine *L-Struktur* sei ein Paar $\mathcal{A} = (A, L^{\mathcal{A}})$, wobei $L^{\mathcal{A}}$ für jedes $r \in L$ eine Relation $r^{\mathcal{A}}$ auf A mit der Stellenzahl von r enthält, für jedes $f \in L$ eine Operation $f^{\mathcal{A}}$ auf A der Stellenzahl von f, und für jedes $c \in L$ eine Konstante $c^{\mathcal{A}} \in A$. Je nach den Umständen notiert man $\mathcal{A}$ auch abgekürzt; z.B. spricht man oft vom Ring $\mathbb{Z}$ oder vom Körper $\mathbb{R}$.

Jede Struktur ist L-Struktur für eine gewisse Signatur, nämlich derjenigen bestehend aus den Bezeichnungen ihrer Relationen, Funktionen und Konstanten. Das aber macht den Namen L-Struktur nicht überflüssig, weil wichtige Begriffe wie Isomorphie, Substruktur usw. sich auf Strukturen jeweils gleicher Signatur L beziehen. Von Abschnitt **2.2** an, nachdem die zu L gehörige elementare Sprache $\mathcal{L}$ definiert worden ist, werden L-Strukturen meistens $\mathcal{L}$-Strukturen genannt.

Ist $A \subseteq B$ und f eine n-stellige Operation auf B, heißt A *abgeschlossen* bzgl. f, kurz *f-abgeschlossen*, wenn mit $\vec{a} \in A^n$ auch $f\vec{a} \in A$. Falls $n = 0$, d.h. falls f eine Konstante c ist, heiße dies einfach $c \in A$. Für ein nichtleeres System f-abgeschlossener Teilmengen von B ist auch dessen Durchschnitt wieder f-abgeschlossen. Demnach kann man von der kleinsten (dem Durchschnitt) aller f-abgeschlossenen Teilmengen von B reden, die eine gegebene Teilmenge $E \subseteq B$ enthalten. Dies alles gilt genauso, wenn f hier durch eine beliebige Familie von Operationen von B ersetzt wird.

Beispiel. Für gegebenes m ist die Menge $m\mathbb{N} := \{m \cdot n \mid n \in \mathbb{N}\}$ der durch m teilbaren natürlichen Zahlen $+$- und $\cdot$-abgeschlossen in $\mathbb{N}$ und offenbar die kleinste die Elemente 0 und m enthaltende Teilmenge von $\mathbb{N}$ dieser Art.

Die *Einschränkung* einer n-stelligen Relation $R \subseteq B^n$ auf eine Teilmenge $A \subseteq B$ sei $R \cap A^n$. So ist die Einschränkung der üblichen Ordnung von $\mathbb{R}$ auf $\mathbb{N}$ die übliche Ordnung von $\mathbb{N}$. Es ist völlig plausibel, dass nur deswegen beide Relationen mit dem gleichen Symbol bezeichnet werden dürfen. Analog definiert man die Einschränkung f^A einer auf B erklärten Operation f auf $A \subseteq B$, vorausgesetzt, A ist f-abgeschlossen. Es sei einfach $f^A\vec{a} = f\vec{a}$ für alle $\vec{a} \in A^n$. So ist die Addition in $\mathbb{N}$ die Einschränkung der Addition in $\mathbb{Z}$ auf $\mathbb{N}$, oder Letztere ist eine Erweiterung der Ersteren. Wie im Falle von Relationen darf man sich daher erlauben, beide Operationen mit demselben Symbol zu bezeichnen.

[1] In bestimmten Zusammenhängen lässt man auch $n = 0$ zu und sieht Konstanten als 0-stellige Operationen an. 0-stellige Prädikate erscheinen erst in **5.6**.

Sei $\mathcal{B}$ eine L-Struktur und $A \subseteq B$ nichtleer und gegenüber allen Operationen von $\mathcal{B}$ abgeschlossen, wobei diese Redeweise grundsätzlich auch $c^{\mathcal{B}} \in A$ für $c \in L$ einschließen soll. Einer derartigen Teilmenge A entspricht in natürlicher Weise eine L-Struktur $\mathcal{A} = (A, L^{\mathcal{A}})$; dabei seien $r^{\mathcal{A}}$ und $f^{\mathcal{A}}$ für $r \in L$ und $f \in L$ die Einschränkungen von $r^{\mathcal{B}}$ bzw. $f^{\mathcal{B}}$ auf A. Schließlich sei $c^{\mathcal{A}} = c^{\mathcal{B}}$ für $c \in L$. Die so definierte Struktur $\mathcal{A}$ heißt dann eine *Substruktur* von $\mathcal{B}$, und $\mathcal{B}$ heißt eine *Erweiterung* von $\mathcal{A}$, in Zeichen $\mathcal{A} \subseteq \mathcal{B}$. So ist z.B. $\mathcal{A} = (\mathbb{N}, <, +, 0)$ Substruktur von $\mathcal{B} = (\mathbb{Z}, <, +, 0)$, weil $0 \in \mathbb{N}$ und $\mathbb{N}$ unter der Addition von $\mathbb{Z}$ abgeschlossen ist. Hier wurden die oberen Indizes bei $<$, $+$ und 0 weggelassen, denn dies kann zu Missverständnissen nicht führen.

Jede nichtleere Teilmenge E des Trägers einer L-Struktur $\mathcal{B}$ definiert eine kleinste E enthaltende Substruktur $\mathcal{A}$ von $\mathcal{B}$, deren Träger A die kleinste E enthaltende, unter allen Operationen von $\mathcal{B}$ abgeschlossene Teilmenge von B ist. $\mathcal{A}$ heißt *die von E in $\mathcal{B}$ erzeugte* Substruktur. So ist $3\mathbb{N}$ $\big(= \{3n \mid n \in \mathbb{N}\}\big)$ der Träger der von $E = \{3\}$ in $(\mathbb{Z}, +, 0)$ erzeugten Substruktur. Denn $3\mathbb{N}$ enthält 0 und 3, ist abgeschlossen unter $+$, und offenbar die kleinste Teilmenge von $\mathbb{N}$ dieser Art. $\mathcal{A}$ heißt *endlich erzeugt*, wenn für ein endliches $E \subseteq A$ die von E in $\mathcal{A}$ erzeugte Substruktur mit $\mathcal{A}$ identisch ist.

Ist $\mathcal{A}$ eine L-Struktur und $L_0 \subseteq L$, so heißt die L_0-Struktur $\mathcal{A}_0$ mit dem Träger A und mit $\zeta^{\mathcal{A}_0} = \zeta^{\mathcal{A}}$ für alle Zeichen $\zeta \in L_0$ das *L_0-Redukt von $\mathcal{A}$*, und $\mathcal{A}$ heißt eine *L-Expansion* von $\mathcal{A}_0$. So ist die Gruppe $(\mathbb{Z}, +, 0)$ das $\{+, 0\}$-Redukt des geordneten Ringes $(\mathbb{Z}, <, +, \cdot, 0)$. Die Begriffe Redukt und Substruktur müssen klar voneinander unterschieden werden. Ein Redukt von $\mathcal{A}$ hat stets denselben Träger wie $\mathcal{A}$.

Es folgt eine Liste häufig zitierter Eigenschaften einer 2-stelligen Relation R in einer Menge A. Statt $(a, b) \in R$ schreiben wir etwas bequemer $a \lhd b$, und $a \ntriangleleft b$ meint $(a, b) \notin R$. Auch steht $a \lhd b \lhd c$ für $a \lhd b \ \&\ b \lhd c$, so wie man meist $a < b < c$ für $a < b \ \&\ b < c$ schreibt. In der Liste bedeuten „für alle a" und „es gibt ein a" genauer „für alle $a \in A$" bzw. „es gibt ein $a \in A$". Die Relation $\lhd$ $(\subseteq A^2)$ heißt

reflexiv	wenn $a \lhd a$ für alle a.
irreflexiv	wenn $a \ntriangleleft a$ für alle a.
symmetrisch	wenn $a \lhd b \Rightarrow b \lhd a$, für alle a, b.
antisymmetrisch	wenn $a \lhd b \lhd a \Rightarrow a = b$, für alle a, b.
transitiv	wenn $a \lhd b \lhd c \Rightarrow a \lhd c$, für alle a, b, c.
konnex	wenn $a \lhd b$ oder $b \lhd a$ oder $a = b$, für alle a, b.

Reflexive, transitive und symmetrische Relationen heißen *Äquivalenzrelationen.* Man bezeichnet diese häufig mit $\sim$, $\approx$, $\equiv$, $\simeq$ oder ähnlichen Symbolen. Es folgt nun eine Übersicht über Strukturklassen, auf die erst später zurückgegriffen wird. Man kann die Lektüre daher vorerst auch mit **2.2** fortsetzen.

1. **Graphen, Halbordnungen und Ordnungen.** Eine Relationalstruktur $(A, \lhd)$ mit einer beliebigen 2-stelligen Relation $\lhd$ auf A heißt oft ein (gerichteter) *Graph.* Ist $\lhd$ irreflexiv und transitiv, schreibt man meistens $<$ für $\lhd$ und spricht von einer *halbgeordneten Menge* oder *(irreflexiven) Halbordnung*, auch *partielle* Ordnung (im strikten Sinne) genannt. Definiert man von $<$ ausgehend $x \leqslant y \Leftrightarrow x < y$ *oder* $x = y$, so ist $\leqslant$ reflexiv, transitiv und antisymmetrisch. $(A, \leqslant)$ heißt die zugehörige *reflexive Halbordnung.* Man kann auch mit einer reflexiven Halbordnung $(A, \leqslant)$ starten, und erhält durch die Erklärung $x < y \Leftrightarrow x \leqslant y \ \& \ x \neq y$ eine irreflexive Halbordnung.

Eine konnexe Halbordnung $\mathcal{A} = (A, <)$ heißt eine *lineare* oder *totale Ordnung*, oft auch nur eine *Ordnung* oder *Anordnung* oder *geordnete Menge.* $\mathbb{N}$, $\mathbb{Z}$, $\mathbb{Q}$, $\mathbb{R}$ sind bzgl. ihrer üblichen Anordnung Beispiele. Hier und weiter unten folgen wir der Gewohnheit, geordnete oder halbgeordnete Mengen einfach durch ihre Träger aufzurufen, wenn klar ist, welche Ordnungsrelation gemeint ist.

Eine Teilmenge U einer geordneten Menge A heißt ein *Anfang* von A, wenn $A \neq \emptyset$ und für alle $a, b \in A$ mit $a < b$ und $b \in U$ stets auch $a \in U$. Hat $U \neq A$ kein größtes und $V := A \backslash U$ kein kleinstes Element, sagt man, das Paar (U, V) sei eine *Lücke.* Hat hingegen U ein größtes Element a und V ein kleinstes Element b, heißt (U, V) ein *Sprung.* Es gibt dann kein $c \in A$ mit $a < c < b$. Deshalb heißt dann b auch ein *unmittelbarer Nachfolger* von a, und a ein *unmittelbarer Vorgänger* von b. Eine unendliche geordnete Menge ohne Lücken und Sprünge heißt *stetig geordnet.* Standardbeispiele sind $\mathbb{R}$ und die Intervalle von $\mathbb{R}$.

Eine geordnete Teilmenge K einer halbgeordneten Menge H heißt eine *Kette* von H. Diese heißt *nach oben beschränkt*, wenn es ein $b \in H$ gibt mit mit $x \leqslant b$ für alle $x \in K$. Man nennt $a \in H$ *maximal* in H, wenn es kein $b \in H$ gibt mit $b > a$. Eine unendliche Halbordnung muss keine maximalen Elemente enthalten und Ketten sind auch nicht immer nach oben beschränkt, wie das Beispiel $(\mathbb{N}, <)$ zeigt. Wir formulieren nun ein wichtiges Hilfsmittel der Mathematik, das

Lemma von Zorn. *Ist jede Kette in einer nichtleeren halbgeordneten Menge H nach oben beschränkt, so besitzt H ein maximales Element.*

Dieses Lemma gehört zu denjenigen Hilfsmitteln, die auch ohne Beweiskenntnis leicht angewendbar sind. Mit einem indirektem Beweisansatz ist es auch einigermaßen plausibel: Hat H kein maximales Element, wähle man ein $a_0 \in H$, dann ein $a_1 > a_0$ usw. Der exakte Beweis beruht auf dem in **3.4** diskutierten Auswahlaxiom.

Eine geordnete Menge A heißt *wohlgeordnet*, wenn jede nichtleere Teilmenge von A ein kleinstes Element hat. Gleichwertig, es gibt keine unendliche absteigende Folge $a_0 > a_1 > \ldots$ mit $a_i \in A$. Denn gäbe es eine solche, dann hätte $\{a_n \mid n \in \mathbb{N}\}$ ja kein kleinstes Element. Beispiel einer unendlichen wohlgeordneten Menge ist $\mathbb{N}$.

2. **Gruppoide, Halbgruppen und Gruppen.** Algebren $\mathcal{A} = (A, \circ)$ mit einer beliebigen Operation $\circ\colon A^2 \to A$ heißen *Gruppoide*. Ist $\circ$ assoziativ, heißt $\mathcal{A}$ eine *Halbgruppe*, ist $\circ$ zudem invertierbar, eine *Gruppe*. Es ist beweisbar, dass eine Gruppe $(G, \circ)$ in diesem Sinne genau ein *Einselement* (oder *neutrales Element*) enthält, d.h. ein Element e mit $x \circ e = e \circ x = x$ für alle $x \in G$. Ist $\circ$ auch kommutativ, spricht man von einer *kommutativen* oder *abelschen* Gruppe, auch *Modul* genannt.

Hier einige Beispiele für Halbgruppen, die keine Gruppen sind: (a) die Menge der Zeichenfolgen aus den Buchstaben eines Alphabets A bezüglich Verkettung, *die von (den Buchstaben aus)* A *erzeugte Worthalbgruppe*. (b) $(\mathbb{N}, +)$ und $(\mathbb{N}, \cdot)$; beide sind *kommutativ*. Alle angegebenen Beispiele von Halbgruppen sind *regulär*, d.h. es gelten $x \circ y = x \circ z \Rightarrow y = z$ und $x \circ z = y \circ z \Rightarrow x = y$, für alle x, y, z.

Substrukturen von Halbgruppen sind wieder Halbgruppen. Auch Substrukturen von Gruppen sind im Allgemeinen nur Halbgruppen. So ist z.B. $(\mathbb{N}, +) \subseteq (\mathbb{Z}, +)$. Erst in der Signatur $\{\circ, e, ^{-1}\}$, wobei e das Einselement und x^{-1} das zu x inverse Element bezeichnet, sind Substrukturen von Gruppen wieder Gruppen. In dieser Signatur lassen sich die Gruppenaxiome sogar wie folgt als Gleichungen notieren, wobei Zusätze wie 'für alle x, y, z' der Kürze halber unterdrückt werden:

$$x \circ (y \circ z) = (x \circ y) \circ z, \quad x \circ e = x, \quad x \circ x^{-1} = e.$$

Diese bewahren offenbar ihre Gültigkeit beim Übergang zu Substrukturen. Aus den angegebenen sind die Gleichungen $e \circ x = x$ und $x^{-1} \circ x = e$ beweisbar, siehe **2.3**.

Geordnete Halbgruppen oder Gruppen enthalten nebst $\circ$ noch eine Anordnung, bezüglich derer $\circ$ in beiden Argumenten monoton ist. Eine kommutative geordnete Halbgruppe $(A, <, +, 0)$ mit Nullelement 0, das zugleich kleinstes Element in A ist, und in der im Falle $a < b$ ein c mit $a + c = b$ existiert, heißt ein *Größenbereich*. Alltagsbeispiele sind die Größenbereiche der *Längen, Volumina, Massen* usw.

3. **Ringe und Körper.** Diese gehören zu den bekanntesten Strukturen, so dass wir die Definition hier nicht wiederholen. Die Ringaxiome seien in $+, -, \cdot, 0$ formuliert und enthalten das Axiom $x + (y - x) = y$; bei Körpern kommt noch das Symbol 1 hinzu. Streicht man aus den Ringaxiomen das zuletzt erwähnte Axiom und das Minus-Symbol aus der Signatur, spricht man von einem *Halbring*.

Substrukturen von Körpern in der Signatur $\{0, 1, +, -, \cdot\}$ sind *Integritätsbereiche*, d.h. kommutative nullteilerfreie Ringe mit 1. Sind $\mathcal{K}, \mathcal{K}'$ Körper mit $\mathcal{K} \subseteq \mathcal{K}'$, so heißt $a \in K' \setminus K$ *algebraisch* oder *transzendent* über $\mathcal{K}$, je nachdem ob a Nullstelle eines Polynoms mit Koeffizienten aus K ist oder nicht. Zerfällt wie im Körper der komplexen Zahlen jedes Polynom vom Grade $\geqslant 1$ mit Koeffizienten aus K schon in Linearfaktoren, heißt $\mathcal{K}$ a.a. (= *algebraisch abgeschlossen*).

Jeder Körper $\mathcal{K}$ hat einen kleinsten Teilkörper $\mathcal{P}$, einen *Primkörper*. Man sagt, $\mathcal{K}$ *hat die Charakteristik* 0 bzw. die *Charakteristik* p (eine Primzahl), je nachdem ob $\mathcal{P}$ zum Körper $\mathbb{Q}$ oder zum Körper $\mathcal{F}_p$ aus p Elementen isomorph ist. Andere Primkörper gibt es nicht. $\mathcal{K}$ hat die Charakteristik p genau dann, wenn in $\mathcal{K}$ die Aussage $\mathtt{char}_p: \underbrace{1+\cdots+1}_{p} = 0$ gilt.

Halbringe, Ringe und Körper können auch *geordnet* sein, wobei die üblichen Monotoniegesetze gefordert werden. So ist $(\mathbb{Z}, <, +, \cdot, 0, 1)$ der *geordnete Ring* der ganzen Zahlen, und $(\mathbb{N}, <, +, \cdot, 0, 1)$ der *geordnete Halbring* der natürlichen Zahlen.

4. **Halbverbände und Verbände.** $\mathcal{A} = (A, \circ)$ heißt ein *Halbverband*, wenn $\circ$ assoziativ, kommutativ und idempotent ist. Ein Beispiel ist $(\{0,1\}, \circ)$ mit $\circ = \wedge$ oder auch $\circ = \vee$. Definiert man $a \leqslant b \Leftrightarrow a \circ b = a$, so ist $\leqslant$ eine reflexive Halbordnung auf A. Wie man leicht nachrechnet, ist $a \circ b$ gerade das *Infimum* von a, b bezüglich $\leqslant$, kurz $a \circ b = \inf\{a, b\}$, was heißen soll $a \circ b \leqslant a, b$ und $c \leqslant a, b \Rightarrow c \leqslant a \circ b$, für alle $a, b, c \in A$. So ist z.B. $\leqslant$ wegen $a \circ a = a$ reflexiv.

$\mathcal{A} = (A, \cap, \cup)$ heißt ein *Verband*, wenn $(A, \cap)$ und $(A, \cup)$ jeweils Halbverbände sind und wenn in $\mathcal{A}$ die sogenannten *Absorptionsgesetze* $a \cap (a \cup b) = a$ und $a \cup (a \cap b) = a$ gelten. Diese implizieren $a \cap b = a \Leftrightarrow a \cup b = b$, so dass A halbgeordnet wird, indem man wahlweise definiert $a \leqslant b \Leftrightarrow a \cap b = a$ oder $a \leqslant b \Leftrightarrow a \cup b = b$. Dabei erweist $a \cup b$ sich als *Supremum* von a, b, d.h. $a, b \leqslant a \cup b$ und $a, b \leqslant c \Rightarrow a \cup b \leqslant c$, für alle $a, b, c \in A$. Falls $\mathcal{A}$ darüber hinaus auch die *Distributivgesetze*

$$a \cap (b \cup c) = (a \cap b) \cup (a \cap c) \quad ; \quad a \cup (b \cap c) = (a \cup b) \cap (a \cup c)$$

erfüllt, heißt $\mathcal{A}$ ein *distributiver* Verband. So ist z.B. $\mathfrak{P}M$ mit den Operationen $\cap$ und $\cup$ für $\cap$ bzw. $\cup$ ein distributiver Verband, ebenso jede nichtleere, gegenüber $\cap$ und $\cup$ abgeschlossene Familie von Teilmengen von M. Diese heißen *Mengenverbände*. Ein wichtiges Beispiel ist auch $(\mathbb{N}, \mathrm{ggT}, \mathrm{kgV})$. Dabei sei $\mathrm{ggT}(a, b)$ bzw. $\mathrm{kgV}(a, b)$ der größte gemeinsame Teiler bzw. das kleinste gemeinsame Vielfache von $a, b \in \mathbb{N}$. Die zugehörige Halbordnung ist hier die Teilbarkeitsrelation. Das kleinste gemeinsame Vielfache ist auch für endliche Folgen natürlicher Zahlen wohlerklärt, was in **7.1** eine wichtige Rolle spielen wird.

5. **Boolesche Algebren.** Eine Algebra $\mathcal{A} = (A, \cap, \cup, \neg)$, so dass $(A, \cap, \cup)$ ein distributiver Verband ist, und in der mindestens noch die Gleichungen

$$\neg\neg x = x, \quad \neg(x \cap y) = \neg x \cup \neg y, \quad x \cap \neg x = y \cap \neg y$$

gelten, heißt eine *Boolesche Algebra*. Vorbildstruktur ist die 2-elementige Boolesche Algebra $\mathit{2} := (\{0,1\}, \cap, \cup, \neg)$; dabei sei $\cap$ durch $\wedge$ und $\cup$ durch $\vee$ interpretiert. Man definiert $0 := a \cap \neg a$ für beliebiges $a \in A$, und $1 := \neg 0$. Es gibt viele Kennzeichnungen Boolescher Algebren. Auch die Signatur wird oft unterschiedlich gewählt.

So ist die Signatur $\{\land, \lor, \neg\}$ sehr geeignet, um die 2-wertige Aussagenlogik algebraisch zu behandeln. Weitere Beispiele Boolescher Algebren sind die *Mengenalgebren* $\mathcal{A} = (A, \cap, \cup, \neg)$, bestehend aus einem System $A \neq \emptyset$ von Teilmengen einer Menge I, das unter $\cap, \cup$ und $\neg$ (Komplement in A) abgeschlossen ist. Dies sind bereits die allgemeinsten Beispiele; denn jede Boolesche Algebra ist nach dem *Stoneschen Repräsentationssatz* zu einer Mengenalgebra isomorph.

6. **Logische L-Matrizen.** Dies sind Strukturen $\mathcal{A} = (A, L^{\mathcal{A}}, D^{\mathcal{A}})$, wobei L nur Operationssymbole (die „logischen" Symbole) enthält und D ein einstelliges Prädikat bezeichnet: *die Menge der ausgezeichneten Werte* von $\mathcal{A}$. Am bekanntesten ist die zweiwertige *Boolesche Matrix* $\mathcal{B} = (\{0,1\}, L^{\mathcal{B}}, \{1\})$, mit $L = \{\land, \lor, \neg\}$. Die durch $\mathcal{A}$ bestimmte Folgerungsrelation $\vDash_{\mathcal{A}}$ in der aussagenlogischen Sprache $\mathcal{F}$ der Signatur L wird analog zum 2-wertigen Fall definiert: Für $X \subseteq \mathcal{F}$ und $\alpha \in \mathcal{F}$ sei $X \vDash_{\mathcal{A}} \alpha$, wenn $w\alpha \in D^{\mathcal{A}}$ für jede Belegung $w\colon AV \mapsto A$ mit $w\varphi \in D^{\mathcal{A}}$ für alle $\varphi \in X$.

Homomorphismen und Isomorphismen. Die folgenden Begriffe sind für mathematische und logisch-semantische Untersuchungen gleichermaßen wichtig.

Definition. Seien $\mathcal{A}, \mathcal{B}$ L-Strukturen und $h\colon \mathcal{A} \to \mathcal{B}$ (genauer $h\colon A \to B$) eine Abbildung, so dass für alle $r, f, c \in L$ und $\vec{a} \in A^n$ (n Stellenzahl von f bzw. r)

$$\text{(H)} \quad hf^{\mathcal{A}}\vec{a} = f^{\mathcal{B}}h\vec{a}, \quad hc^{\mathcal{A}} = c^{\mathcal{B}}, \quad r^{\mathcal{A}}\vec{a} \Rightarrow r^{\mathcal{B}}h\vec{a} \qquad \big(h\vec{a} = (ha_1, \dots, ha_n)\big).$$

Dann heiße h ein *Homomorphismus.* Fügt man zu (H) noch die Bedingung

$$\text{(S)} \quad r^{\mathcal{B}}h\vec{a} \Rightarrow (\exists\vec{b}{\in}A^n)(h\vec{a} = h\vec{b} \ \& \ r^{\mathcal{A}}\vec{b})$$ [2)]

hinzu, heißt h ein *strenger Homomorphismus* (bei Algebren ist dieser Begriff entbehrlich). Ein injektiver strenger Homomorphismus h heißt eine *Einbettung* (*Monomorphismus*). Ist h überdies bijektiv, heißt h ein *Isomorphismus* und im Falle $\mathcal{A} = \mathcal{B}$ ein *Automorphismus.* $\mathcal{A}$ und $\mathcal{B}$ werden *isomorph* genannt, symbolisch $\mathcal{A} \simeq \mathcal{B}$, falls ein solcher Isomorphismus existiert. $\simeq$ ist reflexiv, symmetrisch und transitiv.

Sehr wichtig ist die Äquivalenz $r^{\mathcal{A}}\vec{a} \Leftrightarrow r^{\mathcal{B}}h\vec{a}$ für einen Isomorphismus oder eine Einbettung $h : \mathcal{A} \to \mathcal{B}$. Denn wegen $h\vec{a}{=}h\vec{b} \Leftrightarrow \vec{a}{=}\vec{b}$ gilt nach (S) auch die Umkehrung der Implikation unter (H): $r^{\mathcal{B}}h\vec{a} \Rightarrow (\exists\vec{b}{\in}A^n)(\vec{a}{=}\vec{b} \ \& \ r^{\mathcal{A}}\vec{b}) \Rightarrow r^{\mathcal{A}}\vec{a}$.

Beispiele. (a) Die in **1.1** betrachteten Abbildungen w der aussagenlogischen Formelalgebra $\mathcal{F}$ in die 2-elementige Boolesche Algebra *2* sind Homomorphismen.

(b) Sei $\mathcal{A} = (A, *)$ eine Worthalbgruppe mit der Verkettungsoperation $*$ und $\mathcal{B}$ die additive Halbgruppe der natürlichen Zahlen. Dies sind L-Strukturen für $L = \{\circ\}$, mit $\circ^{\mathcal{A}} = *$ und $\circ^{\mathcal{B}} = +$. Sei $lh\,a$ die Länge eines Wortes $a \in A$. Dann ist $a \mapsto lh(a)$

[2)] $(\exists\vec{b}{\in}A^n)(h\vec{a} = h\vec{b} \ \& \ r^{\mathcal{A}}\vec{b})$ bedeutet 'es gibt ein $\vec{b} \in A^n$ mit $h\vec{a} = h\vec{b}$ und $r^{\mathcal{A}}\vec{b}$'.

ein Homomorphismus von $\mathcal{A}$ auf $\mathcal{B}$, weil $lh(a*b) = lh\,a + lh\,b$. Ist $\mathcal{A}$ aus nur einem Buchstaben erzeugt, so ist h offenbar bijektiv und damit ein Isomorphismus.

(c) Die Algebren $\mathcal{A} = (\{0,1\},+)$ und $\mathcal{B} = (\{0,1\},\leftrightarrow)$ sind nur äußerlich verschieden; sie sind in Wahrheit isomorph, vermittels des Isomorphismus δ mit $\delta 0 = 1$, $\delta 1 = 0$. Mit $\mathcal{A}$ ist daher auch $\mathcal{B}$ eine Gruppe (siehe die allgemeinen Ausführungen in **2.3**). $\mathcal{A}$ und $\mathcal{B}$ werden durch Hinzufügen des einstelligen Prädikats $D = \{1\}$ zu logischen Matrizen. Diese sind nicht mehr isomorph und definieren die beiden „dualen" fragmentaren 2-wertigen Logiken für die Aussagenverknüpfungen *entweder ... oder ...* und ... *genau dann wenn* ..., die viele gemeinsame Eigenschaften haben.

(d) Es sei $\mathcal{A}$ die geordnete additive Gruppe aller reellen Zahlen und $\mathcal{B}$ die geordnete multiplikative Gruppe der positiven reellen Zahlen. Dann gibt es zu jedem $b > 0$ mit $b \neq 1$ genau einen Isomorphismus $\eta\colon \mathcal{A} \to \mathcal{B}$ derart, dass $\eta 1 = b$, nämlich $\eta\colon x \mapsto b^x$, die Exponentialfunktion $\exp_b$ zur Basis b, mit der Umkehrfunktion $\log_b$. Diese Tatsache erklärt das logarithmische Rechnen in vollkommener Weise.

(e) $x \mapsto -x$ ist ein Automorphismus der Gruppe $(\mathbb{R}, 0, +)$. Dagegen besitzt der Körper $(\mathbb{R}, 0, 1, +, \cdot)$ keine echten, d.h. von $id_{\mathbb{R}}$ verschiedenen Automorphismen. Die Abbildung $a \mapsto (a, 0)$ von $\mathbb{R}$ nach $\mathbb{C}$ (= Körper der komplexen Zahlen, dessen Träger wie üblich verstanden sei als Menge der geordnete Paare reeller Zahlen) ist typisches Beispiel einer Einbettung. Es handelt sich hier um eine Einbettung des Körpers $\mathbb{R}$ in den Körper $\mathbb{C}$.

Kongruenzen. Von größter Bedeutung in der Algebra, Logik und anderswo ist der Begriff der *Kongruenzrelation* oder kurz *Kongruenz* in einer Algebra $\mathcal{A}$ der Signatur L. Darunter versteht man eine Äquivalenzrelation $\approx$ in A derart, dass für alle $f \in L$

$$\vec{a} \approx \vec{b} \Rightarrow f\vec{a} \approx f\vec{b}, \qquad (\vec{a} \approx \vec{b} \text{ bedeute } a_i \approx b_i \text{ für } i = 1, \dots, n).$$

Sei A' die Menge aller *Äquivalenzklassen* $a/{\approx} := \{x \in A \mid a \approx x\}$, zuweilen auch *Kongruenzklassen* genannt. Dabei gilt $a \approx b \Leftrightarrow a/{\approx} = b/{\approx}$, für alle $a, b \in A$. Für $\vec{a}$ aus A^n sei $\vec{a}/{\approx} := (a_1/{\approx}, \dots, a_n/{\approx})$. Wichtige und leicht beweisbaren Fakten sind (a) A' wird durch die Definition $f(\vec{a}/{\approx}) := (f\vec{a})/{\approx}$[3)] zu einer L-Struktur $\mathcal{A}'$, die auch mit $\mathcal{A}/{\approx}$ bezeichnete *Faktorstruktur* von $\mathcal{A}$ nach $\approx$. (b) Die Abbildung $a \mapsto a/{\approx}$ ist ein Homomorphismus von $\mathcal{A}$ auf $\mathcal{A}'$, der sogenannte *natürliche Homomorphismus.* (c) *Jeder* Homomorphismus $h\colon \mathcal{A} \to \mathcal{B}$ definiert gemäß $a \approx_h b :\Leftrightarrow ha = hb$ eine Kongruenz in $\mathcal{A}$, deren Faktorstruktur zum Bild von h isomorph ist. Kongruenzen lassen sich nicht nur für Algebren, sondern auch für beliebige Strukturen so erklären, dass Eigenschaften gelten, die analog sind zu (a), (b) und (c), siehe z.B. [Ra2].

---

3) Diese Definition ist korrekt oder *repräsentantenunabhängig*, d.h. $\vec{a} \approx \vec{b} \Rightarrow f\vec{a} \approx f\vec{b}$, oder gleichwertig, $\vec{a}/{\approx} = \vec{b}/{\approx} \Rightarrow f(\vec{a}/{\approx}) = f(\vec{b}/{\approx})$, für alle $\vec{a}, \vec{b} \in A^n$ und alle $f \in L$ der Stellenzahl n.

Direkte Produkte. Diese sind die Basis für viele Konstruktionsverfahren von Strukturen. Bekanntes Beispiel ist die n-dimensionale Vektorgruppe $(\mathbb{R}^n, 0, +)$, das n-fache direkte Produkt der Gruppe $(\mathbb{R}, 0, +)$ mit sich selbst. Die Addition in $\mathbb{R}^n$ wird komponentenweise erklärt, und entsprechendes geschieht auch in der folgenden

Definition. Sei $(\mathcal{A}_i)_{i \in I}$ eine nichtleere Familie von L-Strukturen. Das *direkte Produkt* $\mathcal{B} = \prod_{i \in I} \mathcal{A}_i$ sei die wie folgt definierte Struktur. Der Träger sei $B = \prod_{i \in I} A_i$ mit den Elementen $a = (a_i)_{i \in I}$ (siehe die Notationen), und für $r, f, c \in L$ setzt man

$$r^{\mathcal{B}}\vec{a} \Leftrightarrow r^{\mathcal{A}_i}\vec{a}_i \text{ für alle } i \in I, \qquad f^{\mathcal{B}}\vec{a} = (f^{\mathcal{A}_i}\vec{a}_i)_{i \in I}, \qquad c^{\mathcal{B}} = (c^{\mathcal{A}_i})_{i \in I}.$$

Dabei ist $\vec{a} = (a^1, \dots, a^n) \in B^n$ – hier zählen ausnahmsweise die oberen Indizes die Komponenten des n-Tupels – sowie $\vec{a}_i = (a_i^1, \dots, a_i^n) \in A_i^n$ (die i-te Projektion des n-Tupels $\vec{a}$) und $a^\nu = (a_i^\nu)_{i \in I}$ für $\nu = 1, \dots, n$. Im Falle $\mathcal{A}_i = \mathcal{A}$ für alle $i \in I$ wird $\prod_{i \in I} \mathcal{A}_i$ auch mit $\mathcal{A}^I$ bezeichnet und heißt eine *direkte Potenz* von $\mathcal{A}$.

Für $I = \{1, \dots, m\}$ bezeichnet man $\prod_{i \in I} \mathcal{A}_i$ häufig mit $\mathcal{A}_1 \times \dots \times \mathcal{A}_m$. Im Falle $I = \{0, \dots, n-1\}$ schreibt man meistens $\mathcal{A}^n$ für $\mathcal{A}^I$. Durch $a \mapsto (a)_{i \in I}$ (das I-Tupel mit dem konstanten Wert a) wird $\mathcal{A}$ in $\mathcal{A}^I$ eingebettet.

Beispiele. (a) Für $I = \{1, 2\}$ und $\mathcal{A}_i = (A_i, <^i)$ ist $a <^{\mathcal{B}} b \Leftrightarrow a_1 <^1 b_1 \ \&\ a_2 <^2 b_2$ für alle $a, b \in B = A_1 \times A_2$. Sind $\mathcal{A}_1, \mathcal{A}_2$ Ordnungen, so ist $\mathcal{B}$ i.a. nur noch eine partielle Ordnung. Der tiefere Grund hierfür wird sich in **5.7** offenbaren.
(b) Sei $\mathcal{B} = \mathit{2}^I$ eine direkte Potenz der 2-elementigen Booleschen Algebra $\mathit{2}$. Die Elemente von B sind I-Tupel aus Nullen und Einsen. Diese entsprechen in natürlicher Weise umkehrbar eindeutig den Teilmengen von I. Siehe hierzuÜbung 4.

Übungen

1. Man zeige, es gibt bis auf Isomorphie genau fünf 2-elementige echte Gruppoide. Dabei heiße ein mindestens 2-elementiges Gruppoid $(H, \cdot)$ *echt*, wenn $\cdot$ eine wesentlich 2-stellige Operation ist.

2. Die Relation $\approx$ $(\subseteq A^2)$ heißt *euklidisch*, wenn $a \approx b \ \&\ a \approx c \Rightarrow b \approx c$, für alle $a, b, c \in A$. Man zeige, $\approx$ ist dann und nur dann eine Äquivalenzrelation in A, wenn $\approx$ reflexiv und euklidisch ist.

3. Man zeige, eine Äquivalenzrelation $\approx$ auf einer algebraischen L-Struktur $\mathcal{A}$ ist schon dann eine Kongruenz, wenn für alle $f \in L$ und alle $i = 1, \dots, n$
$$a \approx a' \Rightarrow f(a_1, \dots, a_{i-1}, a, a_{i+1}, \dots, a_n) \approx f(a_1, \dots, a_{i-1}, a', a_{i+1}, \dots, a_n).$$

4. Man zeige, $\mathit{2}^I$ ist für eine beliebige Indexmenge I isomorph zur Mengenalgebra $(\mathfrak{P}I, \cap, \cup, \neg)$.

2.2 Syntax elementarer Sprachen

Über Strukturen wie z.B. den Körper der reellen Zahlen kann man in der mathematischen Umgangssprache präzise reden. Es kommt bei logischen (und metamathematischen) Fragestellungen aber darauf an, den sprachlichen Rahmen genau abzugrenzen, den man ins Auge fassen will, und dies gelingt am einfachsten durch eine Formalisierung. Man erhält auf diese Weise eine *Objektsprache*, d.h. die formalisierten Sprachelemente werden wie die Elemente einer Struktur zu *Objekten* der Betrachtung. Damit interessante Eigenschaften einer Struktur in dieser Sprache auch formulierbar sind, benötigt man mindestens Variablen für die Elemente ihres Trägers, auch *Individuenvariable* genannt, eine ausreichende Anzahl logischer Symbole, sowie Symbole für die Relationen, Funktionen und Konstanten der Struktur, die insgesamt die nichtlogische Signatur L der zu definierenden Sprache bilden.

Auf diese Weise gelangt man zu den *Sprachen der 1. Stufe*, auch *elementare* Sprachen genannt. Man verliert nichts an Allgemeinheit, wenn die Variablenmenge für alle elementaren Sprachen dieselbe ist, mit *Var* bezeichnet wird und aus den abzählbar vielen Symbolen $\boldsymbol{v}_0, \boldsymbol{v}_1, \ldots$ besteht. Zwei derartige Sprachen unterscheiden sich daher nur durch unterschiedliche Möglichkeiten der Vorgabe nichtlogischer Symbole. Variablen etwa für Teilmengen des Trägers werden bewusst ausgeschlossen. Denn Sprachen, die gleichzeitig Variablen für Individuen und für Mengen aus diesen Individuen enthalten – Sprachen der 2. Stufe, siehe **3.7** – haben andere semantische Eigenschaften als die hier untersuchten elementaren Sprachen.

Wir bestimmen zuerst das *Alphabet*, d.h. die Menge der *Grundzeichen* einer durch eine Signatur L bestimmten Sprache der 1. Stufe. Dazu gehören stets die Variablen $\boldsymbol{v}_0, \boldsymbol{v}_1, \ldots$, die vorzugsweise mit x, y, z, u, v bezeichnet werden. Im konkreten Fall können aber auch andere Buchstaben mit oder ohne Indizes denselben Dienst tun. Der Fettdruck der Originalvariablen ist nützlich, um bei der Niederschrift einer Formel mit n Variablen $\boldsymbol{v}_{i_1}, \ldots, \boldsymbol{v}_{i_n}$ diese in gewünschter Reihenfolge z.B. durch $v_1, \ldots, v_n$ oder $x_1, \ldots, x_n$ vertreten zu lassen. Zum Alphabet mögen ferner die logischen Symbole $\wedge$, $\neg$, $\forall$ (*für alle*) und $\boldsymbol{=}$ [4)], die Klammern (,), sowie die Symbole der Signatur L gehören. Weitere logische Symbole werden später definiert, darunter $\exists$ (*es gibt ein*) und $\exists!$ (*es gibt genau ein*). $\mathcal{S}_{\mathcal{L}}$ bezeichne die Menge aller Zeichenfolgen aus den Grundsymbolen von $\mathcal{L}$.

Aus der Menge $\mathcal{S}_{\mathcal{L}}$ aller Zeichenfolgen werden die sinnvollen Zeichenfolgen nach gewissen Regeln ausgesondert. Wir beginnen mit den Termen.

[4)] Das fettgedruckte Gleichheitszeichen soll die Identitätsrelation in der formalen Sprache bezeichnen; nimmt man einfach das übliche Gleichheitszeichen $=$, könnte es zu unbeabsichtigten Verwechslungen mit einem metasprachlichen Gebrauch dieses Symbols kommen.

Terme in L. (T1) Variablen und Konstanten sind Terme, sogenannte *Primterme.* (T2) Ist $f \in L$ und sind $t_1, \dots, t_n$ Terme, so ist auch $ft_1 \cdots t_n$ ein Term.

Dabei ist n wie auf Seite 35 verabredet die Stellenzahl des Operationssymbols f. Andere als die nach (T1) und (T2) erzeugten Zeichenfolgen seien in diesem Zusammenhang keine Terme. Die klammerfreie Schreibweise vereinfacht die Syntax. Bei zweistelligen Operationen verfährt man in der Praxis meist anders und schreibt z.B. den klammerfreien Term $\cdot + xyz$ als $(x + y) \cdot z$. Informationsverdichtung in den Schreibweisen erschwert nämlich das Lesen, weil unser Gehirn Informationen nicht sequentiell verarbeitet wie ein Computer, den das „Entklammern“ der Terme nur zusätzliche Rechenzeit kostet. Übung 3 bestätigt die bei klammerfreier Schreibweise durchaus nicht auf der Hand liegende *eindeutige Termrekonstruktion*:

$$\textit{Aus } ft_1 \cdots t_n = gs_1 \cdots s_m \textit{ folgt } g = f,\ m = n \textit{ und } s_i = t_i \textit{ für } i = 1, \dots, n.$$

$\mathcal{T}$ $(= \mathcal{T}_L)$ bezeichne die Menge aller Terme gegebener Signatur L. Variablenfreie Terme, die es nur bei Vorhandensein wenigstens einer Konstanten gibt, heißen auch *Grundterme.* Terme, die keine Primterme sind, heißen *Funktionsterme.* $\mathcal{T}$ bildet mit den durch $f^{\mathcal{T}}(t_1, \dots, t_n) = ft_1 \cdots t_n$ auf ganz $\mathcal{T}$ erklärten Operationen eine Algebra, die z.B. für **4.1** wichtige *Termalgebra.* Die Definition des Termbegriffs ergibt ferner leicht ein auf eine beliebige Signatur bezogenes nützliches

Beweisprinzip durch Terminduktion. *Sei $\mathcal{E}$ eine Eigenschaft der $\xi \in \mathcal{S}_{\mathcal{L}}$, die auf alle Primterme zutrifft, und gelte $\mathcal{E}t_1, \dots, \mathcal{E}t_n \Rightarrow \mathcal{E}ft_1 \cdots t_n$, für jedes $f \in L$ der Stellenzahl n und alle $t_1, \dots, t_n \in \mathcal{T}$. Dann haben alle Terme die Eigenschaft $\mathcal{E}$.*

$\mathcal{T}$ ist nämlich nach Definition die kleinste Menge von Zeichenfolgen, welche die im Beweisprinzip genannten Voraussetzungen erfüllt. Analog steht uns ein *Definitionsprinzip durch Termrekursion* zur Verfügung, das wir nicht allgemein formulieren, sondern nur beispielhaft verdeutlichen: Sei $\mathit{var}\,t$ die Menge der in einem Term t vorkommenden Variablen. Dann lässt sich $\mathit{var}\,t$ wie folgt rekursiv erklären:

$$\mathit{var}\,c = \emptyset \ ; \ \ \mathit{var}\,x = \{x\} \ ; \ \ \mathit{var}\,ft_1 \dots t_n = \mathit{var}\,t_1 \cup \dots \cup \mathit{var}\,t_n.$$

$\mathit{var}\,\xi$ ist für alle $\xi \in \mathcal{S}_{\mathcal{L}}$ durch $\mathit{var}\,\xi = \{x \in \mathit{Var} \mid \text{es gibt } \xi_0, \xi_1 \in \mathcal{S}_{\mathcal{L}} \text{ mit } \xi = \xi_0 x \xi_1\}$, also mittels Verkettung auch direkt leicht definierbar. Speziell ist $\mathit{var}\,\varphi$ für $\varphi \in \mathcal{L}$ damit wohlerklärt. Für $X \subseteq \mathcal{S}_{\mathcal{L}}$ sei $\mathit{var}\,X := \bigcup\{\mathit{var}\,\xi \mid \xi \in X\}$. Auch der Begriff *Subterm* (= *Teilterm*) eines Terms ist rekursiv definierbar. Man kann aber auch hier kürzer und allgemeiner folgende Festlegung treffen: Der Term t heiße Subterm einer Zeichenfolge ξ, wenn $\xi = \xi_1 t \xi_2$ für möglicherweise leere Zeichenfolgen ξ_1, ξ_2.

Wir definieren nun wiederum rekursiv diejenigen Zeichenfolgen über dem Alphabet von $\mathcal{L}$, die man als *Formeln* bezeichnet, auch prädikatenlogische *Ausdrücke* oder *Aussageformen* genannt. Gewisse Formeln werden später *Aussagen* genannt.

Formeln in L. (F1) Sind s, t Terme, so ist die Zeichenfolge $s = t$ eine Formel. (F2) Sind $t_1, \ldots, t_n$ Terme und $r \in L$ (Stellenzahl n), so ist $rt_1 \cdots t_n$ eine Formel. (F3) Sind α, β Formeln und ist $x \in Var$, so sind auch $(\alpha \land \beta)$, $\neg\alpha$ und $\forall x\alpha$ Formeln.

Andere als die gemäß (F1), (F2) und (F3) erzeugten Zeichenfolgen sollen in diesem Zusammenhang keine Formeln sein. Weitere logische Symbole werden durchgehend nur zur Abkürzung verwendet, und zwar sei $\exists x\alpha := \neg\forall x\neg\alpha$ und wie bisher sei $\alpha \lor \beta := \neg(\neg\alpha \land \neg\beta)$, $\alpha \to \beta := \neg(\alpha \land \neg\beta)$, und $\alpha \leftrightarrow \beta := (\alpha \to \beta) \land (\beta \to \alpha)$.

Beispiele. (a) $\forall x\exists y\, x + y = 0$ (genauer, $\forall x\neg\forall y\neg\, x + y = 0$) ist eine Formel, die den Sachverhalt 'Für alle x gibt es ein y mit $x + y = 0$' zum Ausdruck bringen soll [5]. (b) $\forall x\forall x\, x = y$ ist eine Formel. Denn ein wiederholtes „Quantifizieren" derselben Variablen wurde nicht verboten; die Grammatik ist diesbezüglich liberal, weil man damit viel Schreibarbeit spart. $\forall x\forall x\, x = y$ hat denselben Sinn wie $\forall x\, x = y$; beide Formeln sind im später definierten Sinne logisch äquivalent. Auch ist mit φ stets $\forall x\varphi$ eine Formel, selbst wenn x in φ gar nicht vorkommt. Trotz dieser Großzügigkeiten entspricht die Formelsyntax in etwa der Syntax der natürlichen Sprache.

Die durch (F1) und (F2) gewonnenen Formeln heißen *Primformeln* (auch *atomare* Formeln). Solche der Gestalt $s = t$ heißen *Gleichungen.* Diese sind die einzigen Primformeln, falls L keine Relationssymbole enthält, d.h. eine *algebraische* Signatur ist. Für $\neg\, s = t$ wird $s \neq t$ geschrieben. Primformeln der Gestalt $rt_1 \ldots t_n$ sind trotz der kompakten klammerfreien Schreibweise eindeutig lesbar (eindeutige Primformel-Rekonstruktion, Übung 3). Zweistellige Relationszeichen trennen meistens die Argumente wie z.B. in $x \leqslant y$. Das geschieht der besseren Lesbarkeit halber.

Wie in der Aussagenlogik heißen Primformeln und deren Negationen *Literale.* Formeln, in denen $\forall, \exists$ nicht vorkommen, heißen *quantorenfreie* oder *offene* Formeln. Dies sind genau die Booleschen Kombinationen aus Primformeln. Allgemein seien die *Booleschen Kombinationen* der Formeln aus einer gegebenen Formelmenge X alle diejenigen, die sich mittels $\land, \neg$ (und damit automatisch auch mittels $\lor, \to, \leftrightarrow$) aus den Formeln von X erzeugen lassen. Zeichenfolgen der Gestalt $\forall x, \exists x$ (sprich *für alle x* bzw. *es gibt ein x*) werden *Präfixe* genannt.

Die Menge aller Formeln in L werde mit $\mathcal{L}$ bezeichnet, für $L = \{\in\}$ z.B. auch mit $\mathcal{L}_\in$ und analog für ähnlich einfache Signaturen. Auch der Fall $L = \emptyset$ ist zugelassen. Dieser definiert die *Sprache $\mathcal{L}_=$ der reinen Identität.*

Statt von Termen, Formeln und Strukturen der Signatur L reden wir kürzer von $\mathcal{L}$-Termen, $\mathcal{L}$-Formeln und $\mathcal{L}$-Strukturen und lassen den Vorsatz $\mathcal{L}$- auch weg, wenn

[5] Wir unterstellen hier stillschweigend, dass x, y verschiedene Variablen bezeichnen. Dies geschieht auch nachfolgend überall dort, wo der Zusammenhang dies gestattet.

$\mathcal{L}$ vorgegeben ist. Für die Formelniederschrift benutzt man dieselben Verabredungen der Klammerersparnis wie in der Aussagenlogik. Bei länglichen Formeln werden der besseren Lesbarkeit halber weitere informelle Hilfsmittel benutzt, etwa unterschiedlich gestaltete Klammerpaare wie in $\forall x\exists y\forall z[z\in y \leftrightarrow \exists u(z\in u\wedge u\in x)]$. Auch andere optisch gefällige Hilfsmittel oder verbale Beschreibungen (ganz oder teilweise) sind erlaubt, solange die gemeinte Formel eindeutig erkennbar ist. X, Y, Z bezeichnen stets Formelmengen, $\alpha, \beta, \gamma, \delta, \pi, \varphi, \ldots$ Formeln und s, t Terme, während Φ, Ψ der Bezeichnung endlicher Formelfolgen und formaler Beweise vorbehalten bleiben. $\sigma, \tau, \omega, \rho$ und ι werden Substitutionen bezeichnen.

Auch für Formeln gibt es ein *Beweisprinzip durch Formelinduktion* und ein *Definitionsprinzip durch Formelrekursion*. Wir verzichten aber auf allgemeine Formulierungen und verfahren nach dem Motto *theoria docent, exempla trahunt*. Definition durch Formelrekursion basiert auf der ähnlich wie in **1.1** erklärten eindeutigen Rekonstruktion. Man definiert z.B. $\mathrm{rg}\,\varphi$, den *Rang* von φ, rekursiv durch

$$\mathrm{rg}\,\pi = 0 \ (\pi \text{ prim}),\ \mathrm{rg}(\alpha\wedge\beta) = \max\{\mathrm{rg}\,\alpha, \mathrm{rg}\,\beta\} + 1,\ \mathrm{rg}\,\neg\alpha = \mathrm{rg}\,\forall x\alpha = \mathrm{rg}\,\alpha + 1.$$

Für manche Zwecke nützlich ist auch der *Quantorenrang* $\mathrm{qr}\,\varphi$, der die Maximaltiefe ineinander geschachtelter Quantoren misst. Sei $\mathrm{qr}\,\pi = 0$ für Primformeln π und

$$\mathrm{qr}(\alpha\wedge\beta) = \max\{\mathrm{qr}\,\alpha, \mathrm{qr}\,\beta\},\quad \mathrm{qr}\,\neg\alpha = \mathrm{qr}\,\alpha,\quad \mathrm{qr}\,\forall x\alpha = \mathrm{qr}\,\alpha + 1.$$

Auch der analog wie in der Aussagenlogik erklärte Begriff der *Subformel* ist rekursiv gekennzeichnet. Darüber können wir uns wortreiche Erklärungen ersparen.

Wir schreiben $x \in \mathit{gbd}\,\varphi$ (x kommt gebunden vor in φ), falls φ das Präfix $\forall x$ enthält. In Subformeln von φ der Gestalt $\forall x\beta$ heißt β auch der *Wirkungsbereich* von $\forall x$. Dasselbe Präfix kann in einer Formel mehrfach und mit ineinander geschachtelten Wirkungsbereichen vorkommen, wie z.B. in $\forall x(\forall x\, x{=}0 \wedge x{<}y)$. In der Praxis umgeht man dies möglichst. Ein Computer hat damit aber keine Probleme.

Intuitiv unterscheiden sich die Formeln (a) $\forall x\exists y\, x+y{=}0$ und (b) $\exists y\, x+y{=}0$ darin, dass die erste in jedem Bereich mit gegebener Bedeutung von $+$ und 0 entweder wahr oder falsch ist; hingegen wartet (b) auf auf eine Wertzuteilung für x. Man sagt auch, in (a) sind alle vorkommenden Variablen gebunden, und (b) enthält die „freie" Variable x. In diesem Sinne ist (b) nur eine Aussageform. Man definiert 'x kommt in φ frei vor' oder '$x \in \mathit{frei}\,\varphi$' wie folgt: Es sei $\mathit{frei}\,\alpha = \mathit{var}\,\alpha$ für Primformeln α sowie

$$\mathit{frei}\,(\alpha\wedge\beta) = \mathit{frei}\,\alpha \cup \mathit{frei}\,\beta,\quad \mathit{frei}\,\neg\alpha = \mathit{frei}\,\alpha,\quad \mathit{frei}\,\forall x\alpha = \mathit{frei}\,\alpha\setminus\{x\}.$$

Beispiele. $\mathit{frei}\,(\forall x\exists y\, x + y{=}0) = \emptyset,\quad \mathit{frei}\,(x \leqslant y \wedge \forall x\exists y\, x + y{=}0) = \{x, y\}.$

Wie das letzte der Beispiele zeigt, kann x in φ sowohl gebunden als auch frei vorkommen. Auch das wird in der praktischen Handhabung möglichst vermieden.

Formeln ohne freie Variablen heißen *Aussagen*, auch *geschlossene* Formeln genannt. $\forall x \exists y\, x + y = 0$ ist ein Beispiel. $\mathcal{L}^0$ bezeichne die Menge aller Aussagen von $\mathcal{L}$. Allgemeiner sei $\mathcal{L}^n$ die Menge aller Formeln φ mit $\mathit{frei}\,\varphi \subseteq \{\boldsymbol{v}_0, \dots, \boldsymbol{v}_{n-1}\}$. So ist z.B. $\mathcal{L}^1 = \{\varphi \in \mathcal{L} \mid \mathit{frei}\,\varphi \subseteq \{\boldsymbol{v}_0\}\}$. Offenbar gilt $\mathcal{L}^0 \subseteq \mathcal{L}^1 \subseteq \dots \subseteq \mathcal{L}$. Wir treffen gleich an dieser Stelle eine wichtige und durchgehend gültige

Verabredung. Die Schreibweise $\varphi = \varphi(x)$ soll bedeuten, dass die Formel φ höchstens x frei enthält. Allgemeiner bedeute $\varphi = \varphi(x_1, \dots, x_n)$ oder $\varphi = \varphi(\vec{x})$, dass $\mathit{frei}\,\varphi \subseteq \{x_1, \dots, x_n\}$, wobei $x_1, \dots, x_n$ paarweise verschiedene Variablen vertreten. Nicht jede dieser Variablen muss in φ wirklich vorkommen. Analog ist $t = t(\vec{x})$ für Terme t zu lesen. $ft_1 \cdots t_n$ werde auch mit $f\vec{t}$, und $rt_1 \cdots t_n$ auch mit $r\vec{t}$ bezeichnet.

Substitutionen. Wir beginnen mit der Substitution $\frac{t}{x}$ eines Terms t für eine einzelne Variable x. Es soll $\varphi\,\frac{t}{x}$ (gelesen „φ t für x“) anschaulich formuliert diejenige Zeichenfolge sein, welche durch Ersetzung der Variablen x an allen Stellen ihres freien Vorkommens in der Formel φ durch den Term t entsteht. Diese Veranschaulichung wird durch folgende Erklärung präzisiert, in der $s\frac{t}{x}$ rekursiv erst für Terme und sodann für Formeln definiert wird; hierin sei $t_i' := t_i\,\frac{t}{x}$.

$$x\,\tfrac{t}{x} = t, \quad y\,\tfrac{t}{x} = y\ (x \neq y), \quad c\,\tfrac{t}{x} = c, \quad (ft_1 \cdots t_n)\,\tfrac{t}{x} = ft_1' \cdots t_n',$$

$$(t_1 = t_2)\tfrac{t}{x} = t_1' = t_2', \quad (rt_1 \cdots t_n)\tfrac{t}{x} = rt_1' \cdots t_n', \quad (\alpha \wedge \beta)\tfrac{t}{x} = \alpha\,\tfrac{t}{x} \wedge \beta\,\tfrac{t}{x}, \quad (\neg\alpha)\tfrac{t}{x} = \neg(\alpha\,\tfrac{t}{x}),$$

$$(\forall y\alpha)\tfrac{t}{x} = \begin{cases} \forall y\alpha & \text{falls } x = y, \\ \forall y(\alpha\tfrac{t}{x}) & \text{sonst.} \end{cases}$$

Terminduktion zeigt, dass $s\,\frac{t}{x}$ für alle $s, t \in \mathcal{T}$ wieder ein Term ist. Also ist mit φ auch $\varphi\,\frac{t}{x}$ eine Formel. Man zeigt leicht $(\alpha \to \beta)\frac{t}{x} = \alpha\frac{t}{x} \to \beta\frac{t}{x}$ und analog für $\vee, \exists$. Neben diesen *einfachen* Substitutionen $\frac{t}{x}$ sind auch *simultane Substitutionen*

$$\varphi\,\frac{t_1 \cdots t_n}{x_1 \cdots x_n} \qquad (x_1, \dots, x_n \text{ paarweise verschieden})$$

nützlich, auch durch $\varphi\frac{\vec{t}}{\vec{x}}$ oder $\varphi_{\vec{x}}(\vec{t}\,)$ notiert, oder nur durch $\varphi(\vec{t}\,)$ wenn Missverständnisse ausgeschlossen sind. Hier werden die Variablen x_i durch die Terme t_i simultan ersetzt. Alle diese Substitutionsformen werden als Sonderfall *globaler* Substitutionen σ definiert. Eine solche ordnet *jeder* Variablen x einen Term $x^\sigma \in \mathcal{T}$ zu und wird auf ganz $\mathcal{T}$ gemäß $c^\sigma = c$, $(f\vec{t}\,)^\sigma = ft_1^\sigma \cdots t_n^\sigma$ und alsdann auf ganz $\mathcal{L}$ entsprechend den folgenden Klauseln erweitert, so dass dann $\mathit{dom}\,\sigma = \mathcal{T} \cup \mathcal{L}$.

$$(t_1 = t_2)^\sigma = t_1^\sigma = t_2^\sigma, \quad (r\vec{t}\,)^\sigma = rt_1^\sigma \cdots t_n^\sigma, \quad (\alpha \wedge \beta)^\sigma = \alpha^\sigma \wedge \beta^\sigma, \quad (\neg\alpha)^\sigma = \neg\alpha^\sigma,$$

sowie $(\forall x\varphi)^\sigma = \forall x\varphi^\tau$, wobei die Substitution τ erklärt sei durch $x^\tau = x$ und $y^\tau = y^\sigma$ für $y \neq x$. Für $\forall$-freies φ und sogar beliebige $\forall$-freie Zeichenfolgen $\xi \in \mathcal{S}_{\mathcal{L}}$ ist ξ^σ auf einfache Weise auch direkt definiert: Jedes $x \in \mathit{var}\,\xi$ wird durch x^σ ersetzt. Es ist dann $(\xi\eta)^\sigma = \xi^\sigma\eta^\sigma$. Zu den globalen gehört auch die durchweg mit ι bezeichnete *identische Substitution* mit $x^\iota = x$ für alle x, also $\xi^\iota = \xi$ für alle $\xi \in \mathcal{S}_{\mathcal{L}}$.

Die simultane Substitution $\frac{\vec{t}}{\vec{x}}$ fassen wir auf als diejenige globale Substitution σ mit $x_i^\sigma = t_i$ für $i = 1, \dots, n$ und $x^\sigma = x$ sonst. Man kann auch sagen: Die simultanen sind diejenigen globalen Substitutionen σ mit $x^\sigma = x$ für *fast alle* Variablen x, d.h. mit Ausnahme endlich vieler. Diese Erklärung lässt unmittelbar erkennen, dass das Produkt $\sigma_1\sigma_2$ simultaner Substitutionen – es sei $\varphi^{\sigma_1\sigma_2} = (\varphi^{\sigma_1})^{\sigma_2}$ – wieder eine solche ist. Diese bilden offensichtlich eine Halbgruppe mit dem neutralen Element ι.

Stets ist $\frac{t_1t_2}{x_1x_2} = \frac{t_2t_1}{x_2x_1}$, während i.a. $\varphi\,\frac{t_1}{x_1}\,\frac{t_2}{x_2} \neq \varphi\,\frac{t_2}{x_2}\,\frac{t_1}{x_1}$. Wir erläutern beispielhaft den Unterschied zwischen $\varphi\,\frac{t_1t_2}{x_1x_2}$ und $\varphi\,\frac{t_1}{x_1}\,\frac{t_2}{x_2}$ Will man etwa die Variablen x_1, x_2 an den Stellen ihres freien Vorkommens in φ vertauschen, ist dies $\varphi\,\frac{x_2x_1}{x_1x_2}$, und nicht etwa $\varphi\,\frac{x_2}{x_1}\,\frac{x_1}{x_2}$ – man betrachte $\varphi = x_1 < x_2$. Es gilt aber $\varphi\,\frac{x_2x_1}{x_1x_2} = \varphi\,\frac{y}{x_2}\,\frac{x_2}{x_1}\,\frac{x_1}{y}$ für ein geeignetes y. Dieser Sachverhalt wird verallgemeinert durch

(1) $\quad \varphi\frac{\vec{t}}{\vec{x}} = \varphi\,\frac{y}{x_n}\,\frac{t_1 \cdots t_{n\text{-}1}}{x_1 \cdots x_{n\text{-}1}}\,\frac{t_n}{y} \qquad (y \notin \mathit{var}\{\varphi, \vec{x}, \vec{t}\},\ n \geqslant 2).$

Simultane und sogar globale Substitutionen ergeben demnach lokal, d.h. auf einzelne Formeln bezogen, dasselbe wie gewisse Produkte einfacher Substitutionen, d.h. deren schrittweise Ausführung. Mitunter lässt (1) sich vereinfachen. Nützlich ist z.B.

(2) $\quad \varphi\frac{\vec{t}}{\vec{x}} = \varphi\,\frac{t_1}{x_1} \cdots \frac{t_n}{x_n}$, falls $x_i \notin \mathit{var}\,t_j$ für $i \neq j$.

Diese Gleichung gilt insbesondere dann, wenn alle Terme t_i variablenfrei sind. Der richtige Umgang mit Substitutionen ist nicht ganz einfach und erfordert Übung, weil unsere Anschauung über komplexe Zeichenfolgen nicht besonders verlässlich ist.

Übungen

1. Man beweise $\varphi\,\frac{t}{x} = \varphi$ für $x \notin \mathit{frei}\,\varphi$, und $\varphi\,\frac{y}{x}\,\frac{t}{y} = \varphi\,\frac{t}{x}$ für $y \notin \mathit{var}\,\varphi$. An Beispielen verdeutliche man, dass diese Einschränkungen unverzichtbar sind.

2. Man zeige, jedes in einem (klammerfreien) Term t vorkommende Symbol ζ ist an jeder Stelle des Vorkommens erster Buchstabe eines Subterms von t, der durch die Position von ζ nach Übung 3(a) auch eindeutig bestimmt ist. Dasselbe gilt dann auch für ein in der Formel $r\vec{t}$ vorkommendes Symbol $\zeta \neq r$.

3. Sei $t \in \mathcal{T}_L$ und $\mathcal{E}t$ die Eigenschaft 'Kein echter Anfang von t ist ein Term und t ist kein echter Anfang eines Termes'. Man beweise (a) $\mathcal{E}t$ gilt für alle $t \in \mathcal{T}_L$, (b) die *eindeutige Termverkettung*: $t_1 \dots t_n = s_1 \dots s_m$ impliziert $n = m$ und $t_i = s_i$ für $i = 1, \dots, n$. Diese ergibt offenbar die eindeutige Termrekonstruktion und die eindeutige Primformel-Rekonstruktion.

4. Es sei ξ eine beliebige Zeichenfolge über dem Alphabet von $\mathcal{L}$. Man zeige (a) $\neg\xi \in \mathcal{L} \Rightarrow \xi \in \mathcal{L}$, (b) $\alpha, (\alpha \land \xi) \in \mathcal{L} \Rightarrow \xi \in \mathcal{L}$, (c) $\alpha, (\alpha \to \xi) \in \mathcal{L} \Rightarrow \xi \in \mathcal{L}$.

2.3 Semantik elementarer Sprachen

Es ist anschaulich klar, dass z.B. der Formel $\exists y\, y+y=x$ im Bereich $(\mathbb{N}, +)$ erst dann ein Wahrheitswert zugewiesen werden kann, wenn der freien Variablen x ein Wert aus $\mathbb{N}$ entspricht. Eine Wahrheitswertzuweisung für eine Formel φ erfordert also nebst einer Interpretation der nichtlogischen Symbole auch eine Belegung mindestens der Variablen aus *frei* φ. Es ist jedoch technisch bequemer, von einer globalen Wertzuweisung aller Variablen auszugehen, auch wenn man im konkreten Fall nur die Werte endlich vieler Variablen benötigt. Wir beginnen daher mit folgender

Definition. Ein *Modell* $\mathcal{M}$ sei ein Paar $(\mathcal{A}, w)$, bestehend aus einer $\mathcal{L}$-Struktur $\mathcal{A}$ und einer *Belegung* $w\colon \mathit{Var} \to A,\ \ w\colon x \mapsto x^w$. Wir bezeichnen $r^{\mathcal{A}}, f^{\mathcal{A}}, c^{\mathcal{A}}$ und x^w auch durch $r^{\mathcal{M}}, f^{\mathcal{M}}, c^{\mathcal{M}}$ und $x^{\mathcal{M}}$. Der Träger von $\mathcal{A}$ heißt auch der *Träger von* $\mathcal{M}$.

Modelle werden auch *Interpretationen* genannt und, wenn man auf $\mathcal{L}$ Bezug nehmen will, auch *$\mathcal{L}$-Modelle.* Manche Autoren identifizieren Modelle von vornherein mit Strukturen, siehe hierzu auch **2.5**. Der Modellbegriff wird in der Logik relativ flexibel gehalten und jeweiligen Bedürfnissen angepasst. w bezeichnet fortan Belegungen der Variablen in den Träger einer Struktur, solange nichts anderes gesagt wird.

$\mathcal{M}$ weist jedem Term t auf natürliche Weise einen mit $t^{\mathcal{M}}$ oder auch nur durch t^w bezeichneten Wert aus A zu. Für Primterme ist der Wert bei $\mathcal{M}$ schon gegeben. Im übrigen erfolgt die Wertzuweisung in natürlicher Weise rekursiv:

$$(ft_1 \cdots t_n)^{\mathcal{M}} = f^{\mathcal{M}}(t_1^{\mathcal{M}}, \ldots, t_n^{\mathcal{M}}).$$

Ist $\vec{t} = (t_1, \ldots, t_n)$, schreiben wir kürzer $\vec{t}^{\mathcal{M}}$ für $(t_1^{\mathcal{M}}, \ldots, t_n^{\mathcal{M}})$. Wenn immer es der Zusammenhang erlaubt, unterdrückt man die oberen Indizes und trifft nur eine gedankliche Unterscheidung zwischen Symbolen und ihrer Interpretation.

$t^{\mathcal{M}}$ hängt nur ab von den Bedeutungen der in t effektiv vorkommenden Symbole. Denn induktiv über t ergibt sich leicht folgende Behauptung: Ist $\mathit{var}\, t \subseteq V \subseteq \mathit{Var}$ und sind $\mathcal{M}, \mathcal{M}'$ Modelle mit demselben Träger derart, dass $x^{\mathcal{M}} = x^{\mathcal{M}'}$ für alle $x \in V$ und $\zeta^{\mathcal{M}} = \zeta^{\mathcal{M}'}$ für alle übrigen in t vorkommenden Zeichen ζ, so ist $t^{\mathcal{M}} = t^{\mathcal{M}'}$. Deshalb darf $t^{(\mathcal{A},w)}$ für Grundterme t einfach mit $t^{\mathcal{A}}$ bezeichnet werden.

Wir definieren nun eine Erfüllungsrelation $\vDash$ zwischen Modellen $\mathcal{M} = (\mathcal{A}, w)$ und Formeln φ wie in **1.3** rekursiv über φ. Man liest $\mathcal{M} \vDash \varphi$ als $\mathcal{M}$ *erfüllt* φ, oder $\mathcal{M}$ *ist ein Modell für* φ. Oft wird $\mathcal{M} \vDash \varphi$ auch in der Weise $\mathcal{A} \vDash \varphi\,[w]$ geschrieben. Jede dieser oder ähnlicher Notationen hat in gewissen Situationen ihre Vorteile. Ist $\mathcal{M} \vDash \varphi$ für alle $\varphi \in X$, so schreibt man $\mathcal{M} \vDash X$ und nennt $\mathcal{M}$ ein *Modell für* X. Zur Formulierung der folgenden Erfüllungsklauseln nach [Ta1] betrachtet man für gegebenes $\mathcal{M} = (\mathcal{A}, w)$ und $a \in A$ auch das Modell $\mathcal{M}_x^a = (\mathcal{A}, w_x^a)$, das sich von $\mathcal{M}$

nur darin unterscheidet, dass die Variable x anstelle von $x^{\mathcal{M}}$ den Wert a erhält und alle übrigen Variablen ihre Werte behalten. Für $a = x^{\mathcal{M}}$ ist natürlich $\mathcal{M}_x^a = \mathcal{M}$.

$$\begin{array}{lll} \mathcal{M} \vDash s = t & \Leftrightarrow & s^{\mathcal{M}} = t^{\mathcal{M}}, \\ \mathcal{M} \vDash r\vec{t} & \Leftrightarrow & r^{\mathcal{M}}\vec{t}^{\mathcal{M}}, \\ \mathcal{M} \vDash \alpha \wedge \beta & \Leftrightarrow & \mathcal{M} \vDash \alpha \text{ und } \mathcal{M} \vDash \beta, \\ \mathcal{M} \vDash \neg\alpha & \Leftrightarrow & \mathcal{M} \nvDash \alpha, \\ \mathcal{M} \vDash \forall x\alpha & \Leftrightarrow & \mathcal{M}_x^a \vDash \alpha \text{ für alle } a \in A. \end{array}$$

Bemerkung 1. Man kann die letztgenannte Erfüllungsklausel auch anders formulieren, wenn in der Signatur für jedes $a \in A$ ein Name, sagen wir $\boldsymbol{a}$, vorhanden ist. Nämlich als

$$\mathcal{M} \vDash \forall x\alpha \Leftrightarrow \mathcal{M} \vDash \alpha\,\tfrac{\boldsymbol{a}}{x} \text{ für alle } a \in A.$$

Das erlaubt es unter anderem, die Erfüllungsrelation für Aussagen über $\mathcal{A}$ unter Umgehung beliebiger Formeln durch Rekursion allein über Aussagen zu definieren. Hat nicht jedes Element $a \in A$ einen Namen in L, könnte man L vorher „auffüllen“, indem man für jedes a einen Namen $\boldsymbol{a}$ zu L hinzufügt. Eine derartige Sprachexpansion ist aber nicht immer von Vorteil, z.B. in einer hier nicht näher ausgeführten Formalisierung der Semantik.

Es ist nützlich, die oben eingeführte Schreibweise $\mathcal{M}_x^a = (\mathcal{A}, w_x^a)$ geringfügig zu verallgemeinern. Es sei $\mathcal{M}_{\vec{x}}^{\vec{a}} = (\ldots((\mathcal{M}_{x_1}^{a_1})_{x_2}^{a_2})\ldots)_{x_n}^{a_n}$. Schreibt man außerdem $\forall\vec{x}\varphi$ für $\forall x_1 \ldots \forall x_n\varphi$, lässt sich eine sehr nützliche Verallgemeinerung der letzten Erfüllungsklausel bequem formulieren, nämlich

$$\mathcal{M} \vDash \forall\vec{x}\varphi \Leftrightarrow \mathcal{M}_{\vec{x}}^{\vec{a}} \vDash \varphi \text{ für alle } \vec{a} \in A^n.$$

Weil $\vee$, $\rightarrow$ und $\leftrightarrow$ auf Seite 45 genauso definiert wurden wie in Kapitel **1**, gelten ähnlich wie dort $\mathcal{M} \vDash \alpha \vee \beta$ genau dann wenn $\mathcal{M} \vDash \alpha$ oder $\mathcal{M} \vDash \beta$, $\mathcal{M} \vDash \alpha \rightarrow \beta$ genau dann wenn $\mathcal{M} \vDash \alpha \Rightarrow \mathcal{M} \vDash \beta$, und analog für $\leftrightarrow$. Auch $\exists x\varphi$ wurde in **2.2** sinnentsprechend definiert, denn man verifiziert leicht

$$\mathcal{M} \vDash \exists x\varphi \Leftrightarrow \mathcal{M}_x^a \vDash \varphi \text{ für ein gewisses } a \in A.$$

In der Tat, ist $\mathcal{M} \vDash \neg\forall x\neg\varphi\ (= \exists x\varphi)$, so gilt $\mathcal{M}_x^a \vDash \neg\varphi$ definitionsgemäß nicht für alle a, also gibt es ein $a \in A$ mit $\mathcal{M}_x^a \nvDash \neg\varphi$, oder gleichwertig, mit $\mathcal{M}_x^a \vDash \varphi$. Und diese Schlusskette ist offensichtlich umkehrbar.

Beispiel 1. Für beliebiges $\mathcal{M}$ gilt $\mathcal{M} \vDash \exists x\, x = t$, falls $x \notin var\,t$. Denn $\mathcal{M}_x^a \vDash x = t$ für ein gewisses a, nämlich $a = t^{\mathcal{M}}$, weil $t^{\mathcal{M}} = t^{\mathcal{M}_x^a}$ wegen $x \notin var\,t$. Schreibt man $\mathcal{M}_x^t$ für $\mathcal{M}_x^{t^{\mathcal{M}}}$, kann man diese Begründung auch so formulieren: $\mathcal{M} \vDash \exists x\, x = t$, weil $\mathcal{M}_x^t \vDash x = t$. Man beachte, die Voraussetzung $x \notin var\,t$ ist hier wesentlich, denn es gilt z.B. $\mathcal{M} \vDash \exists x\, x = fx$ nur dann, wenn $f^{\mathcal{M}}$ einen Fixpunkt hat.

Wir führen hier bereits einige fundamentale Begriffe ein, die wir jedoch erst in **2.4** und **2.5** systematisch behandeln, weil dazu einige Vorbereitungen nötig sind.

Definition. Eine Formel bzw. Formelmenge aus $\mathcal{L}$ heißt *erfüllbar*, wenn sie ein Modell besitzt. φ heißt *allgemeingültig, logisch gültig* oder eine *Tautologie*, kurz $\vDash \varphi$, wenn $\mathcal{M} \vDash \varphi$ für jedes Modell $\mathcal{M}$. Die Formeln α, β heißen (logisch oder semantisch) *äquivalent*, symbolisch $\alpha \equiv \beta$, wenn $\mathcal{M} \vDash \alpha \Leftrightarrow \mathcal{M} \vDash \beta$, für alle $\mathcal{L}$-Modelle $\mathcal{M}$. Ferner sei $\mathcal{A} \vDash \varphi$ (gelesen: *in $\mathcal{A}$ gilt φ* oder *$\mathcal{A}$ erfüllt φ*), falls $(\mathcal{A}, w) \vDash \varphi$ für alle $w\colon Var \to A$. Auch schreibt man $\mathcal{A} \vDash X$, falls $\mathcal{A} \vDash \varphi$ für alle $\varphi \in X$. Schließlich sei $X \vDash \varphi$ (*aus X folgt φ*), wenn jedes Modell von X auch die Formel φ erfüllt.

Wie in Kapitel **1** bezeichnet $\vDash$ zugleich die Erfüllungs- und die Folgerungsrelation. Wie dort schreiben wir auch $\varphi_1, \dots, \varphi_n \vDash \varphi$ für $\{\varphi_1, \dots, \varphi_n\} \vDash \varphi$ usw. Außerdem bezeichnet $\vDash$ noch die Gültigkeitsrelation in Strukturen.

Beispiel 2. Wir zeigen $\mathcal{A} \vDash \forall x \exists y\, x \neq y$, falls der Träger von $\mathcal{A}$ mindestens zwei Elemente enthält. Denn sei $\mathcal{M} = (\mathcal{A}, w)$ und $a \in A$ vorgegeben. Dann gibt es ein $b \in A$ mit $a \neq b$, folglich $(\mathcal{M}^a_x)^b_y = \mathcal{M}^{ab}_{xy} \vDash x \neq y$, also $\mathcal{M}^a_x \vDash \exists y\, x \neq y$. Weil a beliebig war, folgt $\mathcal{M} \vDash \forall x \exists y\, x \neq y$. Also $(\mathcal{A}, w) \vDash \forall x \exists y\, x \neq y$ für alle w, d.h. $\mathcal{A} \vDash \forall x \exists y\, x \neq y$.

Man muss hierbei achtsam sein. Zwar gilt $\mathcal{M} \vDash \varphi$ oder $\mathcal{M} \vDash \neg\varphi$ für beliebiges φ, doch ist $\mathcal{A} \vDash \varphi$ oder $\mathcal{A} \vDash \neg\varphi$ (das *tertium non datur* für die Gültigkeit in Strukturen) i.a. nur noch für Aussagen φ richtig, wie Satz 3.1 zeigen wird. Enthält $\mathcal{A}$ mehr als ein Element, so gilt z.B. weder $\mathcal{A} \vDash x = y$ noch $\mathcal{A} \vDash x \neq y$. Denn $x = y$ wird durch ein w mit $x^w \neq y^w$ falsifiziert, $x \neq y$ durch ein w mit $x^w = y^w$. Die Bewahrung der Eigenschaft $\mathcal{M} \vDash \varphi$ oder $\mathcal{M} \vDash \neg\varphi$ für beliebige Formeln φ ist einer der Gründe, warum Modelle nicht einfach mit Strukturen gleichgesetzt wurden.

Für $\varphi \in \mathcal{L}$ sei $\varphi^\forall$ die Aussage $\forall x_1 \cdots \forall x_m \varphi$, genannt die *Generalisierte* von φ; dabei sei $x_1, \dots, x_m$ eine Aufzählung von *frei* φ, etwa nach der Indexgröße der Variablen. Für $\varphi \in \mathcal{L}^0$ ist $\varphi^\forall = \varphi$. Aufgrund der Definitionen ergibt sich unschwer

(1) $\mathcal{A} \vDash \varphi \Leftrightarrow \mathcal{A} \vDash \varphi^\forall$,

und allgemeiner, $\mathcal{A} \vDash X \Leftrightarrow \mathcal{A} \vDash X^\forall$ $(:= \{\varphi^\forall \mid \varphi \in X\})$. (1) erklärt, warum man φ und $\varphi^\forall$ häufig gedanklich miteinander identifiziert und z.B. eine Mitteilung, die formal eigentlich $\varphi^\forall$ lautet, oft zu φ verkürzt. Der Kontext muss klar erkennen lassen, ob man sich eine Generalisierung der freien Variablen von φ ausgeführt denken darf oder nicht. Unabhängig von dieser Diskussion gilt aber stets $\vDash \varphi \Leftrightarrow \vDash \varphi^\forall$. Übrigens werden Generalisierungen auch im metatheoretischen Kontext oft nicht notiert, zum Beispiel bei der Formulierung von (1). Denn diese Äquivalenz lautet genau genommen 'für alle $\mathcal{A}, \varphi : \mathcal{A} \vDash \varphi \Leftrightarrow \mathcal{A} \vDash \varphi^\forall$'.

Schon nach den bisherigen noch unvollständigen Ausführungen ist klar, dass sich zahlreiche Eigenschaften von Strukturen und ganze Axiomensysteme durch Formeln und Aussagen in der 1. Stufe adäquat beschreiben lassen. So kann z.B. das in **2.1** erwähnte Axiomensystem für Gruppen in $\mathcal{L}\{\circ, e, ^{-1}\}$ wie folgt formuliert werden:

$$\forall x \forall y \forall z\, x \circ (y \circ z) = (x \circ y) \circ z \quad ; \quad \forall x\, x \circ e = x \quad ; \quad \forall x\, x \circ x^{-1} = e.$$

Genau die aus diesen drei Axiomen folgenden Aussagen sind dann die Sätze der *elementaren Gruppentheorie in* $\circ, e, {}^{-1}$, die fortan mit $T_G^=$ bezeichnet werde. Man erhält eine mit T_G bezeichnete Formulierung der Gruppentheorie in $\circ, e$, wenn das letzte Axiom durch $\forall x \exists y\, x \circ y = e$ ersetzt wird. $T_G^=$ ist gemäß Übung 3 in **2.6** eine konservative Erweiterung von T_G. Ohne Beweis sei erwähnt, dass die Aussagen $\forall x\, e \circ x = x$ und $\forall x \exists y\, y \circ x = e$ in T_G und damit auch in $T_G^=$ herleitbar sind.

Auch für geordnete Mengen lässt sich ein Axiomensystem leicht angeben, indem man die Eigenschaften der Irreflexivität, Transitivität und Konnexität formalisiert; dabei steht hier und anderswo $\forall x_1 \ldots x_n \varphi$ für $\forall x_1 \ldots \forall x_n \varphi$.

$$\forall x\, x \not< x \quad ; \quad \forall xyz (x < y \land y < z \to x < z) \quad ; \quad \forall xy (x \neq y \to x < y \lor y < x).$$

Bei der Niederschrift dieser und anderer Axiome lässt man die äußeren $\forall$-Präfixe gelegentlich weg um Schreibarbeit zu sparen und denkt sich die Generalisierung der Variablen stillschweigend ausgeführt, worauf oben schon hingewiesen wurde.

Für Aussagen α einer gegebenen Sprache ist plausibel, dass die Werte der Variablen für die Relation $(\mathcal{A}, w) \vDash \alpha$ keine Rolle spielen. Den präzisen Beweis entnimmt man dem nachfolgenden Satz für $V = \emptyset$. Danach ist entweder $(\mathcal{A}, w) \vDash \alpha$ für alle w und damit $\mathcal{A} \vDash \alpha$, oder aber $(\mathcal{A}, w) \vDash \alpha$ für kein w, d.h. $(\mathcal{A}, w) \vDash \neg\alpha$ für alle w, und somit $\mathcal{A} \vDash \neg\alpha$. Aussagen erfüllen daher das schon zitierte tertium non datur.

Satz 3.1 (Koinzidenzsatz). *Sei $V \subseteq Var$, $frei\,\varphi \subseteq V$ und seien $\mathcal{M}, \mathcal{M}'$ Modelle über demselben Träger A mit $x^{\mathcal{M}} = x^{\mathcal{M}'}$ für alle $x \in V$, sowie $\zeta^{\mathcal{M}} = \zeta^{\mathcal{M}'}$ für alle in φ vorkommenden nichtlogischen Symbole ζ. Dann gilt $\mathcal{M} \vDash \varphi \Leftrightarrow \mathcal{M}' \vDash \varphi$.*

Beweis durch Induktion über φ. Sei φ die Primformel $r\vec{t}$. Der Wert eines Terms t hängt nach einer früheren Feststellung nur ab von den Bedeutungen der in t vorkommenden Symbole. Diese sind aufgrund der Voraussetzungen für $t_1, \ldots, t_n$ aber dieselben in $\mathcal{M}$ und $\mathcal{M}'$. Also $\vec{t}^{\mathcal{M}} = \vec{t}^{\mathcal{M}'}$ (d.h. $t_i^{\mathcal{M}} = t_i^{\mathcal{M}'}$ für $i = 1, \ldots, n$), und daher $\mathcal{M} \vDash r\vec{t} \Leftrightarrow r^{\mathcal{M}}\vec{t}^{\mathcal{M}} \Leftrightarrow r^{\mathcal{M}}\vec{t}^{\mathcal{M}'} \Leftrightarrow r^{\mathcal{M}'}\vec{t}^{\mathcal{M}'} \Leftrightarrow \mathcal{M}' \vDash r\vec{t}$. Für Gleichungen $t_1 = t_2$ schließt man analog. Ferner ergibt die Induktionsannahme für α, β

$$\mathcal{M} \vDash \alpha \land \beta \Leftrightarrow \mathcal{M} \vDash \alpha, \beta \Leftrightarrow \mathcal{M}' \vDash \alpha, \beta \Leftrightarrow \mathcal{M}' \vDash \alpha \land \beta.$$

In derselben Weise erhält man $\mathcal{M} \vDash \neg\alpha \Leftrightarrow \mathcal{M}' \vDash \neg\alpha$. Beim Induktionsschritt über $\forall$ wird klar, dass die Induktionsannahme geschickt zu formulieren ist. Diese muss sich auf beliebige V und beliebige Modellpaare mit den genannten Voraussetzungen beziehen. Sei also $\mathcal{M} \vDash \forall x \varphi$ und $a \in A$, so dass $\mathcal{M}_x^a \vDash \varphi$. Weil für $V' := V \cup \{x\}$ gewiss $frei\,\varphi \subseteq V'$, und $\mathcal{M}_x^a$, $\mathcal{M}'^a_x$ auf allen $y \in V'$ übereinstimmen – obgleich im Allgemeinen $x^{\mathcal{M}} \neq x^{\mathcal{M}'}$ – gilt mit $\mathcal{M}_x^a \vDash \varphi$ auch $\mathcal{M}'^a_x \vDash \varphi$ nach Induktionsannahme. a war beliebig, also $\mathcal{M}' \vDash \forall x \varphi$. Umgekehrt schließt man genauso. ❑

Danach kann ein $\mathcal{L}$-Modell $\mathcal{M} = (\mathcal{A}, w)$ von φ für den Fall $\varphi \in \mathcal{L} \subseteq \mathcal{L}'$ völlig beliebig zu einem $\mathcal{L}'$-Modell $\mathcal{M}' = (\mathcal{A}', w)$ von φ expandiert werden, d.h. legt man $\zeta^{\mathcal{A}'}$ für $\zeta \in L' \backslash L$ willkürlich fest, so ist $\mathcal{M} \vDash \varphi \Leftrightarrow \mathcal{M}' \vDash \varphi$ nach obigem Satz mit $V = \mathit{Var}$. Insbesondere hängen die Erfüllbarkeit oder Allgemeingültigkeit von φ nur ab von den in φ effektiv vorkommenden Symbolen. Daraus ergibt sich sehr leicht, dass die auf $\mathcal{L}'$ bezogene Folgerungsrelation $\vDash_{\mathcal{L}'}$ eine *konservative* Erweiterung von $\vDash_{\mathcal{L}}$ in dem Sinne ist, dass $X \vDash_{\mathcal{L}} \varphi \Leftrightarrow X \vDash_{\mathcal{L}'} \varphi$, für alle $X \subseteq \mathcal{L}$ und $\varphi \in \mathcal{L}$. Eine Indizierung von $\vDash$ erübrigt sich aus diesem Grunde.

Schließlich erwähnen wir als Anwendung von Satz 3.1 noch folgende Tatsache, die das bereits erwähnte „Weglassen überflüssiger Quantoren" rechtfertigt.

(2) $\forall x\varphi \equiv \varphi \equiv \exists x\varphi$, *vorausgesetzt* $x \notin \mathit{frei}\,\varphi$.

Denn im Falle $x \notin \mathit{frei}\,\varphi$ gilt ja $\mathcal{M} \vDash \varphi \Leftrightarrow \mathcal{M}^a_x \vDash \varphi$ für ein beliebiges $a \in A$ nach Satz 3.1 – man wähle $\mathcal{M}' = \mathcal{M}^a_x$ und $V = \mathit{frei}\,\varphi$. Damit ergibt sich

$$\mathcal{M} \vDash \forall x\varphi \Leftrightarrow \mathcal{M}^a_x \vDash \varphi \text{ für alle } a \Leftrightarrow \mathcal{M} \vDash \varphi \Leftrightarrow \mathcal{M}^a_x \vDash \varphi \text{ für ein } a \Leftrightarrow \mathcal{M} \vDash \exists x\varphi.$$

Nach Satz 3.1 ist die Erfüllung von φ in $(\mathcal{A}, w)$ nur abhängig von den Werten der freien Variablen von φ bei w. Sei etwa $\varphi = \varphi(\vec{x})$ [6)] und $\vec{a} \in A^n$. Dann lässt sich

$$w \text{ ist eine Belegung mit } x_1^w = a_1, \ldots, x_n^w = a_n \text{ und } (\mathcal{A}, w) \vDash \varphi$$

recht suggestiv durch eine der folgenden Schreibweisen zum Ausdruck bringen:

$$\mathcal{A} \vDash \varphi\,[a_1, \ldots, a_n] \quad \text{oder} \quad \mathcal{A} \vDash \varphi\,[\vec{a}] \quad \text{oder} \quad (\mathcal{A}, \vec{a}) \vDash \varphi.$$

mit $a_i = x_i^w$ für $i = 1, \ldots, n$. Diese Schreibweisen sind auch dann sinnvoll, wenn w zu einer nur auf $\{x_1, \ldots, x_n\}$ erklärten kurz mit $\vec{a}$ bezeichneten Belegung eingeschränkt wird. In **4.1** werden wir daher den Modellbegriff entsprechend erweitern. Im Sinne obigen Notationen könnte man den Wert des Terms $t = t(\vec{x})$ mit $t^{\mathcal{A},\vec{a}}$ bezeichnen. Meistens schreibt man dafür $t^{\mathcal{A}}[\vec{a}]$, aber auch $t^{\mathcal{A}}(\vec{a})$ oder einfach nur $t(\vec{a})$. Wichtig ist nachfolgend vor allem die für beliebige Terme t gültige Behauptung

(3) *Für* $\mathcal{A} \subseteq \mathcal{B}$, $\mathcal{M} = (\mathcal{A}, w)$, $\mathcal{M}' = (\mathcal{B}, w)$ *und* $w\colon \mathit{Var} \to A$ *ist* $t^{\mathcal{M}} = t^{\mathcal{M}'}$.

Kurzum, $t^{\mathcal{A}}(\vec{a}) = t^{\mathcal{B}}(\vec{a})$ für $t = t(\vec{x})$ und alle $\vec{a} \in A^n$. Also sind nebst den Basisoperationen von $\mathcal{A}$ auch die sogenannten *Termfunktionen* $\vec{a} \mapsto t^{\mathcal{A}}(\vec{a})$ die Einschränkungen ihrer Bedeutungen in $\mathcal{B}$. Die Behauptung (3) ist klar für Primterme, und die Induktionsannahme $t_i^{\mathcal{M}} = t_i^{\mathcal{M}'}$ impliziert

$$(ft_1 \cdots t_n)^{\mathcal{M}} = f^{\mathcal{M}}(t_1^{\mathcal{M}}, \ldots, t_n^{\mathcal{M}}) = f^{\mathcal{M}'}(t_1^{\mathcal{M}'}, \ldots, t_n^{\mathcal{M}'}) = (ft_1 \cdots t_n)^{\mathcal{M}'}.$$

[6)] Man beachte, die Redeweise 'Sei $\varphi = \varphi(\vec{x}) \ldots$' schließt nebst einer Vorgabe von φ stillschweigend auch die Vorgabe von $\vec{x}$ ein. Sie besagt noch nicht, dass φ überhaupt freie Variablen enthält. Sie besagt nur $\mathit{frei}\,\varphi \subseteq \mathit{var}\,\vec{x}$. Auch in weiter unten benutzten Schreibweisen wie $(\mathcal{A}, \vec{a}) \vDash \varphi$ muss $\vec{x}$ gegeben sein.

$\varphi^{\mathcal{A}} := \{\vec{a} \in A^n \mid \mathcal{A} \vDash \varphi[\vec{a}]\}$ heißt *das von der Formel* $\varphi = \varphi(\vec{x})$ *in der Struktur* $\mathcal{A}$ *definierte Prädikat*. Ein Prädikat $P \subseteq A^n$ heißt *in* $\mathcal{A}$ (elementar) *definierbar*, wenn es eine Formel $\varphi = \varphi(\vec{x})$ gibt mit $P = \varphi^{\mathcal{A}}$. So ist das $\leqslant$-Prädikat in $(\mathbb{N}, +)$ definiert durch $\varphi(x,y) := \exists z\, z + x = y$. Analog heiße $f \colon A^n \to A$ in $\mathcal{A}$ definierbar, wenn ein $\varphi(\vec{x}, y)$ existiert mit $\varphi^{\mathcal{A}} = graph\, f$. Man spricht dann auch von elementarer Definierbarkeit von f in $\mathcal{A}$.

Für $\mathcal{A} \subseteq \mathcal{B}$ und $\varphi = \varphi(\vec{x})$ ist i.a. $\varphi^{\mathcal{A}} \neq \varphi^{\mathcal{B}} \cap A^n$. Sei etwa $\varphi = \exists z\, z + x = y$, $\mathcal{A} = (\mathbb{N}, +)$ und $\mathcal{B} = (\mathbb{Z}, +)$. Dann ist $\varphi^{\mathcal{A}} = \leqslant^{\mathcal{A}}$, während $\varphi^{\mathcal{B}}$ offenbar auf sämtliche Paare $(a,b) \in \mathbb{Z}^2$ zutrifft. $\varphi^{\mathcal{A}} = \varphi^{\mathcal{B}} \cap A^n$ gilt aber für quantorenfreie φ und ist unter der Voraussetzung $A \subseteq B$ nach folgendem Satz sogar kennzeichnend für $\mathcal{A} \subseteq \mathcal{B}$.

Satz 3.2 (Substruktursatz). *Für Strukturen* $\mathcal{A}, \mathcal{B}$ *mit* $A \subseteq B$ *sind gleichwertig*

(i) $\mathcal{A}$ *ist Substruktur von* $\mathcal{B}$, *also* $\mathcal{A} \subseteq \mathcal{B}$,

(ii) $\mathcal{A} \vDash \varphi[\vec{a}] \Leftrightarrow \mathcal{B} \vDash \varphi[\vec{a}]$, *für alle quantorenfreien* $\varphi = \varphi(\vec{x})$ *und alle* $\vec{a} \in A^n$,

(iii) $\mathcal{A} \vDash \varphi[\vec{a}] \Leftrightarrow \mathcal{B} \vDash \varphi[\vec{a}]$, *für alle Primformeln* $\varphi(\vec{x})$ *und alle* $\vec{a} \in A^n$.

Beweis. (i)⇒(ii): Es genügt offenbar $\mathcal{M} \vDash \varphi \Leftrightarrow \mathcal{M}' \vDash \varphi$ für alle $\mathcal{M} = (\mathcal{A}, w)$ und $\mathcal{M}' = (\mathcal{B}, w)$ mit $w \colon Var \to A$ zu beweisen. Dies ist nach (3) klar für Primformeln und die Induktionsschritte über $\wedge, \neg$ erfolgen genau wie im Beweis von Satz 3.1. (ii)⇒(iii): Trivial. (iii)⇒(i): Die Annahme liefert

$$r^{\mathcal{A}}\vec{a} \;\Leftrightarrow\; \mathcal{A} \vDash r\vec{x}\,[\vec{a}] \;\Leftrightarrow\; \mathcal{B} \vDash r\vec{x}\,[\vec{a}] \;\Leftrightarrow\; r^{\mathcal{B}}\vec{a}.$$

Analog ist $f^{\mathcal{A}}\vec{a} = b \;\Leftrightarrow\; \mathcal{A} \vDash f\vec{x} = y\,[\vec{a}, b] \;\Leftrightarrow\; \mathcal{B} \vDash f\vec{x} = y\,[\vec{a}, b] \;\Leftrightarrow\; f^{\mathcal{B}}\vec{a} = b$, für alle $\vec{a} \in A^n$ und $b \in A$. Diese Bedingungen besagen aber gerade $\mathcal{A} \subseteq \mathcal{B}$. ❑

Hat α die Gestalt $\forall\vec{x}\beta$ mit quantorenfreiem β, wobei $\forall\vec{x}$ auch das leere Präfix sein kann, heißt α eine *universale* oder $\forall$-*Formel* (sprich A-*Formel*), und für $\alpha \in \mathcal{L}^0$ auch eine *universale* oder $\forall$-*Aussage*. Analog heißt $\exists\vec{x}\beta$ (β quantorenfrei) eine $\exists$-*Formel* und falls $\exists\vec{x}\beta \in \mathcal{L}^0$, auch eine $\exists$-*Aussage*. Beispiele sind die „Anzahlaussagen"

$$\exists_1 := \exists \boldsymbol{v}_0\, \boldsymbol{v}_0 = \boldsymbol{v}_0, \quad \exists_n := \exists \boldsymbol{v}_0 \cdots \exists \boldsymbol{v}_{n-1} \bigwedge\nolimits_{i<j<n} \boldsymbol{v}_i \neq \boldsymbol{v}_j \quad (n \geqslant 2).$$

$\exists_n$ besagt 'es gibt wenigstens n Elemente', $\neg\exists_n$ demnach 'es gibt höchstens $n-1$ viele Elemente' und $\exists_{=n} := \exists_n \wedge \neg\exists_{n+1}$ sagt 'es gibt genau n Elemente'. Ferner sei $\top := \exists_1$, $\bot := \neg\top$ und $\exists_0 := \bot$. Satz 3.2 hat eine sehr nützliche Folge, und zwar das

Korollar 3.3. *Sei* $\mathcal{A} \subseteq \mathcal{B}$. *Dann ist jede in* $\mathcal{B}$ *geltende* $\forall$-*Aussage* $\alpha = \forall\vec{x}\beta$ *auch in* $\mathcal{A}$ *erfüllt. Dual dazu gilt jede in* $\mathcal{A}$ *gültige* $\exists$-*Aussage auch in* $\mathcal{B}$.

Beweis. Sei $\mathcal{B} \vDash \forall\vec{x}\beta$ und $\vec{a} \in A^n$. Dann ist $\mathcal{B} \vDash \beta[\vec{a}]$, also $\mathcal{A} \vDash \beta[\vec{a}]$ nach (ii). Folglich $\mathcal{A} \vDash \forall\vec{x}\beta$, denn $\vec{a}$ war beliebig. Dies ergibt mit indirekter Schlussweise auch die zweite Behauptung, weil $\mathcal{B} \nvDash \exists\vec{x}\beta$ gleichwertig ist zu $\mathcal{B} \vDash \forall\vec{x}\neg\beta$. ❑

Wir formulieren als nächstes eine Verallgemeinerung gewisser, häufig vorkommender Einzelargumente, nämlich den

Satz 3.4 (Invarianzsatz). *Seien $\mathcal{A}, \mathcal{B}$ isomorphe L-Strukturen und sei $\imath\colon \mathcal{A} \to \mathcal{B}$ ein Isomorphismus. Dann gilt für alle $\varphi = \varphi(\vec{x})$ und alle $\vec{a} \in A^n$*

$$\mathcal{A} \vDash \varphi\,[\vec{a}] \;\Leftrightarrow\; \mathcal{B} \vDash \varphi\,[\imath\vec{a}] \quad \big(\imath\vec{a} = (\imath a_1, \dots, \imath a_n)\big).$$

Insbesondere gilt $\mathcal{A} \vDash \alpha \;\Leftrightarrow\; \mathcal{B} \vDash \alpha$ für alle Aussagen α von $\mathcal{L}$.

Beweis. Die Behauptung lässt sich für den Beweis bequemer formulieren als

$$(*) \quad \mathcal{M} \vDash \varphi \;\Leftrightarrow\; \mathcal{M}' \vDash \varphi \quad \big(\mathcal{M} = (\mathcal{A}, w),\ \mathcal{M}' = (\mathcal{B}, w'),\ w' : x \mapsto \imath x^w\big).$$

Man bestätigt mühelos $\imath(t^{\mathcal{M}}) = t^{\mathcal{M}'}$ für alle Terme t und ebenso mühelos $(*)$ durch Induktion über φ. Der Spezialfall für Aussagen ergibt sich für $n = 0$. ❑

Damit ist z.B. ein und für allemal klar, dass das isomorphe Bild einer Gruppe wieder eine Gruppe ist, unabhängig von der gewählten Signatur. Für $\mathcal{A} \simeq \mathcal{B}$ gilt demnach $\mathcal{A} \vDash S \Leftrightarrow \mathcal{B} \vDash S$, für jede Aussagenmenge S, speziell das Axiomensystem einer Theorie. Satz 3.4 gilt übrigens ebenso für Formeln höherer Stufe (siehe **3.7**). So ist z.B. auch jede Wohlordnung einer Menge invariant unter Isomorphismen.

$\mathcal{L}$-Strukturen $\mathcal{A}, \mathcal{B}$ heißen *elementar-äquivalent*, wenn $\mathcal{A} \vDash \alpha \;\Leftrightarrow\; \mathcal{B} \vDash \alpha$, für alle $\alpha \in \mathcal{L}^0$. Man schreibt dann $\mathcal{A} \equiv \mathcal{B}$. Diesen wichtigen Begriff werden wir in **3.3** und genauer in **5.1** betrachten. Satz 3.4 sagt speziell $\mathcal{A} \simeq \mathcal{B} \;\Rightarrow\; \mathcal{A} \equiv \mathcal{B}$.

Es erhebt sich hier sogleich die Frage, ob auch die Umkehrung hiervon richtig ist. Für unendliche Strukturen ist die Antwort negativ (siehe **3.3**), für endliche positiv; eine endliche Struktur endlicher Signatur kann bis auf Isomorphie sogar durch eine einzige Aussage beschrieben werden. So ist die 2-elementige Gruppe $\{\{0,1\},+\}$ bis auf Isomorphie offenbar durch die folgende Aussage wohlbestimmt, die uns haargenau erzählt, wie $+$ auf dem 2-elementigen Träger operiert:

$$\exists x \exists y [x \neq y \wedge \forall z (z = x \vee z = y) \wedge x + x = x \wedge y + y = x \wedge x + y = y \wedge y + x = y].$$

Wir untersuchen nun das Verhalten der Erfüllungsrelation unter Substitutionen. Die Definition von $\varphi\frac{t}{x}$ in **2.2** nimmt keine Rücksicht auf *Variablenkollision*, was heißen soll, dass gewisse Variablen des Substitutionsterms t in φ gebunden vorkommen und nach Ausführung der Substitution in den Wirkungsbereich von Quantoren geraten können. Daher impliziert $\mathcal{M} \vDash \forall x\varphi$ nicht notwendig $\mathcal{M} \vDash \varphi\frac{t}{x}$, obwohl wir dies natürlich wünschen. Kurzum, $\forall x\varphi \vDash \varphi\frac{t}{x}$ ist nicht uneingeschränkt richtig. So ist nach Beispiel 2 für $\varphi := \exists y\, x \neq y$ gewiss $\mathcal{M} \vDash \forall x\varphi$ $(= \forall x \exists y\, x \neq y)$, wenn $\mathcal{M}$ mindestens 2-elementig ist, nicht aber $\mathcal{M} \vDash \varphi\frac{y}{x}$ $(= \exists y\, y \neq y)$. Hier gerät y nach Substitution in den Wirkungsbereich des Quantors $\forall y$. Analog ist $\varphi\frac{t}{x} \vDash \exists x\varphi$ nicht ohne Einschränkungen richtig. Man wähle etwa $\forall y\, x = y$ für φ und y für t.

Man kann $\forall x\varphi \vDash \varphi\frac{t}{x}$ ohne Einschränkung erzwingen, indem man durch Modifikation der rekursiven Definition von $\varphi\frac{t}{x}$ im Quantorenschritt gebundene Variablen falls erforderlich umbenennt. Solche Maßnahmen sind aber recht unhandlich für die Gödelisierung des Beweisens in **6.2**. Wir nehmen daher kleine Einschränkungen bei der späteren Formulierung von Schlussregeln in Kauf.

$\varphi, \frac{t}{x}$ heißen *kollisionsfrei*, wenn $y \notin gbd\,\varphi$ für alle $y \in var\,t\backslash\{x\}$, y also nicht in den Wirkungsbereich eines Präfixes $\forall y$ geraten kann. Für $y = x$ ist dies ohnehin klar, weil t ja nur an Stellen des freien Vorkommens von x substituiert wird. Ist σ eine globale Substitution, so heißen φ, σ *kollisionsfrei*, wenn $\varphi, \frac{x^\sigma}{x}$ für jedes x kollisionsfrei sind. Im Falle $\sigma = \frac{\vec{t}}{\vec{x}}$ ist Kollisionsfreiheit nur für die Variablen in $\vec{x}$ zu prüfen.

Für $\mathcal{M} = (\mathcal{A}, w)$ sei $\mathcal{M}^\sigma := (\mathcal{A}, w^\sigma)$, mit $x^{w^\sigma} := (x^\sigma)^\mathcal{M}$ für alle $x \in Var$. Diese Gleichung pflanzt sich induktiv fort zu $t^{\sigma\mathcal{M}} = t^{\mathcal{M}^\sigma}$ für alle t, wobei $t^{\sigma\mathcal{M}} := (x^\sigma)^\mathcal{M}$. Denn sie ist richtig für Primterme und ist $t_i^{\sigma\mathcal{M}} = t_i^{\mathcal{M}^\sigma}$ für $i = 1, \dots, n$ nach Induktionsannahme, folgt $t^{\sigma\mathcal{M}} = t^{\mathcal{M}^\sigma}$ für $t = ft_1 \cdots t_n$ wegen $f^\mathcal{M} = f^{\mathcal{M}^\sigma}$ aus

$$t^{\sigma\mathcal{M}} = (ft_1^\sigma \cdots t_n^\sigma)^\mathcal{M} = f^\mathcal{M}(t_1^{\sigma\mathcal{M}}, \dots, t_n^{\sigma\mathcal{M}}) = f^{\mathcal{M}^\sigma}(t_1^{\mathcal{M}^\sigma}, \dots, t_n^{\mathcal{M}^\sigma}) = t^{\mathcal{M}^\sigma}.$$

Man beachte, $\mathcal{M}^\sigma$ ist für $\sigma = \frac{\vec{t}}{\vec{x}}$ identisch mit $\mathcal{M}\frac{\vec{t}}{\vec{x}} := \mathcal{M}\frac{\vec{t}^\mathcal{M}}{\vec{x}}$. Dieser und andere Spezialfälle liefern wichtige Folgerungen aus dem etwas anspruchsvolleren

Satz 3.5 (Substitutionssatz). *Es sei $\mathcal{M}$ ein beliebiges Modell und σ eine globale Substitution. Dann gilt für alle Formeln φ, für die φ, σ kollisionsfrei sind,*

$$\mathcal{M} \vDash \varphi^\sigma \;\Leftrightarrow\; \mathcal{M}^\sigma \vDash \varphi.$$

Speziell gilt $\mathcal{M} \vDash \varphi\frac{\vec{t}}{\vec{x}} \;\Leftrightarrow\; \mathcal{M}\frac{\vec{t}}{\vec{x}} \vDash \varphi$ für kollisionsfreie $\varphi, \frac{\vec{t}}{\vec{x}}$.

Beweis durch Induktion über φ. Weil allgemein $t^{\sigma\mathcal{M}} = t^{\mathcal{M}^\sigma}$, haben wir

$$\mathcal{M} \vDash (t_1 = t_2)^\sigma \;\Leftrightarrow\; t_1^{\sigma\mathcal{M}} = t_2^{\sigma\mathcal{M}} \;\Leftrightarrow\; t_1^{\mathcal{M}^\sigma} = t_2^{\mathcal{M}^\sigma} \;\Leftrightarrow\; \mathcal{M}^\sigma \vDash t_1 = t_2.$$

Analog behandelt man Primformeln der Gestalt $r\vec{t}$. Die Induktionsschritte über $\wedge, \neg$ sind harmlos. Interessant ist nur der $\forall$-Schritt $\varphi = \forall x\alpha$, der sich wie folgt ergibt:

$$\begin{aligned}
\mathcal{M} \vDash (\forall x\alpha)^\sigma &\Leftrightarrow \mathcal{M} \vDash \forall x\,\alpha^\tau && (\text{mit } x^\tau = x \text{ und } y^\tau = y^\sigma \text{ sonst})\\
&\Leftrightarrow \mathcal{M}_x^a \vDash \alpha^\tau \text{ für alle } a && (\in A, \text{ dem Träger von } \mathcal{M})\\
&\Leftrightarrow (\mathcal{M}_x^a)^\tau \vDash \alpha \text{ für alle } a && (\text{Ind.-Annahme; } \alpha, \tau \text{ sind kollisionsfrei})\\
&\Leftrightarrow (\mathcal{M}^\sigma)_x^a \vDash \alpha \text{ für alle } a && \big(\text{weil } (\mathcal{M}_x^a)^\tau = (\mathcal{M}^\sigma)_x^a, \text{ Beweis unten}\big)\\
&\Leftrightarrow \mathcal{M}^\sigma \vDash \forall x\alpha.
\end{aligned}$$

Es ist $(\mathcal{M}_x^a)^\tau = (\mathcal{M}^\sigma)_x^a$, denn $\forall x\alpha, \sigma$ sind kollisionsfrei, also auch $\forall x\alpha, \frac{y^\sigma}{y}$ für jedes y. Im Falle $y \neq x$ erhalten wir mit $y^\tau = y^\sigma$ und wegen $x \notin var\,y^\sigma$ daher

$$y^{(\mathcal{M}_x^a)^\tau} = y^{\tau\mathcal{M}_x^a} = y^{\sigma\mathcal{M}_x^a} = y^{\sigma\mathcal{M}} = y^{\mathcal{M}^\sigma} = y^{(\mathcal{M}^\sigma)_x^a}.$$

Ebenso ist wegen $x^\tau = x$ aber auch $x^{(\mathcal{M}_x^a)^\tau} = x^{\tau\mathcal{M}_x^a} = x^{\mathcal{M}_x^a} = a = x^{(\mathcal{M}^\sigma)_x^a}$. ❑

Korollar 3.6. *Für alle* φ *und* $\frac{\vec{t}}{\vec{x}}$, *für die* $\varphi, \frac{\vec{t}}{\vec{x}}$ *kollisionsfrei sind, gelten*

$$\text{(a) } \forall\vec{x}\varphi \vDash \varphi\tfrac{\vec{t}}{\vec{x}}, \text{ und damit speziell } \forall x\varphi \vDash \varphi\tfrac{t}{x}, \quad \text{(b) } \varphi\tfrac{\vec{t}}{\vec{x}} \vDash \exists\vec{x}\varphi,$$
$$\text{(c) } \varphi\tfrac{s}{x}, s=t \vDash \varphi\tfrac{t}{x}, \text{ falls } \varphi, \tfrac{s}{x}, \tfrac{t}{x} \text{ kollisionsfrei sind.}$$

Beweis. Sei $\mathcal{M} \vDash \forall\vec{x}\varphi$, also $\mathcal{M}^{\vec{a}}_{\vec{x}} \vDash \varphi$ für alle $\vec{a} \in A^n$. Insbesondere $\mathcal{M}^{\vec{t}}_{\vec{x}} \vDash \varphi$, daher $\mathcal{M} \vDash \varphi\frac{\vec{t}}{\vec{x}}$ nach dem Satz. (b) ist gleichwertig mit $\neg\exists\vec{x}\varphi \vDash \neg\varphi\frac{\vec{t}}{\vec{x}}$. Dies gilt nach (a), weil $\neg\exists\vec{x}\varphi \equiv \forall\vec{x}\neg\varphi$ und $\neg(\varphi\frac{\vec{t}}{\vec{x}}) \equiv (\neg\varphi)\frac{\vec{t}}{\vec{x}}$. (c): Sei $\mathcal{M} \vDash \varphi\frac{s}{x}, s=t$, so dass $s^{\mathcal{M}} = t^{\mathcal{M}}$ und $\mathcal{M}^{s}_{x} \vDash \varphi$ nach dem Satz. Dann gilt auch $\mathcal{M}^{t}_{x} \vDash \varphi$ und somit $\mathcal{M} \vDash \varphi\frac{t}{x}$. ❑

Bemerkung 2. Weil ι mit jeder Formel kollisionsfrei ist, gilt stets $\forall x\varphi \vDash \varphi\ (= \varphi^{\iota})$. Ferner ist $\forall x\varphi \vDash \varphi\frac{t}{x}$ uneingeschränkt richtig, falls t höchstens die Variable x enthält. Denn dann sind $\varphi, \frac{t}{x}$ kollisionsfrei. Satz 3.5 und das Korollar lassen sich leicht verschärfen. Man definiert rekursiv ein dreistelliges Prädikat 't ist frei für x in φ', oder 't ist substituierbar für x in φ'. Dies soll anschaulich heißen, dass die Variable x an keiner Stelle ihres freien Vorkommens in φ im Wirkungsbereich eines Präfixes $\forall y$ mit $y \in var\,t$ steht. Satz 3.5 gilt unverändert, so dass sich in allen folgenden Beweisen nichts ändert, wenn man mit dieser Bedingung arbeitet oder '$\varphi, \frac{t}{x}$ sind kollisionsfrei' einfach liest als 't ist substituierbar für x in φ'. Die Kollisionsfreiheit ist zwar etwas gröber, dafür aber handlicher, was sich z.B. bei der Gödelisierung des Beweisens in **6.2** auszahlt. Nach einer gewissen Gewöhnungsphase darf man sich erlauben, die durch Variablenkollision verursachten Einschränkungen nicht immer explizit anzugeben, sondern stillschweigend als gegeben anzunehmen.

Satz 3.5 ergibt auch, dass der mit $\exists!$ bezeichnete Quantor „es gibt genau ein" durch

$$\exists!x\varphi := \exists x\varphi \land \forall xy(\varphi \land \varphi\tfrac{y}{x} \to x=y) \qquad (y \notin var\,\varphi)$$

richtig definiert wird, d.h. $\mathcal{M} \vDash \exists!x\varphi \;\Leftrightarrow\;$ es gibt genau ein $a \in A$ mit $\mathcal{M}^{a}_{x} \vDash \varphi$. Es gibt verschiedene formale Definitionen von $\exists!x\varphi$. Die wohl kürzeste definierende Formel ist $\exists x\forall y(\varphi\frac{y}{x} \leftrightarrow x=y)$, mit $y \notin var\,\varphi$.

Übungen

1. Man zeige $\forall x\alpha, \forall x(\alpha\to\beta) \vDash \forall x\beta$. Damit gilt auch $\vDash \forall x(\alpha\to\beta)\to\forall x\alpha\to\forall x\beta$.

2. Man beweise $\exists xy(\varphi\land\varphi\frac{y}{x}\land x\neq y) \vDash \forall x\exists y(\varphi\frac{y}{x}\land x\neq y)$ $(y \notin var\,\varphi)$.

3. $\mathcal{A}'$ entstehe aus $\mathcal{A}$ durch Aufnahme eines Konstantensymbols $\boldsymbol{a}$ für ein $a \in A$. Man beweise $t(x)^{\mathcal{A},a} = t(\boldsymbol{a})^{\mathcal{A}'}$ und $\mathcal{A} \vDash \alpha\,[a] \;\Leftrightarrow\; \mathcal{A}' \vDash \alpha(\boldsymbol{a})$ für $\alpha = \alpha(x)$.

4. Man zeige (a) eine Konjunktion aus den $\exists_i$ und ihren Negationen ist äquivalent zu $\exists_n$, $\neg\exists_n$ oder $\exists_n\land\neg\exists_m$ für passende n, m. Damit verifiziere man (b): eine Boolesche Kombination der $\exists_i$ ist äquivalent zu $\bigvee_{\nu\leqslant n}\exists_{=k_\nu}\lor\exists_m$, wobei $0 \leqslant k_0 < \cdots < k_n$, $n < m$ und das Glied $\exists_m$ auch fehlen kann.

2.4 Allgemeingültigkeit und logische Äquivalenz

Aus prädikatenlogischer Perspektive ist z.B. $\alpha \vee \neg\alpha$ für $\alpha \in \mathcal{L}$ ein triviales Beispiel einer Tautologie, weil sie aus der aussagenlogischen Tautologie $p \vee \neg p$ durch Einsetzung von α für p entstand. Jede aussagenlogische Tautologie liefert durch Einsetzung von $\mathcal{L}$-Formeln für die Aussagenvariablen allgemeingültige $\mathcal{L}$-Formeln. Aber es gibt auch Tautologien, die so nicht entstehen, wie etwa $\forall x(x < x \vee x \nless x)$. Diese entstand immerhin aus der Tautologie $x < x \vee x \nless x$ durch Generalisierung. So erzeugt man jedoch z.B. nicht die Tautologien $\exists x\, x = x$ und $\exists x\, x = t$. Erstere ist der Vereinbarung zu verdanken, dass Strukturen stets nichtleer sind, letztere der totalen Definiertheit der Basisoperationen. Hier ein weiteres lehrreiches Beispiel einer Tautologie.

Beispiel (die Russellsche Antinomie). Wir zeigen $\vDash \neg\exists u \forall x(x \in u \leftrightarrow x \notin x)$, die Nichtexistenz der „Russellschen Menge“ u, bestehend aus allen Mengen, die sich nicht selbst als Elemente enthalten (siehe auch **3.4**). Unser Nachweis wird an keiner Stelle davon Gebrauch machen, dass $\in$ die Elementbeziehung bedeutet. Nach Korollar 3.6(a) ist $\forall x(x \in u \leftrightarrow x \notin x) \vDash u \in u \leftrightarrow u \notin u$. Nun ist mit $u \in u \leftrightarrow u \notin u$ sicher auch $\forall x(x \in u \leftrightarrow x \notin x)$ unerfüllbar. Dann aber auch $\exists u \forall x(x \in u \leftrightarrow x \notin x)$. Daher ist $\neg\exists u \forall x(x \in u \leftrightarrow x \notin x)$ eine Tautologie. Die Antinomie ist hier die Erwartung, dass jede Mengenbildung, also auch $\exists u \forall x(x \in u \leftrightarrow x \notin x)$, eigentlich erlaubt sein sollte.

Die Erfüllungsklausel für $\alpha \to \beta$ ergibt leicht $\alpha \vDash \beta \Leftrightarrow\ \vDash \alpha \to \beta$, ein Spezialfall von $X, \alpha \vDash \beta \Leftrightarrow X \vDash \alpha \to \beta$. Dies kann nützlich sein um zu prüfen, ob in implikativer Gestalt gegebene Formeln Tautologien sind, worauf in **1.3** schon hingewiesen wurde. So erhält man aus $\forall x\alpha \vDash \alpha\frac{t}{x}$ sofort $\vDash \forall x\alpha \to \alpha\frac{t}{x}$ für kollisionsfreie $\alpha, \frac{t}{x}$.

Genau wie in der Aussagenlogik ist die prädikatenlogische Äquivalenz $\equiv$ eine Äquivalenzrelation in $\mathcal{L}$ und darüber hinaus offenbar eine eine *Kongruenz*. Ganz allgemein heißt eine Äquivalenzrelation $\approx$ in $\mathcal{L}$ mit der Eigenschaft

$$\text{CP:}\quad \alpha \approx \alpha',\ \beta \approx \beta' \ \Rightarrow\ \alpha \wedge \beta \approx \alpha' \wedge \beta',\ \neg\alpha \approx \neg\alpha',\ \forall x\alpha \approx \forall x\alpha'.$$

eine *Kongruenz in* $\mathcal{L}$. Aus Satz 4.1 unten folgt leicht, dass CP für alle definierten Junktoren wie $\to$ und $\exists$ beweisbar ist, also etwa $\alpha \equiv \alpha' \Rightarrow \exists x\alpha \equiv \exists x\alpha'$.

Wie in der Aussagenlogik ist auch jetzt $\alpha \equiv \beta$ wieder gleichwertig mit $\vDash \alpha \leftrightarrow \beta$. Durch Einsetzung von $\mathcal{L}$-Formeln für die Variablen einer aussagenlogischen Äquivalenz gewinnt man automatisch eine prädikatenlogische. So ist z.B. $\alpha \to \beta \equiv \neg\alpha \vee \beta$, weil schon $p \to q \equiv \neg p \vee q$. Da jede $\mathcal{L}$-Formel durch Einsetzungen aussagenlogisch unzerlegbarer $\mathcal{L}$-Formeln in eine aussagenlogische Formel entsteht, erkennt man auch leicht, dass sich jede $\mathcal{L}$-Formel in eine konjunktive Normalform überführen lässt. Es gibt aber auch zahlreiche neue Äquivalenzen, z.B. $\neg\forall x\alpha \equiv \exists x\neg\alpha$ und $\neg\exists x\alpha \equiv \forall x\neg\alpha$.

Ersteres folgt aus $\neg\forall x\alpha \equiv \neg\forall x\neg\neg\alpha$ ($= \exists x\neg\alpha$), einem Anwendungsfall von Satz 4.1, Letzteres in analoger Weise. Dieser Satz wird ständig verwendet aber fast nirgends explizit zitiert, ähnlich wie bei arithmetischen Termumformungen die dabei benutzten Rechengesetze fast niemals explizit genannt werden.

Satz 4.1 (Ersetzungstheorem). *Sei $\approx$ eine Kongruenz in $\mathcal{L}$ und sei $\alpha \approx \alpha'$. Entsteht φ' aus φ dadurch, dass die Formel α an einer oder mehreren Stellen ihres eventuellen Vorkommens in φ durch α' ersetzt wird, ist auch $\varphi \approx \varphi'$.*

Beweis durch Induktion über φ. Sei φ Primformel. Sowohl für $\varphi = \alpha$ als auch $\varphi \neq \alpha$ gilt offenbar $\varphi \approx \varphi'$. Sei nun $\varphi = \varphi_1 \land \varphi_2$. Für $\varphi = \alpha$ ist trivialerweise $\varphi \approx \varphi'$. Sonst ist $\varphi' = \varphi_1' \land \varphi_2'$, wobei φ_1', φ_2' aus φ_1, φ_1 durch eventuelle Ersetzung entstehen. Nach Induktionsannahme ist $\varphi_1 \approx \varphi_1'$ und $\varphi_2 \approx \varphi_2'$ und daher $\varphi = \varphi_1 \land \varphi_2 \approx \varphi_1' \land \varphi_2' = \varphi'$ gemäß CP. Analog schließt man in den Induktionsschritten über $\neg$ und $\forall$. ❑

Prädikatenlogische Sprachen sind feiner strukturiert als aussagenlogische. Daher gibt es weitere interessante Kongruenzen in $\mathcal{L}$. So heißen α, β *äquivalent in einer Struktur* $\mathcal{A}$, symbolisch $\alpha \equiv_{\mathcal{A}} \beta$, wenn $\mathcal{A} \vDash \alpha\,[w] \Leftrightarrow \mathcal{A} \vDash \beta\,[w]$ für alle w. Der Nachweis der Kongruenzeigenschaft CP ist sehr einfach und sei dem Leser überlassen. $\alpha \equiv_{\mathcal{A}} \beta$ ist gleichwertig mit $\mathcal{A} \vDash \alpha \leftrightarrow \beta$. So sind in $\mathcal{A} = (\mathbb{N}, <, +, 0)$ z.B. die Formeln $x < y$ und $\exists z\,(z \neq 0 \land x + z = y)$ äquivalent. Weil $\equiv\, \subseteq\, \equiv_{\mathcal{A}}$, übertragen sich Eigenschaften wie z.B. $\neg\forall x\alpha \equiv \exists x\neg\alpha$ von $\equiv$ unmittelbar auf $\equiv_{\mathcal{A}}$. Oft gibt es in bestimmten Strukturen oder Theorien jedoch neue interessante Äquivalenzen. So ist in gewissen Strukturen jede Formel zu einer quantorenfreien äquivalent, siehe **5.6**.

Es ist eine sehr wichtige Tatsache mit einem fast banalen Beweis, dass der Durchschnitt einer Familie von Kongruenzen wieder eine Kongruenz ist. Folglich ist für eine beliebige Klasse $\boldsymbol{K} \neq \emptyset$ von $\mathcal{L}$-Strukturen $\equiv_{\boldsymbol{K}} := \bigcap\{\equiv_{\mathcal{A}} \mid \mathcal{A} \in \boldsymbol{K}\}$ immer eine Kongruenz. Für die Klasse $\boldsymbol{K}$ *aller* $\mathcal{L}$-Strukturen ist $\equiv_{\boldsymbol{K}}$ mit der logischen Äquivalenz $\equiv$ identisch, mit der wir uns im Rest dieses Abschnitt ausschließlich befassen. Nachfolgend seien ihre wichtigsten Eigenschaften aufgelistet. Diese sollte man sich fest einprägen, weil sie bei Anwendungen nur selten zitiert werden.

(1) $\forall x(\alpha \land \beta) \equiv \forall x\alpha \land \forall x\beta$, (2) $\exists x(\alpha \lor \beta) \equiv \exists x\alpha \lor \exists x\beta$,
(3) $\forall x\forall y\alpha \equiv \forall y\forall x\alpha$, (4) $\exists x\exists y\alpha \equiv \exists y\exists x\alpha$.

Falls x in der Formel β nicht frei vorkommt, gelten darüber hinaus

(5) $\forall x(\alpha \lor \beta) \equiv \forall x\alpha \lor \beta$, (6) $\exists x(\alpha \land \beta) \equiv \exists x\alpha \land \beta$,
(7) $\forall x\beta \equiv \beta$, (8) $\exists x\beta \equiv \beta$,
(9) $\forall x(\alpha \to \beta) \equiv \exists x\alpha \to \beta$, (10) $\exists x(\alpha \to \beta) \equiv \forall x\alpha \to \beta$.

Die einfachen Beweise seien dem Leser überlassen. (7) und (8) wurden in Korollar 3.3 formuliert. Nur (9) und (10) überraschen auf den ersten Anblick und sollten daher sehr sorgfältig überprüft werden. Man benutzt diese Äquivalenzen auch im praktischen Schließen sehr häufig. Betrachten wir für gegebenes $X \subseteq \mathcal{L}$ etwa die (wahre) metalogische Aussage 'Für alle α: wenn $X \vDash \alpha, \neg\alpha$, so $X \vDash \forall x\, x \neq x$'. Diese ist mit 'Wenn es ein α gibt mit $X \vDash \alpha, \neg\alpha$, so ist $X \vDash \forall x\, x \neq x$' äquivalent. Ein markantes Beispiel ist auch $\forall x(x \sim y \wedge x \sim z \rightarrow y \sim z) \equiv \exists x(x \sim y \wedge x \sim z) \rightarrow y \sim z)$.

Bemerkung. In der Umgangssprache bleiben Variablen meist unquantifiziert. In zahlreichen Fällen ergibt sich sogar der gleiche Sinn, ob man nun mit „es gibt ein" oder mit „für alle" quantifiziert. Man betrachte etwa die drei folgenden Aussagen, die offenbar dasselbe besagen und von denen die letzten beiden der Äquivalenz (9) entsprechen:

- Wenn ein Jurist eine Lücke im Gesetz findet, so muss dieses verändert werden.
- Wenn es einen Juristen gibt, der eine Lücke im Gesetz findet, muss dieses verändert werden.
- Für alle Juristen: wenn einer von diesen eine Lücke im Gesetz findet, muss dieses verändert werden.

Oft ergibt sich die Art der Quantifizierungen in sprachlichen Mitteilungen erst aus den Kontext, was nicht selten zu unbeabsichtigten (oder beabsichtigten) Missverständnissen führt. „Die logischen Verhältnisse werden durch die Sprache fast immer nur angedeutet, dem Erraten überlassen, nicht eigentlich ausgedrückt" (Gottlob Frege, Über die Wissenschaftliche Berechtigung einer Begriffsschrift, Zeitschr. Phil. & Phil. Kritik 81 (1882)).

Zu den wichtigsten logischen Äquivalenzen zählt die *gebundene Umbenennung*

$$(11) \quad \text{(a) } \forall x\alpha \equiv \forall y\alpha\tfrac{y}{x}, \quad \text{(b) } \exists x\alpha \equiv \exists y\alpha\tfrac{y}{x} \quad (y \notin \operatorname{var}\alpha).$$

(b) folgt aus (a) leicht durch äquivalente Umformung. (a) ergibt sich folgendermaßen:

$$\begin{aligned}
\mathcal{M} \vDash \forall x\alpha &\Leftrightarrow \mathcal{M}^a_x \vDash \alpha \text{ für alle } a \\
&\Leftrightarrow \mathcal{M}^{a\,a}_{y\,x} \vDash \alpha \text{ für alle } a \quad (\text{Satz 3.1; } y \notin \operatorname{var}\alpha) \\
&\Leftrightarrow \mathcal{M}^{a\,y}_{y\,x} \vDash \alpha \text{ für alle } a \quad (\text{weil } \mathcal{M}^{a\,y}_{y\,x} = (\mathcal{M}^a_y)^{y^{\mathcal{M}^a_y}}_x = \mathcal{M}^{a\,a}_{y\,x}) \\
&\Leftrightarrow \mathcal{M}^a_y \vDash \alpha\tfrac{y}{x} \text{ für alle } a \quad (\text{Satz 3.5; } \alpha, \tfrac{y}{x} \text{ sind kollionsfrei}) \\
&\Leftrightarrow \mathcal{M} \vDash \forall y\alpha\tfrac{y}{x}\,.
\end{aligned}$$

Bemerkenswert sind auch (12) und (13). Nach (13) werden Substitutionen durch *freie Umbenennungen* (Substitutionen der Gestalt $\frac{y}{x}$) bis auf logische Äquivalenz vollständig beschrieben. Man beachte, (13) umfasst auch den Fall $x \in \operatorname{var} t$.

$$(12) \quad \forall x(x = t \rightarrow \alpha) \equiv \alpha\tfrac{t}{x} \equiv \exists x(x = t \wedge \alpha) \qquad (\alpha, \tfrac{t}{x} \text{ kollisionsfrei, } x \notin \operatorname{var} t).$$

$$(13) \quad \forall y(y = t \rightarrow \alpha\tfrac{y}{x}) \equiv \alpha\tfrac{t}{x} \equiv \exists y(y = t \wedge \alpha\tfrac{y}{x}) \quad (\alpha, \tfrac{t}{x} \text{ kollisionsfrei, } y \notin \operatorname{var}\alpha, t).$$

Nachweis von (12): $\forall x(x = t \rightarrow \alpha) \vDash (x = t \rightarrow \alpha)\frac{t}{x} = t = t \rightarrow \alpha\frac{t}{x} \vDash \alpha\frac{t}{x}$ gemäß Korollar 3.6. Sei umgekehrt $\mathcal{M} \vDash \alpha\frac{t}{x}$, also $\mathcal{M}^t_x \vDash \alpha$ sowie $a \in A$. Falls $\mathcal{M}^a_x \vDash x = t$, ist $a = t^{\mathcal{M}}$, daher auch $\mathcal{M}^a_x \vDash \alpha$. Das zeigt $\mathcal{M}^a_x \vDash x = t \rightarrow \alpha$ für beliebiges $a \in A$, d.h. $\mathcal{M} \vDash \forall x(x = t \rightarrow \alpha)$. Dies beweist die linke Äquivalenz. Für die rechte beachte man $\exists x(x=t \wedge \alpha) = \neg\forall x\neg(x=t \wedge \alpha) \equiv \neg\forall x(x=t \to \neg\alpha) \equiv \neg(\neg\alpha\frac{t}{x}) \equiv \alpha\frac{t}{x}$ nach dem soeben Bewiesenen. (13) beweist man analog: Nach Korollar 3.6 und Übung 1 in **2.2** ist $\forall y(y=t \to \alpha\frac{y}{x}) \vDash \alpha\frac{y}{x}\frac{t}{y} = \alpha\frac{t}{x}$. Ferner beachte man $\alpha\frac{t}{x} \vDash y=t \to \alpha\frac{y}{x}$.

Mit den bislang angegebenen Äquivalenzen lässt sich nun eine Formel α äquivalent so umformen, dass alle Quantoren am Beginn der Formel stehen. Dazu benötigt man allerdings beide, nachfolgend mit $Q, Q_1, Q_2, \ldots$ bezeichneten Quantoren.

Eine Formel der Gestalt $\alpha = Q_1x_1 \cdots Q_nx_n\beta$ mit quantorenfreiem β, dem *Kern* von α, heißt eine *pränexe Formel* oder eine *pränexe Normalform*, kurz, eine PNF. Die $x_1, \ldots, x_n$ seien o.B.d.A. paarweise verschieden, was durch Weglassen überflüssiger Quantoren gemäß (2) Seite 53 erreichbar ist. $\forall$-Formeln und $\exists$-Formeln sind Beispiele pränexer Normalformen, die ein wichtiges Hilfsmittel zur Klassifikation definierbarer Prädikate sind. Anwendungen dieser Art beruhen auf folgendem

Satz 4.2 (von der pränexen Normalform). *Jede Formel φ ist äquivalent zu einer Formel in pränexer Normalform, die sich aus φ effektiv herstellen lässt.*

Beweis. Wir betrachten für jedes Präfix Qx in φ die Anzahl der vor Qx stehenden Symbole $\neg$, $\wedge$. Sei $s\varphi$ die Summe aus diesen Zahlen, summiert über alle Präfixe in φ. Offenbar ist φ genau dann eine PNF, wenn $s\varphi = 0$ ist. Sei $s\varphi \neq 0$. Wegen

$$\neg\forall x\alpha \equiv \exists x\neg\alpha, \quad \neg\exists x\alpha \equiv \forall x\neg\alpha, \quad \beta \wedge Qx\alpha \equiv Qy(\beta \wedge \alpha\tfrac{y}{x}) \text{ für } y \notin \mathrm{var}\,\alpha, \beta$$

kann $s\varphi$ durch äquivalente Ersetzung offenbar schrittweise verkleinert werden. ❑

Für $\varphi = \forall x(x \neq 0 \to \exists y\, x \cdot y = 1)$ z.B. ist $\forall x\exists y(x \neq 0 \to x \cdot y = 1)$ eine äquivalente PNF. φ wird oft durch $(\forall x{\neq}0)\exists y\, x \cdot y = 1$ abgekürzt, ebenso wie $\exists x(x \neq t \wedge \alpha)$ durch $(\exists x \neq t)\alpha$. Analoge Notationen benutzt man auch bei $<$, $\in$, $\notin$ usw. Allgemein sei $(\forall x{\lhd}t)\alpha := \forall x(x{\lhd}t \to \alpha)$ und $(\exists x{\lhd}t)\alpha := \exists x(x{\lhd}t \wedge \alpha)$, wobei $\lhd$ hier ein beliebiges 2-stelliges Relationssymbol vertritt und t ein Term der Sprache ist. Übung 2 zeigt, dass $(\forall x{\lhd}t)$ und $(\exists x{\lhd}t)$ sich dual zueinander verhalten, ganz wie $\forall$ und $\exists$.

Übungen

1. Sei $\alpha \equiv \beta$. Man beweise $\alpha\frac{\vec{t}}{\vec{x}} \equiv \beta\frac{\vec{t}}{\vec{x}}$ $\quad(\alpha, \frac{\vec{t}}{\vec{x}}$ und $\beta, \frac{\vec{t}}{\vec{x}}$ kollisionsfrei).

2. Man beweise $\neg(\forall x{\lhd}t)\alpha \equiv (\exists x{\lhd}t)\neg\alpha$ und $\neg(\exists x{\lhd}t)\alpha \equiv (\forall x{\lhd}t)\neg\alpha$.

3. Man zeige, die Konjunktion und Disjunktion zweier $\forall$-Formeln α, β ist äquivalent zu einer $\forall$-Formel. Dasselbe beweise man für $\exists$-Formeln.

4. $\alpha, \beta \in \mathcal{L}$ heißen *allgemeingültigkeitsgleich*, wenn $\vDash \alpha \Leftrightarrow\ \vDash \beta$. Man bestätige diese Eigenschaft für die drei (in der Regel nicht logisch äquivalenten) Formeln α, $\forall x\alpha$ und $\alpha\frac{c}{x}$. Dabei komme das Konstantensymbol c in α nicht vor.

2.5 Logisches Folgern und der Theoriebegriff

Wir erinnern an die in **2.3** schon erwähnte Unempfindlichkeit des Folgerns gegenüber Spracherweiterung. Ist $\mathcal{L}' \supseteq \mathcal{L}$, so heißt die Sprache $\mathcal{L}'$ eine *Expansion* oder *Erweiterung* der Sprache $\mathcal{L}$ sowie $\mathcal{L}$ ein *Redukt* oder eine *Einschränkung* von $\mathcal{L}'$. Satz 3.1 ergibt leicht, dass die Feststellung $X \vDash \alpha$ gänzlich unabhängig davon ist, welcher Sprache die Formelmenge X und die Formel α angehören. Eine Indizierung von $\vDash$ etwa in der Weise $\vDash_{\mathcal{L}}$ kann aus diesem Grunde unterbleiben.

Wegen der unveränderten Erfüllungsbedingungen für die Junktoren $\wedge, \neg$ gelten alle Eigenschaften des aussagenlogischen Folgerns auch für das prädikatenlogische Folgern. Insbesondere gelten die den Regeln ($\wedge$1), ($\wedge$2), ($\neg$1), ($\neg$2) entsprechenden Eigenschaften $\dfrac{X \vDash \alpha, \beta}{X \vDash \alpha \wedge \beta}$ [7] usw. Damit übertragen sich automatisch alle hieraus gewonnenen Eigenschaften wie etwa das Deduktionstheorem. Unverändert gelten ferner die in **1.3** erwähnte Reflexivität und Transitivität von $\vDash$. Aber es gibt auch neue, vorher nicht formulierbare Eigenschaften wie die folgenden

Beispiele prädikatenlogischer Folgerungseigenschaften

(a) $\dfrac{X \vDash \forall x\alpha}{X \vDash \alpha\frac{t}{x}}$ $(\alpha, \frac{t}{x}$ kollisionsfrei$)$,

(b) $\dfrac{X \vDash \alpha\frac{s}{x},\ s = t}{X \vDash \alpha\frac{t}{x}}$ $\left(\alpha, \frac{s}{x} \text{ und } \alpha, \frac{t}{x} \text{ kollisionsfrei}\right)$,

(c) $\dfrac{X, \beta \vDash \alpha}{X, \forall x\beta \vDash \alpha}$ (vordere Generalisierung),

(d) $\dfrac{X \vDash \alpha}{X \vDash \forall x\alpha}$ $(x \notin \mathit{frei}\, X$, hintere Generalisierung$)$,

(e) $\dfrac{X, \beta \vDash \alpha}{X, \exists x\beta \vDash \alpha}$ $(x \notin \mathit{frei}\, X, \alpha$, vordere Partikularisierung$)$,

(f) $\dfrac{X \vDash \alpha\frac{t}{x}}{X \vDash \exists x\alpha}$ $(\alpha, \frac{t}{x}$ kollisionsfrei, hintere Partikul.$)$.

Weil $\vDash$ transitiv ist, genügt für den Nachweis von (a) und (b) der von $\forall x\alpha \vDash \alpha\frac{t}{x}$ und von $\alpha\frac{s}{x}, s = t \vDash \alpha\frac{t}{x}$. Beides formuliert Korollar 3.6. Aus $\forall x\beta \vDash \beta$ ergibt sich (c). Zum Nachweis von (d) sei $X \vDash \alpha$, $\mathcal{M} \vDash X$ und $x \notin \mathit{frei}\, X$. Dann ist $\mathcal{M}^a_x \vDash X$, also auch $\mathcal{M}^a_x \vDash \alpha$, für jedes $a \in A$ nach Satz 3.1. Folglich $\mathcal{M} \vDash \forall x\alpha$. Für (e) beachte man $X, \beta \vDash \alpha \Rightarrow X, \neg\alpha \vDash \neg\beta \Rightarrow X, \neg\alpha \vDash \forall x\neg\beta$ nach einer der Kontrapositionsregeln und gemäß (d), daher $X, \neg\forall x\neg\beta \vDash \alpha$. Eigenschaft (e) erfasst das Schließen aus einer Existenzaussage, siehe hierzu das Beispiel auf Seite 63. Schließlich gilt (f), weil $\alpha\frac{t}{x} \vDash \exists x\alpha$ nach Korollar 3.6. Alle diese Eigenschaften haben gewisse Varianten, z.B. (d) die folgende, die sich wegen $\forall y\alpha\frac{y}{x} \equiv \forall x\alpha$ aus (d) ergibt:

(g) $\dfrac{X \vDash \alpha\frac{y}{x}}{X \vDash \forall x\alpha}$ $(y \notin \mathit{frei}\, X \cup \mathit{var}\, \alpha)$.

---

[7] Dies ist eine einprägsame in **1.3** schon benutzte Schreibweise für „$X \vDash \alpha, \beta$ impliziert $X \vDash \alpha \wedge \beta$", die auch in den Beispielen weiter unten und den entsprechenden Regeln verwendet wird.

Mit diesen Eigenschaften, von denen einige in Kapitel **3** zu Basisregeln eines Logikkalküls erhoben werden, lassen sich komplizierte Schlussketten notfalls Schritt für Schritt rechtfertigen. In der Praxis ist dies aber nur in besonderen Fällen sinnvoll. Denn formalisierte Beweise sind nur mit hohem Zeitaufwand lesbar, ähnlich wie längliche Computerprogramme.

Bei der Niederschrift eines Beweises kommt es vor allem darauf an, dass er verstanden und reproduziert werden kann. Deswegen vollzieht sich mathematisches Schließen überwiegend *informell*, d.h. sowohl die Behauptungen als auch deren Beweise werden unter Zuhilfenahme einer flexiblen Formalisierung in allgemein verständlicher mathematischer Umgangssprache formuliert. Der Grad der Formalisierung bei der Ausführung eines Beweises ist situationsbedingt und muss nicht von vornherein bestimmt sein. Hierdurch werden die strengen syntaktischen Strukturen formaler Beweise aufgebrochen, was die Unvollkommenheiten unseres Gehirns in Bezug auf syntaktische Informationsverarbeitung recht gut kompensiert. Auch werden beim informellen Schließen gewisse Beweisschritte oft mit mehr oder weniger deutlich formulierten Appellen an das sogenannte Hintergrundwissen nur beschrieben, nicht eigentlich ausgeführt. Diese Methode hat sich als ausreichend zuverlässig erwiesen. Sie ist, von Spezialfällen abgesehen, bislang von keinem der existierenden automatischen Beweiser erreicht worden. Hier ein einfaches Beispiel eines informellen Beweises in einer Sprache $\mathcal{L}$ über natürliche Zahlen, die nebst $0, 1, +, \cdot$ das Symbol $\mid$ für die durch $m \mid n \leftrightarrow \exists k\, m \cdot k = n$ definierte Teilbarkeitsrelation enthalte, und ein Symbol c für eine beliebige Funktion von $\mathbb{N}$ nach $\mathbb{N}$; wir schreiben c_i für $\mathsf{c}(i)$.

Beispiel. Es soll $\forall n \exists x (\forall i \leqslant n) \mathsf{c}_i \mid x$ bewiesen werden, d.h. für jedes n haben $\mathsf{c}_0, \dots, \mathsf{c}_n$ ein gemeinsames Vielfaches. Der Beweis erfolgt üblicherweise induktiv über n, wobei wir uns ganz auf den Induktionsschritt $X, \exists x (\forall i \leqslant n) \mathsf{c}_i \mid x \vDash \exists x (\forall i \leqslant n{+}1) \mathsf{c}_i \mid x$ konzentrieren. Dabei repräsentiert X hier unser Vorwissen, z.B. über die Eigenschaften der Teilbarkeit. Informel schließt man wie folgt: Sei $\exists x (\forall i \leqslant n) \mathsf{c}_i \mid x$ angenommen und etwa x gemeinsames Vielfaches von $\mathsf{c}_0, \dots, \mathsf{c}_n$. Dann ist $x \cdot \mathsf{c}_{n+1}$ offenbar gemeinsames Vielfaches von $\mathsf{c}_0, \dots, \mathsf{c}_{n+1}$, also gilt auch $\exists x (\forall i \leqslant n{+}1) \mathsf{c}_i \mid x$. Hier wurde die hintere Partikularisierung (f) mit $X, (\forall i \leqslant n) \mathsf{c}_i \mid x$ für X, sowie $\alpha = (\forall i \leqslant n{+}1) \mathsf{c}_i \mid x$ und $t = x \cdot \mathsf{c}_{n+1}$ benutzt, und anschließend die vordere Partikularisierung.

In einigen Lehrbüchern wird eine etwas strengere, wie folgt erklärte und hier mit $\overset{\forall}{\vDash}$ bezeichnete Folgerungsrelation bevorzugt, die man im Unterschied zur *lokalen* Folgerungsrelation $\vDash$ als die *globale* bezeichnen könnte: Für $X \subseteq \mathcal{L}$ und $\varphi \in \mathcal{L}$ sei $X \overset{\forall}{\vDash} \varphi$, falls $\mathcal{A} \vDash \varphi$ für alle $\mathcal{L}$-Strukturen $\mathcal{A}$ mit $\mathcal{A} \vDash X$. Der Grund ist, dass man in der Mathematik überwiegend mit dem Folgern in Theorien zu tun hat. Bevor wir hierauf näher eingehen, stellen wir einige Eigenschaften von $\overset{\forall}{\vDash}$ zusammen. Nach (a) und (d) oben folgt eine Formel aus einer *Aussagen*menge – z.B. einem

Axiomensystem – im lokalen Sinne genau dann, wenn ihre Generalisierte daraus folgt. Diese Eigenschaft hat $\stackrel{\forall}{\vDash}$ schlechthin. Denn die Definition ergibt für beliebige Formelmengen X leicht $X \stackrel{\forall}{\vDash} \varphi \;\Leftrightarrow\; X \stackrel{\forall}{\vDash} \varphi^{\forall}$. Es gilt stets $X \vDash \varphi \;\Rightarrow\; X \stackrel{\forall}{\vDash} \varphi$, i.a. aber nicht umgekehrt. So ist z.B. $x = y \stackrel{\forall}{\vDash} \forall xy\, x = y$, nicht aber $x = y \vDash \forall xy\, x = y$. Eine Reduktion von $\stackrel{\forall}{\vDash}$ auf $\vDash$ wird geliefert durch

(1) $X \stackrel{\forall}{\vDash} \varphi \Leftrightarrow X^{\forall} \vDash \varphi$.

Das folgt leicht aus $\mathcal{M} \vDash X^{\forall} \;\Leftrightarrow\; \mathcal{A} \vDash X^{\forall}$, für beliebige Modelle $\mathcal{M} = (\mathcal{A}, w)$. Für Aussagenmengen S ergibt (1) wegen $S^{\forall} = S$ offenbar

(2) $S \vDash \varphi \Leftrightarrow S \stackrel{\forall}{\vDash} \varphi$.

Ein Unterschied zwischen $\vDash$ und $\stackrel{\forall}{\vDash}$ zeigt sich nur dann, wenn man mit Prämissen zu tun hat, die keine Aussagen sind. In einer solchen Situation ist mit der Relation $\stackrel{\forall}{\vDash}$ äußerst vorsichtig umzugehen. Denn es gelten weder die Fallunterscheidungsregel $(\neg 2)\ \dfrac{X, \alpha \stackrel{\forall}{\vDash} \beta \mid X, \neg\alpha \stackrel{\forall}{\vDash} \beta}{X \stackrel{\forall}{\vDash} \beta}$ noch das Deduktionstheorem $\dfrac{X, \alpha \stackrel{\forall}{\vDash} \beta}{X \stackrel{\forall}{\vDash} \alpha \to \beta}$ uneingeschränkt. So gilt z.B. $x = y \stackrel{\forall}{\vDash} \forall xy\, x = y$, nicht jedoch $\stackrel{\forall}{\vDash} x = y \to \forall xy\, x = y$. Während $\vDash$ die aussagenlogische Folgerungsrelation in dem Sinne konservativ erweitert, dass sich Eigenschaften wie etwa das Deduktionstheorem auf $\vDash$ uneingeschränkt übertragen, ist dies für $\stackrel{\forall}{\vDash}$ nicht mehr der Fall. Auch widerspiegelt $\stackrel{\forall}{\vDash}$ nur unvollkommen die tatsächlichen Abläufe des natürlichen Schließens, in denen auch bei Deduktionen von Aussagen aus Aussagen ständig Formeln mit freien Variablen benutzt werden.

Wir präzisieren nun den Begriff einer in $\mathcal{L}$ formalisierten Theorie, wobei man an die Beispiele aus **2.3** denken möge, etwa die Gruppentheorie.

Definition. Eine *elementare Theorie* oder eine *Theorie der 1. Stufe* in $\mathcal{L}$, auch eine $\mathcal{L}$-*Theorie* genannt, sei eine in $\mathcal{L}^0$ deduktiv abgeschlossene Menge $T \subseteq \mathcal{L}^0$ von Aussagen, d.h. $T \vDash \alpha \Leftrightarrow \alpha \in T$, für alle $\alpha \in \mathcal{L}^0$. Ist $\alpha \in T$, sagt man α *gilt in* T oder α *ist ein Satz* von T. Die nichtlogischen Symbole von $\mathcal{L}$ heißen die Symbole von T. Falls $T \subseteq T'$, heißt T auch eine *Subtheorie* von T', und T' eine *Erweiterung* von T. Eine $\mathcal{L}$-Struktur $\mathcal{A}$ mit $\mathcal{A} \vDash T$ heißt auch ein *Modell von* T, oder kurz ein T-*Modell*. $\operatorname{Md} T$ bezeichne die Klasse aller Modelle von T in diesem Sinne.

Für jede Aussagenmenge S ist z.B. $\{\alpha \in \mathcal{L}^0 \mid S \vDash \alpha\}$ offenbar eine Theorie. Der erweiterte Modellbegriff für Theorien T ist sehr sinnvoll. Denn für herkömmliche Modelle $\mathcal{M} = (\mathcal{A}, w)$ gilt $\mathcal{M} \vDash T \Leftrightarrow \mathcal{A} \vDash T$, weil w für die Erfüllung von Aussagen belanglos ist. Offenbar ist $\alpha \in T$ genau dann, wenn $\mathcal{A} \vDash \alpha$ für alle $\mathcal{A} \vDash T$. Nach (2) gibt es keinen Unterschied zwischen $\vDash$ und $\stackrel{\forall}{\vDash}$, was das Folgern aus Theorien anbelangt. Für beliebige Formeln $\varphi \in \mathcal{L}$ ist stets $T \vDash \varphi \;\Leftrightarrow\; T \vDash \varphi^{\forall}$. Diese Tatsache sollte man sich einprägen, weil sie ständig verwendet wird. Die von verschiedenen Autoren gewählten Definitionen einer Theorie können sich leicht voneinander unterscheiden. So wird z.B. nicht immer verlangt, dass Theorien nur Aussagen enthalten. Festlegungen dieser Art haben jeweils ihre Vor- und Nachteile. Beweise über Theorien sind durchweg flexibel genug, um sie einer leichten Begriffs-Modifikation anzupassen. Ausgehend von obiger Definition treffen wir hier noch folgende

Vereinbarung: Wenn für eine Aussagenmenge S von der *Theorie* S die Rede ist, meinen wir immer die durch S bestimmte Theorie $\{\alpha \in \mathcal{L}^0 \mid S \vDash \alpha\}$.

Es gibt eine kleinste Theorie in $\mathcal{L}$ – nämlich die Menge Taut ($= \mathit{Taut}_{\mathcal{L}}$) aller allgemeingültigen Aussagen von $\mathcal{L}$. Es gibt auch eine größte Theorie: die Menge $\mathcal{L}^0$ *aller* Aussagen, die sogenannte *inkonsistente* Theorie, die keine Modelle hat. Alle übrigen Theorien heißen *erfüllbar* oder *konsistent* [8]. Ferner ist der Durchschnitt $T = \bigcap_{i \in I} T_i$ einer jeden nichtleeren Familie von Theorien T_i wieder eine Theorie: ist $T \vDash \alpha \in \mathcal{L}^0$, gilt auch $T_i \vDash \alpha$, also $\alpha \in T_i$ für jedes i, und damit $\alpha \in T$. In diesem Buch bezeichnen T und T', eventuell mit Indizes versehen, ausschließlich Theorien.

Für und $\alpha \in \mathcal{L}^0$ bezeichne $T + \alpha$ die kleinste α enthaltende Erweiterungstheorie von T. Analog sei $T + S$ für $S \subseteq \mathcal{L}^0$ die kleinste Theorie $\supseteq T \cup S$. Ist S endlich, so heißt $T' = T + S = T + \bigwedge S$ eine *endliche Erweiterung von* T. ($\bigwedge S$ bezeichnet die Konjunktion aller Aussagen aus S.) Die Aussage α heiße *erfüllbar in* T, auch *verträglich* oder *konsistent* mit T, wenn $T + \alpha$ erfüllbar ist, und *widerlegbar in* T, wenn $T + \neg\alpha$ erfüllbar ist. So ist die Körpertheorie T_K mit der Aussage $1 + 1 = 0$ verträglich, oder $1 + 1 \neq 0$ ist in T_K widerlegbar. Denn es gibt Körper, in denen $1 + 1 = 0$ gilt. Theorien T_1, T_2 heißen *verträglich*, wenn die Theorie $T_1 + T_2$ konsistent ist.

Sind sowohl α als auch $\neg\alpha$ mit T verträglich, so heißt die Aussage α *unabhängig* in T. Klassisches Beispiel ist die Unabhängigkeit des Parallelenaxioms von den übrigen Axiomen der ebenen Geometrie, die die *absolute* Geometerie definieren. Weitaus schwieriger zu beweisen ist z.B. die Unabhängigkeit der Kontinuumshypothese von den Axiomen der Mengenlehre, die in **3.4** vorgestellt werden.

Eine Formelmenge X heißt ein *Axiomensystem* für T, wenn $T = \{\alpha \in \mathcal{L}^0 \mid X^\forall \vDash \alpha\}$, oder gleichwertig, wenn $\mathcal{A} \vDash T \Leftrightarrow \mathcal{A} \vDash X$ ($\Leftrightarrow \mathcal{A} \vDash X^\forall$), für alle $\mathcal{L}$-Strukturen $\mathcal{A}$. Das leere Axiomensystem $X = \emptyset$ axiomatisiert offenbar die „logische" Theorie Taut.

Wir gehen stets davon aus, dass alle Axiome einer Theorie Aussagen sind, folgen aber der üblichen Praxis, längliche Axiome als Formeln zu notieren und sich die Generalisierung der in den Axiomen eventuell frei vorkommenden Variablen stillschweigend ausgeführt zu denken. Sind alle Axiome $\forall$-Aussagen, heißt T auch eine

[8] *konsistent* bezieht sich meistens auf einen Logik-Kalkül, z.B. den Kalkül in Kapitel **3**. Dort wird aber gezeigt, dass Konsistenz und Erfüllbarkeit übereinstimmen. Ein mehrdeutiger Gebrauch des Wortes hat keine tragischen Folgen und wird nachträglich gerechtfertigt.

universale oder ∀-Theorie. Für eine solche ist $\mathrm{Md}\, T$ nach Korollar 3.3 stets gegenüber Substrukturen abgeschlossen, d.h. $\mathcal{A} \subseteq \mathcal{B} \vDash T \Rightarrow \mathcal{A} \vDash T$. Beispiele solcher Theorien sind die der Halbordnungen und Ordnungen.

Häufig sind Theorien nicht durch Axiome, sondern durch Strukturen oder Klassen von Strukturen definiert. Die elementare Theorie $Th\,\mathcal{A}$ einer Struktur $\mathcal{A}$ und die Theorie $Th\,\boldsymbol{K}$ einer nichtleeren Klasse $\boldsymbol{K}$ von Strukturen seien definiert durch

$$Th\,\mathcal{A} := \{\alpha \in \mathcal{L}^0 \mid \mathcal{A} \vDash \alpha\}, \qquad Th\,\boldsymbol{K} := \bigcap\{\,Th\,\mathcal{A} \mid \mathcal{A} \in \boldsymbol{K}\}.$$

Man verifiziert leicht, dass es sich hierbei um Theorien im präzisierten Sinne handelt. Statt $\alpha \in Th\,\boldsymbol{K}$ schreibt man auch $\boldsymbol{K} \vDash \alpha$. Dies gilt definitionsgemäß genau dann wenn $\mathcal{A} \vDash \alpha$ für alle $\mathcal{A} \in \boldsymbol{K}$.

Wir führen an dieser Stelle noch einen weiteren wichtigen Begriff ein. $\alpha, \beta \in \mathcal{L}$ heißen *äquivalent in oder modulo* T, $\alpha \equiv_T \beta$, wenn $\alpha \equiv_{\mathcal{A}} \beta$ für alle $\mathcal{A} \vDash T$. Als Durchschnitt von Kongruenzen ist $\equiv_T$ wieder eine Kongruenz, erfüllt also das Ersetzungstheorem. Dies wird fortan ohne Erwähnung benutzt, ebenso wie die evidente Gleichwertigkeit von $\alpha \equiv_T \beta$, $T \vDash \alpha \leftrightarrow \beta$ und $T \vDash (\alpha \leftrightarrow \beta)^{\forall}$. Terme s, t heißen *äquivalent* in T, wenn $T \vDash s = t$, d.h. s, t sind in allen T-Modellen wertverlaufsgleich.

Beispiel. In T_G (Seite 52) ist $x \circ x = x \equiv_{T_G} \exists y\, y \circ x = y \equiv_{T_G} \forall y\, y \circ x = y \equiv_{T_G} x = e$.

Bemerkung. Die Formeln zerfallen modulo T (genauer, modulo $\equiv_T$) in Äquivalenzklassen, deren Gesamtheit mit $B_\omega T$ bezeichnet sei. Auf diesen lassen sich in natürlicher Weise repräsentantenweise Operationen $\wedge, \vee, \neg$ definieren – z.B. $\bar{\alpha} \wedge \bar{\beta} = \overline{\alpha \wedge \beta}$ wobei $\bar{\varphi}$ die Äquivalenzklasse bezeichnet, welcher φ angehört – und man zeigt leicht, dass $B_\omega T$ bezüglich $\wedge, \vee, \neg$ eine Boolesche Algebra bildet. Auch ist für jedes n die Menge $B_n T$ aller $\bar{\varphi}$ aus $B_\omega T$ mit $\mathit{frei}\,\varphi \subseteq \{\boldsymbol{v}_0, \dots, \boldsymbol{v}_{n-1}\}$ eine Subalgebra von $B_\omega T$, und $B_0 T$ ist die Boolesche Algebra aller Aussagen modulo $\equiv_T$. Diese Algebren entfalten ihre Bedeutung erst in der höheren Modelltheorie und werden deshalb hier nur am Rande erwähnt.

Übungen

1. Sei $x \notin \mathit{frei}\,X$ und c nicht in X, α. Man beweise die Gleichwertigkeit von

   $$\text{(i) } X \vDash \alpha, \qquad \text{(ii) } X \vDash \forall x\alpha, \qquad \text{(iii) } X \vDash \alpha\,\tfrac{c}{x}.$$

   Das gilt also insbesondere, wenn X eine Theorie ist.

2. Man zeige, für Formelmengen X, Formeln α, β mit $x \notin \mathit{frei}\,\beta$ und eine in X, α, β nicht vorkommende Konstante c gilt $X \vDash \alpha\,\frac{c}{x} \to \beta \;\Leftrightarrow\; X \vDash \exists x\alpha \to \beta$.

3. Man zeige, für alle $\alpha, \beta \in \mathcal{L}^0$ ist $\beta \in T + \alpha \;\Leftrightarrow\; \alpha \to \beta \in T$.

4. Sei $T \subseteq \mathcal{L}$ eine Theorie, $\mathcal{L}_0 \subseteq \mathcal{L}$, und $T_0 := T \cap \mathcal{L}_0$. Man zeige, T_0 ist eine Theorie in $\mathcal{L}_0$, die sogenannte *Redukt-Theorie* von T auf die Sprache $\mathcal{L}_0$.

2.6 Spracherweiterungen

Die deduktive Entwicklung einer Theorie, sei sie durch ein Axiomensystem gegeben oder durch eine einzelne Struktur $\mathcal{A}$ oder eine Klasse $\boldsymbol{K}$ von solchen, geht fast immer Hand in Hand mit schrittweise vorgenommenen Spracherweiterungen. So ist z.B. für die Entwicklung der elementaren Zahlentheorie die Einführung der Teilbarkeitsrelation durch die Definition $x\,|\,y \leftrightarrow \exists z\, x \cdot z = y$ gewiss von Vorteil. Dieses und ähnliche Beispiele motivieren die folgende

Definition I. Sei r ein in $\mathcal{L}$ nicht vorkommendes n-stelliges Relationssymbol. Eine *explizite Definition von r in $\mathcal{L}$* ist eine Formel der Gestalt

$$\eta_r : \quad r\vec{x} \leftrightarrow \delta(\vec{x}) \qquad (x_1, \dots, x_n \text{ paarweise verschieden})$$

mit $\delta(\vec{x}) \in \mathcal{L}$, der *definierenden Formel.* Für eine Theorie T heißt $T_r := T + \eta_r^{\forall}$ dann eine *definitorische Erweiterung von T um r*. Dies ist eine Theorie in $\mathcal{L}[r]$, womit die aus $\mathcal{L}$ durch Expansion um r entstehende Sprache bezeichnet sei.

T_r ist eine konservative Erweiterung von T und insofern eine „harmlose“. Dabei heißt eine Theorie $T' \supseteq T$ in $\mathcal{L}' \supseteq \mathcal{L}$ allgemein eine *konservative Erweiterung* von T, wenn $T' \cap \mathcal{L} = T$. Die Behauptung ist Teil von Satz 6.1. Für $\varphi \in \mathcal{L}[r]$ sei dort die *Reduzierte* $\varphi^{rd} \in \mathcal{L}$ wie folgt erklärt: jede in φ vorkommende, mit r beginnende Primformel $r\vec{t}$ wird (z.B. von links beginnend) durch $\delta(\vec{t})$ ersetzt.

Satz 6.1 (Eliminationssatz). *Sei $T_r \subseteq \mathcal{L}[r]$ eine definitorische Erweiterung von $T \subseteq \mathcal{L}^0$ um die Definition $r\vec{x} \leftrightarrow \delta(\vec{x})$. Dann gilt für alle $\varphi \in \mathcal{L}[r]$*

$$(*) \quad T_r \vDash \varphi \;\Leftrightarrow\; T \vDash \varphi^{rd}.$$

Für $\varphi \in \mathcal{L}$ gilt speziell $T_r \vDash \varphi \;\Leftrightarrow\; T \vDash \varphi$ (weil dann $\varphi^{rd} = \varphi$), und für $\alpha \in \mathcal{L}^0$ daher $\alpha \in T_r \;\Leftrightarrow\; \alpha \in T$. Kurzum, T_r ist eine konservative Erweiterung von T.

Beweis. Jedes Modell $\mathcal{A} \vDash T$ kann durch die Erklärung $r^{\mathcal{A}'}\vec{a} \;\Leftrightarrow\; \mathcal{A} \vDash \delta\,[\vec{a}]$ zu einem $\mathcal{A}' \vDash T_r$ mit gleichem Träger expandiert werden. Weil $r\vec{t} \equiv_{T_r} \delta(\vec{t})$ für Termfolgen $\vec{t}$, gilt $\varphi \equiv_{T_r} \varphi^{rd}$ für alle $\varphi \in \mathcal{L}[r]$ (Ersetzungstheorem). Damit ergibt $(*)$ sich aus

$$\begin{aligned} T_r \vDash \varphi &\Leftrightarrow \mathcal{A}' \vDash \varphi \text{ für alle } \mathcal{A} \vDash T && (\text{weil } \operatorname{Md} T_r = \{\mathcal{A}' \mid \mathcal{A} \vDash T\}) \\ &\Leftrightarrow \mathcal{A}' \vDash \varphi^{rd} \text{ für alle } \mathcal{A} \vDash T && (\text{weil } \varphi \equiv_{T_r} \varphi^{rd}) \\ &\Leftrightarrow \mathcal{A} \vDash \varphi^{rd} \text{ für alle } \mathcal{A} \vDash T && (\text{Satz 3.1}) \\ &\Leftrightarrow T \vDash \varphi^{rd}. \quad \square \end{aligned}$$

Ähnlich können auch Operationssymbole und Konstanten in Theorien neu eingeführt werden. Hierbei sind aber gewisse Bedingungen zu beachten. So lässt sich in der Gruppentheorie T_G (Seite 52) die Operation $^{-1}$ durch $y = x^{-1} \leftrightarrow x \circ y = e$ definieren, was durch $T_G \vDash \forall x \exists! y\, x \circ y = e$ gewissermaßen legitimiert wird, Übung 3. Diese

Bedingung sichert nämlich, dass $T_G + \eta^\forall$ eine konservative Erweiterung von T_G ist, Wir ergänzen Definition I daher wie folgt, wobei bis zum Ende des Abschnitts auch Konstantensymbole zu den Operationssymbolen rechnen.

Definition II. Eine *explizite Definition* eines in $\mathcal{L}$ nicht vorkommenden n-stelligen Operationssymbols f ist eine Formel der Gestalt

$$\eta_f: \quad y = f\vec{x} \leftrightarrow \delta(\vec{x}, y) \qquad (\delta \in \mathcal{L} \text{ und } y, x_1, \ldots, x_n \text{ paarweise verschieden}).$$

η_f heißt *legitim* in $T \subseteq \mathcal{L}$, wenn $T \vDash \forall\vec{x}\,\exists!y\delta$, und $T_f := T + \eta_f^\forall$ heißt dann eine *definitorische Erweiterung um* f. Im Falle $n = 0$ schreibt man c für f und nennt dann $y = c \leftrightarrow \delta(y)$ eine *explizite Definition des Konstantensymbols* c.

Oft werden einige der freien Variablen von δ nicht explizit genannt und zu Parametervariablen degradiert. Diesbezüglich verweisen wir auf die Diskussion der Axiome in **3.4**. Man beweist den Eliminationssatz fast wörtlich genauso für T_f, sofern η_f legitim in T ist. Dabei sei im Konstantenfall ($n = 0$) einfach $\varphi^{rd} := \exists z(\varphi\frac{z}{c} \wedge \delta\frac{z}{y})$, wobei $\varphi\frac{z}{c}$ das Ersetzungsresultat von z ($\notin var\,\varphi, \delta$) für c in φ bezeichnet. Für $n > 0$ konstruiere man φ^{rd} wie folgt: Kommt f in φ nicht vor, sei $\varphi^{rd} = \varphi$. Andernfalls hat φ offenbar die Gestalt $\varphi_0\frac{f\vec{t}}{y}$ für geeignete φ_0, $\vec{t}$ und $y \notin var\,\varphi$. Dabei ist $\varphi \equiv_{T_f} \exists y(\varphi_0 \wedge y = f\vec{t}) \equiv_{T_f} \varphi_1 := \exists y(\varphi_0 \wedge \delta_f(\vec{t}, y))$. Falls f in φ_1 noch erscheint, wiederhole man diese Konstruktion. So schreitet man fort, bis in sagen wir m Schritten eine Formel φ_m entstanden ist, die f nicht mehr enthält. Es sei dann $\varphi^{rd} = \varphi_m$.

Häufig werden Operationssymbole f auch durch Definitionen der Gestalt

$$(*) \qquad f\vec{x} := t(\vec{x})$$

eingeführt, wobei f im Term $t(\vec{x})$ selbstverständlich nicht vorkommen darf. Diese Verfahrensweise ordnet sich der Definition II unter, denn es handelt sich hierbei um nichts anderes als eine definitorische Erweiterung von T mit der expliziten Definition η_f: $y = f\vec{x} \leftrightarrow y = t(\vec{x})$. Diese ist legitim in T, weil $\vDash \forall\vec{x}\,\exists!y\,y = t(\vec{x})$. Man zeigt leicht, $\eta_f^\forall$ ist logisch äquivalent zu $\forall\vec{x}\,f\vec{x} = t(\vec{x})$. Daher darf $(*)$ verstanden werden als eine hinreichend informative Kurzschrift einer legitimen expliziten Definition gemäß Definition II, mit der definierenden Formel $y = t(\vec{x})$.

Bemerkung. Statt neue Operationssymbole einzuführen, kann man auch die sogenannten *ι-Terme* aus [HB] benutzen. Ist $\varphi = \varphi(\vec{x}, y)$ eine Formel, so sei $\iota y\varphi$ ein Term, in welchem y als eine *durch ι gebundene* Variable erscheint. Falls $T \vDash \forall\vec{x}\exists!y\varphi$, wird T um das Axiom $\forall\vec{x}\forall y[y = \iota y\varphi(\vec{x}, y) \leftrightarrow \varphi(\vec{x}, y)]$ erweitert, so dass $\iota y\varphi(\vec{x}, y)$ den Funktionsterm $f\vec{x}$ sozusagen vertritt, den man durch eine explizite Definition hätte einführen können. Definitorische Spracherweiterungen sind nicht zwingend erforderlich. Man kann Formeln der Erweiterungssprache im Prinzip immer als Abkürzungen von Formeln der Originalsprache verstehen, nämlich ihrer Reduzierten, und so wird oft auch verfahren.

Allgemein heißt T' eine *definitorische Erweiterung* von T, wenn $T' = T + \Delta$ für eine Liste Δ von in T legitimen expliziten Definitionen neuer Symbole mittels derer von T (*legitim* bezieht sich hier nur auf Operationssymbole und Konstanten). Δ muss nicht endlich sein, aber es genügt im Prinzip, sich auf diesen Fall zu beschränken. Ist $\mathcal{L}'$ die Sprache von T', konstruiert man zu jedem $\varphi \in \mathcal{L}'$ wie oben schrittweise eine Reduzierte $\varphi^{rd} \in \mathcal{L}$. Damit führt man den etwas langatmigen Beweis des folgenden Satzes auf den Fall der Erweiterung um jeweils ein Symbol zurück:

Satz 6.2 (allgemeiner Eliminationssatz). *Es sei T' definitorische Erweiterung von T. Dann gilt $\alpha \in T' \Leftrightarrow \alpha^{rd} \in T$, und T' ist konservative Erweiterung von T.*

Ein in $T \subseteq \mathcal{L}$ vorkommendes Relations- oder Operationssymbol ζ heißt *in T explizit definierbar*, wenn T definitorische Erweiterung von $T_0 := T \cap \mathcal{L}_0$ ist, wobei $\mathcal{L}_0$ die Sprache $\mathcal{L}$ ohne ζ bezeichnet. Anders formuliert, T_0 wurde mittels einer expliziten Definition von ζ zu T erweitert. In einer solchen Situation kann jedes T_0-Modell offenbar auf nur genau eine Weise zu einem T-Modell expandiert werden. Wenn nun lediglich diese spezielle Bedingung erfüllt ist, heißt ζ auch *implizit definierbar* in T. Man kann diese auch wie folgt formulieren: Unterscheiden sich T' von T nur dadurch, dass das Symbol ζ überall durch ein neues Symbol ζ' ersetzt wird, so ist $T \cup T' \vDash \zeta\vec{x} \leftrightarrow \zeta'\vec{x}$ bzw. $T \cup T' \vDash \zeta\vec{x} = \zeta'\vec{x}$, je nachdem, ob ζ, ζ' Relations- oder Operationssymbole sind. Bemerkenswert ist nun, dass dies für die explizite Definierbarkeit von ζ in T bereits hinreicht. Wir verzichten aber auf den Beweis und zitieren nur den

Definierbarkeitssatz von Beth. Ein in einer Theorie T implizit definierbares Relations- oder Operationssymbol ist in T auch explizit definierbar.

Definitorische Spracherweiterungen müssen sorgfältig von Spracherweiterungen unterschieden werden, die durch Einführung sogenannter *Skolem-Funktionen* entstehen. Diese sind für viele Zwecke nützlich und seien daher kurz beschrieben.

Skolemsche Normalformen. Nach Satz 4.2 lässt sich jede Formel α in eine äquivalente PNF überführen, $\alpha \equiv Q_1x_1 \cdots Q_kx_k\alpha'$, mit quantorenfreiem α'. Offenbar ist dann $\neg\alpha \equiv \overline{Q}_1x_1 \cdots \overline{Q}_kx_k\neg\alpha'$, mit $\overline{\forall} = \exists$ und $\overline{\exists} = \forall$. Weil $\vDash \alpha$ genau dann wenn $\neg\alpha$ unerfüllbar ist, lässt sich das Entscheidungsproblem über Allgemeingültigkeit zunächst auf das Erfüllbarkeitsproblem für Formeln in PNF reduzieren. Letzteres wird nun – allerdings auf Kosten der Einführung neuer Operationssymbole – durch Satz 6.3 unten gänzlich auf das Erfüllbarkeitsproblem für $\forall$-Formeln zurückgeführt.

Formeln α und β heißen *erfüllbarkeitsgleich*, wenn beide (nicht notwendig im selben Modell) erfüllbar sind, oder beide nicht erfüllbar sind. Wir konstruieren zu jeder o.B.d.A. in pränexer Form vorliegenden Formel $\alpha = Q_1x_1 \cdots Q_kx_k\alpha'$ eine erfüllbarkeitsgleiche $\forall$-Formel $\hat{\alpha}$ mit *frei* $\hat{\alpha}$ = *frei* α und zusätzlichen Operationssymbolen. Die

Konstruktion von $\hat{\alpha}$ erfolgt in m Schritten, wobei m die Anzahl der $\exists$-Quantoren unter den $Q_1, \dots, Q_k$ zähle. Es sei $\alpha = \alpha_0$ und α_i schon konstruiert. Falls α_i bereits eine $\forall$-Formel ist, so sei $\hat{\alpha} = \alpha_i$. Andernfalls hat α_i die Gestalt $\forall x_1 \cdots \forall x_n \exists y \beta_i$ für ein gewisses $n \geqslant 0$. Mit einem bisher noch nicht benutzten n-stelligen Operationssymbol f sei $\alpha_{i+1} = \forall \vec{x} \beta_i \frac{f\vec{x}}{y}$. So erhält man nach m Schritten eine $\forall$-Formel $\hat{\alpha}$ mit *frei* $\hat{\alpha}$ = *frei* α, die eine SNF (*Skolemsche Normalform*) von α genannt wird.

Beispiel. Für $\alpha = \forall x \exists y\, x < y$ ist $\hat{\alpha} = \forall x\, x < fx$. Für $\alpha = \exists x \forall y \exists z\, x = y \cdot z$ (hier ist $n = 0$) ist $\hat{\alpha} = \forall y\, c = y \cdot f(y)$, mit neuen Funktionssymbolen f bzw. c und f.

Satz 6.3 (über die Skolemsche Normalform). *Sei* $\hat{\alpha}$ *eine* SNF *für die Formel* $\alpha = \alpha(\vec{z})$. *Dann gelten* (a) $\hat{\alpha} \vDash \alpha$, (b) α *ist erfüllbarkeitsgleich mit* $\hat{\alpha}$.

Beweis. (a): Es genügt, $\alpha_{i+1} \vDash \alpha_i$ für jeden der beschriebenen Konstruktionsschritte zu zeigen. Das ist einfach. Denn $\beta_i \frac{f\vec{x}}{y} \vDash \exists y \beta_i$, so dass nach (c) und (d) in **2.5** $\alpha_{i+1} = \forall \vec{x} \beta_i \frac{f\vec{x}}{y} \vDash \forall \vec{x} \exists y \beta_i = \alpha_i$. (b): Mit $\hat{\alpha}$ ist gemäß (a) auch α erfüllbar. Sei umgekehrt $\mathcal{A} \vDash \forall \vec{x} \exists y \beta_i(\vec{x}, y, \vec{z})\, [\vec{c}]$. Zu jedem $\vec{a} \in A^n$ denken wir uns ein $b \in A$ mit $\mathcal{A} \vDash \beta\, [\vec{a}, b, \vec{c}]$ ausgewählt und expandieren $\mathcal{A}$ zu $\mathcal{A}'$, indem wir für das neue Operationssymbol $f^{\mathcal{A}'}\vec{a} = b$ setzen. Dann ist offenbar $\mathcal{A}' \vDash \alpha_{i+1}\, [\vec{c}]$. So erhalten wir schließlich ein Modell für $\hat{\alpha}$ als Expansion des Ausgangsmodells. ❑

Damit gewinnt man zu jedem α auch eine allgemeingültigkeitsgleiche $\exists$-Formel $\check{\alpha}$, d.h. $\vDash \alpha \Leftrightarrow \vDash \check{\alpha}$. Man stellt nach obigem Satz zu $\beta := \neg\alpha$ eine erfüllbarkeitsgleiche SNF $\hat{\beta}$ her und setzt $\check{\alpha} := \neg\hat{\beta}$. Dann gilt in der Tat $\vDash \alpha \Leftrightarrow \vDash \check{\alpha}$, denn

$$\vDash \alpha \Leftrightarrow \beta \text{ unerfüllbar} \Leftrightarrow \hat{\beta} \text{ unerfüllbar} \Leftrightarrow \vDash \check{\alpha}.$$

Übungen

1. T_f entstehe aus T durch Hinzufügen einer expliziten Definition η für f und α^{rd} sei konstruiert wie im Text beschrieben. Man zeige, T_f ist genau dann konservative Erweiterung von T, wenn η eine legitime explizite Definition ist.

2. Man zeige, $Th(\mathbb{N}, 0, 1, \mathtt{S}, +, \cdot, <)$ ist definitorische Erweiterung von $Th(\mathbb{N}, +, \cdot)$. Dabei bezeichnet $\mathtt{S}\colon n \mapsto n+1$ die Nachfolgerfunktion.

3. Man zeige, $y = x^{-1} \leftrightarrow x \circ y = e$ ist eine legitime explizite Definition in der Gruppentheorie T_G. Man zeige ferner, die entstehende definitorische Erweiterung ist identisch mit $T_G^=$. Also ist $T_G^=$ konservative Erweiterung von T_G. In diesem Sinne sind T_G und $T_G^=$ äquivalent.

4. Man zeige, in $(\mathbb{Z}, 0, +)$ ist die $<$-Relation nicht elementar definierbar.

Kapitel 3

Der Gödelsche Vollständigkeitssatz

Unser Ziel ist die Charakterisierung der Folgerungsrelation in Sprachen 1. Stufe durch einen Kalkül ähnlich dem aussagenlogischen. Dass dieses Ziel grundsätzlich erreichbar ist, wurde zuerst von K. Gödel in [Gö1] gezeigt. Insbesondere lassen sich dann auch alle Tautologien deduktiv gewinnen. Die letztere, ursprüngliche Fassung des Gödelschen Satzes impliziert nicht unmittelbar den Kompaktheitssatz, während die allgemeine Formulierung diesen einschließt.

Die Charakterisierbarkeit des logischen Folgerns durch einen Kalkül, der sogenannte Vollständigkeitssatz, ist ein zentrales Ergebnis der mathematischen Logik mit weitreichenden Konsequenzen. Trotz seines metalogischen Ursprungs ist der Vollständigkeitssatz wesentlich ein mathematischer Satz. Er erklärt in zufriedenstellender Weise das Phänomen der Wohldefiniertheit logischer Schlussweisen in der Mathematik, so dass die Suche nach deren Erweiterung sich ausnehmen würde wie die Suche nach dem Perpetuum mobile in der Physik. Das betrifft natürlich nicht die Entwicklung neuartiger Methoden der Beweisfindung. Etwas mehr über den metamathematischen Aspekt des Satzes und den Nutzen der mit seinem Beweis verbundenen Modellkonstruktion wird in den Abschnitten **3.3**, **3.4** und **3.5** gesagt.

Wir behandeln ohne Umschweife gleich den Fall einer beliebigen, nicht notwendig abzählbaren Sprache der 1. Stufe. Gleichwohl ist der hier ausgeführte Beweis nach der Henkinschen Idee der Konstantenerweiterung [He] nicht zuletzt durch vorteilhafte Wahl der logischen Basis relativ kurz. Zwar sind mathematische Theorien in der Regel abzählbar, aber der Erfolg der Anwendung von Methoden der mathematischen Logik z.B. in der Algebra – siehe hierzu Kapitel **5** – beruht wesentlich auf einer uneingeschränkten Formulierung des Vollständigkeitssatzes. Erst in dieser Allgemeinheit gewinnt auch sein Beweis die innere Geschlossenheit, die die Beweise herausragender mathematischer Sätze meistens auszeichnet.

3.1 Ein Kalkül des natürlichen Schließens

Es sei $\mathcal{L}$ eine beliebig vorgegebene elementare Sprache in der logischen Signatur $\neg, \wedge, \forall, =$ wie bisher. Wir definieren einen Kalkül $\vdash$ durch das umrahmte System von Schlussregeln, den *Basisregeln*, der ebenso wie der entsprechende aussagenlogische mit Sequenzen arbeitet und die Basisregeln aus **1.4** durch drei prädikatenlogische Basisregeln ergänzt. Auch wird die Anfangsregel (AR) etwas erweitert.

$$\text{(AR)}\ \frac{}{X \vdash \alpha}\ (\alpha \in X \cup \{t=t\}) \qquad \text{(MR)}\ \frac{X \vdash \alpha}{X' \vdash \alpha}\ (X \subseteq X')$$

$$(\wedge 1)\ \frac{X \vdash \alpha, \beta}{X \vdash \alpha \wedge \beta} \qquad (\wedge 2)\ \frac{X \vdash \alpha \wedge \beta}{X \vdash \alpha, \beta}$$

$$(\neg 1)\ \frac{X \vdash \beta, \neg\beta}{X \vdash \alpha} \qquad (\neg 2)\ \frac{X, \beta \vdash \alpha \mid X, \neg\beta \vdash \alpha}{X \vdash \alpha}$$

$$(\forall 1)\ \frac{X \vdash \forall x\alpha}{X \vdash \alpha\frac{t}{x}}\ (\alpha, \tfrac{t}{x} \text{ kollisionsfrei}) \qquad (\forall 2)\ \frac{X \vdash \alpha\frac{y}{x}}{X \vdash \forall x\alpha}\ (y \notin \mathrm{frei}\, X \cup \mathrm{var}\, \alpha)$$

$$(=)\ \frac{X \vdash s=t, \alpha\frac{s}{x}}{X \vdash \alpha\frac{t}{x}}\ (\alpha \text{ Primformel})$$

Nach (AR) ist immer $\vdash t=t$, wobei t ein beliebiger Term ist und hier wie überall $\vdash \varphi$ für $\emptyset \vdash \varphi$ steht. Wir übernehmen auch die sonstigen Schreibweisen aus Kapitel **1**, z.B. steht $\alpha \vdash \beta$ für $\{\alpha\} \vdash \beta$ usw. (AR) wurde nur der Bequemlichkeit halber schärfer formuliert als nötig und ließe sich wegen (MR) zu $\frac{}{\alpha \vdash \alpha}$ und $\frac{}{\vdash t=t}$ einschränken.

Wir nennen $\vdash$ einen *Kalkül des natürlichen Schließens*, weil er das informelle prädikatenlogische Schließen in Mathematik und anderen exakten Wissenschaften hinreichend gut modelliert [1)]. Unser Ziel ist der Nachweis, dass $\vDash$ durch $\vdash$ vollständig charakterisiert ist. Der Kalkül wird nur soweit entwickelt, wie dies der Vollständigkeitsbeweis erfordert. Weitere Ableitungen auszuführen ist zwar lehrreich (siehe hierzu die Übungen), aber nicht der prinzipielle Zweck einer Formalisierung des Beweisens, es sei denn man verfolgt spezielle beweistheoretische Ziele.

Alle Basisregeln sind in dem in **1.4** definierten Sinne korrekt. Die Einschränkungen in den Regeln ($\forall$1), ($\forall$2) und (=) sichern deren Korrektheit, die in den Beispielen (a),(g) und (b) in **2.5** nachgewiesen wurde. (=) ist wegen der Beschränkung auf

1) Es handelt sich hier um eine unseren Bedürfnissen angepasste Version des Kalküls NK aus [Ge]; Sequenzenkalküle sind in erster Linie Gegenstand von Lehrbüchern der Beweistheorie.

Primformeln korrekt und für beliebige α beweisbar, solange $\alpha, \frac{s}{x}, \frac{t}{x}$ kollisionsfrei sind. Die Kollisionsfreiheit ließe sich noch weiter mildern, z.B. genügt es, in ($\forall$1) lediglich $gbd\,\alpha \cap var\,t = \emptyset$ zu fordern. Wie in **2.3** schon gesagt wurde, lässt sich durch eine etwas kompliziertere Definition der Substitution sogar jede Einschränkung vermeiden. Durch solche Maßnahmen werden die Basisregeln jedoch unnötig verschärft, denn schwach formulierte Logikkalküle wie der angegebene erleichtern oft gewisse Induktionen, etwa den Korrektheitsnachweis. Im übrigen erbringt der Ehrgeiz eines sparsamen Umgangs mit Axiomen oder Regeln für semantisch orientierte Betrachtungen allerdings nur bescheidenen praktischen Nutzen.

Weil $\vdash$ als Erweiterung des entsprechenden Kalküls aus **1.4** verstanden werden kann, übertragen sich automatisch alle dort genannten Beispiele beweisbarer Regeln, z.B. die Schnittregel. Alle weiteren korrekten Regeln, z.B. die formalen Versionen der Generalisierung und Partikularisierung aus **2.5**, sind wegen der Vollständigkeit des Kalküls beweisbar. Das betrifft auch die Regel $\dfrac{X \vdash \alpha}{X \vdash \forall x\alpha}$ $(x \notin \mathit{frei}\,X)$, denn diese ist nach **2.5** korrekt, ergibt sich aber nicht direkt aus ($\forall$2). Wir halten uns aber mit Beweisen dieser und anderer Regeln nicht auf, weil sie für den Vollständigkeitsbeweis belanglos sind und durch diesen nachträglich gerechtfertigt werden.

Wie im aussagenlogischen Falle gilt auch jetzt wieder ein nützliches

Beweisprinzip der Regelinduktion. *Sei $\mathcal{E}$ eine Eigenschaft von Paaren X, α aus Formelmengen X und Formeln α derart, dass*

(o) $\mathcal{E}(X, \alpha)$ *für* $\alpha \in X$ *oder* α *von der Form* $t = t$,

(s) $\mathcal{E}(X, \alpha) \Rightarrow \mathcal{E}(X', \alpha)$ *falls* $X' \supseteq X$, *und analog für* $(\wedge 1)$ *bis* $(=)$.

Dann gilt $\mathcal{E}(X, \alpha)$ für alle X, α mit $X \vdash \alpha$.

Dies gilt, weil der Nachweis des ähnlich formulierten Prinzips in **1.4** weder von der Art der Sprache noch von der konkreten Gestalt der Regeln abhängt. Weil die Basisregeln offenbar korrekt sind, folgt damit genau wie im aussagenlogischen Falle die *Korrektheit des Kalküls*, d.h. $\vdash \subseteq \vDash$, oder ausführlicher

(Kor) $X \vdash \alpha \Rightarrow X \vDash \alpha$, für alle X, α.

Mit Regelinduktion zeigt man auch die Monotonie bezüglich Spracherweiterungen

(Mon) $\mathcal{L} \subseteq \mathcal{L}' \Rightarrow \vdash_{\mathcal{L}} \subseteq \vdash_{\mathcal{L}'}$.

Hier wurden die Ableitungsrelationen indiziert. Denn man beachte, dass jede elementare Sprache ihre eigene Ableitungsrelation definiert, und wir werden vorübergehend mit dem Vergleich dieser Relationen in verschiedenen Sprachen zu tun haben. Erst der Vollständigkeitssatz ergibt, dass sich eine Indizierung erübrigt, ganz analog wie bei der Folgerungsrelation $\vDash$. Zum Beweis von (Mon) betrachte man die Eigenschaft '$X \vdash_{\mathcal{L}'} \alpha$ und $X, \alpha \subseteq \mathcal{L}'$', für die die Bedingungen (o) und (s) der Regelinduktion leicht zu verifizieren sind.

Wie in der Aussagenlogik gilt natürlich auch hier der

Endlichkeitssatz. *Wenn $X \vdash \alpha$, so ist bereits $X_0 \vdash \alpha$ für ein endliches $X_0 \subseteq X$.*

Wir benötigen eine vorübergehend nützliche Verschärfung dieser Tatsache, nämlich

> (End) *Ist $X \vdash_{\mathcal{L}} \alpha$, so gibt es ein $\mathcal{L}_0 \subseteq \mathcal{L}$ endlicher Signatur und eine endliche Teilmenge $X_0 \subseteq X$ mit $X_0 \vdash_{\mathcal{L}_0} \alpha$.*

Die Schreibweise $X_0 \vdash_{\mathcal{L}_0} \alpha$ schließt $X_0 \cup \{\alpha\} \subseteq \mathcal{L}_0$ selbstverständlich ein. Zum Beweis betrachte man die Eigenschaft 'es gibt endliche $X_0 \subseteq X$ und $L_0 \subseteq L$ mit $X_0 \vdash_{\mathcal{L}_0} \alpha$'. Dabei sei wie stets L die Signatur von $\mathcal{L}$, L_0 die Signatur von $\mathcal{L}_0$ usw. Es genügt, die Bedingungen (o), (s) des Beweisprinzips der Regelinduktion zu bestätigen. Für $\alpha \in X \cup \{t = t\}$ ist $X_0 \vdash_{\mathcal{L}_0} \alpha$ mit $X_0 = \{\alpha\}$ oder $X_0 = \emptyset$, wobei $\mathcal{L}_0$ alle in α vorkommenden nichtlogischen Symbole enthalte. Damit ist (o) gezeigt. Der Induktionsschritt über (MR) ist trivial. Beim Schritt über $(\wedge 1)$ sei angenommen $X_1 \vdash_{\mathcal{L}_1} \alpha_1$ und $X_2 \vdash_{\mathcal{L}_2} \alpha_2$ für endliche $X_i \subseteq X$ und $L_i \subseteq L$, $i = 1, 2$. Dann ergibt (Mon) offenbar $X_0 \vdash_{\mathcal{L}_0} \alpha_i$, mit $X_0 = X_1 \cup X_2$ und $L_0 = L_1 \cup L_2$. Gemäß $(\wedge 1)$ ist $X_0 \vdash_{\mathcal{L}_0} \alpha_1 \wedge \alpha_2$ und wir haben, was wir wollten. Ähnlich verlaufen die Induktionsschritte für alle übrigen Regeln. Damit ist auch (s) bestätigt und (End) bewiesen.

Das in diesem Beweis konstruierte $\mathcal{L}_0$ enthält mindestens die nichtlogischen Symbole von X_0 und α, aber möglicherweise einige mehr. Erst der Vollständigkeitssatz wird ergeben, dass man mit den in X_0, α vorkommenden Symbolen tatsächlich auskommt. Diese Unempfindlichkeit des Ableitens gegenüber Spracherweiterung lässt sich, wenn auch mit erheblichem Aufwand, rein beweistheoretisch bestätigen, also rein kombinatorisch und ohne Bezug auf die infinitäre Semantik. Einen ersten und relativ bescheidenen Einblick in derartige Methoden vermittelt die Konstantenelimination in Lemma 2.1 und 2.2 im nächsten Abschnitt.

Hier noch einige weitere später auch benötigte Beispiele beweisbarer Regeln.

Beispiel 1. (a) $\dfrac{X \vdash s = t,\, s = t'}{X \vdash t = t'}$, (b) $\dfrac{X \vdash s = t}{X \vdash t = s}$, (c) $\dfrac{X \vdash t = s,\, s = t'}{X \vdash t = t'}$.

Zum Beweis von (a) sei $x \notin var\,t'$ und sei α die Formel $x = t'$. Dann schreibt sich die Prämisse von (a) als $X \vdash s = t, \alpha\frac{s}{x}$. Regel $(=)$ ergibt $X \vdash \alpha\frac{t}{x}$. Nun ist $\alpha\frac{t}{x}$ wegen $x \notin var\,t'$ aber gerade die Formel $t = t'$, also $X \vdash t = t'$. Aus (a) erhält man für $t' = s$ wegen $X \vdash s = s$ sofort (b). Damit folgt auch (c); denn die Prämisse ergibt wegen (b) offenbar $X \vdash s = t, s = t'$ und damit gemäß (a) die Konklusion von (c).

Beispiel 2. In (a)–(d) sei n wie üblich die Stellenzahl der Symbole f bzw. r.

$$\text{(a)}\ \frac{X\vdash t_i = t}{X\vdash f\vec{t} = ft_1\cdots t_{i-1}tt_{i+1}\cdots t_n},\quad \text{(b)}\ \frac{X\vdash t_1 = t_1',\ldots,t_n = t_n'}{X\vdash f\vec{t} = f\vec{t'}},$$

$$\text{(c)}\ \frac{X\vdash t_i = t, r\vec{t}}{X\vdash rt_1\cdots t_{i-1}tt_{i+1}\cdots t_n},\quad \text{(d)}\ \frac{X\vdash t_1 = t_1',\ldots,t_n = t_n', r\vec{t}}{X\vdash r\vec{t'}}.$$

Denn sei $X\vdash t_i = t$ und $\alpha := f\vec{t} = ft_1\cdots t_{i-1}xt_{i+1}\cdots t_n$, wobei x in keinem der t_j vorkomme. Weil $X\vdash \alpha\frac{t_i}{x}$ $(= f\vec{t} = f\vec{t})$ nach (AR), folgt $X\vdash \alpha\frac{t}{x}$ nach (=), also die Konklusion von (a). Sodann ergibt sich (b) unter Berücksichtigung von Beispiel 1(c) durch n-fache Wiederholung von (a), wie man sich beginnend mit $n = 2$ leicht klarmacht. (c) folgt durch Betrachtung von $\alpha := rt_1\cdots t_{i-1}xt_{i+1}\cdots t_n$ ganz ähnlich wie (a). Eine n-fach wiederholte Anwendung von (c) ergibt dann (d).

Beispiel 3. $\vdash \exists x\, t = x$ für alle x, t mit $x\notin \mathrm{var}\,t$, sowie $\vdash \exists x\, x = x$.

Denn $(\forall 1)$ ergibt offenbar $\forall x\, t\neq x\vdash t\neq t$ $(= (t\neq x)\frac{t}{x}$; hier benötigt man $x\notin \mathrm{var}\,t)$. Nach (AR) ist zugleich auch $\forall x\, t\neq x\vdash t = t$ und nach $(\neg 1)$ damit $\forall x\, t\neq x\vdash \exists x\, t = x$. Trivialerweise ist auch $\neg\forall x\, t\neq x\vdash \exists x\, t = x$ $(= \neg\forall x\, t\neq x)$. Also $\vdash \exists x\, t = x$ gemäß $(\neg 2)$. Analog zeigt man $\vdash \exists x\, x = x$ mit Hilfe von $\frac{x}{x}$ anstelle von $\frac{t}{x}$.

Wie in der Aussagenlogik heißt X $(\subseteq \mathcal{L})$ *inkonsistent*, falls $X\vdash\alpha$ für alle $\alpha\in\mathcal{L}$, und sonst *konsistent*. Jede erfüllbare Menge X ist offenbar konsistent. Die Inkonsistenz von X ist wegen $(\neg 1)$ gleichwertig mit $X\vdash\alpha,\neg\alpha$ für beliebiges α. Aber auch mit $X\vdash\bot$ $(= \neg\exists\boldsymbol{v}_0\, \boldsymbol{v}_0 = \boldsymbol{v}_0)$, weil $X\vdash\exists\boldsymbol{v}_0\, \boldsymbol{v}_0 = \boldsymbol{v}_0$ nach Beispiel 3. Auch ist $\vdash$ wie in **1.4** durch die Inkonsistenz vollständig charakterisiert. Denn die Beweise von

$$\mathtt{C}^+ :\quad X\vdash\alpha \Leftrightarrow X,\neg\alpha\vdash\bot,\qquad \mathtt{C}^- :\quad X\vdash\neg\alpha \Leftrightarrow X,\alpha\vdash\bot$$

aus Lemma 1.4.2 bleiben mit jeder sinnvollen Definition von $\bot$ unverändert richtig.

Übungen

1. Man beweise die Regel $\dfrac{X\vdash\alpha\frac{t}{x}}{X\vdash\exists x\alpha}$ $\quad(\alpha,\frac{t}{x}$ kollisionsfrei).

2. Man beweise $\forall x\alpha\vdash\forall y\alpha\frac{y}{x}$ und $\forall y\alpha\frac{y}{x}\vdash\forall x\alpha$ für $y\notin \mathrm{var}\,\alpha$.

3. Man beweise mit Übung 2 und der Schnittregel $\dfrac{X\vdash\forall y\alpha\frac{y}{x}}{X\vdash\forall z\alpha\frac{z}{x}}$ $(y, z\notin \mathrm{var}\,\alpha)$.

4. Man zeige, eine konsistente Menge X ist maximal konsistent genau dann wenn entweder $\varphi\in X$ oder $\neg\varphi\in X$.

5. Ist X ein Axiomensystem einer Theorie T, so heißt eine Aussage α *unabhängig* von X (oder *unabhängig in* T), wenn weder $X\vdash\alpha$ noch $X\vdash\neg\alpha$. Man zeige, dies ist gleichwertig mit der Konsistenz von $X\cup\{\alpha\}$ und $X\cup\{\neg\alpha\}$.

3.2 Der Vollständigkeitsbeweis

Sei $\mathcal{L}$ eine Sprache und c eine Konstante (genauer, ein Konstantensymbol). $\mathcal{L}c$ gehe aus $\mathcal{L}$ durch Adjunktion von c hervor. Es ist $\mathcal{L}c = \mathcal{L}$ genau dann, wenn c in $\mathcal{L}$ bereits vorkommt. Analog bezeichnet $\mathcal{L}C$ die aus $\mathcal{L}$ durch Adjunktion einer Menge C von Konstanten hervorgehende Sprache, eine *Konstantenexpansion* von $\mathcal{L}$. Solche Expansionen werden uns in Kapitel **5** ziemlich häufig begegnen. Sei $\alpha\,\frac{z}{c}$ das aus der Formel α entstehende Ergebnis der Ersetzung von c durch die Variable z, und sei $X\,\frac{z}{c} := \{\alpha\,\frac{z}{c} \mid \alpha \in X\}$. Die Konstante c kommt in $X\,\frac{z}{c}$ dann nicht mehr vor. Die folgende Aussage benötigen wir später nur für eine einzige Variable. Wie so oft lässt sich problemlos aber nur die strengere Aussage induktiv beweisen.

Lemma 2.1 (über die Konstantenelimination). *Es sei $X \vdash_{\mathcal{L}c} \alpha$. Für fast alle Variablen z gilt dann auch $X\,\frac{z}{c} \vdash_{\mathcal{L}} \alpha\,\frac{z}{c}$.*

Beweis durch Regelinduktion in $\vdash_{\mathcal{L}c}$. Für $\alpha \in X$ ist auch $\alpha\,\frac{z}{c} \in X\,\frac{z}{c}$. Ist α von der Gestalt $t = t$, so auch $\alpha\,\frac{z}{c}$. Also $X\,\frac{z}{c} \vdash_{\mathcal{L}} \alpha\,\frac{z}{c}$ in beiden Fällen, sogar für alle z. Nur die Induktionsschritte über (∀1), (∀2) und (=) sind nicht unmittelbar ersichtlich. Wir beschränken uns auf (∀1), weil die Schritte über (∀2) und (=) analog verlaufen. Sei $X\,\frac{z}{c} \vdash_{\mathcal{L}} (\forall x\alpha)\,\frac{z}{c}$ für fast alle z gemäß Induktionsannahme, $\alpha, \frac{t}{x}$ kollisionsfrei, und o.B.d.A. $z \notin \mathrm{var}\,\forall x\alpha, t$. Mit einer gesonderten Induktion über α zeigt man $\alpha\,\frac{t}{x}\,\frac{z}{c} = \alpha'\,\frac{t'}{x}$ mit $\alpha' := \alpha\,\frac{z}{c}$ und $t' := t\,\frac{z}{c}$. Auch sind $\alpha', \frac{t'}{x}$ offenbar kollisionsfrei. Wegen $X\,\frac{z}{c} \vdash_{\mathcal{L}} (\forall x\,\alpha)\,\frac{z}{c} = \forall x\alpha'$ ergibt (∀1) dann $X\,\frac{z}{c} \vdash_{\mathcal{L}} \alpha'\,\frac{t'}{x} = \alpha\,\frac{t}{x}\,\frac{z}{c}$, und zwar immer noch für fast alle z. ❑

Hieraus ergibt sich leicht die folgende Regel der „Konstantenquantifizierung"

$$(\forall 3)\quad \frac{X \vdash \alpha\,\frac{c}{x}}{X \vdash \forall x\alpha}\quad (c \text{ nicht in } X, \alpha).$$

Denn sei $X \vdash \alpha\,\frac{c}{x}$. Wegen des Endlichkeitssatzes darf man o.B.d.A. annehmen, X sei endlich. Nach Lemma 2.1 – wobei $\mathcal{L}c = \mathcal{L}$ im vorliegenden Falle – findet man ein in X, α nicht vorkommendes y mit $X\,\frac{y}{c} \vdash \alpha\,\frac{c}{x}\,\frac{y}{c} = \alpha\,\frac{y}{x}$ (Letzteres gilt, weil c in α nicht vorkommt). Weil $X\,\frac{y}{c} = X$, heißt dies $X \vdash \alpha\,\frac{y}{x}$. Daher $X \vdash \forall x\alpha$ gemäß (∀2). Eine ebenso nützliche Folge der Konstantenelimination ist das

Lemma 2.2. *Sei C eine beliebige Menge von Konstanten und $\mathcal{L}' = \mathcal{L}C$. Dann gilt $X \vdash_{\mathcal{L}} \alpha \Leftrightarrow X \vdash_{\mathcal{L}'} \alpha$ für alle $X \subseteq \mathcal{L}$ und $\alpha \in \mathcal{L}$.*

Beweis. (*Mon*) besagt $X \vdash_{\mathcal{L}} \alpha \Rightarrow X \vdash_{\mathcal{L}'} \alpha$. Sei umgekehrt $X \vdash_{\mathcal{L}'} \alpha$. Zum Nachweis von $X \vdash_{\mathcal{L}} \alpha$ darf man wegen (*End*) und (MR) offenbar annehmen, C sei endlich. Da sich die Hinzunahme endlich vieler Konstanten schrittweise vollziehen lässt, dürfen wir für den Zweck des Beweises sogar annehmen, $\mathcal{L}' = \mathcal{L}c$ für eine einzige, in $\mathcal{L}$ nicht vorkommende Konstante c. Lemma 2.1 liefert dann $X\frac{z}{c}\vdash_{\mathcal{L}}\alpha\frac{z}{c}$ für mindestens eine Variable z, d.h. $X\vdash_{\mathcal{L}}\alpha$, denn c kommt in X und in α nicht vor. ❑

Wir bezeichnen im Folgenden die Ableitungsrelationen in $\mathcal{L}$ und in jeder Konstantenexpansion $\mathcal{L}'$ von $\mathcal{L}$ mit dem gleichen Symbol $\vdash$. Daraus können wegen Lemma 2.2 keine Missverständnisse erwachsen. Weil die Konsistenz von X gleichwertig ist mit $X\nvdash\bot$, muss auch nicht zwischen der Konsistenz von $X\subseteq\mathcal{L}$ bzgl. $\mathcal{L}$ und bzgl. $\mathcal{L}'$ unterschieden werden. Das ist ganz wesentlich für den Beweis von Lemma 2.3.

Der Beweis des Vollständigkeitssatzes läuft im Wesentlichen auf eine Modellkonstruktion aus dem syntaktischen Material einer gewissen Konstantenexpansion von $\mathcal{L}$ hinaus. Dazu wählen wir für jede Variable x und jedes $\alpha\in\mathcal{L}$ eine in $\mathcal{L}$ nicht vorhandene Konstante $c_{x,\alpha}$, und zwar für jedes Paar x,α jeweils genau eine. Es sei

$$\alpha^x := \neg\forall x\alpha \wedge \alpha\frac{c}{x} \qquad (c := c_{x,\alpha}).$$

Wieviele freie Variablen α enthält und ob x in α überhaupt vorkommt, ist dabei unerheblich. $\neg\alpha^x$ ist in jedem Falle logisch äquivalent zu $\exists x\neg\alpha\rightarrow\neg\alpha\frac{c}{x}$ und besagt inhaltlich, dass c unter der Annahme $\exists x\neg\alpha$ ein Beispiel für das Zutreffen von $\neg\alpha$, d.h. ein Gegenbeispiel für die Gültigkeit von α repräsentiert.

Lemma 2.3. *Sei* $\Gamma_{\mathcal{L}} := \{\neg\alpha^x \mid \alpha\in\mathcal{L}, x\in \mathit{Var}\}$. *Dann ist mit* $X\subseteq\mathcal{L}$ *auch* $X\cup\Gamma_{\mathcal{L}}$ *konsistent.*

Beweis. Annahme $X\cup\Gamma_{\mathcal{L}}\vdash\bot$. Dann existieren Formeln $\neg\alpha_0^{x_0},\dots,\neg\alpha_n^{x_n}\in\Gamma_{\mathcal{L}}$ mit (a): $X\cup\{\neg\alpha_i^{x_i}\mid i\leqslant n\}\vdash\bot$. Sei n hierbei minimal gewählt, so dass wegen $X\nvdash\bot$ (b): $X' := X\cup\{\neg\alpha_i^{x_i}\mid i<n\}\nvdash\bot$, und sei $x:=x_n$, $\alpha:=\alpha_n$, $c:=c_{x,\alpha}$. Nach (a) ist $X'\cup\{\neg\alpha^x\}\vdash\bot$. Mit C^+ folgt daraus $X'\vdash\alpha^x$. Daher $X'\vdash\neg\forall x\alpha,\alpha\frac{c}{x}$ nach ($\wedge$2). Aber $X'\vdash\alpha\frac{c}{x}$ ergibt $X'\vdash\forall x\alpha$ nach ($\forall$3), weil c in X' und α nicht vorkommt. Also $X'\vdash\forall x\alpha,\neg\forall x\alpha$ und somit $X'\vdash\bot$, im Widerspruch zu (b). ❑

$X\subseteq\mathcal{L}$ heiße eine *Henkin-Menge*, wenn X die beiden folgenden Bedingungen erfüllt:

(H1) $\quad X\vdash\neg\alpha \quad\Leftrightarrow\quad X\nvdash\alpha$,

(H2) $\quad X\vdash\forall x\alpha \quad\Leftrightarrow\quad X\vdash\alpha\frac{c}{x}$ für alle Konstanten c in $\mathcal{L}$.

Eine Henkin-Menge hat immer die bemerkenswerte und nützliche Eigenschaft

(H3) Zu jedem Term t gibt es eine Konstante c mit $X\vdash t=c$.

Denn $X\vdash\exists x t=x$ $(=\neg\forall x\, t\neq x)$ für ein x nach Beispiel 3 in **3.1**. Daher $X\nvdash\forall x\, t\neq x$ nach (H1). Folglich gibt es nach (H2) ein c mit $X\nvdash t\neq c$ und (H1) liefert dann $X\vdash t=c$. Es sei erwähnt, dass konsistente Mengen im Rahmen der Ausgangssprache in der Regel nicht in Henkin-Mengen einbettbar sind.

Lemma 2.4. *Sei $X \subseteq \mathcal{L}$ konsistent. Dann existiert eine Henkin-Menge $Y \supseteq X$ in einer geeigneten Konstantenexpansion $\mathcal{L}C$ von $\mathcal{L}$.*

Beweis. Sei $\mathcal{L}_0 := \mathcal{L}$, $X_0 := X$ und seien $\mathcal{L}_n$, X_n schon erklärt. $\mathcal{L}_{n+1}$ entstehe aus $\mathcal{L}_n$ durch Hinzunahme neuer Konstanten $c_{x,\alpha,n}$ für alle $x \in Var$, $\alpha \in \mathcal{L}_n$; genauer $\mathcal{L}_{n+1} = \mathcal{L}_n C_n$, mit der Menge C_n der Konstanten $c_{x,\alpha,n}$. Ferner sei $X_{n+1} = X_n \cup \Gamma_{\mathcal{L}_n}$, wobei $\Gamma_{\mathcal{L}_n}$ definiert sei wie in Lemma 2.3, also $X_{n+1} \subseteq \mathcal{L}_{n+1}$. Nach Lemma 2.3 ist $X_n \nvdash \bot$ für alle n. Sei $U := \bigcup_{n\in\mathbb{N}} X_n$, also $U \subseteq \bigcup_{n\in\mathbb{N}} \mathcal{L}_n = \mathcal{L}C$ mit $C := \bigcup_{n\in\mathbb{N}} C_n$. Es ist $U \nvdash \bot$. Denn U ist als Vereinigung einer Kette konsistenter Mengen sicher konsistent in $\mathcal{L}C$. Sei $\alpha \in \mathcal{L}C$ und $x \in Var$, sagen wir $\alpha \in \mathcal{L}_n$ mit minimalem n, und sei α^x die wie vor Lemma 2.3, jetzt aber bezüglich $\mathcal{L}_n$ konstruierte Formel. Dann gehört $\neg\alpha^x$ zu X_{n+1}. Also gilt $(*)$ $\neg\alpha^x \in U$. Sei $(H, \subseteq)$ die Halbordnung aller konsistenten Erweiterungen von U in $\mathcal{L}C$. Jede Kette $K \subseteq H$ hat die obere Schranke $\bigcup K$ in H, weil mit allen Gliedern der Kette K auch $\bigcup K$ konsistent ist. Auch ist $H \neq \emptyset$, denn $U \in H$. Nach dem Zornschen Lemma enthält H daher ein maximales Element Y. Kurzum, Y ist eine maximal konsistente Obermenge von U, und was hier wesentlich ist, zugleich eine Henkin-Menge. Hier der einfache Nachweis:

(H1) $\Rightarrow$: $Y \vdash \neg\alpha$ impliziert $Y \nvdash \alpha$ wegen der Konsistenz von Y. $\Leftarrow$: Mit $Y \nvdash \alpha$ ist sicher $\alpha \notin Y$. Folglich $Y, \alpha \vdash \bot$ wegen der maximalen Konsistenz von Y, und gemäß C^- somit $Y \vdash \neg\alpha$.

(H2) $\Rightarrow$: Klar nach ($\forall$1). $\Leftarrow$: Sei $Y \vdash \alpha\frac{c}{x}$ für alle c in $\mathcal{L}C$, also auch $Y \vdash \alpha\frac{c}{x}$ mit $c := c_{x,\alpha,n}$, wobei n minimal sei mit $\alpha \in \mathcal{L}_n$. Angenommen $Y \nvdash \forall x\alpha$. Dann gilt $Y \vdash \neg\forall x\alpha$ gemäß (H1). Das ergibt $Y \vdash \neg\forall x\alpha \wedge \alpha\frac{c}{x} = \alpha^x$ nach ($\wedge$1). Nun steht $Y \vdash \alpha^x$ wegen der Konsistenz von Y aber im Widerspruch mit $Y \vdash \neg\alpha^x$, was wegen $(*)$ weiter oben trivial ist. Es gilt also doch $Y \vdash \forall x\alpha$. ❏

Lemma 2.5. *Jede Henkin-Menge $Y \subseteq \mathcal{L}$ besitzt ein Modell.*

Beweis. Das im Folgenden konstruierte Modell heißt auch ein *Termmodell*. Es sei $t \approx t'$, falls $Y \vdash t = t'$. Dies ist eine Kongruenz in der Termalgebra $\mathcal{T}$ von $\mathcal{L}$, d.h.

(a) $\approx$ ist eine Äquivalenzrelation,

(b) $t_1 \approx t'_1, \ldots, t_n \approx t'_n \;\Rightarrow\; f\vec{t} \approx f\vec{t}'$, für jedes $f \in L$.

Die Behauptung (a) folgt unmittelbar aus $Y \vdash t = t$ und Beispiel 1 in **3.1**, und (b) ist nur eine andere Formulierung von Beispiel 2(b).

Es sei nun $A := \{\bar{t} \mid t \in \mathcal{T}\}$, wobei $\bar{t}$ die Äquivalenzklasse von t bezüglich $\approx$ bezeichnet, so dass also $\bar{t} = \bar{s} \Leftrightarrow Y \vdash t = s$. Diese Menge A der Äquivalenzklassen von $\mathcal{T}$ ist der Träger des gesuchten Modells $\mathcal{M} = (\mathcal{A}, w)$ für Y. Die Faktorisierung von $\mathcal{T}$ wird sichern, dass $=$ die Identität im Modell bedeutet. Sei C die Menge der Konstanten von $\mathcal{L}$. Nach (H3) gibt es zu jedem Term t aus $\mathcal{T}$ ein $c \in C$ mit $c \approx t$.

Daher ist sogar $A = \{\overline{c} \mid c \in C\}$. Sei $x^{\mathcal{M}} := \overline{x}$ und $c^{\mathcal{M}} := \overline{c}$ für Variablen und Konstanten von $\mathcal{L}$. Operationszeichen f seien interpretiert durch

$$f^{\mathcal{M}}(\overline{t}_1, \dots, \overline{t}_n) = \overline{ft_1 \cdots t_n}.$$

Diese Definition ist korrekt, d.h. repräsentantenunabhängig, weil $\approx$ eine Kongruenz ist. Schließlich erklären wir $r^{\mathcal{M}}$ für ein n-stelliges Relationszeichen r durch

$$r^{\mathcal{M}}\overline{t}_1 \cdots \overline{t}_n \Leftrightarrow Y \vdash r\vec{t}.$$

Auch diese Definition ist korrekt, weil $Y \vdash r\vec{t} \;\Rightarrow\; Y \vdash r\vec{t}\,'$, wenn $t_1 \approx t_1', \dots, t_n \approx t_n'$ gemäß Beispiel 2(d) in **3.1**. Induktiv ergeben sich nunmehr

$$\text{(c)} \quad t^{\mathcal{M}} = \overline{t} \qquad ; \qquad \text{(d)} \quad \mathcal{M} \vDash \alpha \Leftrightarrow Y \vdash \alpha,$$

von denen (d) als das Ziel der Konstruktionen angesehen werden kann. (c) ist klar für Primterme, und die Induktionsannahme $t_i^{\mathcal{M}} = \overline{t_i}$ für $i = 1, \dots, n$ liefert

$$(f\vec{t})^{\mathcal{M}} = f^{\mathcal{M}}(t_1^{\mathcal{M}}, \dots, t_n^{\mathcal{M}}) = f^{\mathcal{M}}(\overline{t}_1, \dots, \overline{t}_n) = \overline{f\vec{t}}.$$

(d) ergibt sich durch Induktion über $\operatorname{rg}\alpha$. Man beginnt mit Formeln vom Rang 0 (Primformeln). Die Induktionsschritte verlaufen unter Beachtung von $\operatorname{rg}\alpha < \operatorname{rg}\neg\alpha$, $\operatorname{rg}\alpha, \operatorname{rg}\beta < \operatorname{rg}(\alpha\wedge\beta)$ und $\operatorname{rg}\alpha\frac{c}{x} < \operatorname{rg}\forall x\alpha$ genau wie bei der Formelinduktion.

$$\begin{array}{llllll}
\mathcal{M} \vDash t = s & \Leftrightarrow & t^{\mathcal{M}} = s^{\mathcal{M}} & \Leftrightarrow & \overline{t} = \overline{s} & \text{(wegen (c))} \\
 & & & \Leftrightarrow & Y \vdash t = s. & \\
\mathcal{M} \vDash r\vec{t} & \Leftrightarrow & r^{\mathcal{M}}t_1^{\mathcal{M}} \cdots t_n^{\mathcal{M}} & \Leftrightarrow & r^{\mathcal{M}}\overline{t}_1 \cdots \overline{t}_n & \Leftrightarrow \; Y \vdash r\vec{t}. \\
\mathcal{M} \vDash \alpha\wedge\beta & \Leftrightarrow & \mathcal{M} \vDash \alpha, \beta & \Leftrightarrow & Y \vdash \alpha, \beta & \text{(Induktionsannahme)} \\
 & & & \Leftrightarrow & Y \vdash \alpha\wedge\beta & \text{(gemäß } (\wedge 1), (\wedge 2)\text{)}. \\
\mathcal{M} \vDash \neg\alpha & \Leftrightarrow & \mathcal{M} \nvDash \alpha & \Leftrightarrow & Y \nvdash \alpha & \text{(Induktionsannahme)} \\
 & & & \Leftrightarrow & Y \vdash \neg\alpha & \text{(gemäß (H1))}.
\end{array}$$

$$\begin{array}{llll}
\mathcal{M} \vDash \forall x\alpha & \Leftrightarrow & \mathcal{M}_x^{\overline{c}} \vDash \alpha \text{ für alle } c \in C & \text{(weil } A = \{\overline{c} \mid c \in C\}) \\
 & \Leftrightarrow & \mathcal{M}_x^{c^{\mathcal{M}}} \vDash \alpha \text{ für alle } c \in C & \text{(weil } c^{\mathcal{M}} = \overline{c}) \\
 & \Leftrightarrow & \mathcal{M} \vDash \alpha\frac{c}{x} \text{ für alle } c \in C & \text{(Substitutionssatz)} \\
 & \Leftrightarrow & Y \vdash \alpha\frac{c}{x} \text{ für alle } c \in C & \text{(Induktionsannahme)} \\
 & \Leftrightarrow & Y \vdash \forall x\alpha & \text{(gemäß (H2))}.
\end{array}$$

Weil $Y \vdash \alpha$ für $\alpha \in Y$, folgt aus (d) unmittelbar $\mathcal{M} \vDash Y$. ❑

Hiermit ergibt sich nun genau wie in der Aussagenlogik die Gleichwertigkeit von Konsistenz und Erfüllbarkeit, sowie auch die Vollständigkeit von $\vdash$.

Satz 2.6 (Modellexistenzsatz). *Sei $X \subseteq \mathcal{L}$ konsistent. Dann hat X ein Modell.*

Beweis. Sei $Y \supseteq X$ eine Henkin-Menge in einer Konstantenerweiterung $\mathcal{L}C$ gemäß Lemma 2.4. Nach Lemma 2.5 hat Y und damit auch X ein $\mathcal{L}C$-Modell $\mathcal{M}'$. Sei $\mathcal{M}$ das $\mathcal{L}$-Redukt von $\mathcal{M}'$, d.h. man „vergesse" die Interpretation der nicht in $\mathcal{L}$ vorkommenden Konstanten. Nach Satz 2.3.1 ist dann auch $\mathcal{M} \vDash X$. ❑

Satz 2.7 (Vollständigkeitssatz). *Für $X \subseteq \mathcal{L}$ und $\alpha \in \mathcal{L}$ ist $X \vdash \alpha \Leftrightarrow X \vDash \alpha$.*

Beweis. Die Korrektheit von $\vdash$ besagt $X \vdash \alpha \Rightarrow X \vDash \alpha$. Die Umkehrung folgt indirekt. Sei $X \nvdash \alpha$, so dass $X, \neg\alpha$ nach C^+ konsistent ist. Satz 2.6 liefert dann ein Modell für $X \cup \{\neg\alpha\}$. Folglich ist $X \nvDash \alpha$. ❑

Nach diesem Satz können die Symbole $\vDash$ und $\vdash$ künftig wechselseitig ausgetauscht werden. Oft schreibt man $X \vdash \alpha$ und verifiziert dies durch den Nachweis von $X \vDash \alpha$. Speziell für Theorien T ist $T \vDash \alpha$ gleichwertig mit $T \vdash \alpha$, wofür fortan meist $\vdash_T \alpha$ geschrieben wird. Allgemeiner stehe $X \vdash_T \alpha$ für $X \cup T \vdash \alpha$, und $\alpha \vdash_T \beta$ für $\{\alpha\} \vdash_T \beta$. Auch wird z.B. $\alpha \vdash_T \beta$ & $\beta \vdash_T \gamma$ gelegentlich zu $\alpha \vdash_T \beta \vdash_T \gamma$ verkürzt.

Gleichwertigkeiten wie z.B. die von $\alpha \vdash_T \beta$, $\vdash_T \alpha \to \beta$ und $\vdash_{T+\alpha} \beta$, ebenso wie die von $\vdash_T \alpha$ und $\vdash_T \alpha^{\forall}$, werden in den folgenden Kapiteln ohne besonderen Hinweis benutzt. Das betrifft auch die in Übung 5 genannten Eigenschaften.

Übungen

1. Man zeige, $X \subseteq \mathcal{L}$ ist maximal konsistent genau dann, wenn es ein Modell $\mathcal{M}$ gibt mit $\alpha \in X \Leftrightarrow \mathcal{M} \vDash \alpha$, für alle $\alpha \in \mathcal{L}$.

2. Sei $X \subseteq \mathcal{L}$ eine konsistente Menge *gleichheitsfreier* oder $=$-freier $\forall$-Formeln, d.h. $=$ kommt in X nicht vor. Sei etwa $\mathcal{M} \vDash X$. Man konstruiere ein Modell $\mathfrak{T} \vDash X$, dessen Träger die Menge $\mathcal{T}$ aller $\mathcal{L}$-Terme ist. Dabei sei $c^{\mathfrak{T}} := c$, $f^{\mathfrak{T}}\vec{t} := f\vec{t}$, $x^{\mathfrak{T}} = x$ (was leicht $t^{\mathfrak{T}} := t$ für alle t impliziert), und $r^{\mathfrak{T}}\vec{t} :\Leftrightarrow r^{\mathcal{M}}\vec{t}$. In diesem „Termmodell" $\mathfrak{T}$ gilt also $\mathfrak{T} \vDash t_1 = t_2 \Leftrightarrow t_1 = t_2$.

3. Sei K eine nichtleere Kette von Theorien in $\mathcal{L}$, was heißen soll $T \subseteq T'$ oder $T' \subseteq T$ für alle $T, T' \in K$. Man zeige, auch $\bigcup K$ ist eine Theorie, und diese ist konsistent genau dann, wenn alle $T \in K$ konsistent sind.

4. Sei T konsistent und $Y \subseteq \mathcal{L}$. Man beweise die Gleichwertigkeit von

   (i) $Y \vdash_T \bot$, (ii) $\vdash_T \neg\alpha$ für eine Konjunktion α von Formeln aus Y.

5. Sei $x \notin \mathit{var}\,t$ und $\alpha, \frac{t}{x}$ kollisionsfrei. Man beweise die Gleichwertigkeit von

   (i) $\vdash_T \alpha\frac{t}{x}$, (ii) $x = t \vdash_T \alpha$, (iii) $\vdash_T \forall x(x = t \to \alpha)$, (iv) $\vdash_T \exists x(x = t \land \alpha)$.

3.3 Erste Anwendungen – Nichtstandardmodelle

Wir werden in diesem Abschnitt wichtige Konsequenzen aus dem Vollständigkeitssatz und dem entsprechenden Modellkonstruktionsverfahren ziehen. Weil für die Beweisbarkeitsrelation $\vdash$ der Endlichkeitssatz gilt, ergibt Satz 2.7 unmittelbar den

Satz 3.1 (Endlichkeitssatz für das Folgern). *$X \vDash \alpha$ impliziert $X_0 \vDash \alpha$ für eine endliche Teilmenge $X_0 \subseteq X$.*

Betrachten wir ein erstes Anwendungsbeispiel. Die Theorie der Körper der Charakteristik 0 ist axiomatisiert durch die Menge X, bestehend aus den Körperaxiomen und den Formeln $\neg\mathtt{char}_p$ (Seite 39). Wir behaupten

(1) *Eine in allen Körpern der Charakteristik* 0 *gültige Aussage α gilt bereits in allen Körpern hinreichend hoher, von α abhängiger Primzahlcharakteristik p.*

Denn wegen $X \vDash \alpha$ ist schon $X_0 \vDash \alpha$ für eine endliche Teilmenge $X_0 \subseteq X$. Ist p eine Primzahl größer als alle Primzahlen q mit $\neg char_q \in X_0$, so gilt α schon in allen Körpern der Charakteristik p, denn diese erfüllen X_0. Also gilt (1). Daraus erhält man z.B. den in $\mathcal{L}\{0, 1, +, \cdot\}$ leicht formulierbaren Sachverhalt, dass zwei vorgegebene, über allen Körpern der Charakteristik 0 teilerfremde Polynome bereits über allen Körpern hinreichend hoher Primzahlcharakteristik teilerfremd sind.

Eine bemerkenswerte Folge von Satz 3.1 ist auch die nichtendliche Axiomatisierbarkeit vieler elementarer Theorien. Bevor wir Beispiele präsentieren, erläutern wir endliche Axiomatisierbarkeit gleich in einem etwas größeren Rahmen.

Eine Menge Z von Zeichenfolgen über einem vorgegebenen Alphabet A heißt *entscheidbar*, wenn es einen Algorithmus (ein mechanisches Rechenverfahren) gibt, welches uns nach endlich vielen Rechenschritten die Frage beantwortet, ob eine Zeichenfolge ξ aus Symbolen von A zu Z gehört oder nicht; andernfalls heißt Z *unentscheidbar*. So ist gewiss entscheidbar, ob ξ eine Formel ist. Das alles ist zwar anschaulich plausibel, bedarf jedoch einer (in **6.2** vorgenommenen) Präzisierung. Eine Theorie T heißt *rekursiv axiomatisierbar*, oft auch nur *axiomatisierbar* genannt, wenn sie ein entscheidbares Axiomensystem besitzt. Dies ist z.B. der Fall, wenn T *endlich axiomatisierbar* ist, d.h. ein endliches Axiomensystem besitzt.

Aus (1) folgt sofort, dass die Theorie der Körper der Charakteristik 0 nicht endlich axiomatisierbar ist. Denn wäre E eine endliche Axiomenmenge, so hätte deren Konjunktion $\bigwedge E$ nach (1) als Modell auch einen Körper endlicher Charakteristik.

Hier noch ein weiteres instruktives Beispiel. Eine abelsche Gruppe $\mathcal{G}$ heißt *n-dividierbar*, wenn $\mathcal{G} \vDash \vartheta_n := \forall x \exists y\, x = ny$, und *dividierbar*, wenn $\mathcal{G} \vDash \vartheta_n$ für alle $n \geqslant 1$, wobei

$$ny := \underbrace{y + \cdots + y}_{n}.$$

Die Theorie DAG dieser Gruppen ist axiomatisiert durch die Menge X, bestehend aus den Axiomen für abelsche Gruppen plus allen ϑ_n. Auch DAG ist nicht endlich axiomatisierbar. Dies folgt wie oben leicht aus

(2) *Jede in allen dividierbaren abelschen Gruppen gültige Aussage $\alpha \in \mathcal{L}\{+,0\}$ gilt auch in mindestens einer nichtdividierbaren abelschen Gruppe.*

Zum Nachweis von (2) sei $\alpha \in$ DAG, oder gleichwertig, $X \vDash \alpha$. Nach Satz 3.1 ist bereits $X_0 \vDash \alpha$ für ein endliches $X_0 \subseteq X$. Sei $\mathbb{Z}_p$ die zyklische Gruppe der Ordnung p, wobei p eine Primzahl $> n$ für alle n mit $\vartheta_n \in X_0$ sei. Die Abbildung $x \mapsto nx$ von $\mathbb{Z}_p$ in sich ist für $1 \leqslant n < p$ surjektiv – sonst wäre $\{na \mid a \in \mathbb{Z}_p\}$ doch echte Untergruppe von $\mathbb{Z}_p$. Daher ist $\mathbb{Z}_p \vDash \vartheta_n$ für $1 \leqslant n < p$. Also $\mathbb{Z}_p \vDash X_0$ und somit $\mathbb{Z}_p \vDash \alpha$. Aber $\mathbb{Z}_p$ ist nicht p-dividierbar, weil $px = 0$ für $x \in \mathbb{Z}_p$. Genauso zeigt man auch die nichtendliche Axiomatisierbarkeit der Theorie der *torsionsfreien* abelschen Gruppen, d.h. $na \neq 0$ für alle $n \neq 0$ und $a \neq 0$.

Auf ähnliche Weise lässt sich die nichtendliche Axiomatisierbarkeit vieler Theorien beweisen. Oft erfordert dies tiefere Hilfsmittel als in den obigen Beispielen. Betrachten wir z.B. die mit ACF (von algebraically closed fields) bezeichnete Theorie der algebraisch abgeschlossenen Körper, welche aus der Körpertheorie durch Hinzufügen des Schemas aller Aussagen

$$\forall a_0 \cdots \forall a_n \exists x \; x^{n+1} + a_n x^n + \ldots + a_1 x + a_0 = 0 \qquad (n = 0, 1, \ldots)$$

entsteht. Diese Formeln besagen, dass jedes *normierte* Polynom (der Term links in der Gleichung, der Kürze halber *Hauptpolynom* genannt; diese sind immer von positivem Grade) eine Nullstelle hat. Die nichtendliche Axiomatisierbarkeit von ACF läuft auf den keineswegs trivialen Existenznachweis von Körpern hinaus, für die alle Polynome bis zu einem gegebenen Grad zerfallen, aber immer noch irreduzible Polynome von höherem Grade existieren.

Wie in der Aussagenlogik ergibt der Endlichkeitssatz für das Folgern leicht den

Satz 3.2 (Kompaktheitssatz). *Eine Formelmenge X ist erfüllbar, falls jede endliche Teilmenge von X erfüllbar ist.*

Dieser Satz ist wegen der größeren Ausdruckskraft prädikatenlogischer Sprachen in gewissen Anwendungen etwas handlicher als der aussagenlogische Kompaktheitssatz. Er liefert seinerseits leicht einen Beweis von Satz 3.1 und lässt sich auf unterschiedliche Weise auch ohne Bezug auf einen Logikkalkül beweisen, z.B. mittels Ultraprodukten, siehe **5.7**. Er kann auch auf den aussagenlogischen Kompaktheitssatz zurückgeführt werden, siehe die Bemerkung 1 Seite 108. In den Anwendungen des Satzes beschränken wir uns zunächst auf die Konstruktion sogenannter Nichtstandardmodelle, führen vorher aber noch einige wichtige Begriffe ein.

Eine Theorie T ($\subseteq \mathcal{L}^0$) heiße *vollständig*, wenn sie konsistent ist und keine echte konsistente Erweiterungstheorie in derselben Sprache mehr besitzt. Entweder ist dann $\vdash_T \alpha$ oder $\vdash_T \neg\alpha$, für jedes $\alpha \in \mathcal{L}^0$. So ist $Th\mathcal{A}$ für beliebiges $\mathcal{A}$, immer vollständig. Oft wird uns z.B. die Theorie $Th\mathcal{N}$ mit $\mathcal{N} = (\mathbb{N}, 0, \mathtt{S}, +, \cdot)$ begegnen, mit der *Nachfolgerfunktion* $\mathtt{S}\colon n \mapsto n{+}1$. Von den in $\mathcal{N}$ definierbaren Relationen und Funktionen nennen wir hier nur $\leqslant$, definiert z.B. durch $x \leqslant y \leftrightarrow \exists z\, z + x = y$, und die *Vorgängerfunktion* $\mathtt{R}\colon \mathbb{N} \to \mathbb{N}$, definiert durch $y = \mathtt{R}x \leftrightarrow x = 0 \wedge y = 0 \vee x = \mathtt{S}y$.

Noch häufiger werden uns gewisse axiomatische Theorien in der arithmetischen Sprache $\mathcal{L}_{ar} := \mathcal{L}\{0, \mathtt{S}, +, \cdot\}$ begegnen, speziell die sogenannte *Peano-Arithmetik* PA. Die Axiome dieser für viele Fragen der mathematischen Grundlagenforschung und auch der theoretischen Informatik bedeutsamen Theorie lauten wie folgt:

$$\forall x\, \mathtt{S}x \neq 0, \qquad \forall x\, x + 0 = x, \qquad \forall x\, x \cdot 0 = 0,$$
$$\forall xy(\mathtt{S}x = \mathtt{S}y \to x = y), \quad \forall xy\, x + \mathtt{S}y = \mathtt{S}(x + y), \quad \forall xy\, x \cdot \mathtt{S}y = x \cdot y + x,$$
$$\text{IS:} \quad \varphi\tfrac{0}{x} \wedge \forall x(\varphi \to \varphi\tfrac{\mathtt{S}x}{x}) \to \forall x\varphi.$$

IS heißt das *Induktionsschema*. Darin ist $\varphi = \varphi(x, \vec{y})$ eine beliebige Formel aus $\mathcal{L}_{ar}$. Daher lautet IS eigentlich $(\varphi\frac{0}{x} \wedge \forall x(\varphi \to \varphi\frac{\mathtt{S}x}{x}) \to \forall x\varphi)^{\forall}$ wie in **2.5** verabredet. IS ergibt z.B. $\vdash_{\mathsf{PA}} (\forall x \neq 0)\exists v\, \mathtt{S}v = x$, was man obigen Axiomen nicht unmittelbar ansieht. Denn sei $\varphi := x \neq 0 \to \exists v \mathtt{S}v = x$. Gewiss ist $\vdash_{\mathsf{PA}} \varphi\frac{0}{x}$ (*Induktionsanfang*). Weil $\mathtt{S}v = x \vdash_{\mathsf{PA}} \mathtt{SS}v = \mathtt{S}x$, folgt $\exists v\, \mathtt{S}v = x \vdash_{\mathsf{PA}} \exists v \mathtt{S}v = \mathtt{S}x$ nach (f) und (e) Seite 62. Das ergibt leicht (i) $\varphi \vdash_{\mathsf{PA}} \varphi\frac{\mathtt{S}x}{x}$ oder gleichwertig (ii) $\vdash_{\mathsf{PA}} \forall x(\varphi \to \varphi\frac{\mathtt{S}x}{x})$. Damit folgt $\vdash_{\mathsf{PA}} \forall x\varphi$ gemäß IS. Der Nachweis von (i) oder gleichwertig (ii) heißt hier und bei anderen Anwendungen von IS der *Induktionsschritt*.

Bemerkung 1. In **7.1** begegnen uns sehr komplexe Induktionen und es wird schnell klar, dass PA die elementare Zahlentheorie voll umfasst. Nicht nur diese, sondern praktisch die gesamte sogenannte diskrete Mathematik kann in PA entwickelt werden. Die Wahl der Signatur ist eine Sache der Bequemlichkeit. Man könnte z.B. $\mathtt{S}$ durch die Konstante 1 ersetzen und mit etwas Umständlichkeit die Axiome auch allein in $+, \cdot$ formulieren. Dass in PA nicht unbeschränkt subtrahiert werden kann, ist unerheblich. Eine ähnlich wie PA formulierte Theorie der ganzen Zahlen ist für zahlentheoretische Zwecke gelegentlich zwar bequemer, nicht aber strenger als PA, weil sie in PA interpretierbar ist, siehe hierzu **6.6**.

Satz 3.2 ergibt leicht, dass nicht nur PA, sondern auch die vollständige Theorie $Th\mathcal{N}$ neben dem Standardmodell $\mathcal{N}$ weitere, zu $\mathcal{N}$ nicht isomorphe Modelle besitzt, sogenannte *Nichtstandardmodelle*. In diesen gelten genau dieselben Sätze wie in $\mathcal{N}$. Der Existenzbeweis für ein Nichtstandardmodell $\mathcal{N}'$ von $Th\mathcal{N}$ ist frappierend einfach. Sei $x \in Var$ und $X := Th\mathcal{N} \cup \{\underline{n} < x \mid n \in \mathbb{N}\}$[2)]. Dabei bezeichne $\underline{n}$ hier und überall den Term $\mathtt{S}^n 0 := \underbrace{\mathtt{S} \cdots \mathtt{S}}_{n} 0$ (statt $\underline{0}$ schreibt man nur 0). Also $\underline{1} = \mathtt{S}0$, $\underline{2} = \mathtt{S}\underline{1}$ usw.

[2)] $\underline{n} < x$ ist die $\mathcal{L}_{ar}$-Formel $\exists z\; z + x = \underline{n} \wedge \underline{n} \neq x$. Oft wird hier x durch eine neue Konstante ersetzt, also eine Spracherweiterung vorgenommen. Beide Ansätze liefern jedoch dasselbe.

Jede endliche Teilmenge $X_0 \subseteq X$ besitzt ein Modell. Denn offenbar gibt es ein m mit $X_0 \subseteq X_1 := Th\mathcal{N} \cup \{\underline{n} < x \mid n < m\}$, und X_1 hat sicher ein Modell; man braucht x in $\mathcal{N}$ ja nur mit der Zahl m zu belegen. Nach Satz 3.2 hat X ein Modell $(\mathcal{N}', c)$ mit dem Träger $\mathbb{N}'$, wobei $c \in \mathbb{N}'$ die Interpretation von x bezeichnet. Weil $\mathcal{N}'$ alle in $\mathcal{N}$ gültigen Aussagen erfüllt – wozu insbesondere die Aussagen $\mathtt{S}\underline{n} = \underline{\mathtt{S}n}$, $\underline{n} + \underline{m} = \underline{n+m}$, $\underline{n} \cdot \underline{m} = \underline{n \cdot m}$, sowie $\underline{n} \neq \underline{m}$ für $n \neq m$ gehören – ist klar, dass $n \mapsto \underline{n}^{\mathcal{N}'}$ eine Einbettung von $\mathcal{N}$ in $\mathcal{N}'$ darstellt, deren Bild man sich mit $\mathcal{N}$ identifiziert denken kann[3)]. Man darf also von $\underline{n}^{\mathcal{N}'} = n$, d.h. von $\mathcal{N} \subseteq \mathcal{N}'$ ausgehen.

Wegen $\mathcal{N}' \vDash X$ ist $\mathcal{N}'$ einerseits elementar-äquivalent zu $\mathcal{N}$, andererseits ist $n < a$ für alle n und $a \in \mathbb{N}' \setminus \mathbb{N}$, denn in $\mathcal{N}$ und damit in $\mathcal{N}'$ gilt $x \leqslant \underline{n} \to x = 0 \vee \ldots \vee x = \underline{n}$. Kurzum, $\mathbb{N}$ ist ein (echter) Anfang von $\mathbb{N}'$, oder $\mathcal{N}'$ ist eine *Enderweiterung* von $\mathcal{N}$. Die Elemente aus $\mathbb{N}' \setminus \mathbb{N}$ heißen die *Nichtstandardzahlen* von $\mathcal{N}'$. Nebst c sind auch $c + c$ und alle $c + n$ für $n \in \mathbb{N}$ Beispiele. Auch muss c einen unmittelbaren Vorgänger bezüglich der Anordnung von $\mathcal{N}'$ haben, weil $\mathcal{N}' \vDash (\forall x \neq 0)\exists y\, x = \mathtt{S}y$. Folgende Figur gibt eine grobe Veranschaulichung eines Nichtstandardmodells $\mathcal{N}'$:

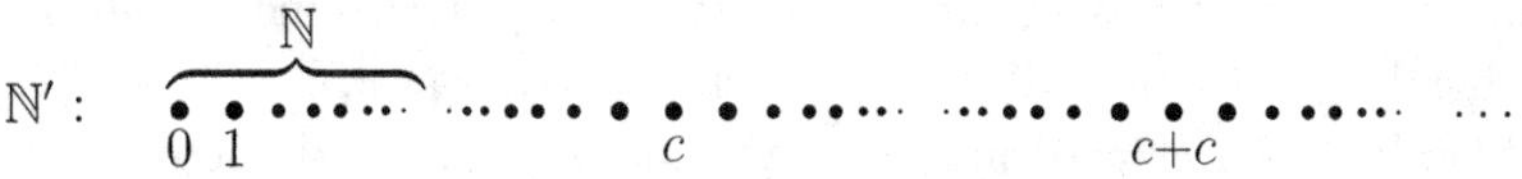

$\mathcal{N}'$ hat dieselben zahlentheoretischen Eigenschaften wie $\mathcal{N}$ – jedenfalls alle in der Sprache $\mathcal{L}_{ar}$ formulierbaren und dazu gehören fast alle interessanten wie sich in **7.1** herausstellen wird. So gilt z.B. $\forall x \exists y (x = \underline{2}y \vee x = \underline{2}y + \underline{1})$ in jedem Modell von $Th\mathcal{N}$, also ist auch jede Nichtstandardzahl gerade oder ungerade. Wie man sieht, enthält $\mathbb{N}'$ Lücken im Sinne von **2.1**, z.B. ist $(\mathbb{N}, \mathbb{N}' \setminus \mathbb{N})$ eine solche.

Bemerkung 2. Satz 4.1 wird zeigen, dass $Th\mathcal{N}$ auch abzählbare Nichtstandardmodelle $\mathcal{N}'$ hat. Die Anordnung eines derartigen $\mathcal{N}'$ ist leicht zu veranschaulichen: Sie entsteht aus dem halboffenen Intervall $[0, 1)$ rationaler Zahlen dadurch, dass man 0 durch $\mathbb{N}$ und jedes andere $r \in [0, 1)$ durch ein Exemplar von $\mathbb{Z}$ ersetzt. Trotz dieser einfachen Kennzeichnung von $<^{\mathcal{N}'}$ sind weder $+^{\mathcal{N}'}$ noch $\cdot^{\mathcal{N}'}$ effektiv beschreibbar, siehe [BJ] oder [HP].

Ersetzt man IS im Axiomensystem für PA durch das sogenannte *Induktionsaxiom*

$$\text{IA:} \quad \forall P(P0 \wedge \forall x(Px \to P\mathtt{S}x) \to \forall x Px) \qquad (P \text{ eine Prädikatenvariable}),$$

so ist das entstehende Axiomensystem *kategorisch*, d.h. es hat bis auf Isomorphie nur genau ein Modell (siehe z.B. [Ra3]). Wie erklärt sich, dass $\mathcal{N}$ durch wenige Axiome bis auf Isomorphie eindeutig festgelegt ist, anderseits aber Nichtstandardmodelle für $Th\mathcal{N}$ existieren? Die Antwort ist: IA ist in $\mathcal{L}_{ar}$ nicht adäquat formulierbar. Es ist kein Axiom der elementaren Sprache von $\mathcal{N}$ oder irgendeiner anderen Sprache der

3)Immer wenn $\mathcal{A}$ in $\mathcal{B}$ einbettbar ist, gibt es eine zu $\mathcal{B}$ isomorphe Struktur $\mathcal{B}'$ mit $\mathcal{A} \subseteq \mathcal{B}'$, welche dadurch entsteht, dass man die Bilder der Elemente von $\mathcal{A}$ durch ihre Originale „austauscht".

1. Stufe. IA ist eine Aussage der 2. Stufe, über die in **3.7** mehr gesagt wird. Die sich hier andeutende Beschränktheit in den Formulierungsmöglichkeiten durch Sprachen 1. Stufe ist in Wahrheit aber nur eine scheinbare, wie die weiteren Ausführungen, speziell zur axiomatischen Mengenlehre, zeigen werden.

In keinem Nichtstandardmodell $\mathcal{N}'$ ist das Anfangssegment $\mathbb{N}$ definierbar, auch nicht *parameterdefinierbar*, d.h. es gibt kein $\alpha = \alpha(x, \vec{y})$ und keine $b_1, \ldots, b_n \in \mathbb{N}'$ derart, dass $\mathbb{N} = \{a \in \mathbb{N}' \mid \mathcal{N}' \vDash \alpha\,[a, \vec{b}]\}$. Sonst nämlich wäre $\mathcal{N}' \vDash \alpha\frac{0}{x} \wedge \forall x(\alpha \to \alpha\frac{\mathrm{S}x}{x})\,[\vec{b}]$. Das ergibt $\mathcal{N}' \vDash \forall x\alpha\,[\vec{b}]$ nach IS, im Widerspruch zu $\mathbb{N}' \setminus \mathbb{N} \neq \emptyset$. Dasselbe Argument zeigt: kein echter Anfang $A \subset \mathbb{N}'$ ohne größtes Element ist in $\mathbb{N}'$ definierbar. Weil ein solches A offenbar eine Lücke in der Ordnung von $\mathbb{N}'$ definiert, lässt sich dies auch so formulieren: Lücken in $\mathbb{N}'$ sind „von innen nicht erkennbar".

Grundkurse über Analysis vermitteln oft den Eindruck, eine sinnvoll betriebene Analysis erfordere unabdingbar das Stetigkeitsaxiom: *Jede nichtleere beschränkte Menge reeller Zahlen hat ein Supremum.* Darauf gründet sich die von Cauchy und Weierstraß geformte Analysis, welche die ursprünglichen, etwas mysteriösen Infinitesimalargumente von Leibniz, Newton und Euler aus der Mathematik verbannte. Die mathematische Logik hat nun aber Hilfsmittel entwickelt, die die ursprünglichen Argumente weitgehend rechtfertigen. Dies geschieht im Rahmen der vor allem von A. Robinson entwickelten *Nichtstandard-Analysis*, deren Grundidee wir nachfolgend andeutungsweise beschreiben.

Dieselbe Konstruktion wie für $\mathcal{N}$ liefert auch Nichtstandardmodelle für die Theorie von $\mathcal{R} = (\mathbb{R}, +, \cdot, <, \{\boldsymbol{a} \mid a \in \mathbb{R}\})$, wobei für jede reelle Zahl a ein Name $\boldsymbol{a}$ in die Signatur mit aufgenommen wurde. Durch Betrachtung der konsistenten Formelmenge $Th\mathcal{R} \cup \{\boldsymbol{a} < x \mid a \in \mathbb{R}\}$ – jede endliche Teilmenge hat ein Modell mit dem Träger $\mathbb{R}$ – erhält man wie oben echte Erweiterungen $\mathcal{R}^*$ von $\mathcal{R}$, sogenannte *Nichtstandardmodelle der Analysis*, in denen dieselben Sätze gelten wie in $\mathcal{R}$. So zerfällt auch in $\mathcal{R}^*$ jedes Polynom von positivem Grade in lineare und quadratische Faktoren.

Für die Analysis ist nun entscheidend, dass die Sprache von vornherein bereichert werden kann, etwa durch Hinzunahme der Symbole exp, ln, sin, cos für die exponentialen, logarithmischen, trigonometrischen Funktionen und weiterer Symbole für weitere Funktionen. Wir bezeichnen ein so expandiertes Standardmodell wiederum mit $\mathcal{R}$ und ein entsprechendes Nichtstandardmodell mit $\mathcal{R}^*$. Die erwähnten, in $\mathcal{R}$ vorhandenen reellen Funktionen setzen sich unter Bewahrung aller derjenigen Eigenschaften auf $\mathcal{R}^*$ fort, die sich elementar formulieren lassen, und dazu zählen fast alle für die Anwendungen interessanten. Bekannte Beispiele sind

$$\forall xy \exp(x+y) = \exp x \cdot \exp y, \quad (\forall x{>}0) \exp \ln x = x, \quad \forall x \sin^2 x + \cos^2 x = 1,$$

ferner die Additionstheoreme für die trigonometrischen Funktionen usw. Alle diese

Funktionen bleiben stetig und beliebig oft differenzierbar. Die Übertragbarkeit betrifft allerdings nicht den Satz von Bolzano-Weierstraß und andere topologische Eigenschaften in ihrer vollen Allgemeinheit. An ihre Stelle treten die erwähnten, im Grunde nur etwas aufpolierten Jahrhunderte alten Infinitesimalargumente.

In einem Nichtstandardmodell $\mathcal{R}^*$ von $Th\mathcal{R}$ gibt es nicht nur unendlich große reelle Zahlen c (d.h. $r < c$ für alle $r \in \mathbb{R}$), sondern $\frac{1}{c}$ ist wegen $\frac{1}{r} < c \Leftrightarrow \frac{1}{c} < r$ kleiner als alle positiven reellen Zahlen r. Kurzum, $\frac{1}{c}$ ist eine *Infinitesimalzahl*. Ein etwas genaueres Hinschauen ergibt folgendes Bild: Jede reelle Zahl a sitzt in einem Nest von Nichtstandardzahlen $a^* \in \mathcal{R}^*$, die sich von a nur infinitesimal unterscheiden, d.h. $|a^* - a|$ ist eine Infinitesimalzahl. Auch solche Größen wie dx, dy dürfen ganz im Sinne ihres Erfinders Leibniz wieder als Infinitesimalzahlen betrachtet werden.

Aus der Existenz von Nichtstandardmodellen für $Th\mathcal{R}$ lässt sich schließen, dass das erwähnte und mit der Lückenlosigkeit von $\mathbb{R}$ gleichwertige Stetigkeitsaxiom ähnlich wie IA nicht elementar formulierbar ist. Denn fügt man dieses den Axiomen für geordnete Körper hinzu, charakterisiert das entstehende Axiomensystem den Zahlenbereich $\mathcal{R}$ bis auf Isomorphie eindeutig, siehe etwa [Ra3]. Die Ordnung eines Nichtstandardmodells $\mathcal{R}^*$ von $Th\mathcal{R}$ besitzt folglich Lücken. Auch hier sind Lücken „von innen nicht erkennbar". Denn jede nichtleere beschränkte parameterdefinierbare Teilmenge von $\mathbb{R}^*$ besitzt ein Supremum in $\mathbb{R}^*$, weil in $\mathcal{R}$ und damit auch in $\mathcal{R}^*$ das folgende *Stetigkeitsschema* gilt, das die Existenz des Supremums für nichtleere beschränkte parameterdefinierbare Mengen sichert; hierbei durchläuft $\varphi = \varphi(x, \vec{y})$ alle Formeln der gemeinsamen Sprache von $\mathcal{R}$ und $\mathcal{R}^*$ und es sei $y, z \notin frei\,\varphi$:

$$\exists x\varphi \land \exists y\forall x(\varphi \to x \leqslant y) \to \exists y\forall x\forall z[(\varphi \to x \leqslant y) \land ((\varphi \to x \leqslant z) \to y \leqslant z)].$$

Analoge Bemerkungen gelten auch bezüglich der komplexen Zahlen. $\mathcal{R}^*$ hat einen algebraisch abgeschlossenen Erweiterungskörper $\mathcal{R}^*[i]$, der den komplexen Zahlkörper notwendigerweise echt erweitert und in welchem bekannte Dinge wie etwa die Eulersche Formel $e^{ix} = \cos x + i \cdot \sin x$ weiterhin gelten.

Übungen

1. Man beweise $\forall x\, x \neq \mathtt{S}x$ und $\forall xy\, \mathtt{S}y + x = y + \mathtt{S}x$ in PA.

2. Man beweise in PA die Assoziativ- und Kommutativgesetze für $+, \cdot$, sowie das Distributivgesetz. Weitere Rechengesetze (auch $\leqslant$ und $<$ betreffend) beweist man dann analog. Wichtig für Übung 3 ist z.B. $\vdash_{\mathsf{PA}} x < \mathtt{S}y \leftrightarrow x \leqslant y$.

3. Man beweise (a) $\vdash_{\mathsf{PA}} \forall x((\forall y{<}x)\alpha\frac{y}{x} \to \alpha) \to \forall x\alpha$ (*Schema der <-Induktion*),
(b) $\vdash_{\mathsf{PA}} \exists x\beta \to \exists x(\beta \land (\forall y{<}x)\neg\beta\frac{y}{x})$ (*Schema der Minimalzahl*), sowie auch
(c) $\vdash_{\mathsf{PA}} (\forall x{<}v)\exists y\gamma \to \exists z(\forall x{<}v)(\exists y{<}z)\gamma$ (*Schrankenschema*).
Dabei seien α, β, γ beliebige Formeln aus $\mathcal{L}_{ar}$ mit $y \notin var\{\alpha, \beta\}$ und $z \notin var\,\gamma$.

3.4 ZFC und die Paradoxie von Skolem

Bevor wir uns weiteren Folgerungen aus den Ergebnissen in **3.2** zuwenden, stellen wir einige Grundfakten über abzählbare Mengen zusammen, zu denen wir auch die endlichen Mengen rechnen. Eine Menge M heißt *abzählbar*, wenn $M = \emptyset$ oder wenn es eine surjektive Abbildung $f\colon \mathbb{N} \to M$ gibt, also $M = \{a_n \mid n \in \mathbb{N}\}$ mit $fn = a_n$, und sonst *überabzählbar*. Jede Teilmenge einer abzählbaren Menge ist wieder abzählbar. Mengen M, N heißen *gleichmächtig*, kurz $M \sim N$, wenn eine Bijektion von M auf N existiert. Ist $M \sim \mathbb{N}$, so heißt M *abzählbar unendlich*. Wie man leicht zeigt, kann eine abzählbare Menge nur abzählbar unendlich oder *endlich* sein, d.h. gleichmächtig zu $\{1, \dots, n\}$ für ein $n \in \mathbb{N}$.

Die bekannteste überabzählbare Menge ist $\mathbb{R}$; sie ist gleichmächtig zu $\mathfrak{P}\mathbb{N}$ wie man unschwer beweist. Die Überabzählbarkeit von $\mathfrak{P}\mathbb{N}$ ist ein Spezialfall eines wichtigen Satzes von Cantor: *Die Potenzmenge $\mathfrak{P}M$ einer jeden Menge M hat eine größere Mächtigkeit als M*, d.h. keine Injektion von M nach $\mathfrak{P}M$ ist surjektiv.

Sind M, N abzählbar, so auch $M \cup N$ und $M \times N$, wie man leicht sieht. Auch ist eine abzählbare Vereinigung $U = \bigcup_{i\in\mathbb{N}} M_i$ abzählbarer Mengen M_i wieder abzählbar. Ein bekannter Beweis besteht darin, U als unendliche Matrix aufzuschreiben, mit der n-ten Zeile als Abzählung von $M_n = \{a_{nm} \mid m \in \mathbb{N}\}$. Dann zählt man mit dem in der Figur rechts angedeuteten Zick-Zack-Verfahren diese Matrix ab, beginnend mit a_{00}[4]. Für abzählbares M ist demnach insbesondere $\bigcup_{n\in\mathbb{N}} M^n$, die Menge aller endlichen Folgen von Elementen aus M, wieder abzählbar, weil jedes M^n abzählbar ist. Damit ist jede elementare Sprache abzählbarer Signatur selbst abzählbar, genauer, abzählbar unendlich.

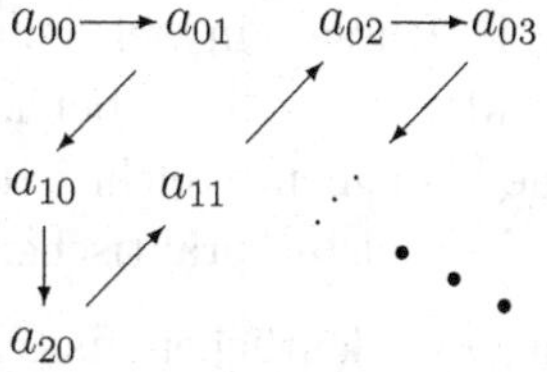

Unter einer *abzählbaren Theorie* sei stets eine solche einer abzählbaren Sprache $\mathcal{L}$ verstanden. Wir formulieren nun den aus vielen Gründen bedeutsamen

Satz 4.1 (von Löwenheim-Skolem). *Eine abzählbare konsistente Theorie T hat immer auch ein abzählbares Modell.*

Beweis. T ($\subseteq \mathcal{L}$) hat gemäß dem Beweis von Satz 2.6 ein Modell $\mathcal{M}$ mit einem Träger A, bestehend aus den Äquivalenzklassen $\bar{c}$ für $c \in C$ in der Menge aller Terme von $\mathcal{L}C$, wobei $C = \bigcup_{n\in\mathbb{N}} C_n$ eine Menge neuer Konstanten ist. Nach Konstruktion ist C_0 gleichmächtig mit *Var* $\times\, \mathcal{L}$ und damit abzählbar. Dasselbe gilt für jedes C_n, also auch für C. Die Abbildung $c \mapsto \bar{c}$ von C auf A ist trivialerweise surjektiv. Daher hat $\mathcal{M}$ wie behauptet einen abzählbaren (eventuell endlichen) Träger. ❑

[4] Hier wurde das Auswahlaxiom verwendet, weil für jedes M_i eine Abzählung ausgewählt wurde. Ohne Auswahlaxiom ist der Beweis nachweislich nicht ausführbar, siehe z.B. [Ba, Part B].

Dieser Satz wird in **5.1** noch einmal wesentlich verallgemeinert. Aber bereits in der obigen Formulierung hat er bemerkenswerte Konsequenzen. Danach gibt es z.B. auch abzählbare angeordnete Körper $\mathcal{R} = (\mathbb{R}, 0, 1, +, <, \cdot, \exp, \sin, \dots)$ als Nichtstandardmodelle von $Th\mathcal{R}$, in denen die üblichen Sätze über die elementaren reellen Funktionen gelten. Man muss also das Abzählbare nicht notwendig überschreiten, um anspruchsvolle Analysis betreiben zu können.

Besonders überraschend ist die nach Satz 4.1 gesicherte Existenz abzählbarer Modelle der formalisierten Mengenlehre – vorausgesetzt deren Axiome sind insgesamt konsistent, wovon für den weiteren Verlauf der Diskussion stets ausgegangen wird. Die schon in **2.2** mit $\mathcal{L}_\in$ bezeichnete mengentheoretische Sprache ist nämlich eine der denkbar einfachsten und gewiss abzählbar. Sie enthält nebst $=$ nur das Symbol $\in$, das vom $\in$-Symbol der Metasprache klar zu unterscheiden ist.

Die Mengenlehre, obwohl sie als Basis für die gesamte derzeit existierende Mathematik angesehen werden kann, umfasst nur wenige Mengenbildungsprinzipien. Diese werden in Gestalt von Axiomen formuliert. Das wichtigste Axiomensystem dieser Art ist ZFC[5)]. Dieses geht davon aus, dass jedes Element einer Menge wieder eine Menge ist, so dass eine Unterscheidung zwischen Mengen und Mengenfamilien entfällt. ZFC redet also ausschließlich über Mengen, anders als z.B. das typentheoretische System von B. Russell, in welchem nebst Mengen auch *Urelemente* (Objekte, die Elemente von Mengen, selbst aber keine Mengen sind) betrachtet werden. Eine Mengenlehre ohne Urelemente reicht jedoch sowohl für die Grundlegung der Mathematik als auch für die meisten praktischen Zwecke vollkommen aus.

Um zu verdeutlichen, dass ZFC eine Theorie 1. Stufe ist, geben wir nachfolgend deren Axiome an. Jedes Axiom wird kurz erläutert. Die Variablen heißen jetzt *Mengenvariablen* und werden durch Kleinbuchstaben bezeichnet wie in anderen elementaren Sprachen auch. Wir benutzen die folgenden üblichen Abkürzungen in $\mathcal{L}_\in$:

$$x \subseteq y := \forall z(z \in x \to z \in y), \quad (\forall y \in x)\varphi := \forall y(y \in x \to \varphi), \quad (\exists y \in x)\varphi := \exists y(y \in x \land \varphi).$$

Die Axiome der Theorie ZFC sind im Einzelnen die folgenden:

AE : $\forall z(z \in x \leftrightarrow z \in y) \to x = y$ (Extensionalitätsaxiom).

AS : $\forall x \exists y \forall z(z \in y \leftrightarrow \varphi \land z \in x)$ (Aussonderungsschema).

Hier durchläuft φ alle $\mathcal{L}_\in$-Formeln mit $y \notin \mathit{frei}\,\varphi$. Sei etwa $\varphi = \varphi(x, z, \vec{a})$. Dann ergeben AE und AS leicht $\forall x\, \exists! y \forall z(z \in y \leftrightarrow \varphi \land z \in x)$; denn wegen $y \notin \mathit{frei}\,\varphi$ ist aus $z \in y \leftrightarrow \varphi \land z \in x$ und $z \in y' \leftrightarrow \varphi \land z \in x$ mit AE offenbar $y = y'$ beweisbar. Daher ist

$$y = \{z \in x \mid \varphi\} \leftrightarrow \forall z(z \in y \leftrightarrow \varphi \land z \in x)$$

5)Nach E. Zermelo und A. Fraenkel; C steht für axiom of choice, Auswahlaxiom. Die bei Entfall dieses Axioms verbleibende Theorie wird auch mit ZF bezeichnet.

eine legitime Definition im Sinne von **2.6**. $\{z \in x \mid \varphi\}$ heißt ein *Mengenterm* und ist nur eine suggestive Schreibweise für die von den „Parametern" $\vec{a}$ abhängige, nach AS und AE eindeutig bestimmte Menge. Wir erweitern nun $\mathcal{L}_\in$ um die Konstante $\emptyset$ für die leere Menge durch $y = \emptyset \leftrightarrow \forall z\, z \notin y$. Da $\exists y \forall z(z \in y \leftrightarrow z \notin x \wedge z \in x)$ gemäß AS gilt und weil $z \in y \leftrightarrow z \notin x \wedge z \in x$ zu $z \notin y$ logisch äquivalent ist, folgt erst einmal $\exists y \forall z\, z \notin y$. Nun impliziert $\forall z\, z \notin y \wedge \forall z\, z \notin y'$ nach AE aber $y = y'$, was $\exists! y \forall z\, z \notin y$ und damit die Legitimität dieser Definition zeigt. Das nächste Axiom ist

AU : $\forall x \exists y \forall z(z \in y \leftrightarrow (\exists u \in x)\, z \in u)$ (Vereinigungsaxiom).

Wieder kann hier $\exists y$ wegen AE durch $\exists! y$ ersetzt werden, um damit nach **2.6** eine durch $x \mapsto \bigcup x$ bezeichnete Operation[6)] zu definieren. Gleichwertig mit AU ist auch $\exists y \forall z((\exists u \in x) z \in u \rightarrow z \in y)$, weil $\bigcup x$ aus einem solchen y ausgesondert werden kann. Analog ließe sich auch das folgende Axiom abschwächen.

AP : $\forall x \exists y \forall z(z \in y \leftrightarrow z \subseteq x)$ (Potenzmengenaxiom).

$\mathfrak{P}x$ bezeichne das nach AP und AE durch x eindeutig bestimmte y, die Potenzmenge von x. Für $\mathfrak{P}\emptyset$, $\mathfrak{P}\mathfrak{P}\emptyset, \ldots$ schreibt man auch $\{\emptyset\}$, $\{\emptyset, \{\emptyset\}\}, \ldots$ Man beweist nämlich leicht $\forall x(x \in \mathfrak{P}\emptyset \leftrightarrow x = \emptyset)$, $\forall x(x \in \mathfrak{P}\mathfrak{P}\emptyset \leftrightarrow x = \emptyset \vee x = \{\emptyset\})$ usw. Das nächste Axiom fügte Fraenkel den übrigen Zermeloschen Axiomen hinzu.

AR : $\forall x \exists! y \varphi \rightarrow \forall u \exists v \forall y(y \in v \leftrightarrow (\exists x \in u)\, \varphi)$ (Ersetzungsschema).

Dabei ist $\varphi = \varphi(x, y, \vec{a})$ und $u, v \notin \mathit{frei}\,\varphi$. Ist hier $\forall x \exists! y \varphi$ beweisbar, so darf nach **2.6** eine Operation $x \mapsto Fx$ eingeführt werden, die noch von den eventuell vorhandenen „Parametern" $a_1, \ldots, a_n$ abhängt, $F = F_{\vec{a}}$. Nach AR ist das Bild einer Menge u unter F wieder eine Menge v, die oft mit $\{Fx \mid x \in u\}$ bezeichnet wird. Ein instruktives Beispiel, für das $\forall x \exists! y \varphi$ sicher beweisbar ist, liefert die Formel

$$\varphi(x, y, a, b) \;:=\; x = \emptyset \wedge y = a \vee x \neq \emptyset \wedge y = b.$$

Für die durch φ definierte Operation $F = F_{a,b}$ ist offenbar $F\emptyset = a$ und $Fx = b$ für $x \neq \emptyset$. Demnach enthält das Bild von $u = \mathfrak{P}\mathfrak{P}\emptyset = \{\emptyset, \{\emptyset\}\}$ unter dem Operator $F_{a,b}$ genau die beiden Elemente a, b. Wir erklären daher $\{a, b\} := \{F_{a,b}(x) \mid x \in \{\emptyset, \{\emptyset\}\}\}$ und nennen diese die *Paarmenge* aus a, b. Man erklärt sodann $a \cup b := \bigcup\{a, b\}$ (während $a \cap b := \{z \in a \mid z \in b\}$ bereits nach AS existiert). Ferner sei $\{a\} := \{a, a\}$ und $\{a_1, \ldots, a_{n+1}\} = \{a_1, \ldots, a_n\} \cup \{a_{n+1}\}$ für $n \geqslant 2$. Damit werden die Formeln $\mathfrak{P}\emptyset = \{\emptyset\}$, $\mathfrak{P}\mathfrak{P}\emptyset = \{\emptyset, \{\emptyset\}\}, \ldots$ nunmehr beweisbar. Das *geordnete Paar* aus a, b wird nach Kuratowski definiert als $(a, b) := \{\{a\}, \{a, b\}\}$.

Bereits jetzt verfügt man über das nötige Rüstzeug zur Entwicklung der Theorie. Ausgehend von Mengen geordneter Paare lassen sich nunmehr der Relations- und Funktionsbegriff und alle darauf aufbauenden Begriffe vollkommen befriedigend

6) Der Name Funktion wird hier vermieden, weil Funktionen spezielle Objekte eines Universums (= Träger eines ZFC-Modells) sind, nämlich Mengen geordneter Paare.

modellieren, obwohl über die Existenz unendlicher Mengen noch gar nichts gesagt wurde. Diese zu fordern diktieren uns mathematische Bedürfnisse, aber wir überschreiten damit auch die Grenzen gesicherter Erfahrungen mit endlichen Mengen.

$$\mathsf{AI}: \quad \exists u(\emptyset \in u \wedge (\forall x \in u) \mathrm{S}x \in u), \text{ mit } \mathrm{S}x := x \cup \{x\} \quad \text{(Unendlichkeitsaxiom).}$$

u enthält $\emptyset$, sowie $\mathrm{S}\emptyset = \emptyset \cup \{\emptyset\} = \{\emptyset\}$, $\mathrm{SS}\emptyset = \{\emptyset, \{\emptyset\}\}, \ldots$ und ist daher im naiven Sinne unendlich. Das gilt speziell für die kleinste Menge u dieser Art, die man mit ω bezeichnet. ω vertritt in der formalisierten Mengenlehre die Menge der natürlichen Zahlen. ω enthält $0 := \emptyset$, $1 := \{\emptyset\} = \{0\}$, $2 := \{\emptyset, \{\emptyset\}\} = \{0, 1\}$ und man beweist induktiv leicht $n + 1 := \mathrm{S}n = \{0, \ldots, n\}$. Die metatheoretischen natürlichen Zahlen werden so in ω durch Grundterme repräsentiert, die auch *ω-Terme* heißen.

Das folgende Axiom ist in der Alltagsmathematik im Grunde entbehrlich:

$$\mathsf{AF}: \quad (\forall x \neq \emptyset)(\exists y \in x)(\forall z \in x)\, z \notin y \quad \text{(Fundierungsaxiom).}$$

Anschaulich gesprochen: Jedes $x \neq \emptyset$ enthält ein $\in$-minimales Element y. Durch AF werden u.a. „$\in$-Kreise" $x_0 \in \ldots \in x_n \in x_0$ ausgeschlossen. Die wichtigste Folgerung ist die von Neumannsche Hierarchie, was hier nur erwähnt sei.

Aus der mit ZF bezeichneten Theorie mit den bisherigen Axiomen entsteht ZFC durch Hinzufügen des *Auswahlaxioms*, das viele äquivalente Formulierungen hat. Es besagt, dass zu jeder Mengenfamilie u aus disjunkten nichtleeren Mengen eine Menge z existiert, eine „Auswahlmenge", welche mit jedem $x \in u$ genau ein Element gemeinsam hat. Formal notiert

$$\mathsf{AC}: \quad \emptyset \notin u \wedge (\forall x \in u)(\forall y \in u)(x \neq y \to x \cap y = \emptyset) \to \exists z (\forall x \in u) \exists! y (y \in x \wedge y \in z).$$

Die Ausführungen zeigen klar, dass ZFC als Theorie 1. Stufe verstanden werden kann. In gewissem Sinne ist ZFC sogar die reinste Theorie 1. Stufe. Denn alle in der Mathematik vorkommenden höheren Beweismethoden, wie z.B. die transfinite Induktion und Rekursion (siehe z.B. [De1]) und jede andere Art von Induktion und Rekursion sind ohne große Mühe in ZFC rein prädikatenlogisch beweisbar. Während der Mathematiker den Rahmen einer Theorie, selbst wenn sie eindeutig durch Axiome der 1. Stufe definiert ist, regelmäßig überschreitet und zur Entwicklung der Theorie kombinatorische, zahlentheoretische oder mengentheoretische Hilfsmittel heranzieht wann immer dies nützlich erscheint, setzt die Mengenlehre hier nach dem Stand der Dinge eine Obergrenze. Im Rahmen von ZFC erhalten alle höheren Beweis- und Definitionsmittel sozusagen elementaren Charakter.

Es gibt jedenfalls keine sachlichen Argumente gegen die Behauptung, dass die gesamte Mathematik mit all ihren Teilgebieten als eine einzige Theorie 1. Stufe verstanden werden kann, nämlich die Theorie ZFC. Diese Einsicht basiert auf Erfahrung. Allerdings sollte daraus keine Religion gemacht werden, denn für die mathematische Praxis hat diese Einsicht wiederum nur eingeschränkte Bedeutung.

Wenn nun ZFC konsistent ist – und daran wird nicht ernsthaft gezweifelt – so hat diese Theorie nach Satz 4.1 auch ein abzählbares Modell. Die Existenz eines derartigen ZFC-Modells $\mathcal{V} = (V, \in^{\mathcal{V}})$ erscheint auf den ersten Blick deswegen paradox, weil *im Rahmen von* ZFC die Existenz überabzählbarer Mengen leicht beweisbar ist. Ein Beispiel ist $\mathfrak{P}\omega$. Andererseits enthält $(\mathfrak{P}\omega)^{\mathcal{V}}$ wegen $(\mathfrak{P}\omega)^{\mathcal{V}} \subseteq V$ sicher nur wieder abzählbar viele Elemente. Der Begriff 'abzählbar' hat also „innerhalb und außerhalb der Welt $\mathcal{V}$" einen unterschiedlichen Sinn, was gar nicht beabsichtigt war.

Die Erklärung dieser sogenannten Paradoxie von Skolem ist, dass das abzählbare Modell $\mathcal{V}$, bildlich gesprochen, ziemlich „ausgedünnt" ist und weniger Mengen und Funktionen enthält als man erwartet – grob gesprochen gerade soviele, um die Axiome zu erfüllen. $\mathcal{V}$ enthält deshalb z.B. keine – von außen gesehen durchaus existierende – Bijektion von $\omega^{\mathcal{V}}$ auf $(\mathfrak{P}\omega)^{\mathcal{V}}$. Daher ist die abzählbare Menge $(\mathfrak{P}\omega)^{\mathcal{V}}$ aus der Perspektive der Welt $\mathcal{V}$ tatsächlich überabzählbar.

Auch ist das Universum V eines ZFC-Modells jedenfalls eine Menge, während leicht $(*)\ \vdash_{\mathsf{ZFC}} \neg\exists v \forall z\, z \in v$ beweisbar ist, d.h. es gibt keine „Allmenge". Von innen gesehen ist V zu groß, um eine Menge zu sein. $(*)$ ergibt sich wie folgt: $\exists v \forall z\, z \in v$ liefert mit AE und AS leicht die Existenz der „Russellschen Menge" $u = \{x \in v \mid x \notin x\}$. Kurzum, $\exists v \forall z\, z \in v \vdash_{\mathsf{ZFC}} \exists u \forall x(x \in u \leftrightarrow x \notin x)$. Nun ist nach dem Beispiel auf Seite 58 aber $\vdash_{\mathsf{ZFC}} \neg\exists u \forall x(x \in u \leftrightarrow x \notin x)$ und aus logischen Gründen daher $\vdash_{\mathsf{ZFC}} \neg\exists v \forall z\, z \in v$. Demnach hat der Mengenbegriff an sich keinen vom Modell unabhängigen Sinn.

Dies alles hat damit nichts zu tun, dass ZFC unvollständig ist [7]. Die Mathematik kann ganz gut damit leben, dass ihre Basistheorie nicht nur unvollständig ist, sondern auch prinzipiell nicht übersehbar vervollständigt werden kann. Problematischer ist eher das Fehlen unumstrittener Kriterien zur Erweiterung von ZFC überhaupt.

Übungen

1. Sei T eine elementare Theorie mit beliebig großen endlichen Modellen. Man beweise mit dem Kompaktheitssatz, T besitzt auch ein unendliches Modell.

2. Sei $\mathcal{A} = (A, <)$ eine unendliche wohlgeordnete Menge (siehe **2.1**). Man zeige, es gibt eine zu $\mathcal{A}$ elementar-äquivalente, nicht wohlgeordnete Menge.

3. Man bestätige mit den angegebenen ZFC-Axiomen die Wohldefiniertheit von ω im Text. Dazu genügt zu beweisen $\vdash_{\mathsf{ZFC}} \exists u[\emptyset \in u \wedge \forall x(x \in u \to x \cup \{x\} \in u)]$.

4. Sei $\mathcal{V} \vDash$ ZFC. Man zeige, es gibt ein $\mathcal{V}' \vDash$ ZFC mit $\mathcal{V}' \supseteq \mathcal{V}$ und ein $U \in V'$ mit $a \in^{\mathcal{V}'} U$ für alle $a \in V$. Es ist dann notwendig $V' \supset V$.

[7] In **6.5** wird die Unvollständigkeit von ZFC und aller ihrer axiomatischen Erweiterungen nachgewiesen. Beispiel einer von ZFC unabhängigen Aussage ist die Kontinuumshypothese (Seite 135).

3.5 Aufzählbarkeit und Entscheidbarkeit

Von den weitreichenden Konsequenzen des Vollständigkeitssatzes ist vielleicht die effektive Aufzählbarkeit aller Tautologien einer abzählbaren elementaren Sprache die wesentlichste. Nachdem Gödel dies bewiesen hatte, wuchs die Hoffnung, nun auch das Tautologie-Entscheidungsproblem lösen zu können, die aber nur kurze Zeit währte; denn wenige Jahre nach Gödels Ergebnis bewies Church die Unlösbarkeit dieses Problems für hinreichend ausdrucksfähige Sprachen. Dieser Abschnitt vermittelt nur einen ersten Eindruck von Aufzählungs- und Entscheidungsproblemen, die in der Logik auftreten. Mehr wird in den Kapiteln **5** und **6** darüber gesagt.

Die Redeweise *effektiv aufzählbar* wird in **6.1** durch den Begriff *rekursiv aufzählbar* präzisiert. An dieser Stelle müssen wir hinsichtlich der Erläuterung dieses Begriffs etwas oberflächlich bleiben, aber er ist ebenso wie der Begriff der entscheidbaren Menge recht einfach zu veranschaulichen. Grob gesagt heißt eine Menge M, etwa von natürlichen Zahlen, von syntaktischen Objekten, von endlichen Strukturen oder von noch ganz anderen Objekten, *rekursiv* (oder *effektiv*) *aufzählbar*, wenn es einen Algorithmus gibt, der uns die Elemente von M schrittweise ausgibt, der also bei unendlichem M den Ausgabeprozess nicht von selbst unterbricht.

Der Kalkül des natürlichen Schließens ermöglicht zunächst einmal eine effektive Aufzählung aller beweisbaren endlichen Sequenzen einer Sprache der 1. Stufe mit höchstens abzählbar vielen logischen Symbolen, d.h. aller Paare (X, α) mit $X \vdash \alpha$ und endlichem X, jedenfalls im Prinzip. Dazu denke man sich zuerst alle Anfangssequenzen in einer fortlaufenden, explizit herstellbaren Folge $S_0, S_1, \ldots$ aufgezählt. Dann wird systematisch geprüft, ob eine der Sequenzenregeln anwendbar ist, die Ergebnissequenzen werden in einer zweiten Folge aufgezählt usw. Es ist nur eine Frage der Organisation, ein Programm zu erstellen, das alle beweisbaren endlichen Sequenzen aufzählt, wenn man einmal absieht von den Problemen des Speicherbedarfs einer entsprechenden „Deduktionsmaschine“ und den Schwierigkeiten der Auswertung der Informationsflut, die einer solchen Deduktionsmaschine entspränge.

Ferner lässt sich unschwer einsehen, dass die Tautologien einer abzählbaren Sprache $\mathcal{L}$ effektiv aufzählbar sind. Man braucht ja in einem Aufzählungsverfahren der beweisbaren Sequenzen (X, α) nur diejenigen mit $X = \emptyset$ auszusondern. Kurz, die oben erwähnte Deduktionsmaschine produziert sukzessive eine Folge $\alpha_0, \alpha_1, \ldots$, sogar ohne Wiederholungen, die genau aus den Tautologien von $\mathcal{L}$ besteht (mit dem Kalkül in **3.6** ginge dies etwas bequemer). Allerdings erhalten wir so kein Entscheidungsverfahren darüber, ob eine beliebig vorgegebene Formel $\alpha \in \mathcal{L}$ eine Tautologie ist oder nicht; denn man weiß nicht, ob α in der produzierten Folge jemals erscheint. In **6.5** werden wir rigoros beweisen, dass es einen derartigen Algorithmus nicht gibt, falls $\mathcal{L}$ ein mindestens 2-stelliges Prädikaten- oder Operationssymbol enthält. Entscheidungsalgorithmen gibt es nur für $\mathcal{L}_=$ (siehe **5.2**) oder wenn die Signatur außer Individuenkonstanten nur einstellige Prädikatensymbole enthält, sowie höchstens noch ein einstelliges Operationssymbol, siehe hierzu auch [BGG].

Die Deduktionsmaschine kann auch benutzt werden, um die Sätze einer rekursiv axiomatisierten Theorie T aufzuzählen. Es muss nur parallel zum Aufzählungsprozess aller beweisbaren Sequenzen der Sprache ein Aufzählungsprozess aller Axiome von T in Gang gesetzt werden. Sodann müssen die aufgezählten Sequenzen laufend daraufhin geprüft werden, ob alle ihre Prämissen unter den bereits aufgezählten Axiomen vorkommen; wenn ja, ist die Konklusion der betreffenden Sequenz in T beweisbar. Wir haben damit den folgenden Satz informell bewiesen; einen rigorosen, von anschaulichen Argumenten unabhängigen Beweis gibt Satz 6.2.4.

Satz 5.1. *Die Sätze einer axiomatisierbaren Theorie sind effektiv aufzählbar.*

Fast alle in der Mathematik betrachteten Theorien sind axiomatisierbar, darunter die formalisierte Mengenlehre ZFC und die Peano-Arithmetik PA. Die Axiomensysteme dieser beiden Theorien sind zwar unendlich und auch durch endliche nicht ersetzbar, aber diese Formelmengen sind offensichtlich entscheidbar. Weil nach bisheriger Erfahrung alle in der Mathematik als bewiesen geltenden Sätze auch in ZFC beweisbar sind, lassen sich nach Satz 5.1 alle mathematischen Sätze im Prinzip schrittweise durch Computer erzeugen. Diese Tatsache ist prinzipiell bedeutsam, auch wenn sie noch keine weitreichende praktische Bedeutung erlangt hat.

Wir erinnern an den Begriff einer vollständigen Theorie. Zu den wichtigsten Beispielen gehört die Theorie der reell abgeschlossenen Körper (Satz 5.5.5), die damit identisch ist mit $Th\mathcal{R}$ für $\mathcal{R} = (\mathbb{R}, 0, 1, +, \cdot, <)$, der Vorbildstruktur solcher Körper. Eine bemerkenswerte Eigenschaft vollständiger und axiomatisierbarer Theorien ist ihre *Entscheidbarkeit*. Dabei heißt eine Theorie *entscheidbar*, wenn die Menge ihrer Sätze eine entscheidbare Formelmenge ist, und sonst *unentscheidbar*. Wir beweisen den folgenden Satz, von dem Übung 3 eine Verallgemeinerung formuliert, zunächst anschaulich. Einen strengen, auf der Präzisierung des Begriffs entscheidbar in **6.1** beruhenden Beweis erbringen wir mit Satz 6.4.4 auf Seite 191.

Satz 5.2. *Eine vollständige axiomatisierbare Theorie T ist entscheidbar.*

Beweis. Sei $\alpha_0, \alpha_1, \ldots$ eine nach Satz 5.1 existierende effektive Aufzählung aller in T beweisbaren Aussagen. Ein Entscheidungsverfahren besteht einfach darin, für vorgegebenes $\alpha \in \mathcal{L}^0$ die Aussagen α und $\neg\alpha$ im n-ten Konstruktionsschritt von $\alpha_0, \alpha_1, \ldots$ mit α_n zu vergleichen. Ist $\alpha = \alpha_n$, so ist $\vdash_T \alpha$; ist $\alpha = \neg\alpha_n$, so ist $\nvdash_T \alpha$. Dieses Verfahren terminiert, weil wegen der Vollständigkeit von T entweder α oder $\neg\alpha$ in der Aufzählungsfolge $\alpha_0, \alpha_1, \ldots$ irgendwann erscheint. ❑

Weil eine vollständige entscheidbare Theorie T umgekehrt trivial axiomatisierbar ist (durch T selbst), sind für vollständige Theorien 'entscheidbar' und 'axiomatisierbar' vollkommen gleichwertige Eigenschaften. Jede konsistente Theorie hat, weil sie ein Modell hat, mindestens eine *Vervollständigung*, d.h. eine vollständige Erweiterungstheorie in derselben Sprache. Eine entscheidbare Theorie hat darüber hinaus immer auch eine axiomatisierbare und damit entscheidbare Vervollständigung, Übung 4

In der Anfangsphase der Entwicklung schneller elektronischer Rechner war man sehr optimistisch, was die praktische Ausführung maschineller Entscheidungsverfahren betrifft. Dieser Optimismus hat sich aus unterschiedlichen Gründen gedämpft. Mit Bedacht eingesetzt, können Computer aber nicht nur bei der Beweisverifikation, sondern auch bei der Beweisfindung nützlich sein. Dafür gibt es überzeugende Beispiele, darunter der computergestützte Beweis der Vierfarbenvermutung. Nähere Informationen über dieses Gebiet, das sich ATP (= Automated Theorem Proving) nennt, findet man im Internet.

Allerdings hat auch ein hochentwickeltes System künstlicher Intelligenz vorläufig keine Chance, die heuristische Vorgehensweise des Mathematikers zu simulieren, bei welcher ein präziser Beweis aus gewissen Annahmen oft erst der Schlussstein einer Serie von Überlegungen ist, die aus gedanklichen Vorstellungen fließen. Aber ein derartiges System könnte auf neuartige Weise kreativ sein. Denn es ist nicht gesagt, dass unsere von gedanklichen Bildern aller Art geprägte Verfahrensweise die einzige ist, die Erkenntnisgewinn in der Mathematik zu erbringen vermag.

Übungen

1. Sei $T' = T + \alpha$ ($\alpha \in \mathcal{L}^0$) eine endliche Erweiterung von T. Man zeige: Ist T entscheidbar, so auch T' (vgl. Lemma 6.5.3).

2. Man zeige, für eine konsistente Theorie T sind gleichwertig
   (i) T hat endlich viele Erweiterungen,
   (ii) T hat endlich viele Vervollständigungen [8],
   (iii) jede Erweiterung $T' \supseteq T$ ist eine endliche.

3. Sei T eine axiomatisierbare Theorie mit nur endlich vielen Vervollständigungen. Man beweise, T ist entscheidbar. Für Anwendungsbeispiele siehe **5.2**.

4. Man zeige mit der Lindenbaumschen Konstruktion aus **1.4**: eine entscheidbare (abzählbare) Theorie hat immer auch eine entscheidbare Vervollständigung.

[8] Das betrifft z.B. die elementare absolute Geometrie T mit genau zwei Vervollständigungen, die euklidische und die hyperbolische Geometrie. Den einfachen Zusammenhang zwischen der Anzahl der Vervollständigungen und der Erweiterungen einer Theorie formuliert Übung 4 in **5.2**.

3.6 Vollständige Hilbert-Kalküle

Der Regelkalkül aus **3.1** modelliert zwar das natürliche Schließen recht gut, aber für manche Zwecke, z.B. die Gödelisierung des Beweisens, ist es vorteilhafter, einen Hilbert-Kalkül zu benutzen. Solche Kalküle beruhen auf logischen Axiomen und Schlussregeln wie z.B. dem Modus Ponens MP: $\alpha, \alpha \to \beta / \beta$, die auch *Regeln vom Hilbert-Typ* genannt werden und sich als Sequenzenregeln ohne Prämissen verstehen lassen. In einem Hilbert-Kalkül wird aus einer fest vorgegebenen Formelmenge X, z.B. dem Axiomensystem einer Theorie, unter Einbeziehung der logischen Axiome deduziert, ähnlich wie in **1.6**. Im Falle $X = \emptyset$ wird aus den logischen Axiomen allein abgeleitet und man gewinnt lediglich Tautologien.

Im folgenden beweisen wir die Vollständigkeit eines derartigen, hier mit $\vdash$ bezeichneten Kalküls in $\neg, \wedge, \forall, =$ mit der einzigen Schlussregel MP. Der Kalkül bezieht sich auf eine beliebig vorgegebene elementare Sprache $\mathcal{L}$ und ist eine Erweiterung des entsprechenden, in **1.6** behandelten aussagenlogischen Hilbert-Kalküls. Wieder spielt die Implikation, definiert durch $\alpha \to \beta := \neg(\alpha \wedge \neg\beta)$, eine nützliche Rolle.

Das *logische Axiomensystem* Λ unseres Kalküls bestehe aus der Menge aller Formeln $\forall x_1 \cdots \forall x_n \varphi$ für $n \geqslant 0$, wobei φ eine Formel der Gestalt $\Lambda 1$–$\Lambda 10$ ist und $x_1, \ldots, x_n$ beliebig sind. So sind wegen $\Lambda 9$ z.B. auch $\forall x\, x = x$ und $\forall y \forall x\, x = x$ Axiome, auch wenn das Präfix $\forall y$ hier bedeutungslos ist. Man kann auch sagen, Λ ist die Menge aller Formeln, die sich aus $\Lambda 1$–$\Lambda 10$ mittels der *Generalisierungsregel* MQ: $\alpha / \forall x \alpha$ ableiten lassen. MQ ist aber keine Schlussregel des Kalküls und auch nicht beweisbar.

$\Lambda 1$: $(\alpha \to \beta \to \gamma) \to (\alpha \to \beta) \to (\alpha \to \gamma)$,	$\Lambda 2$: $\alpha \to \beta \to \alpha \wedge \beta$,
$\Lambda 3$: $\alpha \wedge \beta \to \alpha, \quad \alpha \wedge \beta \to \beta$,	$\Lambda 4$: $(\alpha \to \neg\beta) \to (\beta \to \neg\alpha)$,
$\Lambda 5$: $\forall x \alpha \to \alpha \frac{t}{x}$ $(\alpha, \frac{t}{x}$ kollisionsfrei$)$,	$\Lambda 6$: $\alpha \to \forall x \alpha$ $(x \notin \mathit{frei}\, \alpha)$
$\Lambda 7$: $\forall x(\alpha \to \beta) \to \forall x \alpha \to \forall x \beta$,	$\Lambda 8$: $\forall y \alpha \frac{y}{x} \to \forall x \alpha$ $(y \notin \mathit{var}\, \alpha)$,
$\Lambda 9$: $t = t$,	$\Lambda 10$: $x = y \to \alpha \to \alpha \frac{y}{x}$ $(\alpha$ Primformel$)$.

Es ist leicht einzusehen, dass $\Lambda 1$–$\Lambda 10$ Tautologien sind. Für $\Lambda 1$–$\Lambda 4$ ist dies klar nach **1.6**. Für $\Lambda 5$–$\Lambda 10$ ist dies unter Beachtung von Korollar 2.3.6 und der Äquivalenzen in **2.3** leicht nachzurechnen.

Axiom $\Lambda 5$ entspricht der Regel $(\forall 1)$ des Kalküls aus **3.1**, während $\Lambda 6$ der formalen Behandlung überflüssiger Präfixe dient. Die Rolle von $\Lambda 7$ wird im Vollständigkeitsbeweis klar, und $\Lambda 8$ ist Teil der gebundenen Umbenennung. $\Lambda 9$ und $\Lambda 10$ regeln den Umgang mit der Identität. Weil mit φ für einen beliebigen Präfixblock $\forall \vec{x}$ auch $\forall \vec{x} \varphi$ eine Tautologie ist, besteht auch Λ nur aus Tautologien. Dasselbe gilt für alle aus Λ mit MP herleitbaren Formeln. Denn $\vDash \alpha, \alpha \to \beta$ impliziert bekanntlich $\vDash \beta$.

Sei $X \mathrel{|\!\!\sim} \alpha$, falls es einen *Beweis* $\Phi = (\varphi_0, \dots, \varphi_n)$ *für* α *aus* X gibt, d.h. $\alpha = \varphi_n$, und für alle $k \leqslant n$ ist $\varphi_k \in X \cup \Lambda$ oder es gibt ein φ, so dass φ und $\varphi \to \varphi_k$ als Glieder in Φ vor φ_k auftreten. Diese Definition und ihre Folgerungen sind genau dieselben wie in **1.6**. Daher gilt wie dort $X \mathrel{|\!\!\sim} \alpha, \alpha \to \beta \Rightarrow X \mathrel{|\!\!\sim} \beta$. Ferner überträgt sich auch der Induktionssatz 1.6.1 unverändert. Seine Anwendung wird meistens schlagwortartig als „Beweis durch Induktion über $X \mathrel{|\!\!\sim} \alpha$" angekündigt, z.B beweist man leicht die Korrektheit von $\mathrel{|\!\!\sim}$ durch Induktion über $X \mathrel{|\!\!\sim} \alpha$, d.h. für alle X und α gilt $X \mathrel{|\!\!\sim} \alpha \Rightarrow X \vDash \alpha$.

Die Vollständigkeit von $\mathrel{|\!\!\sim}$ lässt sich nun ziemlich einfach auf die Vollständigkeit des Regelkalküls $\vdash$ aus **3.1** zurückführen. Die erforderliche Arbeit hierfür wurde in **1.6** im Wesentlichen schon geleistet. Daher formulieren wir sogleich den

Satz 6.1 (Vollständigkeitssatz). $\mathrel{|\!\!\sim} \,=\, \vDash$.

Beweis. $\mathrel{|\!\!\sim} \subseteq \vDash$ wurde bereits gezeigt. $\vDash \subseteq \mathrel{|\!\!\sim}$ folgt aus der Behauptung, dass $\mathrel{|\!\!\sim}$ alle Basisregeln von $\vdash$ erfüllt. Denn dann ist $\vdash \subseteq \mathrel{|\!\!\sim}$ und wegen $\vdash = \vDash$ gilt damit $\vDash \subseteq \mathrel{|\!\!\sim}$. Für die aussagenlogischen Regeln $(\wedge 1)$–$(\neg 2)$ ist die Behauptung klar nach dem entsprechenden Beweis für den Hilbert-Kalkül in **1.6**. Denn die dort bewiesenen Lemmata 1.6.2 – 1.6.5 übertragen sich wörtlich, weil ja die vier Axiome, auf denen die Beweise beruhen, beibehalten wurden und keine neue Regel hinzugekommen ist. $(\forall 1)$ folgt mit MP unmittelbar aus $\Lambda 5$, und was (AR) betrifft, ist alles klar nach $\Lambda 9$. Lediglich $(\forall 2)$ und $(=)$ machen etwas Arbeit.

$(\forall 2)$: Wir beweisen zuerst $X \mathrel{|\!\!\sim} \alpha \Rightarrow X \mathrel{|\!\!\sim} \forall x\alpha$ für $x \notin \mathit{frei}\, X$ durch Induktion über $X \mathrel{|\!\!\sim} \alpha$. *Anfangsschritt*: Im Falle $\alpha \in X$ ist x auch nicht frei in α. Also $X \mathrel{|\!\!\sim} \alpha \to \forall x\alpha$ gemäß $\Lambda 6$, und MP ergibt $X \mathrel{|\!\!\sim} \forall x\alpha$. Falls $\alpha \in \Lambda$, ist auch $\forall x\alpha \in \Lambda$, und damit ebenfalls $X \mathrel{|\!\!\sim} \forall x\alpha$. *Induktionsschritt*: Sei $X \mathrel{|\!\!\sim} \alpha, \alpha \to \beta$ und $X \mathrel{|\!\!\sim} \forall x\alpha, \forall x(\alpha \to \beta)$ nach Induktionsannahme. Das ergibt $X \mathrel{|\!\!\sim} \forall x\alpha, \forall x\alpha \to \forall x\beta$ nach Axiom $\Lambda 7$, also liefert MP die Induktionsbehauptung $X \mathrel{|\!\!\sim} \forall x\beta$. Zum Nachweis von $(\forall 2)$ sei nun $X \mathrel{|\!\!\sim} \alpha\frac{y}{x}$, mit $y \notin \mathit{frei}\, X \cup \mathit{var}\,\alpha$. Nach dem soeben Bewiesenen ist $X \mathrel{|\!\!\sim} \forall y\alpha\frac{y}{x}$, und MP ergibt wegen $X \mathrel{|\!\!\sim} \forall y\alpha\frac{y}{x} \to \forall x\alpha$ (Axiom $\Lambda 8$) die Konklusion $X \mathrel{|\!\!\sim} \forall x\alpha$ von $(\forall 2)$.

$(=)$: Sei α Primformel und $X \mathrel{|\!\!\sim} s = t, \alpha\frac{s}{x}$. Ferner sei y eine in s und α nicht vorkommende Variable $\neq x$. Gewiss ist $X \mathrel{|\!\!\sim} \forall x \forall y(x = y \to \alpha \to \alpha\frac{y}{x})$, weil letztere Formel wegen $\Lambda 10$ zu Λ gehört. Regel $(\forall 1)$ ergibt aufgrund der Wahl von y

$$X \mathrel{|\!\!\sim} [\forall y(x = y \to \alpha \to \alpha\tfrac{y}{x})]\tfrac{s}{x} \;=\; \forall y(s = y \to \alpha\tfrac{s}{x} \to \alpha\tfrac{y}{x}).$$

Nochmalige Anwendung von $(\forall 1)$ liefert wegen $y \notin \mathit{var}\,\alpha, s$ und wegen $\alpha\frac{y}{x}\frac{t}{y} = \alpha\frac{t}{x}$

$$X \mathrel{|\!\!\sim} [s = y \to \alpha\tfrac{s}{x} \to \alpha\tfrac{y}{x}]\tfrac{t}{y} \;=\; s = t \to \alpha\tfrac{s}{x} \to \alpha\tfrac{y}{x}\tfrac{t}{y} \;=\; s = t \to \alpha\tfrac{s}{x} \to \alpha\tfrac{t}{x}\,.$$

2-malige Anwendung von MP ergibt dann die gewünschte Konklusion $X \mathrel{|\!\!\sim} \alpha\frac{t}{x}$. ❑

Korollar 6.2. *Für beliebiges $\alpha \in \mathcal{L}$ sind folgende Eigenschaften äquivalent:*

(i) $\vdash\!\!\sim \alpha$, *d.h.* α *ist mittels* MP *ableitbar aus* Λ,

(ii) α *ist mittels* MP *und* MQ *ableitbar aus* $\Lambda 1$–$\Lambda 10$,

(iii) $\vDash \alpha$, *d.h.* α *ist eine Tautologie.*

Die Äquivalenz von (i) und (iii) macht die prinzipielle Möglichkeit der Konstruktion einer „Deduktionsmaschine" besonders anschaulich, die *Taut*, die Menge aller Tautologien einer gegebenen Sprache der 1. Stufe, effektiv aufzählt. Man hat hier ja nur mit einer einzigen Regel, dem Modus Ponens, zu tun. Man braucht also nur eine Hilfsmaschine für die schrittweise Auflistung der logischen Axiome, sodann einen „Deduzierer", der nur prüft, ob MP anwendbar ist und gegebenenfalls anwendet, und eine Organisationseinheit, die die Ergebnisse ausgibt und dem Deduzierer zur weiteren Verarbeitung zurückliefert. Ähnlich wie im Falle eines Sequenzenkalküls ist ein solches Verfahren jedoch nicht praktikabel. Denn die Unterscheidung von Wesentlichem und Unwesentlichem bleibt hierbei unberücksichtigt.

Wir zeigen gleich noch, dass auch die in **2.5** definierte globale Folgerungsrelation $\overset{\forall}{\vDash}$ durch einen Hilbertkalkül vollständig charakterisiert werden kann. Man muss zum Kalkül $\vdash\!\!\sim$ nur die Generalisierungsregel MQ hinzufügen. Der so entstehende und mit $\overset{\forall}{\vdash}$ bezeichnete Hilbert-Kalkül hat dann zwei Basisregeln, MP und MQ. Wie jeder Hilbert-Kalkül ist $\overset{\forall}{\vdash}$ transitiv, also $X \overset{\forall}{\vdash} Y \;\&\; Y \overset{\forall}{\vdash} \alpha \;\Rightarrow\; X \overset{\forall}{\vdash} \alpha$. Denn sei $X \overset{\forall}{\vdash} Y$, $Y \overset{\forall}{\vdash} \alpha$ und Φ ein Beweis von α aus Y. Ersetzt man jede in Φ vorkommende Formel $\varphi \in Y$ durch einen Beweis von φ aus X, so ist die resultierende Folge offenbar ein Beweis für α aus X. Diese Einsicht erleichtert den Beweis von

Satz 6.3 (Vollständigkeitssatz für $\overset{\forall}{\vdash}$). *Es ist* $\overset{\forall}{\vdash} = \overset{\forall}{\vDash}$.

Beweis. Gewiss ist $\overset{\forall}{\vdash} \subseteq \overset{\forall}{\vDash}$, denn MP und MQ sind korrekt für $\overset{\forall}{\vDash}$. Sei nun $X \overset{\forall}{\vDash} \alpha$, so dass $X^{\forall} \vDash \alpha$ nach (1) aus **2.5**. Das ergibt $X^{\forall} \vdash\!\!\sim \alpha$ nach Satz 6.1, und somit erst recht $X^{\forall} \overset{\forall}{\vdash} \alpha$. Weil nun aber $X \overset{\forall}{\vdash} X^{\forall}$, liefert die Transitivität $X \overset{\forall}{\vdash} \alpha$. ❑

Wir diskutieren nun einen für Logik und Informatik gleichermaßen interessanten Begriff. $\alpha \in \mathcal{L}^0$ heißt *allgemeingültig im Endlichen*, wenn $\mathcal{A} \vDash \alpha$ für alle endlichen Strukturen $\mathcal{A}$. Beispiele solcher Aussagen α, die keine Tautologien sind, gibt es in jeder Signatur, die ein mindestens 1-stelliges Funktions- oder ein mindestens 2-stelliges Relationssymbol enthält. Im ersten Falle etwa die Aussage

$$\forall xy(fx = fy \to x = y) \to \forall y \exists x\, y = fx.$$

Diese besagt in (A, f), dass $f^{\mathcal{A}}$, falls injektiv, auch schon surjektiv ist. Hier wird *Taut* durch die Menge *Tautfin* der im Endlichen allgemeingültigen Aussagen echt erweitert. *Tautfin* ist in beliebiger Signatur Beispiel einer Theorie T mit der *endlichen Modell-*

eigenschaft, d.h. jede mit T verträgliche Aussage α hat bereits ein endliches T-Modell. Es gilt allgemeiner: Die Theorie $T = Th\,\boldsymbol{K}$ einer beliebigen Klasse $\boldsymbol{K}$ endlicher $\mathcal{L}$-Strukturen hat die endliche Modelleigenschaft. Denn ist $T + \alpha$ konsistent, also $\neg\alpha \notin T$, so ist $\mathcal{A} \nvDash \neg\alpha$ für ein $\mathcal{A} \in \boldsymbol{K}$, also $\mathcal{A} \vDash \alpha$. Das betrifft z.B. die Theorien FSG und FG aller endlichen Halbgruppen bzw. endlichen Gruppen in $\mathcal{L}\{\circ\}$. Beide Theorien sind unentscheidbar. Für FSG ist der Beweis nicht schwer, siehe **6.6**.

Anders als Taut ist $\mathit{Tautfin}$ in der Regel nicht axiomatisierbar. Dies besagt

Satz 6.4 (Satz von Trachtenbrot). *$\mathit{Tautfin}_L$ ist für keine Signatur L mit mindestens einem 2-stelligen Operations- oder Relationssymbol (rekursiv) axiomatisierbar.*

Beweis. Wir beschränken uns auf ersteren Fall; für ein 2-stelliges Relationssymbol folgt dasselbe leicht durch Interpretation (Satz 6.6.3). Wäre $\mathit{Tautfin}_L$ axiomatisierbar, so wäre $\mathit{Tautfin}_{\mathcal{L}}$ wegen der endlichen Modelleigenschaft auch entscheidbar, Übung 2. Das gilt dann offenbar auch für $\mathit{Tautfin}_{\mathcal{L}\{\circ\}}$. Nach Übung 1 in **3.5** ist dann auch FSG entscheidbar, denn FSG ist endliche Erweiterung von $\mathit{Tautfin}_{\mathcal{L}\{\circ\}}$ um das Assoziativgesetz. Wie aber schon erwähnt, ist FSG unentscheidbar. ❑

Bemerkung. Der Satz ist mithin ein Korollar von inzwischen gewonnenen weitaus schärferen Resultaten. Für neuere Literatur über Entscheidungsprobleme dieser Art sei z.B. auf [Id] verwiesen. Anders als FG ist die Theorie der endlichen abelschen Gruppen wie die aller abelschen Gruppen entscheidbar, Wanda Szmielew. Erstere ist echte Erweiterung der Letzteren, z.B. gilt $\forall x \exists y\, y + y = x \rightarrow \forall x(x + x = 0 \rightarrow x = 0)$ nicht in allen, wohl aber in allen endlichen abelschen Gruppen. Dieser Nachweis ist eine überaus lehrreiche Übung.

Bereits 1922 entdeckte Behmann durch Quantorenelimination, dass Taut die endliche Modelleigenschaft besitzt, falls die Signatur nur einstellige Prädikatensymbole enthält (man kann dies auch unschwer mit dem Ehrenfeucht-Spiel aus **5.3** beweisen). In diesem Falle ist $\mathit{Tautfin} = \mathit{Taut}$. Denn für $\alpha \notin \mathit{Taut}$ ist $\neg\alpha$ erfüllbar, hat also ein endliches Modell, d.h. $\alpha \notin \mathit{Tautfin}$. Folglich ist $\mathit{Tautfin} \subseteq \mathit{Taut}$ und damit $\mathit{Tautfin} = \mathit{Taut}$.

Übungen

1. Man zeige, MQ ist in $\mathrel{|\!\sim}$ unbeweisbar ($X \mathrel{|\!\sim} \alpha \Rightarrow X \mathrel{|\!\sim} \forall x\alpha$ ist i.a. falsch).

2. Eine Theorie T habe (i) die endliche Modelleigenschaft, und (ii) die endlichen T-Modelle seien effektiv aufzählbar (genauer, ein Repräsentantensystem hiervon bis auf Isomorphie). Man zeige: (a) die in T widerlegbaren Aussagen α sind effektiv aufzählbar, (b) Ist T axiomatisierbar, so ist T auch entscheidbar.

3. Sei T eine *endlich* axiomatisierbare Theorie mit der endlichen Modelleigenschaft. Man zeige durch Rückführung auf Übung 2, T ist entscheidbar.

3.7 Fragmente der 1. Stufe und Erweiterungen

Der Gödelsche Vollständigkeitssatz legt es nahe, auch Fragmente und Erweiterungen von Sprachen der 1. Stufe auf eine möglichst vollständige formale Charakterisierung des Folgerns in der betreffenden Sprache hin zu untersuchen. Wir wollen in diesem Abschnitt einige diesbezügliche Resultate vorstellen.

Fragmente der 1. Stufe sind Formalismen, bei denen auf die volle Ausdrucksfähigkeit elementarer Sprachen verzichtet wird, z.B. durch Weglassen einiger oder aller logischen Verknüpfungen, eingeschränkte Quantifizierungen usw. Diese Formalismen sind aus verschiedenen Gründen interessant, auch wegen des gestiegenen Interesses an Systemen automatischer Informationsverarbeitung, mit denen der Nutzer meist in gewissen Fragmenten kommuniziert. Je ärmer ein linguistisches Fragment, um so bescheidener auch die darin gegebenen Formulierungsmöglichkeiten für korrekte Regeln. Daher ist das Vollständigkeitsproblem für Fragmente i.a. nichttrivial.

Ein besonders nützliches Beispiel ist die Sprache der Gleichungen einer gegebenen algebraischen Signatur L. Die in den Gleichungen vorkommenden Variablen denken wir uns stillschweigend generalisiert. Man nennt sie dann auch *Identitäten.* Modellklassen von Theorien mit Axiomensystemen aus Identitäten, wie z.B. die Gruppentheorie $T_G^=$ (Seite 52), heißen *gleichungsdefinierte Klassen* oder *Varietäten.*

Mit dem Folgern von Identitäten γ aus einer Menge Γ von solchen hat man recht häufig zu tun. Ist $\Gamma \vDash \gamma$, so gibt es nach dem Vollständigkeitssatz auch einen Beweis für γ aus Γ. Aufgrund der speziellen Gestalt von Gleichungen kann man jedoch erwarten, dass dafür nicht der gesamte prädikatenlogische Formalismus benötigt wird. Tatsächlich genügen nach Satz 7.2 die auf [Bi] zurückgehenden *Birkhoffschen Regeln* (B0)–(B3) unten. Dieses Ergebnis ist deswegen befriedigend, weil man auch beim Operieren mit (B0)–(B3) gänzlich in der Sprache der Identitäten verbleibt. Die Regeln definieren einen mit $\overset{B}{\vdash}$ bezeichneten Kalkül und lauten wie folgt:

$$\text{(B0)}\ \frac{}{\Gamma \overset{B}{\vdash} t=t}, \qquad \text{(B1)}\ \frac{\Gamma \overset{B}{\vdash} s=t,\, s=t'}{\Gamma \overset{B}{\vdash} t=t'},$$

$$\text{(B2)}\ \frac{\Gamma \overset{B}{\vdash} t_1=t_1', \cdots, t_n=t_n'}{\Gamma \overset{B}{\vdash} ft_1\cdots t_n = ft_1'\cdots t_n'}, \quad \text{(B3)}\ \frac{\Gamma \overset{B}{\vdash} s=t}{\Gamma \overset{B}{\vdash} s^\sigma = t^\sigma} \quad (\sigma \text{ Substitution}).$$

Dabei bezeichne Γ eine Menge von Identitäten und alle in den Regeln vorkommenden Gleichungen seien als Identitäten verstanden, d.h. wir denken uns alle Variablen generalisiert. σ sei eine globale Substitution, obwohl es genügen würde, einfache Substitutionen zu betrachten. (B0)–(B2) sind uns schon in den Beispielen in **3.1** begegnet; wie dort zeigt man auch $\Gamma \overset{B}{\vdash} s=t \Rightarrow \Gamma \overset{B}{\vdash} t=s$. Birkhoffs Regeln garantieren, dass durch $s \approx t \Leftrightarrow \Gamma \overset{B}{\vdash} s=t$ eine Kongruenz $\approx$ in der Termalgebra $\mathcal{T}$ definiert wird.

$\vdash^{B}$ ist korrekt, also $\Gamma \vdash^{B} \gamma \Rightarrow \Gamma \vDash \gamma$. Denn wegen $\Gamma^{\forall} = \Gamma$ ist nach (2) Seite 64 $\Gamma \vDash \gamma$ bereits dann, wenn $\mathcal{A} \vDash \Gamma \Rightarrow \mathcal{A} \vDash \gamma$, für alle $\mathcal{A}$. Daher ist nur zu bestätigen, dass $\mathcal{A} \vDash t=t$, $\mathcal{A} \vDash s=t, s=t' \Rightarrow \mathcal{A} \vDash t=t'$ usw. (B3) formuliert die *Substitutionsinvarianz* von $\approx$ und ist korrekt, weil $\mathcal{A} \vDash \gamma \Rightarrow \mathcal{A} \vDash \gamma^{\sigma}$ für beliebige $\mathcal{A}, \gamma, \sigma$.

Zum Nachweis der Vollständigkeit betrachten wir die Faktorstruktur $\mathcal{F} = \mathcal{T}/\approx$. Es bezeichne $\bar{t}$ die durch den Term t bestimmte Äquivalenzklasse modulo $\approx$, so dass

(1) $\overline{t_1} = \overline{t_2} \Leftrightarrow \Gamma \vdash^{B} t_1 = t_2$.

Ferner sei w: *Var* $\to \mathcal{F}$, etwa $x^w = \overline{t_x}$ mit beliebig gewählten $t_x \in x^w$. Diese Wahl bestimmt eine Substitution $\sigma_w\colon x \mapsto t_x$. Induktiv über t ergibt sich leicht

(2) $t^{\mathcal{F},w} = \overline{t^{\sigma}}$ mit $\sigma = \sigma_w$.

Lemma 7.1. $\Gamma \vdash^{B} \gamma$ *ist gleichwertig mit* $\mathcal{F} \vDash \gamma$.

Beweis. Sei $\Gamma \vdash^{B} t_1 = t_2$ $(= \gamma)$. Nach (B3) ist auch $\Gamma \vdash^{B} t_1^{\sigma} = t_2^{\sigma}$, also $\overline{t_1^{\sigma}} = \overline{t_2^{\sigma}}$. Daher ist $t_1^{\mathcal{F},w} = t_2^{\mathcal{F},w}$ nach (2). Weil w beliebig war, folgt $\mathcal{F} \vDash t_1 = t_2$. Nun sei $\mathcal{F} \vDash t_1 = t_2$. Sei $\varkappa$ die sogenannte *kanonische Belegung* $x \mapsto \bar{x}$. Für diese gilt offenbar $\sigma_{\varkappa} = \iota$ (identische Substitution), so dass $t_i^{\mathcal{F},\varkappa} = \overline{t_i}$ nach (2). Weil wegen $\mathcal{F} \vDash t_1 = t_2$ gewiss $t_1^{\mathcal{F},\varkappa} = t_2^{\mathcal{F},\varkappa}$, folgt $\overline{t_1} = \overline{t_2}$ und nach (1) damit $\Gamma \vdash^{B} t_1 = t_2$ $(= \gamma)$. ❑

Satz 7.2 (Birkhoffscher Vollständigkeitssatz). $\Gamma \vdash^{B} \gamma \Leftrightarrow \Gamma \vDash \gamma$.

Beweis. $\Gamma \vdash^{B} \gamma \Rightarrow \Gamma \vDash \gamma$ wurde schon gezeigt. Sei nun $\Gamma \vDash \gamma$. Gewiss ist $\mathcal{F} \vDash \Gamma$ nach Lemma 7.1. Mithin $\mathcal{F} \vDash \gamma$. Nach diesem Lemma ist dann aber auch $\Gamma \vdash^{B} \gamma$. ❑

Dieser Beweis zeichnet sich einerseits durch Einfachheit, andererseits aber auch durch einen überaus abstrakten Charakter aus. Er hat mannigfache Variationen und gilt z.B. sinngemäß für Aussagen $\forall\vec{x}\pi$ mit *beliebigen* Primformeln π. Man ersetze jetzt die Regeln (B1),(B2) einfach durch (=) aus **3.1**.

Einen speziellen Kalkül gibt es auch für Aussagen der Gestalt

(3) $\forall\vec{x}\,(\gamma_1 \wedge \cdots \wedge \gamma_n \to \gamma_0)$ $\quad$ ($n \geqslant 0$, alle γ_i Gleichungen),

Quasiidentitäten genannt. Die Modellklassen von Axiomen der Gestalt (3) heißen auch *Quasivarietäten* und sind wichtig für Algebra und Logik. (B0) bleibt erhalten und (B1),(B2) werden ersetzt durch die prämissenlosen Regeln

$$\Gamma \vdash x = y \wedge x = z \to y = z, \quad \Gamma \vdash \textstyle\bigwedge_{i=1}^{n} x_i = y_i \to f\vec{x} = f\vec{y}.$$

Nebst einer Anpassung von (B3) benötigt man noch Regeln über die formale Handhabung der Prämissen $\gamma_1, \ldots, \gamma_n$ in (3), etwa deren Vertauschbarkeit (für Einzelheiten siehe z.B. [Se]), sowie eine *Schnittregel* der Gestalt

$$\frac{\Gamma \vdash \alpha \wedge \delta \to \gamma \mid \Gamma \vdash \alpha \to \delta}{\Gamma \vdash \alpha \to \gamma} \quad (\alpha \text{ eine Konjunktion von Gleichungen}).$$

Wir betrachten nun einige von zahlreichen Möglichkeiten für Erweiterungen der 1. Stufe im Sinne von erweiterter Ausdrucksfähigkeit: Eine Sprache $\mathcal{L}' \supseteq \mathcal{L}$ *derselben* Signatur wie $\mathcal{L}$ heiße *ausdrucksfähiger* als $\mathcal{L}$, wenn $\mathrm{Md}\,\alpha$ für wenigstens eine Aussage $\alpha \in \mathcal{L}'$ von allen $\mathrm{Md}\,\beta$ für $\beta \in \mathcal{L}$ verschieden ist. Einige der Eigenschaften von Sprachen der 1. Stufe gehen dabei jedoch verloren. Diese Sprachen bieten nämlich ein Optimum an anwendungsreichen Eigenschaften. Dies behauptet der

Satz von Lindström (siehe [EFT] oder [CK]). *Es gibt keine Sprache gegebener Signatur, welche ausdrucksfähiger ist als die Sprache 1. Stufe und für welche sowohl der Kompaktheitssatz als auch der Satz von Löwenheim-Skolem gelten.*

Mehrsortige Sprachen. Zur Beschreibung geometrischer Sachverhalte ist es bequem, mehrere Variablensorten zu benutzen, solche für Punkte, für Geraden und – je nach Dimension – auch für höherdimensionale geometrische Objekte. Es ist ratsam, für jedes Argument eines Prädikaten- oder Operationssymbols einer solchen Sprache seine *Sorte* festzulegen, z.B. hat die Inzidenzrelation der ebenen Geometrie ein Argument für Punkte und eines für Geraden. Bei Funktionen muss zusätzlich die Sorte ihrer Werte angegeben sein. Ist $\mathcal{L}$ k-sortig und sind $\boldsymbol{v}_0^s, \boldsymbol{v}_1^s, \ldots$ die Variablen der Sorte s $(1 \leqslant s \leqslant k)$, ist jedem Relationssymbol r eine Folge $(s_1, \ldots, s_n)$ zugeordnet, und mit r beginnende Primformeln haben in Sprachen ohne Funktionssymbole die Gestalt $rx_1^{s_1} \cdots x_n^{s_n}$ wobei $x_i^{s_i}$ irgendeine Variable der Sorte s_i bezeichnet.

Mehrsortige Sprachen stellen nur eine unwesentliche Erweiterung des bisherigen Konzepts dar, solange die Sorten semantisch gleichberechtigt sind. Anstelle einer Sprache $\mathcal{L}$ mit k Variablensorten lässt sich immer auch eine einsortige Sprache $\mathcal{L}'$ mit zusätzlichen einstelligen Prädikatensymbolen $P_1, \ldots, P_k$ und unter Einschluss gewisser Zusatzaxiome betrachten: $\exists x P_i x$ für $i = 1, \ldots, k$ (keine Sorte ist leer, sonst wäre sie ja entbehrlich) und $\neg\exists x(P_i x \wedge P_j x)$ für $i \neq j$ (Sortendisjunktheit). Zum Beispiel könnte man die ebene Geometrie auch in einer einsortigen Sprache mit den zusätzlichen Prädikaten *pkt* (Punkt sein) und *ger* (Gerade sein) beschreiben. Abgesehen von einigen Besonderheiten im Umgang mit der Termeinsetzung verhalten sich mehrsortige Sprachen fast genauso wie einsortige.

Sprachen der 2. Stufe. Einige oft zitierte Axiome, z.B. das Induktionsaxiom IA, können als Aussagen 2. Stufe angesehen werden. Die einfachste Erweiterung einer elementaren Sprache zu einer höherstufigen ist die *monadische Sprache 2. Stufe*, eine zweisortige Sprache, aber mit spezieller Interpretation der zweiten Sorte. Betrachten wir eine solche Sprache $\mathcal{L}$ mit Variablen $x, y, z, \ldots$ für Individuen, Variablen $X, Y, Z, \ldots$ für Mengen aus diesen Individuen, sowie mindestens einem zweistelligen Relationssymbol $\in$. Primformeln seien $x = y$, $X = Y$ und $x \in X$. Eine $\mathcal{L}$-Struktur ist allgemein von der Form $(\mathcal{A}, B, \in)$ mit $\in\ \subseteq A \times B$. Ziel ist, dass $\in$ nach Formulierung von Zusatzaxiomen wie z.B. $\forall X, Y[\forall x(x \in X \leftrightarrow x \in Y) \to X = Y]$ – dies entspricht dem Extensionalitätsaxiom in **3.4** – als Elementbeziehung interpretierbar ist und die Objekte aus B als Teilmengen von A. Dieses Ziel lässt sich zwar nicht vollständig, aber nahezu erreichen: Es lassen sich Axiome so formulieren, dass B in die Potenzmenge von A *einbettbar* ist. Das funktioniert auch bei Hinzunahme weiterer Sorten für Elemente von $\mathfrak{P}\mathfrak{P}A$, $\mathfrak{P}\mathfrak{P}\mathfrak{P}A$ usw. Diese „Vollständigkeit des Stufenkalküls" (siehe etwa [As]) spielt z.B. eine Rolle in der Nichtstandard-Analysis.

Eine umfassendere Sprache $\mathcal{L}_{II}$ der 2. Stufe gewinnt man durch Hinzunahme von quantifizierbaren Variablen für beliebige Relationen und Operationen über den Individuenbereichen. $\mathcal{L}_{II}$ erfüllt aber schon für $\mathcal{L} = \mathcal{L}_=$ weder den Endlichkeitssatz noch den Satz von Löwenheim-Skolem. Ersterer ist verletzt, weil sich leicht ein Satz α_{fin} aus $\mathcal{L}_{II}$ angeben lässt, so dass $\mathcal{A} \vDash \alpha_{\text{fin}}$ genau dann, wenn A endlich ist. Denn man beweist unschwer: A ist dann und nur dann endlich, wenn A so geordnet werden kann, dass jede nichtleere Teilmenge von A sowohl ein kleinstes als auch ein größtes Element besitzt. Dieser Sachverhalt lässt sich mittels einer zwei- und einer einstelligen Prädikatenvariablen offenbar mühelos formalisieren.

Auch der Satz von Löwenheim-Skolem ist für $\mathcal{L}_{II}$ leicht widerlegbar. Man muss in $\mathcal{L}_{II}$ nur die Aussage 'Es gibt eine dichte Ordnung ohne Lücken auf A' niederschreiben. Diese hat nämlich kein abzählbares Modell (siehe hierzu auch Beispiel 2 in **5.2**). Damit kann es natürlich auch keine formale Kennzeichnung des Folgerns in $\mathcal{L}_{II}$ geben. Schlimmer noch: Die ZFC-Axiome – betrachtet als Axiome der Hintergrundmengenlehre – reichen nicht aus, um festzulegen, was eine Tautologie in $\mathcal{L}_{II}$ sein soll. Dazu genügt z.B. die Einsicht, dass die von ZFC unabhängige Kontinuumshypothese CH (siehe Seite 135) als ein $\mathcal{L}_{II}$-Satz α_{CH} formuliert werden kann. Sollte CH wahr sein, ist α_{CH} eine $\mathcal{L}_{II}$-Tautologie, sonst nicht. Es sieht nicht so aus, als ob mathematische Intuition hinreicht, diese Frage eindeutig zu entscheiden.

Neue Quantoren. Eine einfache syntaktische Erweiterung $\mathcal{L}_{\mho}$ einer Sprache $\mathcal{L}$ der 1. Stufe ergibt sich durch Aufnahme eines neuen, mit $\mho$ bezeichneten Quantors, der formal wie der $\forall$-Quantor gehandhabt wird. Eine neuartige Interpretation von $\mho$ ergibt sich, ausgehend von einem Modell $\mathcal{M} = (\mathcal{A}, w)$, mit der Erfüllungsklausel

$$(0) \qquad \mathcal{M} \vDash \mho x\alpha \;\Leftrightarrow\; \{a \in A \,|\, \mathcal{M}^a_x \vDash \alpha\} \text{ ist unendlich.}$$

Mit dieser Interpretation schreiben wir $\mathcal{L}^0_{\mho}$ statt $\mathcal{L}_{\mho}$, da wir noch eine andere Interpretation von $\mho$ diskutieren werden. $\mathcal{L}^0_{\mho}$ ist ausdrucksfähiger als $\mathcal{L}$. Das sieht man z.B. daran, dass der Endlichkeitssatz für $\mathcal{L}^0_{\mho}$ nicht mehr gilt: Sei X die Menge aller Aussagen $\exists_n$ ('es gibt mindestens n Elemente') plus $\alpha_{\text{fin}} := \neg\mho x\, x = x$ ('es gibt nur endlich viele Elemente'). Jede endliche Teilmenge von X hat ein Modell, nicht aber ganz X. Immerhin erfüllt $\mathcal{L}^0_{\mho}$ noch den Satz von Löwenheim-Skolem. Dies lässt sich mit den Methoden des Abschnitts **5.1** unschwer nachweisen. Wegen des fehlenden

Endlichkeitssatzes kann es auch keinen vollständigen Regelkalkül für $\mathcal{L}^0_{\mho}$ geben. Andernfalls könnte man wie in **3.1** doch den Endlichkeitssatz beweisen. Es gibt aber eine Anzahl nichttrivialer korrekter Regeln für $\mathcal{L}^0_{\mho}$, z.B.

$$\text{(Q1)}\ \frac{}{X \vdash \neg\mho x(x = y \vee x = z)}\ (x \neq y, z), \quad \text{(Q2)}\ \frac{X \vdash \mho x\alpha}{X \vdash \mho y\alpha\frac{y}{x}}\ (y \notin \mathit{frei}\,\alpha),$$

$$\text{(Q3)}\ \frac{X \vdash \forall x(\alpha \to \beta)}{X \vdash \mho x\alpha \to \mho x\beta}, \qquad \text{(Q4)}\ \frac{X \vdash \mho x\exists y\alpha \mid X \vdash \neg\mho y\exists x\alpha}{X \vdash \exists y\mho x\,\alpha}.$$

(Q1) besagt anschaulich, die Paarmenge $\{y, z\}$ ist endlich. (Q2) ist die gebundene Umbenennung. (Q3) besagt, dass mit jeder Menge auch jede Obermenge unendlich ist. Die Korrektheit von (Q4) werde für $\mathcal{M} = (\mathcal{A}, w) \vDash X$ und $\alpha = \alpha(x, y)$ wie folgt veranschaulicht: Sei $A_b = \{a \in A \mid \mathcal{A} \vDash \alpha[a, b]\}$. Es besagt $\mathcal{M} \vDash \mho x\exists y\,\alpha$ dann '$\bigcup_{b\in A} A_b$ ist unendlich'. $\mathcal{M} \vDash \neg\mho y\exists x\,\alpha$ besagt 'es gibt nur endlich viele Indizes b mit $A_b \neq \emptyset$'. Die Konklusion $\mathcal{M} \vDash \exists y\mho x\alpha$ besagt daher 'A_b ist für wenigstens einen Index b unendlich'. (Q4) drückt also den nur etwas umformulierten Sachverhalt aus, dass die Vereinigung eines endlichen Systems endlicher Mengen wieder endlich ist.

Man ersetze die Erfüllungsklausel (0) nunmehr durch

$$\text{(1)} \quad \mathcal{M} \vDash \mho x\alpha \Leftrightarrow \{a \in A \mid \mathcal{M}^a_x \vDash \alpha\} \text{ ist überabzählbar.}$$

Auch mit dieser Interpretation sind (Q1)–(Q4) korrekt für $\mathcal{L}^1_{\mho}$ ($= \mathcal{L}_{\mho}$ mit der Interpretation (1)). Die Regel (Q4) bringt jetzt offenbar zum Ausdruck, dass eine abzählbare Vereinigung abzählbarer Mengen wieder abzählbar ist. Sie bleibt also korrekt. Mehr noch, der aus den Basisregeln aus **3.1** durch Hinzufügen der Regeln (Q1)–(Q4) entstehende Logik-Kalkül $\overset{1}{\vdash}$ ist überraschenderweise sogar vollständig für diese Semantik, wenn man sich auf abzählbare Sequenzen beschränkt. Es gilt also $X \overset{1}{\vdash} \alpha \Leftrightarrow X \vDash \alpha$ für abzählbares $X \subseteq \mathcal{L}^1_{\mho}$, siehe [CK]. Hieraus ergibt sich ein Kompaktheitssatz für $\mathcal{L}^1_{\mho}$ in folgender Gestalt: *Hat jede endliche Teilmenge einer abzählbaren Formelmenge $X \subseteq \mathcal{L}^1_{\mho}$ ein Modell, so auch X.* Für überabzählbare X ist diese Behauptung im Allgemeinen falsch (Übung).

Programmiersprachen. Alle bisher erwähnten Sprachen haben insofern statischen Charakter, als den Formeln unabhängig von Ort und Zeit bei vorgegebenen Belegungen w in einer Struktur $\mathcal{A}$ gewisse Wahrheitswerte entsprechen. Man kann eine Sprache $\mathcal{L}$ der 1. Stufe aber auch zu einer *Programmiersprache* $\mathcal{PL}$ mit *dynamischem* Charakter erweitern. Ein Programm $\mathcal{P} \in \mathcal{PL}$ startet die Ausführung mit einer Belegung $w\colon \mathit{Var} \to A$ (der Träger einer vorgegebene $\mathcal{L}$-Struktur $\mathcal{A}$) und verändert schrittweise die Werte der Variablen. Falls $\mathcal{P}$ bei Eingabe von w terminiert, d.h. die Rechnung beendet, ist das Ergebnis eine neue Belegung $w^{\mathcal{P}}$. Andernfalls sei $w^{\mathcal{P}}$ nicht definiert. Die Beschreibung dieser i.a. nur partiell definierten Operation $w \mapsto w^{\mathcal{P}}$ heiße die *prozedurale Semantik* von $\mathcal{PL}$. Auch für diese Art von Semantik können z.B. Vollständigkeitsfragen durchaus sinnvoll behandelt werden.

Wir geben jetzt eine derartige, von $\mathcal{L}$ abhängige Sprache $\mathcal{PL}$ an. Die logische Signatur von $\mathcal{L}$ werde erweitert um die Symbole := , `WHILE`, `DO`, `END` und ; (Semikolon). *Programme* über $\mathcal{L}$ werden induktiv in folgender Weise als Zeichenfolgen definiert:

1. Für beliebige $x \in \mathit{Var}$ und Terme t von $\mathcal{L}$ ist $x := t$ ein Programm.
2. Ist $\alpha \in \mathcal{L}$ quantorenfrei und sind $\mathcal{P}, \mathcal{Q}$ Programme, so auch die Zeichenfolgen $\mathcal{P}\,;\,\mathcal{Q}$ und $\mathtt{WHILE}\,\alpha\,\mathtt{DO}\,\mathcal{P}\,\mathtt{END}$.

Keine anderen Zeichenfolgen seien in diesem Zusammenhang Programme. $\mathcal{P}\,;\mathcal{Q}$ soll bedeuten, dass erst $\mathcal{P}$ und danach $\mathcal{Q}$ ausgeführt wird. Es sei $\mathcal{P}^n$ die n-fache Hintereinanderausführung von $\mathcal{P}$, genauer $\mathcal{P}^0$ sei das leere Programm (also $w^{\mathcal{P}^0} = w$) und $\mathcal{P}^{n+1} = \mathcal{P}^n\,;\mathcal{P}$. Die prozedurale Semantik für $\mathcal{PL}$ werde wie folgt präzisiert:

(a) $w^{x:=t} = w\,\frac{t^w}{x}$ (d.h. der Variablen x wird ein neuer Wert erteilt, nämlich t^w).

(b) Mit $w^{\mathcal{P}}$ und $(w^{\mathcal{P}})^{\mathcal{Q}}$ sei auch $w^{\mathcal{P};\mathcal{Q}}$ definiert, und es sei $w^{\mathcal{P};\mathcal{Q}} = (w^{\mathcal{P}})^{\mathcal{Q}}$.

(c) Für $\mathcal{Q} := \mathtt{WHILE}\,\alpha\,\mathtt{DO}\,\mathcal{P}\,\mathtt{END}$ sei $w^{\mathcal{Q}} = w^{\mathcal{P}^k}$. Dabei sei k gemäß anschaulicher Vorstellung über die „`WHILE`-Schleife“ die kleinste Zahl mit $\mathcal{A} \vDash \alpha\,[w^{\mathcal{P}^i}]$ für alle $i < k$ und $\mathcal{A} \nvDash \alpha\,[w^{\mathcal{P}^k}]$, falls ein solches k existiert und alle $w^{\mathcal{P}^i}$ für $i \leqslant k$ wohldefiniert sind. Andernfalls sei $w^{\mathcal{Q}}$ nicht definiert – $\mathcal{Q}$ angesetzt auf w terminiert dann nicht. Falls $k = 0$, also $\mathcal{A} \nvDash \alpha\,[w]$, ist $w^{\mathcal{Q}} = w$, d.h. $\mathcal{P}$ wird überhaupt nicht ausgeführt.

Beispiel. Sei $\mathcal{L} = \mathcal{L}\{0, \mathtt{S}, \mathtt{R}\}$ und $\mathcal{A} = (\mathbb{N}, 0, \mathtt{S}, \mathtt{R})$, wobei `S` und `R` die Nachfolger- bzw. Vorgängerfunktion bezeichnen, sowie $\mathcal{P}$ das Programm

$$z := x\ ;\ v := y\ ;\ \mathtt{WHILE}\,v \neq 0\,\mathtt{DO}\,z := \mathtt{S}z\ ;\ v := \mathtt{R}v\,\mathtt{END}.$$

Haben x und y zu Beginn die Werte $x^w = m$ und $y^w = n$, endet das Programm mit $z^{w^{\mathcal{P}}} = m + n$. Kurzum, $\mathcal{P}$ terminiert und berechnet $m + n$. Es sei vermerkt, dass in $\mathcal{PL}$ das bekannte Programmschema $\mathtt{IF}\,\alpha\,\mathtt{THEN}\,\mathcal{P}\,\mathtt{ELSE}\,\mathcal{Q}\,\mathtt{END}$ definiert ist durch $x := 0\ ;\ \mathtt{WHILE}(\alpha \wedge x = 0)\,\mathtt{DO}\,\mathcal{P}; x := \mathtt{S}0\ \mathtt{END}\ ;\ \mathtt{WHILE}\,x = 0\,\mathtt{DO}\,\mathcal{Q}\ ;\ x := \mathtt{S}0\,\mathtt{END}$. Hierbei sei $x \notin \mathit{var}\{\mathcal{P}, \mathcal{Q}, \alpha\}$. $\mathcal{PL}$ ist wie PROLOG eine universelle Programmiersprache in dem Sinne, dass jede berechenbare Funktion in $\mathcal{PL}$ auch berechnet werden kann.

Übungen

1. Man zeige, eine Varietät $\boldsymbol{K}$ ist abgeschlossen gegenüber Homomorphismen ($\mathbf{H}\boldsymbol{K} \subseteq \boldsymbol{K}$), Subalgebren ($\mathbf{S}\boldsymbol{K} \subseteq \boldsymbol{K}$) und direkten Produkten ($\mathbf{S}\boldsymbol{K} \subseteq \boldsymbol{K}$)[9].
2. Man zeige, $\mathcal{L}^1_{\mho}$ und $\mathcal{L}_{II}$ verletzen den Satz von Löwenheim-Skolem, und $\mathcal{L}^1_{\mho}$ verletzt auch den Endlichkeitssatz für überabzählbare Formelmengen.
3. Man drücke die Kontinuumshypothese CH als einen Satz von $\mathcal{L}_{II}$ aus.

[9] Hat $\boldsymbol{K}$ umgekehrt diese drei Eigenschaften, so ist $\boldsymbol{K}$ auch eine Varietät. Dies ist Birkhoffs **HSP**-Theorem (siehe z.B. [Mo]). Dieser Satz leitete die Entwicklung der Universellen Algebra ein.

Kapitel 4

Grundlagen der Logikprogrammierung

Logikprogrammierung dient weniger der Behandlung numerischer Probleme in Wissenschaft und Technik als vielmehr der Wissensverarbeitung, z.B. der praktischen Realisierung von Expertensystemen der künstlichen Intelligenz. Man muss unterscheiden zwischen Logikprogrammierung als einem theoretisch orientierten Gebiet und der für praktische Aufgaben in diesem Zusammenhang meistens benutzten Programmiersprache PROLOG. Diesbezüglich beschränken wir uns auf die Vorstellung einer stark vereinfachten Version, die aber das Typische erkennen lässt.

Die in **4.1** behandelten Begriffe, z.B. der des Termmodells, sind ziemlich allgemeiner Natur und nicht nur für praktische Anwendungen bedeutsam. Sie haben ihren Ursprung in theoretischen Fragestellungen der mathematischen Logik und sind schon vor Erfindung des Computers geprägt worden. Für gewisse Formelmengen, insbesondere für die in der logischen Programmierung wichtigen Mengen universaler Hornformeln, gewinnt man Termmodelle kanonisch. Hierbei handelt es sich um eine modelltheoretische Verallgemeinerung der sogenannten freien Strukturen wie freien Halbgruppen, Gruppen, Ringen usw.

Erst die in **4.2** vorgestellte Resolutionsmethode und ihre Verbindung mit der in **4.3** behandelten Unifikation ist durch maschinelle Informationsverarbeitung direkt inspiriert worden. Diese ist für die logische Programmierung ebenso wie für die darüber hinausgehenden Aufgaben des automatischen Beweisens von maßgeblicher Bedeutung. Resolution wird zuerst im Rahmen der Aussagenlogik erklärt. Der Resolutionssatz wird konstruktiv bewiesen, ohne Rückgriff auf den aussagenlogischen Kompaktheitssatz. Die Verbindung mit der Unifikation und ihre Anwendung auf die logische Programmierung erfolgt in **4.4**. Elementare Einführungen in diesen Problemkreis bieten auch [Schö] und [Ll], anspruchsvollere sind [GH] und [Do].

4.1 Termmodelle und der Satz von Herbrand

Sei $\mathcal{L}$ eine elementare Sprache. Unter einem *Termmodell* sei ein $\mathcal{L}$-Modell $\mathcal{F}$ verstanden, dessen Träger aus den Äquivalenzklassen $\bar{t}$ einer Kongruenz $\approx_{\mathcal{F}}$ auf der Termalgebra $\mathcal{T}$ der $\mathcal{L}$-Terme t besteht; dabei sei $f^{\mathcal{F}}(\overline{t_1},\dots,\overline{t_n}) := \overline{ft_1\cdots t_n}$, $c^{\mathcal{F}} := \bar{c}$ und $x^{\mathcal{F}} := \bar{x}$. Diese Variablenbelegung heißt auch die *kanonische*. Es ist immer im Auge zu behalten, dass $s \approx_{\mathcal{F}} t$ und $\bar{s} = \bar{t}$ ein und dasselbe bedeuten. Falls $\approx_{\mathcal{F}}$ die Identität in $\mathcal{T}$ ist, pflegt man den Träger von $\mathcal{F}$ mit $\mathcal{T}$ zu identifizieren.

Termmodelle sind uns schon des öfteren begegnet, sowohl in Lemma 3.2.5 als auch in Lemma 3.7.1. Bezeichnet $\mathfrak{F}$ die $\mathcal{F}$ unterliegende Struktur, so ist $\mathcal{F} = (\mathfrak{F}, w)$ mit $x^w = \bar{x}$. Unabhängig von einer Spezifikation der $r^{\mathcal{F}}$ gelten immer

(1) $t^{\mathcal{F}} = \bar{t}$ für alle $t \in \mathcal{T}$,

(2) $\mathcal{F} \vDash \forall\vec{x}\alpha \;\Leftrightarrow\; \mathcal{F} \vDash \alpha\frac{\vec{t}}{\vec{x}}$ für alle $\vec{t} \in \mathcal{T}^n$ (α quantorenfrei).

(1) folgt leicht durch Terminduktion. (2) ergibt sich von links nach rechts gemäß Korollar 2.3.6, und andersherum wie folgt: $\mathcal{F} \vDash \alpha\frac{\vec{t}}{\vec{x}}$ liefert $\mathcal{F}^{\vec{t}^{\mathcal{F}}}_{\vec{x}} \vDash \alpha$ nach dem Substitutionssatz 2.3.5. Nach (1) also $\mathcal{F}^{\bar{t}_1\cdots\bar{t}_n}_{x_1\cdots x_n} \vDash \alpha$, für alle $t_1,\dots,t_n \in \mathcal{T}$. Das aber bedeutet $\mathcal{F} \vDash \forall\vec{x}\alpha$, weil die Werte $\bar{t}$ für $t \in \mathcal{T}$ den Träger von $\mathcal{F}$ bereits ausschöpfen.

Wir erfassen nun die für den Vollständigkeitsbeweis aus Kapitel **3** ebenso wie für das Folgende wesentliche Konstruktion in Lemma 3.2.5 durch folgende

Definition. Das mit einer Formelmenge X *assoziierte Termmodell* $\mathcal{F}X$ sei dasjenige, für welches $\approx_{\mathcal{F}X}$ und die Relationen $r^{\mathcal{F}X}$ erklärt sind durch

$$s \approx_{\mathcal{F}X} t \Leftrightarrow X \vdash s = t \quad ; \quad r^{\mathcal{F}X}\overline{t_1}\cdots\overline{t_n} \Leftrightarrow X \vdash rt_1\cdots t_n\,.$$

Eine konsistente Menge $X \subseteq \mathcal{L}$ hat zwar nicht immer ein Termmodell in $\mathcal{L}$, siehe aber Satz 1.1 unten. Nach (1) ist $\mathcal{F}X \vDash s = t \Leftrightarrow \bar{s} = \bar{t} \Leftrightarrow X \vdash s = t$. Analog ergibt sich auch $\mathcal{F}X \vDash r\vec{t} \Leftrightarrow X \vdash r\vec{t}$. Deshalb gilt nebst (1) und (2) immerhin

(3) $\mathcal{F}X \vDash \pi \Leftrightarrow X \vdash \pi$ (π Primformel).

Oft wird X eine Theorie T oder ein Axiomensystem von T sein. Schreibt man $s \approx_T t$ für $s \approx_{\mathcal{F}T} t$ und sagt, s, t seien *äquivalent in* T, bedeutet $s \approx_T t$ dasselbe wie $\vdash_T s = t$. In folgendem Beispiel ist das Termmodell $\mathcal{F}T$ tatsächlich ein Modell für T.

Beispiel 1. Sei T die Theorie der Halbgruppen in $\mathcal{L}\{\circ\}$. Wegen des Assoziativgesetzes ist in T jeder Term t zu einem Term in Linksklammerung äquivalent, der mit $x_0\cdots x_n$ bezeichnet sei, d.h. $t \approx_T x_0\cdots x_n$. Hier liste $x_0,\dots,x_n$ die Variablen von t in der Reihenfolge ihres Vorkommens von links nach rechts auf, eventuell mit Wiederholungen. Man zeigt unschwer $(x_0\cdots x_n)\circ(y_0\cdots y_m) \approx_T x_0\cdots x_n y_0\cdots y_m$ und

$$x_0 \cdots x_n \approx_T y_0 \cdots y_m \Leftrightarrow m = n \;\&\; x_i = y_i \text{ für alle } i \leqslant n.$$

Deswegen kann man die Termklassen $\bar{t}$ einfach mit den Worten über dem Alphabet *Var* identifizieren. Genauer formuliert, die $\mathcal{F}T$ unterliegende Struktur ist isomorph zur Worthalbgruppe über dem Alphabet *Var* und folglich auch Modell für T.

Wir erweitern nun geringfügig den Modellbegriff. Sei $Var_k := \{\boldsymbol{v}_0, \dots, \boldsymbol{v}_{k-1}\}$, also $\mathcal{L}^k = \{\varphi \in \mathcal{L} \mid \mathit{frei}\,\varphi \subseteq Var_k\}$. Es heiße $(\mathcal{A}, w)$ ein *$\mathcal{L}^k$-Modell*, wenn $\mathit{dom}\,w \supseteq Var_k$, d.h. w muss für $\boldsymbol{v}_k, \boldsymbol{v}_{k+1}, \dots$ nicht erklärt sein. Ein $\mathcal{L}^k$-Modell ist stets auch ein $\mathcal{L}^m$-Modell für $m < k$. In diesem Sinne sind $\mathcal{L}$-Strukturen zugleich $\mathcal{L}^0$-Modelle.

Sei $\mathcal{T}_k := \{t \in \mathcal{T} \mid \mathit{var}\,t \subseteq Var_k\}$. Damit $\mathcal{T}_k$ auch für $k = 0$ nicht leer ist, setzen wir bei jeder Betrachtung von $\mathcal{T}_0$ stillschweigend voraus, dass $\mathcal{L}$ wenigstens eine Konstante enthält. Weil mit $t_1, \dots, t_n \in \mathcal{T}_k$ auch $f\vec{t} \in \mathcal{T}_k$, ist $\mathcal{T}_k$ für jedes k eine Subalgebra von $\mathcal{T}$. Für ein Termmodell $\mathcal{F}$ ist ebenso $\{\bar{t} \mid t \in \mathcal{T}_k\}$ gegenüber den $f^{\mathcal{F}}$ abgeschlossen, definiert also eine Substruktur der $\mathcal{F}$ unterliegenden Struktur. Diese wird durch $x \mapsto \bar{x}$ für $x \in Var_k$ in natürlicher Weise zu einem $\mathcal{L}^k$-Modell erweitert, das nachfolgend mit $\mathcal{F}_k$ bezeichnet sei. Der Träger von $\mathcal{F}_k$ ist $\{\bar{t} \mid t \in \mathcal{T}_k\}$. Für $X \subseteq \mathcal{L}^k$ ist $(\mathcal{F}X)_k$ offenbar ein $\mathcal{L}^k$-Modell, das kurz mit $\mathcal{F}_k X$ bezeichnet werde. Genau wie (1), (2), (3) verifiziert man leicht

(1_k) $t^{\mathcal{F}_k} = \bar{t}$ für alle $t \in \mathcal{T}_k$,

(2_k) $\mathcal{F}_k \vDash \forall\vec{x}\alpha \;\Leftrightarrow\; \mathcal{F}_k \vDash \alpha\frac{\vec{t}}{\vec{x}}$ für alle $\vec{t} \in \mathcal{T}_k^{\,n}$ (α quantorenfrei).

(3_k) $\mathcal{F}_k X \vDash \pi \;\Leftrightarrow\; X \vdash \pi$ (π Primformel aus $\mathcal{L}^k$)

Ist $\alpha = \forall\vec{x}\beta$ mit quantorenfreiem β, heiße $\beta\frac{\vec{t}}{\vec{x}}$ eine *Instanz von α*. Falls $\frac{\vec{t}}{\vec{x}} \in \mathcal{T}_k^{\,n}$, heiße $\beta\frac{\vec{t}}{\vec{x}}$ auch eine *$\mathcal{T}_k$-Instanz*, und für $k = 0$ auch eine *Grundinstanz von α*. Man beachte, Grundinstanzen sind sowohl variablen- als auch quantorenfrei. Es bezeichne $\mathrm{GI}(X)$ die Menge der Grundinstanzen einer Menge X aus $\forall$-Formeln.

Satz 1.1. *Sei U ($\subseteq \mathcal{L}$) eine Menge universaler Formeln und $\tilde{U}$ die Menge aller Instanzen der Formeln aus U. Dann sind gleichwertig*

(i) *U ist konsistent,* (ii) *$\tilde{U}$ ist konsistent,* (iii) *U hat ein Termmodell in $\mathcal{L}$.*

Dasselbe gilt, falls $U \subseteq \mathcal{L}^k$ und $\tilde{U}$ die Menge aller $\mathcal{T}_k$-Instanzen der Formeln aus U bezeichnet. Speziell ist eine Menge U von $\forall$-Aussagen einer Sprache mit Konstanten genau dann konsistent, wenn $\mathrm{GI}(U)$ konsistent ist.

Beweis. (i) $\Rightarrow$ (ii) ist klar, denn $U \vdash \tilde{U}$. (ii) $\Rightarrow$ (iii): Sei $\mathcal{M} \vDash \tilde{U}$ und $\mathcal{F} := \mathcal{F}X$ für $X := \{\varphi \in \mathcal{L} \mid \mathcal{M} \vDash \varphi\}$. Nach (3) ist $\mathcal{F} \vDash \pi \Leftrightarrow \mathcal{M} \vDash \pi$ ($\Leftrightarrow X \vdash \pi$) für Primformeln π. Induktion über $\wedge, \neg$ liefert dasselbe für alle quantorenfreien Formeln. Weil $\mathcal{M} \vDash \tilde{U}$, ist also $\mathcal{F} \vDash \tilde{U}$. Das ergibt $\mathcal{F} \vDash U$ nach (2). (iii) $\Rightarrow$ (i): Trivial. Falls $U \subseteq \mathcal{L}^k$, verläuft der Beweis mit (3_k), (2_k) und $\mathcal{F}_k = \mathcal{F}_k X$ für $X = \{\varphi \in \mathcal{L}^k \mid \mathcal{M} \vDash \varphi\}$ analog. ❑

Bemerkung 1. Mit diesem Satz lässt sich das Erfüllbarkeitsproblem für $X \subseteq \mathcal{L}$ grundsätzlich auf ein aussagenlogisches zurückführen. Denn nach Satz 2.6.3 ist X unter Einbeziehung neuer Operationssymbole erfüllbarkeitsgleich mit einer Menge U von $\forall$-Formeln und diese ist nach Satz 1.1 erfüllbarkeitsgleich mit der quantorenfreien Formelmenge $\tilde{U}$. Man ersetzt nun die in den Formeln von $\tilde{U}$ vorkommenden Primformeln π wie in den Beispielen in **1.5** durch Aussagenvariablen p_π, verschiedene Primformeln durch verschiedene Variablen. Nach Hinzufügen spezieller Formeln zur adäquaten Übersetzung von Gleichungen erhält man dann leicht eine erfüllbarkeitsgleiche Menge aussagenlogischer Formeln.

Mit Satz 1.1 erhalten wir für eine konsistente Menge U universaler *Aussagen* ein Termmodell $\mathcal{F}_0X$ für geeignetes $X \supseteq U$. Wichtig für die logische Programmierung ist nun der Fall, dass das Identitätssymbol in U nicht vorkommt. Dann hat U nämlich ein Modell $\mathcal{M}$ mit $\mathcal{M} \vDash s = t \Leftrightarrow s = t$ (Übung 2 in **3.2**), so dass im Beweis von Satz 1.1 eine Faktorisierung in der Konstruktion von $\mathcal{F}_0 = \mathcal{F}_0X$ entfällt und $\mathcal{T}_0$ selbst der Träger von $\mathcal{F}_0$ ist. $\mathcal{F}_0$ heißt auch ein *Herbrand-Modell* für U. Allgemein sei eine *Herbrand-Struktur* $\mathcal{A}$ eine solche mit dem Träger $\mathcal{T}_0$, in der die Operationen $f^\mathcal{A}$ kanonisch, d.h. durch $f^\mathcal{A}(t_1, \ldots, t_n) = f\vec{t}$ für $t_1, \ldots, t_n \in \mathcal{T}_0$ erklärt sind. Relationssymbole können hingegen ganz beliebig interpretiert sein.

Beispiel 2. Sei U die leere Aussagenmenge in $\mathcal{L} = \mathcal{L}\{0, \mathtt{S}\}$. Weil $=$ in U nicht vorkommt, besteht der Träger einer wie in Satz 1.1 konstruierten Herbrand-Struktur $\mathcal{F}_0$ aus allen Grundtermen von $\mathcal{L}$, d.h. aus den $\underline{n}$ ($= \mathtt{S}^n 0$). Mehr noch, $\mathcal{F}_0$ ist isomorphes Bild von $(\mathbb{N}, 0, \mathtt{S})$ mit dem Isomorphismus $n \mapsto \underline{n}$ wie man leicht sieht.

Um die Formulierungen übersichtlich zu halten, schreiben wir fortan auch $\mathcal{L}^\infty$, $\mathcal{T}_\infty$, $\mathcal{F}_\infty X$ für $\mathcal{L}$, $\mathcal{T}$ bzw. $\mathcal{F}X$. Wie üblich sei $k < \infty$ für alle $k \in \mathbb{N}$.

Satz 1.2 (Satz von Herbrand). *Sei $k \leqslant \infty$ und $U \subseteq \mathcal{L}^k$ eine Menge universaler Formeln, sowie $\exists\vec{x}\alpha \in \mathcal{L}^k$ mit quantorenfreiem α. Dann sind gleichwertig*

(i) $U \vdash \exists\vec{x}\alpha$,

(ii) $U \vdash \bigvee_{i \leqslant m} \alpha\frac{\vec{t}_i}{\vec{x}}$ für gewisse $\vec{t}_0, \ldots, \vec{t}_m \in \mathcal{T}_k^{\,n}$,

(iii) $\tilde{U} \vdash \bigvee_{i \leqslant m} \alpha\frac{\vec{t}_i}{\vec{x}}$ für gewisse $\vec{t}_0, \ldots, \vec{t}_m \in \mathcal{T}_k^{\,n}$ ($\tilde{U}$ wie in Satz 1.1).

Beweis. Weil $U \vdash \tilde{U}$, gilt sicher (iii)$\Rightarrow$(ii)$\Rightarrow$(i). Daher verbleibt der Beweis von (i)$\Rightarrow$(iii): Wegen (i) ist $U \cup \{\forall\vec{x}\neg\alpha\}$ inkonsistent. Nach Satz 1.1 also auch $X = \tilde{U} \cup Y$ mit $Y := \{\neg\alpha\frac{\vec{t}}{\vec{x}} \mid \vec{t} \in \mathcal{T}_k^{\,n}\}$. Damit folgt (iii) bereits aussagenlogisch: Man denke sich die Formeln von X wie in Bemerkung 1 beschrieben durch Aussagenvariablen ersetzt und argumentiere wie in Übung 1 in **1.4**. ❑

Dieser Satz gilt i.a. nicht für beliebige Formelmengen U. So gilt z.B. $\vdash_T \exists x\, x \circ y = z$ in der Gruppentheorie T in $\mathcal{L}\{e, \circ\}$, aber es lässt sich (etwas aufwendig) zeigen, dass für kein m und keine Terme $t_0, \ldots, t_m$ der Originalsprache $\vdash_T \bigvee_{i \leqslant m} t_i \circ y = z$.

Hornformeln. Wir definieren nun den für viele Zwecke nützlichen Begriff der *Hornformel* einer Sprache $\mathcal{L}$ und zugleich den einer aussagenlogischen Hornformel.

Definition. (a) Literale sind Basis-Hornformeln. Ist α eine Primformel und β eine Basis-Hornformel, so ist auch $\alpha \to \beta$ eine Basis-Hornformel.
(b) Basis-Hornformeln sind Hornformeln. Sind α, β Hornformeln, so auch $\alpha \land \beta$, sowie $\forall x\alpha$ und $\exists x\alpha$. Hornformeln ohne freie Variablen heißen *Hornaussagen.*

So ist z.B. $\forall x(y \in x \to x \notin y)$ eine Hornformel. Nach Definition ist $\alpha_1 \to \cdots \to \alpha_n \to \beta$ mit $n \geqslant 0$ die allgemeine Form einer Basis-Hornformel von $\mathcal{L}$, wobei die α_i Primformeln bezeichnen und β ein Literal ist. Im aussagenlogischen Fall sind die α_i einfach nur Aussagenvariablen und β ist ein aussagenlogisches Literal.

Man pflegt eine Formel α auch dann eine Hornformel bzw. Basis-Hornformel zu nennen, wenn sie zu einer solchen im eben definierten Sinne nur äquivalent ist. Weil

$$\alpha_1 \to \cdots \to \alpha_n \to \beta \equiv \alpha_1 \land \ldots \land \alpha_n \to \beta \equiv \beta \lor \neg\alpha_1 \lor \ldots \lor \neg\alpha_n,$$

sind Basis-Hornformeln bis auf Äquivalenz daher vom Typ

$$\text{I: } \alpha_0 \lor \neg\alpha_1 \lor \ldots \lor \neg\alpha_n \quad \text{oder} \quad \text{II: } \neg\alpha_0 \lor \neg\alpha_1 \lor \ldots \lor \neg\alpha_n$$

mit Primformeln $\alpha_0, \ldots, \alpha_n$. Dabei sei $\beta = \alpha_0$ oder $\beta = \neg\alpha_0$. Dies sind Disjunktionen aus Literalen, von denen höchstens eines eine Primformel ist. So werden diese Formeln oft definiert. Die anfängliche Definition hat jedoch Vorteile in Induktionsbeweisen. Basis-Hornformeln des Typs I heißen *positiv* und des Typs II *negativ.* Ist der Kern einer Hornformel φ in pränexer Gestalt eine Konjunktion aus positiven Basis-Hornformeln, heiße φ eine *positive* Hornformel. Eine *aussagenlogische* Hornformel, d.h. eine Konjunktion aussagenlogischer Basis-Hornformeln, lässt sich stets als eine KNF auffassen, deren Disjunktionen höchstens ein nichtnegiertes Glied enthalten. Offenbar darf man sich eine quantorenfreie Hornformel von $\mathcal{L}$ immer so entstanden denken, dass man in einer geeigneten aussagenlogischen Hornformel die Aussagenvariablen einfach durch Primformeln von $\mathcal{L}$ ersetzt. Enthält das Präfix einer pränexen Hornformel φ nur $\forall$-Quantoren, heißt φ eine *universale Hornformel.*

Beispiel 3. (a) Identitäten und Quasiidentitäten sind universale Hornaussagen, wie auch die Transitivität $(x \leqslant y \land y \leqslant z \to x \leqslant z)^\forall$, Reflexivität $(x \leqslant x)^\forall$ und die Irreflexivität $(x \nless x)^\forall$, nicht aber die Konnexität $(x \leqslant y \lor y \leqslant x)^\forall$, wohl aber z.B. auch die folgenden Kongruenzforderungen für $=$ (mit $\vec{x} = \vec{y} := \bigwedge_{i=1}^n x_i = y_i$):

$$(4) \quad (x = x)^\forall,\ (x = y \land x = z \to y = z)^\forall,\ (\vec{x} = \vec{y} \to r\vec{x} \to r\vec{y})^\forall,\ (\vec{x} = \vec{y} \to f\vec{x} = f\vec{y})^\forall.$$

(b) $\forall x \exists y\, x \circ y = e$ ist eine Hornaussage, jedoch keine universale. Daher ist z.B. die Theorie der dividierbaren abelschen Gruppen in $\mathcal{L}\{\circ, e\}$ eine *Horntheorie*, worunter man allgemein eine Theorie versteht, die ein Axiomensystem aus Hornaussagen besitzt. $\alpha := \forall x\exists y(x \neq 0 \to x \cdot y = 1)$ hingegen ist keine Hornaussage, weshalb die Körpertheorie T_K anscheinend keine Horntheorie ist. Das ist in der Tat so, d.h. α ist in T_K zu keiner Hornaussage äquivalent. Sonst wäre $\mathrm{Md}\, T_K$ nach Übung 1 unter direkten Produkten abgeschlossen. Dies ist nicht der Fall: Der Ring $\mathbb{Q} \times \mathbb{Q}$ hat Nullteiler – z.B. ist $(1,0) \cdot (0,1) = 0$ – und ist folglich kein Körper.

Satz 1.3. *Ist U eine konsistente Menge universaler Hornformeln, so ist $\mathcal{F} = \mathcal{F}U$ Modell für U. Im Falle $U \subseteq \mathcal{L}^k$ ist auch $\mathcal{F}_k = \mathcal{F}_k U$ Modell für U.*

Beweis. Es genügt $(*)$ $U \vdash \alpha \Rightarrow \mathcal{F} \vDash \alpha$ für universale Hornformeln α induktiv über den Aufbau von α zu beweisen. Für Primformeln ist dies klar, denn nach (3) ist sogar $\binom{*}{*}$ $U \vdash \pi \Leftrightarrow \mathcal{F} \vDash \pi$. Mit $U \vdash \neg\pi$ gilt $U \nvdash \pi$, denn U ist konsistent; nach $\binom{*}{*}$ also $\mathcal{F} \nvDash \pi$ und somit $\mathcal{F} \vDash \neg\pi$. Das beweist $(*)$ für alle Literale. Es sei nun $U \vdash \pi \to \alpha$, π Primformel, α Basis-Hornformel und $\mathcal{F} \vDash \pi$. $\binom{*}{*}$ ergibt $U \vdash \pi$. Weil $U \vdash \pi \to \alpha$, folgt $U \vdash \alpha$. Die Induktionsannahme liefert $\mathcal{F} \vDash \alpha$, womit $\mathcal{F} \vDash \pi \to \alpha$ gezeigt ist. Induktion über $\wedge$ ist klar. Damit ist $(*)$ für alle quantorenfreien Hornformeln bewiesen. Jede andere universale Hornformel ist bis auf logische Äquivalenz von der Gestalt $\forall\vec{x}\varphi$ mit einer quantorenfreien Hornformel φ wie man leicht sieht. Sei $U \vdash \forall\vec{x}\varphi$ und $\vec{t} \in \mathcal{T}^n$, also auch $U \vdash \varphi\frac{\vec{t}}{\vec{x}}$. Daher $\mathcal{F} \vDash \varphi\frac{\vec{t}}{\vec{x}}$ nach Induktionsannahme. $\vec{t}$ war beliebig, somit $\mathcal{F} \vDash \forall\vec{x}\varphi$ nach (2). Das beweist $(*)$. Für den Fall $U \subseteq \mathcal{L}^k$ verläuft der Beweis unter Beachtung von (2_k), (3_k) und mit $\mathcal{F}_k$ für $\mathcal{F}$ analog. ❑

Sei U in Satz 1.3 das Axiomensystem einer *universalen* Horntheorie T, d.h. U besteht aus universalen Hornaussagen. Weil dann $U \subseteq \mathcal{L}^k$ für alle $k \leqslant \infty$, gilt nach dem Satz $\mathcal{F}_k U \vDash T$. Sei T überdies *nichttrivial*, was $\nvdash_T x = y$ für $x \neq y$ heißen soll[1]. Die Erzeugenden $\overline{v}_i$ $(i < k)$ von $\mathcal{F}_k U$ sind dann paarweise verschieden. $\mathcal{F}_k U$ heißt auch *das freie T-Modell mit k vielen freien Erzeugenden*, siehe hierzu Beispiel 5.

Man beachte, $\mathcal{F}_0 U$ $(k = 0$ in Satz 1.3) ist nur definiert, wenn die Sprache Konstantensymbole c enthält; $\mathcal{F}_0 U$ wird dann von den $\overline{c}$ erzeugt. Kommt $=$ in U nicht vor, so ist T stets nichttrivial. $\mathcal{F}_0 U$ ist dann ein Herbrand-Modell für T, welches das *freie* oder *minimale Herbrand-Modell von T* genannt und fortan mit $\mathcal{C}_U$ oder $\mathcal{C}_T$ bezeichnet wird. Der Träger von $\mathcal{C}_U$ ist stets die Menge der Grundterme. Nach Definition gilt für jedes in der Sprache von T vorkommende Relationssymbol r

(5) $\mathcal{C}_U \vDash r\vec{t} \Leftrightarrow U \vdash r\vec{t}$ $(\vec{t}$ variablenfrei).

Beispiel 4. $U \subseteq \mathcal{L}\{0, \mathtt{S}, <\}$ bestehe aus den beiden universalen Hornaussagen

$$\forall x\, x < \mathtt{S}x \quad ; \quad \forall xyz(x < y \wedge y < z \to x < z)$$

und ist gleichheitsfrei. Wir wollen das Herbrand-Modell $\mathcal{C}_U$ exakt bestimmen, dessen Träger jetzt aus den Termen $\underline{n}$ $(= \mathtt{S}^n 0)$ besteht, und zeigen $\mathcal{C}_U \simeq \mathcal{N}_< := (\mathbb{N}, 0, \mathtt{S}, <)$.

[1] Im Falle $\vdash_T x = y$ hat T nur das „triviale" einelementige Modell.

Wegen $\mathcal{N}_< \vDash U$ gilt gewiss $U \vdash \underline{m} < \underline{n} \Rightarrow m < n$. Induktion über n, beginnend mit $n = \mathtt{S}m$, zeigt unschwer auch die Umkehrung. Also $U \vdash \underline{m} < \underline{n} \Leftrightarrow m < n$. Mit (5) ergibt dies $\mathcal{C}_U \vDash \underline{m} < \underline{n} \Leftrightarrow m < n$. Kurzum, $n \mapsto \underline{n}$ ist ein Isomorphismus von $\mathcal{N}_<$ auf $\mathcal{C}_U$ (obwohl z.B. $U \nvdash \forall x\, x \not< x$). Ein ähnliches Beispiel präsentiert Übung 2.

Beispiel 5. Für die universale Horntheorie T der Halbgruppen erwies sich die dem Termmodell $\mathcal{F}T$ unterliegende Struktur in Beispiel 1 als isomorph zur Worthalbgruppe über dem Alphabet *Var*. Diese repräsentiert also die (bis auf Isomorphie eindeutig bestimmte) freie Halbgruppe mit abzählbar vielen Erzeugenden. Analoges gilt bzgl. $\mathcal{F}_kT$ ($k > 0$) und der Worthalbgruppe über einem k-elementigen Alphabet.

Bemerkung 2. Das Wort „frei" rührt daher, dass man zur Erzeugung eines Homomorphismus auf ein anderes T-Modell über die Werte der freien Erzeugenden grob gesprochen „frei verfügen" kann. Freie Modelle in diesem Sinne gibt es nur für (konsistente) universale Horn-Theorien, wobei nebenbei bemerkt die Konsistenz von U in Satz 1.4 nach Übung 3 a priori gewährleistet ist, wenn U nur positive Hornformeln enthält.

Wir beschließen die etwas breiter angelegte als später ausgeschöpfte Theorie dieses Abschnitts mit einer besonders anwendungsfähigen Variante von Satz **1.2**.

Satz 1.4. *Sei $U \subseteq \mathcal{L}^k$ eine konsistente Menge von universalen Hornformeln und γ eine Konjunktion von Primformeln mit $\exists\vec{x}\gamma \in \mathcal{L}^k$. Dann sind äquivalent*

$$\text{(i) } \mathcal{F}_kU \vDash \exists\vec{x}\gamma, \quad \text{(ii) } U \vdash \gamma\tfrac{\vec{t}}{\vec{x}} \text{ für ein gewisses } \vec{t} \in \mathcal{T}_k^{\,n}, \quad \text{(iii) } U \vdash \exists\vec{x}\gamma.$$

Speziell ist für konsistente universale Horntheorien T einer gleichungsfreien Sprache mit Konstanten $\mathcal{C}_T \vDash \exists\vec{x}\gamma$ immer gleichwertig mit $\vdash_T \exists\vec{x}\gamma$.

Beweis. (i)⇒(ii): Mit $\mathcal{F}_kU \vDash \exists\vec{x}\gamma$ ist $\mathcal{F}_kU \vDash \gamma\frac{\vec{t}}{\vec{x}}$ für ein $\vec{t}$. Sonst wäre $\mathcal{F}_kU \vDash \neg\gamma\frac{\vec{t}}{\vec{x}}$ für alle $\vec{t}$, also $\mathcal{F}_kU \vDash \forall\vec{x}\neg\gamma$ nach (2_k) im Widerspruch zu (i). Für $\gamma = \pi_0 \wedge \ldots \wedge \pi_m$ gilt dann $\mathcal{F}_kU \vDash \pi_i\frac{\vec{t}}{\vec{x}}$ für $i = 1, \ldots, m$ und mithin $U \vdash \pi_i\frac{\vec{t}}{\vec{x}}$ nach (3_k). Daher $U \vdash \gamma\frac{\vec{t}}{\vec{x}}$. (ii)⇒(iii): Trivial. (iii)⇒(i): Satz 1.3 sagt $\mathcal{F}_kU \vDash U$. Mit $U \vdash \exists\vec{x}\gamma$ gilt also auch $\mathcal{F}_kU \vDash \exists\vec{x}\gamma$. Den Spezialfall erhält man aus (i) ⇔ (iii) für den Fall $k = 0$. ❑

Übungen

1. Man zeige, für eine Horntheorie T ist $\operatorname{Md} T$ stets abgeschlossen unter direkten Produkten und, falls T eine universale Theorie ist, auch unter Substrukturen.

2. Man zeige $\mathcal{C}_U \simeq (\mathbb{N}, 0, \mathtt{S}, \leqslant)$ für die Menge universaler Hornaussagen
$$U = \{\forall x\, x \leqslant x,\ \forall x\, x \leqslant \mathtt{S}x,\ \forall x\forall y\forall z(x \leqslant y \wedge y \leqslant z \to x \leqslant z)\}.$$
Dies gilt, obwohl z.B. $\forall x\forall y(x \leqslant y \vee y \leqslant x)$ aus U nicht beweisbar ist.

3. Man beweise, eine Menge positiver Hornformeln ist immer konsistent.

4.2 Aussagenlogische Resolution

Wir erinnern an das Problem schneller Entscheidung über Erfüllbarkeit aussagenlogischer Formeln. Dieses Problem ist von eminenter praktischer Bedeutung, da sich die meisten nichtnumerischen, also „logischen“ Probleme hierauf zurückführen lassen. Die bei Formeln mit wenigen Variablen recht praktikable Wahrheitstafel-Methode wächst vom Rechenaufwand her exponentiell mit der Anzahl der Variablen und ist schon für eine Variablenzahl von 100 selbst unter Einsatz modernster Rechner auch in absehbarer Zukunft nicht durchführbar. Leider gibt es bis heute im Prinzip keine besseren Verfahren – es sei denn, man hat es mit Formeln in spezieller Gestalt zu tun, z.B. mit gewissen Normalformen. Der allgemeine Fall repräsentiert ein ungelöstes, hier aber nicht näher diskutiertes Problem der theoretischen Informatik, das *P=NP*-Problem, siehe z.B. [GJ].

Für konjunktive Normalformen hat sich das nachfolgend vorgestellte *Resolutionsverfahren* bewährt. Rationeller Darstellung wegen geht man von einer Disjunktion $\lambda_1 \vee \ldots \vee \lambda_n$ von Literalen λ_i über zur Menge $\{\lambda_1, \ldots, \lambda_n\}$. Dadurch werden die für die Erfüllbarkeitsfrage unwesentliche Reihenfolge der Disjunktionsglieder und eventuell wiederholtes Auftreten derselben eliminiert. Eine endliche, möglicherweise leere Menge von Literalen heiße eine (aussagenlogische) *Klausel*. K, H, G, L, P, N bezeichnen im Folgenden Klauseln, $\mathcal{K}, \mathcal{H}, \mathcal{P}, \mathcal{N}$ Klauselmengen. $K = \{\lambda_1, \ldots, \lambda_n\}$ entspricht der Formel $\lambda_1 \vee \ldots \vee \lambda_n$. Der mit $\square$ bezeichneten *leeren Klausel* (es ist $n = 0$) entspricht die leere Disjunktion, die mit dem Falsum $\bot$ identifiziert wird. Für $m > 0$ heißt $K = \{q_1, \ldots, q_m, \neg r_1, \ldots, \neg r_k\}$ mit $q_i, r_j \in AV$ eine *positive*, für $m = 1$ auch eine *definite*, und für $m = 0$ eine *negative* Klausel. Diese Verabredungen werden übernommen, wenn die λ_i später Literale einer Sprache 1. Stufe bedeuten.

Wir schreiben $w \vDash K$ (eine Belegung *w erfüllt die Klausel K*), wenn K ein λ mit $w \vDash \lambda$ enthält. K heißt *erfüllbar*, wenn es ein w gibt mit $w \vDash K$. Man beachte, die leere Klausel $\square$ ist dem Wortlaut dieser Definition entsprechend nicht erfüllbar.

w heißt *Modell* für eine Klauselmenge $\mathcal{K}$, wenn $w \vDash K$ für alle $K \in \mathcal{K}$. Hat $\mathcal{K}$ ein Modell, heißt $\mathcal{K}$ auch *erfüllbar*. Im Unterschied zur leeren Klausel $\square$ wird die leere Klauselmenge $\emptyset$ von jeder Belegung erfüllt. w erfüllt eine KNF α genau dann, wenn w sämtliche Konjunktionsglieder, und damit sämtliche diesen Gliedern entsprechenden Klauseln erfüllt. Weil jede aussagenlogische Formel in eine KNF überführt werden kann, ist α erfüllbarkeitsgleich mit einer zugehörigen endlichen Klauselmenge. So ist z.B. die KNF $(p \vee q) \wedge (\neg p \vee q \vee r) \wedge (q \vee \neg r) \wedge (\neg q \vee s) \wedge \neg s$ erfüllbarkeitsgleich mit der zugehörigen Klauselmenge $\{\{p, q\}, \{\neg p, q, r\}, \{q, \neg r\}, \{\neg q, s\}, \{\neg s\}\}$.

Wir schreiben $\mathcal{K} \vDash H$, wenn jedes Modell von $\mathcal{K}$ auch die Klausel H erfüllt. Eine Klauselmenge $\mathcal{K}$ ist demnach dann und nur dann unerfüllbar, wenn $\mathcal{K} \vDash \square$.

Für $\lambda \notin K$ werden wir die Klausel $K \cup \{\lambda\}$ oft kurz durch K, λ bezeichnen. Ferner sei $\bar{\lambda} = \neg p$ für $\lambda = p$, $\bar{\lambda} = p$ für $\lambda = \neg p$ (so dass stets $\bar{\bar{\lambda}} = \lambda$) und $\bar{K} = \{\bar{\lambda} \mid \lambda \in K\}$.

Der *Resolutionskalkül* arbeitet mit Klauselmengen und Klauseln, sowie einer einzigen auf Klauseln bezogenen Regel, der sogenannten *Resolutionsregel*

$$\text{RR:} \quad \frac{K, \lambda \mid L, \bar{\lambda}}{K \cup L} \quad (\lambda, \bar{\lambda} \notin K \cup L).$$

Die Klausel $K \cup L$ heißt auch eine *Resolvente* der Klauseln K, λ und $L, \bar{\lambda}$. Die Einschränkung $(\lambda, \bar{\lambda} \notin K \cup L)$ ist nicht wirklich wichtig und könnte auch entfallen.

Eine Klausel H heißt *ableitbar* aus einer Klauselmenge $\mathcal{K}$, symbolisch $\mathcal{K} \vdash^{RR} H$, wenn H aus $\mathcal{K}$ durch schrittweise Anwendung von RR gewonnen werden kann oder gleichwertig, wenn H zur *Resolutionshülle* $Rh\mathcal{K}$ von $\mathcal{K}$ gehört, der kleinsten Klauselmenge $\mathcal{H} \supseteq \mathcal{K}$, die gegenüber Anwendung von RR abgeschlossen ist. Diese Erklärung entspricht völlig der einer MP-abgeschlossenen Formelmenge in **1.6**.

Beispiel. Sei $\mathcal{K} = \{\{p, \neg q\}, \{q, \neg p\}\}$. Anwendung von RR liefert die beiden Resolventen $\{p, \neg p\}$ und $\{q, \neg q\}$, woran man erkennt, dass ein Klauselpaar i.a. mehrere Resolventen hat. Jede weitere Anwendung von RR ergibt bereits vorhandene Klauseln, so dass $Rh\mathcal{K}$ nur die Klauseln $\{p, \neg q\}, \{q, \neg p\}, \{p, \neg p\}, \{q, \neg q\}$ enthält.

Die Anwendung von RR auf $\{p\}, \{\neg p\}$ ergibt die leere Klausel $\square$. Daher $\mathcal{K} \vdash^{RR} \square$ für die unerfüllbare Klauselmenge $\mathcal{K} = \{\{p\}, \{\neg p\}\}$. Tatsächlich ist die Ableitbarkeit der leeren Klausel nach dem Resolutionssatz unten charakteristisch für die Unerfüllbarkeit einer beliebigen Klauselmenge $\mathcal{K}$. Es muss nur geprüft werden, ob $\mathcal{K} \vdash^{RR} \square$ (also $\square \in Rh\mathcal{K}$) oder nicht. Dies ist für endliche $\mathcal{K}$ effektiv entscheidbar, weil $Rh\mathcal{K}$ endlich ist. In der Tat, eine bei Anwendung von RR auf Klauseln in $p_1, \ldots, p_n$ entstehende Resolvente enthält höchstens wieder diese Variablen. Ferner gibt es nur endlich viele Klauseln in den Variablen $p_1, \ldots, p_n$, nämlich genau 2^{2n} Stück. Das sind in Abhängigkeit von n aber immer noch exponentiell viele Klauseln. Abgesehen davon hat man bei der maschinellen Implementation des Resolutionskalküls meist mit potentiell unendlichen Mengen von Klauseln zu tun. Auf die damit verbundenen Probleme gehen wir am Ende von **4.4** kurz ein.

Die Ableitung einer Klausel H aus einer Klauselmenge $\mathcal{K}$, speziell eine solche der leeren Klausel, stellt man am besten durch einen sogenannten *Resolutionsbaum* graphisch dar. Es ist dies ein „von oben" gerichteter Baum mit dem Endpunkt H ohne Ausgang, der auch die *Wurzel* des Baumes genannt wird. Punkte ohne Eingangskanten heißen *Blätter*. Ein Punkt, der kein Blatt ist, hat 2 Eingänge, und die Punkte, von denen sie herrühren, heißen dessen *Vorgänger*. Die Punkte des Baumes tragen Klauselmengen in der Weise, dass ein Punkt, der kein Blatt ist, gerade eine Resolvente der beiden darüberstehenden Klauseln ist, siehe die nachfolgende Figur. Diese zeigt eine von mehreren Resolutionsbäumen für die bereits erwähnte Klauselmenge

$$\mathcal{K}_0 = \{\{p,q\},\{\neg p,q,r\},\{q,\neg r\},\{\neg q,s\},\{\neg s\}\}.$$

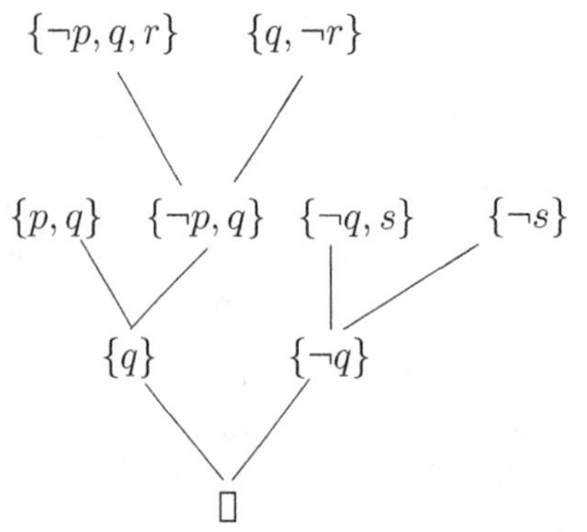

Die Blätter dieses Baumes sind alle von Klauseln aus $\mathcal{K}_0$ besetzt. Es ist klar, dass eine Klausel H im allgemeinen Falle genau dann zur Resolutionshülle einer Klauselmenge $\mathcal{K}$ gehört, wenn es einen Resolutionsbaum gibt mit Blättern aus $\mathcal{K}$ und der Wurzel H. Ein Resolutionsbaum mit Blättern aus $\mathcal{K}$ und der Wurzel □ wie in der Figur links für $\mathcal{K} = \mathcal{K}_0$ heißt eine *Resolution für* $\mathcal{K}$, genauer, eine *erfolgreiche Resolution für* $\mathcal{K}$. Nach dem bereits Gesagten ist $\mathcal{K}_0$ damit unerfüllbar, wie dann auch die der Klauselmenge $\mathcal{K}_0$ entsprechende konjunktive Normalform

$$(p \vee q) \wedge (\neg p \vee q \vee r) \wedge (q \vee \neg r) \wedge (\neg q \vee s) \wedge \neg s.$$

Bemerkung 1. Endet ein Resolutionsbaum mit einem Punkt $\neq$ □, auf den keine weitere Anwendung von RR mehr möglich ist oder reproduzieren sich dabei die Punkte, spricht man von einer *erfolglosen* Resolution. Bei den meisten Interpretern des Resolutionskalküls wird dann ein „backtracking“ unternommen, d.h. das Programm sucht im Baum rückwärts laufend den ersten Punkt, bei dem eine von mehreren Resolutionsalternativen ausgewählt wurden und verfolgt eine andere Alternative. Eine Auswahlstrategie muss in jedem Falle implementiert sein, denn wie jeder Logikkalkül, ist auch der Resolutionskalkül nichtdeterminiert, d.h. es gibt keine natürlichen Präferenzen über die Reihenfolge der Ableitungen, die zu einer erfolgreichen Resolution führen.

Es sei vermerkt, dass es für unendliche unerfüllbare Klauselmengen $\mathcal{K}$ trotz Ableitbarkeit der leeren Klausel auch unendliche Resolutionsbäume mit sich nicht wiederholenden Punkten geben kann, ohne dass □ je erscheint. Solche Bäume haben keine Wurzel. So ist z.B. die Klauselmenge

$$\mathcal{K} = \{\{p_1\},\{\neg p_1\},\{p_1,\neg p_2\},\{p_2,\neg p_3\},\dots\}$$

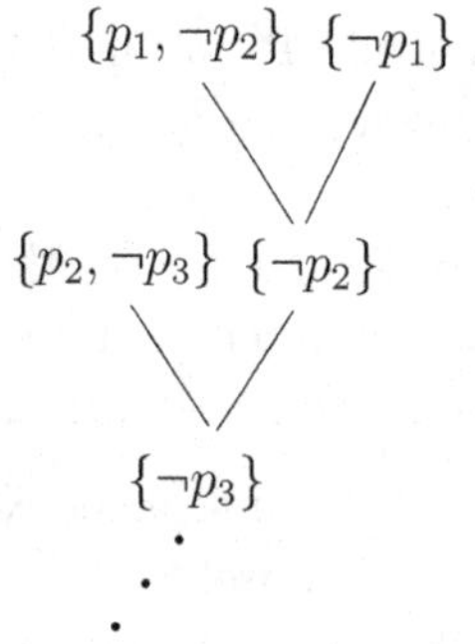

nicht erfüllbar. Wir erhalten hier den mit Blättern aus $\mathcal{K}$ besetzten unendlichen Resolutionsbaum der Figur rechts, der keine Wurzel hat und unberücksichtigt lässt, dass □ bereits durch einmalige Anwendung von RR auf die beiden ersten Klauseln aus $\mathcal{K}$ herleitbar ist. Diese Beispiele deuten darauf hin, dass durch den Resolutionskalkül i.a. keine Entscheidung über die Erfüllbarkeit unendlicher Klauselmengen herbeigeführt werden kann. Das ist in der Tat so wie in **4.4** gezeigt wird. Es gibt aber – falls $\mathcal{K}$ tatsächlich unerfüllbar ist – gemäß Satz 2.2 auch eine erfolgreiche Resolution für $\mathcal{K}$, die in endlicher Zeit prinzipiell auch gefunden werden kann.

Wir beginnen das genauere Studium des Resolutionskalküls mit

Lemma 2.1 (Korrektheitslemma). $\mathcal{K} \vdash^{RR} H \Rightarrow \mathcal{K} \vDash H$.

Beweis. Wie im Falle eines Hilbert-Kalküls genügt es, die Korrektheit der Regel RR zu bestätigen, also zu beweisen, dass ein Modell für K, λ und $L, \bar{\lambda}$ auch Modell für $K \cup L$ ist. Sei also $w \vDash K, \lambda$ und $w \vDash L, \bar{\lambda}$. **Fall 1:** $w \nvDash \lambda$. Dann gibt es ein Literal $\lambda' \in K$ mit $w \vDash \lambda'$. Also $w \vDash K$ und somit auch $w \vDash K \cup L$. **Fall 2:** $w \vDash \lambda$. Dann ist $w \nvDash \bar{\lambda}$. Also folgt analog wie oben $w \vDash L$ und damit ebenfalls $w \vDash K \cup L$. ❑

Für den Fall $\mathcal{K} \vdash^{RR} \square$ ergibt das Lemma $\mathcal{K} \vDash \square$, also die Unerfüllbarkeit von $\mathcal{K}$. Die Umkehrung von Lemma 2.1 gilt i.a. nicht – z.B. ist $\{\{p\}\} \vDash \{p, q\}$, nicht aber $\{\{p\}\} \vdash^{RR} \{p, q\}$. Sie gilt aber für $H = \square$. Dies folgt unmittelbar aus Satz 2.2, der oft auch in der Weise '$\mathcal{K}$ *ist unerfüllbar genau dann, wenn* $\mathcal{K} \vdash^{RR} \square$' formuliert wird.

Satz 2.2 (Resolutionssatz). $\mathcal{K}$ *ist erfüllbar genau dann, wenn* $\mathcal{K} \nvdash^{RR} \square$.

Beweis. Für erfüllbares $\mathcal{K}$ ist $\mathcal{K} \nvDash \square$, also $\mathcal{K} \nvdash^{RR} \square$ nach Lemma 2.1. Sei nun $\mathcal{K} \nvdash^{RR} \square$, oder gleichwertig $\square \notin \mathcal{H}$ mit $\mathcal{H} := Rh(\mathcal{K})$. Wir konstruieren schrittweise ein Modell $w = (v_1, v_2, \dots)$ für $\mathcal{H}$ und damit auch für $\mathcal{K}$, d.h. wir definieren die Werte $v_n = wp_n$ induktiv. Es sei $\Lambda^{(0)} = \mathcal{H}^{(0)} = \emptyset$ und für $n \geqslant 1$ sei $\Lambda^{(n)}$ die Menge aller Literale in $p_1, \dots, p_n$ (man beachte, die Variablennumerierung beginnt mit p_1), sowie $\mathcal{H}^{(n)}$ die Menge aller $K \in \mathcal{H}$ mit $K \subseteq \Lambda^{(n)}$ so dass p_n oder $\neg p_n$ oder beide zu K gehören. Gewiss ist $var\,\mathcal{H}^{(n)} \subseteq \{p_1, \dots, p_n\}$ und $\mathcal{H} = \bigcup_{n \in \mathbb{N}} \mathcal{H}^{(n)}$. Sei $v_1, \dots, v_n$ schon definiert, so dass $w_n := (v_1, \dots, v_n) \vDash \mathcal{H}^{(i)}$ für alle $i \leqslant n$. Dies gilt trivial für $n = 0$, denn die „leere Belegung“ erfüllt $\mathcal{H}^{(0)} = \emptyset$. Wir werden $v_{n+1} = wp_{n+1}$ so definieren, dass

$$(*) \quad w_{n+1} := (v_1, \dots, v_{n+1}) \vDash \mathcal{H}^{(n+1)} \quad \text{(Induktionsbehauptung).}$$

Wir müssen uns dabei nur um diejenigen $K \in \mathcal{H}^{(n+1)}$ kümmern, die *entweder* p_{n+1} *oder* $\neg p_{n+1}$ enthalten, und kein $\lambda \in \Lambda^{(n)}$ mit $w_n \vDash \lambda$, in diesem Beweis *sensitive* Klauseln genannt. Alle übrigen Klauseln aus $\mathcal{H}^{(n+1)}$ werden durch *jede* Expansion von w_n zu w_{n+1} erfüllt [2]. **Behauptung:** entweder ist $p_{n+1} \in K$ für *alle* sensitiven K – dann sei $v_{n+1} = 1$ – oder aber $\neg p_{n+1} \in K$ für alle sensitiven K, in welchem Falle $v_{n+1} = 0$ gesetzt wird, so dass $(*)$ in jedem Falle gilt. Wir zeigen die Behauptung. Angenommen es gibt sensitive K, H mit $p_{n+1} \in K$ und $\neg p_{n+1} \in H$ (also $\neg p_{n+1} \notin K$, $p_{n+1} \notin H$). Anwendung von RR auf H, K ergibt dann entweder $\square$ (was $\square \notin \mathcal{H}$ widerspricht), oder aber eine Klausel aus $\mathcal{H}^{(i)}$ für ein $i \leqslant n$ deren Literale nicht von w_n erfüllt werden, ein Widerspruch zu $w_n \vDash \mathcal{H}^{(i)}$. Das bestätigt die Behauptung. Daher $w_n \vDash \mathcal{H}^{(n)}$ für alle n, so dass $w = (v_1, v_2, \dots)$ ein Modell ist für ganz $\mathcal{H}$. ❑

[2] Der Anfänger sollte alle acht Kandidaten für $\mathcal{H}^{(1)} \subseteq \{\{p_1\}, \{\neg p_1\}, \{p_1, \neg p_1\}\}$ aufschreiben.

Bemerkung 2. Der obige Beweis ist konstruktiv, d.h. ist $\mathcal{K}$ effektiv gegeben und ist $\mathcal{K} \nvdash^{RR} \square$, kann eine erfüllende Belegung für $\mathcal{K}$ auch effektiv angegeben werden. Außerdem wurde für abzählbare Formelmengen X nebenbei der in traditionellen Beweisen meistens vorausgesetzte aussagenlogische Kompaktheitssatz noch einmal mitbewiesen. In der Tat, jede Formel ist zu einer KNF äquivalent, und damit ist X zu einer Klauselmenge $\mathcal{K}_X$ erfüllbarkeitsgleich. Ist also X nicht erfüllbar, gilt dasselbe für $\mathcal{K}_X$. Folglich $\mathcal{K}_X \vdash^{RR} \square$ nach Satz 2.2, und daher $\mathcal{K}_0 \vdash^{RR} \square$ für eine endliche Teilmenge $\mathcal{K}_0 \subseteq \mathcal{K}_X$. Damit ist klar, dass schon eine endliche (nämlich die der Klauselmenge $\mathcal{K}_0$ entsprechende) Teilmenge von X nicht erfüllbar ist.

Eine zu einer aussagenlogischen Basis-Hornformel gehörende Klausel heiße eine (aussagenlogische) *Hornklausel*. Diese ist offenbar genau dann positiv oder negativ, wenn dies für die entsprechende Hornformel zutrifft. Positive Hornklauseln haben die Gestalt $\{\neg q_1, \ldots, \neg q_n, p\}$ mit $n \geqslant 0$, negative die Gestalt $\{\neg q_1, \ldots, \neg q_k\}$. Zu den negativen Hornklauseln rechnet auch die leere Klausel ($k = 0$). Den Zusatz *aussagenlogisch* lassen wir weg, solange wir uns in der Aussagenlogik bewegen.

Für die Praxis ist wichtig, dass der Resolutionskalkül für Hornklauseln noch spezieller formuliert werden kann. Die leere Klausel lässt sich aus einer Hornklauselmenge, wenn überhaupt, bereits mit einer eingeschränkten Resolutionsregel gewinnen; ihre Anwendung wird auf Paare von Hornklauseln beschränkt, von denen eine positiv und die andere negativ ist. Dies ist die *Regel der Hornresolution*

$$\text{HR}: \quad \frac{K, p \mid L, \neg p}{K \cup L} \qquad (K, L \text{ negativ}, \ p, \neg p \notin K \cup L).$$

Eine positive Hornklausel ist definit. Deshalb ist die Resolvente einer Anwendung von HR eindeutig bestimmt und immer negativ. Daher hat ein H-Resolutionsbaum die einfache, durch die Figur links veranschaulichte Gestalt. Dabei bezeichnen $P_0, \ldots, P_\ell$ positive und $N_0, \ldots, N_{\ell+1}$ negative Hornklauseln. Ein solcher Baum heißt eine *H-Resolution für $\mathcal{P}, N$* (wobei $\mathcal{P}$ hier und überall eine Menge positiver Hornklauseln und N eine negative Klausel $\neq \square$ bedeuten soll), wenn (1) $P_i \in \mathcal{P}$ für alle $i \leqslant \ell$ und (2) $N_0 = N$ & $N_{\ell+1} = \square$ erfüllt sind. Man kann eine H-Resolution für $\mathcal{P}, N$ offenbar auch ansehen als eine Folge $(P_i, N_i)_{i \leqslant \ell}$ mit den Eigenschaften (0) $N_{i+1} = HR(P_i, N_i)$ für alle $i \leqslant \ell$, (1) und (2). Dabei bezeichnet $HR(P, N)$ die eindeutig bestimmte Resolvente, die durch Anwendung von HR auf die positive Klausel P und die negative Klausel N entsteht.

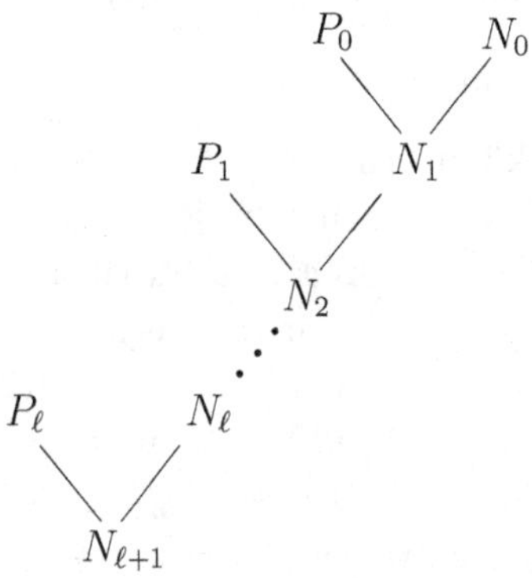

Der mit Hornklauseln und HR operierende Kalkül sei mit $\vdash^{HR}$ bezeichnet. Bevor wir dessen Vollständigkeit beweisen, sind aber noch einige Vorbereitungen nötig.

Eine Menge $\mathcal{P}$ positiver Hornklauseln hat immer das triviale Modell w_1 mit $w_1 p = 1$ für alle Variablen p. Um einen Überblick über alle Modelle von $\mathcal{P}$ zu gewinnen, beachte man die natürlichen Korrespondenz $w \longleftrightarrow V_w := \{p \in AV \mid w \vDash p\}$ zwischen Belegungen w und Teilmengen von AV. Wir setzen $w \leqslant w'$, wenn $V_w \subseteq V_{w'}$. Offenbar ist $w \vDash \{\neg q_1, \dots, \neg q_n, p\}$ genau dann, wenn $w \vDash q_1, \dots, q_n \Rightarrow w \vDash p$. Daher gilt $w \vDash \mathcal{P}$ genau dann, wenn $V = V_w$ die beiden folgenden Bedingungen erfüllt:

(a) $p \in V$ für $\{p\} \in \mathcal{P}$, (b) $q_1, \dots, q_n \in V \Rightarrow p \in V$, für $\{\neg q_1, \dots, \neg q_n, p\} \in \mathcal{P}$.

Unter allen (a) und (b) genügenden Teilmengen $V \subseteq AV$ gibt es offenbar eine kleinste, welche mit $V_{\mathcal{P}}$ bezeichnet sei. Das $V_{\mathcal{P}}$ entsprechende Modell von $\mathcal{P}$ sei mit $w_{\mathcal{P}}$ bezeichnet und heiße das *Minimalmodell* von $\mathcal{P}$. Weil $w_{\mathcal{P}} \leqslant w$ für alle $w \vDash \mathcal{P}$, lässt sich $V_{\mathcal{P}}$ auch wie folgt definieren: Sei $V_0 = \{p \in AV \mid \{p\} \in \mathcal{P}\}$ und

$$V_{k+1} = V_k \cup \{p \in AV \mid \{\neg q_1, \dots, \neg q_n, p\} \in \mathcal{P} \text{ für gewisse } q_1, \dots, q_n \in V_k\}.$$

Dann ist $V_{\mathcal{P}} = \bigcup_{k \in \mathbb{N}} V_k$, weil notwendig $V_k \subseteq V_w$ für alle k und $w \vDash \mathcal{P}$ wie man leicht einsieht, also $\bigcup_{k \in \mathbb{N}} V_k \subseteq V_{\mathcal{P}}$. Das minimale m mit $p \in V_m$ heiße der *Erzeugungsrang* von p bzgl. $\mathcal{P}$, Bezeichnung $e_{\mathcal{P}} p$. Diejenigen p mit $\{p\} \in \mathcal{P}$ haben den Erzeugungsrang 0. Die aus diesen durch Anwendung von (b) hinzukommenden Variablen haben den Erzeugungsrang 1 wenn sie nicht schon zu V_0 gehören, usw.

Lemma 2.3. *Sei $\mathcal{P}$ eine Menge positiver Hornklauseln und $q_0, \dots, q_k \in V_{\mathcal{P}}$. Dann gilt* (∗) $\mathcal{P}, N \vdash^{HR} \square$, *mit* $N = \{\neg q_0, \dots, \neg q_k\}$.

Beweis. Für Variablen $r_0, \dots, r_n \in V_{\mathcal{P}}$ sei $e_{\mathcal{P}}(r_0, \dots, r_n) := \max\{e_{\mathcal{P}} r_0, \dots, e_{\mathcal{P}} r_n\}$. Sei $\mu(r_0, \dots, r_n)$ die Anzahl der $i \leqslant n$ mit $e_{\mathcal{P}} r_i = e_{\mathcal{P}}(r_0, \dots, r_n)$. Die Behauptung wird induktiv über $e := e_{\mathcal{P}}(q_0, \dots, q_k)$ und $\mu := \mu(q_0, \dots, q_k)$ bewiesen. Sei zuerst $e = 0$, d.h. $\{q_0\}, \dots, \{q_k\} \in \mathcal{P}$. Dann gibt es gewiss eine H-Resolution für $\mathcal{P}, N$, nämlich $(\{q_i\}, \{\neg q_i, \dots, \neg q_k\})_{i \leqslant k}$. Sei nun $e > 0$ und o.B.d.A. $e = e_{\mathcal{P}} q_0$. Dann existieren $q_{k+1}, \dots, q_m \in V_{\mathcal{P}}$ mit $P := \{\neg q_{k+1}, \dots, \neg q_m, q_0\} \in \mathcal{P}$ sowie $e_{\mathcal{P}}(q_{k+1}, \dots, q_m) < e$. Also ist $e_{\mathcal{P}}(q_1, \dots, q_m) < e$, oder es ist $e_{\mathcal{P}}(q_1, \dots, q_m) = e$ und $\mu(q_1, \dots, q_m) < \mu$. Nach Induktionsannahme ist jedenfalls $\mathcal{P}, N_1 \vdash^{HR} \square$ für $N_1 := \{\neg q_1, \dots, \neg q_m\}$. Es gibt also eine H-Resolution $(P_i, N_i)_{1 \leqslant i \leqslant \ell}$ für $\mathcal{P}, N_1$. Dann aber ist $(P_i, N_i)_{i \leqslant \ell}$ mit $P_0 := P$ und $N_0 := N$ eine H-Resolution für $\mathcal{P}, N$, und alles ist bewiesen. ❑

Satz 2.4 (über Horn-Resolution). *Eine Menge $\mathcal{K}$ von Hornklauseln ist erfüllbar genau dann, wenn* $\mathcal{K} \nvdash^{HR} \square$.

Beweis. Die Bedingung $\mathcal{K} \nvdash^{HR} \square$ ist sicher notwendig. Sei andererseits $\mathcal{K}$ unerfüllbar, $\mathcal{K} = \mathcal{P} \cup \mathcal{N}$, alle $P \in \mathcal{P}$ seien positiv und alle $N \in \mathcal{N}$ negativ. Weil $w_{\mathcal{P}} \vDash \mathcal{P}$, gibt es ein $N = \{\neg q_0, \dots, \neg q_k\} \in \mathcal{N}$ mit $w_{\mathcal{P}} \nvDash N$. Folglich ist $w_{\mathcal{P}} \vDash q_0, \dots, q_k$, also $q_0, \dots, q_k \in V_{\mathcal{P}}$. Nach Lemma 2.3 ist dann $\mathcal{P}, N \vdash^{HR} \square$ und damit auch $\mathcal{K} \vdash^{HR} \square$. ❑

Korollar 2.5. *Sei $\mathcal{K} = \mathcal{P} \cup \mathcal{N}$ eine Menge aus Hornklauseln, alle $P \in \mathcal{P}$ positiv und alle $N \in \mathcal{N}$ negativ. Dann sind äquivalent*

(i) $\mathcal{K}$ *ist unerfüllbar,* (ii) $\mathcal{P}, N$ *ist unerfüllbar für ein gewisses* $N \in \mathcal{N}$.

Beweis. (i) impliziert $\mathcal{K} \vdash^{HR} \square$ nach Satz 2.4. Folglich gibt es ein $N \in \mathcal{N}$ und eine H-Resolution für $\mathcal{P}, N$, womit auch $\mathcal{P}, N$ unerfüllbar ist. (ii)⇒(i) ist trivial. ❑

Dieses Korollar lässt sich auch direkt mit Hilfe des Minimalmodells leicht beweisen. Man kann also die Untersuchung von Hornklauselmengen hinsichtlich Erfüllbarkeit gänzlich auf den Fall mit nur einer einzigen negativen Klausel beschränken.

Die bisher geschilderten Techniken übertragen sich ohne weiteres auf quantorenfreie Formeln einer Sprache $\mathcal{L}$ der 1. Stufe, indem man sich die Aussagenvariablen durch Primformeln von $\mathcal{L}$ ersetzt denkt. Klauseln sind dann endliche Mengen von Literalen aus $\mathcal{L}$. Nach der Bemerkung in **4.1** ist eine Formelmenge aus $\mathcal{L}$ immer auch erfüllbarkeitsgleich mit einer Menge quantorenfreier Formeln, die o.B.d.A. in konjunktiver Normalform gegeben seien. Zerlegung in die Konjunktionsglieder liefert eine erfüllbarkeitsgleiche Menge von Disjunktionen aus Literalen. Verwandelt man diese Disjunktionen in Klauseln, so erhält man eine Klauselmenge, für die sich eine Konsistenzbedingung nach der soeben zitierten Bemerkung auch aussagenlogisch formulieren lässt. Weil nun prädikatenlogische Beweise wegen der Äquivalenz von $X \vdash \alpha$ mit der Inkonsistenz von $X, \neg\alpha$ stets auf den Nachweis gewisser Inkonsistenzen reduzierbar sind, lassen sich derartige Beweise prinzipiell auch durch Resolution erbringen. Bevor wir näher hierauf eingehen, befassen wir uns erst mit einem weiteren Hilfsmittel des maschinellen Beweisens, der Unifikation.

Übungen

1. Man beweise, die erfüllbare Klauselmenge $\mathcal{P} = \{\{p_3\}, \{\neg p_3, p_1, p_2\}\}$ hat kein kleinstes Modell (die zweite Klausel ist keine Hornklausel).

2. Seien $p_{m,n,k}$ für $m, n, k \in \mathbb{N}$ Aussagenvariablen, $\mathtt{S}$ die Nachfolgerfunktion und $\mathcal{P}$ die Menge aller Klauseln, die zu den folgenden Hornformeln gehören:
$$p_{m,0,m} \ ; \ p_{m,n,k} \rightarrow p_{m,\mathtt{S}n,\mathtt{S}k} \qquad (m, n, k \in \mathbb{N}).$$
Diese Formeln werden in **4.4** als Grundinstanzen eines Logikprogramms zur Berechnung der Summe zweier natürlicher Zahlen gedeutet. Man beweise, das Minimalmodell $w_{\mathcal{P}}$ von $\mathcal{P}$ ist gegeben durch $w_{\mathcal{P}} \vDash p_{m,n,k} \Leftrightarrow k = m + n$.

3. Sei $\mathcal{P}$ die Hornklauselmenge der Übung 2. Man beweise
$$\text{(a) } \mathcal{P}, \neg p_{n,m,n+m} \vdash^{HR} \square, \quad \text{(b) } \mathcal{P}, \neg p_{n,m,k} \vdash^{HR} \square \Rightarrow k = n + m.$$

4.3 Unifikation

Ein entscheidendes Hilfsmittel der logischen Programmierung ist die Unifizierung. Dieser Begriff ist für beliebige Term- oder Formelmengen sinnvoll, aber wir benötigen ihn nur für *¬-freie* Klauseln $K \neq \square$ einer $=$-freien Sprache, d.h. K enthält nur unnegierte Primformeln, die keine Gleichungen sind. Ein derartiges K heiße *unifizierbar*, wenn es eine (simultane) Substitution ω gibt, so dass $K^\omega := \{\lambda^\omega \mid \lambda \in K\}$ genau ein Element enthält. Eine solches ω werde ein *Unifikator* von K genannt.

Beispiel 1. Sei $K = \{rxfxz, rfyzu\}$, r und f 2-stellig. Hier ist $\omega = \frac{fyz}{x}\frac{ffyzz}{u}$ ein Unifikator, denn es ist $K^\omega = \{rfyzffyzz\}$ wie man unmittelbar verifiziert.

Offenbar ist kein K unifizierbar, das mit verschiedenen Relationszeichen beginnende Literale enthält. Allgemeiner, enthält K zwei Literale mit verschiedenen Symbolen ζ_1, ζ_2 an gleicher Positition, so ist K nicht unifizierbar, falls $\zeta_1, \zeta_2 \notin \mathit{Var}$. Ein weiteres Unifikationshindernis wird deutlich in

Beispiel 2. Sei $K = \{rx, rfx\}$, d.h. r und f sind 1-stellig. K ist nicht unifizierbar. Denn ist σ ein Unifikator von K, so gilt offenbar $x^\sigma = (fx)^\sigma = fx^\sigma$. Das aber ist unmöglich, denn die Terme x^σ und $(fx)^\sigma$ haben verschiedene Länge.

Mit σ ist trivialerweise auch $\sigma\tau$ für eine beliebige Substitution τ ein Unifikator. Ein Unifikator ω heiße *generisch* (oder ein *allgemeinster Unifikator*) für K, wenn jeder andere Unifikator τ von K eine Darstellung $\tau = \omega\sigma$ für eine Substitution σ besitzt. Nach Satz 3.1 unten gibt es für eine unifizierbare Klauselmenge immer auch einen generischen Unifikator. So ist die Substitution ω in Beispiel 1 bereits generisch.

Unter einer *Umbenennung* verstehen wir der Einfachheit halber eine simultane Substitution ρ (von *renaming*) mit $\rho^2 = \iota$. Ein solches ρ ist notwendig bijektiv und vertauscht einige Variable miteinander, was unseren Erfordernissen genügt. Ist etwa $x_i^\rho = y_i \ (\neq x_i)$ und daher $y_i^\rho = x_i$ für $i = 1, \ldots, n$, sowie $z^\rho = z$ sonst, schreibt man auch $\rho = \binom{x_1 \cdots x_n}{y_1 \cdots y_n}$. So vertauscht $\rho := \binom{x\,y}{u\,v} = \binom{u\,v}{x\,y}$ z.B. x mit u und y mit v. Für eine Umbenennung ρ ist mit ω auch $\omega' = \omega\rho$ ein generischer Unifikator von K. Denn ist τ ein Unifikator von K, so gibt es ein σ mit $\tau = \omega\sigma$ und für $\sigma' := \rho\sigma$ ist wegen $\rho^2 = \iota$ dann $\tau = \omega\rho^2\sigma = (\omega\rho)(\rho\sigma) = \omega'\sigma'$. Wählt man in Beispiel 1 etwa $\rho := \binom{y\,z}{u\,v}$, erhält man den generischen Unifikator $\omega' = \omega\rho$, mit $K^{\omega'} = \{rfuvffuvv\}$.

Wir beschreiben nun ein Verfahren in Form eines Flussdiagramms, den mit $\mathfrak{U}$ bezeichneten *Unifikationsalgorithmus*, der für jede wie oben beschriebene Klausel K prüft ob K unifizierbar ist, und im positiven Falle einen sogar generischen Unifikator produziert. $\mathfrak{U}$ benutzt eine Substitutionsvariable σ mit dem Anfangswert ι. Zu Rechnungsbeginn ist also $K^\sigma = K$. Die *ersten Unterscheidungsbuchstaben* von $\alpha_1 \neq \alpha_2$ aus K seien die ersten Symbole von links gesehen, in denen α_1, α_2 sich unterscheiden. Das Diagramm enthält eine Schleife, beginnend mit der linken unteren Testfrage und umfasst zwei weitere Testfragen auf der rechten Digrammseite.

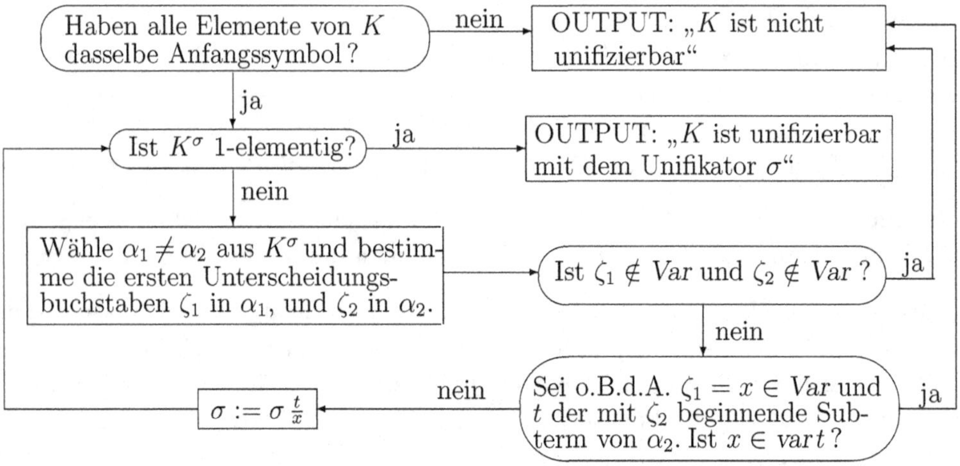

Bei jedem Durchlauf durch die (einzige) Schleife des Diagramms vermindert die neue Substitution $\sigma\,\frac{t}{x}$ wegen $x \notin var\,t$ die Anzahl der in K^σ vorkommenden Variablen. Daher stoppt $\mathfrak{U}$ bei Eingabe einer Klausel K in jedem Falle und hält in einem der beiden Kästchen, in denen $\mathfrak{U}$ einen OUTPUT (eine Ausgabe) produziert. Wir wissen nur noch nicht, ob $\mathfrak{U}$ stets im „richtigen“ Kästchen landet, also die richtige Antwort gibt. Im unteren der beiden OUTPUT-Kästchen wird überdies der Endwert von σ ausgedruckt. Es sei σ_0 die identische Substitution und σ_i für $i > 0$ der Wert von σ nach dem i-ten Schleifendurchlauf, deren Gesamtzahl m sei.

Beispiel 3. $\mathfrak{U}$ werde auf K aus Beispiel 1 angesetzt. Die ersten Unterscheidungsbuchstaben für die beiden Elemente $\alpha_1, \alpha_2 \in K$ sind $\zeta_1 = x$ und $\zeta_2 = f$. Der mit ζ_2 in α_2 beginnende Subterm ist $t = fyz$. Also $\sigma_1 = \frac{fyz}{x}$ und K^σ hat nach dem ersten Schleifendurchlauf den Wert $\{rfyzffyzz, rfyzu\}$. Die ersten Unterscheidungsbuchstaben sind hier f und u. Der mit f (an 5. Stelle) beginnende Subterm ist $t = ffyzz$. Weil $u \notin var\,ffyzz$, wird die Schleife nochmals durchlaufen und es ist $\sigma_2 = \sigma_1 \frac{ffyzz}{u} = \frac{fyz}{x}\frac{ffyzz}{u}$. Dies ist bereits ein Unifikator, und $\mathfrak{U}$ beendet die Rechnung mit dem OUTPUT „K ist unifizierbar mit dem Unifikator $\frac{fyz}{x}\frac{ffyzz}{u}$“.

Satz 3.1. *$\mathfrak{U}$ ist korrekt, d.h. $\mathfrak{U}$ gibt bei Eingabe einer negationsfreien Klausel K stets die richtige Antwort. Darüber hinaus unifiziert $\mathfrak{U}$ mit generischem Unifikator.*

Beweis. $\mathfrak{U}$ ist sicher korrekt, wenn zwei Elemente von K sich schon in ihren Anfangsbuchstaben unterscheiden. Alle $\alpha \in K$ mögen daher mit gleichem Buchstaben beginnen. Stoppt $\mathfrak{U}$ mit der Ausgabe „K ist unifizierbar...“, ist K auch unifizierbar, weil vorher getestet wurde, ob K^σ 1-elementig ist. Ist daher K nicht unifizierbar, stoppt $\mathfrak{U}$ mit der korrekten Antwort „K ist nicht unifizierbar". Daher ist noch nachzuweisen, dass $\mathfrak{U}$ auch im unifizierbaren Falle korrekt antwortet. Das ist trivial für 1-elementige Eingaben. Im allgemeinen Falle sei τ ein beliebig gewählter Unifikator. Es ist zu bestätigen, dass $\mathfrak{U}$ keinen Schleifendurchlauf mit dem oberen OUTPUT abbricht, also beide Testfragen mit Auslauf zum oberen OUTPUT verneint werden. Für die obere Testfrage ist dies klar, weil die Symbole ζ_1, ζ_2 für $\zeta_1, \zeta_2 \notin Var$ bei Substitutionen erhalten bleiben und Unifizierung entgegen Annahme unmöglich wäre. Für die untere Testfrage (Ist $x \in var\,t$?) mögen wir uns im $(i+1)$-ten Schleifendurchlauf $(i < m)$ befinden. Es ist zu zeigen $x \notin var\,t$. Nur dann ist die Antwort korrekt und der Schleifendurchlauf wird fortgesetzt. Weiter unten beweisen wir

$$(*) \quad \text{es gibt ein } \tau_i \text{ mit } \sigma_i\tau_i = \tau \quad (\sigma_i = \text{Wert von } \sigma \text{ nach } i\text{-tem Durchlauf}).$$

Angenommen im (i+1)-ten Schleifendurchlauf ist $x \in var\,t$, mit $\alpha_1, \alpha_2 \in K^\sigma$ wie im Diagramm gewählt. Weil $\sigma_i\tau_i = \tau$ Unifikator ist, gilt $\alpha_1^{\tau_i} = \alpha_2^{\tau_i}$ und folglich auch $\binom{*}{*}$ $x^{\tau_i} = t^{\tau_i}$ nach Übung 2 in **2.2**. Dann ist $x \in var\,t$ aber unmöglich, denn sonst hätten x^{τ_i} und t^{τ_i} wie in Beispiel 2 verschiedene Länge. Dies bestätigt die Korrektheit des Diagramms auch im unifizierbaren Falle. $(*)$ besagt insbesondere $\sigma_m\tau_m = \tau$. Da τ beliebig gewählt war und die σ_i von der Wahl von τ nicht abhängen, ist $\sigma := \sigma_m$ in der Tat generischer Unifikator von K.

Es verbleibt der Beweis von $(*)$, der induktiv über $i \leqslant m$ erfolgt. Für $i = 0$ (vor dem ersten Durchlauf) ist $(*)$ trivial; man wähle einfach $\tau_0 := \tau$. Sei $(*)$ richtig für i mit $i < m$. Wie oben schon bewiesen wurde, gilt $\binom{*}{*}$ beim Durchlauf durch die Testfrage $x \in var\,t$? Wir setzen $\tau_{i+1} := \frac{t}{x}\,\tau_i$ und behaupten $\frac{t}{x}\,\tau_{i+1} = \tau_i$. Für $y \neq x$ gilt $y^{\frac{t}{x}\,\tau_{i+1}} = y^{\tau_{i+1}} = y^{\frac{t}{x}\,\tau_i} = y^{\tau_i}$, aber es ist auch

$$\begin{aligned} x^{\frac{t}{x}\,\tau_{i+1}} = t^{\tau_{i+1}} &= t^{\tau_i} \quad (\text{weil } x \text{ in } t \text{ nicht vorkommt}) \\ &= x^{\tau_i} \quad (\text{nach } \tbinom{*}{*}). \end{aligned}$$

$\frac{t}{x}\,\tau_{i+1} = \tau_i$ und $\sigma_{i+1} = \sigma_i\,\frac{t}{x}$ ergeben schließlich $\sigma_{i+1}\tau_{i+1} = \sigma_i\,\frac{t}{x}\,\tau_{i+1} = \sigma_i\tau_i = \tau$. ❑

Übungen

1. Man zeige, für Primformeln α, β ohne gemeinsame Variable sind gleichwertig:

   (i) $\{\alpha, \beta\}$ ist unifizierbar, (ii) es gibt Substitutionen σ, τ mit $\alpha^\sigma = \beta^\tau$.

2. Man zeige: $\sigma = \frac{\vec{t}}{\vec{x}}$ ist idempotent (d.h. $\sigma^2 = \sigma$) genau dann, wenn $x_i \notin var\,\vec{t}$.

3. Für Klauseln K_0, K_1 heiße ρ ein *Separator*, wenn ρ eine Umbenennung ist mit $var\,K_0^\rho \cap var\,K_1 = \emptyset$. Seien K_0, K_1 negationsfrei. Man zeige, mit $K_0 \cup K_1$ ist auch $K_0^\rho \cup K_1$ unifizierbar (im Allgemeinen aber nicht umgekehrt).

4.4 Logikprogrammierung

Ein recht allgemeiner Ansatz der Wissensverarbeitung in Systemen der künstlichen Intelligenz besteht darin, aus gewissen, in Gestalt einer Formelmenge X gegebenen Daten und Fakten per Computer Folgerungen φ zu ziehen, also $X \vdash \varphi$ (oder $X \vDash \varphi$) maschinell zu beweisen. Dass dies prinzipiell möglich ist, wurde in **3.5** dargelegt. Praktisch ist dies i.a. jedoch nur durchführbar, wenn gewisse Einschränkungen über die Gestalt der Formeln in X, φ in Kauf genommen werden. Dabei beziehen wir uns auf eine der jeweiligen Problemstellung angepasste Sprache $\mathcal{L}$ der 1. Stufe. Für die Logikprogrammierung sind folgende Einschränkungen kennzeichnend:

- $\mathcal{L}$ ist gleichheitsfrei und enthält mindestens ein Konstantensymbol,
- X enthält nur positive universale Hornaussagen,
- φ ist eine Aussage der Gestalt $\exists\vec{x}(\gamma_0 \wedge \ldots \wedge \gamma_k)$ mit Primformeln γ_i.

Man beachte, $\neg\varphi$ ist äquivalent zu $\forall\vec{x}(\neg\gamma_0 \vee \ldots \vee \neg\gamma_k)$, also eine negative universale Hornaussage. Weil sich $\forall$-Quantoren auf Konjunktionen verteilen lassen, kann man o.B.d.A. davon ausgehen, jede Aussage $\alpha \in X$ sei von der Gestalt

$$(\beta_1 \wedge \ldots \wedge \beta_m \to \beta)^{\forall} \quad (\beta, \beta_1, \ldots, \beta_m \text{ Primformeln, } m \geqslant 0).$$

Eine endliche Menge von Aussagen dieser Art heiße ein *Logikprogramm* und werde fortan mit dem Buchstaben $\mathcal{P}$ bezeichnet. In der Programmiersprache PROLOG schreibt man diese Aussagen unter Weglassung der Quantoren in der Weise

$$\beta :- \beta_1, \ldots, \beta_m \quad (\text{für } m = 0 \text{ sei dies die Zeichenfolge } \beta :-).$$

:– symbolisiert sozusagen die konverse Implikation. Für $m = 0$ heißen solche Programmklauseln *Fakten*, für $m > 0$ *Regeln*. Die Aussage $\varphi = \exists\vec{x}(\gamma_0 \wedge \ldots \wedge \gamma_k)$ oben ($\exists\vec{x}$ kann leer sein) heißt auch eine *Anfrage* an $\mathcal{P}$ und wird in PROLOG in der Weise $:- \gamma_0, \ldots, \gamma_k$ notiert [3)]. Ursprung dieser Notation ist die Äquivalenz des Kerns von $\forall\vec{x}(\neg\gamma_0 \vee \ldots \vee \neg\gamma_k)$ zu $\bot \leftarrow \gamma_0 \wedge \ldots \wedge \gamma_k$. Mit Regeln gelangt man von vorgegebenen zu neuen Fakten, aber auch zu Antworten auf Anfragen. Den kleinen Unterschied zwischen einem Logikprogramm als Formelmenge und ihrer Niederschrift in PROLOG dürfen wir ohne Nachteile vernachlässigen.

Der Verzicht auf das $=$-Symbol ist nicht wirklich gravierend. Das wird auch in den Beispielen 1 und 4 und den Schlussausführungen dieses Abschnitts deutlich. Erforderlichenfalls kann $=$ durch Hinzufügen der Hornaussagen (4) in **4.1** wie ein

3) auch $?- \gamma_0, \ldots, \gamma_k$. Wie jede Programmiersprache, hat auch PROLOG gewisse „Dialekte“. Wir halten uns daher nicht konsequent an eine bestimmte Syntax. Auch übergehen wir viele Details, etwa dass Variablen stets mit Großbuchstaben beginnen und dass PROLOG einige unveränderliche Prädikate wie read, … kennt, die der Kommunikation mit dem Nutzer dienen.

2-stelliges Relationssymbol behandelt werden. Die Bedingung des Vorhandenseins eines Konstantensymbols sichert die Existenz von Herbrand-Modellen für $\mathcal{P}$.

Programmklauseln und negierte Anfragen können auch als Hornklauseln geschrieben werden: $\beta :- \beta_0, \dots, \beta_m$ als $\{\neg\beta_1, \dots, \neg\beta_n, \beta\}$, und $:- \gamma_0, \dots, \gamma_k$ als $\{\neg\gamma_0, \dots, \neg\gamma_k\}$. Für ein Logikprogramm $\mathcal{P}$ werde die entsprechende Menge positiver Hornklauseln mit $\mathcal{P}$ bezeichnet. Eine Verwechslung von $\mathcal{P}$ und $\mathcal{P}$ ist harmlos, weil man beide Dinge fast immer identifizieren kann. Um dies auch semantisch zu untermauern, bedeute $\mathcal{A} \vDash K$ $(= \{\lambda_0, \dots, \lambda_k\})$ für $\mathcal{L}$-Strukturen $\mathcal{A}$ einfach $\mathcal{A} \vDash \bigvee_{i \leqslant k} \lambda_i$. Gleichwertig ist $\mathcal{A} \vDash (\bigvee_{i \leqslant k} \lambda_i)^\forall$. Und für $\mathcal{L}$-Modelle $\mathcal{M}$ bedeute $\mathcal{M} \vDash K$ eben $\mathcal{M} \vDash \bigvee_{i \leqslant k} \lambda_i$. Es meinen dann z.B. $\mathcal{A} \vDash \{\neg\gamma_0, \dots, \neg\gamma_k\}$ und $\mathcal{A} \vDash \neg\gamma_0 \vee \dots \vee \neg\gamma_k$ ein und dasselbe.

Der leeren Klausel entspricht $\bot$, so dass stets $\mathcal{A} \nvDash \square$. Gibt es ein $\mathcal{A} \vDash K$ für alle $K \in \mathcal{K}$, so heißt $\mathcal{A}$ ein *Modell für* $\mathcal{K}$ und $\mathcal{K}$ heißt *erfüllbar* oder *konsistent*, weil dies gleichwertig ist mit der Konsistenz der $\mathcal{K}$ entsprechenden Aussagenmenge. Ferner sei $\mathcal{K} \vDash H$, wenn jedes Modell von $\mathcal{K}$ auch H erfüllt. Offenbar ist $\mathcal{K} \vDash K^\sigma$ für $K \in \mathcal{K}$ und beliebige Substitutionen σ, weil $\mathcal{A} \vDash K \Rightarrow \mathcal{A} \vDash K^\sigma$. Die Klausel K^σ heißt auch eine *Instanz* von K, speziell eine *Grundinstanz*, wenn $\mathit{var}\, K^\sigma = \emptyset$.

Ein Logikprogramm $\mathcal{P}$ ist als Menge positiver Hornformeln stets konsistent. Alle Fakten und Regeln von $\mathcal{P}$ gelten im minimalen Herbrand-Modell $\mathcal{C}_\mathcal{P}$, welches man sich als Modell eines Gegenstandsbereichs vorstellen sollte, über den man mit $\mathcal{P}$ Aussagen zu machen wünscht. Man schreibt Logikprogramme $\mathcal{P}$ immer so, dass ein Sachverhalt oder ein Expertenwissen möglichst genau durch $\mathcal{C}_\mathcal{P}$ modelliert wird und muss $\mathcal{C}_\mathcal{P}$ deshalb kennen. Gilt $(*)$ $\mathcal{P} \vdash \exists\vec{x}\gamma$, besteht ein zentrales Anliegen darin, konkrete „Lösungen" von $(*)$ zu gewinnen. Dabei heiße $\gamma\frac{\vec{t}}{\vec{x}}$ oder auch nur $\frac{\vec{t}}{\vec{x}}$ eine *Lösung* von $(*)$, wenn $\mathcal{P} \vdash \gamma\frac{\vec{t}}{\vec{x}}$. Oft spricht man dann auch von der Lösung $\vec{x} = \vec{t}$. Für variablenfreies $\vec{t}$ entsprechen ihr wohlbestimmte Objekte in $\mathcal{C}_\mathcal{P}$.

Logikprogrammierung folgt der Strategie eines Nachweises von $\mathcal{P} \vdash \varphi$ (φ Anfrage) durch den Inkonsistenznachweis von $\mathcal{P}, \neg\varphi$. Dafür genügt nach Satz 1.1 der Inkonsistenzbeweis von $\mathrm{GI}(\mathcal{P}, \neg\varphi)$. In grober Beschreibung genügt hierfür nach Satz 2.2 die Herleitbarkeit der leeren Klausel aus der $\mathrm{GI}(\mathcal{P}, \neg\varphi)$ entsprechenden Klauselmenge $\mathrm{GI}(\mathcal{P}, N)$. Dabei sei $\mathrm{GI}(\mathcal{K})$ allgemein die Menge aller Grundinstanzen der Klauseln aus einer Klauselmenge $\mathcal{K}$, und $N = \{\neg\gamma_1, \dots, \neg\gamma_n\}$ sei die der Anfrage φ entsprechende negative Klausel, die sogenannte *Zielklausel*.

Man geht nun noch etwas geschickter vor und arbeitet nicht nur mit Grundinstanzen, sondern mit beliebigen Instanzen. Die Suche nach Resolutionen geschieht auch nicht zufällig oder willkürlich, sondern mit einem möglichst sparsamen Einsatz von Substitutionen zum Zwecke der Unifizierung, wenn dadurch Resolutionen zustande kommen. Vor ihrer allgemeinen Formulierung in Satz 4.2 erläutern wir diese Methode der „unifizierten Resolution" in zwei leicht überschaubaren Beispielen.

Beispiel 1. Wir betrachten das folgende Logikprogramm $\mathcal{P}_+$ in $\mathcal{L}\{0, \mathsf{S}, \mathsf{sum}\}$:

$$\forall x \,\mathsf{sum}\, x0x \ ; \ \forall x \forall y \forall z(\mathsf{sum}\, xyz \to \mathsf{sum}\, x\mathsf{S}y\mathsf{S}z).$$

In PROLOG könnte man diese Programmklauseln auch notieren in der Weise

$$\mathsf{sum}\, x0x \;{:}{-} \quad ; \quad \mathsf{sum}\, x\mathsf{S}y\mathsf{S}z \;{:}{-}\; \mathsf{sum}\, xyz$$

$\mathcal{P}_+$ entspricht der Hornklauselmenge $\mathcal{P}_+ = \{\{\mathsf{sum}\, x0x\}, \{\neg\mathsf{sum}\, xyz, \mathsf{sum}\, x\mathsf{S}y\mathsf{S}z\}\}$ und beschreibt den Graphen der Addition in $\mathbb{N}$; genauer, $\mathcal{C}_{\mathcal{P}_+} \simeq \mathcal{N} = (\mathbb{N}, 0, \mathsf{S}, \mathsf{sum})$, mit $\mathsf{sum}^{\mathcal{N}} = graph{+}$, also $\mathcal{C}_{\mathcal{P}_+} \vDash \mathsf{sum}\, \underline{m}\,\underline{n}\,\underline{k} \Leftrightarrow \mathcal{N} \vDash \mathsf{sum}\, \underline{m}\,\underline{n}\,\underline{k}$ ($\Leftrightarrow m + n = k$). Das folgt ähnlich wie in Beispiel 4 auf Seite 110, aber noch einfacher aus Übung 2 in **4.2**. Ersetzt man dort $p_{m,n,k}$ durch $\mathsf{sum}\, \underline{m}\,\underline{n}\,\underline{k}$, so entspricht die Formelmenge dieser Übung genau den Grundinstanzen von $\mathcal{P}_+$.

Beispiele für Anfragen an $\mathcal{P}_+$ sind $\exists u \exists v \,\mathsf{sum}\, u\underline{1}v$, $\exists u \,\mathsf{sum}\, uu\underline{6}$ und $\mathsf{sum}\, \underline{n}\,\underline{2}\,\underline{n+2}$ (hier ist das $\exists$-Präfix leer). Für jede dieser drei Anfragen φ gilt offenbar $\mathcal{C}_{\mathcal{P}_+} \vDash \varphi$. Also $\mathcal{P}_+ \vdash \varphi$ nach Satz 1.4. Wie aber lässt sich dies maschinell bestätigen?

Zur Illustration sei $\varphi := \exists u \exists v \,\mathsf{sum}\, u\underline{1}v$. Offenbar ist $\mathsf{sum}\, \underline{n}\,\underline{1}\,\mathsf{S}\underline{n}$ für jedes n eine Lösung von $(*)$ $\mathcal{P}_+ \vdash \exists u \exists v \,\mathsf{sum}\, u\underline{1}v$. Wir beweisen sogar $\mathcal{P}_+ \vdash \mathsf{sum}\, x\underline{1}\mathsf{S}x$, oder gleichwertig $\mathcal{P}_+ \vdash \forall x \,\mathsf{sum}\, x\underline{1}\mathsf{S}x$. Der Inkonsistenznachweis von $\mathcal{P}_+, \neg\varphi$ erfolgt durch Herleitung von $\square$ aus geeigneten Instanzen von $\mathcal{P}_+, N$; hier ist $N := \{\neg\mathsf{sum}\, u\underline{1}v\}$ die φ entsprechende Zielklausel. Sei ferner $P := \{\neg\mathsf{sum}\, xyz, \mathsf{sum}\, x\mathsf{S}y\mathsf{S}z\}$ In $\mathcal{P}_+, N$ ist die Resolutionsregel nicht direkt anwendbar. Sie ist mit $\omega_0 := \frac{u}{x}\frac{0}{y}\frac{\mathsf{S}z}{v}$ aber anwendbar auf das Paar $P^{\omega_0}, N^{\omega_0}$, mit der in $\mathcal{P}_+$ liegenden Hornklausel P. In der Tat, es ist

$$P^{\omega_0} = \{\neg\mathsf{sum}\, u0z, \mathsf{sum}\, u\underline{1}\mathsf{S}z\} \quad ; \quad N^{\omega_0} = \{\neg\mathsf{sum}\, u\underline{1}\mathsf{S}z\}.$$

Die Resolvente ist $N_1 := \{\neg\mathsf{sum}\, u0z\}$. Man kann dies auch so formulieren: Resolution wurde möglich durch die Unifizierbarkeit der Klausel $G = \{\mathsf{sum}\, x\mathsf{S}y\mathsf{S}z, \mathsf{sum}\, u\underline{1}v\}$. Sei $P_1 := \{\mathsf{sum}\, x0x\}$ $(\in \mathcal{P}_+)$. Dann kann P_1, N_1 durch Unifizierung mit $\omega_1 := \frac{x}{u}\frac{x}{z}$ zur Resolution gebracht werden. Denn $P_1^{\,\omega_1} = \{\mathsf{sum}\, x0x\}$ und $N_1^{\,\omega_1} = \{\neg\mathsf{sum}\, x0x\}$.

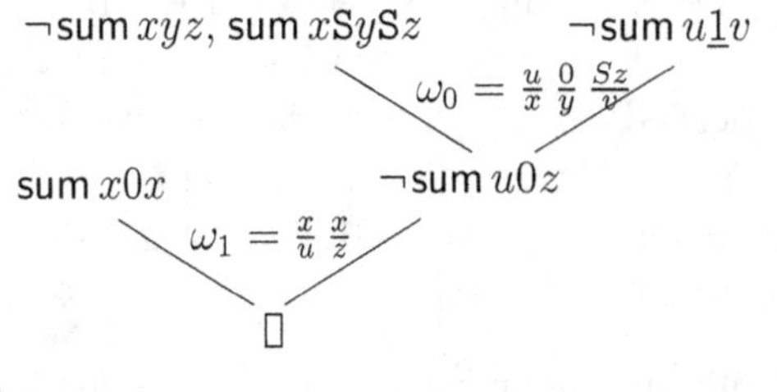

Anwendung von RR auf dieses Klauselpaar ergibt bereits $\square$. Die Figur links veranschaulicht diese Beschreibung (wobei die Mengenklammern der Klauseln weggelassen wurden). Diese Resolution kann sicher auch von einem Computer produziert werden – nach den passenden Unifikatoren muss er eben suchen!

Damit wurde $(*)$ nach Satz 4.2(a) unten bewiesen. Zugleich wurde nach Satz 4.2(b) auch eine Lösung von $(*)$ konstruiert, nämlich $(\mathsf{sum}\, u\underline{1}v)^{\omega_0\omega_1} = \mathsf{sum}\, x\underline{1}\mathsf{S}x$. Dies ist im vorliegenden Falle sogar die allgemeine Lösung; denn durch Substitution erhält man hieraus alle konkreten Lösungen, nämlich alle Aussagen $\mathsf{sum}\, \underline{n}\,\underline{1}\,\mathsf{S}\underline{n}$.

Beispiel 2. Das Logikprogramm $\mathcal{P} = \{\forall x(\mathsf{me}\,x \to \mathsf{st}\,x), \mathsf{me}\,\mathrm{Sokr}\}$ formalisiert die Prämissen des antiken logischen Schlusses *Alle Menschen sind sterblich; Sokrates ist ein Mensch. Also ist Sokrates sterblich.*
$\mathcal{C}_\mathcal{P}$ ist hier das Einpunktmodell $\{\mathrm{Sokr}\}$, weil Sokr die einzige Konstante ist und keine Funktionen vorkommen. Die Figur rechts zeigt einen Resolutionsbeweis für $\exists x \mathsf{st}\,x$ mit der Lösung $x = \mathrm{Sokr}$ nach Satz 4.2(b). Beweise mit MP lassen sich also auch durch Resolution gewinnen.

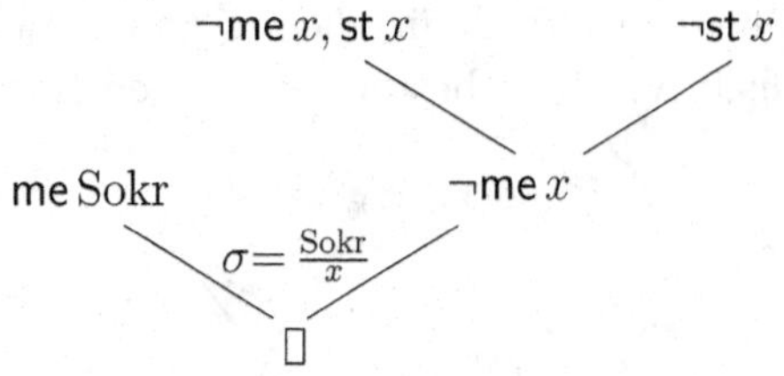

Natürlich ist dieses und auch Beispiel 1 viel zu einfach, um den Nutzen der Logik-Programmierung darzutun. Hier geht es nur um die Erläuterung der Methode.

Nach diesen Vorbetrachtungen kommen wir nun zu einer für alles folgende wichtigen

Definition der Regeln UR und UHR der unifizierten Resolution bzw. der unifizierten Hornresolution. Für beliebige Klauseln K_0, K_1 und Substitutionen ω sei $K \in U_\omega R(K_0, K_1)$, wenn es Klauseln H_0, H_1 und $\neg$-freie Klauseln $G_0, G_1 \neq \square$ gibt, so dass nach eventueller Vertauschung der beiden Indizes

(a) $K_0 = H_0 \cup G_0$ und $K_1 = H_1 \cup \overline{G_1}$ $\quad (\overline{G_1} = \{\neg\lambda \mid \lambda \in G_1\}$, Seite 113),

(b) ω ist generischer Unifikator von $G_0 \cup G_1$ [4] und $K = H_0^\omega \cup H_1^\omega$.

K heiße eine *U-Resolvente* von K_0, K_1 oder *Anwendung der Regel* UR auf K_0, K_1, wenn ein ρ und ein ω existieren mit $K \in U_\omega R(K_0^\rho, K_1)$. Die Einschränkung von UR auf Hornklauselpaare K_0, K_1 (K_0 positiv, K_1 negativ) werde mit UHR bezeichnet, $U_\omega R(K_0, K_1)$ mit $U_\omega HR(K_0, K_1)$, und K heiße eine *UH-Resolvente* von K_0, K_1.

Eine Anwendung von UR oder UHR auf ein Paar K_0, K_1 schließt immer eine Wahl von ρ und ω ein und $K \in U_\omega R(K_0^\rho, K_1)$ bedeutet i.a. mehr als nur $K \in U_\omega R(K_0, K_1)$, Übung 1. In obigen Beispielen wurde UHR verwendet. Im ersten Resolutionsschritt in Beispiel 1 ist $\neg\mathsf{sum}\,u0z \in U_{\omega_0}HR(P, N)$ (also $\rho = \iota$) und die Zerlegung nach (a) der Definition lautet $H_0 = \{\neg\mathsf{sum}\,xyz\}$, $G_0 = \{\mathsf{sum}\,x\mathrm{S}y\mathrm{S}z\}$, $H_1 = \emptyset$ und $G_1 = \{\mathsf{sum}\,u\underline{1}v\}$. Auch im 2. Resolutionsschritt und in Beispiel 2 wurde UHR nach Definitionsvorschrift verwendet, wie man unschwer nachprüft.

Wir schreiben $\mathcal{K} \vdash^{\!UR} H$, wenn H aus der Klauselmenge $\mathcal{K}$ mittels UR ableitbar ist. Entsprechend sei $\mathcal{K} \vdash^{\!UHR} H$ für Hornklauselmengen $\mathcal{K}$ definiert, wobei nur mit der Regel UHR abgeleitet wird. Ableitungen in $\vdash^{\!UR}$ oder $\vdash^{\!UHR}$ kann man sich wie in der Aussagenlogik durch Bäume veranschaulichen. Eine (erfolgreiche) *U-Resolution* für $\mathcal{K}$ sei ein U-Resolutionsbaum mit Blättern aus $\mathcal{K}$ und der Wurzel $\square$.

[4] Man beachte, dass hiernach notwendigerweise $G_0^\omega = \{\pi\} = G_1^\omega$ für eine gewisse Primformel π.

Analog sei eine *UH-Resolution* definiert, die man auch als Folge $(P_i^{\rho_i}, N_i, \omega_i)_{i \leqslant \ell}$ mit den Eigenschaften $N_{i+1} \in U_{\omega_i} HR(P_i^{\rho_i}, N_i)$ für $i < \ell$ und $\square \in U_{\omega_\ell} HR(P_\ell^{\rho_\ell}, N_\ell)$ ansehen kann. Ist $\mathcal{P}$ eine Menge positiver Klauseln und N eine negative Klausel und gilt außerdem $P_i \in \mathcal{P}$ für alle $i \leqslant \ell$ und $N_0 = N$, spricht man von einer *UH-Resolution für* $\mathcal{P}, N$. Meist besteht $\mathcal{P}$ aus den Klauseln eines Logikprogramms und N ist eine gegebene Zielklausel. Statt von *UH*-Resolution spricht man auch von *SLD-Resolution* (***L****inear resolution with* ***S****election function for* ***D****efinite clauses*), was nichts zu tun hat mit speziellen Strategien, die ein in PROLOG programmierter Rechner bei der Suche nach erfolgreichen Resolutionen verfolgt. Für Einzelheiten hierüber verweisen wir jedoch auf [Ll] oder [GH]. Die Figur links veranschaulicht eine *UH*-Resolution $(P_i^{\rho_i}, N_i, \omega_i)_{i \leqslant \ell}$ für $\mathcal{P}, N$. Diese Figur verallgemeinert offenbar die Diagramme in den Beispielen 1 und 2. Als erstes beweisen wir die Korrektheit des Kalküls $\vdash^{UR}$ und damit automatisch auch des Kalküls $\vdash^{UHR}$ der unifizierten Hornresolution:

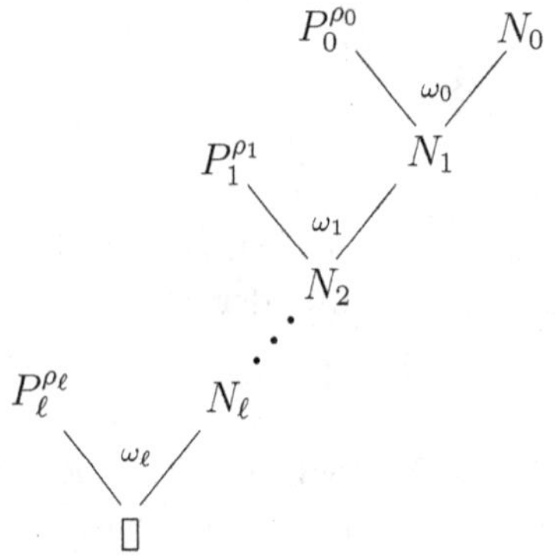

Lemma 4.1 (Korrektheitslemma). $\mathcal{K} \vdash^{UR} H$ *impliziert* $\mathcal{K} \vDash H$.

Beweis. Es genügt zu zeigen $K_0, K_1 \vDash H$, wenn H eine U-Resolvente von K_0, K_1 ist. Es sei $H \in U_\omega R(K_0^\rho, K_1)$, $K_0^\rho = H_0 \cup G_0$, $K_1 = H_1 \cup \overline{G_1}$, $G_0^\omega = \{\pi\} = G_1^\omega$, $H = H_0^{\rho\omega} \cup H_1^\omega$, und $\mathcal{A} \vDash K_0, K_1$, so dass auch $\mathcal{A} \vDash K_0^{\rho\omega}, K_1^\omega$. Ferner sei $w\colon Var \to A$, also $\mathcal{M} := (\mathcal{A}, w) \vDash K_0^{\rho\omega} = H_0^{\rho\omega} \cup \{\pi\}$, $\mathcal{M} \vDash H_1^\omega \cup \{\neg\pi\}$. Falls $\mathcal{M} \nvDash \pi$ ist offenbar $\mathcal{M} \vDash H_0^{\rho\omega}$. Andernfalls, falls also $\mathcal{M} \nvDash \neg\pi$, ist $\mathcal{M} \vDash H_1^\omega$. In jedem Falle gilt also $\mathcal{M} \vDash H_0^\omega \cup H_1^\omega = H$. Das besagt $\mathcal{A} \vDash H$, denn w war beliebig. ❑

Dieses Lemma dient – bezogen auf den Kalkül $\vdash^{UHR}$ – dem Nachweis von (a) in

Satz 4.2 (Hauptsatz der Logikprogrammierung). *Sei* $\mathcal{P}$ *ein Logikprogramm,* $\exists\vec{x}\gamma = \exists\vec{x}(\gamma_0 \wedge \ldots \wedge \gamma_k)$ *eine Anfrage und* $N = \{\neg\gamma_0, \ldots, \neg\gamma_k\}$. *Dann gelten*

(a) $\mathcal{P} \vdash \exists\vec{x}\gamma$ *genau dann, wenn* $\mathcal{P}, N \vdash^{UHR} \square$ *(Adäquatheit),*

(b) *Ist* $(P_i^{\rho_i}, N_i, \omega_i)_{i \leqslant \ell}$ *eine UH-Resolution für* $\mathcal{P}, N$ *und* $\omega := \omega_0 \ldots \omega_\ell$, *so ist* $\mathcal{P} \vdash \gamma^\omega$ *(Lösungskorrektheit),*

(c) *Ist* $\mathcal{P} \vdash \gamma\frac{\vec{t}}{\vec{x}}$ *mit* $\vec{t} \in \mathcal{T}_0^{\,n}$, *so gibt es eine UH-Resolution* $(K_i^{\rho_i}, N_i, w_i)_{i \leqslant \ell}$ *und ein* τ *mit* $x_i^{\omega\tau} = t_i$ *für* $i = 1, \ldots, n$, *wobei* $\omega := \omega_0 \ldots \omega_\ell$ *(Lösungsvollständigkeit).*

Den auf ausgiebigem Rechnen mit Substitutionen beruhenden Beweis erbringen wir in **4.5**. Hier nur einige kurze Erläuterungen. Sicher ist $(*)$ $\mathcal{P} \vdash \exists\vec{x}\gamma$ gleichwertig mit der Inkonsistenz von $\mathcal{P}, \forall\vec{x}\neg\gamma$, oder derjenigen der entsprechenden Hornklauselmenge $\mathcal{P}, N$. Teil (a) des Satzes sagt, dass $(*)$ auch mit $\mathcal{P}, N \vdash^{UHR} \square$ gleichwertig ist. Die Frage $\mathcal{P} \vdash \exists x\gamma$ ist also, wenn sie lösbar ist, auch mit Resolution lösbar.

Teil (b) des Satzes erzählt uns, wie man nach erfolgreicher Resolution zu einer konkreten Lösung von $(*)$ gelangt. Weil γ^ω in (b) i.a. noch freie Variablen enthält (wie etwa $(\mathsf{sum}\, u\underline{1}v)^\omega = \mathsf{sum}\, x\underline{1}\mathsf{S}x$ für $\omega = \omega_1\omega_2$ in Beispiel 1) und weil mit $\mathcal{P} \vdash \gamma^\omega$ gewiss auch $\mathcal{P} \vdash \gamma^{\omega\tau}$ für beliebige τ, erhält man durch Substitution von Grundtermen oft ganze Lösungsscharen von $(*)$ im Herbrandmodell $\mathcal{C}_\mathcal{P}$. Auf diese Weise ergeben sich nach (c) sogar sämtliche Lösungen in $\mathcal{C}_\mathcal{P}$. Allerdings kann dies nicht immer mit einer einzigen erfolgreichen Resolution geschehen wie in Beispiel 1. Ob und unter welchen Umständen $(*)$ lösbar ist, darüber sagt der Satz allerdings nichts aus.

Logikprogrammierung ist auch für rein theoretische Zwecke nützlich. So lässt sich damit z.B. der Begriff der berechenbaren Funktion über $\mathbb{N}$ präzisieren. Die Definition unten liefert hierfür eine von vielen ähnlich gearteten intuitiv einsichtigen Möglichkeiten. Damit gewinnt man recht einfach ein unentscheidbares Problem, das die mit einer generellen Antwort auf die Frage $\mathcal{P} \vdash \exists\vec{x}\gamma$ verbundenen Schwierigkeiten erklärt, Satz 4.3. Weil berechenbare Funktionen in **6.1** mit den rekursiven Funktionen gleichgesetzt werden, fassen wir uns diesbezüglich aber relativ kurz.

Definition. $f\colon \mathbb{N}^n \to \mathbb{N}$ heiße *berechenbar* [5], wenn es ein Logikprogramm $\mathcal{P} = \mathcal{P}_f$ in einer Sprache gibt, die nebst 0 und S nur Relationssymbole enthält, darunter ein mit r_f bezeichnetes Symbol, so dass für alle $\vec{k} = (k_1, \dots, k_n)$ und alle m

$$(\star) \qquad \mathcal{P} \vdash r_f\underline{\vec{k}}\,\underline{m} \Leftrightarrow f\vec{k} = m \qquad \big(\underline{\vec{k}} = (\underline{k_1}, \dots, \underline{k_n})\big).$$

Bemerkung. Der Träger des Herbrand-Modells $\mathcal{C}_\mathcal{P}$ kann wie in Beispiel 1 mit $\mathbb{N}$ identifiziert werden. Nach Satz 1.4 ist $\mathcal{P} \vdash r_f\underline{\vec{k}}\,\underline{m} \Leftrightarrow \mathcal{C}_\mathcal{P} \vDash r_f\underline{\vec{k}}\,\underline{m}$. Also $\mathcal{C}_\mathcal{P} \vDash r_f\underline{\vec{k}}\,\underline{m} \Leftrightarrow f\vec{k} = m$, für alle $\vec{k}, m$. Kurzum, r_f ist in $\mathcal{C}_\mathcal{P}$ nichts anderes als *graph* f.

Eine $(\star)$ erfüllende Funktion $f\colon \mathbb{N}^n \to \mathbb{N}$ ist sicher intuitiv berechenbar: Eine Deduktionsmaschine möge bei gegebenem $\vec{k}$ alle aus $\mathcal{P}$ beweisbaren Formeln aufzählen und man warte nur ab, bis eine Aussage $r\underline{\vec{k}}\,\underline{m}$ erscheint. Dann ist $m = f\vec{k}$ berechnet. Die linke Seite von $(\star)$ ist nach Satz 4.2(a) gleichwertig mit $\mathcal{P}, \{\neg r\underline{\vec{k}}\,\underline{m}\} \vdash^{UHR} \square$. Daher ist f jedenfalls prinzipiell auch mit dem Resolutionskalkül berechenbar.

Beispiel 3. Das Programm $\mathcal{P} = \mathcal{P}_+$ in Beispiel 1 berechnet $+$, genauer *graph*$+$. Denn $\mathcal{C}_\mathcal{P} \vDash \mathsf{sum}\,\underline{k}\,\underline{n}\,\underline{m} \Leftrightarrow k + n = m$ wie dort gezeigt wurde. Also gilt (2) und damit auch (1). Ein Logikprogramm $\mathcal{P}_\times$ zur Berechnung von $\mathsf{prd} = graph\,\cdot$ entsteht aus $\mathcal{P}_+$ durch Hinzufügen der Klauseln $\mathsf{prd}\, x00$:– und $\mathsf{prd}\, x\mathsf{S}yu$:– $\mathsf{prd}\, xyz, \mathsf{sum}\, zxu$. $\mathcal{P}_\times$ enthält die Relationssymbole prd, sum und es ist $\mathcal{C}_{\mathcal{P}_\times} \simeq (\mathbb{N}, 0, \mathsf{S}, \mathsf{sum}, \mathsf{prd})$.

[5] Legt man eine andere Präzisierung des Berechenbarkeitsbegriffs zugrunde, könnte man f bis zum Gleichwertigkeitsbeweis beider Konzepte provisorisch z.B. auch *LP-berechenbar* nennen.

Beispiel 4. Wir behaupten, das nur aus dem Faktum $r_{\mathtt{S}}\, x\mathtt{S}x$:− bestehende Programm $\mathcal{P}_{\mathtt{S}}$ berechnet den Graphen $r_{\mathtt{S}}$ der Nachfolgerfunktion. Hier argumentieren wir wie folgt. Es ist $\mathcal{P}_{\mathtt{S}} \vdash r_{\mathtt{S}}\,\underline{n}\mathtt{S}\underline{n}$, weil $\mathcal{P}_{\mathtt{S}}, \{\neg r_{\mathtt{S}}\,\underline{n}\mathtt{S}\underline{n}\} \vdash^{UHR} \square$; denn für $\sigma = \frac{\mathtt{S}^n 0}{x}$ ist $\square$ Resolvente von $\{r_{\mathtt{S}}\, x\mathtt{S}x\}^\sigma$ und $\{\neg r_{\mathtt{S}}\,\underline{n}\mathtt{S}\underline{n}\}^\sigma$. Es gilt $(\mathbb{N}, 0, \mathtt{S}, \mathit{graph}\mathtt{S}) \vDash \mathcal{P}_{\mathtt{S}}, \neg r_{\mathtt{S}}\,\underline{n}\,\underline{m}$ für $m \neq \mathtt{S}n$ und daher auch $\mathcal{P}_{\mathtt{S}} \nvdash r_{\mathtt{S}}\,\underline{n}\,\underline{m}$. Dies beweist $(\star)$.

Man erkennt unschwer, dass jede rekursive Funktion f im Sinne von **6.1** durch ein Logikprogramm $\mathcal{P}_f$ im obigen Sinne berechnet werden kann, also in einer Sprache, die nebst einigen Relationssymbolen nur die Operationssymbole $0, \mathtt{S}$ enthält. Die Übungen 2 und 3 sind Schritte in diesem induktiv über die Erzeugungsoperationen ***Oc***, ***Op*** und ***Oμ*** aus **6.1** zu führenden Nachweis. Beispiel 4 bestätigt dies für die rekursive Anfangsfunktion S. Das Konzept der Logikprogrammierung ist also sehr allgemein, was leider die unangenehme Konsequenz hat, dass über die Frage $\mathcal{P} \vdash \exists\vec{x}\gamma$ i.a. nicht effektiv entschieden werden kann. Es gilt nämlich

Satz 4.3. *Es gibt ein Logikprogramm $\mathcal{P}$, dessen Signatur mindestens ein 2-stelliges Relationssymbol r, aber außer $0, \mathtt{S}$ keine weiteren Operationssymbole enthält, so dass kein Algorithmus die Frage $\mathcal{P} \vdash \exists x\, rx\underline{k}$ für jedes k beantwortet.*

Beweis. Sei $f\colon \mathbb{N} \to \mathbb{N}$ rekursiv, mit nichtrekursivem $\mathit{ran}\, f$. Solche Funktionen f lassen sich unschwer konstruieren (Übung 4 in **6.5**). Für $\mathcal{P} := \mathcal{P}_f$ gilt dann

$$\begin{aligned} \mathcal{P} \vdash \exists x\, r_f x\underline{m} &\Leftrightarrow \mathcal{C}_{\mathcal{P}} \vDash \exists x\, r_f x\underline{m} && \text{(Satz 1.4)} \\ &\Leftrightarrow \mathcal{C}_{\mathcal{P}} \vDash r_f \underline{k}\,\underline{m} \text{ für gewisses } k && (\mathcal{C}_{\mathcal{P}} \text{ hat Träger } \mathbb{N}) \\ &\Leftrightarrow fk = m \text{ für gewisses } k && \text{(Bemerkung Vorseite)} \\ &\Leftrightarrow m \in \mathit{ran}\, f. \end{aligned}$$

Mit der Frage $\mathcal{P} \vdash \exists x\, rx\underline{m}$ wäre also auch die Frage $m \in \mathit{ran}\, f$ entscheidbar, ein Widerspruch zur Wahl von f. ❑

Übungen

1. Sei $H \in U_\omega R(K_0, K_1)$. Man zeige, H ist U-Resolvente von K_0, K_1, d.h. es gibt ein (generisches) ω' und einen Separator ρ von K_0, K_1 mit $H \in U_{\omega'} R(K_0^\rho, K_1)$.

2. Seien $g\colon \mathbb{N}^n \to \mathbb{N}$ und $h\colon \mathbb{N}^{n+2} \to \mathbb{N}$ mittels der Logikprogramme $\mathcal{P}_g$ und $\mathcal{P}_h$ berechenbar. $f\colon \mathbb{N}^{n+1} \to \mathbb{N}$ entstehe aus g, h durch primitive Rekursion, d.h. f erfülle $f(\vec{a}, 0) = g\vec{a}$ und $f(\vec{a}, k+1) = h(\vec{a}, k, f(\vec{a}, k))$ für alle $\vec{a} \in \mathbb{N}^n$. Man gebe ein Logikprogramm zur Berechnung (des Graphen) von f an.

3. Seien $\mathcal{P}_h$ und $\mathcal{P}_{g_i}$ Logikprogramme zur Berechnung von $h\colon \mathbb{N}^m \to \mathbb{N}$ und $g_i\colon \mathbb{N}^n \to \mathbb{N}$ $(i = 1, \ldots, m)$. Ferner sei f definiert durch $f\vec{a} = h(g_1\vec{a}, \ldots, g_m\vec{a})$ für alle $\vec{a} \in \mathbb{N}^n$. Man gebe ein Logikprogramm zur Berechnung von f an.

4.5 Der Beweis des Hauptsatzes

Wir benötigen folgendes Lemma und Satz 5.3 eigentlich nur für die UH-Resolution, führen die Beweise aber gleich für die U-Resolution aus. Die Kalküle $\vdash^{RR}$ und $\vdash^{HR}$ aus **4.2** beziehen sich fortan auf variablenfreie Klauseln einer $=$-freien Sprache.

Lemma 5.1. *Seien K_0, K_1 Klauseln mit Separator ρ und $K_0^{\sigma_0}$, $K_1^{\sigma_1}$ variablenfrei, sowie K eine Resolvente von $K_0^{\sigma_0}, K_1^{\sigma_1}$. Dann gibt es Substitutionen ω, τ und ein $H \in U_\omega R(K_0^\rho, K_1)$ mit $H^\tau = K$, d.h. K ist Grundinstanz einer U-Resolvente von K_0, K_1. Ferner lassen sich ω, τ bei vorgegebener endlicher Variablenmenge V so wählen, dass $x^{\omega\tau} = x^{\sigma_1}$ für alle $x \in V$. Dasselbe gilt für die Hornresolution.*

Beweis. Es sei o.B.d.A. $K_0^{\sigma_0} = L_0, \pi$ und $K_1^{\sigma_1} = L_1, \neg\pi$ für eine Primformel π, sowie $K = L_0 \cup L_1$. Sei $H_i := \{\alpha \in K_i \mid \alpha^{\sigma_i} \in L_i\}$, $G_0 := \{\alpha \in K_0 \mid \alpha^{\sigma_0} = \pi\}$ und $G_1 := \{\beta \in \overline{K_1} \mid \beta^{\sigma_1} = \pi\}$, $i = 0, 1$. Dann ist $K_0 = H_0 \cup G_0$, $K_1 = H_1 \cup \overline{G_1}$, $H_i^{\sigma_i} = L_i$, $G_i^{\sigma_i} = \{\pi\}$. Sei ρ Separator von K_0, K_1 und σ definiert durch $x^\sigma = x^{\rho\sigma_0}$ für $x \in \mathrm{var}\, K_0^\rho$, sowie $x^\sigma = x^{\sigma_1}$ sonst. Dann ist $K_0^{\rho\sigma} = K_0^{\rho\rho\sigma_0} = K_0^{\sigma_0}$ (beachte $\rho^2 = \iota$), sowie $K_1^\sigma = K_1^{\sigma_1}$. Das liefert $(G_0^\rho \cup G_1)^\sigma = G_0^{\rho\sigma} \cup G_1^\sigma = G_0^{\sigma_0} \cup G_1^{\sigma_1} = \{\pi\}$, d.h. σ unifiziert $G_0^\rho \cup G_1$. Sei ω generischer Unifikator dieser Klausel, so dass $\sigma = \omega\tau$ für geeignetes τ. Dann ist $H := H_0^{\rho\omega} \cup H_1^\omega \in U_\omega R(K_0^\rho, K_1)$ nach Definition der Regel UR. Auch ist $H^\tau = K$, denn $K_0^{\rho\sigma} = K_0^{\sigma_0}$. Dann ergeben $\omega\tau = \sigma$ und $K_1^\sigma = K_1^{\sigma_1}$

$$H^\tau = H_0^{\rho\omega\tau} \cup H_1^{\omega\tau} = H_0^{\rho\sigma} \cup H_1^\sigma = H_0^{\sigma_0} \cup H_1^{\sigma_1} = L_0 \cup L_1 = K.$$

Weil V endlich ist, lässt sich ρ so wählen, dass $V \cap \mathrm{var}\, K_0^\rho = \emptyset$. Nach Definition von σ und wegen $\sigma = \omega\tau$ gilt dann $x^{\omega\tau} = x^\sigma = x^{\sigma_1}$ auch noch für $x \in V$. ❑

Lemma 5.2 (Lifting-Lemma). *Sei $\mathcal{K}$ eine Klauselmenge mit* $\mathrm{GI}(\mathcal{K}) \vdash^{RR} \square$. *Dann ist auch $\mathcal{K} \vdash^{UR} \square$. Besteht $\mathcal{K}$ nur aus Hornklauseln, gilt analog $\mathcal{K} \vdash^{UHR} \square$.*

Beweis. Dies folgt für $K = \square$ aus (∗) *Ist* $\mathrm{GI}(\mathcal{K}) \vdash^{RR} K$, *so existieren H und σ mit $\mathcal{K} \vdash^{UR} H$ und $K = H^\sigma$* (man beachte $\square^\sigma = \square$). Dies wiederum ist unschwer durch Induktion über $\mathrm{GI}(\mathcal{K}) \vdash^{RR} K$ beweisbar; denn (∗) ist klar für $K \in \mathrm{GI}(\mathcal{K})$, und für den Induktionsschritt ($\mathrm{GI}(\mathcal{K}) \vdash^{RR} K_0, K_1$ und K ist Resolvente von K_0, K_1) benötigt man gerade Lemma 5.1. Völlig analog zeigt man dies für Hornklauseln. ❑

Satz 5.3 (U-Resolutionssatz). *Eine Klauselmenge $\mathcal{K}$ ist genau dann inkonsistent, wenn $\mathcal{K} \vdash^{UR} \square$; eine Hornklauselmenge $\mathcal{K}$ genau dann, wenn $\mathcal{K} \vdash^{UHR} \square$.*

Beweis. Falls $\mathcal{K} \vdash^{UR} \square$, ist $\mathcal{K} \vDash \square$ nach Lemma 4.1, d.h. $\mathcal{K}$ ist inkonsistent. Sei Letzteres nun der Fall, so dass auch die $\mathcal{K}$ entsprechende Menge U von ∀-Aussagen inkonsistent ist. Nach Satz 1.1 ist dann $\mathrm{GI}(U)$ und mithin auch $\mathrm{GI}(\mathcal{K})$ inkonsistent. Also $\mathrm{GI}(\mathcal{K}) \vdash^{RR} \square$ nach dem Resolutionssatz 2.2 und so $\mathcal{K} \vdash^{UR} \square$ nach Lemma 5.2. Für Mengen aus Hornklauseln schließt man mit diesem Lemma analog. ❑

Beweis von Satz 4.2. (a): $\mathcal{P} \vdash \exists\vec{x}\gamma$ ist gleichwertig mit der Inkonsistenz von $\mathcal{P}, \forall\vec{x}\neg\gamma$ oder von $\mathcal{P}, N$. Dies ist nach Satz 5.3 aber gleichwertig mit $\mathcal{P}, N \vdash^{UHR} \square$.

(b): Beweis durch Induktion über die Länge ℓ einer (erfolgreichen) UH-Resolution $(P_i^{\rho_i}, N_i, \omega_i)_{i\leqslant\ell}$ für $\mathcal{P}, N$. Sei $\ell = 0$, also $\square \in U_\omega HR(P_0^\rho, N)$ für geeignete ρ, ω. Dann wurde $P_0^\rho \cup N = P_0^\rho \cup \{\gamma_0, \dots, \gamma_k\}$ durch ω unifiziert, d.h. $P_0^{\rho\omega} = \{\pi\} = \gamma_i^\omega$ für eine Primformel π und alle $i \leqslant k$. Wegen $P_0 \in \mathcal{P}$ ist $\mathcal{P} \vdash \gamma_i^\omega \ (= \pi)$ für jedes $i \leqslant k$, also $\mathcal{P} \vdash \gamma_0^\omega \land \dots \land \gamma_k^\omega = \gamma^\omega$ wie behauptet. Sei nun $\ell > 0$. Dann ist auch $(P_i^{\rho_i}, N_i, \omega_i)_{1\leqslant i\leqslant\ell}$ eine UH-Resolution für $\mathcal{P}, N_1$. Nach Induktionsannahme gilt also

(1) $\quad \mathcal{P} \vdash \alpha^{\omega_1\dots\omega_\ell}$ wenn immer $\neg\alpha \in N_1$.

Es genügt $\mathcal{P} \vdash \gamma_i^\omega$ für jedes $i \leqslant k$ nachzuweisen. Dafür unterscheiden wir bei gegebenem i zwei Fälle: Für $\neg\gamma_i^{\omega_0} \in N_1$ ist $\mathcal{P} \vdash (\gamma_i^{\omega_0})^{\omega_1\dots\omega_\ell}$ nach (1), also $\mathcal{P} \vdash \gamma_i^\omega$. Sei nun $\neg\gamma_i^{\omega_0} \notin N_1$. Dann geht $\gamma_i^{\omega_0}$ beim Resolutionsschritt von $P_0^{\rho_0}, N_0 \ (= N)$ zu N_1 verloren. Also hat P_0 die Gestalt $P_0 = \{\neg\beta_1, \dots, \neg\beta_m, \beta\}$ mit $\beta^{\rho_0\omega_0} = \gamma_i^{\omega_0}$ und $\neg\beta_j^{\rho_0\omega_0} \in N_1$ für $j = 1, \dots, m$. Damit ergibt (1) offenbar $\mathcal{P} \vdash (\beta_j^{\rho_0\omega_0})^{\omega_1\dots\omega_\ell}$, also $\mathcal{P} \vdash \bigwedge_{j=1}^m \beta_j^{\rho_0\omega}$. Zugleich ist $\mathcal{P} \vdash \bigwedge_{j=1}^m \beta_j^{\rho_0\omega} \to \beta^{\rho_0\omega}$ wegen $\mathcal{P} \vDash P_0^{\rho_0\omega}$. Mit MP erhalten wir hieraus $\mathcal{P} \vdash \beta^{\rho_0\omega}$. Aus $\beta^{\rho_0\omega_0} = \gamma_i^{\omega_0}$ folgt nach Anwendung von $\omega_1 \dots \omega_\ell$ auf beiden Seiten $\beta^{\rho_0\omega} = \gamma_i^\omega$ und somit $\mathcal{P} \vdash \gamma_i^\omega$ auch im zweiten Falle.

(c): Sei $\mathcal{P} \vdash \gamma^\sigma$ mit $\sigma := \frac{\vec{t}}{\vec{x}}$. Dann ist $\mathcal{P}, \neg\gamma^\sigma$ inkonsistent, und nach Satz 1.1 auch $\mathcal{P}', \neg\gamma^\sigma$ mit $\mathcal{P}' := \mathrm{GI}(\mathcal{P})$ (man beachte $\mathrm{GI}(\neg\gamma^\sigma) = \{\neg\gamma^\sigma\}$). Nach Satz 2.4 gibt es daher eine H-Resolution $\boldsymbol{B} = (P_i', Q_i)_{i\leqslant\ell}$ für $\mathcal{P}', N^\sigma$, also $Q_0 = N^\sigma$. Dabei sei etwa $P_i' = P_i^{\sigma_i}$ für passende $P_i \in \mathcal{P}$ und σ_i. Wir beweisen aus diesen Gegebenheiten

(2) *für endliches $V \subseteq Var$ gibt es $\rho_i, N_i, \omega_i, \tau$, so dass $(P_i^{\rho_i}, N_i, \omega_i)_{i\leqslant\ell}$ eine UH-Resolution für $\mathcal{P}, N$ ist und $x^{\omega\tau} = x^\sigma$ für $\omega := \omega_0 \dots \omega_\ell$ und alle $x \in V$.*

Damit sind wir fertig; denn für $V = \{x_1, \dots, x_n\}$ ergibt (2) dann $x_i^{\omega\tau} = x_i^\sigma = t_i$ für $i = 1, \dots, n$, also (c). Zum induktiven Nachweis von (2) betrachte man den ersten Resolutionsschritt $Q_1 = HR(P_0', Q_0)$ in $\boldsymbol{B}$. Seien $\omega_0, \rho_0, \tau_0, H$ nach Lemma 5.1 (mit $K_0 := P_0$, $K_1 := N_0 = N$, $\sigma_1 := \sigma$) so gewählt, dass $H \in U_\omega HR(P_0^{\rho_0}, N_0)$ und $H^{\tau_0} = Q_1$, sowie $x^{\omega_0\tau_0} = x^\sigma$ für alle $x \in V$. Ist $\ell = 0$, also $Q_1 = \square$, ist auch $H = \square$ und (2) ist mit $\tau = \tau_0$ schon bewiesen. Sei nun $\ell > 0$. Für die H-Resolution $(P_i', Q_i)_{1\leqslant i\leqslant\ell}$ für $\mathcal{P}', Q_1$, und für $V' := var\{x^{\omega_0} \mid x \in V\}$ gibt es dann nach Induktionsannahme ρ_i, N_i, ω_i für $i = 1, \dots, \ell$ und ein τ, so dass $(P_i^{\rho_i}, N_i, \omega_i)_{1\leqslant i\leqslant\ell}$ eine UH-Resolution für $\mathcal{P}, H$ ist und zugleich $y^{\omega_1\dots\omega_\ell\tau} = y^{\tau_0}$ für alle $y \in V'$ (statt $Q_0 = N^\sigma$ ist hier jetzt $Q_1 = H^{\tau_0}$). Weil $var\, x^{\omega_0} \subseteq V'$ und $x^{\omega_0\tau_0} = x^\sigma$ für $x \in V$ folgt hieraus

(3) $\quad x^{\omega\tau} = (x^{\omega_0})^{\omega_1\dots\omega_\ell\tau} = x^{\omega_0\tau_0} = x^\sigma$, für alle $x \in V$.

Sicher ist $(P_i^{\rho_i}, N_i, \omega_i)_{i\leqslant\ell}$ eine UH-Resolution. Ferner ist wegen (3) zugleich auch $x_i^{\omega\tau} = x_i^\sigma$ für $i = 1, \dots, n$. Das beweist (2) und mithin (c). Damit wurde der Beweis des Hauptsatzes vollständig erbracht.

Kapitel 5

Elemente der Modelltheorie

Die Sätze von Löwenheim und Skolem wurden in der in **5.1** angegebenen Allgemeinheit zuerst von A. Tarski formuliert und bilden zusammen mit dem Kompaktheitssatz die Grundlage der um 1950 entstandenen und inzwischen weit gefächerten Modelltheorie. Hier werden die in der mathematischen Logik entwickelten Techniken mit den Konstruktionstechniken anderer Gebiete zum gegenseitigen Nutzen miteinander verbunden. Die folgenden Ausführungen geben diesbezüglich nur einen ersten Einblick, der z.B. in [CK] vertieft werden kann. Für weiterführende Themen wie z.B. die der saturierten Modelle, der Stabilitätstheorie und Verallgemeinerungen, oder der Modelltheorie anderer als elementarer Sprachen, muss auf die Spezialliteratur verwiesen werden, z.B. [Sa], [Sh], [Bu], [BF] und [Wag]. Eine recht anspruchsvolle Einführung in die Modelltheorie mit Literaturhinweisen gibt auch [Rot].

Modelltheoretische Kernbegriffe sind die der elementaren Äquivalenz und der elementaren Erweiterung. Diese Begriffe sind nicht nur theoretisch interessant, sondern haben vielfache Anwendungen für Modellkonstruktionen, z.B. in der Mengenlehre, in der Nichtstandard-Analysis und in der Algebra.

Vollständige axiomatisierbare Theorien sind entscheidbar, siehe **3.5**. Die Frage nach der Entscheidbarkeit und Vollständigkeit mathematischer Theorien und die Entwicklung scharfsinniger Methoden, um diese Eigenschaften zu beweisen, war stets ein Motor der Weiterentwicklung der mathematischen Logik. Von zahlreichen Methoden werden hier die wichtigsten vorgestellt: der Test von Vaught, das Ehrenfeucht-Spiel, Robinsons Methode der Modellvollständigkeit sowie die Quantorenelimination. Hierbei werden für kompliziertere Fälle, wie die Theorie der algebraisch bzw. reell abgeschlossenen Körper, modelltheoretische Kriterien entwickelt und angewandt. Aus Kapitel **3** benötigt man einiges für Anwendungen der Modelltheorie zur Lösung von Entscheidungsproblemen und aus Kapitel **4** nur den Begriff der Hornformel.

5.1 Elementare Erweiterungen

Schon in **3.3** hatten wir Nichtstandardmodelle mit einer Methode erhalten, die wir jetzt verallgemeinern. Für eine Sprache $\mathcal{L}$ und eine Menge A bezeichne $\mathcal{L}A$ die aus $\mathcal{L}$ durch Hinzufügen von neuen Konstantensymbolen $\boldsymbol{a}$ für alle $a \in A$ entstehende Sprache. Das Symbol $\boldsymbol{a}$ soll nur von a, nicht von A abhängen, so dass stets $\mathcal{L}A \subseteq \mathcal{L}B$ für $A \subseteq B$. Um die Niederschriften zu vereinfachen und weil Missverständnisse nicht zu befürchten sind, werden wir ab Satz 1.3 einfach nur a statt $\boldsymbol{a}$ schreiben.

Sei $\mathcal{B}$ eine $\mathcal{L}$-Struktur und $A \subseteq B$. Dann heiße die $\mathcal{L}A$-Expansion $\mathcal{B}_A$ mit $\boldsymbol{a}^{\mathcal{B}_A} = a$ für $a \in A$ die *natürliche $\mathcal{L}A$-Expansion von $\mathcal{B}$*. Für alle $\alpha = \alpha(\vec{x}) \in \mathcal{L}$ gilt dann

$$(1)\quad \mathcal{B} \vDash \alpha\,[\vec{a}] \Leftrightarrow \mathcal{B}_A \vDash \alpha(\vec{\boldsymbol{a}}) \quad \big(\vec{a} \in A^n,\ \alpha(\vec{\boldsymbol{a}}) = \alpha\,\tfrac{\boldsymbol{a}_1}{x_1} \cdots \tfrac{\boldsymbol{a}_n}{x_n}\big).$$

Offenbar ist jede Aussage aus $\mathcal{L}A$ von der Gestalt $\alpha_{\vec{x}}(\vec{\boldsymbol{a}})$ mit geeignetem $\alpha(\vec{x}) \in \mathcal{L}$ und $\vec{a} \in A^n$. Für $\mathcal{B}_A \vDash \alpha_{\vec{x}}(\vec{\boldsymbol{a}})$ werden wir später nur $\mathcal{B}_A \vDash \alpha(\vec{a})$ oder gar nur $\mathcal{B} \vDash \alpha(\vec{a})$ schreiben, d.h. zwischen $\mathcal{B}$ und $\mathcal{B}_A$ wird in der Bezeichnung nicht unterschieden wenn der Unterschied keine Rolle spielt. Man kann $\mathcal{B} \vDash \alpha(\vec{a})$ angesichts von (1) aber auch lesen als $\mathcal{B} \vDash \alpha\,[\vec{a}]$. Dies sollte z.B. geschehen in (ii) von Satz 1.3 auf Seite 134.

Für eine $\mathcal{L}$-Struktur $\mathcal{A}$ mit dem Träger A enthält die natürliche $\mathcal{L}A$-Expansion $\mathcal{A}_A$ für *jedes* $a \in A$ ein neues Konstantensymbol, auch wenn einzelne Elemente von $\mathcal{A}$ bereits einen Namen in $\mathcal{L}$ besitzen. Die Menge aller variablenfreien Literale $\lambda \in \mathcal{L}A$ mit $\mathcal{A}_A \vDash \lambda$ heiße das *Diagramm $D\mathcal{A}$* von $\mathcal{A}$. So enthält z.B. $D(\mathbb{R}, <)$ für alle $a, b \in \mathbb{R}$ die Aussagen $\boldsymbol{a}\!=\!\boldsymbol{b}$, $\boldsymbol{a}\!\neq\!\boldsymbol{b}$, $\boldsymbol{a} < \boldsymbol{b}$, $\boldsymbol{a} \not< \boldsymbol{b}$ je nachdem, ob tatsächlich $a = b$, $a \neq b$, $a < b$ oder $a \not< b$. Diagramme sind wichtig für viele Modellkonstruktionen.

Schon in **2.1** wurde darauf hingewiesen, dass der Begriff der Einbettung $\imath\colon \mathcal{A} \to \mathcal{B}$ (d.h. das Bild von $\mathcal{A}$ unter $\imath$ ist eine isomorphe Kopie von $\mathcal{A}$) den Substrukturbegriff umfasst. Denn ist $\mathcal{A} \subseteq \mathcal{B}$, so ist $\imath = id_A$ eine triviale, die *identische* Einbettung von $\mathcal{A}$ in $\mathcal{B}$. Mit Einbettbarkeit einer $\mathcal{L}_0$-Struktur $\mathcal{A}$ in eine $\mathcal{L}$-Struktur $\mathcal{B}$ für den Fall $\mathcal{L}_0 \subseteq \mathcal{L}$ sei in diesem Kapitel stets die Einbettbarkeit von $\mathcal{A}$ in das $\mathcal{L}_0$-Redukt $\mathcal{B}_0$ von $\mathcal{B}$ gemeint. In diesem Sinne ist z.B. die Gruppe $\mathbb{Z}$ in den Körper $\mathbb{Q}$ einbettbar. Wird in diesem Zusammenhang die Schreibweise $\mathcal{A} \subseteq \mathcal{B}$ benutzt, heißt dies eigentlich $\mathcal{A} \subseteq \mathcal{B}_0$. Nach diesen Vorbemerkungen formulieren wir den

Satz 1.1. *Sei $\mathcal{L}_0 \subseteq \mathcal{L}$ und $\mathcal{A}$ eine $\mathcal{L}_0$-Struktur. Eine $\mathcal{L}A$-Struktur $\mathcal{B}$ erfüllt $D\mathcal{A}$ genau dann, wenn $\imath : a \mapsto \boldsymbol{a}^{\mathcal{B}}$ eine Einbettung von $\mathcal{A}$ in $\mathcal{B}$ darstellt.*

Beweis. $\Rightarrow$: Sei $\mathcal{B} \vDash D\mathcal{A}$ und $a, b \in A$, $a \neq b$. Dann ist $\boldsymbol{a}\!\neq\!\boldsymbol{b} \in D\mathcal{A}$, also $\mathcal{B} \vDash \boldsymbol{a}\!\neq\!\boldsymbol{b}$ und daher $\boldsymbol{a}^{\mathcal{B}} \neq \boldsymbol{b}^{\mathcal{B}}$. Folglich ist $\imath$ injektiv. Für $r \in L_0$ und alle $\vec{a} \in A^n$ gilt

$$\begin{aligned} r^{\mathcal{A}}\vec{a} \ \Leftrightarrow\ r\vec{\boldsymbol{a}} \in D\mathcal{A} \ &\Leftrightarrow\ \mathcal{B} \vDash r\vec{\boldsymbol{a}} \quad (\text{weil } \mathcal{B} \vDash D\mathcal{A}) \\ &\Leftrightarrow\ r^{\mathcal{B}}\imath\vec{a} \quad\ (\text{weil } \imath\vec{a} = (\imath a_0, \dots, \imath a_n)). \end{aligned}$$

Ebenso ergibt sich $\imath f^{\mathcal{A}}\vec{a} = f^{\mathcal{B}}\imath\vec{a}$; denn für beliebige $\vec{a} \in A^n$ und $b \in A$ haben wir $f^{\mathcal{A}}\vec{a} = b \Leftrightarrow f\vec{\boldsymbol{a}} = \boldsymbol{b} \in D\mathcal{A} \Leftrightarrow \mathcal{B} \vDash f\vec{\boldsymbol{a}} = \boldsymbol{b} \Leftrightarrow f^{\mathcal{B}}\imath\vec{a} = \imath b$. Also ist $\imath$ eine Einbettung. $\Leftarrow$: Für variablenfreie Terme t von $\mathcal{L}_0 A$ beweist man leicht $\imath t^{\mathcal{A}} = t^{\mathcal{B}}$, wobei hier und anderswo kurz $t^{\mathcal{A}}$ für $t^{\mathcal{A}_A}$ und $t^{\mathcal{B}}$ für $t^{\mathcal{B}_A}$ geschrieben wird. Weil $\imath$ injektiv ist, folgt für variablenfreie Gleichungen aus $\mathcal{L}_0 A$

$$t_1 = t_2 \in D\mathcal{A} \;\Leftrightarrow\; t_1^{\mathcal{A}} = t_2^{\mathcal{A}} \;\Leftrightarrow\; \imath t_1^{\mathcal{A}} = \imath t_2^{\mathcal{A}} \;\Leftrightarrow\; t_1^{\mathcal{B}} = t_2^{\mathcal{B}} \;\Leftrightarrow\; \mathcal{B} \vDash t_1 = t_2.$$

Völlig analog zeigt man $t_1 \neq t_2 \in D\mathcal{A} \Leftrightarrow \mathcal{B} \vDash t_1 \neq t_2$, und auf die gleiche Weise behandelt man Primaussagen der Gestalt $r\vec{t}$. Das beweist $\mathcal{B} \vDash D\mathcal{A}$. ❑

Korollar 1.2. *Eine Struktur $\mathcal{A}$ ist in jedes $\mathcal{B} \vDash D\mathcal{A}$ isomorph einbettbar. Im Falle $A \subseteq B$ ist sogar $\mathcal{A} \subseteq \mathcal{B}$.*

Denn nach dem Satz mit $\mathcal{L}_0 = \mathcal{L}$ leistet $\imath\colon a \mapsto \boldsymbol{a}^{\mathcal{B}}$ das Verlangte. Für $A \subseteq B$ ist $\imath$ die identische Abbildung, daher $\mathcal{A} \subseteq \mathcal{B}$. Versteht man unter einem *Primmodell* für eine Theorie T ein solches, das in jedes T-Modell einbettbar ist, so besagt das Korollar gerade, dass $\mathcal{A}_A$ ein Primmodell für die von $D\mathcal{A}$ erzeugte Theorie ist. Wir verwenden diesen Begriff nur in diesem Sinne [1)]. Das Korollar wird im Verlaufe der Ausführungen sehr oft und ohne expliziten Verweis verwendet.

Den wohl wichtigsten Begriff der Modelltheorie, für den ein erstes Beispiel auf der nächsten Seite angegeben wird, erfassen wir mit folgender

Definition. Seien $\mathcal{A}, \mathcal{B}$ $\mathcal{L}$-Strukturen. $\mathcal{A}$ heißt eine *elementare Substruktur* von $\mathcal{B}$, und $\mathcal{B}$ heißt *elementare Erweiterung* von $\mathcal{A}$, symbolisch $\mathcal{A} \preccurlyeq \mathcal{B}$, wenn $A \subseteq B$ und

$$(2) \quad \mathcal{A} \vDash \alpha\,[\vec{a}] \;\Leftrightarrow\; \mathcal{B} \vDash \alpha\,[\vec{a}], \text{ für alle } \alpha = \alpha(\vec{x}) \in \mathcal{L} \text{ und } \vec{a} \in A^n.$$

$\mathcal{A} \preccurlyeq \mathcal{B}$ impliziert $\mathcal{A} \subseteq \mathcal{B}$ (Satz 2.3.2) und natürlich auch $\mathcal{A} \equiv \mathcal{B}$. Jedoch bedeutet $\mathcal{A} \preccurlyeq \mathcal{B}$ mehr als $\mathcal{A} \subseteq \mathcal{B}$ und $\mathcal{A} \equiv \mathcal{B}$. So gilt z.B. für $\mathcal{A} = (\mathbb{N}_+, <)$ mit $\mathbb{N}_+ = \mathbb{N} \setminus \{0\}$ und $\mathcal{B} = (\mathbb{N}, <)$ sicher $\mathcal{A} \subseteq \mathcal{B}$, und weil $\mathcal{A} \simeq \mathcal{B}$, ist auch $\mathcal{A} \equiv \mathcal{B}$. Aber $\mathcal{A} \preccurlyeq \mathcal{B}$ ist falsch, weil z.B. die Aussage $\exists x\, x < \mathbf{1}$ in $\mathcal{B}_A$, nicht aber in $\mathcal{A}_A$ gilt.

Nennt man $D_{el}\mathcal{A} := \{\alpha \in \mathcal{L}A^0 \mid \mathcal{A}_A \vDash \alpha\}$ das *elementare Diagramm* von $\mathcal{A}$, ist $\mathcal{A} \preccurlyeq \mathcal{B}$ auch gleichwertig mit $A \subseteq B$ und $\mathcal{B}_A \vDash D_{el}\mathcal{A}$. (2) ist nämlich schon erfüllt, wenn dort $\Leftrightarrow$ durch $\Rightarrow$ (oder durch $\Leftarrow$) ersetzt wird. Ferner ist (2) nach (1) gleichwertig mit $\mathcal{A}_A \vDash \alpha(\vec{\boldsymbol{a}}) \Leftrightarrow \mathcal{B}_A \vDash \alpha(\vec{\boldsymbol{a}})$, und weil jede Aussage aus $\mathcal{L}A$ für passendes $\alpha(\vec{x}) \in \mathcal{L}$ die Gestalt $\alpha(\vec{\boldsymbol{a}})$ hat, ist $\mathcal{A} \preccurlyeq \mathcal{B}$ auch gekennzeichnet durch $A \subseteq B$ und $\mathcal{A}_A \equiv \mathcal{B}_A$ (Elementaräquivalenz in $\mathcal{L}A$).

Von großem Nutzen für die Angabe von nichttrivialen Beispielen für $\mathcal{A} \preccurlyeq \mathcal{B}$ und auch anderswo wird sich folgender Satz erweisen:

[1)] Dieser Begriff muss unterschieden werden von dem eines *elementaren* Primmodells für T, d.h. $\mathcal{A}$ ist in jedes $\mathcal{B} \vDash T$ im Sinne von Übung 2 elementar einbettbar.

Satz 1.3 (Tarskis Kriterium). *Für Strukturen $\mathcal{A}, \mathcal{B}$ mit $\mathcal{A} \subseteq \mathcal{B}$ sind gleichwertig*

(i) $\mathcal{A} \preccurlyeq \mathcal{B}$,

(ii) $\mathcal{B} \vDash \exists y\varphi(\vec{a}, y) \Rightarrow \mathcal{B} \vDash \varphi(\vec{a}, a)$ *für ein* $a \in A \qquad (\varphi(\vec{x}, y) \in \mathcal{L},\ \vec{a} \in A^n)$.

Beweis. (i)⇒(ii): Sei $\mathcal{A} \preccurlyeq \mathcal{B}$ und $\mathcal{B} \vDash \exists y\varphi(\vec{a}, y)$, so dass auch $\mathcal{A} \vDash \exists y\varphi(\vec{a}, y)$. Dann ist gewiss $\mathcal{A} \vDash \varphi(\vec{a}, a)$ für ein $a \in A$. Wegen $\mathcal{A} \preccurlyeq \mathcal{B}$ gilt dann aber auch $\mathcal{B} \vDash \varphi(\vec{a}, a)$. (ii)⇒(i): Wegen $\mathcal{A} \subseteq \mathcal{B}$ gilt (2) sicher für Primformeln, und auch die Induktionsschritte über $\wedge, \neg$ sind klar. Einer Betrachtung bedarf nur der Quantorenschritt:

$$\begin{aligned} \mathcal{A} \vDash \forall y\alpha(\vec{a}, y) &\Leftrightarrow \mathcal{A} \vDash \alpha(\vec{a}, a) \text{ für alle } a \in A \\ &\Leftrightarrow \mathcal{B} \vDash \alpha(\vec{a}, a) \text{ für alle } a \in A \quad \text{(Induktionsannahme)} \\ &\Leftrightarrow \mathcal{B} \vDash \forall y\alpha(\vec{a}, y) \qquad\qquad \text{(Begründung unten).} \end{aligned}$$

Die Richtung ⇒ in der letzten Äquivalenz folgt so: Annahme $\mathcal{B} \nvDash \forall y\alpha(\vec{a}, y)$, d.h. $\mathcal{B} \vDash \exists y\neg\alpha(\vec{a}, y)$. Mit $\varphi(\vec{x}, y) := \neg\alpha(\vec{x}, y)$ ergibt (ii) dann $\mathcal{B} \vDash \neg\alpha(\vec{a}, a)$ für gewisses $a \in A$, im Widerspruch zu $\mathcal{B} \vDash \alpha(\vec{a}, a)$ für alle $a \in A$. ❑

Folgender Satz liefert auf relativ einfache Weise interessante Beispiele für $\mathcal{A} \preccurlyeq \mathcal{B}$:

Satz 1.4. *Sei $\mathcal{A} \subseteq \mathcal{B}$. Für beliebige $a_1, \dots, a_n \in A$ und $b \in B$ gebe es einen Automorphismus $\imath\colon \mathcal{B} \to \mathcal{B}$ mit $\imath a_i = a_i$ für $i = 1, \dots, n$ und $\imath b \in A$. Dann ist $\mathcal{A} \preccurlyeq \mathcal{B}$.*

Beweis. Es genügt, Bedingung (ii) in Satz 1.3 zu verifizieren: Ist $\mathcal{B} \vDash \exists y\varphi(\vec{a}, y)$, also $\mathcal{B} \vDash \varphi(\vec{a}, b)$ für ein $b \in B$, folgt $\mathcal{B} \vDash \varphi(\imath\vec{a}, \imath b)$ nach Satz 2.3.4, und wegen $\imath\vec{a} = \vec{a}$ daher $\mathcal{B} \vDash \varphi(\vec{a}, a)$ mit $a = \imath b \in A$, womit (ii) nachgewiesen ist. ❑

Beispiel. Man zeigt leicht, dass für gegebene $a_1, \dots, a_n \in \mathbb{Q}$ und $b \in \mathbb{R}$ ein Automorphismus von $(\mathbb{R}, <)$ existiert, der b in eine rationale Zahl überführt und $a_1, \dots, a_n$ festlässt. Also ist $(\mathbb{Q}, <) \preccurlyeq (\mathbb{R}, <)$. Insbesondere ist damit $(\mathbb{Q}, <) \equiv (\mathbb{R}, <)$.

Satz 1.4 ist natürlich nur verwendbar, wenn $\mathcal{B}$ „viele Automorphismen" hat. Ein weniger einfaches, in **5.5** näher ausgeführtes Beispiel einer elementaren Erweiterung ist folgendes: Es ist $\mathcal{A} \preccurlyeq \mathcal{C}$, wobei $\mathcal{A}$ den *Körper der algebraischen Zahlen* und $\mathcal{C}$ den Körper der komplexen Zahlen bezeichnet. Der Träger von $\mathcal{A}$ besteht aus allen komplexen Zahlen, die Nullstellen von (normierten) Polynomen mit rationalen Koeffizienten sind, wozu z.B. die Zahl π nicht gehört. Ferner ist $\mathcal{A}_r \preccurlyeq \mathcal{R}$. Dabei sei $\mathcal{A}_r$ der geordnete Körper aller reellen algebraischen Zahlen und $\mathcal{R}$ der aller reellen Zahlen. Beide Körper sind reell abgeschlossen. Mehr hierzu auf Seite 153.

Bevor wir fortfahren, wollen wir uns mit transfiniten Kardinalzahlen etwas vertraut machen. Man kann nicht nur endlichen, sondern beliebigen Mengen M jeweils ein z.B. mit $|M|$ bezeichnetes mengentheoretisches Objekt so zuordnen, dass

(3) $M \sim N \Leftrightarrow |M| = |N|$ ($\sim$ bedeutet gleichmächtig, siehe Seite 87).

$|M|$ heißt die *Kardinalzahl* oder *Mächtigkeit* von M. Für endliches M ist $|M|$ eine natürliche Zahl, die Anzahl der Elemente von M; für unendliches M heißt $|M|$ eine *transfinite* Kardinalzahl. Es ist an dieser Stelle unwichtig, wie $|M|$ im Einzelnen erklärt ist; wesentlich sind nur (4),(5), aus denen sich (6) und (7) leicht ergeben.

(4) Die Kardinalzahlen sind der Größe nach geordnet und sogar wohlgeordnet, d.h. jede nichtleere Kollektion von ihnen besitzt ein kleinstes Element. Dabei sei $|M| \leqslant |N|$, wenn eine Injektion von M nach N existiert,[2)]

(5) Es gilt $|M \cup N| = |M \times N| = \max\{|M|, |N|\}$ für beliebige nichtleere Mengen M, N, von denen mindestens eine unendlich ist.

Danach hat $\bigcup_{n>0} M^n$ (die Menge aller nichtleeren endlichen Folgen von Elementen aus M) für unendliches M dieselbe Mächtigkeit wie M. Kurzum,

(6) $|M^*| = |M|$ für $M^* = \bigcup_{n>0} M^n \qquad$ (M unendlich).

Denn $|M^1| = |M|$, und die Annahme $|M^n| = |M|$ ergibt $|M^{n+1}| = |M^n \times M| = |M|$ nach (5). Also $|M^n| = |M|$ für alle n, daher $|M^*| = |\bigcup_{n>0} M^n| = |M \times \mathbb{N}| = |M|$. Ähnlich erhält man aus (4),(5) für jede transfinite Kardinalzahl κ leicht auch

(7) Ist $|A_i| \leqslant \kappa$ für alle $i \in \mathbb{N}$, so ist auch $|\bigcup_{i\in\mathbb{N}} A_i| \leqslant \kappa$.

Die mit $\aleph_0$ bezeichnete kleinste transfinite Kardinalzahl ist die der abzählbar unendlichen Mengen. Die nächst größere heißt $\aleph_1$. Die Kardinalzahl $2^{\aleph_0}$ von $\mathfrak{P}\mathbb{N}$ ist gleich der Mächtigkeit von $\mathbb{R}$. Sicher ist $\aleph_0 < 2^{\aleph_0}$, also $\aleph_1 \leqslant 2^{\aleph_0}$. Die *Kontinuumshypothese* (CH) besagt $2^{\aleph_0} = \aleph_1$. CH ist nachweislich unabhängig in ZFC (siehe z.B. [Ku]), d.h. wir wissen nicht, ob $|\mathbb{R}| = \aleph_1$ zutrifft. Zwar gibt es über ZFC hinausführende Axiome, die eine Entscheidung für oder gegen CH implizieren, aber keines dieser Axiome ist plausibel genug um für „wahr“ gehalten zu werden.

Der folgende Satz verallgemeinert wesentlich den Satz 3.4.1. Für $|\mathcal{B}| \geqslant |\mathcal{L}|$ garantiert er die Existenz einer Struktur $\mathcal{A} \preccurlyeq \mathcal{B}$ (speziell $\mathcal{A} \equiv \mathcal{B}$) derart, dass $|\mathcal{A}| \leqslant |\mathcal{L}|$.

Satz 1.5 (Satz von Löwenheim-Skolem abwärts). *Es sei $\mathcal{B}$ eine $\mathcal{L}$-Struktur mit $|\mathcal{L}| \leqslant |\mathcal{B}|$ und $A_0 \subseteq B$ beliebig. Dann hat $\mathcal{B}$ eine elementare Substruktur $\mathcal{A}$ einer Kardinalzahl $\leqslant \max\{|A_0|, |\mathcal{L}|\}$ mit $A_0 \subseteq A$.*

Beweis. Wir konstruieren eine Folge $A_0 \subseteq A_1 \subseteq \ldots \subseteq B$ wie folgt. Sei A_k gegeben. Für jedes $\alpha = \alpha(\vec{x}, y)$ und $\vec{a} \in A_k^n$ mit $\mathcal{B} \vDash \exists y \alpha(\vec{a}, y)$ wählen wir ein $b \in B$ mit $\mathcal{B} \vDash \alpha(\vec{a}, b)$ und fügen b zu A_k hinzu. Auf diese Weise erhalten wir A_{k+1}. Ist z.B. α die Formel $f\vec{x} = y$, ist gewiss $\mathcal{B} \vDash \exists y\, f\vec{a} = y$, was leicht $f^{\mathcal{B}}\vec{a} \in A_{k+1}$ ergibt. $A := \bigcup_{k\in\mathbb{N}} A_k$ ist demnach unter den Operationen von $\mathcal{B}$ abgeschlossen, bestimmt

[2)] Mit dieser Definition ist $|M| \leqslant |N| \;\&\; |N| \leqslant |M| \;\Rightarrow\; |M| = |N|$ beweisbar, sogar ohne Auswahlaxiom. Dies besagt der *Satz von Cantor-Bernstein*. Für eine Struktur $\mathcal{A}$ sei stets $|\mathcal{A}| := |A|$.

also eine Substruktur $\mathcal{A} \subseteq \mathcal{B}$. Wir zeigen $\mathcal{A} \preccurlyeq \mathcal{B}$ durch den Nachweis von (ii) in Satz 1.3. Für $\alpha = \alpha(\vec{x}, y)$ und $\mathcal{B} \vDash \exists y\alpha(\vec{a}, y)$ mit $\vec{a} \in A^n$ ist sicher $\vec{a} \in A_k{}^n$ für ein k. Daher gibt es ein $a \in A_{k+1}$, also $a \in A$, mit $\mathcal{B} \vDash \alpha(\vec{a}, a)$. Das zeigt (ii). Es verbleibt der Nachweis von $|A| \leqslant \kappa := \max\{|A_0|, |\mathcal{L}|\}$. Da es höchstens κ viele Formeln und κ viele endliche Folgen von Elementen aus A_0 gibt, werden bei der Konstruktion von A_1 höchstens κ viele neue Elemente zu A_0 hinzugefügt. Also $|A_1| \leqslant \kappa$. Analog ist $|A_k| \leqslant \kappa$ für jedes $k > 0$. (7) ergibt damit $|\bigcup_{k\in\mathbb{N}} A_k| \leqslant \kappa$. ❑

Kombiniert mit dem Kompaktheitssatz, liefert dieser Satz den

Satz 1.6 (Satz von Löwenheim-Skolem aufwärts). *Sei die $\mathcal{L}$-Struktur $\mathcal{C}$ unendlich und κ eine Kardinalzahl $\geqslant |\mathcal{C}|, |\mathcal{L}|$. Dann gibt es ein $\mathcal{A} \succcurlyeq \mathcal{C}$ mit $|A| = \kappa$.*

Beweis. Sei $D \supseteq C$ mit $|D| = \kappa$. Dann folgt aus (6) leicht $|\mathcal{L}D| = \kappa$, denn das Alphabet von $\mathcal{L}D$ hat die Mächtigkeit κ. Weil $|C| \geqslant \aleph_0$, hat nach dem Kompaktheitssatz $D_{el}\mathcal{C} \cup \{c \neq d \mid c, d \in D,\ c \neq d\}$ ein Modell $\mathcal{B}$. Da $d \mapsto d^{\mathcal{B}}$ injektiv ist, darf man $d^{\mathcal{B}} = d$ für alle $d \in D$, also $D \subseteq B$ annehmen. Nach Satz 1.5, mit $\mathcal{L}D$ für $\mathcal{L}$, und D für A_0, gibt es ein $\mathcal{A} \preccurlyeq \mathcal{B}$ mit $D \subseteq A$ und $\kappa \leqslant |D| \leqslant |A| \leqslant \max\{|\mathcal{L}D|, |D|\} = \kappa$, also $|A| = \kappa$. Aus $C \subseteq D$ und $\mathcal{A} \equiv_{\mathcal{L}D} \mathcal{B} \vDash D_{el}\mathcal{C}$ folgt $\mathcal{A} \vDash D_{el}\mathcal{C}$. Da auch $C \subseteq A$, ist $\mathcal{A}$ (genauer das $\mathcal{L}$-Redukt von $\mathcal{A}$) elementare Erweiterung von $\mathcal{C}$. ❑

Nach diesen Sätzen hat speziell eine abzählbare Theorie T mit wenigstens einem unendlichen Modell auch Modelle in jeder unendlichen Mächtigkeit. Außerdem gilt z.B. $\vdash_T \alpha$ schon dann, wenn nur $\mathcal{A} \vDash \alpha$ für alle T-Modelle $\mathcal{A}$ einer einzigen unendlichen Kardinalzahl κ, vorausgesetzt T hat nur unendliche Modelle. Dann ist nämlich jedes T-Modell zu einem solchen der Mächtigkeit κ elementar-äquivalent.

Übungen

1. Seien $\mathcal{A} \preccurlyeq \mathcal{C}$ und $\mathcal{B} \preccurlyeq \mathcal{C}$, sowie $A \subseteq B$. Man beweise $\mathcal{A} \preccurlyeq \mathcal{B}$.

2. Eine Einbettung $\imath\colon \mathcal{A} \to \mathcal{B}$ heißt *elementar*, wenn $\imath\mathcal{A} \preccurlyeq \mathcal{B}$, wobei $\imath\mathcal{A}$ das Bild von $\mathcal{A}$ unter $\imath$ bezeichnet. Man zeige ähnlich wie Satz 1.1: Eine $\mathcal{L}A$-Struktur $\mathcal{B}$ ist Modell von $D_{el}\mathcal{A}$ genau dann, wenn $\mathcal{A}$ in $\mathcal{B}$ elementar einbettbar ist.

3. Seien $a_1, \dots, a_n$ rational und $b \in \mathbb{R}$. Man zeige, es gibt einen Automorphismus von $(\mathbb{R}, <)$, der b in eine rationale Zahl überführt und alle a_i fest lässt.

4. Sei $\mathcal{A} \equiv \mathcal{B}$. Man zeige, es gibt eine Struktur $\mathcal{C}$, in welche $\mathcal{A}, \mathcal{B}$ beide elementar einbettbar sind.

5. Sei $\mathcal{A}$ eine von $E \subseteq A$ erzeugte $\mathcal{L}$-Struktur und $\mathcal{T}_E$ die Menge der Grundterme in $\mathcal{L}E$. Man zeige (a) zu jedem $a \in A$ gibt es ein $t \in \mathcal{T}_E$ mit $a = t^{\mathcal{A}}$, (b) ist $\mathcal{A} \vDash T$ und $\alpha \in \mathcal{L}E$, gilt $D\mathcal{A} \vdash_T \alpha \Rightarrow D_E\mathcal{A} \vdash_T \alpha$, mit $D_E\mathcal{A} := D\mathcal{A} \cap \mathcal{L}E$.

5.2 Vollständige und κ-kategorische Theorien

Nach **3.3** ist eine Theorie T vollständig, wenn sie konsistent ist und keine echte konsistente Erweiterungstheorie in ihrer Sprache mehr hat. Gleichwertige Formulierungen, deren Nützlichkeit von der jeweiligen Situation abhängt, liefert

Satz 2.1. *Für eine konsistente Theorie T sind folgende Bedingungen äquivalent:* [3)]

(i) T *ist vollständig,* (ii) $T = Th\,\mathcal{A}$ *für beliebiges* $\mathcal{A} \vDash T$,

(iii) $\mathcal{A} \equiv \mathcal{B}$ *für alle* $\mathcal{A}, \mathcal{B} \vDash T$, (iv) $\alpha \in T$ *oder* $\neg\alpha \in T$ *für jedes* $\alpha \in \mathcal{L}^0$.

Beweis. (i) $\Rightarrow$ (ii): Da $Th\,\mathcal{A}$ eine konsistente Erweiterungstheorie von T ist, muss $T = Th\,\mathcal{A}$ sein. (ii) $\Rightarrow$ (iii): Für $\mathcal{A}, \mathcal{B} \vDash T$ ist $Th\,\mathcal{A} = T = Th\,\mathcal{B}$ nach (ii), und damit $\mathcal{A} \equiv \mathcal{B}$. (iii) $\Rightarrow$ (iv): Sei $\nvdash_T \alpha$. Dann ist $T, \neg\alpha$ konsistent, also gibt es ein $\mathcal{B} \vDash T$ mit $\mathcal{B} \vDash \neg\alpha$, und in jedem T-Modell $\mathcal{A}$ gilt $\neg\alpha$, weil $\mathcal{A} \equiv \mathcal{B}$. Deshalb folgt $\vdash_T \neg\alpha$. (iv) $\Rightarrow$ (i): Sei $T' \supset T$ und etwa $\alpha \in T' \setminus T$, so dass $\vdash_T \neg\alpha$ und mithin auch $\vdash_{T'} \neg\alpha$. Dann ist T' wegen $\vdash_{T'} \alpha$ aber inkonsistent und T daher vollständig. ❑

Man beachte, dass eine vollständige Theorie T noch nicht maximal konsistent in ganz $\mathcal{L}$ sein muss. So gilt in der Regel weder $\vdash_T x = y$ noch $\vdash_T x \neq y$.

Wir werden unterschiedliche Methoden vorstellen, mit denen sich die vermutete Vollständigkeit einer Theorie bestätigen lässt. Die Vollständigkeitsfrage ist aus mehreren Gründen wichtig. Zum Beispiel ist eine vollständige axiomatisierbare Theorie nach Satz 3.5.2 entscheidbar, wie immer auch die Vollständigkeit erschlossen wurde.

Eine elementare Theorie mit wenigstens einem unendlichen Modell hat, selbst wenn sie vollständig ist, sehr viele Modelle. Denn nach Satz 1.6 besitzt sie immer auch Modelle beliebig großer Mächtigkeiten. Es kann aber sein, dass alle ihre Modelle einer vorgegebenen endlichen oder unendlichen Kardinalzahl κ isomorph sind. Diesem Umstand trägt die folgende Definition Rechnung.

Definition. Eine Theorie T heißt *κ-kategorisch*, wenn es bis auf Isomorphie nur genau ein T-Modell der Mächtigkeit κ gibt.

Beispiel 1. Die Theorie $\mathsf{Taut}_=$ der Tautologien in $\mathcal{L}_=$ ist κ-kategorisch für jede Kardinalzahl κ; denn κ-mächtige Modelle $\mathcal{A}, \mathcal{B}$ sind nackte Mengen und daher trivial isomorph, mit einer beliebigen Bijektion von A auf B.

Die Theorie DO der *dicht geordneten Mengen* entstehe aus der in **2.3** formalisierten Theorie der geordneten Mengen durch Hinzufügen der Axiome

$$\exists x \exists y\, x \neq y \quad ; \quad \forall xy \exists z (x < y \to x < z \wedge z < y).$$

[3)] Diese Bedingungen sind auch äquivalent (sie gelten alle), wenn man die inkonsistente Theorie zu den vollständigen rechnet, was gelegentlich von Vorteil sein kann, hier aber nicht geschieht.

Jede dicht geordnete Menge ist offenbar unendlich. DO kann durch Hinzufügen der Axiome $\mathsf{L} := \exists x\forall y\, x \leqslant y$ und $\mathsf{R} := \exists x\forall y\, y \leqslant x$ zur Theorie DO_{11} der dicht geordneten Mengen mit Randelementen erweitert werden. Ersetzt man hier R durch $\neg\mathsf{R}$, entsteht die Theorie DO_{10} der dicht geordneten Mengen mit linkem aber ohne rechtes Randelement. Entsprechend bezeichne DO_{01} die Theorie mit rechtem und ohne linkes, sowie DO_{00} die der dichten Ordnungen ohne Randelemente. Alle vier zuletzt genannten Theorien sind $\aleph_0$-kategorisch. Wir erbringen hier den Nachweis für DO_{00} in folgendem Beispiel nach einer auf Cantor zurückgehenden Methode.

Beispiel 2. DO_{00} ist $\aleph_0$-kategorisch. Seien $A = \{a_0, a_1, \dots\}$ und $B = \{b_0, b_1, \dots\}$ abzählbare DO_{00}-Modelle – geordnete Mengen werden hier einfach durch ihre Träger bezeichnet. Die Abbildung f_0 sei definiert durch $f_0 a_0 = b_0$, also $\mathit{dom}\, f_0 = \{a_0\}$. Sei im n-ten Konstruktionsschritt eine Abbildung f_n *aus* A in B mit endlichem Definitionsbereich so definiert, dass $a < a' \Leftrightarrow f_n a < f_n a'$, für alle $a, a' \in \mathit{dom}\, f_n$, ein sogenannter *partieller Isomorphismus* von A nach B. Ferner sei a_m das Element mit minimalem Index aus $A \setminus \mathit{dom}\, f_n$, und $b \in B \setminus \mathit{ran}\, f_n$ sei so gewählt, dass auch $f_n' = f_n \cup \{(a_m, b)\}$ ein partieller Isomorphismus ist. Das ist möglich wegen der Dichtheit von B. Sodann wähle man für $b_m \in B \setminus \mathit{ran}\, f_n'$ mit minimalem m ein $a \in A \setminus \mathit{dom}\, f_n'$ so, dass auch $f_{n+1} = f_n' \cup \{(a, b_m)\}$ ein partieller Isomorphismus ist. Man sieht dann leicht, dass $f = \bigcup_{n\in\mathbb{N}} f_n$ ein Isomorphismus von A auf B ist. Denn obige „hin- und her"-Konstruktion sorgt sowohl für $a_n \in \mathit{dom}\, f_n$ als auch für $b_n \in \mathit{ran}\, f_n$, was offensichtlich $\mathit{dom}\, f = A$ und $\mathit{ran}\, f = B$ zur Folge hat.

Beispiel 3. Die *Nachfolgertheorie* T_{suc} in $\mathcal{L}\{0, \mathtt{S}\}$ habe die Axiome

$$\forall x\, 0 \neq \mathtt{S}x, \quad \forall xy(\mathtt{S}x = \mathtt{S}y \to x = y), \quad (\forall x \neq 0)\exists y\, x = \mathtt{S}y,$$

$$\forall x_0 \cdots x_n (\textstyle\bigwedge_{i<n} \mathtt{S}x_i = x_{i+1} \to x_0 \neq x_n) \quad (n = 1, 2, \dots, \text{ es gibt keine „Kreise"}).$$

T_{suc} ist nicht $\aleph_0$-, wohl aber $\aleph_1$-kategorisch. Jedes $\mathcal{A} \vDash T_{\mathrm{suc}}$ mit $|\mathcal{A}| = \aleph_1$ besteht nämlich bis auf Isomorphie aus dem (abzählbaren) Standardmodell $(\mathbb{N}, 0, \mathtt{S})$ und $\aleph_1$ vielen „Fäden" vom Isomorphietyp $(\mathbb{Z}, \mathtt{S})$ mit $\mathtt{S}\colon z \mapsto z + 1$. Wäre deren Anzahl $\leqslant \aleph_0$, so wäre auch das Modell abzählbar. Damit leuchtet ein, dass sich je zwei T_{suc}-Modelle der Mächtigkeit $\aleph_1$ isomorph aufeinander abbilden lassen.

Beispiel 4. Ein berühmtes Beispiel für $\aleph_1$-Kategorizität ist die Theorie ACF_p der a.a. Körper gegebener Charakteristik p ($= 0$ oder eine Primzahl). Auf einen Beweis verzichten wir, weil ACF_p in **5.5** auf eine andere Art analysiert wird.

Auch die auf Seite 152 genauer beschriebene Theorie $T_{V\mathbb{Q}}$ der $\mathbb{Q}$-Vektorräume ist $\aleph_1$-kategorisch. Denn ein $\mathbb{Q}$-Vektorraum der Mächtigkeit $\aleph_1$ hat eine Basis derselben Mächtigkeit. Also gibt es bis auf Isomorphie nur einen solchen Vektorraum.

Es lässt sich unschwer beweisen, dass in den Beispielen 3 und 4 κ-Kategorizität für jede Kardinalzahl $\kappa > \aleph_0$ vorliegt. Dies ist kein Zufall. Es gilt nämlich der

Satz von Morley. *Ist eine abzählbare Theorie T κ-kategorisch für ein $\kappa > \aleph_0$, so gilt dasselbe für alle $\kappa > \aleph_0$.*

Der Beweis erfordert umfangreiche Hilfsmittel und muss hier übergangen werden. So gut wie keine Mühe kostet hingegen der Beweis von

Satz 2.2 (Kriterium von Vaught). *Eine abzählbare konsistente Theorie T ohne endliche Modelle ist vollständig, falls sie κ-kategorisch ist für ein gewisses κ.*

Beweis. Sicher ist $\kappa \geqslant \aleph_0$, denn T hat keine endlichen Modelle. Angenommen T ist unvollständig. Man wähle ein $\alpha \in \mathcal{L}^0$ mit $\nvdash_T \alpha$ und $\nvdash_T \neg\alpha$. Dann sind T, α und $T, \neg\alpha$ konsistent. Da die Modelle von T, α bzw. $T, \neg\alpha$ unendlich sind, haben diese Formelmengen nach Satz 1.5 abzählbare, und nach Satz 1.6 auch Modelle $\mathcal{A}$ bzw. $\mathcal{B}$ der Kardinalzahl κ. Wegen $\mathcal{A}, \mathcal{B} \vDash T$ ist nach Voraussetzung $\mathcal{A} \simeq \mathcal{B}$ und damit $\mathcal{A} \equiv \mathcal{B}$. Das aber widerspricht $\mathcal{A} \vDash \alpha$ und $\mathcal{B} \vDash \neg\alpha$. ❑

Beispiel 5. (a) Die Theorie DO_{00} der dicht geordneten Mengen ohne Randelemente hat nur unendliche Modelle und ist nach Beispiel 2 $\aleph_0$-kategorisch und demzufolge vollständig (was $(\mathbb{Q}, <) \equiv (\mathbb{R}, <)$ noch einmal bestätigt). Dasselbe gilt für alle DO_{ij} (Übung 1), so dass $\mathcal{A} \equiv \mathcal{B}$ für dicht geordnete $\mathcal{A}, \mathcal{B}$ genau dann, wenn für $\mathcal{A}, \mathcal{B}$ „dieselbe Randsituation“ vorliegt. Die $\mathsf{DO}_{i,j}$ sind als vollständige axiomatisierbare Theorien entscheidbar. Dasselbe gilt nach Übung 3 in **3.5** daher auch für DO [4].

(b) Die Nachfolgertheorie T_{suc} ist $\aleph_1$-kategorisch und hat nur unendliche Modelle. Also ist sie vollständig und als axiomatisierbare Theorie damit entscheidbar.

(c) Nach Beispiel 4 ist ACF_p $\aleph_1$-kategorisch. Also ist diese Theorie vollständig und als axiomatisierbare Theorie auch entscheidbar. Dieses bedeutsame Resultat werden wir in **5.5** auf eine andere Art vollständig beweisen.

Die Modellklassen von Aussagen heißen *elementare Klassen.* Dazu rechnen dann auch die Modellklassen endlich axiomatisierbarer elementarer Theorien. Für eine beliebige Theorie T ist $\mathrm{Md}\,T = \bigcap_{\alpha \in T} \mathrm{Md}\,\alpha$ ein Durchschnitt elementarer Klassen, auch eine Δ-*elementare Klasse* genannt. So ist die Klasse aller Körper elementar und die aller a.a. Körper ist Δ-elementar. Die Klasse aller endlichen Körper hingegen ist nicht Δ-elementar, denn deren Theorie hat offenbar auch unendliche Modelle.

Die Modellklassen vollständiger Theorien heißen *elementare Typen.* $\mathrm{Md}\,T$ ist die Vereinigung der zu den Vervollständigungen von T gehörenden elementaren Typen. So hat z.B. DO nur die vier Vervollständigungen DO_{ij}, die durch die „Randsituation“ bestimmt sind, d.h. durch diejenigen der Aussagen $\mathsf{L}, \mathsf{R}, \neg\mathsf{L}, \neg\mathsf{R}$, die in der jeweiligen Vervollständigung gelten. In diesem Falle z.B. liefert der folgende Satz genaue Informationen über die elementaren Klassen dicht geordneter Mengen.

[4] Sogar die Theorie aller linearen Ordnungen ist entscheidbar (Ehrenfeucht), und damit jede ihrer endlichen Erweiterungen; nur ist der Beweis ungleich schwieriger als für DO.

Sei $X \subseteq \mathcal{L}$ nichtleer und T eine Theorie. $\langle X \rangle$ bezeichne die auch von T abhängige Menge aller Formeln, die in T zu Booleschen Kombinationen von Formeln aus X äquivalent sind. Stets sind $\top, \bot \in \langle X \rangle$, weil z.B. $\top \equiv_T \varphi \vee \neg\varphi$ für $\varphi \in X$. Damit ist stets $T \subseteq \langle X \rangle$. Wir nennen $X \subseteq \mathcal{L}^0$ eine *Boolesche Basis für* $\mathcal{L}^0$ *modulo* T, wenn $\langle X \rangle = \mathcal{L}^0$, d.h. wenn *jede* Aussage zu einer Booleschen Kombination von Formeln aus X in T äquivalent ist. $\mathcal{A} \equiv_X \mathcal{B}$ bedeute, dass $\mathcal{A} \vDash \alpha \Leftrightarrow \mathcal{B} \vDash \alpha$, für alle $\alpha \in X$.

Satz 2.3 (Basissatz für Aussagen). *Sei T eine Theorie und $X \subseteq \mathcal{L}^0$ derart, dass $\mathcal{A} \equiv_X \mathcal{B} \Rightarrow \mathcal{A} \equiv \mathcal{B}$, für alle $\mathcal{A}, \mathcal{B} \vDash T$* [5]*. Dann ist X Boolesche Basis für $\mathcal{L}^0$ in T.*

Beweis. Sei $\alpha \in \mathcal{L}^0$ und $Y_\alpha := \{\beta \in \langle X \rangle \mid \alpha \vdash_T \beta\}$. Wir behaupten (a) $Y_\alpha \vdash_T \alpha$. Andernfalls sei $\mathcal{A} \vDash T, Y_\alpha, \neg\alpha$. Dann ist $T_X\mathcal{A} := \{\gamma \in \langle X \rangle \mid \mathcal{A} \vDash \gamma\} \vdash \neg\alpha$; denn für beliebiges $\mathcal{B} \vDash T_X\mathcal{A}$ ist $\mathcal{B} \equiv_X \mathcal{A}$ und damit $\mathcal{B} \equiv \mathcal{A}$. Daher $\gamma \vdash_T \neg\alpha$ für ein $\gamma \in T_X\mathcal{A}$, denn $\langle X \rangle$ ist konjunktiv abgeschlossen. Das ergibt $\alpha \vdash_T \neg\gamma$, also $\neg\gamma \in Y_\alpha$. Folglich $\mathcal{A} \vDash \neg\gamma$, im Widerspruch zu $\mathcal{A} \vDash \gamma$. Also gilt (a). Daher gibt es $\beta_0, \ldots, \beta_m \in Y_\alpha$ mit (b) $\beta := \bigwedge_{i \leqslant m} \beta_i \vdash_T \alpha$. Weil $\alpha \vdash_T \beta_i$, gilt auch $\alpha \vdash_T \beta$. Dies und (b) besagen $\alpha \equiv_T \beta$, und wegen $\beta \in \langle X \rangle$ ist damit auch $\alpha \in \langle X \rangle$. ❑

Anwendungen. (a) Für $T = \mathsf{DO}$ und $X = \{\mathsf{L}, \mathsf{R}\}$ gilt $\mathcal{A} \equiv_X \mathcal{B} \Rightarrow \mathcal{A} \equiv \mathcal{B}$, für alle $\mathcal{A}, \mathcal{B} \vDash T$. Denn $\mathcal{A} \equiv_X \mathcal{B}$ besagt offenbar, dass $\mathcal{A}, \mathcal{B}$ die gleiche Randsituation besitzen. Damit ist aber $\mathcal{A} \equiv \mathcal{B}$, denn die DO_{ij} sind nach Übung 1 alle vollständig. Daher ist $\{\mathsf{L}, \mathsf{R}\}$ nach Satz 2.3 Boolesche Basis für $\mathcal{L}^0_<$ modulo DO. Diese Theorie hat 4 Vervollständigungen. Nach Übung 4 hat sie also genau 16 ($= 2^4$) Erweiterungen.

(b) Sei $T = \mathsf{ACF}$ und $X = \{\mathtt{char}_p \mid p \text{ Primzahl}\}$. Wieder ist $\mathcal{A} \equiv \mathcal{B}$, wenn nur $\mathcal{A} \equiv_X \mathcal{B}$ für alle $\mathcal{A}, \mathcal{B} \vDash T$. Denn ACF_p ist nach Beispiel 5(c) für jedes p (einschließlich 0) vollständig. Daher bilden nach Satz 2.3 die $\mathtt{char}_p$ eine Boolesche Basis für Aussagen modulo ACF. Das impliziert die Entscheidbarkeit von ACF. Denn man braucht bei gegebenem $\alpha \in \mathcal{L}^0$ in einem Aufzählungsverfahren der Sätze von ACF nur abzuwarten, bis eine Aussage der Gestalt $\alpha \leftrightarrow \beta$ erscheint, wobei β eine Boolesche Kombination aus den $\mathtt{char}_p$ ist. Eine solche Aussage erscheint mit Sicherheit. Sodann testet man $\beta \equiv_{\mathsf{ACF}} \top$, z.B. durch Überführung von β in eine KNF.

Korollar 2.4. *Sei T eine Theorie mit beliebig großen endlichen Modellen derart, dass alle unendlichen und alle endlichen T-Modelle mit jeweils gleicher Anzahl von Elementen elementar-äquivalent sind. Dann gelten*

(a) *Die Aussagen $\exists_n$* (Seite 54) *bilden eine Boolesche Basis für $\mathcal{L}^0$ modulo T,*

(b) *T ist entscheidbar wenn immer T endlich axiomatisierbar ist.*

---

[5] Diese Annahme ist gleichbedeutend mit der Vollständigkeit von $T_X\mathcal{A} = \{\gamma \in \langle X \rangle \mid \mathcal{A} \vDash \gamma\}$, siehe den folgenden Beweis. Für Verfeinerungen des Satzes sei auf [HR] verwiesen.

Beweis. Sei $X := \{\exists_k \mid k \in \mathbb{N}\}$. Dann ist gemäß Voraussetzung $\mathcal{A} \equiv \mathcal{B}$, wenn nur $\mathcal{A} \equiv_X \mathcal{B}$ für $\mathcal{A}, \mathcal{B} \vDash T$. Daher folgt (a) nach Satz 2.3. Jede mit T verträgliche Aussage α ist nach Übung 4 in **2.3** daher zu einer Aussage der Gestalt $\bigvee_{\nu \leqslant n} \exists_{=k_\nu}$ oder zu $\bigvee_{\nu \leqslant n} \exists_{=k_\nu} \vee \exists_m$ in T äquivalent. Jede dieser beiden Aussagen hat ein endliches T-Modell, weil es beliebig große endliche Modelle gibt. Kurzum, T hat die endliche Modelleigenschaft und (b) gilt nach Übung 2 in **3.6** wie man leicht sieht. ❑

Einfache Anwendungsbeispiele sind die Theorien $\mathit{Taut}_=$ aller Tautologien der Sprache $\mathcal{L}_=$ und die Theorie FO aller endlichen geordneten Mengen, von der im nächsten Abschnitt bewiesen wird, dass sie die Voraussetzungen des Korollars erfüllt. Die im Beweis erwähnten äquivalenten Formeln ermöglichen auch eine vollständige Beschreibung der elementaren Klassen von $\mathcal{L}_=$. Es sind dies endliche Vereinigungen von Klassen, die durch Aussagen der Gestalt $\exists_{=k}$ und $\exists_m$ bestimmt sind. Eine ähnlich einfache Beschreibung haben die elementaren Klassen aus FO-Modellen.

Diese Beispiele machen hinreichend deutlich: Kennt man die elementaren Typen einer Theorie T, so kennt man auch deren elementare Klassen. In der Regel gelingt die Typenklassifikation – d.h. das Auffinden einer geeigneten Menge X, die die Voraussetzungen von Satz 2.3 erfüllt – nur in besonderen Fällen. Die erforderliche Detailarbeit ist meistens sehr umfangreich. Erwähnt seien z.B. die Theorien der abelschen Gruppen und Moduln, der Booleschen Algebren und anderer lokal endlicher Varietäten (siehe hierzu etwa [MV]). Obige Beispiele sind nur die allereinfachsten.

Übungen

1. Man zeige, nebst DO_{00} sind auch DO_{11}, DO_{01} und DO_{10} $\aleph_0$-kategorisch und damit vollständig. Dies sind offenbar sämtliche Vervollständigungen von DO.

2. Man zeige, T_{suc} (Seite 138) ist auch vollständig axiomatisiert durch die ersten beiden der angegebenen Axiome plus IS: $\alpha \frac{0}{x} \wedge \forall x(\alpha \rightarrow \alpha \frac{\mathtt{S}x}{x}) \rightarrow \forall x\alpha$ (Induktionsschema für $\mathcal{L}\{0, \mathtt{S}\}$; α durchläuft alle Formeln von $\mathcal{L}\{0, \mathtt{S}\}$).

3. Man zeige, die Theorie T der torsionsfreien dividierbaren abelschen Gruppen ist $\aleph_1$-kategorisch, also vollständig und entscheidbar. Dies zeigt speziell die elementare Äquivalenz der beiden Gruppen $(\mathbb{R}, 0, +)$ und $(\mathbb{Q}, 0, +)$.

4. T habe endlich viele Vervollständigungen, sagen wir $T_1, \dots, T_m$. Nach Übung 2 in **3.5** ist $T_i = T + \alpha_i$ für gewisse α_i. Man zeige (a) $\{\alpha_i \mid i = 1, \dots, m\}$ ist Boolesche Basis in T, (b) jedes $\alpha \in \mathcal{L}^0$ ist in T äquivalent zu einer Formel der Gestalt $\bigvee_{\nu \leqslant n} \alpha_{i_\nu}$ mit $0 \leqslant i_0 < \cdots < i_n \leqslant m$ (es sei zusätzlich $\alpha_0 := \bot$). Daraus schließe man, T hat genau 2^m Erweiterungen, T und $\mathcal{L}^0$ inklusive.

5.3 Das Ehrenfeucht-Spiel

Das Kriterium von Vaught ist leider nur beschränkt verwendbar, denn viele vollständige Theorien sind in keiner unendlichen Mächtigkeit kategorisch. Ein Beispiel ist die Theorie SO_{10} der diskret geordneten Mengen mit linkem und ohne rechtes Randelement. Hier bezeichnet SO die *Theorie der diskret geordneten Mengen*, d.h. aller $(M,<)$ für die jedes $a \in M$ einen unmittelbaren Nachfolger hat, wenn a kein rechtes Randelement ist, und ebenso einen unmittelbaren Vorgänger, wenn a kein linkes Randelement ist [6]. Die Modelle für SO_{10} entstehen aus beliebigen Ordnungen $(M,<)$ mit linkem Randelement dadurch, dass das Randelement durch $(\mathbb{N},<)$, und jedes andere Element durch ein Exemplar von $(\mathbb{Z},<)$ ersetzt wird. Daraus folgt unschwer, dass SO_{10} für kein $\kappa \geqslant \aleph_0$ κ-kategorisch sein kann. Doch ist SO_{10} vollständig, ebenso wie SO_{00} und SO_{01}, nicht aber SO_{11}, denn jede endliche geordnete Menge ist Modell für SO_{11}. Die Indizierung der Theorien SO_{ij} ist hier analog zu den DO_{ij}.

Wir werden die Vollständigkeit von SO_{10} spieltheoretisch beweisen und benutzen dafür ein 2-Personen-Spiel mit den Spielern I und II, das *Ehrenfeucht-Spiel* $\Gamma_k(\mathcal{A},\mathcal{B})$, das in k Runden gespielt wird, $k \geqslant 0$. Hierbei seien $\mathcal{A},\mathcal{B}$ vorgegebene $\mathcal{L}$-Strukturen, und $\mathcal{L}$ sei eine *Relationalsprache*, d.h. $\mathcal{L}$ enthält keine Konstanten- und Operationssymbole. Dies ist keine wirkliche Beschränkung der Allgemeinheit hinsichtlich der von uns verfolgten Ziele; denn man kann beliebige Strukturen stets in Relationalstrukturen verwandeln, indem man die Operationen durch ihre Graphen ersetzt. Ein im Folgenden auch genutzter Vorteil von Relationalstrukturen ist, dass sich ihre nichtleeren Teilmengen und ihre Substrukturen umkehrbar eindeutig entsprechen.

Es folgt nun die Beschreibung des Spiels $\Gamma_k(\mathcal{A},\mathcal{B})$. Spieler I wählt in jeder der k Runden eine der beiden Strukturen $\mathcal{A}$ oder $\mathcal{B}$. Ist dies $\mathcal{A}$, wählt er ein $a \in A$ aus, und Spieler II hat dann mit einem Element $b \in B$ zu antworten. Wählt I aber $\mathcal{B}$ und ein $b \in B$, muss II mit einem Element $a \in A$ antworten. Damit ist die Beschreibung einer Runde dieses Spiels auch schon abgeschlossen. Nach k Runden wurden Elemente $a_1,\dots,a_k \in A$ und $b_1,\dots,b_k \in B$ ausgewählt, wobei a_i, b_i die in Runde i gewählten Elemente bezeichnen. Spieler II hat gewonnen, wenn die Abbildung $a_i \mapsto b_i$ für $i = 1,\dots,k$ ein partieller Isomorphismus von $\mathcal{A}$ nach $\mathcal{B}$ ist, d.h. wenn die Substruktur von $\mathcal{A}$ mit dem Träger $\{a_1,\dots,a_k\}$ isomorph ist zur Substruktur von $\mathcal{B}$ mit dem Träger $\{b_1,\dots,b_k\}$. Andernfalls hat Spieler I gewonnen.

Wir schreiben $\mathcal{A} \sim_k \mathcal{B}$, wenn Spieler II eine Gewinnstrategie im Spiel $\Gamma_k(\mathcal{A},\mathcal{B})$ hat, d.h. in jeder Runde auf einen beliebigen Zug von I so antworten kann, dass das Spiel am Ende für II gewonnen ist. Für das „0-Runden-Spiel" sei $\mathcal{A} \sim_0 \mathcal{B}$ per definitionem.

[6] 'SO' soll an 'Schrittordnung' erinnern, denn das Wort 'diskret' hat im Zusammenhang mit Ordnungen oft auch einen etwas schärferen Sinn. Offenbar ist $(\mathbb{N},<)$ Primmodell für SO_{10}.

Beispiel. Sei $\mathcal{A} = (\mathbb{N}, <)$ echter Anfang von $\mathcal{B} \vDash \mathsf{SO}_{10}$. Wir zeigen $\mathcal{A} \sim_k \mathcal{B}$ für beliebiges $k > 0$. Spieler II spiele wie folgt: Wählt I in der ersten Runde ein $b_1 \in B$, antwortet II mit $a_1 = 2^{k-1}-1$, falls $d(0, b_1) \geqslant 2^{k-1}-1$, sonst mit $a_1 = d(0, b_1)$ [7]. Analog, falls I mit $\mathcal{A}$ beginnt. Wählt I nun ein $b_2 \in B$ mit $d(0, b_2), d(b_1, b_2) \geqslant 2^{k-2}-1$, antwortet II mit $a_2 = a_1 \pm 2^{k-2}$ je nachdem ob $b_2 > b_1$ oder $b_2 < b_1$, sonst mit dem Element derselben Distanz von 0 oder a_1, wie sie b_2 von der 0 aus B bzw. von b_1 hat. Analog in der 3. Runde usw. Die Figur zeigt den Verlauf eines in der beschriebenen

● ● ● ●●●⋯$\mathcal{B}$⋯● ● ● ● ● ● ●●●⋯
0 ⠀⠀b_2⠀⠀⠀⠀⠀b_3⠀⠀⠀b_1

● ● ●●●⋯$\mathcal{A}$⠀⠀⠀$a_1 = 2^2-1$, $a_2 = a_1-2^1$
0 ⠀$a_2\ a_3\ a_1$

Weise ausgeführten 3-Runden-Spiels, wobei I nur aus $\mathcal{B}$ gewählt hat. Mit dieser Strategie gewinnt II jedes Spiel, wie man induktiv über k unschwer beweist.

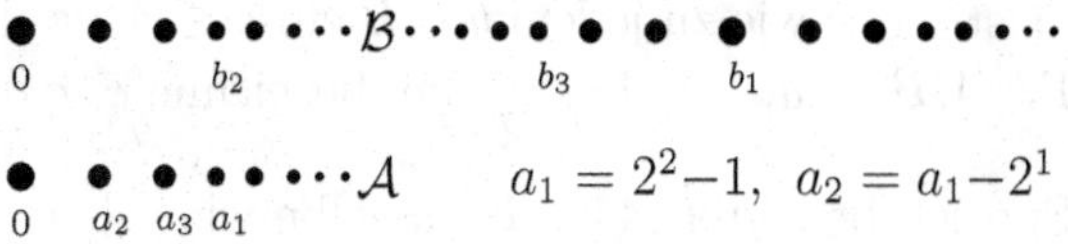

Anders als in diesem Beispiel hat Spieler II für $\mathcal{A} = (\mathbb{N}, <)$ und $\mathcal{B} = (\mathbb{Z}, <)$ bereits in $\Gamma_2(\mathcal{A}, \mathcal{B})$ keine Gewinnchance, wenn I in der ersten Runde $0 \in \mathbb{N}$ wählt. Das hat damit zu tun, dass die Existenz eines Randelements eine Aussage vom Quantorenrang 2 ist. Man schreibe $\mathcal{A} \equiv_k \mathcal{B}$ für $\mathcal{L}$-Strukturen $\mathcal{A}, \mathcal{B}$, wenn $\mathcal{A} \vDash \alpha \Leftrightarrow \mathcal{B} \vDash \alpha$, für alle $\alpha \in \mathcal{L}^0$ mit $\mathrm{qr}\,\alpha \leqslant k$. Stets ist $\mathcal{A} \equiv_0 \mathcal{B}$ für alle $\mathcal{A}, \mathcal{B}$, weil es Aussagen vom Quantorenrang 0 (d.h. quantorenfreie Aussagen) in Relationalsprachen nicht gibt. Wir beweisen weiter unten den bemerkenswerten

Satz 3.1. $\mathcal{A} \sim_k \mathcal{B}$ *impliziert* $\mathcal{A} \equiv_k \mathcal{B}$. *Speziell ist* $\mathcal{A} \equiv \mathcal{B}$, *falls* $\mathcal{A} \sim_k \mathcal{B}$ *für alle* k.

Für endliche Signaturen gilt auch eine etwas abgeschwächte Umkehrung des Satzes, die wir aber nicht diskutieren.

Bevor wir Satz 3.1 beweisen, demonstrieren wir seine Anwendbarkeit. Der Satz und das obige Beispiel ergeben $(\mathbb{N}, <) \equiv_k \mathcal{B}$ für alle k und mithin $(\mathbb{N}, <) \equiv \mathcal{B}$ für jedes $\mathcal{B} \vDash \mathsf{SO}_{10}$, denn $(\mathbb{N}, <)$ ist Primmodell für SO_{10}. Damit ist SO_{10} offenbar vollständig. Aus Symmetriegründen gilt dasselbe für SO_{01}, ebenso für SO_{00} gemäß Übung 2. Hingegen hat SO_{11} nach Übung 3 die endliche Modelleigenschaft, woraus ganz leicht folgt, dass SO_{11} identisch ist mit der Theorie FO aller endlichen geordneten Mengen.

Zum Beweis von Satz 3.1 betrachten wir zuerst eine leichte Verallgemeinerung von $\Gamma_k(\mathcal{A}, B)$, *das Spiel* $\Gamma_k(\mathcal{A}, \mathcal{B}, \vec{a}, \vec{b})$ *mit Vorgaben* $\vec{a} \in A^n, \vec{b} \in B^n$. Spieler I wählt in der ersten Runde ein $a_{n+1} \in A$ oder $b_{n+1} \in B$ und II antwortet mit b_{n+1} oder a_{n+1}, usw. Das Spielprotokoll besteht am Ende aus Folgen $(a_1, \ldots, a_{n+k})$ und $(b_1, \ldots, b_{n+k})$. Spieler II hat gewonnen, wenn $a_i \mapsto b_i$ ($i = 1, \ldots, n+k$) ein partieller Isomorphismus ist. Für $n = 0$ erhalten wir so gerade das Original-Spiel $\Gamma_k(\mathcal{A}, \mathcal{B})$.

---

[7] Die „Distanz" $d = d(a, b)$ von Elementen a, b eines SO-Modells sei 0 für $a = b$, sonst $1 + $ Anzahl der echt zwischen a und b liegenden Elemente, falls diese endlich ist; ansonsten sei $d(a, b) = \infty$.

Dieser Ansatz ermöglicht zudem eine von anderen Begriffen unabhängige Präzisierung des spieltheoretischen Konzepts einer Gewinnstrategie für Spieler II wie folgt:

Definition. Spieler II hat eine Gewinnstrategie in $\Gamma_0(\mathcal{A},\mathcal{B},\vec{a},\vec{b})$, falls $a_i \mapsto b_i$ für $i = 1,\dots,n$ ein partieller Isomorphismus ist. Spieler II hat eine Gewinnstrategie in $\Gamma_{k+1}(\mathcal{A},\mathcal{B},\vec{a},\vec{b})$, symbolisch $(\mathcal{A},\vec{a}) \sim_{k+1} (\mathcal{B},\vec{b})$, wenn zu jedem $a \in A$ ein $b \in B$ existiert, sowie zu jedem $b \in B$ ein $a \in A$, so dass Spieler II eine Gewinnstrategie in $\Gamma_k(\mathcal{A},\mathcal{B},\vec{a}_\smile a,\vec{b}_\smile b)$ hat. Dabei bezeichne $\vec{c}_\smile c$ die Verlängerung der Folge $\vec{c}$ um c.

Speziell bedeutet $\mathcal{A} \sim_k \mathcal{B}$ dasselbe wie $(\mathcal{A},\vec{a}) \sim_k (\mathcal{B},\vec{b})$ für den Fall $\vec{a} = \vec{b} = \emptyset$.

Lemma 3.2. *Sei* $(\mathcal{A},\vec{a}) \sim_k (\mathcal{B},\vec{b})$ *mit* $\vec{a} \in A^n$, $\vec{b} \in B^n$. *Für alle* $\varphi = \varphi(\vec{x})$ *mit* $\mathrm{qr}\,\varphi \leqslant k$ *gilt dann* $(*)$ $\mathcal{A} \vDash \varphi(\vec{a}) \Leftrightarrow \mathcal{B} \vDash \varphi(\vec{b})$.

Beweis durch Induktion über k. Sei $k = 0$. Weil $a_i \mapsto b_i$ $(i = 1,\dots,n)$ partieller Isomorphismus ist, gilt $(*)$ für Primformeln und sogar für alle φ mit $\mathrm{qr}\,\varphi = 0$, da die Induktionsschritte über $\neg$, $\wedge$ offensichtlich sind. Sei nun $(\mathcal{A},\vec{a}) \sim_{k+1} (\mathcal{B},\vec{b})$ und $\mathrm{qr}\,\varphi \leqslant k+1$. Im Falle $\mathrm{qr}\,\varphi \leqslant k$ gilt $(*)$ gemäß Induktionsannahme, weil offenbar $\sim_{k+1} \subseteq \sim_k$. Daher darf man annehmen $\varphi = \forall y\alpha(\vec{x},y)$ mit $\mathrm{qr}\,\alpha = k$, denn jedes ψ mit $\mathrm{qr}\,\psi = k+1$ ist Boolesche Kombination aus solchen φ und Formeln vom Quantorenrang $\leqslant k$, wie man leicht sieht. Sei $\mathcal{A} \vDash \forall y\alpha(\vec{a},y)$ und $b \in B$. Zu diesem b wähle man ein $a \in A$ mit $(\mathcal{A},\vec{a}_\smile a) \sim_k (\mathcal{B},\vec{b}_\smile b)$. Also $\mathcal{A} \vDash \alpha(\vec{a},a) \Leftrightarrow \mathcal{B} \vDash \alpha(\vec{b},b)$ nach der sich auf beliebige Elementetupel bezieht. $\mathcal{A} \vDash \forall y\alpha(\vec{a},y)$ liefert $\mathcal{A} \vDash \alpha(\vec{a},a)$, also $\mathcal{B} \vDash \alpha(\vec{b},b)$, und weil b beliebig gewählt worden ist, ergibt sich $\mathcal{B} \vDash \forall y\alpha(\vec{b},y)$. Aus Symmetriegründen erhält man ebenso $\mathcal{B} \vDash \forall y\alpha(\vec{b},y) \Rightarrow \mathcal{A} \vDash \forall y\alpha(\vec{a},y)$, also insgesamt die Behauptung $(*)$. ❑

Satz 3.1 ist der Anwendungsfall des Lemmas für $n = 0$ und damit bewiesen. Die vorgestellte Methode ist weittragend und hat auch viele Verallgemeinerungen.

Übungen

1. Seien $\mathcal{A},\mathcal{B}$ zwei dicht geordnete Mengen mit derselben Randsituation. Man beweise, Spieler II hat für jedes k eine Gewinnstrategie in $\Gamma_k(\mathcal{A},\mathcal{B})$.

2. Man zeige $\mathcal{A},\mathcal{B} \vDash \mathsf{SO}_{00} \Rightarrow \mathcal{A} \sim_k \mathcal{B}$ für alle k. Also ist SO_{00} vollständig.

3. Seien $\mathcal{A},\mathcal{B} \vDash \mathsf{SO}_{11}$, $k > 0$ und $|A|,|B| \geqslant 2^k - 1$. Man beweise $\mathcal{A} \sim_k \mathcal{B}$. Daraus folgere man SO_{11} hat die endliche Modelleigenschaft.

4. Man zeige, L, R, $\exists_1$, $\exists_2,\dots$ bilden eine Boolesche Basis für $\mathcal{L}^0_<$ in SO. Daraus erschließe man die Entscheidbarkeit von SO.

5.4 Einbettungs- und Charakterisierungssätze

Viele der bisher angegebenen Theorien, etwa die der Ordnungen, die Gruppentheorie in $\cdot, e, ^{-1}$, die Ringtheorie usw. sind universale oder $\forall$-Theorien, d.h. sie besitzen Axiomensysteme aus $\forall$-Aussagen. Für jede derartige Theorie T gilt wie wir bereits wissen $\mathcal{A} \subseteq \mathcal{B} \vDash T \;\Rightarrow\; \mathcal{A} \vDash T$, kurz T ist **S**-*invariant.* DO hat diese Eigenschaft offenbar nicht, also kann es für sie kein Axiomensystem aus $\forall$-Aussagen geben. Durch die **S**-Invarianz sind nun die $\forall$-Theorien gemäß Satz 4.3 vollständig gekennzeichnet. Dies ist das historisch erste, besonders einfache Beispiel einer modelltheoretischen Charakterisierung gewisser syntaktischer Formen von Axiomensystemen.

$T_\forall := \{\alpha \in T \mid \alpha \text{ ist } \forall\text{-Aussage}\}$ heiße der *universale Teil* einer Theorie T. Man beachte den Unterschied zwischen der Menge $T_\forall$ und der $\forall$-Theorie $T_\forall$, die natürlich nicht nur $\forall$-Aussagen enthält. Für $\mathcal{L}_0 \subseteq \mathcal{L}$ sei $T_{0\forall} := \mathcal{L}_0 \cap T_\forall$. Ist $\mathcal{A}$ eine $\mathcal{L}_0$-Struktur, $\mathcal{B}$ eine $\mathcal{L}$-Struktur, so meinen $\mathcal{A} \subseteq \mathcal{B}$ und die Redeweise '$\mathcal{A}$ ist Substruktur von $\mathcal{B}$' in diesem Abschnitt oft, dass $\mathcal{A}$ Substruktur des $\mathcal{L}_0$-Redukts von $\mathcal{B}$ ist. Analog ist die in **5.1** schon verabredete Sprechweise '$\mathcal{A}$ ist einbettbar in $\mathcal{B}$' zu verstehen. Beispiele finden sich weiter unten. Wir formulieren zuerst folgendes

Lemma 4.1. *Jedes $T_{0\forall}$-Modell $\mathcal{A}$ ist in ein T-Modell einbettbar.*

Beweis. Es genügt zu zeigen, $(*)$ $T, D\mathcal{A}$ ist konsistent. Denn ist $\mathcal{B} \vDash T, D\mathcal{A}$, so ist $\mathcal{A}$ nach Satz 1.1 in $\mathcal{B}$ einbettbar. Angenommen, $(*)$ sei falsch. Dann gibt es eine Konjunktion $\varkappa(\vec{a})$ von Aussagen aus $D\mathcal{A}$ mit $\vdash_T \neg\varkappa(\vec{a})$ (Übung 4 in **3.2**). Dabei umfasse $\vec{a}$ alle in den Gliedern von $\varkappa$ vorkommenden Konstanten aus $\mathcal{L}A$, die in T nicht vorkommen. Konstantenquantifizierung nach **3.2** ergibt $\vdash_T \forall\vec{x}\neg\varkappa(\vec{x})$. Also $\forall\vec{x}\neg\varkappa(\vec{x}) \in T_{0\forall}$ und somit $\mathcal{A} \vDash \forall\vec{x}\neg\varkappa(\vec{x})$, im Widerspruch zu $\mathcal{A} \vDash \varkappa(\vec{a})$. ❑

Lemma 4.2. $\operatorname{Md} T_\forall$ *besteht genau aus den Substrukturen aller T-Modelle.*

Beweis. Jede Substruktur eines T-Modells ist natürlich ein $T_\forall$-Modell. Ferner ist jedes $\mathcal{A} \vDash T_\forall$ nach dem Lemma (für $\mathcal{L}_0 = \mathcal{L}$) in ein $\mathcal{B} \vDash T$ einbettbar, was gewiss gleichwertig ist mit $\mathcal{A} \subseteq \mathcal{B}'$ für ein $\mathcal{B}' \vDash T$, weil $\operatorname{Md} T$ stets unter isomorphen Bildern abgeschlossen ist. ❑

Beispiele. (a) Sei AG die Theorie der abelschen Gruppen in $\mathcal{L}\{+, 0\}$, deren Substrukturen dann kommutative reguläre Halbgruppen sind. Umgekehrt ist unschwer beweisbar, dass jede derartige Halbgruppe in eine abelsche Gruppe einbettbar ist. Also ist die Theorie $\mathsf{AG}_\forall$ nichts anderes als die der kommutativen regulären Halbgruppen. Warnung: Eine nichtkommutative reguläre Halbgruppe muss nicht in eine Gruppe einbettbar sein. Hier sind die Einbettungs-Bedingungen in eine Gruppe etwas komplizierter.

(b) Substrukturen von Körpern in $\mathcal{L}\{0, 1, +, -, \cdot\}$ sind Integritätsbereiche. Nach einer bekannten Konstruktion ist umgekehrt jeder Integritätsbereich in einen Körper, seinen *Quotientenkörper* einbettbar, der ähnlich konstruiert wird wie der Körper $\mathbb{Q}$ aus dem Ring $\mathbb{Z}$. Für die Körpertheorie T_K ist daher die Theorie $T_{K\forall}$ nach Satz 4.2 identisch mit der Theorie T_J aller Integritätsbereiche.

Satz 4.3. *T ist eine $\forall$-Theorie genau dann, wenn T **S**-invariant ist.*

Beweis. Dies folgt unmittelbar aus Lemma 4.2. Denn für eine **S**-invariante Theorie T ist $\mathrm{Md}\, T = \mathrm{Md}\, T_\forall$. Kurzum, T ist durch $T_\forall$ axiomatisiert. ❑

Interessant ist auch folgender Satz über universale Horntheorien. Das sind spezielle $\forall$-Theorien, die eine Hauptrolle in der Logikprogrammierung spielen. T heiße **SP**-*invariant*, wenn $\mathrm{Md}\, T$ unter direkten Produkten und Substrukturen abgeschlossen ist.

Satz 4.4. *T ist eine universale Horntheorie genau dann, wenn T **SP**-invariant ist.*

Beweis. $\Rightarrow$: Übung 1 in **4.1**. $\Leftarrow$: Sei U die Menge aller in T beweisbaren universalen Hornsätze. Wir zeigen $\mathrm{Md}\, T = \mathrm{Md}\, U$ und damit die Behauptung. $\mathrm{Md}\, T \subseteq \mathrm{Md}\, U$ ist trivial. Sei $\mathcal{A} \vDash U$. Zum Beweis von $\mathcal{A} \vDash T$ genügt es, $(*)\ T \cup D\mathcal{A} \nvdash \bot$ zu zeigen; denn für $\mathcal{B} \vDash T, D\mathcal{A}$ ist o.B.d.A. $\mathcal{A} \subseteq \mathcal{B}$, also $\mathcal{A} \vDash T$ wegen der **S**-Invarianz. Sei $P = \{\pi \in D\mathcal{A} \mid \pi \text{ Primformel}\}$, so dass $D\mathcal{A} = P \cup \{\neg\pi_i \mid i \in I\}$ für passendes I, mit Primformeln π_i. Wir zeigen zuerst $P \nvdash_T \pi_i$ für jedes $i \in I$. Andernfalls wäre $\vdash_T \varkappa(\vec{a}) \to \pi_i(\vec{a})$ für eine Konjunktion $\varkappa(\vec{a})$ von Aussagen aus P, mit dem Tupel $\vec{a}$ aller in T nicht vorkommenden Konstanten. Daher $\vdash_T \alpha := \forall\vec{x}(\varkappa(\vec{x}) \to \pi_i(\vec{x}))$. Also $\alpha \in U$, denn α ist eine universale Hornaussage. Mithin $\mathcal{A} \vDash \alpha$. Das widerspricht aber $\mathcal{A} \vDash \varkappa(\vec{a}) \wedge \neg\pi_i(\vec{a})$ und zeigt $P \nvdash_T \pi_i$. Sei $\mathcal{A}_i \vDash T, P, \neg\pi_i$. Dann gilt $\mathcal{B} := \prod_{i\in I} \mathcal{A}_i \vDash T$ wegen der **P**-Invarianz, sowie $\mathcal{B} \vDash P \cup \{\neg\pi_i \mid i \in I\} = D\mathcal{A}$. Das beweist $(*)$. ❑

Im Beweis des folgenden Satzes wird Lemma 4.1 voll ausgeschöpft.

Satz 4.5. *Sei $\mathcal{L}_0 \subseteq \mathcal{L}$ und $\mathcal{A}$ eine $\mathcal{L}_0$-Struktur. Für $T \subseteq \mathcal{L}$ sind dann gleichwertig*

(i) *$\mathcal{A}$ ist in ein T-Modell einbettbar,*

(ii) *Jede endlich erzeugte Substruktur von $\mathcal{A}$ ist in ein T-Modell einbettbar,*

(iii) *$\mathcal{A} \vDash T_{0\forall}\ (= \mathcal{L}_0 \cap T_\forall)$.*

Beweis. (i)$\Rightarrow$(ii): Trivial. (ii)$\Rightarrow$(iii): Sei $\forall\vec{x}\alpha \in T_{0\forall}$ mit quantorenfreiem $\alpha = \alpha(\vec{x})$, $\vec{x} = (x_0, \ldots, x_n)$. Sei $\mathcal{A}_0$ für $\vec{a} = (a_0, \ldots, a_n) \in A^{n+1}$ die von $a_0, \ldots, a_n$ in $\mathcal{A}$ erzeugte Substruktur. Nach (ii) ist $\mathcal{A}_0 \subseteq \mathcal{B}$ für ein $\mathcal{B} \vDash T$. Da $\forall\vec{x}\alpha \in T_{0\forall}$, also $\mathcal{B} \vDash \forall\vec{x}\alpha$, ist auch $\mathcal{A}_0 \vDash \forall\vec{x}\alpha$, daher $\mathcal{A}_0 \vDash \alpha(\vec{a})$, folglich $\mathcal{A} \vDash \alpha(\vec{a})$ (Satz 2.3.2). Weil $\vec{a}$ beliebig war, gilt in der Tat $\mathcal{A} \vDash \forall\vec{x}\alpha$. (iii)$\Rightarrow$(i): Dies besagt gerade Lemma 4.1. ❑

Illustrationsbeispiele. (a) Sei $\mathcal{L}_0 = \mathcal{L}\{0, +, -\}$, $\mathcal{L} = \mathcal{L}\{0, +, -, <\}$ und T die Theorie der geordneten abelschen Gruppen. Eine solche Gruppe ist offenbar torsionsfrei, was sich durch ein Schema von $\forall$-Aussagen ausdrücken lässt. Umgekehrt kann man mit Satz 4.5 unschwer zeigen, dass eine torsionsfreie abelsche Gruppe auch ordnungsfähig ist. Es genügt nämlich, dies für jede endlich erzeugte Gruppe G dieser Art zu zeigen. Nach einem gruppentheoretischen Satz ist G bis auf Isomorphie von der Gestalt $\mathbb{Z}^n$ für ein $n > 0$ und man überzeugt sich leicht, dass $\mathbb{Z}^n$ nicht nur für $n = 1$ sondern auch für $n > 1$ angeordnet werden kann, nämlich lexikographisch. Wir erwähnen, dass auch für nichtabelsche Gruppen übersichtliche Bedingungen der Ordnungsfähigkeit angebbar sind, die aber etwas komplizierter aussehen.

(b) Ohne Algebra zu betreiben wissen wir: Es gibt eine Menge universaler Aussagen in $0, 1, +, -, \cdot$, deren Hinzunahme zur Körpertheorie die ordnungsfähigen Körper charakterisiert. Denn nach Satz 4.5 reicht die Menge aller aus den Axiomen für geordnete Körper beweisbaren $\forall$-Aussagen in $0, 1, +, -, \cdot$ dafür hin. Tatsächlich genügt schon das Aussagenschema '-1 ist keine Summe von Quadraten' (E. Artin).

Nicht nur $\forall$-Theorien, sondern auch $\forall$-Formeln lassen sich modelltheoretisch kennzeichnen. $\alpha(\vec{x})$ heiße **S**-*persistent* oder einfach persistent in T, wenn

$$\text{(sp)} \quad \mathcal{B} \vDash \alpha(\vec{a}) \Rightarrow \mathcal{A} \vDash \alpha(\vec{a}), \text{ für alle } \mathcal{A}, \mathcal{B} \vDash T \text{ mit } \mathcal{A} \subseteq \mathcal{B} \text{ und alle } \vec{a} \in A^n.$$

Diese Eigenschaft charakterisiert bis auf Äquivalenz die $\forall$-Formeln:

Satz 4.6. *Ist $\alpha = \alpha(\vec{x})$ persistent in T, so ist α zu einer $\forall$-Formel α' in T äquivalent, die so gewählt werden kann, dass frei $\alpha' \subseteq$ frei α.*

Beweis. Sei Y die Menge aller Formeln der Gestalt $\forall\vec{y}\beta(\vec{x}, \vec{y})$ mit $\alpha \vdash_T \forall\vec{y}\beta(\vec{x}, \vec{y})$ und β quantorenfrei; dabei mögen die Tupel $\vec{x}$ und $\vec{y}$ die Längen $n \geqslant 0$ bzw. $m \geqslant 0$ haben. Wir beweisen (a) $Y \vdash_T \alpha(\vec{x})$. Damit wäre der Beweis erbracht; denn wegen *frei* $Y \subseteq \{x_1, \ldots, x_n\}$ existiert dann eine Konjunktion $\varkappa = \varkappa(\vec{x})$ von Formeln aus Y mit $\varkappa \vdash_T \alpha$. Weil auch $\alpha \vdash_T \varkappa$, ist $\alpha \equiv_T \varkappa$, und $\varkappa$ ist als Konjunktion von $\forall$-Formeln wieder zu einer solchen äquivalent. Zum Nachweis von (a) sei $\vec{a} \in A^n$ und $(\mathcal{A}, \vec{a}) \vDash T, Y$. Es ist $(\mathcal{A}, \vec{a}) \vDash \alpha$ zu zeigen. Dies folgt aus (b) $T, \alpha(\vec{a}), D\mathcal{A}$ ist konsistent. Denn für $\mathcal{B} \vDash T, \alpha(\vec{a}), D\mathcal{A}$ ist o.B.d.A. $\mathcal{A} \subseteq \mathcal{B}$ und daher $\mathcal{A} \vDash \alpha(\vec{a})$, weil α persistent ist. Angenommen (b) ist falsch. Dann ist $\alpha(\vec{a}) \vdash_T \neg\varkappa(\vec{a}, \vec{b})$ für eine Konjunktion $\varkappa(\vec{a}, \vec{b})$ von Aussagen aus $D\mathcal{A}$ mit dem m-Tupel $\vec{b}$ der Konstanten von $\varkappa$ aus $A \setminus \{a_1, \ldots, a_n\}$. Also $\alpha(\vec{a}) \vdash_T \forall\vec{y}\neg\varkappa(\vec{a}, \vec{y})$. Weil auch die $a_1, \ldots, a_n$ in T nicht vorkommen, ist $\alpha(\vec{x}) \vdash_T \forall\vec{y}\neg\varkappa(\vec{x}, \vec{y}) \in Y$. Daher ist $(\mathcal{A}, \vec{a}) \vDash \forall\vec{y}\neg\varkappa(\vec{x}, \vec{y})$, oder gleichwertig $\mathcal{A} \vDash \forall\vec{y}\neg\varkappa(\vec{a}, \vec{y})$, im Widerspruch zu $\mathcal{A} \vDash \varkappa(\vec{a}, \vec{b})$. ❑

Bemerkung. Ist T abzählbar und sind alle T-Modelle unendlich, so ist α bereits dann zu einer $\forall$-Formel in T äquivalent, falls (sp) nur für alle T-Modelle einer gewissen Kardinalzahl $\kappa \geqslant \aleph_0$ gilt, weil man sich in diesem Falle beim Nachweis von (a) im obigen Beweis nach den Sätzen von Löwenheim-Skolem auf Modelle der Kardinalzahl κ beschränken kann.

Aussagen der Gestalt $\forall\vec{x}\,\exists\vec{y}\alpha$ mit quantorenfreiem α heißen $\forall\exists$-*Aussagen.* Viele Theorien, z.B. die der Körper, der reell bzw. der algebraisch abgeschlossenen Körper, der dividierbaren Gruppen u.a. sind $\forall\exists$-*Theorien*, d.h. sie besitzen Axiomensysteme aus $\forall\exists$-Aussagen. Wir charakterisieren nun die $\forall\exists$-Theorien modelltheoretisch. Eine *Kette K von Strukturen* sei einfach eine Menge K von $\mathcal{L}$-Strukturen mit $\mathcal{A} \subseteq \mathcal{B}$ oder $\mathcal{B} \subseteq \mathcal{A}$ für alle $\mathcal{A}, \mathcal{B} \in K$. Oft sind z.B. Ketten durch Folgen $\mathcal{A}_0 \subseteq \mathcal{A}_1 \subseteq \mathcal{A}_2 \subseteq \dots$ von Strukturen gegeben. Wie K auch gegeben ist, stets lässt sich eine Struktur $\mathcal{C} := \bigcup K$ wie folgt definieren: $C := \bigcup\{A \mid \mathcal{A} \in K\}$ sei der Träger. Ferner sei $r^{\mathcal{C}}\vec{a} \Leftrightarrow r^{\mathcal{A}}\vec{a}$ für $\vec{a} \in C^n$, wobei $\mathcal{A} \in K$ so gewählt sei, dass $\vec{a} \in A^n$. Ein solches $\mathcal{A} \in K$ gibt es. Diese Definition von $r^{\mathcal{C}}$ ist unabhängig von der Wahl von $\mathcal{A}$; denn ist $\mathcal{A}' \in K$ und auch $a_1, \dots, a_n \in A'$, so ist entweder $\mathcal{A} \subseteq \mathcal{A}'$ oder $\mathcal{A}' \subseteq \mathcal{A}$, also $r^{\mathcal{A}}\vec{a} \Leftrightarrow r^{\mathcal{A}'}\vec{a}$ in jedem Falle. Schließlich sei $f^{\mathcal{C}}\vec{a} = f^{\mathcal{A}}\vec{a}$, wobei $\mathcal{A} \in K$ so gewählt werde, dass $\vec{a} \in A^n$. Auch hier ist die Wahl von $\mathcal{A} \in K$ belanglos. $\mathcal{C}$ wurde gerade so definiert, dass jedes Kettenglied $\mathcal{A} \in K$ Substruktur von $\mathcal{C}$ ist.

Beispiel. Sei $\mathcal{D}_n$ die additive Gruppe der n-stelligen Dezimalzahlen (Kommazahlen, die nach der n-ten Nachkommastelle abbrechen). Offenbar gilt $\mathcal{D}_n \subseteq \mathcal{D}_{n+1}$, und $\mathcal{D} = \bigcup_{n\in\mathbb{N}} \mathcal{D}_n$ ist gerade die additive Gruppe der abbrechenden Dezimalzahlen.

Es ist nun leicht zu sehen, dass eine $\forall\exists$-Aussage $\alpha = \forall\vec{x}\exists\vec{y}\beta(\vec{x}, \vec{y})$, die in allen Gliedern $\mathcal{A}$ einer Kette K von Strukturen gilt, auch in $\mathcal{C} = \bigcup K$ richtig ist. Denn sei $\vec{a} \in C^n$ und damit $\vec{a} \in A^n$ für ein $\mathcal{A} \in K$. Dann gilt $\mathcal{A} \vDash \beta(\vec{a}, \vec{b})$ für ein $\vec{b} \in A^m$. Weil $\mathcal{A} \subseteq \mathcal{C}$ und $\beta(\vec{x}, \vec{y})$ quantorenfrei ist, folgt $\mathcal{C} \vDash \beta(\vec{a}, \vec{b})$, also $\mathcal{C} \vDash \exists\vec{y}\beta(\vec{a}, \vec{y})$. Da $\vec{a}$ hier beliebig gewählt worden ist, gilt in der Tat $\mathcal{C} \vDash \forall\vec{x}\exists\vec{y}\beta(\vec{x}, \vec{y})$.

Demnach ist $\operatorname{Md} T$ für eine $\forall\exists$-Theorie T immer gegenüber Vereinigung von Ketten abgeschlossen, oder wie man sagt, T ist *induktiv.* Diese Eigenschaft ist nun wiederum charakteristisch für $\forall\exists$-Theorien. Allerdings ist dieser Nachweis etwas weniger einfach. Wir benötigen dazu den Begriff der *elementaren Kette.* Darunter sei eine Kette $K \neq \emptyset$ von $\mathcal{L}$-Strukturen mit $\mathcal{A} \preccurlyeq \mathcal{B}$ oder $\mathcal{B} \preccurlyeq \mathcal{A}$ für alle $\mathcal{A}, \mathcal{B} \in K$ verstanden.

Lemma 4.7 (Kettenlemma von Tarski). *Sei K eine elementare Kette und sei $\mathcal{C} = \bigcup K$. Dann ist $\mathcal{A} \preccurlyeq \mathcal{C}$ für jedes Kettenglied $\mathcal{A} \in K$.*

Beweis. Wir zeigen $(*)$ $\mathcal{A} \vDash \alpha(\vec{a}) \Leftrightarrow \mathcal{C} \vDash \alpha(\vec{a})$ für $\vec{a} \in A^n$ durch Induktion über $\alpha = \alpha(\vec{x})$. Dies ist klar für Primformeln. Auch die Induktionsschritte über $\wedge, \neg$ sind klar. Sei $\mathcal{A} \vDash \forall y\alpha(\vec{a}, y)$ und $b \in C$. Es gibt gewiss ein $\mathcal{B} \in K$ mit $a_1, \dots, a_n, b \in \mathcal{B}$ und $\mathcal{A} \preccurlyeq \mathcal{B}$, so dass auch $\mathcal{B} \vDash \forall y\alpha(\vec{a}, y)$ und damit $\mathcal{B} \vDash \alpha(\vec{a}, b)$. Da sich die Induktionsannahme auf beliebige Kettenglieder bezieht, folgt $\mathcal{C} \vDash \alpha(\vec{a}, b)$. Weil $b \in C$ beliebig war, ergibt sich $\mathcal{C} \vDash \forall y\alpha(\vec{a}, y)$. Umgekehrt sei $\mathcal{C} \vDash \forall y\alpha(\vec{a}, y)$ und $b \in A$. Dann ist $\mathcal{C} \vDash \alpha(\vec{a}, b)$ und daher $\mathcal{A} \vDash \alpha(\vec{a}, b)$ nach Induktionsannahme. Da b beliebig gewählt war, ergibt sich auch $\mathcal{A} \vDash \forall y\alpha(\vec{a}, y)$. ❑

Wir benötigen noch einen weiteren nützlichen Begriff, für den sich viele Beispiele in **5.5** befinden. Sei $\mathcal{A} \subseteq \mathcal{B}$. Dann heißt $\mathcal{A}$ *existentiell abgeschlossen in* $\mathcal{B}$, symbolisch $\mathcal{A} \subseteq_{ec} \mathcal{B}$, wenn $(\star)$ $\mathcal{B} \vDash \exists\vec{x}\alpha(\vec{x},\vec{a}) \Rightarrow \mathcal{A} \vDash \exists\vec{x}\alpha(\vec{x},\vec{a})$, wobei $\alpha = \alpha(\vec{x},\vec{a})$ eine beliebige Konjunktion aus Literalen aus $\mathcal{L}A$ bezeichnet. $(\star)$ gilt dann automatisch auch für sämtliche quantorenfreien $\alpha \in \mathcal{L}A$. Das sieht man sofort, indem α in eine disjunktive Normalform überführt und $\exists\vec{x}$ auf die Disjunktionsglieder verteilt wird.

Es ist klar, dass $\mathcal{A} \preccurlyeq \mathcal{B} \Rightarrow \mathcal{A} \subseteq_{ec} \mathcal{B} \Rightarrow \mathcal{A} \subseteq \mathcal{B}$. Auch für $\subseteq_{ec}$ gilt ein leicht beweisbares Kettenlemma: Ist K eine Kette von Strukturen derart, dass $\mathcal{A} \subseteq_{ec} \mathcal{B}$ oder $\mathcal{B} \subseteq_{ec} \mathcal{A}$ für alle $\mathcal{A},\mathcal{B} \in K$, so ist $\mathcal{A} \subseteq_{ec} \bigcup K$ für jedes $\mathcal{A} \in K$ (Übung!).

Lemma 4.8 enthält unterschiedliche Kennzeichnungen von $\mathcal{A} \subseteq_{ec} \mathcal{B}$. Darin bezeichne $D_\forall\mathcal{A}$ das *universale Diagramm* von $\mathcal{A}$, die Menge aller in $\mathcal{A}$ gültigen $\forall$-Aussagen von $\mathcal{L}A$. In (iii) wie auch an einigen Stellen im Beweis des Lemmas müsste $\mathcal{B}$ eigentlich mit A indiziert werden, was nur der schnelleren Lesbarkeit halber unterbleibt.

Lemma 4.8. *Seien $\mathcal{A},\mathcal{B}$ $\mathcal{L}$-Strukturen mit $\mathcal{A} \subseteq \mathcal{B}$. Dann sind äquivalent*

(i) $\mathcal{A} \subseteq_{ec} \mathcal{B}$, (ii) *es gibt ein $\mathcal{A}' \supseteq \mathcal{B}$ mit $\mathcal{A} \preccurlyeq \mathcal{A}'$*, (iii) $\mathcal{B} \vDash D_\forall\mathcal{A}$.

Beweis. (i)⇒(ii): Sei $\mathcal{A} \subseteq_{ec} \mathcal{B}$. Wir erhalten ein $\mathcal{A}' \supseteq \mathcal{B}$ mit $\mathcal{A} \preccurlyeq \mathcal{A}'$ offenbar als Modell von $D_{el}\mathcal{A} \cup D\mathcal{B}$ (genauer, als das $\mathcal{L}$-Redukt eines derartigen Modells), so dass nur die Konsistenz dieser Menge nachzuweisen ist. Angenommen, diese wäre inkonsistent, so dass $D_{el}\mathcal{A} \vdash \neg\varkappa(\vec{b})$ für eine Konjunktion $\varkappa(\vec{b})$ von Aussagen aus $D\mathcal{B}$ mit dem n-Tupel $\vec{b}$ der in $\varkappa$ vorkommenden Konstanten aus $B \setminus A$. Weil $b_1,\dots,b_n$ in $D_{el}\mathcal{A}$ nicht vorkommen, ist $D_{el}\mathcal{A} \vdash \forall\vec{x}\neg\varkappa(\vec{x})$ und damit $\mathcal{A} \vDash \forall\vec{x}\neg\varkappa(\vec{x})$. Andererseits ist $\mathcal{B} \vDash \varkappa(\vec{b})$, also $\mathcal{B} \vDash \exists\vec{x}\varkappa(\vec{x})$. Wegen (i) und $\varkappa(\vec{x}) \in \mathcal{L}A$ ist auch $\mathcal{A} \vDash \exists\vec{x}\varkappa(\vec{x})$, im Widerspruch zu $\mathcal{A} \vDash \forall\vec{x}\neg\varkappa(\vec{x})$. (ii)⇒(iii): Wegen $\mathcal{A} \preccurlyeq \mathcal{A}'$ ist $\mathcal{A}' \vDash D_{el}\mathcal{A} \supseteq D_\forall\mathcal{A}$. Daher ist auch $\mathcal{B} \vDash D_\forall\mathcal{A}$, denn $\mathcal{B} \subseteq \mathcal{A}'$. (iii)⇒(i): $\mathcal{B} \vDash D_\forall\mathcal{A}$ besagt, jede in $\mathcal{A}$ gültige $\forall$-Aussage aus $\mathcal{L}A$ gilt auch in $\mathcal{B}$, was mit (i) offenbar gleichwertig ist. ❑

Satz 4.9. *Eine Theorie T ist eine $\forall\exists$-Theorie genau dann, wenn T induktiv ist.*

Beweis. Wie schon gezeigt, ist eine $\forall\exists$-Theorie T induktiv. Sei T umgekehrt induktiv. Wir zeigen $\mathrm{Md}\,T = \mathrm{Md}\,T_{\forall\exists}$, wobei $T_{\forall\exists}$ die Menge aller in T beweisbaren $\forall\exists$-Sätze ist. Nichttrivial ist nur der Nachweis von $\mathrm{Md}\,T_{\forall\exists} \subseteq \mathrm{Md}\,T$. Sei also $\mathcal{A} \vDash T_{\forall\exists}$. Behauptung: $T \cup D_\forall\mathcal{A}$ ist konsistent. Andernfalls ist $\vdash_T \neg\varkappa$ für eine gewisse Konjunktion $\varkappa = \varkappa(\vec{a})$ von Aussagen aus $D_\forall\mathcal{A}$ mit dem Tupel $\vec{a}$ der in $\varkappa$ aber nicht in T vorkommenden Konstanten aus A. Also $\vdash_T \forall\vec{x}\neg\varkappa(\vec{x})$. Weil aber $\varkappa(\vec{x})$ zu einer $\forall$-Formel, also $\neg\varkappa(\vec{x})$ zu einer $\exists$-Formel äquivalent ist, gehört $\forall\vec{x}\neg\varkappa(\vec{x})$ bis auf Äquivalenz zu $T_{\forall\exists}$, d.h. $\mathcal{A} \vDash \forall\vec{x}\neg\varkappa(\vec{x})$. Das aber widerspricht $\mathcal{A} \vDash \varkappa(\vec{a})$. Sei nun $\mathcal{A}_1 \vDash T \cup D_\forall\mathcal{A}$ und o.B.d.A. $\mathcal{A}_1 \supseteq \mathcal{A}$. Dann ist $\mathcal{A} \subseteq_{ec} \mathcal{A}_1$ nach Lemma 4.8. Nach demselben Lemma gibt es also ein $\mathcal{A}_2 \supseteq \mathcal{A}_1$ mit $\mathcal{A}_0 := \mathcal{A} \preccurlyeq \mathcal{A}_2$, so dass auch $\mathcal{A}_2 \vDash T_{\forall\exists}$. Nun wiederholen wir diese Konstruktion mit $\mathcal{A}_2$ statt mit $\mathcal{A}_0$ und erhalten Strukturen $\mathcal{A}_3, \mathcal{A}_4$ derart, dass $\mathcal{A}_2 \subseteq_{ec} \mathcal{A}_3 \vDash T$, $\mathcal{A}_3 \subseteq \mathcal{A}_4$ und $\mathcal{A}_2 \preccurlyeq \mathcal{A}_4$. Fortsetzung dieser Konstruktion ergibt eine Folge $\mathcal{A}_0 \subseteq \mathcal{A}_1 \subseteq \mathcal{A}_2 \subseteq \ldots$ von Strukturen mit den in der folgenden Figur angegebenen Inklusionsbeziehungen:

$$\mathcal{A} = \underbrace{\mathcal{A}_0 \xrightarrow{\subseteq} \mathcal{A}_1 \xrightarrow{\subseteq} \mathcal{A}_2}_{\preccurlyeq} \!\!\!\!\underbrace{\phantom{\mathcal{A}_2} \xrightarrow{\subseteq} \mathcal{A}_3 \xrightarrow{\subseteq} \mathcal{A}_4}_{\preccurlyeq} \cdots \subseteq \mathcal{C}$$

Sei $\mathcal{C} := \bigcup_{i\in\mathbb{N}} \mathcal{A}_i$. Offenbar ist auch $\mathcal{C} = \bigcup_{i\in\mathbb{N}} \mathcal{A}_{2i}$, und weil $\mathcal{A} = \mathcal{A}_0 \preccurlyeq \mathcal{A}_2 \preccurlyeq \ldots$, gilt $\mathcal{A} \preccurlyeq \mathcal{C}$ nach dem Kettenlemma. Andererseits ist auch $\mathcal{C} = \bigcup_{i\in\mathbb{N}} \mathcal{A}_{2i+1}$, und weil nach Konstruktion $\mathcal{A}_{2i+1} \vDash T$ für alle i, ist $\mathcal{C} \vDash T$, denn T ist induktiv. Wegen $\mathcal{A} \preccurlyeq \mathcal{C}$ ist dann aber auch $\mathcal{A} \vDash T$, wie zu beweisen war. ❑

Für konsistente Theorien T_0, T_1, so muss $T_0 + T_1$ nicht notwendig wieder konsistent sein, selbst dann nicht, wenn T_0 und T_1 in folgendem Sinne *modellverträglich* sind: jedes T_0-Modell ist in ein T_1-Modell einbettbar und umgekehrt, oder gleichwertig $T_{0\forall} = T_{1\forall}$. Ein Beispiel präsentiert Übung 3. Deshalb ist die Voraussetzung der Induktivität in der an einer Stelle in **5.5** benötigten Übung 4 eine wesentliche.

Übungen

1. Man zeige, ein Halbverband ist einbettbar in einen (distributiven) Verband. Die Theorie der Halbverbände axiomatisiert also die $\forall$-Sätze der Verbandstheorie in nur einer der beiden Operationen.

2. Sei X eine Menge *negationsloser* Aussagen, d.h. die $\alpha \in X$ seien aus Primformeln nur mittels $\wedge$, $\vee$, $\forall, \exists$ aufgebaut. Man zeige für beliebige $\mathcal{A}, \mathcal{B}$: Ist $\mathcal{A} \vDash X$ und $\mathcal{B}$ homomorphes Bild von $\mathcal{A}$, so auch $\mathcal{B} \vDash X$. Es gilt auch hier wieder die Umkehrung (siehe z.B. [CK]; negationslose Aussagen heißen dort *positiv*).

3. Man zeige, die Theorie DO der dichten und die Theorie SO der diskreten Ordnungen sind modellverträglich, obwohl DO + SO sicher inkonsistent ist. Weil DO induktiv ist, kann damit SO nach Übung 4 nicht induktiv und folglich keine $\forall\exists$-Theorie sein. Inspektion der Axiome zeigt, sie ist eine (echte) $\forall\exists\forall$-Theorie.

4. Seien T_0 und T_1 modellverträglich und induktiv. Dann ist auch $T = T_0 + T_1$ eine induktive, mit T_0 und T_1 modellverträgliche Theorie.

5. Sei T induktiv. Man zeige, unter allen mit T modellverträglichen induktiven Erweiterungen gibt es eine größte, die *induktive Vervollständigung* von T.

5.5 Modellvollständigkeit

Eine Theorie T heißt nach [Ro1] *modellvollständig*, wenn für jedes Modell $\mathcal{A} \vDash T$ die Theorie $T + D\mathcal{A}$ in $\mathcal{L}A$ vollständig ist. Für $\mathcal{A}, \mathcal{B} \vDash T$ mit $\mathcal{A} \subseteq \mathcal{B}$, mit anderen Worten $\mathcal{A}_A, \mathcal{B}_A \vDash D\mathcal{A}$, bedeutet dies offenbar $\mathcal{A}_A \equiv_{\mathcal{L}A} \mathcal{B}_A$ und folglich $\mathcal{A} \preccurlyeq \mathcal{B}$. Kurzum, eine modellvollständige Theorie T hat die Eigenschaft

$$(\star) \qquad \mathcal{A} \subseteq \mathcal{B} \Rightarrow \mathcal{A} \preccurlyeq \mathcal{B}, \text{ für alle } \mathcal{A}, \mathcal{B} \vDash T.$$

Ist umgekehrt $(\star)$ erfüllt, so ist $T + D\mathcal{A}$ auch vollständig. Denn sei $\mathcal{B} \vDash T, D\mathcal{A}$, so dass o.B.d.A. $\mathcal{A} \subseteq \mathcal{B}$ und mithin $\mathcal{A} \preccurlyeq \mathcal{B}$. Dann sind alle diese $\mathcal{B}$ in $\mathcal{L}A$ zu $\mathcal{A}_A$ und damit untereinander elementar-äquivalent, d.h. $T + D\mathcal{A}$ ist vollständig. $(\star)$ ist demnach eine gleichwertige Definition der Modellvollständigkeit.

Nach $(\star)$ ist mit $T \subseteq \mathcal{L}$ auch jede Erweiterungstheorie in $\mathcal{L}$ modellvollständig. Ferner ist T dann induktiv und damit eine $\forall\exists$-Theorie. Denn eine Kette K von T-Modellen ist wegen $(\star)$ immer schon eine elementare. Da nach dem Kettenlemma 4.7 $\mathcal{A} \preccurlyeq \bigcup K$ für ein beliebiges $\mathcal{A} \in K$, ist wegen $\mathcal{A} \vDash T$ dann auch $\bigcup K \vDash T$. Demnach können nur $\forall\exists$-Theorien modellvollständig sein.

Eine modellvollständige Theorie muss nicht vollständig sein, wie z.B. Satz 5.4 zeigen wird. Auch die Umkehrung ist i.a. falsch. So hat die nach **5.3** vollständige Theorie SO_{10} die Modelle $\mathcal{A} = (\mathbb{N}_+, <)$ und $\mathcal{B} = (\mathbb{N}, <)$ mit $\mathcal{A} \subseteq \mathcal{B}$ und $\mathcal{A} \not\preccurlyeq \mathcal{B}$, wie auf Seite 133 schon bemerkt wurde. Es gilt aber der folgende Satz, mit dem man die Vollständigkeit einer Theorie oft leichter nachweisen kann als mit anderen Methoden.

Satz 5.1. *Ist T modellvollständig und hat T ein Primmodell, so ist T vollständig.*

Beweis. Sei $\mathcal{A} \vDash T$ und $\mathcal{P} \vDash T$ ein Primmodell. Dann ist $\mathcal{P} \subseteq \mathcal{A}$ bis auf Isomorphie, also $\mathcal{P} \preccurlyeq \mathcal{A}$ und damit $\mathcal{P} \equiv \mathcal{A}$. Folglich sind alle T-Modelle zu $\mathcal{P}$ und damit auch untereinander elementar-äquivalent, d.h. T ist vollständig. ❑

Der folgende Satz gibt weitere Charakterisierungen der Modellvollständigkeit an. Insbesondere (ii) – eine Abschwächung von $(\star)$ – ist oft einfacher verifizierbar als die Definition und wird sehr häufig benutzt. Die Äquivalenz (i)⇔(ii) heißt auch *Robinsons Test* für Modellvollständigkeit.

Satz 5.2. *Für eine beliebige Theorie T sind gleichwertig*

(i) *T ist modellvollständig,*
(ii) *Für alle $\mathcal{A}, \mathcal{B} \vDash T$ mit $\mathcal{A} \subseteq \mathcal{B}$ ist $\mathcal{A} \subseteq_{ec} \mathcal{B}$,*
(iii) *Jede $\exists$-Formel α ist in T zu einer $\forall$-Formel β mit $\mathrm{frei}\,\beta \subseteq \mathrm{frei}\,\alpha$ äquivalent,*
(iv) *Jede Formel α ist in T zu einer $\forall$-Formel β mit $\mathrm{frei}\,\beta \subseteq \mathrm{frei}\,\alpha$ äquivalent.*

Beweis. (i)⇒(ii): evident, denn $\mathcal{A} \subseteq \mathcal{B} \Rightarrow \mathcal{A} \preccurlyeq \mathcal{B} \Rightarrow \mathcal{A} \subseteq_{ec} \mathcal{B}$. (ii)⇒(iii): Nach Satz 4.6 genügt es zu zeigen, dass jede ∃-Formel $\alpha = \alpha(\vec{x}) \in \mathcal{L}$ persistent in T ist. Es seien $\mathcal{A}, \mathcal{B} \vDash T$, $\mathcal{A} \subseteq \mathcal{B}$. Mit $\vec{a} \in A^n$ und $\mathcal{B} \vDash \alpha(\vec{a})$ gilt dann auch $\mathcal{A} \vDash \alpha(\vec{a})$, denn wegen (ii) ist $\mathcal{A} \subseteq_{ec} \mathcal{B}$. (iii)⇒(iv): Induktion über α; (iii) wird beim ¬-Schritt benötigt. (iv)⇒(i): Seien $\mathcal{A}, \mathcal{B} \vDash T$, $\mathcal{A} \subseteq \mathcal{B}$ und $\mathcal{B} \vDash \alpha(\vec{a})$, mit $\vec{a} \in A^n$. Weil $\alpha(\vec{x})$ zu einer ∀-Formel in T äquivalent ist, gilt dann gewiss auch $\mathcal{A} \vDash \alpha(\vec{a})$. Damit wurde $\mathcal{A} \preccurlyeq \mathcal{B}$ und wegen der Kennzeichnung ($\star$) auch (i) bewiesen. ❑

Bemerkung. Ist T abzählbar und hat nur unendliche Modelle, kann man sich bei der Formulierung des Kriteriums von Robinson (ii) auf Modelle $\mathcal{A}, \mathcal{B}$ einer beliebig gewählten unendlichen Kardinalzahl κ beschränken. Denn nach der Bemerkung Seite 147 folgt daraus bereits (iii) und damit auch (i). Dies ist bedeutsam für Lindströms Kriterium Satz 5.7.

Ein relativ einfaches Beispiel einer modellvollständigen Theorie ist $T_{V\mathbb{Q}}$, die Theorie der (nichttrivialen) $\mathbb{Q}$-Vektorräume $\mathcal{V} = (V, +, 0, \mathbb{Q})$, wobei 0 den Nullvektor bezeichnet und jedes $r \in \mathbb{Q}$ als einstellige Operation auf der Vektormenge V zu verstehen ist. $T_{V\mathbb{Q}}$ formuliert die bekannten Vektoraxiome, wobei z.B. das Axiom $r(a+b) = ra + rb$ durch ein Schema von Aussagen, nämlich $\forall ab(r(a+b) = ra + rb)$ für jedes $r \in \mathbb{Q}$, wiedergegeben wird. Seien $\mathcal{V}, \mathcal{V}' \vDash T_{V\mathbb{Q}}$ mit $\mathcal{V} \subseteq \mathcal{V}'$. Wir behaupten $\mathcal{V} \subseteq_{ec} \mathcal{V}'$. Nach Satz 5.2(iii) ist $T_{V\mathbb{Q}}$ damit modellvollständig. Zum Nachweis der Behauptung sei $\mathcal{V}' \vDash \exists\vec{x}\alpha$, mit einer Konjunktion α von Literalen in $x_1, \dots, x_n$ und Konstanten $a_1, \dots, a_n, b_1, \dots, b_k \in V$. Dann ist α o.B.d.A. ein System der Gestalt

$$(\mathrm{s}) \qquad \left\{ \begin{array}{ll} r_{11}x_1 + \ldots + r_{1n}x_n = a_1 & \qquad s_{11}x_1 + \ldots + s_{1n}x_n \neq b_1 \\ \vdots & \qquad \vdots \\ r_{m1}x_1 + \ldots + r_{mn}x_n = a_m & \qquad s_{k1}x_1 + \ldots + s_{kn}x_n \neq b_k \end{array} \right.$$

Denn die einzigen Primformeln sind Termgleichungen, und jeder Term in $x_1, \dots, x_n$ ist in $T_{V\mathbb{Q}}$ äquivalent zu einem Term der Gestalt $r_1x_1 + \ldots + r_nx_n$. Nach den Eigenschaften linearer Gleichungssysteme ist plausibel, dass das System (s) schon eine Lösung in $\mathcal{V}$ hat, wenn es überhaupt eine Lösung hat. Eine andere Schlussweise beruht auf der leicht beweisbaren $\aleph_1$-Kategorizität von $T_{V\mathbb{Q}}$, siehe die Beispiele am Ende des Abschnitts. Für Verallgemeinerungen sei z.B. auf [Zi] verwiesen.

Für den Rest dieses Abschnitts werden einige Kenntnisse der klassischen Algebra vorausgesetzt. Dort werden häufig sogenannte *Abschlusskonstruktionen* ausgeführt. So hat jeder Körper einen *algebraischen Abschluss* (eine *Primmodellerweiterung* in ACF, siehe hierzu [Sa] oder [Sh]), jeder geordnete Körper hat einen reellen Abschluss, jede torsionsfreie abelsche Gruppe hat einen dividierbaren Abschluss usw.

Sei T eine Theorie und $\mathcal{A} \vDash T_\forall$. Unter dem *Abschluss von* $\mathcal{A}$ *in* T verstehen wir ein T-Modell $\bar{\mathcal{A}} \supseteq \mathcal{A}$, so dass für jedes $\mathcal{B} \vDash T$ mit $\mathcal{A} \subseteq \mathcal{B}$ eine Einbettung von $\bar{\mathcal{A}}$ in $\mathcal{B}$ existiert, die A punktweise festlässt; ferner soll $\bar{\mathcal{A}}$ in folgendem Sinne minimal sein: ist $\mathcal{A} \subseteq \mathcal{A}' \subseteq \bar{\mathcal{A}}$ und $\mathcal{A}' \vDash T$, so ist $\mathcal{A}' \simeq \bar{\mathcal{A}}$. Wir sagen dann, T *gestatte eine Abschlussoperation.* $\bar{\mathcal{A}}$ ist bis auf Isomorphie eindeutig bestimmt, wie man leicht beweist. Sei ferner $\mathcal{A}, \mathcal{B} \vDash T$, $\mathcal{A} \subset \mathcal{B}$ und $b \in B \setminus A$. Dann gibt es ein kleinstes $A \cup \{b\}$ enthaltendes $T_\forall$-Submodell von $\mathcal{B}$, das mit $\mathcal{A}(b)$ bezeichnet sei. Nach dem Gesagten gibt es ein $\mathcal{C} \simeq \overline{\mathcal{A}(b)}$ mit $\mathcal{A} \subset \mathcal{C} \subseteq \mathcal{B}$, das nachfolgend mit $\mathcal{A}^b$ bezeichnet und eine *unmittelbare Erweiterung* von $\mathcal{A}$ in T genannt werde. Stets ist $\mathcal{A} \subset \mathcal{A}^b$.

Beispiel 1. Sei $T := \mathsf{ACF}$. Ein $T_\forall$-Modell $\mathcal{A}$ ist hier ein Integritätsbereich. T gestattet eine Abschlussoperation, und zwar ist $\bar{\mathcal{A}}$ der *algebraische Abschluss* des Quotientenkörpers von $\mathcal{A}$. Dass eine in jeden a.a. Körper $\mathcal{B} \supseteq \mathcal{A}$ einbettbare a.a. Körpererweiterung $\bar{\mathcal{A}}$ existiert, ist der Hauptsatz von Steinitz über a.a. Körper, [Wae, S. 201]. Für $\mathcal{A}, \mathcal{B} \vDash T$ mit $\mathcal{A} \subset \mathcal{B}$ und $b \in B \setminus A$ ist b offenbar transzendent über $\mathcal{A}$, denn $\mathcal{A}$ ist schon a.a. Also $a_0 + a_1 b + \cdots + a_n b^n \neq 0$ für alle $a_i \in A$ mit $a_n \neq 0$. Deswegen ist $\mathcal{A}(b)$ isomorph zum Ring aller Polynome $a_0 + a_1 x + \cdots + a_n x^n$ mit der „Unbestimmten“ x, und dessen Quotientenkörper besteht aus allen Quotienten dieser Polynome (oder den rationalen Funktionen mit Koeffizienten aus A). Ist daher $\mathcal{A}, \mathcal{B}, \mathcal{C} \vDash T$ mit $\mathcal{A} \subset \mathcal{B}, \mathcal{C}$, sowie $b \in B \setminus A$ und $c \in C \setminus A$, so ist $\mathcal{A}(b) \simeq \mathcal{A}(c)$. Dieser Isomorphismus setzt sich auf natürliche Weise fort zu einem solchen des Abschlusses $\mathcal{A}^b$ von $\mathcal{A}(b)$ auf den Abschluss $\mathcal{A}^c$ von $\mathcal{A}(c)$. Daher hat ein T-Modell im vorliegenden Falle bis auf Isomorphie nur eine unmittelbare Erweiterung in T.

Beispiel 2. Sei $T := \mathsf{RCF}$ die Theorie der reell abgeschlossenen Körper. Darunter sei ein geordneter Körper $\mathcal{K}$ verstanden, in welchem jedes Polynom ungeraden Grades mit Koeffizienten aus $\mathcal{K}$ eine Nullstelle hat und jedes positive Element ein Quadrat in $\mathcal{K}$ ist. Die Vorbildstruktur ist hier der Körper $\mathbb{R}$. In der Algebra wird auf die Ordnung oft verzichtet, weil diese wegen $\mathcal{K} \vDash x \leqslant y \leftrightarrow \exists z\, y - x = z^2$ definierbar ist. Ein $T_\forall$-Modell $\mathcal{A}$ ist ein geordneter Integritätsbereich, dessen Quotientenkörper wieder geordnet ist. Nach dem Hauptsatz von Artin über reell abgeschlossene Körper [Wae, S. 244] ist ein $\bar{\mathcal{A}} \vDash \mathsf{RCF}$ konstruierbar, das den Abschluss von $\mathcal{A}$ in T im obigen Sinne darstellt. Für $\mathcal{A}, \mathcal{B} \vDash \mathsf{RCF}$, $\mathcal{A} \subset \mathcal{B}$, $b \in B \setminus A$ ist b wieder transzendent über $\mathcal{A}$, weil keine algebraische Erweiterung von $\mathcal{A}$ mehr ordnungsfähig ist – dies ist eine von vielen Kennzeichnungen reeller Abgeschlossenheit. $\mathcal{A}(b)$ ist eine (einfache) transzendente Erweiterung von $\mathcal{A}$ und lässt sich als geordneter Polynomring über $\mathcal{A}$ verstehen, dessen Anordnung den Isomorphietyp seines Quotientenkörpers und auch den des (reellen) Abschlusses $\mathcal{A}^b$ eindeutig bestimmt.

Für induktives T darf man sich bei Robinsons Test zum Nachweis der Modellvollständigkeit ganz auf unmittelbare Erweiterungen beschränken. Und zwar wegen

Lemma 5.3. *Sei T induktiv, und T gestatte eine Abschlussoperation. Es gelte ferner $\mathcal{A} \subseteq_{ec} \mathcal{A}'$ für alle $\mathcal{A}, \mathcal{A}' \vDash T$ für den Fall, dass $\mathcal{A}'$ unmittelbare Erweiterung von $\mathcal{A}$ ist. Dann ist T modellvollständig.*

Beweis. Seien $\mathcal{A}, \mathcal{B} \vDash T$, $\mathcal{A} \subseteq \mathcal{B}$. Nach Satz 5.2(ii) genügt zu zeigen $\mathcal{A} \subseteq_{ec} \mathcal{B}$. Sei H die Menge aller $\mathcal{C} \subseteq \mathcal{B}$ mit $\mathcal{A} \subseteq_{ec} \mathcal{C} \vDash T$. Trivialerweise ist $\mathcal{A} \in H$. Weil T induktiv ist, liegt für jede Kette $K \subseteq H$ auch $\bigcup K$ wieder in H, denn $\mathcal{A} \subseteq_{ec} \bigcup K$, wenn nur $\mathcal{A} \subseteq_{ec} \mathcal{C}$ für jedes $\mathcal{C} \in K$. Nach dem Zornschen Lemma hat H ein maximales Element $\mathcal{A}_m$. Wir zeigen $\mathcal{A}_m = \mathcal{B}$. Angenommen $\mathcal{A}_m \subset \mathcal{B}$. Dann gibt es eine unmittelbare Erweiterung $\mathcal{A}'_m \vDash T$ von $\mathcal{A}_m$ mit $\mathcal{A}_m \subset \mathcal{A}'_m \subseteq \mathcal{B}$. Nach Voraussetzung ist $\mathcal{A} \subseteq_{ec} \mathcal{A}_m$ und $\mathcal{A}_m \subseteq_{ec} \mathcal{A}'_m$, also $\mathcal{A} \subseteq_{ec} \mathcal{A}'_m$. Das widerspricht aber der Maximalität von $\mathcal{A}_m$ in H. Folglich muss $\mathcal{A}_m = \mathcal{B}$ sein, also $\mathcal{A} \subseteq_{ec} \mathcal{B}$. ❑

Satz 5.4. ACF *ist modellvollständig und damit auch* ACF_p, *die Theorie der a.a. Körper vorgegebener Charakteristik* p. *Darüber hinaus ist* ACF_p *auch vollständig.*

Beweis. Sei $\mathcal{A}, \mathcal{B} \vDash \mathsf{ACF}$, $\mathcal{A} \subset \mathcal{B}$ und $b \in B \setminus A$. Nach Lemma 5.3 genügt zu zeigen $\mathcal{A} \subseteq_{ec} \mathcal{A}^b$, mit der unmittelbaren Erweiterung $\mathcal{A}^b$ von $\mathcal{A}$ in ACF. Sei $\alpha := \exists \vec{x} \beta(\vec{x}, \vec{a})$ eine $\exists$-Aussage aus $\mathcal{L}A$ mit $\mathcal{A}^b \vDash \alpha$. Zum Beweise von $\mathcal{A} \vDash \alpha$ betrachten wir

$$X := \mathsf{ACF} \cup D\mathcal{A} \cup \{P(x) \neq 0 \mid P(x) \text{ Hauptpolynom über } A\}.$$

Interpretiert man hier x durch b aus $\mathcal{A}^b$, so sieht man, dass $(\mathcal{A}^b, b)$ Modell ist für X. Sei $(\mathcal{C}, c)$ ein beliebiges Modell für X, wobei c der Wert von x ist. Wegen $D\mathcal{A} \subseteq X$ ist o.B.d.A. $\mathcal{A} \subseteq \mathcal{C}$. Weil $\mathcal{A}^b \simeq \mathcal{A}^c$ nach Beispiel 1, ist auch $\mathcal{A}^c \vDash \alpha$, und wegen $\mathcal{A}^c \subseteq \mathcal{C}$ folgt $\mathcal{C} \vDash \alpha$, denn α ist eine $\exists$-Aussage. Da $(\mathcal{C}, c)$ hier völlig beliebig gewählt worden war, erhalten wir $X \vdash \alpha$ und hieraus offenbar

$$D\mathcal{A} \vdash_{\mathsf{ACF}} \bigwedge_{i \leqslant k} P_i(x) \neq 0 \rightarrow \alpha \quad \text{für gewisse Hauptpolynome } P_0, \ldots, P_k.$$

Vordere Partikularisierung liefert $D\mathcal{A} \vdash_{\mathsf{ACF}} \exists x \bigwedge_{i \leqslant k} P_i(x) \neq 0 \rightarrow \alpha$. Nun ist jeder a.a. Körper unendlich, und jedes Polynom hat in einem Körper nur endlich viele Nullstellen. Daher ist $D\mathcal{A} \vdash_{\mathsf{ACF}} \exists x \bigwedge_{i \leqslant k} P_i(x) \neq 0$. Also $D\mathcal{A} \vdash_{\mathsf{ACF}} \alpha$ und somit $\mathcal{A} \vDash \alpha$. Damit wurde $\mathcal{A} \subseteq_{ec} \mathcal{A}^b$ bewiesen und mithin der erste Teil des Satzes. Der algebraische Abschluss des Primkörpers der Charakteristik p ist offenbar Primmodell von ACF_p. Folglich ist ACF_p nach Satz 5.1 auch vollständig. ❑

Ähnlich erhalten wir auch den folgenden bedeutsamen Satz, der von Tarski in [Ta2] zuerst durch Quantorenelimination bewiesen wurde; die darin behauptete Vollständigkeit wäre übrigens mit dem Kriterium von Vaught nicht zu gewinnen.

Satz 5.5. *Die Theorie* RCF *der reell abgeschlossenen Körper ist modellvollständig und vollständig. Sie ist also identisch mit der Theorie des geordneten Körpers der reellen Zahlen und als vollständige axiomatisierbare Theorie auch entscheidbar.*

Beweis. Sei $\mathcal{A} \vDash \mathsf{RCF}$. Es genügt wieder zu zeigen $\mathcal{A} \subseteq_{ec} \mathcal{A}^b$ für eine unmittelbare Erweiterung $\mathcal{A}^b$ von $\mathcal{A}$ in RCF. Sei $U_b = \{a \in A \mid a <^{\mathcal{B}} b\}$ und $V_b = \{a \in A \mid b <^{\mathcal{B}} a\}$, mit $\mathcal{B} := \mathcal{A}^b$. Dann ist $U_b \cup V_b = A$. Sei nun $\mathcal{A}^b \vDash \exists \vec{x} \beta(\vec{x}, \vec{a})$ eine $\exists$-Aussage mit $\vec{a} \in A^m$. Das Modell $(\mathcal{B}, b)$ erfüllt dann offensichtlich die Formelmenge

$$X := \mathsf{RCF} \cup D\mathcal{A} \cup \{a < x \mid a \in U_b\} \cup \{x < a \mid a \in V_b\}.$$

Sei $(\mathcal{C}, c) \vDash X$, mit der Interpretation c von x, wobei $\mathcal{C}$ wegen $D\mathcal{A} \subseteq X$ als Erweiterung von $\mathcal{A}$ verstanden werden kann. c ist nach einer Bemerkung in Beispiel 2 transzendent über $\mathcal{A}$, also ist $\mathcal{A}(c)$ isomorph zum angeordneten Polynomring über $\mathcal{A}$ mit der Unbestimmten c, dessen Anordnung durch diejenige von $A \cup \{c\}$ bereits eindeutig bestimmt ist. Folglich ist $\mathcal{A}(b) \simeq \mathcal{A}(c)$, und dieser Isomorphismus setzt sich über die Quotientenkörper fort auf einen solchen zwischen dem reellen Abschluss $\mathcal{A}^b$ und $\mathcal{A}^c$ von $\mathcal{A}(b)$ bzw. $\mathcal{A}(c)$. Wie in Satz 5.4 erhalten wir damit $X \vdash \alpha$, also

$$D\mathcal{A} \vdash_{\mathsf{RCF}} \exists x(\textstyle\bigwedge_{i<k} a_i < x \wedge \bigwedge_{i<m} x < b_i) \rightarrow \alpha \qquad (a_i \in U_b,\ b_i \in V_b,\ k+m > 0).$$

Nun ist bereits $\vdash_{\mathsf{RCF}} \exists x(\bigwedge_{i<k} a_i < x \wedge \bigwedge_{i<m} x < b_i)$; denn ein geordneter Körper ist dicht geordnet ohne Randelemente (man beachte auch die Fälle $k = 0$ oder $m = 0$). Damit folgt $D\mathcal{A} \vdash_{\mathsf{RCF}} \alpha$. Also $\mathcal{A} \vDash \alpha$, und $\mathcal{A} \subseteq_{ec} \mathcal{A}^b$ ist gezeigt. RCF hat ein Primmodell, nämlich den reellen Abschluss von $\mathbb{Q}$, den geordneten Körper der reellen algebraischen Zahlen. Mithin ist RCF nach Satz 5.1 vollständig. ❑

Eine Theorie T heiße die *Modellvervollständigung* einer Theorie T_0 derselben Sprache, wenn $T_0 \subseteq T$ und $T + D\mathcal{A}$ vollständig ist für jedes $\mathcal{A} \vDash T_0$. Weiter unten wird die eindeutige Bestimmtheit von T gezeigt, wenn ein solches T existiert. Offensichtlich ist T dann modellvollständig und mit T_0 modellverträglich. Die Existenz einer modellvollständigen Erweiterung ist daher eine notwendige Bedingung für die Existenz der Modellvervollständigung einer Theorie. Nicht jede Theorie hat eine Modellvervollständigung. Einfache Gegenbeispiele präsentiert Übung 1.

Nun zum Eindeutigkeitsbeweis. Seien T, T' Modellvervollständigungen von T_0. Beide Theorien sind mit T_0, also auch untereinander modellverträglich. Weil T, T' als modellvollständige Theorien überdies induktiv sind, ist $T + T'$ nach Übung 4 in **5.4** mit T modellverträglich. Ist also $\mathcal{A} \vDash T$, so gibt es ein $\mathcal{B} \vDash T + T'$ mit $\mathcal{A} \subseteq \mathcal{B}$, und da T modellvollständig ist, haben wir $\mathcal{A} \preccurlyeq \mathcal{B}$. Daher ist $\mathcal{A} \equiv \mathcal{B} \vDash T'$, und folglich $\mathcal{A} \vDash T'$. Aus Symmetriegründen gilt auch $\mathcal{A} \vDash T' \Rightarrow \mathcal{A} \vDash T$, also $T = T'$.

Beispiel 3. ACF ist die Modellvervollständigung der Theorie T_J aller Integritätsbereiche und damit erst recht der Theorie T_K aller Körper. Denn mit ACF und $\mathcal{A} \vDash T_J$ ist offenbar auch $T :=$ ACF$+D\mathcal{A}$ modellvollständig. Weil T ein Primmodell hat – den algebraischen Abschluss des Quotientenkörpers von $\mathcal{A}$ – ist T überdies vollständig. Völlig analog zeigt man, dass RCF die Modellvervollständigung der Theorie der kommutativen geordneten Ringe mit Einselement ist.

$\mathcal{A} \vDash T$ heiße *existentiell abgeschlossen in T*, wenn $\mathcal{A} \subseteq_{ec} \mathcal{B}$ für jedes $\mathcal{B} \vDash T$ mit $\mathcal{A} \subseteq \mathcal{B}$. So ist z.B. jeder a.a. Körper $\exists$-abgeschlossen in der Körpertheorie. Denn ist $\mathcal{A} \vDash$ ACF, $\mathcal{B} \supseteq \mathcal{A}$ ein Körper und $\mathcal{C}$ eine a.a. Erweiterung von $\mathcal{B}$, so ist $\mathcal{A} \preccurlyeq \mathcal{C}$ wegen der Modellvollständigkeit von ACF und damit $\mathcal{A} \subseteq_{ec} \mathcal{B}$

nach Lemma 4.8. Der folgende Satz verallgemeinert in gewissem Sinne die Tatsache, dass jeder Körper in einen a.a. Körper einbettbar ist. Danach ist z.B. auch eine Gruppe in eine in der Gruppentheorie $\exists$-abgeschlossene Gruppe einbettbar.

Satz 5.6. *Sei T eine $\forall\exists$-Theorie einer abzählbaren Sprache $\mathcal{L}$. Dann kann jedes unendliche Modell $\mathcal{A}$ von T zu einem Modell $\mathcal{A}^*$ von T mit $|\mathcal{A}^*| = |\mathcal{A}|$ erweitert werden, welches $\exists$-abgeschlossen ist in T.*

Beweis. Für den Beweis werde der Einfachheit halber angenommen, $\mathcal{A}$ sei abzählbar. Dann ist auch $\mathcal{L}A$ abzählbar. Sei $\alpha_0, \alpha_1, \ldots$ eine Abzählung der $\exists$-Aussagen von $\mathcal{L}A$[8] und $\mathcal{A}_0 = \mathcal{A}_A$, sowie $\mathcal{A}_{n+1}$ eine Erweiterung von $\mathcal{A}_n$ in $\mathcal{L}A$ mit $\mathcal{A}_{n+1} \vDash T + \alpha_n$, falls eine solche Erweiterung existiert; sonst sei $\mathcal{A}_{n+1} = \mathcal{A}_n$. Weil T induktiv ist, folgt $\mathcal{B}_0 = \bigcup_{n\in\mathbb{N}} \mathcal{A}_n \vDash T$. Ist $\alpha = \alpha_n$ eine in einer Erweiterung $\mathcal{B} \vDash T$ von $\mathcal{B}_0$ gültige $\exists$-Aussage aus $\mathcal{L}A$, ist schon $\mathcal{A}_{n+1} \vDash \alpha$ und damit auch $\mathcal{B}_0 \vDash \alpha$. Nun wiederholen wir diese Konstruktion mit $\mathcal{B}_0$ statt $\mathcal{A}_0$ bzgl. einer Aufzählung aller $\exists$-Aussagen aus $\mathcal{L}B_0$ und erhalten eine $\mathcal{L}B_0$-Struktur $\mathcal{B}_1 \vDash T$. Fortlaufende Wiederholung liefert eine Folge $\mathcal{B}_1 \subseteq \mathcal{B}_2 \subseteq \ldots$ von $\mathcal{L}B_n$-Strukturen $\mathcal{B}_{n+1} \vDash T$. Für das $\mathcal{L}$-Redukt $\mathcal{A}^*$ von $\bigcup_{n\in\mathbb{N}} \mathcal{B}_n \vDash T$ ist die Behauptung des Satzes dann unschwer zu verifizieren. Man beachte dabei, dass eine $\exists$-Aussage aus $\mathcal{L}\mathcal{A}^*$ schon in einem gewissen $\mathcal{L}B_m$ liegt. ❑

Hiermit erhält man leicht das folgende sehr anwendungsfähige Kriterium zum Nachweis der Modellvollständigkeit von gewissen Theorien, die nach dem Kriterium von Vaught immer auch zugleich vollständig sind:

Satz 5.7 (Lindströms Kriterium). *Eine abzählbare κ-kategorische $\forall\exists$-Theorie T ist modellvollständig, sofern sie nur unendliche Modelle besitzt.*

Beweis. Weil alle T-Modelle unendlich sind, hat T ein Modell der Mächtigkeit κ und nach Satz 5.6 auch ein solches, das $\exists$-abgeschlossen ist in T. Dann aber sind sämtliche κ-mächtigen T-Modelle $\exists$-abgeschlossen in T, denn alle diese Modelle sind isomorph. Also $\mathcal{A} \subseteq \mathcal{B} \Rightarrow \mathcal{A} \subseteq_{ec} \mathcal{B}$, für alle $\mathcal{A}, \mathcal{B} \vDash T$ der Mächtigkeit κ. Nach der Bemerkung auf Seite 152 ist T damit bereits modellvollständig. ❑

Anwendungsbeispiele. (a) Die ($\aleph_0$-kategorische) Theorie der atomlosen Booleschen Algebren. (b) Die ($\aleph_1$-kategorische) Theorie der nichttrivialen $\mathbb{Q}$-Vektorräume. (c) Die ($\aleph_1$-kategorische) Theorie der a.a. Körper gegebener Charakteristik.

Aus (c) folgt auf neue Weise auch die Modellvollständigkeit von ACF. Denn ist $\mathcal{A}, \mathcal{B} \vDash \mathsf{ACF}$ und $\mathcal{A} \subseteq \mathcal{B}$, so haben beide Körper dieselbe Charakteristik p. Da ACF_p nach (c) modellvollständig ist, folgt $\mathcal{A} \preccurlyeq \mathcal{B}$. Also ist auch ACF modellvollständig.

[8] Für überabzählbares $\mathcal{A}$ muss man hier wegen $|\mathcal{L}A| = |\mathcal{A}|$ statt von einer gewöhnlichen von einer ordinalen Abzählung der Elemente von A ausgehen. Der Beweis ist aber fast derselbe.

Übungen

1. Man zeige, von den vier Theorien DO_{ij} ist nur DO_{00} modellvollständig und die übrigen drei besitzen auch keine Modellvervollständigung.

2. Sei T die Theorie der dividierbaren torsionsfreien abelschen Gruppen. Man zeige (a) T ist modellvollständig, (b) T ist die Modellvervollständigung der Theorie T_0 der torsionsfreien abelschen Gruppen.

3. T^* heißt der *Modellbegleiter* von T, wenn T, T^* modellverträglich sind und T^* modellvollständig ist. Man zeige, existiert T^*, so ist T^* eindeutig bestimmt, und $\mathrm{Md}\,T^*$ besteht aus allen Modellen, die $\exists$-abgeschlossen sind in T.

4. Man zeige, eine in allen endlichen Körpern gültige $\forall\exists$-Aussage gilt in allen a.a. Körpern. Diese Tatsache ist sehr nützlich in der algebraischen Geometrie.

5.6 Quantorenelimination

Wegen $\exists x(y < x \wedge x < z) \equiv_{\mathsf{DO}} y < z$ lässt sich in der Theorie der dicht geordneten Mengen der Quantor aus der Formel links eliminieren. In einigen Theorien, darunter der Theorie DO_{00} (siehe **5.2**) lassen sich nun die Quantoren sogar aus jeder Formel eliminieren. Man sagt, T ($\subseteq \mathcal{L}^0$) *erlaubt Quantorenelimination*, wenn es zu jedem $\varphi \in \mathcal{L}$ ein quantorenfreies $\varphi' \in \mathcal{L}$ mit $\varphi \equiv_T \varphi'$ gibt. Quantorenelimination ist die älteste Methode, um gewisse Theorien als entscheidbar und gegebenenfalls auch als vollständig nachzuweisen. In einigen Darstellungen wird in der Definition zusätzlich $\mathit{frei}\,\varphi' = \mathit{frei}\,\varphi$ verlangt, doch ist dies ganz unwesentlich.

Eine die Quantorenelimination erlaubende Theorie T ist nach Satz 5.2 modellvollständig, denn quantorenfreie Formeln sind auch $\forall$-Formeln. T ist damit eine $\forall\exists$-Theorie, was eine höchst bemerkenswerte notwendige Bedingung darstellt.

Um die Quantorenelimination für eine Theorie T zu bestätigen, genügt es zunächst einmal, das Präfix $\exists x$ aus jeder Formel der Gestalt $\exists x\alpha$ zu eliminieren, wobei α quantorenfrei ist. Dazu denke man sich in einer Formel φ alle Subformeln der Gestalt $\forall x\alpha$ durch $\neg\exists x\neg\alpha$ äquivalent ersetzt, so dass in φ nur noch der $\exists$-Quantor erscheint. Schaut man auf das in φ am weitesten rechts vorkommende Präfix $\exists x$ in φ, lässt sich schreiben $\varphi = \cdots\exists x\alpha\cdots$ mit quantorenfreiem α. Ist nun $\exists x\alpha$ durch eine quantorenfreie Formel α' äquivalent ersetzbar, so lässt sich dieses Verfahren solange wiederholen, bis alle $\exists$-Quantoren aus φ verschwunden sind.

Nun darf man wegen der $\vee$-Distributivität des $\exists$-Quantors außerdem voraussetzen, dass der quantorenfreie Teil α der Formel $\exists x\alpha$, in der $\exists x$ eliminiert werden soll, eine Konjunktion von Literalen ist und dass x in jedem dieser Literale vorkommt. Denn man bringe α in disjunktive Normalform und verteile das Präfix $\exists x$ auf die Disjunktionsglieder. $\exists x$ steht dann nur noch vor einer Konjunktion von Literalen.

Erscheint x in keinem dieser Literale, kann $\exists x$ einfach weggelassen werden. Andernfalls entferne man die x nicht enthaltenden Literale aus dem Wirkungsbereich von $\exists x$. Das geht wegen $\exists x(\alpha \wedge \beta) \equiv \exists x\alpha \wedge \beta$ für $x \notin var\,\beta$. Man kann überdies annehmen, dass keines der Konjunktionsglieder die Gestalt $x = t$ mit $x \notin var\,t$ hat. Denn $\exists x(x = t \wedge \alpha) \equiv \alpha\,\frac{t}{x}$, und der Quantor ist rechts bereits eliminiert. Ferner darf man annehmen, dass x nicht die Variable $\boldsymbol{v}_0$ ist (gebundene Umbenennung) und dass $x = x$ und $x \neq x$ nicht zu den Konjunktionsgliedern gehören. Denn $x = x$ kann durch $\top$ und $x \neq x$ durch $\bot$ äquivalent ersetzt werden. Dabei empfiehlt sich, $\top$ und $\bot$ jetzt durch $\boldsymbol{v}_0 = \boldsymbol{v}_0$ bzw. $\boldsymbol{v}_0 \neq \boldsymbol{v}_0$ zu definieren. Bei der Ersetzung wird dann $\boldsymbol{v}_0$ möglicherweise als neue freie Variable eingeführt, aber das ist harmlos und durch Hinzufügen von $\top$ als 0-stelliges Aussagensymbol zur logischen Signatur von T auch vermeidbar. Eine solche Spracherweiterung ist aber nicht zwingend.

Nennt man eine $\exists$-Formel *einfach*, wenn sie die Gestalt $\exists x \bigwedge_i \alpha_i$ hat, wobei jedes α_i ein Literal ist mit $x \in var\,\alpha_i$, ergeben obige Überlegungen offenbar den

Satz 6.1. *T erlaubt Quantorenelimination, wenn jede einfache $\exists$-Formel $\exists x \bigwedge_i \alpha_i$ zu einer quantorenfreien Formel in T äquivalent ist. Dabei ist o.B.d.A. keines der α_i die Formel $x = x$, $x \neq x$ oder von der Gestalt $x = t$ mit $x \notin var\,t$.*

Beispiel 1. DO_{00} erlaubt Quantorenelimination. Wegen $y \not< z \equiv_T z < y \vee z = y$ und $z \neq y \equiv_T z < y \vee y < z$ und weil allgemein $(\alpha \vee \beta) \wedge \gamma \equiv (\alpha \wedge \gamma) \vee (\beta \wedge \gamma)$, dürfen wir offenbar annehmen, dass die Konjunktion der α_i in Satz 6.1 das Negationszeichen nicht enthält. Wir haben es daher mit einer Formel der Gestalt

$$\exists x(y_1 < x \wedge \ldots \wedge y_m < x \ \wedge \ x < z_1 \wedge \ldots \wedge x < z_k)$$

zu tun, die für $m, k \neq 0$ zu $\bigwedge_{i,j} y_i < z_j$ äquivalent ist, für $m = 0$ oder $k = 0$ zu $\top$, falls x keine der Variablen y_i, z_j ist, und sonst zu $\bot$. Damit ist bereits alles erledigt.

DO selbst erlaubt die Quantorenelimination nicht, weil z.B. in $\alpha(y) := \exists x\, x < y$ der Quantor nicht eliminierbar ist. Wäre $\alpha(y)$ zu einer quantorenfreien Formel in DO äquivalent, müsste für $\mathcal{A}, \mathcal{B} \vDash \mathsf{DO}$ mit $\mathcal{A} \subseteq \mathcal{B}$, $a \in A$ und $\mathcal{A} \vDash \alpha(a)$ auch $\mathcal{B} \vDash \alpha(a)$ gelten. Das ist aber nicht der Fall für die Intervalle $\mathcal{A} = [1,2]$, $\mathcal{B} = [0,2]$ und $a = 1$. Quantorenelimination wird aber wieder möglich in der Signatur, die $\{<\}$ um die 0-stelligen Prädikatensymbole L, R expandiert. Man erhält auch so ein bereits in **5.2** bewiesenes Resultat, wonach $\{\mathsf{L}, \mathsf{R}\}$ eine Boolesche Basis für DO ist.

Beispiel 2. Ein klassisches Resultat der Quantorenelimination nach M. Presburger bezieht sich auf $Th(\mathbb{N}, 0, 1, +, <)$, mit den durch die expliziten Definitionen

$$m\,|\,x \leftrightarrow \exists y\, my = x \qquad (my := \underbrace{y + \cdots + y}_{m})$$

für $m > 1$ zusätzlich eingeführten einstelligen Prädikatensymbolen $m\,|$. Wir beweisen ein verwandtes, auf die Gruppe $\mathbb{Z}$ in der Signatur $0, 1, +, -, <, 2\,|, 3\,|, \ldots$ bezogenes Resultat. k bezeichnet auch den Term $\underbrace{1 + \cdots + 1}_{k}$. Es sei $(-m)x = -mx$.

Sei ZG die elementare Theorie in $\mathcal{L}\{0, 1, +, -, <, 2\,|, 3\,|, \ldots\}$, deren Axiome diejenigen für geordnete abelsche Gruppen umfassen, sowie ferner die Aussagen

$$\forall x(0 < x \leftrightarrow 1 \leqslant x),\ \forall x(m\,|\,x \leftrightarrow \exists y\, my = x) \text{ und } \vartheta_m := \forall x \bigvee\nolimits_{k<m} m\,|\,x{+}k$$

für $m = 2, 3, \ldots$ Die Modelle von ZG heißen *$\mathbb{Z}$-Gruppen.* Diese sind geordnet mit kleinstem positiven Element 1. Die Axiome ϑ_m besagen für das Gruppenredukt von $\mathbb{Z}$-Gruppen G: die Faktorgruppen G/mG (mit $mG = \{mx \mid x \in G\}$) sind zyklisch von der Ordnung m. Auch gilt $\vdash_{\mathsf{ZG}} \eta_n := 0 \leqslant x \wedge x < n \rightarrow \bigvee_{k<n} x = k$ für alle n. ZG ist eine definitorische und daher eine konservative Erweiterung von ZG_0, der in $\mathcal{L}_0 := \mathcal{L}\{0, 1, +, -, <\}$ formulierten Theorie der $\mathbb{Z}$-Gruppen mit obigen Axiomen. Es wird sich herausstellen, dass deren Modelle genau diejenigen geordneten abelschen Gruppen sind, die zur Vorbildstruktur $(\mathbb{Z}, 0, 1, +, -, <)$ elementar-äquivalent sind.

Wir zeigen nun: ZG erlaubt die Quantorenelimination. Zum Nachweis darf wegen

$$t \neq s \equiv_{\mathsf{ZG}} s < t \vee t < s,\ m \nmid t \equiv_{\mathsf{ZG}} \bigvee\nolimits_{i=1}^{m-1} m\,|\,t + i \text{ und } m\,|\,t \equiv_{\mathsf{ZG}} m\,| - t$$

angenommen werden, dass der Kern einer einfachen $\exists$-Formel eine Konjunktion von Formeln der Gestalt $n_i x = t_i^0$, $n_i' x < t_i^1$, $t_i^2 < n_i'' x$, $m_i\,|\,n_i''' x + t_i^3$ mit $x \notin var\, t_i^j$ ist. Durch Multiplikation dieser Formeln mit passenden Zahl kann man unter Beachtung von $t < s \equiv_{\mathsf{ZG}} nt < ns$ und $m\,|\,t \equiv_{\mathsf{ZG}} nm\,|\,nt$ leicht erreichen, dass die n_i, n_i', n_i'', n_i''' alle einer Zahl $n > 1$ gleich sind. Dabei verändern sich natürlich die t_i^j und die „Module" m_i. Aber das Eliminationsproblem reduziert sich so auf Formeln folgender Gestalt, wobei das j-te Konjunktionsglied verschwindet, wenn $k_j = 0$:

$$(1) \quad \exists x\big(\bigwedge\nolimits_{i=1}^{k_0} nx = t_i^0 \wedge \bigwedge\nolimits_{i=1}^{k_1} t_i^1 < nx \wedge \bigwedge\nolimits_{i=1}^{k_2} nx < t_i^2 \wedge \bigwedge\nolimits_{i=1}^{k_3} m_i\,|\,nx + t_i^3\big).$$

Mit y für nx und $m_0 = n$ ist (1) in ZG sicher äquivalent zu

$$(2) \quad \exists y\big(\bigwedge\nolimits_{i=1}^{k_0} y = t_i^0 \wedge \bigwedge\nolimits_{i=1}^{k_1} t_i^1 < y \wedge \bigwedge\nolimits_{i=1}^{k_2} y < t_i^2 \wedge \bigwedge\nolimits_{i=1}^{k_3} m_i\,|\,y + t_i^3 \wedge m_0\,|\,y\big).$$

Hier dürfen wir nach Satz 6.1 sogleich $k_0 = 0$ annehmen, so dass sich das Eliminationsproblem nach Rückbenennung von y in x auf Formeln der Gestalt

$$(3) \quad \exists x\big(\bigwedge\nolimits_{i=1}^{k_1} t_i^1 < x \wedge \bigwedge\nolimits_{i=1}^{k_2} x < t_i^2 \wedge \bigwedge\nolimits_{i=0}^{k_3} m_i\,|\,x + t_i^3\big)$$

reduziert. Sei m das kleinste gemeinsame Vielfache der $m_0, \ldots, m_{k_3}$.

Fall 1: $k_1 = k_2 = 0$. Dann ist (3) in ZG äquivalent zu $\bigvee_{j=1}^{m} \bigwedge_{i=0}^{k_3} m_i \,|\, j + t_i^3$. Denn wenn es überhaupt ein x gibt mit $\bigwedge_{i=0}^{k_3} m_i \,|\, x + t_i^3$, so schon ein $x = j \in \{1, \dots, m\}$. Dazu bestimme man j nach Axiom ϑ_m so, dass $m \,|\, x + (m - j)$, also auch $m \,|\, x - j$ und folglich $m_i \,|\, x - j$ für alle $i \leqslant k_3$. Dann gilt auch $m_i \,|\, x + t_i^3 - (x - j) = j + t_i^3$ für $i = 0, \dots, k_3$ wie behauptet.
Fall 2: $k_1 \neq 0$ und j wie oben. Dann ist (3) äquivalent zu

$$(4) \quad \bigvee_{\mu=1}^{k_1} [\bigwedge_{i=1}^{k_1} t_i^1 \leqslant t_\mu^1 \wedge \bigvee_{j=1}^{m} (\bigwedge_{i=1}^{k_2} t_\mu^1 + j < t_i^2 \wedge \bigwedge_{i=0}^{k_3} m_i \,|\, t_\mu^1 + j + t_i^3)]$$

Dies ist eine Fallunterscheidung nach dem Maximum unter den Werten der t_i^1. Aus jedem Alternativglied von (4) folgt in ZG sicher (3) (man beachte $t_i^1 < t_\mu^1 + j$). Nun sei umgekehrt x eine Lösung von (3). Dann gilt im Falle $\bigwedge_{i=1}^{k_1} t_i^1 \leqslant t_\mu^1$ auch das μ-te Alternativglied von (4). Hierzu ist nur $t_\mu^1 + j < t_i^2$ zu bestätigen, und dazu nur $t_\mu^1 + j \leqslant x$. Wäre $x < t_\mu^1 + j$, also $0 < x - t_\mu^1 < j$, so folgt $x - t_\mu^1 = k$ für ein $k < j$ nach η_j, also $x = t_\mu^1 + k$. Daher $m_i \,|\, t_\mu^1 + j - x = j - k$ für alle $i \leqslant k_3$. Das aber impliziert den Widerspruch $m \,|\, j - k < m$ aufgrund der Bestimmung von m.
Fall 3: $k_1 = 0$ und $k_2 \neq 0$. Dann argumentiert man analog, mit einer Fallunterscheidung nach dem kleinsten Term unter den $t_i^{k_2}$.

Aus diesem bemerkenswerten Beispiel folgt leicht das

Korollar 6.2. ZG *ist modellvollständig und vollständig.*

Beweis. Weil $\mathbb{Z}$ offenbar Primmodell für ZG ist, ergibt sich die Vollständigkeit aus der Modellvollständigkeit, die sofort aus der Quantoreneliminierbarkeit folgt. ❑

Bemerkung 1. Damit ist auch ZG_0 vollständig. Ferner sind ZG und ZG_0 als vollständige axiomatisierbare Theorien auch entscheidbar. ZG_0 ist selbst modellvollständig, Übung 1. Es ist dies gerade die Modellvervollständigung der Theorie der diskret geordneten abelschen Gruppen, denn jede solche Gruppe ist in eine $\mathbb{Z}$-Gruppe einbettbar (siehe z.B. [Pr]). Dennoch erlaubt ZG_0 die Quantorenelimination nicht; dieser Nachweis ist jedoch weit weniger einfach als man vermutet.

Wir wollen nun zeigen, dass die Theorien ACF und RCF der algebraisch bzw. der reell abgeschlossenen Körper die Quantorenelimination erlauben, und zwar ohne jede Erweiterung ihrer Signaturen. Wir führen den Beweis mit Hilfe von Satz 6.4, der ein modelltheoretisches Kriterium für die Quantorenelimination formuliert.

$X \subseteq \mathcal{L}$ heiße eine Boolesche Basis *für* $\mathcal{L}$ in T, wenn jedes $\varphi \in \mathcal{L}$ zu $\langle X \rangle$ gehört, siehe Seite 140. Für $\mathcal{L}$-Modelle $\mathcal{M}$ sei $T_X\mathcal{M} := \{\varphi \in \langle X \rangle \mid \mathcal{M} \vDash \varphi\}$. Falls für jedes φ mit $\mathcal{M} \vDash \varphi$ bereits $T_X\mathcal{M} \vdash \varphi$, so ist $T_X\mathcal{M}$ offenbar maximal konsistent. Daher könnte man die Voraussetzung in folgender Variante von Satz 2.3 auch wie folgt formulieren: $\mathcal{M} \equiv_X \mathcal{M}' \Rightarrow \mathcal{M} \equiv \mathcal{M}'$, für alle $\mathcal{M}, \mathcal{M}' \vDash T$. Dabei sei $\mathcal{M} \equiv_X \mathcal{M}'$, falls $\mathcal{M} \vDash \varphi \Leftrightarrow \mathcal{M}' \vDash \varphi$, für alle $\varphi \in X$, sowie $\equiv$ die Elementaräquivalenz in $\mathcal{L}$. Erstere Formulierung ist aber etwas bequemer für die Anwendung in Satz 6.4.

Satz 6.3 (Basissatz für Formeln). *Sei T eine Theorie, $X \subseteq \mathcal{L}$, und für jedes Modell $\mathcal{M} = (\mathcal{A}, w) \vDash T$ und jedes $\varphi \in L$ mit $\mathcal{M} \vDash \varphi$ sei $T_X\mathcal{M} \vdash \varphi$. Dann ist X eine Boolesche Basis für $\mathcal{L}$ in T.*

Beweis. Sei $\alpha \in \mathcal{L}$ und $Y_\alpha := \{\gamma \in \langle X\rangle \mid \alpha \vdash_T \gamma\}$. Man zeigt dann $Y_\alpha \vdash_T \alpha$ wie im Beweis von Satz 2.3, indem man mit einem Modell $\mathcal{M}$ statt mit einer Struktur $\mathcal{A}$ argumentiert. Auch der Rest des Beweises verläuft genau wie dort. ❑

Eine Theorie T heiße *substrukturvollständig*, wenn für alle $\mathcal{A}, \mathcal{B}$ mit $\mathcal{A} \subseteq \mathcal{B} \vDash T$ die Theorie $T + \mathcal{D}\mathcal{A}$ vollständig ist. T ist dann die Modellvervollständigung von $T_\forall$. In der Tat, ist $\mathcal{A} \vDash T_\forall$, so ist nach Lemma 4.1 $\mathcal{A} \subseteq \mathcal{B}$ für ein $\mathcal{B} \vDash T$ und $T + \mathcal{D}\mathcal{A}$ somit vollständig. Umgekehrt folgt daraus, dass T die Modellvervollständigung von $T_\forall$ ist, leicht auch die Substrukturvollständigkeit. Jede dieser beiden Eigenschaften kennzeichnet nach folgendem Satz die Quantoreneliminierbarkeit. [9)]

Satz 6.4. *Für jede Theorie T sind folgende Eigenschaften äquivalent:*

(i) *T erlaubt Quantorenelimination,* (ii) *T ist substrukturvollständig.*

Beweis. (i)⇒(ii): Sei $\mathcal{A}$ Substruktur eines T-Modells, $\alpha(\vec{x}) \in \mathcal{L}$ und $\vec{a} \in A^n$ mit $\mathcal{A} \vDash \alpha\,[\vec{a}]$. Ferner sei $\mathcal{B} \vDash T, D\mathcal{A}$, wobei ohne Einschränkung $\mathcal{B} \supseteq \mathcal{A}$ vorausgesetzt werden darf. Dann ist auch $\mathcal{B} \vDash \alpha(\vec{a})$, denn wegen (i) darf man o.B.d.A. annehmen, α enthält keine Quantoren. Weil $\mathcal{B}$ beliebig war, gilt $D\mathcal{A} \vdash_T \alpha(\vec{a})$. Damit ist $T + D\mathcal{A}$ offenbar vollständig, d.h. T ist substrukturvollständig.

(ii)⇒(i): Sei $\mathcal{M} := (\mathcal{A}, w) \vDash T, \varphi$ und X die Menge der Literale λ von $\mathcal{L}$. Wir zeigen $T_X\mathcal{M} \vdash \varphi$. Nach Satz 6.3 bilden also die Literale eine Boolesche Basis für $\mathcal{L}$ in T, also ist jede Formel in T zu einer quantorenfreien äquivalent und (i) ist bewiesen. Sei $\mathcal{A}^E$ die von $E := \{x^w \mid x \in \mathit{Var}\}$ in $\mathcal{A}$ erzeugte Substruktur und $\vec{a} = \vec{x}^w$. Weil $T + D\mathcal{A}^E$ vollständig und mit $\varphi(\vec{a})$ konsistent ist (man beachte $\mathcal{A}_A \vDash T + D\mathcal{A}^E + \varphi$), gilt dann $D\mathcal{A}^E \vdash_T \varphi(\vec{a})$. Nun ist für $D\mathcal{A}^E \vdash_T \varphi(\vec{a})$ aber schon $D_E\mathcal{A}^E \vdash_T \varphi(\vec{a})$ mit $D_E\mathcal{A}^E := D\mathcal{A}^E \cap \mathcal{L}E$, weil $\mathcal{A}^E$ von E erzeugt wird, Übung 5 in **5.1**. Es gibt also Literale $\lambda_0(\vec{x}), \dots, \lambda_k(\vec{x})$ mit $\lambda_i(\vec{a}) \in D_E\mathcal{A}^E$ und $\bigwedge_{i\leqslant k} \lambda_i(\vec{a}) \vdash_T \varphi(\vec{a})$. Folglich ist $\bigwedge_{i\leqslant k} \lambda_i(\vec{x}) \vdash_T \varphi(\vec{x})$, denn die $a_1, \dots, a_n$ kommen in T nicht vor. Offenbar ist $\lambda_i(\vec{x}) \in T_X\mathcal{M}$ für alle $i \leqslant k$, also $T_X\mathcal{M} \vdash_T \varphi(\vec{x})$. ❑

Korollar 6.5. *Eine $\forall$-Theorie T gestattet die Quantorenelimination genau dann, wenn sie modellvollständig ist.*

Beweis. Wegen $\mathcal{A} \subseteq \mathcal{B} \vDash T \Rightarrow \mathcal{A} \vDash T$ ist (ii) in Satz 6.4 schon erfüllt, wenn $T + D\mathcal{A}$ vollständig ist für alle $\mathcal{A} \vDash T$, d.h. wenn T modellvollständig ist. ❑

---

9) Es gibt dafür noch weitere Kriterien, insbesondere die Amalgamierbarkeit der Modelle von $T_\forall$. Diesbezüglich sei z.B. auf [CK] verwiesen.

Satz 6.6 wurde zuerst von Tarski in [Ta2] bewiesen. Der folgende Beweis ist dank des Einsatzes weitreichender modelltheoretischer Methoden zwar wesentlich kürzer als Tarskis Originalbeweis, doch bleibt dieser für algorithmische Fragen weiterhin bedeutsam. Übrigens sind in RCF die Quantoren nicht eliminierbar, wenn auf die (in RCF definierbare) Ordnungsrelation verzichtet wird.

Satz 6.6. ACF *und* RCF *erlauben die Quantorenelimination.*

Beweis. Nach Satz 6.4 genügt zu zeigen ACF und RCF sind substrukturvollständig, oder anders formuliert, ACF und RCF sind die Modellvervollständigungen von $\mathsf{ACF}_\forall$ bzw. $\mathsf{RCF}_\forall$. Beides ist klar nach Beispiel 3 in **5.5**; denn $\mathsf{ACF}_\forall$ ist identisch mit der Theorie der Integritätsbereiche, und $\mathsf{RCF}_\forall$ ist offensichtlich nichts anderes als die Theorie der geordneten kommutativen Ringe mit Einselement. ❑

Bemerkung 2. Wegen der Sätze 5.5 und 6.6 bedeutet Quantorenelimination in RCF dasselbe wie in der elementaren Theorie des geordneten Körpers der reellen Zahlen. Für die sehr viel reichere (vollständige) Theorie $T := Th(\mathbb{R}, <, 0, 1, +, -, \cdot, \exp)$ mit der Exponentialfunktion exp ist Quantorenelimination in der Originalsprache zwar nachweislich unmöglich, immerhin ist T aber modellvollständig, [Wi]. Das Entscheidungsproblem für T reduziert sich wegen deren Vollständigkeit also auf das noch offene Axiomatisierungsproblem. Dessen Lösung hängt pikanterweise ab von der eines ungelösten Problems über tranzendente Zahlen, der *Vermutung von Schanuel.* Auch scheint immer noch die Frage offen zu sein – ein Spezialfall dieser Vermutung – ob e^e transzendent ist.

Übungen

1. Man zeige, die Theorie ZG_0 ist modellvollständig in ihrer Sprache, und sogar in der Sprache $\mathcal{L}\{0, 1, +, -\}$.

2. Sei RCF° die Theorie der reell abgeschlossenen Körper ohne Ordnung. Man beweise, der $\exists$-Quantor ist aus $\alpha(x) = \exists y\, y + y = x$ in RCF° nicht eliminierbar.

3. Man zeige, die Theorie T der dividierbaren geordneten abelschen Gruppen erlaubt die Quantorenelimination.

4. Man entferne 1 aus der Signatur von ZG und auch das zugehörige Axiom und ersetze die Axiome ϑ_m durch $\exists z(\bigwedge_{0<i<m} m \nmid iz \wedge \forall x \bigvee_{i<m} m \mid x+iz)$. Man zeige, die so entstehende Theorie erlaubt keine Quantorenelimination.

5. Eine zu $(\mathbb{N}, 0, 1, +, <)$ elementar-äquivalente Struktur heiße eine $\mathbb{N}$-*Halbgruppe*. Man axiomatisiere die Theorie der $\mathbb{N}$-Halbgruppen und zeige (durch Rückführung auf ZG), sie erlaubt Quantorenelimination in $\mathcal{L}\{0, 1, +, <, 1|, 2|, \dots\}$.

5.7 Reduzierte Produkte und Ultraprodukte

Um den Nutzen der folgenden Konstruktionen zunächst nur anzudeuten, betrachte man z.B. $\mathbb{Z}^2 = \mathbb{Z} \times \mathbb{Z}$, das direkte Produkt der additiven Gruppe $\mathbb{Z}$ mit sich selbst. Komponentenweises Nachrechnen der Axiome zeigt, dass $\mathbb{Z}^2$ wieder eine abelsche Gruppe ist. Dies kann man sich in diesem und analogen Beispielen aber ersparen. Denn nach Satz 7.5 gilt eine in allen $\mathcal{A}_i$ gültige Hornaussage auch im Produkt $\prod_{i\in I} \mathcal{A}_i$, und die Gruppenaxiome sind Hornaussagen in jeder üblichen Signatur.

Sei $(\mathcal{A}_i)_{i\in I}$ eine nichtleere Familie von $\mathcal{L}$-Strukturen und F ein echter Filter auf I. Man erkläre eine Relation $\approx_F$ auf dem Träger B des Produkts $\mathcal{B} := \prod_{i\in I} \mathcal{A}_i$ durch

$$a \approx_F b :\Leftrightarrow \{i \in I \mid a_i = b_i\} \in F \qquad (a, b \in B).$$

Dies ist eine Äquivalenzrelation auf $B = \prod_{i\in I} A_i$. Denn sei $I_{a=b} := \{i \in I \mid a_i = b_i\}$. Dann ist $\approx_F$ reflexiv, weil stets $I_{a=a} = I \in F$, trivialerweise symmetrisch, und auch transitiv, weil $I_{a=b}, I_{b=c} \in F \Rightarrow I_{a=c} \in F$ wegen $I_{a=b} \cap I_{b=c} \subseteq I_{a=c}$. Darüber hinaus ist $\approx_F$ sogar eine *Kongruenz* im algebraischen Redukt von $\mathcal{B}$. Denn sei f ein n-stelliges Funktionssymbol von $\mathcal{L}$ und $\vec{a} \approx_F \vec{b}$, d.h. für $\vec{a} = (a^1, \ldots, a^n)$, $\vec{b} = (b^1, \ldots, b^n)$ aus B^n sei $a^1 \approx_F b^1, \ldots, a^n \approx_F b^n$. Dann gehört $I_{\vec{a}=\vec{b}} := \bigcap_{\nu=1}^n I_{a^\nu = b^\nu}$ zu F. Weil offenbar $I_{\vec{a}=\vec{b}} \subseteq I_{f\vec{a}=f\vec{b}}$, ist auch $I_{f\vec{a}=f\vec{b}} \in F$, also ist in der Tat $f^{\mathcal{B}}\vec{a} \approx_F f^{\mathcal{B}}\vec{b}$.

Sei nun $C := \{a/F \mid a \in B\}$, wobei a/F überall die Äquivalenzklasse von $a \in B$ bzgl. $\approx_F$ bezeichne. C wird zum Träger einer $\mathcal{L}$-Struktur $\mathcal{C}$, indem zunächst die Operationen $f^{\mathcal{C}}$ repräsentantenweise erklärt werden. Mit $\vec{a}/F := (a^1/F, \ldots, a^n/F)$ setzt man $f^{\mathcal{C}}(\vec{a}/F) := (f^{\mathcal{B}}\vec{a})/F$. Diese Erklärung ist repräsentantenunabhängig, weil $\approx_F$ eine Kongruenz ist. Für Konstantensymbole c sei natürlich $c^{\mathcal{C}} := c^{\mathcal{B}}/F$.

Ähnlich wie die Identität seien die Relationen in $\mathcal{C}$ wie folgt erklärt:

$$r^{\mathcal{C}}\vec{a}/F :\Leftrightarrow \{i \in I \mid r^{\mathcal{A}_i}\vec{a}_i\} \in F.$$

Auch diese Definition ist repräsentantenunabhängig. Denn mit $\{i \in I \mid r^{\mathcal{A}_i}\vec{a}_i\} \in F$ und $\vec{a} \approx_F \vec{b}$ ist auch $\{i \in I \mid r^{\mathcal{A}_i}\vec{b}_i\} \in F$, weil $I_{\vec{a}=\vec{b}} \cap \{i \in I \mid r^{\mathcal{A}_i}\vec{a}_i\} \subseteq \{i \in I \mid r^{\mathcal{A}_i}\vec{b}_i\}$.

Die so definierte $\mathcal{L}$-Struktur $\mathcal{C}$ heißt ein *reduziertes Produkt der* $\mathcal{A}_i$ *nach dem Filter* F und werde mit $\prod_{i\in I}^F \mathcal{A}_i$ bezeichnet. Es ist vorteilhaft, sich unter einem Filter F ein System von Teilmengen von I vorzustellen, von denen jede „fast alle Indizes" enthält. Besonders nützlich ist diese Vorstellung bei Ultrafiltern. Dann darf man sich $\mathcal{C}$ aus $\mathcal{B} = \prod_{i\in I} \mathcal{A}_i$ durch Identifikation derjenigen Elemente aus B entstanden denken, bei denen die i-ten Projektionen für fast alle Indizes i übereinstimmen.

Für $w\colon Var \to B$ $(= \prod_{i\in I} A_i)$ bezeichne w_i die Belegung $x \mapsto (x^w)_i$ nach A_i, so dass $x^w = (x^{w_i})_{i\in I}$. Induktion über t ergibt leicht $t^w = (t^{w_i})_{i\in I}$. Ferner ist $w/F\colon x \mapsto x^w/F$ dann eine Belegung nach C, dem Träger von $\mathcal{C}$. Abermalige Induktion ergibt

(1) $t^{w/F} = t^w/F$, für alle Terme t und Belegungen $w\colon Var \to B$.

Man beachte hierbei nur $(f\vec{t})^{w/F} = f^{\mathcal{C}}(\vec{t}^{\,w/F}) = f^{\mathcal{C}}(\vec{t}^{\,w}/F) = f^{\mathcal{B}}(\vec{t}^{\,w})/F = (f\vec{t})^w/F$.

Für beliebiges $\alpha \in \mathcal{L}$ sei $I^w_\alpha := \{i \in I \mid \mathcal{A}_i \vDash \alpha\,[w_i]\}$. Wir benötigen mehrfach

(2) Ist $I^w_{\exists x\beta} \in F$, $a \in B$, $w' = w\frac{a}{x}$ und $I^{w'}_\beta \in F \Rightarrow \mathcal{C} \vDash \beta\,[w'/F]$, so $\mathcal{C} \vDash \exists x\beta\,[w/F]$.

Zum Beweis wähle man zu jedem Index $i \in I^w_{\exists x\beta}$ (d.h. $\mathcal{A}_i \vDash \exists x\beta[w_i]$) ein $a_i \in A_i$ mit $\mathcal{A}_i \vDash \alpha\,[w_i \frac{a_i}{x}]$; sonst sei $a_i \in A_i$ beliebig. Mit $a := (a_i)_{i\in I}$ und w' wie in (2) ist dann $I^w_{\exists x\beta} \subseteq I^{w'}_\beta$. Also $I^{w'}_\beta \in F$ und damit $\mathcal{C} \vDash \beta\,[w'/F]$. Das ergibt $\mathcal{C} \vDash \exists x\beta\,[w/F]$.

Besonders konsequenzenreich ist nun der Fall, dass F ein Ultrafilter auf I ist. Dann übertragen sich nämlich alle elementaren Eigenschaften, die in fast allen Faktoren gelten, nach Satz 7.1 auch auf das reduzierte Produkt, das für diesen Fall auch ein *Ultraprodukt* genannt wird. Ist $\mathcal{A}_i = \mathcal{A}$ für alle $i \in I$, wird $\prod^F_{i\in I}\mathcal{A}_i$ meistens mit $\mathcal{A}^I/F$ bezeichnet und heißt auch eine *Ultrapotenz von* $\mathcal{A}$.

Satz 7.1 (Ultraproduktsatz von Łoś). *Sei $\mathcal{C} = \prod^F_{i\in I}\mathcal{A}_i$ ein Ultraprodukt der $\mathcal{L}$-Strukturen $\mathcal{A}_i$. Dann gilt für alle $\alpha \in \mathcal{L}$ und alle $w\colon \mathrm{Var} \to \prod_{i\in I} A_i$*

$$\mathcal{C} \vDash \alpha\,[w/F] \;\Leftrightarrow\; \{i \in I \mid \mathcal{A}_i \vDash \alpha\,[w_i]\} \in F.$$

Beweis durch Induktion über α. Es ist $(*)$: $\mathcal{C} \vDash \alpha[w/F] \Leftrightarrow I^w_\alpha \in F$ zu bestätigen. $(*)$ ergibt sich für Formeln der Gestalt $t_1 = t_2$ wegen $t^w = (t^{w_i})_{i\in I}$ wie folgt:

$$\begin{aligned}\mathcal{C} \vDash t_1 = t_2\,[w/F] \;&\Leftrightarrow\; t_1^{w/F} = t_2^{w/F} \;\Leftrightarrow\; t_1^w/F = t_2^w/F \quad \text{(nach (1))}\\ &\Leftrightarrow\; \{i \in I \mid t_1^{w_i} = t_2^{w_i}\} \in F \;\Leftrightarrow\; I^w_{t_1 = t_2} \in F\end{aligned}$$

Analog beweist man $(*)$, wenn α von der Gestalt $r\vec{t}$ ist. Induktionsschritte:

$$\begin{aligned}\mathcal{C} \vDash \alpha\wedge\beta\,[w/F] \;\Leftrightarrow\; \mathcal{C} \vDash \alpha,\beta\,[w/F] \;&\Leftrightarrow\; I^w_\alpha, I^w_\beta \in F &&\text{(Induktionsannahme)}\\ &\Leftrightarrow\; I^w_\alpha \cap I^w_\beta \in F &&\text{(Filtereigenschaft)}\\ &\Leftrightarrow\; I^w_{\alpha\wedge\beta} \in F &&\text{(weil } I^w_{\alpha\wedge\beta} = I^w_\alpha \cap I^w_\beta).\end{aligned}$$

Ferner folgt $\mathcal{C} \vDash \neg\alpha\,[w/F] \Leftrightarrow \mathcal{C} \nvDash \alpha\,[w/F] \Leftrightarrow I^w_\alpha \notin F \Leftrightarrow I \setminus I^w_\alpha \in F \Leftrightarrow I^w_{\neg\alpha} \in F$. Sei nun $I^w_{\forall x\alpha} \in F$, $a \in \prod_{i\in I} A_i$ und $w' := w\frac{a}{x}$. Weil $I^w_{\forall x\alpha} \subseteq I^{w'}_\alpha$, ist auch $I^{w'}_\alpha \in F$ und damit $\mathcal{C} \vDash \alpha\,[w'/F]$ nach Induktionsannahme. a war beliebig, also $\mathcal{C} \vDash \forall x\alpha\,[w/F]$. Die Umkehrung ist für $\beta := \neg\alpha$ offenbar zu $I^w_{\exists x\beta} \in F \Rightarrow \mathcal{C} \vDash \exists x\beta\,[w/F]$ gleichwertig. Dies folgt aus (2), weil $(*)$ für β schon vorausgesetzt werden kann. ❑

Korollar 7.2. *Eine Aussage α gilt im Ultraprodukt $\mathcal{C} = \prod^F_{i\in I}\mathcal{A}_i$ genau dann, wenn α in „fast allen" Faktoren $\mathcal{A}_i$ gilt, d.h. wenn $\{i \in I \mid \mathcal{A}_i \vDash \alpha\} \in F$. Speziell ist $\mathcal{A}^I/F \vDash \alpha \Leftrightarrow \mathcal{A} \vDash \alpha$, d.h. eine Ultrapotenz von $\mathcal{A}$ ist zu $\mathcal{A}$ elementar-äquivalent.*

Dies ist klar, weil die Gültigkeit von α in einer Struktur nicht von einer gewählten Belegung abhängt. Der Spezialfall lässt sich nach Übung 2 noch verschärfen und ist z.B. für die Konstruktion von speziellen Nichtstandardmodellen nützlich. Von unzähligen Anwendungen der Ultraprodukte nennen wir insbesondere einen sehr kurzen Beweis des Kompaktheitssatzes. Dieser Satz folgt unmittelbar aus

Korollar 7.3. *Sei $X \subseteq \mathcal{L}$ und I die Menge aller endlichen Teilmengen von X. Jedes $i \in I$ möge ein Modell $(\mathcal{A}_i, w_i)$ besitzen. Dann existiert ein Ultrafilter F auf I mit $\prod_{i\in I}^F \mathcal{A}_i \vDash X\,[w/F]$ und $x^w = (x^{w_i})_{i\in I}$ für $x \in Var$.*

Beweis. Sei $\alpha \in X$ und $J_\alpha := \{i \in I \mid \alpha \in i\}$. Der Durchschnitt endlich vieler Elemente von $E := \{J_\alpha \mid \alpha \in X\}$ ist $\neq \emptyset$; z.B. ist $\{\alpha_0, \dots, \alpha_n\} \in J_{\alpha_0} \cap \dots \cap J_{\alpha_n}$. Nach dem Ultrafiltersatz (Seite 28) existiert daher ein Ultrafilter $F \supseteq E$. Ist $\alpha \in X$ und $i \in J_\alpha$, also $\alpha \in i$, gilt $\mathcal{A}_i \vDash \alpha\,[w_i]$. Folglich ist $J_\alpha \subseteq I_\alpha^w = \{i \in I \mid \mathcal{A}_i \vDash \alpha\,[w_i]\}$, daher $I_\alpha^w \in F$. Also gilt $\prod_{i\in I}^F \mathcal{A}_i \vDash \alpha\,[w/F]$ nach Satz 7.1 wie behauptet. ❑

Eine bemerkenswerte Folgerung von Satz 7.1 ist ferner

Satz 7.4. *Sei $\boldsymbol{K}_{\mathcal{L}}$ die Klasse aller $\mathcal{L}$-Strukturen und $\boldsymbol{K} \subseteq \boldsymbol{K}_{\mathcal{L}}$. Dann gelten*

(a) *$\boldsymbol{K}$ ist Δ-elementar $\Leftrightarrow$ $\boldsymbol{K}$ ist abgeschlossen unter elementarer Äquivalenz und unter Ultraprodukten,*

(b) *$\boldsymbol{K}$ ist elementar $\Leftrightarrow$ $\boldsymbol{K}$ ist abgeschlossen unter elementarer Äquivalenz und sowohl $\boldsymbol{K}$ als auch $\setminus\boldsymbol{K}$ $(= \boldsymbol{K}_{\mathcal{L}} \setminus \boldsymbol{K})$ sind unter Ultraprodukten abgeschlossen.*

Beweis. (a) $\Rightarrow$: klar nach Korollar 7.3. $\Leftarrow$: Sei $T := Th\,\boldsymbol{K}$ und $\mathcal{A} \vDash T$ und I die Menge aller endlichen Teilmengen von $Th\,\mathcal{A}$. Für jedes $i = \{\alpha_1, \dots, \alpha_n\} \in I$ gibt es ein $\mathcal{A}_i \in \boldsymbol{K}$ mit $\mathcal{A}_i \vDash i$ – sonst wäre $\bigvee_{\nu=1}^n \neg\alpha_\nu \in T$, was $i \subseteq T$ offenbar widerspricht. Nach Korollar 7.3 (mit $X = Th\,\mathcal{A}$) existiert ein $\mathcal{C} := \prod_{i\in I}^F \mathcal{A}_i \vDash Th\,\mathcal{A}$, und mit $\mathcal{A}_i \in \boldsymbol{K}$ ist auch $\mathcal{C} \in \boldsymbol{K}$. Wegen $\mathcal{C} \vDash Th\,\mathcal{A}$ ist $\mathcal{C} \equiv \mathcal{A}$, mithin auch $\mathcal{A} \in \boldsymbol{K}$. Das zeigt $\mathcal{A} \vDash T \Rightarrow \mathcal{A} \in \boldsymbol{K}$. Also $\mathcal{A} \vDash T \Leftrightarrow \mathcal{A} \in \boldsymbol{K}$. Kurzum, $\boldsymbol{K}$ ist Δ-elementar.
(b) $\Rightarrow$: klar nach (a), denn für $\boldsymbol{K} = \mathrm{Md}\,\alpha$ ist $\setminus\boldsymbol{K} = \mathrm{Md}\,\neg\alpha$. $\Leftarrow$: (a) ergibt $\boldsymbol{K} = \mathrm{Md}\,S$ für ein $S \subseteq \mathcal{L}^0$. Sei I die Menge aller nichtleeren endlichen Teilmengen von S. Wir behaupten $(*)$ es gibt ein $i = \{\alpha_0, \dots, \alpha_n\} \in I$ mit $\mathrm{Md}\,i \subseteq \boldsymbol{K}$. Andernfalls sei $\mathcal{A}_i \vDash i$ mit $\mathcal{A}_i \in \setminus\boldsymbol{K}$ für alle $i \in I$. Dann gibt es ein Ultraprodukt $\mathcal{C}$ der $\mathcal{A}_i$ mit $\mathcal{C} \in \setminus\boldsymbol{K}$ und $\mathcal{C} \vDash i$ für $i \in I$, also $\mathcal{C} \vDash S$. Das ist ein Widerspruch zu $\mathrm{Md}\,S \subseteq \boldsymbol{K}$. Also gilt $(*)$. Weil auch $\boldsymbol{K} = \mathrm{Md}\,S \subseteq \mathrm{Md}\,i$, ist $\boldsymbol{K} = \mathrm{Md}\,i = \mathrm{Md}\,\bigwedge_{\nu\leqslant n} \alpha_\nu$. ❑

Anwendungsbeispiel. Sei $\boldsymbol{K}$ die (Δ-elementare) Klasse aller Körper der Charakteristik 0. Wir zeigen, $\boldsymbol{K}$ ist nicht elementar und damit auf neue Weise, dass $Th\,\boldsymbol{K}$ nicht endlich axiomatisierbar ist. Sei $\mathcal{P}_i$ der Primkörper der Charakteristik p_i (mit $p_0 = 2,\ p_1 = 3, \dots$) und F ein nichttrivialer Ultrafilter auf $\mathbb{N}$. Dann hat $\prod_{i\in\mathbb{N}}^F \mathcal{P}_i$ die Charakteristik 0. Denn $\{i \in I \mid \mathcal{P}_i \vDash \neg\mathtt{char}_p\}$ ist bei vorgegebener Primzahl p sicher koendlich und gehört damit zu F. Also ist $\setminus\boldsymbol{K}$ nicht unter Ultraprodukten abgeschlossen und nach Satz 7.4(b) auch nicht elementar.

Wir kehren nun zu den allgemeineren reduzierten Produkten zurück. Alles, was darüber gesagt wird, gilt speziell auch für direkte Produkte. Denn diese sind der Spezialfall mit dem trivialen Filter $F = \{I\}$; genauer, es ist $\prod_{i\in I}^{\{I\}} \mathcal{A}_i \simeq \prod_{i\in I} \mathcal{A}_i$.

Satz 7.5. *Sei* $\mathcal{C} = \prod_{i\in I}^{F} \mathcal{A}_i$ *ein reduziertes Produkt,* $w\colon \mathit{Var} \to \prod_{i\in I} A_i$*, und* α *eine Hornformel. Dann gilt* $(\star)$ $I_\alpha^w \in F \Rightarrow \mathcal{C} \vDash \alpha\,[w/F]$, *mit* $I_\alpha^w = \{i \in I \mid \mathcal{A}_i \vDash \alpha\,[w_i]\}$. *Speziell gilt eine in allen (oder nur in fast allen)* $\mathcal{A}_i$ *gültige Hornaussage auch in* $\mathcal{C}$.

Beweis durch Induktion über den Aufbau von Hornformeln. Für Primformeln gilt wie in Satz 7.1 auch die Umkehrung von $(\star)$. Daher ist $(\star)$ für alle Literale richtig. Sei α nun Primformel, β Basis-Hornformel und $I_{\alpha\to\beta}^w \in F$. Um $\mathcal{C} \vDash \alpha \to \beta\,[w/F]$ nachzuweisen, sei $\mathcal{C} \vDash \alpha\,[w]$ angenommen. Dann ist $I_\alpha^w \in F$, denn α ist Primformel. $I_\alpha^w \cap I_{\alpha\to\beta}^w \subseteq I_\beta^w$ liefert $I_\beta^w \in F$, also $\mathcal{C} \vDash \beta\,[w/F]$ nach Induktionsannahme. Induktion über $\wedge$ und $\forall$ erfolgt wie in Satz 7.1, und der $\exists$-Schritt ergibt sich aus (2). ❑

Nach diesem Satz sind die Modellklassen von Horntheorien stets gegenüber reduzierten Produkten abgeschlossen, insbesondere gegenüber direkten Produkten, was Übung 1 in **4.1** wesentlich verschärft. Wir erwähnen, dass umgekehrt jede Theorie mit einer gegenüber reduzierten Produkten abgeschlossenen Modellklasse auch eine Horntheorie ist. Der z.B. in [CK] ausgeführte Nachweis ist allerdings erheblich schwieriger als der des ähnlich lautenden Satzes 4.4.

Übungen

1. Man zeige: Für endliches $\{\mathcal{A}_i \mid i \in I\}$ ist jedes Ultraprodukt $\prod_{i\in I}^{F} \mathcal{A}_i$ zu einem der Faktoren $\mathcal{A}_i$ elementar äquivalent und, falls I endlich ist, sogar isomorph. Jede Ultrapotenz einer endlichen Struktur $\mathcal{A}$ ist damit isomorph zu $\mathcal{A}$.

2. Man zeige, $\mathcal{A}$ ist in jede Ultrapotenz $\mathcal{A}^I/F$ elementar einbettbar.

3. Sei $\vDash_{\boldsymbol{K}} := \bigcap\{\vDash_{\mathcal{A}} \mid \mathcal{A} \in \boldsymbol{K}\}$ die durch eine Klasse $\boldsymbol{K}$ von L-Matrizen (Seite 40) definierte Konsequenz. Man zeige, $\vDash_{\boldsymbol{K}}$ ist finitär, wenn $\boldsymbol{K}$ unter Ultraprodukten abgeschlossen ist. Das betrifft z.B. $\boldsymbol{K} = \{\mathcal{A}\}$, $\mathcal{A}$ endlich (Übung 1). Also ist die von einer endlichen logischen Matrix definierte Konsequenzrelation finitär.

4. Seien $\mathcal{A}, \mathcal{B}$ Boolesche Algebren. Man beweise $\mathcal{A} \vDash \alpha \Leftrightarrow \mathcal{B} \vDash \alpha$ für alle universalen Hornaussagen α. Das betrifft speziell Identitäten und Quasiidentitäten. Jede derartige in $\mathit{2}$ gültige Aussage gilt damit in allen Booleschen Algebren.

Kapitel 6

Unvollständigkeit und Unentscheidbarkeit

Die fundamentalen Resultate von Gödel über Unvollständigkeit genügend reichhaltiger formaler Systeme sowie von Tarski über Nichtdefinierbarkeit des Wahrheitsbegriffs und von Church über die Unentscheidbarkeit der Logik und andere Unentscheidbarkeitsresultate beruhen sämtlich auf gewissen Diagonalargumenten. Eine bekannte Popularisierung des 1. Gödelschen Unvollständigkeitssatzes ist diese:

Man betrachte eine formalisierte axiomatische Theorie T, die im Rahmen der T zugrundeliegenden Sprache $\mathcal{L}$ über deren Syntax und das Beweisen aus den Axiomen von T zu reden imstande ist. Dies ist häufig auch dann möglich, wenn in T offiziell von anderen Dingen die Rede ist (etwa von Zahlen oder Mengen), nämlich vermittels einer internen Kodierung der Syntax von $\mathcal{L}$, siehe **6.2**. Dann gehört zu $\mathcal{L}$ – was für einen formalen Begriff von Beweisbarkeit im Einzelnen zu begründen ist – auch die Aussage γ: „Ich bin in T unbeweisbar“, wobei sich das *Ich* genau auf die Aussage γ selbst bezieht. Nehmen wir weiter an, T soll einen gewissen Gegenstandsbereich $\mathcal{A}$ korrekt und möglichst vollständig beschreiben, und alle Aussagen von T haben in $\mathcal{A}$ einen adäquaten Sinn. *Dann ist γ in $\mathcal{A}$ wahr, in T aber unbeweisbar.*

In der Tat, wäre γ beweisbar, so wäre γ wie jede in T beweisbare Aussage auch wahr in $\mathcal{A}$ und damit aber unbeweisbar, weil γ genau dies behauptet. Die Annahme führt zum Widerspruch. Also ist γ in T tatsächlich unbeweisbar und damit zugleich wahr in $\mathcal{A}$, weil die Behauptung von γ ja zutrifft. Das Ziel, die in $\mathcal{A}$ gültigen Sätze durch T vollständig zu erfassen, ist also nicht erreicht.

Das ist natürlich nur eine grob vereinfachte Beschreibung des 1. Unvollständigkeitssatzes, der über Gegenstandsbereiche gar nicht redet, sondern ein *beweistheoretischer* Satz ist, dessen Beweis im Rahmen der finiten Metamathematik Hilberts ausführbar ist, was grob gesagt dasselbe bedeutet wie die Ausführbarkeit des Beweises in

PA. Dies war ein entscheidender Punkt für eine begründete Kritik am *Hilbertschen Programm*, das auf eine durchgehend finite Formulierung der Metamathematik zur Rechtfertigung infinitistischer Methoden abzielte, siehe hierzu [HB].

Paradigma eines Gegenstandsbereichs im anfänglich erwähnten Sinne ist aus verschiedenen Gründen die Struktur $\mathcal{N} = (\mathbb{N}, 0, \mathtt{S}, +, \cdot)$. Der 1. Unvollständigkeitssatz besagt, dass eine vollständige axiomatische Charakterisierung von $\mathcal{N}$ unmöglich ist. Das ist eine Erkenntnis mit weitreichenden Konsequenzen. Insbesondere erweist sich die Peano-Arithmetik PA als unvollständig. Diese Theorie steht im Mittelpunkt von Kapitel **7**. Sie ist deshalb besonders wichtig, weil in ihr nebst der klassischen Zahlentheorie und weiten Teilen der diskreten Mathematik ziemlich genau diejenigen Hilfsmittel der mathematischen Grundlagenforschung formulierbar und beweisbar sind, die nach allgemeiner Ansicht jeder Kritik standhalten.

Für wesentliche Schritte im Gödelschen Beweis benötigt man nur bescheidene Voraussetzungen über T, nämlich die ziffernweise Repräsentierbarkeit der relevanten syntaktischen Prädikate und Funktionen in T im Sinne von **6.3**. Es war eine der entscheidenden Entdeckungen Gödels, dass alle zur Konstruktion von γ erforderlichen Prädikate primitiv-rekursiv sind [1)] und *alle* derartigen Prädikate und Funktionen unter ziemlich allgemeinen Voraussetzungen in T repräsentierbar sind.

Wie von Tarski und Mostowski bemerkt, funktioniert dies bereits in gewissen endlich axiomatisierbaren, hochgradig unvollständigen Theorien T. Die in **6.4** ausführlich bewiesene Repräsentierbarkeit aller rekursiven Funktionen ergibt – wieder durch ein Diagonalargument – leicht die rekursive Unentscheidbarkeit von T und sämtlicher Teiltheorien, insbesondere der Theorie $\mathit{Taut}_{\mathcal{L}}$ aller tautologischen Aussagen von $\mathcal{L}$, sowie aller konsistenten Erweiterungstheorien von T. Daher lassen sich der erste Unvollständigkeitssatz und die Resultate von Church und Tarski einheitlich gewinnen, und zwar im Wesentlichen durch das Fixpunktlemma in **6.5**.

In **6.1** wird die Theorie der rekursiven und primitiv-rekursiven Funktionen im erforderlichen Maße entwickelt. **6.2** behandelt die Gödelisierung der Syntax und des Beweisens. **6.3** und **6.4** befassen sich mit der Repräsentierbarkeit rekursiver Funktionen. In **6.5** werden alle oben erwähnten Resultate bewiesen, während der tieferliegende zweite Unvollständigkeitssatz in Kapitel **7** behandelt wird. **6.6** befasst sich mit der Übertragbarkeit von Entscheidbarkeit und Unentscheidbarkeit durch Interpretation, und **6.7** mit der arithmetischen Hierarchie der 1. Stufe, die den engen Zusammenhang zwischen Logik und Rekursionstheorie plastisch verdeutlicht.

[1)] Alle diese Prädikate sind bereits elementar im Sinne der Rekursionstheorie, siehe etwa [Mo]. Doch erfordert dieser Nachweis mehr Aufwand. Die elementaren sind grob gesagt die nicht zu schnell wachsenden primitiv rekursiven Funktionen. Die Exponentialfunktion $(m, n) \mapsto m^n$ ist noch elementar, nicht aber die auf Seite 186 definierte Hyper-Exponentialfunktion.

6.1 Rekursive und primitiv-rekursive Funktionen

Im Folgenden bezeichnen nebst $i, \ldots, n$ auch $a, \ldots, e$ durchweg natürliche Zahlen. Die Menge aller n-stelligen Funktionen mit Argumenten und Werten aus $\mathbb{N}$ werde mit $\mathbf{F}_n$ bezeichnet. $\mathbf{F}_0$ besteht aus allen Konstanten. Sind $h \in \mathbf{F}_m$ und $g_1, \ldots, g_m \in \mathbf{F}_n$, so heiße $f : \vec{a} \mapsto h(g_1\vec{a}, \ldots, g_m\vec{a})$ die durch *Komposition* aus h und den g_i entstehende Funktion, Schreibweise: $f = h[g_1, \ldots, g_m]$. Die Stellenzahl von f ist n. Analog sei $P[g_1, \ldots, g_m]$ für $P \subseteq \mathbb{N}^m$ das n-stellige Prädikat $\{\vec{a} \in \mathbb{N}^n \mid P(g_1\vec{a}, \ldots, g_m\vec{a})\}$.

$f \in \mathbf{F}_n$ ist im intuitiven Sinne berechenbar, wenn es einen Algorithmus gibt, der zu jedem $\vec{a} \in \mathbb{N}^n$ den Wert $f\vec{a}$ in endlich vielen Schritten zu berechnen gestattet. Einfache Beispiele sind Summe und Produkt. Es gibt überabzählbar viele einstellige Funktionen über $\mathbb{N}$; davon können wegen der Endlichkeit einer jeden Berechnungsvorschrift nur abzählbar viele berechenbar sein. Folglich gibt es nicht berechenbare Funktionen. Dieser Existenzbeweis erinnert an denjenigen transzendenter reeller Zahlen, wie ihn die Abzählbarkeit aller algebraischen Zahlen liefert. Konkrete Beispiele anzugeben ist in dem einen wie dem anderen Falle weniger einfach.

Die im intuitiven Sinne berechenbaren Funktionen mit Argumenten und Werten aus $\mathbb{N}$ haben ganz offensichtlich die Eigenschaften

Oc : Mit $h \in \mathbf{F}_m$ und $g_1, \ldots, g_m \in \mathbf{F}_n$ ist auch $f = h[g_1, \ldots, g_m]$ berechenbar.

Op : Sind $g \in \mathbf{F}_n$ und $h \in \mathbf{F}_{n+2}$ berechenbar, so auch $f \in \mathbf{F}_{n+1}$, bestimmt durch

$$f(\vec{a}, 0) = g\vec{a} \quad \text{und} \quad f(\vec{a}, \mathtt{S}b) = h(\vec{a}, b, f(\vec{a}, b)),$$

die sogenannten *Rekursionsgleichungen*. f heißt die *aus g, h durch primitive Rekursion entstehende* Funktion und werde auch als $f = \boldsymbol{Op}(g, h)$ notiert.

Oμ : Ist $g \in \mathbf{F}_{n+1}$ und gilt $\forall\vec{a}\,\exists b\, g(\vec{a}, b) = 0$, so ist mit g auch f berechenbar, wobei $f\vec{a} = \mu b[g(\vec{a}, b) = 0]$ (das kleinste b mit $g(\vec{a}, b) = 0$), die *μ-Operation.*

Wir betrachten nun ***Oc***, ***Op*** und ***Oμ*** als Erzeugungsoperationen zur Gewinnung neuer Funktionen und beginnen mit der folgenden auf Kleene zurückgehenden

Definition. Die Menge der p.r. (*primitiv-rekursiven*) Funktionen bestehe aus allen Funktionen über $\mathbb{N}$, die sich mittels ***Oc*** und ***Op*** erzeugen lassen aus folgenden

Anfangsfunktionen: die Konstante 0, die Nachfolgerfunktion $\mathtt{S}$ und die Projektionsfunktionen $\mathrm{I}^n_\nu \colon \vec{a} \mapsto a_\nu$ $(1 \leqslant \nu \leqslant n,\ n = 1, 2, \ldots)$.

Mit dem zusätzlichen Operation ***Oμ*** erhält man die Menge aller *rekursiven* Funktionen, auch *μ-rekursive* Funktionen genannt. $P \subseteq \mathbb{N}^n$ heißt p.r. bzw. *rekursiv* (oder *entscheibar*), wenn die charakteristische Funktion χ_P p.r. bzw. rekursiv ist.

Bemerkung 1. Nach dem Dedekindschen Rekursionssatz (siehe z.B. [Ra3]) wird durch ***Op*** genau eine Funktion $f \in \mathbf{F}_{n+1}$ definiert. Man beachte, für $n = 0$ reduzieren sich diese Gleichungen auf $f0 = c$ und $f\mathtt{S}b = h(b, fb)$, mit $c \in \mathbf{F}_0$ und $h \in \mathbf{F}_2$. Lässt man in $\boldsymbol{O\mu}$ die Bedingung $\forall\vec{a}\,\exists b\, g(\vec{a}, b) = 0$ weg, sagt man gelegentlich auch, f sei an allen Stellen $\vec{a}$ mit $\neg\exists b\, g(\vec{a}, b) = 0$ nicht definiert. Man gelangt so zu den sogenannten partiell-rekursiven Funktionen, die wir aber nicht benötigen werden.

Die folgenden Beispiele verdeutlichen, dass sich mittels der I^n_ν die normierten Stellenzahlvorschriften in ***Oc*** und ***Op*** weitgehend liberalisieren lassen. Eine normgerechte Niederschrift wird hierbei zunächst noch in Klammern hinzugesetzt.

Beispiele. Sei $\mathtt{S}^0 = \mathrm{I}^1_1$ und $\mathtt{S}^{k+1} = \mathtt{S}[\mathtt{S}^k]$, so dass offenbar $\mathtt{S}^k\colon a \mapsto a + k$. Diese einstelligen Funktionen sind nach ***Oc*** alle p.r. Die n-stelligen *konstanten Funktionen* $\mathrm{K}^n_c\colon \vec{a} \mapsto c$ erweisen sich wie folgt als primitiv rekursiv: $\mathrm{K}^0_0 = 0$, $\mathrm{K}^0_c = \mathtt{S}^c[0]$, sowie $\mathrm{K}^1_c 0 = c \ (= \mathrm{K}^0_c)$ und $\mathrm{K}^1_c\mathtt{S}b = c \ (= \mathrm{I}^2_2(b, \mathrm{K}^1_c b)\,)$. Für $n > 1$ hat man $\mathrm{K}^n_c = \mathrm{K}^1_c[\mathrm{I}^n_1]$. Also sind sämtliche konstanten Funktionen p.r. Ferner bestimmen

$$a + 0 = a \ \big(= \mathrm{I}^1_1(a)\big), \quad a + \mathtt{S}b = \mathtt{S}(a + b) \ \big(= \mathtt{S}\mathrm{I}^3_3(a, b, a + b)\big)$$

die Addition als p.r. Funktion. Durch $a \cdot 0 = 0 \ (= \mathrm{K}^1_0 a)$ sowie $a \cdot \mathtt{S}b = a \cdot b + a$ $(= \mathrm{I}^3_3(a, b, a \cdot b) + \mathrm{I}^3_1(a, b, a \cdot b)\,)$ gewinnt man $\cdot$ als p.r. Funktion und völlig analog auch $(a, b) \mapsto a^b$. Ferner ist die Vorgängerfunktion $\mathtt{R}$ p.r. Denn

$$\mathtt{R}0 = 0 \quad ; \quad \mathtt{R}(\mathtt{S}b) = b \ \big(= \mathrm{I}^2_1(b, \mathtt{R}b)\big).$$

Die „gestutzte Subtraktion" $\dot{-}$, definiert durch $a \dot{-} b = a - b$ für $a \geqslant b$ und $a \dot{-} b = 0$ sonst, ist p.r. Denn $a \dot{-} 0 = a$ und $a \dot{-} \mathtt{S}b = \mathtt{R}(a \dot{-} b) \ \big(= \mathtt{R}\mathrm{I}^3_3(a, b, a \dot{-} b)\big)$. Damit ist die absolute Differenz p.r. Denn $|a - b| = (a \dot{-} b) + (b \dot{-} a)$.

Man sieht leicht, dass mit jeder Funktion f auch jede Funktion p.r. bzw. rekursiv ist, die aus f durch Vertauschung, Gleichsetzung oder Hinzufügen von fiktiven Argumenten hervorgeht. Sei z.B. $f \in \mathbf{F}_2$. Für $g = f[\mathrm{I}^2_2, \mathrm{I}^2_1]$ ist dann $g(a, b) = f(b, a)$. Für $h = f[\mathrm{I}^1_1, \mathrm{I}^1_1]$ ist $ha = f(a, a)$, und für $f' = f[\mathrm{I}^3_1, \mathrm{I}^3_2]$ ist $f'(a, b, c) = f(a, b)$. Hier wurde der Funktion f die fiktive Variable c hinzugefügt.

Ab jetzt sind wir großzügiger bei den Niederschriften der Anwendungen von ***Oc*** und ***Op***. Mit $f \in \mathbf{F}_{n+1}$ ist auch $(\vec{a}, b) \mapsto \prod_{k<b} f(\vec{a}, k)$ p.r., definiert durch

$$\textstyle\prod_{k<0} f(\vec{a}, k) = 1 \quad ; \quad \prod_{k<\mathtt{S}b} f(\vec{a}, k) = (\prod_{k<b} f(\vec{a}, k)) \cdot f(\vec{a}, b).$$

Analoges gilt für $(\vec{a}, b) \mapsto \sum_{k<b} f(\vec{a}, k)$, mit der Startbedingung $\sum_{k<0} f(\vec{a}, k) = 0$.

Durch $\delta 0 = 1$ und $\delta \mathtt{S}n = 0$ wird die p.r. *δ-Funktion* definiert. Damit erkennt man z.B. die Identitätsrelation leicht als p.r. Es ist $\chi_=(a, b) = \delta|a - b|$. Das wiederum impliziert jede endliche Teilmenge $E = \{a_1, \ldots, a_n\}$ von $\mathbb{N}$ ist p.r. Denn $\chi_\emptyset = \mathrm{K}^1_0$ und $\chi_E(a) = \chi_=(a, a_1) + \ldots + \chi_=(a, a_n)$ für $E \neq \emptyset$.

Das Prädikat $\neq$ ist p.r. weil $\chi_{\neq}(a,b) = \mathrm{sg}\,|a-b|$, wobei sg definiert ist durch $\mathrm{sg}\,0 = 0$, $\mathrm{sg}\,\mathtt{S}n = 1$. Das ergibt die Abgeschlossenheit der p.r. bzw. rekursiven Funktionen gegenüber *Definition durch p.r. (bzw. rekursive) Fallunterscheidung*: Mit P, g, g' ist auch h p.r. (bzw. rekursiv), definiert durch $h\vec{a} = g\vec{a} \cdot \chi_P\vec{a} + g'\vec{a} \cdot \delta(\chi_P\vec{a})$, d.h.

$$h\vec{a} = \begin{cases} g\vec{a}, & \text{falls } P\vec{a}, \\ g'\vec{a}, & \text{falls } \neg P\vec{a}. \end{cases}$$

Ein simples Beispiel ist gegeben durch $h(a,b,c) = \mathtt{S}c$, falls $c < b \dot{-} 1$ und $h(a,b,c) = 0$ sonst. h ist nützlich um nachzuweisen, dass $\mathrm{rest}(a,b)$ p.r. ist, der *Divisionsrest von a durch b*, definiert durch $\mathrm{rest}(0,b) = 0$, $\mathrm{rest}(\mathtt{S}a,b) = \mathtt{S}\,\mathrm{rest}(a,b)$ für $\mathrm{rest}(a,b) < b \dot{-} 1$, und $\mathrm{rest}(\mathtt{S}a,b) = 0$ sonst. Mit obigem h schreibt sich die Rekursionsgleichung der rest-Funktion normgerecht als $\mathrm{rest}(\mathtt{S}a,b) = h(a,b,\mathrm{rest}(a,b))$.

Auch weitere Standardfunktionen sind p.r., darunter $n \mapsto n!$ und die *Primzahlaufzählung* $n \mapsto p_n$ (mit $p_0 = 2$, $p_1 = 3, \ldots$), sowie Prädikate wie I (teilt), prim (Primzahl sein), usw. Siehe hierzu (B) und (C) unten sowie die Übungen.

Von grundlegender Bedeutung, speziell für die Gewinnung von Unentscheidbarkeitsresultaten, ist die Hypothese, dass die rekursiven Funktionen alle irgendwie berechenbaren Funktionen über $\mathbb{N}$ bereits ausschöpfen, die sogenannte *Churchsche These.* Der Definition rekursiver Funktionen ist dies kaum anzusehen, aber alle auf unterschiedliche Weise definierten Berechenbarkeitskonzepte erwiesen sich als äquivalent und stützen damit die These. Für einige dieser oft langwierigen Beweise sei auf [Ob] verwiesen. Ein solches Konzept ist z.B. die Berechenbarkeit mittels einer *Turing-Maschine*, eines einfachen Modells rein mechanischer Informationsverarbeitung.

Es folgt eine Zusammenstellung leicht beweisbarer Grundfakten über primitiv und μ-rekursive Prädikate ('μ-rekursiv' akzentuiert hier nur den Unterschied zu 'primitiv rekursiv'). Weitere Einsichten, vor allem über die Gestalt definierender Formeln werden sich ab **6.3** ergeben. P, Q, R bezeichnen jetzt ausschließlich Prädikate über $\mathbb{N}$. Um die formale Niederschrift von Eigenschaften solcher Prädikate zu erleichtern, benutzen wir weitere metasprachliche Abkürzungen, z.B. die Präfixe $(\exists k{<}a)$, $(\exists k{\leqslant}a)$, $(\forall k{<}a)$ und $(\forall k{\leqslant}a)$, deren Sinn sich von selbst erklärt.

(A) Die Menge der p.r. bzw. rekursiven Prädikate ist abgeschlossen gegenüber Komplementbildung, Vereinigung und Durchschnitt von Prädikaten derselben Stellenzahl und gegenüber Einsetzung p.r. bzw. rekursiver Funktionen sowie gegenüber Gleichsetzung, Vertauschung und Hinzufügung von fiktiven Argumenten. Das ergibt sich wie folgt: Für $P \subseteq \mathbb{N}^n$ ist $\delta[\chi_P]$ gerade die charakteristische Funktion von $\neg P = \mathbb{N}^n \setminus P$; ferner ist offenbar $\chi_{P\cup Q} = \mathrm{sg}[\chi_P + \chi_Q]$, $\chi_{P\cap Q} = \chi_P \cdot \chi_Q$ und $\chi_{P[g_1,\ldots,g_m]} = \chi_P[g_1,\ldots,g_m]$. Die übrigen Abgeschlossenheitseigenschaften folgen einfach aus entsprechenden Eigenschaften der charakteristischen Funktionen.

(B) Seien $P, Q, \ldots \subseteq \mathbb{N}^{n+1}$. Ist $Q(\vec{a}, b) \Leftrightarrow (\forall k{<}b)P(\vec{a}, k)$, $R(\vec{a}, b) \Leftrightarrow (\exists k{<}b)P(\vec{a}, k)$, $Q'(\vec{a}, b) \Leftrightarrow (\forall k{\leqslant}b)P(\vec{a}, k)$ und $R'(\vec{a}, b) \Leftrightarrow (\exists k{\leqslant}b)P(\vec{a}, k)$ sagt man, Q, R, Q', R' entstünden aus P durch *beschränkte Quantifizierung*. Mit P sind alle diese Prädikate p.r. So ist $\chi_Q(\vec{a}, b) = \prod_{k<b} \chi_P(\vec{a}, k)$ und $\chi_R(\vec{a}, b) = \mathrm{sg}(\sum_{k<b} \chi_P(\vec{a}, k))$. Die Beweise dieser Gleichungen sind so einfach, dass wir sie übergehen können. Kurzum, die Menge der p.r. bzw. rekursiven Prädikate ist abgeschlossen gegenüber beschränkter Quantifizierung. Weil z.B. $a \mid b \Leftrightarrow (\exists k{\leqslant}b)[a \cdot k = b]$, ist $\mid$ p.r. Auch prim ist wegen $\mathrm{prim}\, p \Leftrightarrow p \neq 0, 1 \;\&\; (\forall k < p)[k \mid p \Rightarrow k = 1]$ p.r., denn $a \mid p \Rightarrow a = 1$ ist gleichwertig zu $a \nmid p \vee a = 1$ und als Vereinigung p.r. Prädikate wieder p.r.

(C) $P \subseteq \mathbb{N}^{n+1}$ erfülle $\forall\vec{a}\, \exists m\, P(\vec{a}, m)$. Ist $f(\vec{a}) = \mu k[P(\vec{a}, k)]$ das kleinste k mit $P(\vec{a}, k)$, so ist nach $\boldsymbol{O\mu}$ mit P auch f rekursiv, denn $f\vec{a} = \mu k[\delta\chi_P(\vec{a}, k) = 0]$; doch ist f in der Regel nicht mehr p.r. Das gilt aber noch für die *beschränkte μ-Operation*: Mit $P \subseteq \mathbb{N}^{n+1}$ ist auch $f\colon (\vec{a}, m) \mapsto \mu k{\leqslant}m[P(\vec{a}, k)]$ p.r. Dabei sei

$$\mu k{\leqslant}m[P(\vec{a}, k)] = \begin{cases} \text{kleinstes } k \leqslant m \text{ mit } P(\vec{a}, k), \text{ falls ein solches } k \text{ existiert,} \\ m \quad \text{sonst, d.h. falls } \neg P(a, k) \text{ für alle } k \leqslant m. \end{cases}$$

Offenbar ist $f(\vec{a}, 0) = 0$, sowie $f(\vec{a}, \mathtt{S}m) = f(\vec{a}, m)$ falls $(\exists k{\leqslant}m)P(\vec{a}, k)$, und sonst ist $f(\vec{a}, \mathtt{S}m) = \mathtt{S}m$. In der normierten Notation $f = \boldsymbol{Op}(g, h)$ bedeutet dies wie bei rest eine p.r. Fallunterscheidung in der Definition von h. Also ist f p.r.

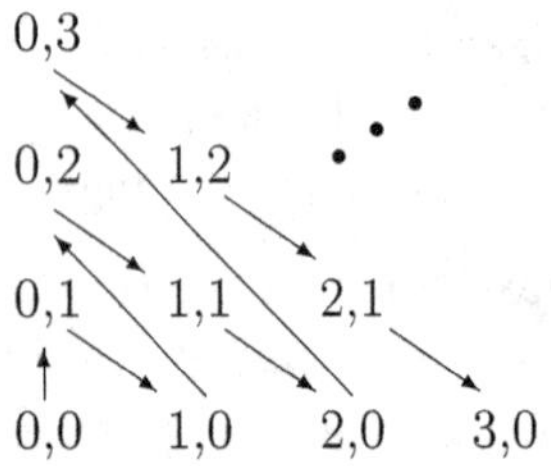

Durch Einsetzung einer p.r. Funktion h für m erkennt man leicht auch $\vec{a} \mapsto \mu k{\leqslant}h\vec{a}[P(\vec{a}, k)]$ als p.r. Eine nützliche Anwendung ist die *Paarkodierung* $\wp$, die $\mathbb{N}^2$ bijektiv auf $\mathbb{N}$ abbildet (Übung 3), und zwar gemäß der in der Figur gezeigten Abzählung der Zahlenpaare a, b. Es ist $\wp(a, b) = a + \frac{1}{2}(a + b)(a + b + 1)$. Eine Darstellung mit Hilfe der beschränkten μ-Operation erhalten wir in $\wp(a, b) = \mu k{\leqslant}(3a + b + 1)^2\, [2k = 2a + (a + b)(a + b + 1)]$. Man erkennt aber auch auf andere Weise, dass $\wp$ p.r. ist. Denn nach einer bekannten Summationsformel ist $\wp(a, b) = a + \sum_{i \leqslant a+b} i$. Eine weitere Anwendung ist diese: Sei $\mathrm{kgV}\{a_\nu | \nu{\leqslant}n\}$ das kleinste gemeinsame Vielfache von $a_0, \ldots, a_n$. Dann ist mit f auch $n \mapsto \mathrm{kgV}\{f\nu | \nu{\leqslant}n\}$ p.r. Denn $\mathrm{kgV}\{f\nu | \nu{\leqslant}n\} = \mu k{\leqslant} \prod_{\nu \leqslant n} f\nu[(\forall \nu{\leqslant}n) f\nu \mid k]$.

Hier noch eine Anwendung. Ist p Primzahl, so ist $p! + 1$ gewiss durch keine Primzahl $q \leqslant p$ teilbar; denn $q \mid p! + 1$ und $q \mid p!$ liefern den Widerspruch $q \mid 1$. Ein Primteiler von $p! + 1$ ist mithin eine neue Primzahl. Daher ist die kleinste auf p folgende Primzahl $\leqslant p! + 1$. Also ist $n \mapsto p_n$ wohldefiniert und charakterisiert durch

$$(\star) \qquad p_0 = 2 \quad ; \quad p_{n+1} = \mu q \leqslant p_n! + 1[q\,\mathrm{prim} \;\&\; q > p_n].$$

Auch $(\star)$ ist eine Anwendung von $\boldsymbol{Op}$. Denn mit $f\colon (a, b) \mapsto \mu q \leqslant b[q\,\mathrm{prim} \;\&\; q > a]$

ist auch $g\colon a \mapsto f(a, a! + 1)$ p.r. und die zweite Gleichung in $(\star)$ lässt sich einfach schreiben als $p_{n+1} = g(p_n)$. Folglich ist die Primzahlaufzählung $n \mapsto p_n$ p.r.

(C) macht den Unterschied zwischen p.r. und rekursiven Funktionen etwas deutlicher. Erstere sind mit einem im Prinzip abschätzbaren Aufwand berechenbar, während die Existenzbedingung $\forall\vec{a}\,\exists m\, P(\vec{a}, m)$ in (C) nichtkonstruktiv sein kann, so dass selbst grobe Abschätzungen über den Berechnungsaufwand unmöglich sind.

Bemerkung 2. Anders als alle p.r. Funktionen lassen sich die μ-rekursiven Funktionen nicht mehr effektiv aufzählen, auch nicht alle einstelligen. Denn wäre $(f_n)_{n\in\mathbb{N}}$ eine solche Aufzählung, so wäre $f\colon n \mapsto f_n(n) + 1$ sicher berechenbar und nach der Churchschen These rekursiv. Also $f = f_m$ für ein m, was den Widerspruch $f_m(m) = f(m) = f_m(m)+1$ ergibt. Das spricht anscheinend gegen die These, die mit etwas Rekursionstheorie aus dem Argument aber eliminierbar ist. Wiederholt man die Argumentation mit einer tatsächlich existierenden Aufzählung aller p.r. einstelligen Funktionen, haben wir einen (nichtkonstruktiven) Existenzbeweis für eine berechenbare aber nicht p.r. Funktion vor uns.

Die nachfolgenden Ausführungen dieses Abschnitts benötigen wir in **6.2**. Es geht um die Kodierung endlicher Zahlenfolgen durch natürliche Zahlen. Dafür gibt es grundsätzlich mehrere Möglichkeiten. Eine davon ist, mit Hilfe der Paarkodierung $\wp$ (oder einer ähnlichen Funktion, siehe z.B. [Shoe]) den 1-Tupeln (a) die Zahlen $\wp(a, 0)$, den Paaren (a, b) die Zahlen $\wp(\wp(a, b), 1)$ zuzuordnen, usw. Das ergibt eine Bijektion zwischen $\bigcup_{k>0} \mathbb{N}^k$ und $\mathbb{N}$. Wir wählen indes die besonders anschauliche, auf der eindeutigen Primfaktorzerlegung beruhende Kodierung nach [Gö2].

Definition. Die natürliche Zahl $\langle a_0, \dots, a_n\rangle := p_0^{a_0+1} \cdot \ldots \cdot p_n^{a_n+1}$ heiße die *Gödelzahl* der Zahlenfolge $(a_0, \dots, a_n)$. Dabei sei $k \mapsto p_k$ die Primzahlaufzählung. Die leere Folge habe die Gödelzahl $\langle\rangle := 1$. Es bezeichne Gz die Menge aller Gödelzahlen.

$\langle a_0, \dots, a_n\rangle = \langle b_0, \dots, b_m\rangle$ impliziert offenbar $m = n$ & $a_i = b_i$ für alle $i \leqslant n$. Diese unabdingbare Eindeutigkeits-Eigenschaft ist der Grund, warum in obiger Definition die Exponenten „um 1 erhöht" wurden. Auch ist $\vec{a} \mapsto \langle a_1, \dots, a_n\rangle$ sicher p.r. Und nach (A), (B) oben auch Gz. Denn

$$a \in Gz \;\Leftrightarrow\; a \neq 0 \;\&\; (\forall p{\leqslant}a)(\forall q{\leqslant}p)[\mathrm{prim}\, p, q \;\&\; p \,|\, a \;\Rightarrow\; q \,|\, a].$$

Wir verschaffen uns einen kleinen Vorrat p.r. Funktionen, die u.a. in **6.2** wichtig sind. Nach (C) wird eine p.r. Funktion $a \mapsto \ell a$ definiert durch $\ell a = \mu k{\leqslant}a[p_k \nmid a]$. ℓa gibt für Gödelzahlen a gerade die „Länge" von a an. Denn offenbar ist $\ell 1 = 0$, und für $a = \langle a_0, \dots, a_n\rangle = \prod_{i\leqslant n} p_i^{a_i+1}$ ist $\ell a = n + 1$, weil $k = n + 1$ der kleinste Index ist mit $p_k \nmid a$, der wegen $n + 1 < p_n \leqslant a$ zugleich auch die Bedingung $k \leqslant a$ erfüllt. Was ℓa für Zahlen a bewirkt, die keine Gödelzahlen sind, ist gänzlich belanglos. Man könnte auch einfach $\ell a = 0$ setzen für alle $a \notin Gz$.

Auch die wie folgt definierte 2-stellige Operation $(a,i) \mapsto (\mathbf{a})_i$ ist primitiv rekursiv:

$$(\mathbf{a})_i = \mu k{\leqslant}a[p_i^{k+2} \nmid a].$$

Dies ist die „Komponenten-Erkennungsfunktion". Denn für $p_i^{k+1} | a$ und $p_i^{k+2} \nmid a$ gilt gewiss $k = (\mathbf{a})_i$. Daher $(\langle a_0, \dots, a_n \rangle)_i = a_i$ für alle $i \leqslant n$. Diese durch leichten Fettdruck auffallende Funktion beginnt die Komponentenzählung stets mit $i = 0$, so dass $(\mathbf{a})_{last} := (\mathbf{a})_{\ell a \dot{-} 1}$ die letzte Komponente einer Gödelzahl $a \neq 1$ ist.

Obige Definitionen liefern leicht $a = \prod_{i<\ell a} p_i^{(\mathbf{a})_i+1}$ für alle $a \in Gz$. Sei die der Wort-Verkettung entsprechende p.r. *arithmetische Verkettung* $*$ erklärt durch

$$a * b = a \cdot \prod_{i<\ell b} p_{\ell a+i}^{(\mathbf{b})_i+1} \text{ für } a, b \in Gz, \text{ sowie } a * b = 0 \text{ sonst.}$$

Offenbar gilt $\langle a_1, \dots, a_n \rangle * \langle b_1, \dots, b_m \rangle = \langle a_1, \dots, a_n, b_1, \dots, b_m \rangle$. Das ergibt leicht $a, b \in Gz \Leftrightarrow a * b \in Gz$, sowie $a, b \leqslant a * b$. Die Operation $*$ ist u.a. nützlich für folgende Verallgemeinerung von ***Op***, die *Wertverlaufsrekursion*. Jedem $f \in \mathbf{F}_{n+1}$ entspricht eine Funktion $\bar{f} \in \mathbf{F}_{n+1}$, die definiert sei durch

$$\bar{f}(\vec{a}, 0) = \langle\rangle \; (= 1) \quad ; \quad \bar{f}(\vec{a}, b) = \langle f(\vec{a}, 0), \dots, f(\vec{a}, b-1) \rangle \text{ für } b > 0.$$

$\bar{f}$ kodiert den Wertverlauf von f im letzten Argument. Sei nun $F \in \mathbf{F}_{n+2}$. Dann gibt es ganz ähnlich wie bei ***Op*** genau ein $f \in \mathbf{F}_{n+1}$, das der Funktionalgleichung

$$\boldsymbol{Oq} \quad f(\vec{a}, b) = F(\vec{a}, b, \bar{f}(\vec{a}, b))$$

genügt. Es gilt nämlich $f(\vec{a}, 0) = F(\vec{a}, 0, \langle\rangle) = F(\vec{a}, 0, 1)$, $f(\vec{a}, 1) = F(\vec{a}, 1, \langle f(\vec{a}, 0) \rangle)$, $f(\vec{a}, 2) = F(\vec{a}, 2, \langle f(\vec{a}, 0), f(\vec{a}, 1) \rangle)$ usw. $f(\vec{a}, b)$ hängt für $b > 0$ i.a. von allen Werten $f(\vec{a}, 0), \dots, f(\vec{a}, b-1)$ ab, nicht nur von $f(\vec{a}, b-1)$ wie bei ***Op***. Daher heißt ***Oq*** das Schema der *Wertverlaufsrekursion*. Ein einfaches Beispiel ist die Folge $(fn)_{n \in \mathbb{N}}$ von Fibonacci, definiert durch $f0 = 0$, $f1 = 1$ und $fn = f(n-1) + f(n-2)$ für $n \geqslant 2$. In der „Normalform" ***Oq*** ist hier F $(\in \mathbf{F}_2)$ gegeben durch $F(b, c) = b$ für $b \leqslant 1$ und $F(b, c) = (\mathbf{c})_{b-1} + (\mathbf{c})_{b-2}$ sonst. Mit diesem F gilt nämlich $fn = F(n, \bar{f}n)$ für alle n.

Op ist ein Sonderfall von ***Oq***. Ist $f = \boldsymbol{Op}(g, h)$ und wird die Funktion F durch $F(\vec{a}, 0, c) = g(\vec{a})$ und $F(\vec{a}, \mathtt{S}b, c) = h(\vec{a}, b, (\mathbf{c})_b)$ erklärt, so erfüllt f mit diesem F auch ***Oq***, wie man unter Beachtung von $f(\vec{a}, b) = (\bar{f}(\vec{a}, \mathtt{S}b))_b$ leicht nachrechnet.

Satz 1.1. *Sei f durch F mittels **Oq** definiert. Dann ist mit F auch f p.r.*

Beweis. Weil allgemein $\langle c_0, \dots, c_b \rangle * \langle c_{b+1} \rangle = \langle c_0, \dots, c_{b+1} \rangle$, genügt $\bar{f}$ dem Schema

$$(\star) \qquad \bar{f}(\vec{a}, 0) = 1 \quad ; \quad \bar{f}(\vec{a}, \mathtt{S}b) = \bar{f}(\vec{a}, b) * \langle F(\vec{a}, b, \bar{f}(\vec{a}, b)) \rangle.$$

Die zweite Gleichung lässt sich offenbar schreiben als $\bar{f}(\vec{a}, \mathtt{S}b) = h(\vec{a}, b, \bar{f}(\vec{a}, b))$, mit $h(\vec{a}, b, c) = c * \langle F(\vec{a}, b, c) \rangle$, also ist h p.r. Nach $(\star)$ ist dann aber $\bar{f}$ p.r. Somit aber auch f, denn f ist nach ***Oq*** eine simple Komposition p.r. Funktionen. ❑

Neben der Wertverlaufsrekursion gibt es noch andere Rekursionsvorschriften, die zwar berechenbare, aber nicht mehr p.r. Funktionen definieren. Berühmtes Beispiel ist die rekursive aber nicht p.r. *Ackermann-Funktion* $\circ \in \mathbf{F}_2$, definiert durch

$$0 \circ b = \mathrm{S}b \quad ; \quad \mathrm{S}a \circ 0 = a \circ 1 \quad ; \quad \mathrm{S}a \circ \mathrm{S}b = a \circ (\mathrm{S}a \circ b)$$

Obwohl $\circ$ nicht p.r. ist, ist *graph* $\circ$ p.r. (siehe z.B. [Fe1, Seite 76–84]). Daher ist $\circ$ nach Übung 1 durch eine p.r. Funktion nicht einmal majorisierbar. Umgekehrt ist mit f stets auch *graph* f p.r., denn $\chi_{graph\,f}(\vec{a}, b)$ ist identisch mit $\chi_=(f\vec{a}, b)$.

Wir präzisieren noch den fundamentalen und recht anschaulichen Begriff rekursiv (oder effektiv) aufzählbar. Eine Menge $M \subseteq \mathbb{N}$ heißt r.a. (= *rekursiv aufzählbar*), wenn $M = \{b \in \mathbb{N} \mid (\exists a{\in}\mathbb{N})Rab\}$ für eine rekursive Relation $R \subseteq \mathbb{N}^2$. Kurzum, M ist der *Nachbereich* von R. In jedem Falle ist M dann zugleich auch der *Vorbereich* einer rekursiven Relation, denn $a \in M \Leftrightarrow (\exists b{\in}\mathbb{N})R'ab$ mit $R'ab \Leftrightarrow Rba$.

Allgemein heiße $P \subseteq \mathbb{N}^n$ r.a., falls $P\vec{a} \Leftrightarrow (\exists x{\in}\mathbb{N})Q(x, \vec{a})$ für ein $(n+1)$-stelliges rekursives Prädikat Q. Jedes rekursive Prädikat P ist auch r.a. Und zwar deshalb weil $P\vec{a} \Leftrightarrow (\exists b \in \mathbb{N})P'(b, \vec{a})$, mit $P'(b, \vec{a}) \Leftrightarrow P\vec{a}$ (Hinzufügen einer fiktiven Variablen). Man beweist unschwer $M \neq \emptyset$ ist r.a. genau dann, wenn $M = ran\, f$ für eine rekursive Funktion $f \in \mathbf{F}_1$, Übung 4. Diese Kennzeichnung entspricht der Intuition in vollkommener Weise: Die schrittweise Berechnung von $f0, f1, \ldots$ liefert eine effektive Aufzählung von M im anschaulichen Sinne. Vorteil der anfänglichen Definition ist jedoch ihre natürliche Ausdehnung auf den n-dimensionalen Fall. Die leere Menge ist trivial r.a. Sie ist der Vorbereich der sogar p.r. leeren 2-stelligen Relation. Deren charakteristische Funktion ist gerade die eingangs vorgestellte Funktion K^2_0.

Übungen

1. Sei $f \in \mathbf{F}_n$. Man zeige, f ist rekursiv genau dann, wenn *graph* f dies ist. Ferner zeige man: Ist *graph* f p.r. so ist f dann und nur dann p.r. falls f durch ein p.r. $h \in \mathbf{F}_n$ majorisiert wird, d.h. $f\vec{a} \leqslant h\vec{a}$ für alle $\vec{a}$.
2. Sei $a \leqslant fa$ für alle a. Man zeige mittels p.r. Fallunterscheidung, mit f ist auch $ran\, f$ p.r. bzw. rekursiv. Damit ist $ran\, f$ z.B. auch für jede echt wachsende rekursive Funktion $f \in \mathbf{F}_1$ wieder rekursiv.
3. Man beweise, die Paarkodierung $\wp\colon \mathbb{N} \times \mathbb{N} \mapsto \mathbb{N}$ ist bijektiv.
4. Sei M eine nichtleere Teilmenge natürlicher Zahlen. Man zeige, M ist genau dann r.a. wenn $M = ran\, f$ für ein rekursives $f \in \mathbf{F}_1$.
5. Sei bz^m_i $(\in \{0, 1\})$ die i-te Binärziffer der Binärdarstellung $m = \sum_{i \geqslant 0} \mathrm{bz}^m_i \cdot 2^i$. Man zeige, die Funktion $(m, n) \mapsto \mathrm{bz}^m_n$ ist p.r. Man beweist hierzu beispielsweise $\mathrm{bz}^m_n = 0 \Leftrightarrow \mathrm{rest}(m, 2^{n+1}) < 2^n$.

6.2 Gödelisierung

Gödelisierung oder Arithmetisierung ist etwas grob formuliert die Beschreibung der Syntax einer formalen Sprache $\mathcal{L}$ und des Beweisens durch arithmetische Operationen mit natürlichen Zahlen. Sie setzt die Kodierung von Zeichenfolgen über dem Alphabet von $\mathcal{L}$ durch natürliche Zahlen voraus. Wortfunktionen und Wortprädikate entsprechen auf diese Weise wohlbestimmten Funktionen und Prädikaten über $\mathbb{N}$. Dadurch lassen sich gleich mehrere Ziele erreichen. Erstens lässt sich die intuitive Vorstellung von einer berechenbaren Wortfunktion durch den Begriff der rekursiven Funktion präzisieren. Zweitens kann man syntaktische Prädikate wie z.B. '$x \in \mathit{var}\,\alpha$' durch entsprechende Prädikate von $\mathbb{N}$ ersetzen. Drittens lassen sich in formalen Theorien $T \subseteq \mathcal{L}$ vermittels der Kodierung auch Aussagen über Wortfunktionen, oder allgemeiner, über syntaktische Prädikate formulieren, die das Beweisen in T mit vorgegebenen Mitteln betreffen.

Wir behandeln die Gödelisierung der Syntax exemplarisch am Beispiel der formalen Sprache $\mathcal{L} = \mathcal{L}_{ar}$ in den nichtlogischen Symbolen $0, \mathtt{S}, +, \cdot$, die z.B. der Peanoarithmetik PA zugrundliegt. Entsprechendes lässt sich für andere formale Sprachen völlig analog durchführen, wie im Verlaufe der Betrachtungen leicht einzusehen ist. Der erste Schritt ist, jedem Grundzeichen ζ von $\mathcal{L}$ umkehrbar eindeutig eine *Nummer* $\sharp\zeta$ aus $\mathbb{N}$ zuzuordnen. Für $\mathcal{L} = \mathcal{L}_{ar}$ z.B. durch folgende Tabelle:

ζ	$=$	$\neg$	$\wedge$	$\forall$	(	)	0	S	$+$	$\cdot$	$\boldsymbol{v}_0$	$\boldsymbol{v}_1$	...
$\sharp\zeta$	1	3	5	7	9	11	13	15	17	19	21	23	

Danach kodieren wir das Wort $\xi = \zeta_0 \cdots \zeta_n$ durch seine *Gödelzahl*

$$\langle \sharp\zeta_0, \dots, \sharp\zeta_n \rangle = p_0^{1+\sharp\zeta_0} \cdot \ldots \cdot p_n^{1+\sharp\zeta_n}.$$

Beispiel. Der Term 0 und die Primformel $0=0$ haben die noch recht kleinen Gödelzahlen $2^{1+\sharp 0} = 2^{14}$ und $2^{14} \cdot 3^2 \cdot 5^{14}$. Diese Kodierung ist nicht gerade ökonomisch. Aber darauf kommt es hier nicht an. Es stört nicht, dass die Nummer von $=$ zugleich Gödelzahl des leeren Wortes ist. Denn $=$ als *Wort* hat die Gödelzahl $2^2 = 4$.

Weil die Symbolnummern ungerade sind, kommt 2 immer in gerader Potenz in der Primzerlegung der Gödelzahl eines nichtleeren Wortes vor. Das hat die angenehme Folge, dass sich die Gödelzahlen von Formeln und Termen von den unten definierten Gödelzahlen endlicher Formelfolgen bequem unterscheiden lassen. ξ, η, ϑ bezeichnen wie schon in **2.2** beliebige Elemente (Zeichenfolgen oder Worte) aus $\mathcal{S}_\mathcal{L}$. Es sei $\dot\xi$ die Gödelzahl des Wortes ξ und $\dot\alpha$ daher die der Formel α. Schreibt man $\xi\eta$ für die Verkettung von $\xi, \eta \in \mathcal{S}_\mathcal{L}$, gilt offenbar $(\xi\eta)^{\cdot} = \dot\xi * \dot\eta$, mit der arithmetischen Verkettung $*$ aus **6.1**. $\dot{\mathcal{S}}_\mathcal{L} = \{\dot\xi \mid \xi \in \mathcal{S}_\mathcal{L}\}$ ist eine p.r. Teilmenge der Menge aller Gödelzahlen, denn $n \in \dot{\mathcal{S}}_\mathcal{L} \Leftrightarrow n \in Gz \;\&\; (\forall k{<}\ell n)\, 2 \nmid (n)_k$.

Man muss wenigstens vorübergehend zwischen dem *Symbol* ζ und dem *Wort* ζ unterscheiden, welches eigentlich die Einerfolge (ζ) ist. $\dot{\zeta} = 2^{1+\sharp\zeta}$ ist die Gödelzahl des *Wortes* ζ. So hat der Primterm 0 die Gödelzahl $\dot{0} = 2^{1+\sharp 0}$ (Terme sind Worte!). Ebenso muss zwischen dem Symbol $\boldsymbol{v}_0$ und dem Term $\boldsymbol{v}_0$ begrifflich unterschieden werden. Der Term $\boldsymbol{v}_0$ hat eine Gödelzahl, das Symbol $\boldsymbol{v}_0$ nur eine Nummer.

Bemerkung 1. Man könnte von Anfang Formeln auch mit ihren Gödelzahlen identifizieren, so dass syntaktische Prädikate von vornherein arithmetische sind und zwischen $\dot{\varphi}$ und φ nicht unterschieden wird. Das sollte aber erst geschehen, wenn die arithmetische Formulierbarkeit der Syntax restlos klar ist. Ferner ließe sich das Alphabet von $\mathcal{L}_{ar}$ leicht durch ein endliches ersetzen, z.B. bestehend aus $=, \neg, \ldots, \cdot, \boldsymbol{v}$, indem man $\boldsymbol{v}_0$ durch $\boldsymbol{v}0$, $\boldsymbol{v}_1$ durch $\boldsymbol{v}S0$ usw. ersetzt. Andere oft anzutreffende Kodierungen entstehen durch Identifikation der Buchstaben solcher Alphabete mit den Ziffern passender p-adischer Systeme.

Nachfolgend sei stets $\dot{W} = \{\dot{\xi} \mid \xi \in W\}$ für eine Menge $W \subseteq \mathcal{S}_{\mathcal{L}}$. Eine entsprechende Notation sei auch für mehrstellige Wortprädikate P verwendet. P heiße p.r. bzw. *rekursiv*, falls $\dot{P}$ p.r. bzw. rekursiv ist. Wenn also z.B. von einem rekursiven Axiomensystem $X \subseteq \mathcal{L}$ die Rede ist, meint man stets, $\dot{X}$ sei rekursiv. Auch andere Redeweisen wie rekursiv aufzählbar oder repräsentierbar seien mittels obiger oder einer ähnlichen Gödelisierung auf Wortprädikate übertragen.

Alles Obige bezieht sich nicht nur auf $\mathcal{L} = \mathcal{L}_{ar}$, sondern auf eine beliebige *gödelisierbare* (oder *arithmetisierbare*) Sprache $\mathcal{L}$. Hiermit ist gemeint, dass $\mathcal{L}$ ein genau spezifiziertes Alphabet A besitzt damit die Zeichenfolgen über A in berechenbarer Weise durch Zahlen kodierbar sind. Damit erhalten auch die in **3.3** schon benutzten Begriffe einer axiomatisierbaren oder entscheidbaren Theorie einen restlos klaren Sinn. Zwischen den Axiomen und den Sätzen einer axiomatischen Theorie ist natürlich klar zu unterscheiden. Nur die Axiomensysteme wichtiger Theorien wie etwa PA und ZFC erweisen sich als p.r., nicht aber diese Theorien selbst.

Unser Hauptziel ist die Arithmetisierung des formalen Beweisens. Deshalb bezeichne $\vdash$ der Eindeutigkeit halber den Hilbertkalkül aus **3.6**, bestehend aus dem Axiomensystem Λ mit den dort genannten Axiomenschemata $\Lambda1$–$\Lambda10$ und MP als einziger Schlussregel, jeweils bezogen auf eine fest gewählte gödelisierbare Sprache $\mathcal{L}$.

Analog wie bei Zeichenfolgen heiße für eine Formelfolge $\Phi = (\varphi_0, \ldots, \varphi_n)$ von $\mathcal{L}$-Formeln $\dot{\Phi} := \langle\dot{\varphi}_0, \ldots, \dot{\varphi}_n\rangle$ deren *Gödelzahl.* Das betrifft speziell den Fall, dass Φ ein Beweis aus X $(\subseteq \mathcal{L})$ im Sinne von **3.6** ist, der in der Regel auch Formeln aus Λ enthält. Stets ist $\dot{\Phi} \neq \dot{\xi}$ für alle $\xi \in \mathcal{S}_{\mathcal{L}}$. Denn $(\dot{\Phi})_0 = \dot{\varphi}_0$ ist gerade, also $2 \mid (\dot{\Phi})_0$, während immer $2 \nmid (\dot{\xi})_0$, weil die Symbolnummern ungerade sind. Dies setzen wir wie im Beispiel $\mathcal{L} = \mathcal{L}_{ar}$ stets voraus, um eben in dieser Weise schließen zu können.

Sei nun T $(\subseteq \mathcal{L}^0)$ eine durch ein Axiomensystem $X \subseteq T$ axiomatisierte Theorie, etwa PA oder auch die Theorie ZFC, deren Sprache einfacher ist als $\mathcal{L}_{ar}$, was natürlich auch die Kodierung vereinfacht. Ein Beweis $\Phi = (\varphi_0, \dots, \varphi_n)$ aus X heiße auch *ein Beweis in* T – man fasst X hierbei stillschweigend als wesentlichen Bestandteil von T auf. Dem syntaktischen Prädikat 'Φ ist ein Beweis in T' möge das einstellige arithmetische Prädikat $beweis_T$ entsprechen, und den Prädikaten 'Φ ist ein Beweis für α' (dem letztem Glied von Φ) und 'es gibt einen Beweis für α in T' die arithmetischen Prädikate bew_T bzw. bwb_T. Ihre präzisen Definitionen lauten:

$$(1)\quad beweis_T(b) \Leftrightarrow b \in Gz \ \&\ b \neq 1 \\ \&\ (\forall k{<}\ell b)[(b)_k \in \dot{X} \cup \dot{\Lambda} \vee (\exists\, i, j < k)(b)_i = (b)_j \mathbin{\tilde{\to}} (b)_k],$$

$$(2)\quad bew_T(b, a) \Leftrightarrow beweis_T(b) \ \&\ a = (b)_{last}, \qquad (3)\quad bwb_T(a) \Leftrightarrow \exists b\ bew_T(b, a).$$

Dabei definiert man die p.r. Funktionen $\tilde{\neg}$, $\tilde{\wedge}$, $\tilde{\to}$ durch $\tilde{\neg} a = \dot{\neg} * a$, $a \mathbin{\tilde{\wedge}} b = \dot{(} * a * \dot{\wedge} * b * \dot{)}$ und $a \mathbin{\tilde{\to}} b = \tilde{\neg}(a \mathbin{\tilde{\wedge}} \tilde{\neg} b)$. Den Definitionen (1), (2), (3) entnimmt man leicht

(4) $\vdash_T \alpha \ \Leftrightarrow\$ es gibt ein n mit $bew_T(n, \dot{\alpha}) \ \Leftrightarrow\ bwb_T(\dot{\alpha})$,

(5) $bew_T(c, a) \ \&\ bew_T(d, a \mathbin{\tilde{\to}} b) \Rightarrow bew_T(c * d * \langle b \rangle, b)$, für alle a, b, c, d,

(6) $bwb_T(a) \ \&\ bwb_T(a \mathbin{\tilde{\to}} b) \Rightarrow bwb_T(b)$, für alle a, b,

(7) $bwb_T(\dot{\alpha}) \ \&\ bwb_T((\alpha \to \beta)^{\cdot}) \Rightarrow bwb_T(\dot{\beta})$, für alle Formeln α, β.

(4) ist klar, denn ist $\vdash_T \alpha \ \Leftrightarrow\$ es gibt einen Beweis Φ für $\alpha \ \Leftrightarrow\ \exists n\ bew_T(n, \dot{\alpha})$ (man wähle $n = \dot{\Phi}$). (5) erzählt uns in arithmetischer Sprache die bekannte Geschichte, dass Verketten von Beweisen für $\alpha, \alpha \to \beta$ und Anhängen von β einen Beweis für β ergibt. Partikularisierung liefert sofort (6). Hieraus ergibt sich (7) mit $a = \dot{\alpha}$, $b = \dot{\beta}$.

Bemerkung 2. Wir benötigen (5),(6),(7) erst in **7.1**, aber es ist für die spätere Beweisübertragung nach PA lehrreich, (5) zuerst naiv zu verifizieren. Dies ist einfach, wenn man folgende Fakten benutzt: Für alle $a, b \in Gz$ ist $\ell(a * b) = \ell a + \ell b$, $(a * b)_i = (a)_i$ für $i < \ell a$, $(a * b)_{\ell a + i} = (b)_i$ für $i < \ell b$, und $\ell\langle c \rangle = 1$, $(\langle c \rangle)_0 = c$ für alle c. Man beachte, dass die Bedingung $(\forall k{<}b)(b)_k \in \dot{\mathcal{L}}$ rechts in (1) nicht erscheint. Dies ist auch nicht nötig, denn induktiv über die Beweislänge folgt leicht $beweis_T(b) \Rightarrow (\forall k{<}\ell b)(b)_k \in \dot{\mathcal{L}}$.

Nun machen wir uns an die eigentliche Arbeit und zeigen, dass die syntaktischen Grundbegriffe bis hin zum Prädikat bew_T alle p.r. sind. In **6.5** spielt im Grunde nur ihre Rekursivität eine Rolle; erst in Kapitel **7** wird wesentlich von ihrem p.r. Charakter Gebrauch gemacht. Wir kehren dabei zu unserer Beispielsprache $\mathcal{L} = \mathcal{L}_{ar}$ mit ihrer spezifischen Termmenge $\mathcal{T}$ zurück, weil die Beweise der folgenden Lemmata von der Syntax der Sprache und der Kodierung nicht ganz unabhängig sind.

Wir erklären nun auch $n \mathbin{\tilde{=}} m := n * \dot{=} * m \ (= n * 2^2 * m)$ und $\tilde{\forall}(i, n) := \dot{\forall} * i * n$. Für $\mathtt{S}, +, \cdot$ definieren wir gemäß der offiziellen klammerfreien Termnotation $\tilde{\mathtt{S}} n = \dot{\mathtt{S}} * n$, $n \mathbin{\tilde{+}} m = \dot{+} * n * m$ und $n \mathbin{\tilde{\cdot}} m = \dot{\cdot} * n * m$. Dann gelten z.B. $(s = t)^{\cdot} = \dot{s} \mathbin{\tilde{=}} \dot{t}$, $(\mathtt{S}t)^{\cdot} = \tilde{\mathtt{S}}\dot{t}$, $(+st)^{\cdot} = \dot{s} \mathbin{\tilde{+}} \dot{t}$ und $(\forall x\alpha)^{\cdot} = \tilde{\forall}(\dot{x}, \dot{\alpha})$. Alle diese Funktionen sind offenbar p.r.

Die Menge $\mathcal{V}$ der Variablenterme ist p.r. Denn $n \in \dot{\mathcal{V}} \Leftrightarrow (\exists k{\leqslant}n)\, n = 2^{22+2k}$. Damit ist auch $\mathcal{T}_{prim} := \mathcal{V} \cup \{0\}$, die Menge aller Primterme von $\mathcal{L}$, p.r. Für beliebige Worte ξ, η bedeute $\xi < \eta$, dass $\dot{\xi} < \dot{\eta}$. Stets ist $\xi < \eta$, falls ξ echtes Teilwort von η ist. Das folgt leicht aus der Eigenschaft $a, b < a * b$ für Gödelzahlen $a, b \neq 1$.

Lemma 2.1. *Die Menge $\mathcal{T}$ aller Terme von $\mathcal{L}$ $(= \mathcal{L}_{ar})$ ist primitiv rekursiv.*

Beweis. Entsprechend der rekursiven Definition von $\mathcal{T}$ ist $t \in \mathcal{T}$ genau dann, wenn

$$t \in \mathcal{T}_{prim} \vee (\exists t_1, t_2 < t)[t_1, t_2 \in \mathcal{T} \;\&\; (t = \mathtt{S}t_1 \vee t = +t_1t_2 \vee t = \cdot\, t_1t_2)].$$

Daher gilt auch die entsprechende arithmetische Äquivalenz, nämlich

$$(\star) \qquad n \in \dot{\mathcal{T}} \Leftrightarrow n \in \dot{\mathcal{T}}_{prim} \vee (\exists\, i, k < n)[i, k \in \dot{\mathcal{T}} \;\&\; Q(n, i, k)]$$

mit $Q(n, i, k) \Leftrightarrow (n = \tilde{\mathtt{S}}i \vee n = i \tilde{+} k \vee n = i \tilde{\cdot} k)$. Wir zeigen nun, wie man diese „informelle Definition" von $\dot{\mathcal{T}}$, die auf der rechten Seite aber nur Bezug nimmt auf kleinere Elemente von $\dot{\mathcal{T}}$, in eine Wertverlaufsrekursion von $\chi_{\dot{\mathcal{T}}}$ verwandelt, womit $\chi_{\dot{\mathcal{T}}}$ (also $\dot{\mathcal{T}}$) als p.r. nachgewiesen wäre. Wir betrachten zu diesem Zwecke das sicher p.r. zweistellige arithmetische Prädikat P, definiert durch

$$P(a, n) \;\Leftrightarrow\; n \in \dot{\mathcal{T}}_{prim} \vee (\exists\, i, k < n)[(a)_i = (a)_k = 1 \;\&\; Q(n, i, k)].$$

Für den Zweck des Beweises werde die charakteristische Funktion $\chi_{\dot{\mathcal{T}}}$ von $\dot{\mathcal{T}}$ mit f bezeichnet. Wir behaupten, f erfüllt die Rekursionsgleichung

$$\boldsymbol{Oq}\colon \qquad fn = \chi_P(\bar{f}n, n) \qquad (\bar{f}n = \langle f(0), \ldots, f(n-1)\rangle)$$

und ist nach Satz 1.1 damit p.r. $\boldsymbol{Oq}$ gilt, weil $fi = fk = 1 \Leftrightarrow i, k \in \dot{\mathcal{T}}$ und

$$\begin{aligned} n \in \dot{\mathcal{T}} \quad &\Leftrightarrow \quad n \in \dot{\mathcal{T}}_{prim} \vee (\exists\, i, k < n)[fi = fk = 1 \;\&\; Q(n, i, k)] \quad (\text{nach } (\star)\,) \\ &\Leftrightarrow \quad P(\bar{f}n, n) \qquad (\text{weil } (\bar{f}n)_i = fi \text{ und } (\bar{f}n)_k = fk). \end{aligned}$$

Hieraus folgt aber sofort $fn = 1 \Leftrightarrow \chi_P(\bar{f}n, n) = 1$ und damit offenbar auch $\boldsymbol{Oq}$. ❑

Lemma 2.2. *Die Menge $\mathcal{L}$ $(= \mathcal{L}_{ar})$ aller Formeln ist primitiv rekursiv.*

Beweis. Wegen $n \in \dot{\mathcal{L}}_{prim} \Leftrightarrow (\exists\, i, k{<}n)[i, k \in \dot{\mathcal{T}} \;\&\; n = i \mathrel{\tilde{=}} k]$ ist die Menge $\mathcal{L}_{prim}$ aller Primformeln p.r. Beachtet man $\dot{x} < \dot{\xi}$ für jedes $\xi \in \mathcal{S}_{\mathcal{L}}$ und $x \in var\,\xi$, so ist das Prädikat '$\varphi \in \mathcal{L}$' offenbar gekennzeichnet durch

$$\varphi \in \mathcal{L}_{prim} \vee (\exists\, \alpha, \beta, x < \varphi)[\alpha, \beta \in \mathcal{L} \;\&\; x \in \mathcal{V} \;\&\; (\varphi = \neg\alpha \vee \varphi = (\alpha \wedge \beta) \vee \varphi = \forall x\alpha)].$$

Diese informelle Definition verwandelt man nun ganz analog wie in Lemma 2.1 in eine Wertverlaufsrekursion der charakteristischen Funktion von $\dot{\mathcal{L}}$ mittels der charakteristischen Funktion des gewiss p.r. Prädikats P, das definiert sei durch

$$\begin{aligned} P(a, n) \;\Leftrightarrow\; n \in \dot{\mathcal{L}}_{prim} \vee (\exists\, i, k, j < n)[(a)_i = (a)_k = 1 \;\&\; j \in \dot{\mathcal{V}} \\ \&\; (n = \tilde{\neg} i \vee n = i \mathbin{\tilde{\wedge}} k \vee n = \tilde{\forall}(j, k))]. \end{aligned}$$ ❑

Ausgehend von der Substitution $\xi \mapsto \xi\,\frac{t}{x}$, die sowohl für Terme als auch für Formeln benötigt wird, lässt sich nunmehr eine p.r. Funktion $(m,i,k) \mapsto [m]_i^k$ definieren mit

$$(*) \qquad [\dot{\xi}]_{\dot{x}}^{\dot{t}} = (\xi\,\tfrac{t}{x})^{\cdot} \text{ für alle } \xi \in \mathcal{T} \cup \mathcal{L},\ x \in Var,\ t \in \mathcal{T}.$$

Die Konstruktion von $[m]_i^k$ erfolgt durch p.r. Fallunterscheidung und Wertverlaufsrekursion über m in zwei Schritten, erst für $m \in \dot{\mathcal{T}}$ und dann für $m \in \dot{\mathcal{L}}$. Nur Schritt 1 wird ausführlich behandelt. Sei $[m]_i^k = 0$, falls $m \notin \dot{\mathcal{T}}$ oder $i \notin \dot{\mathcal{V}}$ oder $k \notin \dot{\mathcal{T}}$, und nunmehr $m \in \dot{\mathcal{T}}$, $i \in \dot{\mathcal{V}}$ und $k \in \dot{\mathcal{T}}$. Sei zuerst $m \in \dot{\mathcal{T}}_{prim}$. Falls $m = i$ sei $[m]_i^k = k$ (entspricht $x\,\frac{t}{x} = t$), und falls $m \neq i$ sei $[m]_i^k = m$. Nun sei $m \in \dot{\mathcal{T}} \setminus \dot{\mathcal{T}}_{prim}$. Zuerst betrachten wir den Fall $(\exists m_0{<}m)(m = \tilde{\mathrm{S}} m_0 \,\&\, m_0 \in \dot{\mathcal{T}})$. Ein solches m_0 ist durch m eindeutig bestimmt. In diesem Falle sei $[m]_i^k = \tilde{\mathrm{S}}[m_0]_i^k$. Entsprechend sei $[m]_i^k = [m_1]_i^k \tilde{+} [m_2]_i^k$, falls $(\exists\, m_1, m_2{<}m)(m = m_1 \tilde{+} m_2 \,\&\, m_1, m_2 \in \dot{\mathcal{T}})$, und analog für $\tilde{\cdot}$. Auch jetzt sind m_1, m_2 durch m jeweils eindeutig bestimmt, so dass diese Erklärungen korrekt sind. $[m]_i^k$ ist damit wohldefiniert und p.r., erfüllt aber $(*)$ zunächst nur für $\xi \in \mathcal{T}$, weil $[m]_i^k = 0$ für $m \in \dot{\mathcal{L}}$ gesetzt wurde.

In Schritt 2 verändern wir obige Definition von $[m]_i^k$ für $m \in \dot{\mathcal{L}}$, $i \in \dot{\mathcal{V}}$ und $k \in \dot{\mathcal{T}}$ in p.r. Weise, schreiben aber a statt m. Für $a = (t_1 = t_2)^{\cdot}$ sei $[a]_i^k = [\dot{t}_1]_i^k \tilde{=} [\dot{t}_2]_i^k$ ($t_1, t_2 \in \mathcal{T}$, Primformel-Fall, entspricht $(t_1 = t_2)\,\frac{t}{x} = t_1\,\frac{t}{x} = t_2\,\frac{t}{x}$). Dabei wird $[m]_i^k$ für $m \in \dot{\mathcal{T}}$ voll benutzt. Sonst ist $a \in \dot{\mathcal{L}}$ von der Gestalt $\tilde{\neg} a_0$ oder $a_0 \tilde{\wedge} a_1$ oder $\tilde{\forall}(b, a_0)$ mit eindeutigen $a_0, a_1 < a$ aus $\dot{\mathcal{L}}$, $b \in \dot{\mathcal{V}}$ und $[a]_i^k$ werde durch Wertverlaufsrekursion erklärt, entsprechend der rekursiven Definition von $\alpha\,\frac{t}{x}$. Das verläuft völlig analog zu Schritt 1. Damit wurde eine ganz $(*)$ erfüllende p.r. Funktion konstruiert.

Man sieht leicht, dass das Prädikat 'x kommt in ξ vor', kurz '$x \in var\,\xi$' p.r. ist. Denn $x \in var\,\xi \Leftrightarrow x \in \mathcal{V} \,\&\, (\exists\, \eta, \vartheta \leqslant \xi)(\xi = \eta x \vartheta)$. Ersetzt man rechts x durch $\forall x$, ergibt sich '$x \in gbd\,\alpha$' als p.r. zu erkennen. Auch das Prädikat '$x \in frei\,\alpha$' ist p.r. Denn $x \in frei\,\alpha \Leftrightarrow x \in \mathcal{V} \,\&\, \alpha\,\frac{0}{x} \neq \alpha$ ($\Leftrightarrow x \in \mathcal{V} \,\&\, [\dot{\alpha}]_{\dot{x}}^{\dot{0}} \neq \dot{\alpha}$). Hier wird $[m]_i^k$ erstmals verwendet. Mithin ist auch $\mathcal{L}^0$ p.r. Nach diesen Vorbereitungen beweisen wir

Lemma 2.3. *Die Menge Λ der logischen Axiome ist primitiv rekursiv.*

Beweis. $\Lambda 1$ ist p.r. weil $\varphi \in \Lambda 1$ genau dann, wenn

$$(\exists\, \alpha, \beta, \gamma < \varphi)[\alpha, \beta, \gamma \in \mathcal{L} \,\&\, \varphi = (\alpha \to \beta \to \gamma) \to (\alpha \to \beta) \to (\alpha \to \gamma)].$$

Die Kennzeichnung des entsprechenden arithmetischen Prädikats verwendet die p.r. Funktion $\tilde{\to}$. Ähnlich argumentiert man für $\Lambda 2$–$\Lambda 4$. Für eine p.r. Kennzeichnung von $\Lambda 5$ benutzt man, dass '$\alpha, \frac{t}{x}$ kollisionsfrei' p.r. ist, denn dies trifft zu genau dann, wenn $(\forall y{<}\alpha)(y \in gbd\,\alpha \,\&\, y \in var\,t \Rightarrow y = x)$. Ferner ist das von φ, α, x, t abhängige Prädikat '$\varphi = \forall x \alpha \to \alpha\,\frac{t}{x}$' p.r. wie man unter Verwendung von $(m,i,k) \mapsto [m]_i^k$ leicht sieht. Mithin ist auch $\Lambda 5$ p.r. Denn φ gehört zu $\Lambda 5$ genau dann, wenn

$$(\exists\, \alpha, x, t < \varphi)(\alpha \in \mathcal{L} \,\&\, x \in \mathcal{V} \,\&\, t \in \mathcal{T} \,\&\, \varphi = \forall x \alpha \to \alpha\,\tfrac{t}{x} \ \ \&\ \alpha, \tfrac{t}{x} \text{ kollisionsfrei}).$$

Analog sieht man, dass auch Λ6–Λ10 p.r. sind, also ist jedes der Schemata Λi p.r. und somit auch $\Lambda_0 := \Lambda 1 \cup \cdots \cup \Lambda 10$. Dann gilt dasselbe aber für Λ. Denn weil $k \mapsto \sharp \boldsymbol{v}_k$ sicher p.r. ist, und weil jedes $\alpha \in \Lambda$ eine Darstellung $\alpha = \forall\vec{x}\alpha_0$ mit einem (eventuell leeren) Präfix $\forall\vec{x}$ und einem $\alpha_0 \in \Lambda_0$ hat, gilt offenbar

$$n \in \dot{\Lambda} \Leftrightarrow n \in \dot{\mathcal{L}} \;\&\; (\exists m, k < n)[n = m * k \;\&\; 2|\ell m \;\&\; k \in \dot{\Lambda}_0 \\ \&\; (\forall i{<}\ell m)(2|i \;\&\; (m)_i = \sharp\forall \;\vee\; 2\not| \, i \;\&\; (\exists k{\leqslant}n)(m)_i = \sharp \boldsymbol{v}_k)].$$

Die zweite Zeile dieser Formel erzählt uns, dass m die Gödelzahl eines Präfixes der Gestalt $\forall x_1 \cdots \forall x_l$ mit $2l = \ell m$ ist. ❑

Diese Lemmata gelten völlig analog für jede gödelisierbare Sprache. Damit ist für jedes p.r. bzw. rekursive Axiomensystem X auch $X \cup \Lambda$ p.r. bzw. rekursiv. Das betrifft insbesondere die Axiomensysteme von PA und ZFC. Diese sind wie fast alle gebräuchlichen Axiomensysteme trotz ihrer unterschiedlichen Stärke p.r. und damit aus rekursionstheoretischer Perspektive ziemlich banal. Dies zeigt man ähnlich wie Lemma **2.3**. Auch der erste Teil von Satz 2.4 unten ist unabhängig von der Stärke von T. Diese kommt erst ins Spiel, wenn man etwas über bew_T oder bwb_T *im Rahmen von* T beweisen will, wie dies in **7.1** geschehen wird. Der Satz kann nur unter besonderen Umständen verbessert werden. bwb_T ist z.B. für $T = \mathsf{Q}$ zwar r.a., nicht aber rekursiv, wie in **6.5** nachgewiesen wird.

Satz 2.4. *Sei X ein p.r. Axiomensystem für eine Theorie T in gödelisierbarer Sprache. Dann ist das Prädikat bew_T p.r. Hingegen sind bwb_T und T in der Regel nur rekursiv aufzählbar. Dasselbe gilt, wenn hier überall rekursiv statt p.r. gesagt wird.*

Beweis. (1) und (2) Seite 178 zeigen, dass bew_T p.r. ist. Damit ist bwb_T r.a. gemäß Definition dieses Begriffs, und zwar auch dann, wenn X und damit bew_T nur rekursiv statt p.r. sind. Dasselbe gilt für T; denn $a \in \dot{T} \Leftrightarrow \exists b\, bew_T(b, a) \;\&\; a \in \dot{\mathcal{L}}^0$, und $\mathcal{L}^0$ ist rekursiv, sogar p.r. wie vor Lemma 2.3 festgestellt wurde. ❑

Übungen

1. Man beweise: hat eine Theorie T ein rekursiv aufzählbares Axiomensystem, so besitzt T auch ein rekursives Axiomensystem (W. Craig).

2. Man zeige (für $\mathcal{L} = \mathcal{L}_{ar}$): $a, a \,\dot{\to}\, b \in \dot{\mathcal{L}} \Rightarrow b \in \dot{\mathcal{L}}$, für alle $a, b \in \mathbb{N}$ (die arithmetische Version von $\alpha, \alpha \to \xi \in \mathcal{L} \Rightarrow \xi \in \mathcal{L}$, vergleiche Übung 4 in **2.2**).

3. Es sei T ($\subseteq \mathcal{L}^0_{ar}$) axiomatisierbar und $\alpha \in \mathcal{L}^0_{ar}$. Man definiere ein p.r. $f \in \mathbf{F}_2$ mit $bew_{T+\alpha}(\dot{\Phi}, \dot{\varphi}) \Rightarrow bew_T(f(\dot{\Phi}, \dot{\alpha}), (\alpha \to \varphi)^{\cdot})$ für alle φ (Arithmetisierung des Deduktionstheorems). Daraus schließe man $bwb_{T+\alpha}(\dot{\varphi}) \Leftrightarrow bwb_T(\alpha \to \varphi)^{\cdot}$.

4. Man zeige, die Menge Tr_0 aller quantorenfreien $\alpha \in \mathcal{L}^0_{ar}$ mit $\mathcal{N} \vDash \alpha$ ist p.r.

6.3 Repräsentierbarkeit arithmetischer Prädikate

Wir betrachten zuerst die endlich axiomatisierte Theorie Q mit den Axiomen

Q1: $\forall x\, \mathtt{S}x \neq 0$ Q2: $\forall x \forall y(\mathtt{S}x = \mathtt{S}y \to x = y)$ Q3: $(\forall x \neq 0)\exists y\, x = \mathtt{S}y$

Q4: $\forall x\, x + 0 = x$ Q5: $\forall x \forall y\, x + \mathtt{S}y = \mathtt{S}(x + y)$

Q6: $\forall x\, x{\cdot}0 = 0$ Q7: $\forall x \forall y\, x{\cdot}\mathtt{S}y = x{\cdot}y + x$

Diese Axiome kennzeichnen Q als bescheidene Subtheorie der Peano-Arithmetik PA. Beide Theorien sind formuliert in $\mathcal{L}_{ar}$, der Sprache 1. Stufe in $0, \mathtt{S}, +, \cdot$. In Q, PA und allen weiteren Theorien in $\mathcal{L}_{ar}$ seien $\leqslant$ durch $x \leqslant y \leftrightarrow \exists z\, z + x = y$, und $<$ durch $x < y \leftrightarrow x \leqslant y \wedge x \neq y$ explizit definiert. Wie bisher sei $\underline{n} = \mathtt{S}^n 0$, speziell $\underline{0} = 0$.

Aus den Resultaten dieses und des nächsten Abschnitts wird sich nicht nur die rekursive Unentscheidbarkeit von Q ergeben, sondern auch die jeder Subtheorie und jeder konsistenten Erweiterung von Q, siehe **6.5**. Wären wir nur auf Unentscheidbarkeitsresultate aus, ließe sich der Beweis des Repräsentationssatzes 4.2 durch Vermehrung der Anfangsfunktionen und Elimination des Schemas ***Op*** etwas vereinfachen, doch verwischt ein solches Vorgehen einige für Kapitel **7** wichtige Details.

Wir zeigen induktiv $\vdash_{\mathsf{Q}} \underline{n} \neq \mathtt{S}\underline{n}$ für alle n. Denn $\vdash_{\mathsf{Q}} 0 \neq \mathtt{S}0$ ist klar nach Q1 und der Induktionsschritt $\vdash_{\mathsf{Q}} \underline{n} \neq \mathtt{S}\underline{n} \Rightarrow \vdash_{\mathsf{Q}} \mathtt{S}\underline{n} \neq \mathtt{SS}\underline{n}$ folgt aus $\mathtt{S}\underline{n} = \mathtt{SS}\underline{n} \vdash_{\mathsf{Q}} \underline{n} = \mathtt{S}\underline{n}$, einer Anwendung von Q2. Hier handelt es sich um eine *Metainduktion* (Induktion in der Metatheorie, zu der die natürlichen Zahlen stets gehören). In PA ist $\forall x\, x \neq \mathtt{S}x$ leicht durch Induktion *in der Theorie* beweisbar. Q aber ist so schwach, dass diese Aussage dort unbeweisbar ist. In der Tat, $(\mathbb{N} \cup \{\infty\}, 0, \mathtt{S}, +, \cdot)$ erfüllt alle Axiome von Q, nicht aber $\forall x\, x \neq \mathtt{S}x$. Dabei sei ∞ ein neues Objekt und die Operationen $\mathtt{S}, +, \cdot$ seien wie folgt auf $\mathbb{N} \cup \{\infty\}$ erweitert: Es sei $\mathtt{S}\infty = \infty$, $\infty{\cdot}0 = 0$, sowie

$$\infty + n = n + \infty = \infty + \infty = n{\cdot}\infty = \infty{\cdot}m = \infty \text{ für alle } n \text{ und alle } m \neq 0.$$

Dieses Modell zeigt, dass viele bekannte Rechengesetze in Q unbeweisbar sind, die das stets mit $\mathcal{N}$ bezeichnete Standardmodell $(\mathbb{N}, 0, \mathtt{S}, +, \cdot)$ als diskret geordneten kommutativen Halbring mit kleinstem Element 0 und Einselement $1 := \underline{1}$ $(= \mathtt{S}0)$ kennzeichnen, in dem $\mathtt{S}x$ der unmittelbare Nachfolger von x ist. Die dies leistenden Rechengesetze denken wir uns in folgendem Axiomensystem N zusammengefasst, wobei $\leqslant$ und $<$ wie oben definiert sind. Quantoren in den Axiomen werden unterdrückt. Die Theorie N wird in der Literatur auch mit PA^- bezeichnet.

N0: $x + 0 = x$ N1: $x + y = y + x$ N2: $(x + y) + z = x + (y + z)$

N3: $x{\cdot}1 = x$ N4: $x{\cdot}y = y{\cdot}x$ N5: $(x{\cdot}y){\cdot}z = x{\cdot}(y{\cdot}z)$

N6: $x{\cdot}(y + z) = x{\cdot}y + x{\cdot}z$ N7: $\mathtt{S}x = x + 1$ N8: $x + z = y + z \to x = y$

N9: $x \leqslant y \vee y \leqslant x$ N10: $x \leqslant 0 \to x = 0$ N11: $x < y \leftrightarrow \mathtt{S}x \leqslant y$

Eine empfehlenswerte Übung ist der Nachweis aller Q-Axiome in N. Auch sind alle Axiome von N in PA beweisbar (vgl. die Übungen in **3.3**). Also $\mathsf{Q} \subseteq \mathsf{N} \subseteq \mathsf{PA}$.

In diesem Abschnitt schreiben wir meistens nur $\vdash \alpha$ für $\vdash_{\mathsf{Q}} \alpha$ und $\alpha \vdash \beta$ für $\alpha \vdash_{\mathsf{Q}} \beta$ usw. Auch schreiben wir häufig $\alpha \vdash \beta \vdash \gamma$ für $\alpha \vdash \beta$ und $\beta \vdash \gamma$, und ebenso $\vdash t_1 = t_2 = t_3$ für $\vdash t_1 = t_2 \wedge t_2 = t_3$. Die Benutzung von $\vdash$ in den folgenden Ableitungen macht die dabei verwendete Metainduktion etwas plastischer. Einige der Beweise kann man als „Verlegungen von Induktionen in PA in die Metatheorie“ ansehen. So entspricht dem unten ausgeführten metainduktiven Beweis von C0 über n in Q dem induktiven Beweis von $\mathtt{S}x + y = x + \mathtt{S}y$ über y in PA. Wir zeigen für alle n, m

C0: $\vdash \mathtt{S}x + \underline{n} = x + \mathtt{S}\underline{n}$,

C1: $\vdash \underline{m} + \underline{n} = \underline{m+n}$, $\underline{m} \cdot \underline{n} = \underline{m \cdot n}$, C2: $\vdash \underline{m} \neq \underline{n}$ falls $m \neq n$,

C3: $\vdash \underline{m} \leqslant \underline{n}$ falls $m \leqslant n$, C4: $\vdash \underline{m} \nleqslant \underline{n}$ falls $m \nleqslant n$,

C5: $x \leqslant \underline{n} \vdash x = \underline{0} \vee \ldots \vee x = \underline{n}$, C6: $\vdash x \leqslant \underline{n} \vee \underline{n} \leqslant x$.

C3 ergibt leicht die Umkehrung von C5. Kurzum, $x \leqslant \underline{n} \equiv_{\mathsf{Q}} \bigvee_{i \leqslant n} x = \underline{i}$. Das liefert auch $x < \underline{n} \equiv_{\mathsf{Q}} \bigvee_{i<n} x = \underline{i}$ ($\equiv \bot$ für $n = 0$). Die folgenden Beweise verlaufen induktiv, genauer metainduktiv, über n. Man beachte dabei stets $\mathtt{S}\underline{n} = \underline{\mathtt{S}n}$ $(= \underline{n+1})$.

C0: Klar für $n = 0$, weil $\vdash \mathtt{S}x + 0 = \mathtt{S}x = \mathtt{S}(x + 0) = x + \mathtt{S}0$ nach Q4,Q5. Annahme: $\vdash \mathtt{S}x + \underline{n} = x + \mathtt{S}\underline{n}$. Dann folgt $\vdash \mathtt{S}x + \mathtt{S}\underline{n} = \mathtt{S}(\mathtt{S}x + \underline{n}) = \mathtt{S}(x + \mathtt{S}\underline{n}) = x + \mathtt{S}\mathtt{S}\underline{n}$. Das beweist $\vdash \mathtt{S}x + \underline{\mathtt{S}n} = x + \mathtt{S}\underline{\mathtt{S}n}$ und damit den Induktionsschritt.

C1: Nach Q4 ist $\vdash \underline{m} + 0 = \underline{m}$, und weil $\underline{m} = \underline{m+0}$, ist $\vdash \underline{m} + 0 = \underline{m+0}$. Aus $\vdash \underline{m} + \underline{n} = \underline{m+n}$ (Induktionsannahme) folgt mit Q5 $\vdash \underline{m} + \mathtt{S}\underline{n} = \mathtt{S}(\underline{m} + \underline{n}) = \mathtt{S}\,\underline{m+n}$ und der letzte Term ist derselbe wie $\underline{m + \mathtt{S}n}$. Das beweist den Induktionsschritt. Analog zeigt man $\vdash \underline{m} \cdot \underline{n} = \underline{m \cdot n}$ mit Q6, Q7 und dem schon Bewiesenen.

C2: $m \neq 0$ impliziert $m = \mathtt{S}k$ für ein k. Damit $\vdash \underline{m} \neq 0$ nach Q1. Sei $m \neq \mathtt{S}n$. Dann ist sicher $\vdash \underline{m} \neq \mathtt{S}\underline{n}$ falls $m = 0$ oder $m = n$ (wegen $\vdash \underline{n} \neq \mathtt{S}\underline{n}$, siehe Vorseite). Andernfalls ist $m = Sk$ für ein k mit $k \neq n$ – sonst wäre $m = \mathtt{S}n$. Weil $\vdash \underline{k} \neq \underline{n}$ nach Induktionsannahme, ergibt sich $\vdash \underline{m} \neq \underline{\mathtt{S}n}$ nach Q2.

C3: $m \leqslant n$ impliziert $k + m = n$ für ein k, also $\underline{k+m} = \underline{n}$. Das ergibt $\vdash \underline{k} + \underline{m} = \underline{n}$ nach C1, und folglich $\vdash \underline{m} \leqslant \underline{n}$. Der Beweis von C4 sei dem Leser als Übung überlassen. Als Hinweis möge die leicht beweisbare Äquivalenz $x \leqslant y \equiv_{\mathsf{Q}} \mathtt{S}x \leqslant \mathtt{S}y$ genügen.

C5: Klar für $n = 0$, weil $x \leqslant 0, x \neq 0 \vdash \exists v \mathtt{S}v = 0 \vdash \bot$ nach Q3, Q5, Q1. Gleichwertig mit der Induktionsbehauptung ist $x \neq 0, x \leqslant \underline{\mathtt{S}n} \vdash \bigvee_{i=1}^{n+1} x = \underline{i}$. Dies folgt aus

$$
\begin{array}{lll}
x \neq 0, x \leqslant \underline{\mathtt{S}n} & \vdash \exists y(x = \mathtt{S}y \wedge y \leqslant \underline{n}) & \text{(Q3, Q5, and Q2)} \\
& \vdash \exists y(x = \mathtt{S}y \wedge \bigvee_{i \leqslant n} y = \underline{i}) & \text{(Induktionsannahme)} \\
& \vdash \exists y(x = \mathtt{S}y \wedge \bigvee_{i=1}^{n+1} \mathtt{S}y = \underline{i}) \vdash \bigvee_{i=1}^{n+1} x = \underline{i}. &
\end{array}
$$

C6: Klar für $n = 0$, weil $\vdash 0 \leqslant x$ nach Q4. Sonst ist $\underline{n} < x \vdash \exists y \mathtt{S}y + \underline{n} = x \vdash \mathtt{S}\underline{n} \leqslant x$ nach C0 und $\vdash 0 + \underline{n} = \underline{n}$ gemäß C1. Ferner ergibt C5 leicht $x \leqslant \underline{n} \vdash x \leqslant \mathtt{S}\underline{n}$. Damit folgt der Induktionsschritt aus $x \leqslant \underline{n} \vee \underline{n} \leqslant x \ \vdash \ x \leqslant \underline{n} \vee \underline{n} < x \ \vdash \ x \leqslant \mathtt{S}\underline{n} \vee \mathtt{S}\underline{n} \leqslant x$.

Nach diesen Vorbereitungen nun die folgende entscheidende

Definition. $P \subseteq \mathbb{N}^n$ heiße (*ziffernweise*) *repräsentierbar* in der Theorie $T \supseteq$ Q [2)], falls es ein $\alpha = \alpha(\vec{x})$ gibt, eine *repräsentierende Formel*, derart dass

$$\mathrm{R}^+\colon \quad P\vec{a} \Rightarrow \vdash_T \alpha(\underline{\vec{a}}) \qquad ; \qquad \mathrm{R}^-\colon \quad \neg P\vec{a} \Rightarrow \vdash_T \neg\alpha(\underline{\vec{a}}).$$

Ein in Q repräsentiertes Prädikat P ist offenbar in jeder Theorie $T \supseteq$ Q mit derselben Formel repräsentierbar, speziell in $Th\mathcal{N}$. Weil $\mathcal{N} \vDash \alpha(\underline{\vec{a}}) \Leftrightarrow \mathcal{N} \vDash \alpha\ [\vec{a}]$, bedeuten Repräsentierbarkeit von P in $Th\mathcal{N}$ und Definierbarkeit von P in $\mathcal{N}$ durch α im Sinne von **2.3** ein und dasselbe. Möglichst scharfer Resultate wegen betrachten wir fast nur den Fall $T =$ Q. Deshalb wird der Zusatz „in Q" oft weggelassen, wenn von Repräsentierbarkeit die Rede ist wie in den folgenden Beispielen.

Beispiele. Die Identitätsrelation $\{(a,a) \mid a \in \mathbb{N}\}$ wird repräsentiert durch die Formel $x = y$. Denn $\vdash \underline{a} = \underline{b}$ für $a = b$ ist trivial, und $\vdash \underline{a} \neq \underline{b}$ für $a \neq b$ gilt nach C2. Die Formel $x \leqslant y$ repräsentiert gemäß C3, C4 das $\leqslant$-Prädikat. Die leere Menge wird durch $x \neq x$ repräsentiert, aber auch durch jede *Aussage* α mit $\neg\alpha \in$ Q.

Ein in Q durch α repräsentiertes P ist im anschaulichen Sinne rekursiv: Man braucht ja nur die Aufzählungsmaschine für Q einzuschalten und abzuwarten bis $\alpha(\vec{a})$ oder $\neg\alpha(\vec{a})$ erscheint. Mehr darüber in **6.4**. Für konsistente $T \supseteq$ Q gelten mit R^+, R^- offenbar auch deren Umkehrungen, also $P\vec{a} \Leftrightarrow \vdash_T \alpha(\underline{\vec{a}})$ und $\neg P\vec{a} \Leftrightarrow \vdash_T \neg\alpha(\underline{\vec{a}})$. Die Menge der in T repräsentierbaren n-stelligen Prädikate ist abgeschlossen gegenüber Vereinigung, Durchschnitt und Komplementen, sowie gegenüber Vertauschung, Gleichsetzung und Hinzufügen fiktiver Argumente. Werden z.B. P, Q durch $\alpha(\vec{x}), \beta(\vec{x})$ repräsentiert, so $P \cap Q$ offenbar durch $\alpha(\vec{x}) \wedge \beta(\vec{x})$ und $\neg P$ durch $\neg\alpha(\vec{x})$.

Man könnte eine Funktion $f \in \mathbf{F}_n$ als repräsentierbar bezeichnen, wenn *graph* f repräsentierbar ist. Dies erweist sich jedoch als äquivalent mit einer schärferen Form der Repräsentierbarkeit von Funktionen, der wir uns später zuwenden werden.

Die in $\mathcal{N}$ (d.h. mit $0, \mathtt{S}, +, \cdot$) elementar definierbaren Prädikate heißen nach [Gö2] *arithmetisch*. Von jetzt ab habe dieses Wort stets diese Bedeutung. Um mehr über die repräsentierbaren arithmetischen Prädikate zu erfahren, betrachten wir genauer deren definierende Formeln. Ein erstes Resultat wird Korollar 3.2 sein.

[2)] Die Annahme $T \supseteq$ Q ist nicht zwingend, umfasst aber den interessantesten Fall. In [Gö2] heißen repräsentierbare Prädikate *entscheidungsdefinit* (übersetzt als *decidable* in [Hei]), in [HB] *vertretbar*, in [Kl1] *numeralwise expressible*, in [TMR] *definable* und in [En] *representable*.

Primformeln in $\mathcal{L}_{ar}$ sind Gleichungen, auch *diophantische Gleichungen* genannt. Ist $\delta(\vec{x},\vec{y})$ eine solche Gleichung mit $P\vec{a} \Leftrightarrow \mathcal{N} \vDash \exists\vec{y}\delta(\underline{\vec{a}},\vec{y})$, so heißt das Prädikat P *diophantisch*. Ein einfaches Beispiel ist $\leqslant$, denn $a \leqslant b \Leftrightarrow \exists y\, y + a = b$ [3]. Es sind alle durch $\exists$-Formeln $\exists\vec{y}\varphi$ in $\mathcal{N}$ definierbaren Prädikate diophantisch. Der Nachweis ist recht einfach: man denke man sich die quantorenfreie Formel φ mittels $\wedge$, $\vee$ aus Literalen aufgebaut und nutze beim induktiven Nachweis über φ die Äquivalenzen

$$\begin{aligned} s \neq t \quad &\equiv_{\mathcal{N}} \quad \exists z(\mathtt{S}z + s = t \vee \mathtt{S}z + t = s), \\ s_1 = t_1 \wedge s_2 = t_2 \quad &\equiv_{\mathcal{N}} \quad s_1^2 + t_1^2 + s_2^2 + t_2^2 = \underline{2}(s_1t_1 + s_2t_2), \\ s_1 = t_1 \vee s_2 = t_2 \quad &\equiv_{\mathcal{N}} \quad s_1s_2 + t_1t_2 = s_1t_2 + s_2t_1. \end{aligned}$$

Eine nicht nur für Fragen der Repräsentierbarkeit nützliche Klassifikation arithmetischer Formeln und Prädikate liefert folgende in **6.7** verallgemeinerte

Definition. Eine Formel heiße Δ_0 oder eine Δ_0-*Formel*, wenn sie aus Primformeln in $\mathcal{L}_{ar}$ durch $\wedge, \neg$ und *beschränkte Quantifizierung* erzeugt wird, d.h. mit α ist auch $(\forall x{\leqslant}t)\alpha$ eine Δ_0-Formel ($\forall x{\leqslant}t$ hat den Wirkungsbereich α); hier sei t ein Term in $\mathcal{L}_{ar}$ mit $x \notin var\,t$. Ist φ Δ_0 und $\vec{x}$ beliebig, so heißt $\exists\vec{x}\varphi$ eine Σ_1-*Formel* und $\forall\vec{x}\varphi$ eine Π_1-*Formel*. Ferner: $P \subseteq \mathbb{N}^n$ heißt Δ_0, Σ_1 bzw. Π_1, wenn P durch eine Δ_0-Formel, eine Σ_1-Formel bzw. eine Π_1-Formel in $\mathcal{N}$ definiert ist. Δ_0, Σ_1 und Π_1 bezeichnen die Mengen der Δ_0-, Σ_1- bzw. Π_1-Prädikate. Es sei $\Delta_1 := \Sigma_1 \cap \Pi_1$.

Man nennt eine Formel schon dann Δ_0, Σ_1 bzw. Π_1, wenn sie zu einer oben genannten nur äquivalent ist. In diesem Sinne sind mit α z.B. auch $(\exists x{\leqslant}t)\,\alpha$ $\big(\equiv \neg(\forall x{\leqslant}t)\neg\alpha\big)$ und $(\forall x{<}t)\alpha$ $\big(\equiv (\forall x{\leqslant}t)(x{=}t \vee \alpha)\big)$ Δ_0-Formeln. Man beachte, Δ_1 besteht aus den Prädikaten, die sowohl Σ_1- als auch Π_1-definierbar sind; gleichwertig, P und $\neg P$ gehören beide zu Σ_1, denn Π_1 besteht offenbar gerade aus den Komplementen der $P \in \Sigma_1$. Nach Übung 3 in **2.4** sind Σ_1 und Π_1 unter Vereinigung und Durchschnitten von Prädikaten gleicher Stellenzahl abgeschlossen, und Δ_1 zudem unter Komplementen. Ist f (genauer *graph* f) Σ_1, so ist f zugleich auch Π_1 und damit Δ_1. Denn $f\vec{a} \neq b \Leftrightarrow \exists c(f\vec{a} = c \;\&\; c \neq b)$. Daher ist auch $\neg\, graph\, f$ wieder Σ_1.

Beispiele. Diophantische Gleichungen sind die einfachsten Δ_0-Formeln. Dazu gehören die Formeln $y = t(\vec{x})$ mit $y \notin var\,t$, die die Termfunktionen $\vec{a} \mapsto t^{\mathcal{N}}(\vec{a})$ definieren. Weil $a\,|\,b \Leftrightarrow (\exists c{\leqslant}b)a \cdot c = b$, sind Teilbarkeit und damit auch das Prädikat prim Δ_0. Dasselbe gilt für die durch $a \perp b \Leftrightarrow (\forall c{\leqslant}a{+}b)(c\,|\,a, b \Rightarrow c = 1)$ definierte Relation $\perp$ der Teilerfremdheit. Weil $\wp(a,b) = c \Leftrightarrow 2c = (a+b)^2 + 3a + b$, ist die Paarkodierung Δ_0. Diophantische Prädikate sind Σ_1. Nach Satz 5.6 gilt bemerkenswerterweise auch die Umkehrung, obwohl man längere Zeit vermutet hatte, dass z.B. die Menge $\{a \in \mathbb{N} \mid (\forall p{\leqslant}a)(\mathrm{prim}\,p \;\&\; p\,|\,a \Rightarrow p = 2)\}$ der Potenzen von 2 nicht diophantisch sei. Diese ist sicher Δ_0. Unersichtlich ist hingegen, dass auch *graph* $n \mapsto 2^n$ Δ_0 ist.

[3] eine der schnelleren Lesbarkeit halber benutzte informelle Schreibweise für $\mathcal{N} \vDash \exists y\, y + \underline{a} = \underline{b}$.

Bemerkung 1. Sogar das Prädikat '$a^b = c$' ist Δ_0, aber dieser Nachweis ist aufwendig. Schon der in **6.4** erbrachte Nachweis, dass dieses Prädikat überhaupt arithmetisch ist, kostet Mühe. Frühere Resultate von Bennet, Paris, Pudlak u.a. werden in [BD] wie folgt verallgemeinert: Ist $f \in \mathbf{F}_{n+1}\ \Delta_0$, so auch $g\colon (\vec{a}, n) \mapsto \prod_{i \leqslant n} f(\vec{a}, i)$, und die Rekursionsgleichung $g(\vec{x}, \mathtt{S}y) = g(\vec{x}, y) \cdot f(\vec{x}, y)$ ist bereits in $I\Delta_0$ beweisbar, einer wichtigen Abschwächung von PA. Diese Theorie entsteht aus Q durch Hinzufügen des auf Δ_0-Formeln beschränkten Induktionsschemas und spielt eine vielseitige Rolle, siehe z.B. [Kra] oder [HP]. Induktiv über die Δ_0-Formeln folgt leicht, dass alle Δ_0-Prädikate p.r. sind. Die Umkehrung gilt nicht. Ein Beispiel ist die sehr schnell wachsende p.r. *Hyperexponentiation* mit $\mathrm{hex}(a, 0) = 1$ und $\mathrm{hex}(a, Sb) = a^{\mathrm{hex}(a,b)}$. Anschaulich formuliert $\mathrm{hex}(a, n) = \underbrace{a^{a^{\cdot^{\cdot^{\cdot^{a}}}}}}_{n}$.

Satz 3.1 unten besagt, dass schon die relativ schwache Theorie Q in dem im Satz erklärten Sinne Σ_1-vollständig ist. Es gibt unterschiedliche Beweise für den Satz. Zum Beispiel könnte man modelltheoretisch vorgehen und u.a. ausnutzen, dass $\mathcal{N}$ nach C1 und C2 Primmodell von Q im Sinne von **5.1** ist. Wir wählen hier indes einen konstruktiven Weg, der zusätzliche Informationen liefert. Der Satz wird für PA in **7.1** zur sogenannten beweisbaren Σ_1-Vollständigkeit verschärft.

Satz 3.1 (über die Σ_1-Vollständigkeit der Theorie Q). *Jede in $\mathcal{N}$ wahre Σ_1-Aussage ist in* Q *und damit in jeder Theorie $T \supseteq$* Q *schon beweisbar.*

Beweis. Wir behaupten zuerst, es genügt zu zeigen

($\star$) Entweder $\vdash_{\mathsf{Q}} \alpha$ oder $\vdash_{\mathsf{Q}} \neg\alpha$, für jede Δ_0-Aussage α.

Denn sei $\mathcal{N} \vDash \exists\vec{x}\varphi(\vec{x})$ mit der Δ_0-Formel $\varphi(\vec{x})$, etwa $\mathcal{N} \vDash \alpha := \varphi(\underline{\vec{a}})$. Nach ($\star$) ist dann $\vdash_{\mathsf{Q}} \alpha$ weil $\vdash_{\mathsf{Q}} \neg\alpha$ entfällt, und mithin $\vdash_{\mathsf{Q}} \exists\vec{x}\varphi(\vec{x})$. Wir beweisen ($\star$) zuerst für Primaussagen α. Ist t ein variablenfreier Term so folgt mit C1 leicht $\vdash_{\mathsf{Q}} t = \underline{t^{\mathcal{N}}}$, z.B. ergibt sich $\vdash_{\mathsf{Q}} (\underline{3}+\underline{4})\cdot\underline{5} = \underline{35}$. Ist α also die Primaussage $t_1 = t_2$, so ist $\vdash_{\mathsf{Q}} \underline{t_1^{\mathcal{N}}} = \underline{t_2^{\mathcal{N}}}$ oder $\vdash_{\mathsf{Q}} \underline{t_1^{\mathcal{N}}} \neq \underline{t_2^{\mathcal{N}}}$ nach C2, was ($\star$) für α bestätigt. Die Induktionsschritte über $\wedge, \neg$ sind einfach. So gilt $\vdash_{\mathsf{Q}} \alpha \wedge \beta$ falls $\vdash_{\mathsf{Q}} \alpha, \beta$ und $\vdash_{\mathsf{Q}} \neg\alpha \vee \neg\beta \equiv_{\mathsf{Q}} \neg(\alpha \wedge \beta)$ falls $\vdash_{\mathsf{Q}} \neg\alpha$ oder $\vdash_{\mathsf{Q}} \neg\beta$. Diese Schritte genügen bereits zum Beweis von ($\star$), denn die beschränkten Quantoren sind aus einer Δ_0-*Aussage* α modulo Q gänzlich eliminierbar! In der Tat, es stehe $(\forall x \leqslant t)$ am weitesten links in α und habe den Wirkungsbereich β. Dann ist $\mathit{var}\,t = \emptyset$, denn $x \notin \mathit{var}\,t$ und ein $y \in \mathit{var}\,t$ müsste weiter links gebunden sein. Ferner gilt $(\forall x \leqslant t)\beta(x) \equiv_{\mathsf{Q}} (\forall x \leqslant \underline{n})\beta(x)$ mit $n := t^{\mathcal{N}}$, weil $\vdash_{\mathsf{Q}} t = \underline{n}$. Mit C3 und C5 ergibt sich aber leicht $(\forall x \leqslant \underline{n})\beta(x) \equiv_{\mathsf{Q}} \beta(\underline{0}) \wedge \ldots \wedge \beta(\underline{n})$. Damit kann $(\forall x \leqslant t)$ aus α eliminiert werden und dieser Prozess lässt sich nötigenfalls wiederholen. ❑

Ist $\varphi(\vec{x})$ Δ_0, gilt nach diesem Satz mit $\mathcal{N} \vDash \varphi(\underline{\vec{a}})$ auch $\vdash_{\mathsf{Q}} \varphi(\underline{\vec{a}})$ und mit $\mathcal{N} \vDash \neg\varphi(\underline{\vec{a}})$ auch $\vdash_{\mathsf{Q}} \neg\varphi(\underline{\vec{a}})$. Denn $\varphi(\underline{\vec{a}})$ und $\neg\varphi(\underline{\vec{a}})$ sind trivialerweise Σ_1. Wir erhalten so das

Korollar 3.2. *Jede Δ_0-Formel repräsentiert in* Q *das durch diese Formel in $\mathcal{N}$ definierte Prädikat.*

Lemma 3.3. *Es sei $P \subseteq \mathbb{N}^{n+1}$ repräsentiert durch $\alpha(\vec{x}, y)$, sowie $z \notin$ frei α. Dann repräsentieren $(\exists z \leqslant y)\alpha(\vec{x}, z)$ und $(\forall z \leqslant y)\alpha(\vec{x}, z)$ die Prädikate Q und R mit*

$$Q(\vec{a}, b) \Leftrightarrow (\exists c \leqslant b)P(\vec{a}, c) \text{ bzw. } R(\vec{a}, b) \Leftrightarrow (\forall c \leqslant b)P(\vec{a}, c).$$

Analoges gilt, wenn $\leqslant$ hier überall durch $<$ ersetzt wird.

Beweis. R^+: Es gelte $Q(\vec{a}, b)$, d.h. $P(\vec{a}, c)$ für ein $c \leqslant b$. Dann ist $\vdash \alpha(\underline{\vec{a}}, \underline{c}) \wedge \underline{c} \leqslant \underline{b}$ nach C3 Seite 183. Somit $\vdash (\exists z \leqslant \underline{b})\alpha(\underline{\vec{a}}, z)$. Zum Beweis von R^- sei $\neg Q(\vec{a}, b)$, also $\vdash \neg\alpha(\underline{\vec{a}}, \underline{i})$ für alle $i \leqslant b$. Mit C5 ergibt dies $z \leqslant \underline{b} \vdash \bigvee_{i \leqslant b} z = \underline{i} \vdash \neg\alpha(\underline{\vec{a}}, z)$ und folglich $\vdash (\forall z \leqslant \underline{b})\neg\alpha(\underline{\vec{a}}, z) \equiv \neg(\exists z \leqslant \underline{b})\alpha(\underline{\vec{a}}, z)$, womit R^- gezeigt ist. Für das Prädikat R genügt der Hinweis auf $R(\vec{a}, b) \Leftrightarrow \neg(\exists c \leqslant b)\neg P(\vec{a}, c)$. Der Beweis bleibt wörtlich derselbe, wenn $\leqslant$ überall durch $<$ ersetzt wird. ❑

Wir erklären nun den Begriff der repräsentierbaren Funktion nach [TMR] und [Gö2]. Auch wenn dieser neue Begriff deutlich strenger als die Repräsentierbarkeit von *graph* f ist, werden sich beide Begriffe in Lemma 3.4(b) als gleichwertig erweisen.

Definition. $f \in \mathbf{F}_n$ heiße repräsentierbar in T (ohne den Zusatz 'in T' sei stets $T = \mathsf{Q}$ gemeint), wenn für eine (repräsentierende) Formel $\varphi(\vec{x}, y)$ und alle $\vec{a} \in \mathbb{N}^n$

$$R^+ : \quad \vdash_T \varphi(\underline{\vec{a}}, \underline{f\vec{a}}), \qquad R^= : \quad \varphi(\underline{\vec{a}}, y) \vdash_T y = \underline{f\vec{a}}.$$

Ist f durch φ repräsentiert, so durch dasselbe φ auch *graph* f. Denn ist $f\vec{a} = b$, gilt $\vdash_T \varphi(\underline{\vec{a}}, \underline{b})$ nach R^+, und aus $f\vec{a} \neq b$ folgt $\vdash_T \neg\varphi(\underline{\vec{a}}, \underline{b})$ nach C2 und $R^=$. Weil R^+ offenbar gleichwertig ist mit $y = \underline{f\vec{a}} \vdash_T \varphi(\underline{\vec{a}}, y)$, sind R^+ und $R^=$ zusammen ersetzbar durch die einzige Bedingung $y = \underline{f\vec{a}} \equiv_T \varphi(\underline{\vec{a}}, y)$ für alle $\vec{a}$.

Hat P eine repräsentierende Δ_0-, Σ_1- bzw. Π_1-Formel, heiße P auch Δ_0-, Σ_1- bzw. Π_1-repräsentierbar. Ist P zugleich Σ_1- und Π_1-repräsentierbar, so werde P Δ_1-repräsentierbar genannt. Analoge Redeweisen verwenden wir für Funktionen. Satz 4.5 wird zeigen, dass repräsentierbare Prädikate immer auch Δ_1-repräsentierbar sind.

Lemma 3.4. (a) *Sei $P \subseteq \mathbb{N}^{n+1}$ durch $\alpha(\vec{x}, y)$ repräsentiert und $\forall\vec{a}\,\exists b P(\vec{a}, b)$. Dann wird $f : \vec{a} \mapsto \mu b[P(\vec{a}, b)]$ durch $\varphi(\vec{x}, y) := \alpha(\vec{x}, y) \wedge (\forall z < y)\neg\alpha(\vec{x}, z)$ repräsentiert. Ist P Δ_1-repräsentierbar, so ist f Σ_1-repräsentierbar.* (b) *f ist repräsentierbar, falls graph f repräsentierbar ist, und insbesondere Δ_0-repräsentierbar, falls graph f dies ist.* (c) *Ist f Σ_1-repräsentierbar, so ist f auch Π_1-repräsentierbar.* (d) *Ist χ_P Σ_1-repräsentierbar, so ist P Δ_1-repräsentierbar.*

Beweis. (a) Die Formel $\varphi(\vec{x}, y)$ repräsentiert nach Lemma 3.3 das durch sie definierte Prädikat und dies ist offenbar *graph* f. Es verbleibt daher der Beweis von

$$R^=_\varphi : \quad \alpha(\underline{\vec{a}}, y) \wedge (\forall z < y)\neg\alpha(\underline{\vec{a}}, z) \vdash y = \underline{f\vec{a}}.$$

Sei $b := f\vec{a}$. Dann ist $\underline{b} < y \vdash (\exists z < y)\alpha(\underline{\vec{a}}, z)$, weil $\vdash \alpha(\underline{\vec{a}}, \underline{b})$. Kontraposition liefert $(\forall z < y)\neg\alpha(\underline{\vec{a}}, z) \vdash \underline{b} \not< y$. Nach C5 und R^- gilt $y < \underline{b} \vdash \bigvee_{i<b} y = \underline{i} \vdash \neg\alpha(\underline{\vec{a}}, y)$. Daher

$\alpha(\underline{\vec{a}}, y) \vdash y \not< \underline{b}$. Also $\alpha(\underline{\vec{a}}, y) \wedge (\forall z{<}y)\neg\alpha(\underline{\vec{a}}, z) \vdash y \not< \underline{b} \wedge \underline{b} \not< y \vdash y = \underline{b}$ gemäß C6. Das beweist $R^{=}_{\varphi}$. Zum Beweis der Zusatzbehauptung betrachte man einfach nur die Σ_1-Formel $\alpha(\vec{x}, y) \wedge (\forall v{<}y)\neg\alpha'(\vec{x}, v)$, wobei P durch α Σ_1- und durch α' Π_1-repräsentiert wird. (b) ist eine Anwendung von (a) auf $P = \mathit{graph}\, f$, einfach weil $f\vec{a} = \mu b[P(\vec{a}, b)]$. (c): Sei f durch die Σ_1-Formel $\varphi(\vec{x}, y)$ repräsentiert und $z \notin \mathit{var}\,\varphi$. Dann ist die Formel $\varphi'(\vec{x}, y) := \forall z(\varphi(\vec{x}, z) \to y = z)$ sicher Π_1 und f wird auch durch φ' repräsentiert. Denn nach $R^{=}$ für φ ist $\vdash \varphi'(\underline{\vec{a}}, \underline{f\vec{a}})$, und es gilt auch

$$\varphi'(\underline{\vec{a}}, y) = \forall z(\varphi(\underline{\vec{a}}, z) \to y = z) \vdash \varphi(\underline{\vec{a}}, \underline{f\vec{a}}) \to y = \underline{f\vec{a}} \vdash y = \underline{f\vec{a}} \quad (\text{weil } \vdash \varphi(\underline{\vec{a}}, \underline{f\vec{a}})).$$

(d): Sei χ_P durch $\varphi(\vec{x}, y)$ Σ_1-repräsentiert. Dann ist P durch $\varphi(\vec{x}, \underline{1})$ und $\neg\varphi(\vec{x}, 0)$ zugleich Σ_1- und Π_1-repräsentiert wie man leicht verifiziert. ❑

Bemerkung 2. Nach Lemma 3.4(b) ist z.B. die Paarkodierung $\wp$ in Q durch die Δ_0-Formel $\pi(x, y, z) \wedge (\forall u{<}z)\neg\pi(x, y, u)$ repräsentiert; dabei ist $\pi(x, y, z)$ hier die Primformel $(x + y) \cdot \mathtt{S}(x + y) + \underline{2} \cdot x = \underline{2} \cdot z$. Man beachte, in $\mathcal{N}$ wird $\wp$ durch π explizit definiert.

Lemma 3.5. (a) *Sei* $P \subseteq \mathbb{N}^k$ *durch* $\alpha(\vec{y})$ *repräsentiert und* $g_i \in \mathbf{F}_n$ *für* $i = 1, \ldots, k$ *durch* $\gamma_i(\vec{x}, y_i)$. *Dann wird* $Q := P[g_1, \ldots, g_k]$ *durch* $\beta(\vec{x}) := \exists\vec{y}\,[\alpha(\vec{y}) \wedge \bigwedge_i \gamma_i(\vec{x}, y_i)]$ *repräsentiert. Sind die* γ_i Σ_1, *so ist mit* P *auch das Prädikat* Q Δ_1*-repräsentierbar.* (b) *Mit* $h \in \mathbf{F}_m$ *und* $g_1, \ldots, g_m \in \mathbf{F}_n$ *ist auch* $f = h[g_1, \ldots, g_m]$ (Δ_1-)*repräsentierbar.*

Beweis. (a): Sei $b_i := g_i\vec{a}$, so dass $\vdash \gamma_i(\underline{\vec{a}}, \underline{b_i})$, $i = 1, \ldots, k$, sowie $\vec{b} = (b_1, \ldots, b_k)$, $\underline{\vec{b}} = (\underline{b_1}, \ldots, \underline{b_k})$. Gilt $Q\vec{a}$, also $P\vec{b}$, so ist $\vdash \alpha(\underline{\vec{b}})$. Mithin $\vdash \alpha(\underline{\vec{b}}) \wedge \bigwedge_i \gamma_i(\underline{\vec{a}}, \underline{b_i})$, also $\vdash \beta(\underline{\vec{a}})$. Falls aber $\neg Q\vec{a}$ und damit $\neg P\vec{b}$, so ist $\vdash \neg\alpha(\underline{\vec{b}})$. Mit $R^{=}_{\gamma_i}$ ergibt sich hieraus $\bigwedge_i \gamma_i(\underline{\vec{a}}, y_i) \vdash \bigwedge_i y_i = \underline{b_i} \vdash \neg\alpha(\vec{y})$. Daher $\vdash \forall\vec{y}\,[\bigwedge_i \gamma_i(\underline{\vec{a}}, y_i) \to \neg\alpha(\vec{y})] \equiv \neg\beta(\underline{\vec{a}})$. Sind die γ_i und auch α Σ_1, so auch β. Wird P zugleich durch die Π_1-Formel $\alpha'(\vec{x})$ repräsentiert, so Q durch die Π_1-Formel $\forall\vec{y}[\bigwedge_i \gamma_i(\vec{x}, y_i) \to \alpha'(\vec{y})]$. (b): $\beta(\vec{x}, z)$ repräsentiere h. Wie in (a) zeigt man leicht $\exists\vec{y}[\beta(\vec{y}, z) \wedge \bigwedge_i \gamma_i(\vec{x}, y_i)]$ repräsentiert $h[g_1, \ldots, g_m]$. ❑

Übungen

1. Man zeige, jede Σ_1-Formel ist in $\mathcal{N}$ äquivalent zu einer Σ_1-Formel $\exists y\varphi$, jede Π_1-Formel zu $\forall y\varphi$ für eine gewisse Δ_0-Formel φ (*Quantorenkompression*).

2. Man zeige, Σ_1 ist abgeschlossen unter beschränkter Quantifizierung. Genauer, definiert $\alpha = \alpha(x, y, \vec{v})$ ein Σ_1-Prädikat, so auch $(\forall y{<}x)\alpha$ und $(\exists y{<}x)\alpha$. Dasselbe zeige man für Π_1. Dies gilt demnach auch für Δ_1.

3. Man zeige, $\alpha(\vec{x}) \wedge y = \underline{1} \vee \neg\alpha(\vec{x}) \wedge y = \underline{0}$ repräsentiert χ_P, falls α P repräsentiert.

4. Man beweise durch „Hineintreiben der Negation“ (Übung 2 in **2.4**): jede Δ_0-Formel ist äquivalent zu einer aus Literalen allein mit $\wedge, \vee$ und den beschränkten Quantoren $(\forall x{\leqslant}t)$ und $(\exists x{\leqslant}t)$ aufgebauten Formel.

6.4 Der Repräsentationssatz

Zur Repräsentierbarkeit aller rekursiven oder auch nur aller p.r. Funktionen ist eine repräsentierbare Funktion $g \in \mathbf{F}_2$ hilfreich, für die zu jedem n und jeder Zahlenfolge $c_0, \ldots, c_n$ eine Zahl c existiert derart, dass $g(c,i) = c_i$ für alle $i \leqslant n$. Kurzum, c lässt sich so wählen, dass die Werte $g(c,0), g(c,1), \ldots, g(c,n)$ die vorgegebenen sind. Es gibt nun viele sogar p.r. Funktionen g, die dies leisten. So gilt für $g(c,i) = (c)_i$ und $c = p_0^{1+c_0} \cdot \ldots \cdot p_n^{1+c_n}$ in der Tat $g(c,i) = c_i$, wenn $i \leqslant n$. Nur ist zunächst kein Weg erkennbar, die Repräsentierbarkeit einer solchen Funktion g in Q (oder einer Erweiterung von Q) im Rahmen der Sprache $\mathcal{L}_{ar}$ nachzuweisen. Deswegen hat K. Gödel, der um 1930 mit diesem und ähnlichen Problemen befasst war, nach den Worten von A. Mostowski „mit Gott telefoniert". Man kennt heute mehrere Möglichkeiten, aber wir folgen der ursprünglichen, die ihren Reiz nicht verloren hat.

Es sei $\boldsymbol{\alpha}(a,b,i) := \mathrm{rest}(a,(1+(1+i)b))$. Die Funktion $\boldsymbol{\alpha}$ ist wegen

$$\boldsymbol{\alpha}(a,b,i) = k \Leftrightarrow (\exists c {\leqslant} a)[a = c(1+(1+i)b) + k \ \&\ k < 1 + (1+i)b]$$

nach Korollar 3.2 und Lemma 3.4(b) Δ_0-repräsentierbar. Dasselbe gilt für die Paarkodierung $\wp$, Bemerkung 2 in **6.3**. Weil $\wp$ bijektiv ist, gibt es gewiss Funktionen $\varkappa_1, \varkappa_2$ mit $\wp(\varkappa_1 k, \varkappa_2 k) = k$ für alle k. Deren explizite Darstellung ist hier unwesentlich. Es werden nur die Ungleichungen $\varkappa_1 k, \varkappa_2 k \leqslant k$ benötigt. Die Funktion $\boldsymbol{\beta}\colon (c,i) \mapsto \boldsymbol{\alpha}(\varkappa_1 c, \varkappa_2 c, i)$ heiße die *$\boldsymbol{\beta}$-Funktion.* Auch diese ist Δ_0-repräsentierbar, denn weil $\boldsymbol{\beta}(c,i) = k \Leftrightarrow (\exists a {\leqslant} c)(\exists b {\leqslant} c)[\wp(a,b) = c \ \&\ \boldsymbol{\alpha}(a,b,i) = k]$, gewinnen wir wie für $\boldsymbol{\alpha}$ und $\wp$ eine $\boldsymbol{\beta}$ repräsentierende Δ_0-Formel $\mathtt{beta} = \mathtt{beta}(x,y,z)$. Damit ist die $\boldsymbol{\beta}$-Funktion sogar durch eine Δ_0-Formel in $\mathcal{N}$ definierbar.

Man benötigt folgenden einfachen zahlentheoretischen Satz, um die wesentliche, in Lemma 4.1 formulierte Eigenschaft der $\boldsymbol{\beta}$-Funktion zu erkennen.

Chinesischer Restsatz. *Sei $c_i < d_i$ für $i = 0, \ldots, n$ und seien $d_0, \ldots, d_n$ paarweise teilerfremd. Dann existiert ein $a \in \mathbb{N}$ mit* $\mathrm{rest}(a, d_i) = c_i$ *für $i = 0, \ldots, n$.*

Beweis durch Induktion über n. Für $n = 0$ ist dies klar mit $a = c_0$. Seien nun die Voraussetzungen für $n > 0$ erfüllt. Nach Induktionsannahme ist $\mathrm{rest}(a, d_i) = c_i$ für ein a und alle $i < n$. Auch $k := \mathrm{kgV}\{d_\nu \mid \nu{<}n\}$ und d_n sind teilerfremd (Übung 2). Also existieren nach Übung 1 Zahlen $x, y \in \mathbb{N}$ mit $xk + 1 = yd_n$. Multipliziert man beide Seiten mit $c_n(k-1) + a$, folgt $x'k + c_n(k-1) + a = y'd_n$ mit neuen Werten $x', y' \in \mathbb{N}$. Sei $a' := (x' + c_n)k + a = y'd_n + c_n$. Dann ist $\mathrm{rest}(a', d_i) = \mathrm{rest}(a, d_i) = c_i$ für alle $i < n$ (weil $d_i | k$), aber auch $\mathrm{rest}(a', d_n) = c_n$, denn $c_n < d_n$. ❑

Dieser Beweis ist – anders als die Beweise in vielen Lehrbüchern der Zahlentheorie – konstruktiv und nach PA übertragbar wie **7.1** zeigen wird. In der Mathematischen

Logik kommt es gelegentlich nicht nur darauf an was man beweist, sondern wie man es beweist.

Lemma 4.1 (über die $\boldsymbol{\beta}$-Funktion). *Zu jedem k und jeder Folge $c_0, \ldots, c_k$ gibt es ein c mit $\boldsymbol{\beta}(c, i) = c_i$ für $i = 0, \ldots, k$.*

Beweis. Wir geben Werte a und b mit $\boldsymbol{\alpha}(a, b, i) = c_i$ an. Die Behauptung ist wegen $\boldsymbol{\beta}(\wp(a, b), i) = \boldsymbol{\alpha}(a, b, i)$ dann mit $c = \wp(a, b)$ erfüllt. Sei $m = \max\{k, c_0, \ldots, c_k\}$ und $b := \mathrm{kgV}\{i + 1 \mid i < m\}$. Wir behaupten, die Zahlen $d_i := 1 + (1 + i) \cdot b > c_i$ $(i \leqslant k)$ sind paarweise teilerfremd. Denn angenommen p sei ein Primteiler von d_i, d_j mit $i < j \leqslant k$. Dann gilt $p | d_j - d_i = (j - i)b$, also $p | j - i$ oder $p | b$. Nun gilt wegen $j - i \leqslant k \leqslant m$ aber $j - i | b$ aufgrund der Definition von b, d.h. $p | b$ in jedem Falle. Wegen $b | d_i - 1$ folgt $p | d_i - 1$ im Widerspruch zu $p | d_i$, was die behauptete Teilerfremdheit bestätigt. Nach dem Chinesischen Restsatz existiert daher ein a mit $\mathrm{rest}(a, d_i) = c_i$ für $i = 0, \ldots, k$, d.h. $\boldsymbol{\alpha}(a, b, i) = c_i$. ❑

Bemerkung 1. Schon an dieser Stelle gewinnt man die interessante Einsicht, dass die Exponentialfunktion $(a, b) \mapsto a^b$ in $\mathcal{N}$ elementar definierbar ist, nämlich durch

$$(*) \quad \delta_{exp}(x, y, z) := \exists u[\boldsymbol{\beta}(u, 0) = \mathtt{S}0 \wedge (\forall v{<}y)\, \boldsymbol{\beta}(u, \mathtt{S}v) = \boldsymbol{\beta}(u, v) \cdot x \wedge \boldsymbol{\beta}(u, y) = z].$$

Genauer, δ_{exp} ist die *Beschreibung* einer Σ_1-Formel, die durch Elimination der $\boldsymbol{\beta}$-Terme mittels der Δ_0-Formel `beta` unter Benutzung weiterer $\exists$-Quantoren aus $(*)$ entsteht. Man beweist induktiv über b leicht $\mathcal{N} \vDash \delta_{exp}(\underline{a}, \underline{b}, \underline{c}) \Rightarrow a^b = c$. Sei umgekehrt $a^b = c$. Dann garantiert uns Lemma 4.1 ein gesuchtes u mit $\mathcal{N} \vDash \delta_{exp}(\underline{a}, \underline{b}, \underline{c})$: man wähle ein u mit $\boldsymbol{\beta}(u, i) = a^i$ für alle $i \leqslant b$. Diese Argumentation wird in Satz 4.2 verallgemeinert.

Im folgenden Satz sei nur der Übersicht halber $T \supseteq \mathsf{Q}$ angenommen; er gilt genauso, wenn z.B. Q im Sinne von **6.6** in T nur interpretierbar ist, etwa für ZFC. Für viele Anwendungen, z.B. die Herleitung von Unentscheidbarkeitsresultaten und einer vereinfachten Version des 1. Unvollständigkeitssatzes reicht bereits der erste Teil des Satzes aus. Die Verfeinerung im zweiten Teil wird z.B. in Satz 4.5 angewendet.

Satz 4.2 (Repräsentationssatz). *Jede rekursive Funktion f – und somit auch jedes rekursive Prädikat P – ist in Q und damit in jeder konsistenten Theorie $T \supseteq \mathsf{Q}$ repräsentierbar. f ist sogar Σ_1-repräsentierbar.*

Beweis. Es genügt, eine f repräsentierende Σ_1-Formel anzugeben. Für die Anfangsfunktionen 0, $\mathtt{S}$, I^n_ν leisten dies $\boldsymbol{v}_0 = 0$, $\boldsymbol{v}_1 = \mathtt{S}\boldsymbol{v}_0$ und $\boldsymbol{v}_n = \boldsymbol{v}_\nu$. Für ***Oc*** sei $f = h[g_1, \ldots, g_m]$ und es seien $\beta(\vec{y}, z)$ und $\gamma_i(\vec{x}, y_i)$ repräsentierende Σ_1-Formeln für h und die g_i. Dann ist $\varphi(\vec{x}, z) := \exists\vec{y}\,[\bigwedge_i \gamma_i(\vec{x}, y_i) \wedge \beta(\vec{y}, z)]$ eine derartige Formel für f (Lemma 3.5). Nun sei $f = \boldsymbol{Op}(g, h)$ und g, h seien beide Σ_1-repräsentierbar. Erklärt man P durch $P(\vec{a}, b, c) \Leftrightarrow \boldsymbol{\beta}(c, 0) = g\vec{a} \,\&\, (\forall v{<}b)\boldsymbol{\beta}(c, \mathtt{S}v) = h(\vec{a}, v, \boldsymbol{\beta}(c, v))$, so ist P nach Lemma 3.5 und 3.3 Δ_1-repräsentierbar (Komposition und Einsetzung

Σ_1-repräsentierbarer Funktionen, sowie beschränkte Quantifizierung und Konjunktion). Man sieht leicht, dass $P(\vec{a}, b, c)$ gleichwertig ist mit

$$(*) \quad \beta(c, i) = f(\vec{a}, i) \text{ für alle } i \leqslant b.$$

Nach Lemma 4.1 gibt es zu gegebenen $\vec{a}, b$ eine den Gleichungen $(*)$ genügendes c, also gilt $\forall\vec{a}\forall b\exists c P(\vec{a}, b, c)$. Daher ist $f^*\colon (\vec{a}, b) \mapsto \mu c P(\vec{a}, b, c)$ nach Lemma 3.4(a) Σ_1-repräsentierbar. Mit $i = b$ ergibt $(*)$ dann offenbar $\beta(f^*(\vec{a}, b), b) = f(\vec{a}, b)$. Wie oben bei $\boldsymbol{Oc}$ gezeigt wurde, ist f als Komposition Σ_1-repräsentierbarer Funktionen wieder Σ_1-repräsentierbar. Schließlich entstehe f aus g mittels $\boldsymbol{O\mu}$, also $f\vec{a} = \mu b[P(\vec{a}, b)]$, mit $P(\vec{a}, b) \Leftrightarrow g(\vec{a}, b) = 0$; dabei sei g Σ_1-repräsentierbar. Nach Lemma 3.4(c) ist g auch Π_1-repräsentierbar und P damit sicher Δ_1-repräsentierbar. Dann aber ist f nach Lemma 3.4(a) auch Σ_1-repräsentierbar. ❑

Sei $T \supseteq \mathsf{Q}$ eine Theorie in $\mathcal{L}_{ar}$. Der Gödelzahl $n = \dot{\varphi}$ von $\varphi \in \mathcal{L}_{ar}$ entspricht *in* T der Term $\underline{n}$, der fortan mit $\ulcorner\varphi\urcorner$ bezeichnet werde und der *Gödelterm* von φ heiße. Es ist z.B. $\ulcorner \boldsymbol{v}_0 = 0 \urcorner = \underline{\dot{\boldsymbol{v}}_0 \dot{=} \dot{0} = 2^{22} \cdot 3^2 \cdot 5^{14}}$. Analog sei $\ulcorner t \urcorner$ definiert. Beispielsweise ist $\ulcorner \underline{1} \urcorner = \ulcorner \mathtt{S}0 \urcorner = \underline{2^{16} \cdot 3^{14}}$. Ist T axiomatisierbar, so ist $\ulcorner\Phi\urcorner$ auch für Beweise Φ wohldefiniert. Z.B. ist $\Phi = (\mathtt{S}\boldsymbol{v}_0 = \mathtt{S}\boldsymbol{v}_0)$ ein trivialer Beweis der Länge 1 nach Axiom $\Lambda 9$ in **3.6**. Sein Gödelterm ist $\ulcorner\Phi\urcorner = \underline{2^{\tilde{\mathtt{S}}\dot{\boldsymbol{v}}_0 \dot{=} \tilde{\mathtt{S}}\dot{\boldsymbol{v}}_0 + 1} = 2^{2^{16}\cdot 3^{22}\cdot 5^2\cdot 7^{16}\cdot 11^{22}+1}}$.

Weil das auf Seite 178 definierte Prädikat bew_T p.r. ist (Satz 2.4), ist bew_T Σ_1-repräsentierbar nach dem Repräsentationsatz 4.2, sagen wir durch $\mathtt{bew}_T(y, x)$. Ferner sei $\mathtt{bwb}_T(x) := \exists y\, \mathtt{bew}_T(y, x)$. Satz 4.2 liefert damit folgendes

Korollar 4.3. *Sei $T \supseteq \mathsf{Q}$ axiomatisierbar. Dann gilt $\vdash_T \varphi \Rightarrow\ \vdash_T \mathtt{bew}_T(\underline{n}, \ulcorner\varphi\urcorner)$ für ein n (daher $\vdash_T \varphi \Rightarrow\ \vdash_T \mathtt{bwb}_T(\ulcorner\varphi\urcorner)$), und $\nvdash_T \varphi \Rightarrow\ \vdash_T \neg\, \mathtt{bew}_T(\underline{n}, \ulcorner\varphi\urcorner)$ für alle n.*

Die Umkehrung $\vdash_T \mathtt{bwb}_T(\ulcorner\varphi\urcorner) \Rightarrow\ \vdash_T \varphi$ muss nicht gelten; siehe dazu **7.1**. Vor der Formlierung weiterer Folgerungen aus Satz 4.2 stellen wir noch eine Methode vor, welche die Churchsche These aus anschaulichen Entscheidbarkeits-Argumenten zu eliminieren erlaubt. Das muss im Prinzip immer gesichert sein, sonst verlöre die These ihre Berechtigung. Diese wird z.B. in Satz 3.5.2 verwendet. Wir formulieren diesen Satz jetzt etwas präziser und beweisen ihn anschließend rigoros.

Satz 4.4. *Eine vollständige axiomatisierbare Theorie T ist rekursiv.*

Beweis. Wegen der angenommenen Vollständigkeit ist die Funktion f mit

$$f(a) = \mu b[a \in \dot{\mathcal{L}}^0 \ \Rightarrow\ bew_T(b, a) \vee bew_T(b, \tilde{\neg} a)]$$

wohldefiniert. Denn bezeichnet $P(a, b)$ das p.r. Prädikat in eckigen Klammern, gilt offenbar $\forall a \exists b P(a, b)$, wobei für $a \notin \dot{\mathcal{L}}^0$ bereits $P(a, 0)$ zutrifft. Gemäß $\boldsymbol{O\mu}$ ist f also rekursiv. Ferner gilt $(*)$ $a \in \dot{T} \Leftrightarrow a \in \dot{\mathcal{L}}^0 \ \&\ bew_T(fa, a)$, was sofort die Rekursivität von T impliziert. Zum Nachweis von (∗) sei $a \in \dot{T}$, und damit gewiss $a \in \dot{\mathcal{L}}^0$. Dann gilt für $b = fa$ – das kleinste b mit $bew_T(b, a) \vee bew_T(b, \dot{\neg}a)$ – sicher das erste Alternativglied, weil wegen der Konsistenz von T überhaupt kein b mit $bew_T(b, \dot{\neg}a)$ existiert. Also $bew_T(fa, a)$. Die Richtung $\Leftarrow$ in (∗) ist offensichtlich. ❑

Dieser Beweis illustriert zugleich den Unterschied zwischen einem p.r. und einem rekursiven Entscheidungsverfahren. Auch wenn X und damit das Prädikat P p.r. sind, muss die dort definierte rekursive Funktion f nicht mehr p.r. sein, denn die Vollständigkeit von T könnte ja auf nichtkonstruktive Weise erschlossen worden sein. Der Gebrauch der Churchschen These in den Beweisen von (i)⇒(ii) und (iii)⇒(ii) im folgenden Satz kann in fast derselben Weise eliminiert werden wie oben, nur ist der Beweis dann etwas weniger anschaulich und seine Lektüre wird erschwert.

Satz 4.5. *Für ein Prädikat $P \subseteq \mathbb{N}^n$ und eine beliebige konsistente axiomatisierbare Theorie $T \supseteq \mathsf{Q}$ sind folgende Eigenschaften äquivalent:*

(i) *P ist repräsentierbar in T,* (ii) *P ist rekursiv,* (iii) *P ist Δ_1.*

Beweis. (i)⇒(ii): P werde in T durch $\alpha(\vec{x})$ repräsentiert. Wir starten bei gegebenem $\vec{a}$ die Aufzählungsmaschine von T und warten, bis $\alpha(\underline{\vec{a}})$ oder $\neg\alpha(\underline{\vec{a}})$ erscheint. Also ist P entscheidbar und damit rekursiv. (ii)⇒(i),(iii): Nach Satz 4.2 ist χ_P in T durch eine Σ_1-Formel repräsentiert. Daher ist P gemäß Lemma 3.4(d) Δ_1-repräsentierbar und zugleich wurde $P \in \Delta_1$ gezeigt. (iii)⇒(ii): Sei P definiert durch die Σ_1-Formel $\alpha(\vec{x})$ und durch die Π_1-Formel $\beta(\vec{x})$. Wir starten bei gegebenem $\vec{a}$ die Aufzählungsmaschine für T und warten, bis eine der Σ_1-Aussagen $\alpha(\underline{\vec{a}})$ oder $\neg\beta(\underline{\vec{a}})$ erscheint. Im ersten Falle gilt $P\vec{a}$, im zweiten nicht. Das Verfahren terminiert, denn T ist Σ_1-vollständig nach Satz 3.1. Also ist P entscheidbar und damit rekursiv. ❑

Nach dem Satz sind in jeder konsistenten axiomatischen Erweiterung von Q dieselben Prädikate repräsentierbar, nämlich genau die rekursiven. Ferner besteht Δ_1 danach genau aus den rekursiven, und wie man unter Beachtung von Übung 1 in **6.3** leicht folgert, Σ_1 genau aus den r.a. Prädikaten. Satz 4.5 macht den engen Zusammenhang zwischen Logik und Rekursionstheorie besonders deutlich. Er ist unabhängig von der Churchschen These. Selbst wenn diese irgendwie revidiert werden müsste, würde die ausgezeichnete Rolle der μ-rekursiven Funktionen dadurch nicht angetastet.

Bemerkung 2. Man wünscht sich natürlich ein übersehbares Repräsentantensystem von Formeln, welche die rekursiven Prädikate in hinreichend starken Theorien repräsentieren oder in $\mathcal{N}$ zumindest definieren. Leider kann man ein solches Formelsystem nicht rekursiv aufzählen. Denn angenommen es gibt eine solche Aufzählung. Sei $\alpha_0, \alpha_1, \ldots$ die hieraus entstehende Folge ihrer Glieder aus $\mathcal{L}^1_{ar}$, die in $\mathcal{N}$ dann die rekursiven Mengen definieren. Dann ist auch $\{n \in \mathbb{N} \mid n \notin \alpha_n^{\mathcal{N}}\}$ rekursiv, also etwa durch α_m in $\mathcal{N}$ definiert, so dass $n \in \alpha_m^{\mathcal{N}} \Leftrightarrow n \notin \alpha_n^{\mathcal{N}}$. Das ergibt für $n = m$ aber den Widerspruch $m \in \alpha_m^{\mathcal{N}} \Leftrightarrow m \notin \alpha_m^{\mathcal{N}}$.

In **6.5** benötigen wir eine p.r. „Substitutionsfunktion" sb_x und in **7.1** eine Verallgemeinerung davon. Bezeichne $\mathrm{zf}\, a := \dot{\underline{a}}\ (= (\underline{a})^{\cdot})$ die Gödelzahl des Terms $\underline{a}\ (= \mathtt{S}^a 0)$. Dann ist $a \mapsto \mathrm{zf}\, a$ p.r., da $\mathrm{zf}\, 0 = \dot{\underline{0}}$ und $\mathrm{zf}\, \mathtt{S}a = \dot{\mathtt{S}} * \mathrm{zf}\, a$. Sei $\mathrm{sb}_x(m, a) = [m]^{\mathrm{zf}\, a}_{\dot{x}}$, sowie $\mathrm{sb}_{\vec{x}} \in \mathbf{F}_{n+1}$ induktiv über die Länge von $\vec{x} \in \mathit{Var}^n$ erklärt durch $\mathrm{sb}_{\emptyset}(m) := m$ und $\mathrm{sb}_{\vec{x}x}(m, \vec{a}, a) = \mathrm{sb}_x(\mathrm{sb}_{\vec{x}}(m, \vec{a}), a)$. Dabei seien $x_1, \ldots, x_n, x$ paarweise verschieden. Speziell ist $\mathrm{sb}_x(m, a)$ wohlerklärt. Das Parametertupel $\vec{x}$ kann beliebig umgeordnet werden, wenn zugleich das Variablentupel $\vec{a}$ entsprechend umgeordnet wird. So ist z.B. $\mathrm{sb}_{xy}(m, a, b) = \mathrm{sb}_{yx}(m, b, a)$. Die Funktionen $\mathrm{sb}_{\vec{x}}$ sind offenbar alle p.r.

Es sei $\dot{\alpha}\frac{\vec{t}}{\vec{x}} := (\alpha\frac{\vec{t}}{\vec{x}})^{\cdot}$ und speziell $\dot{\alpha}_{\vec{x}}(\underline{\vec{a}})$ die Gödelzahl der Aussage $\alpha_{\vec{x}}(\underline{\vec{a}})$. Dann gilt

Satz 4.6. *Für beliebiges* $\alpha \in \mathcal{L}$ *ist* $\mathrm{sb}_{\vec{x}}(\dot{\alpha}, \vec{a}) = \dot{\alpha}_{\vec{x}}(\underline{\vec{a}})$ *für alle* $\vec{a} \in \mathbb{N}^n$.

Beweis. Weil $\alpha_{\vec{x}}(\underline{\vec{a}})$ durch schrittweise Ausführung einfacher Substitutionen entsteht (siehe (2) in **2.2**), muss nur $\mathrm{sb}_x(\dot{\alpha}, a) = \dot{\alpha}_x(\underline{a})$ für alle a gezeigt werden. Nach $(*)$ Seite 180 gilt aber $\mathrm{sb}_x(\dot{\alpha}, a) = [\dot{\alpha}]^{\mathrm{zf}\, a}_{\dot{x}} = [\dot{\alpha}]^{\dot{\underline{a}}}_{\dot{x}} = (\alpha_x(\underline{a}))^{\cdot} = \dot{\alpha}_x(\underline{a})$. ❑

Beispiel. α sei $\mathtt{S}x = y$. Dann ist $\mathrm{sb}_{xy}(\dot{\alpha}, a, b) = (\mathtt{S}\underline{a} = \mathtt{S}\underline{b})^{\cdot}$ für alle $a, b \in \mathbb{N}$. Ferner gilt $\mathrm{sb}_{xy}(\dot{\alpha}, a, \mathtt{S}a) = (\mathtt{S}\underline{a} = \underline{\mathtt{S}a})^{\cdot} = (\mathtt{S}\underline{a} = \mathtt{S}\underline{a})^{\cdot} = \mathrm{sb}_x(\dot{\alpha}\frac{\mathtt{S}x}{y}, a)$. Diese Gleichung wird mit etwas anderen Bezeichnungen in Übung 4(c) verallgemeinert.

Übungen

1. Man beweise das im Beweis des Chinesischen Restsatzes wesentlich benutzte **Lemma von Euklid**: *Sind* $a, b \in \mathbb{N}_+$ *teilerfremd, so gibt es Zahlen* $x, y \in \mathbb{N}$ *mit* $xa + 1 = yb$. (Die Umkehrung ist trivial: $c \,|\, a, b \Rightarrow c \,|\, yb - xa = 1 \Rightarrow c = 1$.)

2. Man zeige (a) $\mathrm{prim}\, p \;\&\; p \,|\, ab \Rightarrow p \,|\, a \vee p \,|\, b$, (b) $\mathrm{prim}\, p \;\&\; p \,|\, \mathrm{kgV}\{a_\nu \,|\, \nu \leqslant n\} \Rightarrow p \,|\, a_\nu$ für ein $\nu \leqslant n$, (c) $\mathrm{kgV}\{d_\nu \,|\, \nu < n\}$ und d_n sind teilerfremd $(n > 0)$, falls die Zahlen $d_0, \ldots, d_n$ paarweise teilerfremd sind.

3. Man gebe eine definierende Σ_1-Formel für die Primzahlaufzählung $n \mapsto p_n$ an.

4. Man expandiere die $\mathcal{L}_{ar}$-Struktur $\mathcal{N}$ um die Funktionen $\tilde{\wedge}, \tilde{\neg}, \tilde{\to}, \tilde{\forall}$, sowie alle $\mathrm{sb}_{\vec{x}}$ und nötigenfalls weitere p.r. Grundfunktionen zu einer Struktur $\mathcal{N}^*$, so dass die Terme $\mathrm{sb}_{\vec{x}}(\ulcorner\varphi\urcorner, \vec{x})$ für $\varphi \in \mathcal{L}_{ar}$ in der Theorie von $\mathcal{N}^*$ wohldefiniert sind. Man beweise, in $\mathcal{N}^*$ gelten für beliebige $\alpha, \beta \in \mathcal{L}_{ar}$ folgende Gleichungen, die in **7.1** nach PA übertragen werden:
   (a) $\mathrm{sb}_{\vec{x}}(\ulcorner(\alpha \wedge \beta)\urcorner, \vec{x}) = \mathrm{sb}_{\vec{x}}(\ulcorner\alpha\urcorner, \vec{x}) \,\tilde{\wedge}\, \mathrm{sb}_{\vec{x}}(\ulcorner\beta\urcorner, \vec{x})$, und analog für $\neg$, $\to$ und $\forall$.
   (b) $\mathrm{sb}_{\vec{x}}(\ulcorner\alpha\urcorner, \vec{x}) = \mathrm{sb}_{\vec{x}'}(\ulcorner\alpha\urcorner, \vec{x}')$, mit $\mathit{var}\, \vec{x}' := \mathit{var}\, \vec{x} \cap \mathit{frei}\, \alpha$.
   (c) $\mathrm{sb}_{\vec{x}x}(\ulcorner\alpha\urcorner, \vec{x}, t) = \mathrm{sb}_{\vec{x}}(\ulcorner\alpha\frac{t}{x}\urcorner, \vec{x})$ für Terme $t \in \{0, y, \mathtt{S}y\}$ falls $x \notin \mathit{frei}\, \alpha$ oder $y \in \mathit{var}\, \vec{x}$. Sonst ist $\mathrm{sb}_{\vec{x}x}(\dot{\alpha}, \vec{x}, t) = \mathrm{sb}_{\vec{x}y}(\dot{\alpha}\frac{t}{x}, \vec{x}, y)$. Hier sei $x \notin \mathit{var}\, \vec{x}$, sowie $y \notin \mathit{gbd}\, \alpha$ (damit $\alpha, \frac{y}{x}$ kollisionsfrei sind).

6.5 Die Sätze von Gödel, Tarski, Church

Eine Theorie $T \subseteq \mathcal{L}$ heiße *gödelisierbar* (oder auch *arithmetisierbar*), wenn $\mathcal{L}$ gödelisierbar ist und eine Folge $(\underline{n})_{n\in\mathbb{N}}$ von Grundtermen vorhanden ist, so dass $\vdash_T \underline{n} \neq \underline{m}$ für $n \neq m$ und zf: $n \mapsto \dot{\underline{n}}$ p.r. ist, siehe **6.4**. Dies sind minimale Voraussetzungen für die Repräsentierbarkeit arithmetischer Prädikate in T. Sie gelten für jedes $T \supseteq \mathsf{Q}$, aber z.B. auch für ZFC mit wesentlich derselben Termfolge (ω-*Terme* genannt, $\underline{0}$ sei $\emptyset$ und $\underline{n+1}$ sei $\underline{n} \cup \{\underline{n}\}$). Auch im allgemeinen Falle sei $\alpha \in \mathcal{L}$ *in* T durch den Term $\ulcorner\alpha\urcorner = \underline{\dot{\alpha}}$ kodiert. Um bei den folgenden allgemeinen Lemmata eine konkrete Vorstellung zu haben, denke man etwa an $\mathcal{L} = \mathcal{L}_{ar}$ und $T = \mathsf{PA}$.

Eine Aussage γ heiße ein *Fixpunkt von* $\alpha(x) \in \mathcal{L}$ *in* T, falls $\gamma \equiv_T \alpha(\ulcorner\gamma\urcorner)$, oder gleichwertig, $\vdash_T \gamma \leftrightarrow \alpha(\ulcorner\gamma\urcorner)$. In anschaulicher Formulierung besagt γ dann offenbar „α trifft auf mich zu“. Die Funktion sb_x aus **6.4** ist für beliebig gewähltes x unter relativ schwachen Voraussetzungen in T repräsentierbar (Satz 4.2). Daher haben die folgenden beiden Lemmata ein breites Anwendungsspektrum.

Fixpunktlemma. *Sei T gödelisierbar und sei sb_x in T repräsentierbar. Dann gibt es zu jedem $\alpha = \alpha(x) \in \mathcal{L}$ ein $\gamma \in \mathcal{L}^0$ mit*

(1) $\gamma \equiv_T \alpha(\ulcorner\gamma\urcorner)$.

Beweis. Sei $x_1, x_2, y \neq x$ und $\mathtt{sb}(x_1, x_2, y)$ eine sb_x in T repräsentierende Formel, die sich im Prinzip auch effektiv angeben lässt. Für alle Formeln $\varphi = \varphi(x)$ und alle n gilt also $\mathtt{sb}(\ulcorner\varphi\urcorner, \underline{n}, y) \equiv_T y = \ulcorner\varphi(\underline{n})\urcorner$. Für $n = \dot{\varphi}$, also $\underline{n} = \ulcorner\varphi\urcorner$ folgt speziell

(2) $\mathtt{sb}(\ulcorner\varphi\urcorner, \ulcorner\varphi\urcorner, y) \equiv_T y = \ulcorner\varphi(\ulcorner\varphi\urcorner)\urcorner$.

Sei $\beta(x) := \forall y(\mathtt{sb}(x, x, y) \to \alpha\,\frac{y}{x})$. Dann leistet $\gamma := \beta(\ulcorner\beta\urcorner)$ das Verlangte. Denn

$$\begin{array}{rlr} \gamma & = \forall y(\mathtt{sb}(\ulcorner\beta\urcorner, \ulcorner\beta\urcorner, y) \to \alpha\,\frac{y}{x}) & \\ & \equiv_T \forall y(y = \ulcorner\beta(\ulcorner\beta\urcorner)\urcorner \to \alpha\,\frac{y}{x}) & ((2) \text{ mit } \varphi = \beta(x)) \\ & = \forall y(y = \ulcorner\gamma\urcorner \to \alpha\,\frac{y}{x}) & (\text{weil } \gamma = \beta(\ulcorner\beta\urcorner)) \\ & \equiv \alpha(\ulcorner\gamma\urcorner). & \square \end{array}$$

Auch das folgende Lemma formuliert ein häufig wiederkehrendes Argument.

Nichtrepräsentierbarkeitslemma. Sei T eine Theorie wie im Fixpunktlemma. Dann ist T (genauer, $\dot{T}$) in T selbst nicht repräsentierbar.

Beweis. Angenommen, T wird durch $\tau(x)$ repräsentiert. Wir zeigen, dass bereits die schwächere Annahme (a) $\nvdash_T \alpha \;\Leftrightarrow\; \vdash_T \neg\tau(\ulcorner\alpha\urcorner)$ zum Widerspruch führt. Denn sei γ Fixpunkt von $\neg\tau(x)$ gemäß (1) oben, also (b) $\vdash_T \gamma \;\Leftrightarrow\; \vdash_T \neg\tau(\ulcorner\gamma\urcorner)$. Wählt man $\alpha = \gamma$ in (a), ergibt sich mit (b) offenbar der Widerspruch $\nvdash_T \gamma \Leftrightarrow \vdash_T \gamma$. $\square$

Wir formulieren nun den 1. Gödelschen Unvollständigkeitssatz, und zwar in drei Versionen, von denen die zweite im Wesentlichen der originalen entspricht. Von nun an sei der Einfachheit halber $\mathcal{L} \supseteq \mathcal{L}_{ar}$ und $T \supseteq \mathsf{Q}$. Doch gilt alles folgende auch für Theorien T wie z.B. ZFC, in denen Q im Sinne von **6.6** nur interpretierbar ist.

Satz 5.1 (Die populäre Version). *Jede hinreichend starke konsistente rekursiv axiomatisierbare arithmetische Theorie T (genauer, $T \supseteq \mathsf{Q}$) ist unvollständig.*

Beweis. Wäre T vollständig, so nach Satz 3.5.2 auch entscheidbar, also in Q und damit in T repräsentierbar, was das Nichtrepräsentierbarkeitslemma ausschließt. ❏

Dieser Beweis ist, anders als die Beweise der Sätze 5.1′ und 5.1″, nicht konstruktiv. Denn er gestattet nicht, eine Aussage α mit $\nvdash_T \alpha$ und $\nvdash_T \neg\alpha$ explizit anzugeben.

Eine Verschärfung der Konsistenz einer Theorie T in $\mathcal{L}_{ar}$ ist ihre *ω-Konsistenz*, d.h. für alle $\varphi = \varphi(x)$ mit $\vdash_T \exists x\varphi(x)$ ist $\nvdash_T \neg\varphi(\underline{n})$ für mindestens ein n, oder gleichwertig, $(\forall n{\in}\mathbb{N}) \vdash_T \neg\varphi(\underline{n})$ impliziert $\nvdash_T \exists x\varphi(x)$. Ist $\mathcal{N}$ Modell für T, so ist T sicher ω-konsistent; denn die Annahme $\vdash_T \exists x\varphi$ und $\vdash_T \neg\varphi(\underline{n})$ für alle n impliziert den Widerspruch $\mathcal{N} \vDash \exists x\varphi, \forall x\neg\varphi$. Also sind z.B. Q und PA aus semantischer Perspektive gewiss ω-konsistent und konsistent. [4)]

Satz 5.1′ (Die Originalversion). *Zu jeder durch ein p.r. Axiomensystem X axiomatisierten ω-konsistenten Theorie $T \supseteq \mathsf{Q}$ gibt es eine Π_1-Aussage α, so dass weder $\vdash_T \alpha$ noch $\vdash_T \neg\alpha$, d.h. α ist unabhängig in T. Es gibt eine p.r. Funktion, die einer X repräsentierenden Formel ein solches α zuordnet.*

Beweis. Sei bew_T in T repräsentiert durch die Σ_1-Formel $\mathtt{bew}_T$, siehe Seite 191. Für $\mathtt{bwb}(x) = \exists y\,\mathtt{bew}_T(y,x)$ gilt dann (a) $\vdash_T \varphi \;\Rightarrow\; \vdash_T \mathtt{bwb}(\ulcorner\varphi\urcorner)$ gemäß Korollar 4.3. Sei γ Fixpunkt von $\neg\,\mathtt{bwb}(x)$ nach (1), also (b) $\gamma \equiv_T \neg\,\mathtt{bwb}(\ulcorner\gamma\urcorner)$. Die Annahme $\vdash_T \gamma$ ergibt $\vdash_T \mathtt{bwb}(\ulcorner\gamma\urcorner)$ nach (a), aber $\vdash_T \neg\,\mathtt{bwb}(\ulcorner\gamma\urcorner)$ nach (b), im Widerspruch zur Konsistenz von T. Also $\nvdash_T \gamma$. Angenommen $\vdash_T \neg\gamma$, so dass $\vdash_T \mathtt{bwb}(\ulcorner\gamma\urcorner)$ nach (b), d.h. (c) $\vdash_T \exists y\,\mathtt{bew}(y,\ulcorner\gamma\urcorner)$. Da T konsistent ist, gilt $\nvdash_T \gamma$. Wiederum nach Korollar 4.3 ist also $\vdash_T \neg\,\mathtt{bew}(\underline{n},\ulcorner\gamma\urcorner)$ für alle n. Dies und (c) widersprechen aber der ω-Konsistenz von T. Daher ist auch $\nvdash_T \neg\gamma$. Mit γ ist offenbar auch die Π_1-Aussage $\alpha = \neg\,\mathtt{bwb}(\ulcorner\gamma\urcorner)$ unabhängig in T. Die Behauptung über die p.r. Zuordnung folgt ersichtlich aus der Konstruktion von γ in (1). ❏

Dieser Satz bleibt uneingeschränkt richtig, wenn das Axiomensystem X nur r.a. ist. Denn X kann durch ein rekursives X' ersetzt werden (Übung 1 in **6.2**). Damit ist auch bew_T rekursiv, mithin in T repräsentierbar und nach Satz 4.5 auch Σ_1.

[4)] Die Beweistheorie versucht, die nichtfinite Semantik den Betrachtungen fernzuhalten, und es gibt berühmte Konsistenzbeweise von PA, die weit weniger voraussetzen als die mengentheoretischen Hilfsmittel der Semantik.

Satz 5.1″ (Rossers Verschärfung von Satz 5.1′). *Die Voraussetzung der ω-Konsistenz in Satz 5.1′ kann zur Konsistenz von T abgeschwächt werden.*

Beweis. Sei T konsistent und $\mathtt{prov}(x) := \exists y[\mathtt{bew}(y,x) \wedge (\forall z{<}y)\neg\,\mathtt{bew}(z,\tilde{\neg}x)]$. Die p.r. Funktion $\tilde{\neg}$ denken wir uns mittels einer sie repräsentierenden Formel hieraus wie üblich eliminiert. $\mathtt{prov}(x)$ besagt wegen der Konsistenz von T im Prinzip dasselbe wie $\mathtt{bwb}(x)$ und hat folgende Fundamentaleigenschaften:

$$\text{(a) } \vdash_T \mathtt{prov}(\ulcorner\alpha\urcorner) \text{ falls } \vdash_T \alpha, \quad \text{(b) } \vdash_T \neg\,\mathtt{prov}(\ulcorner\alpha\urcorner) \text{ falls } \vdash_T \neg\alpha\,^{5)}.$$

Denn sei $\vdash_T \alpha$, also $\vdash_T \mathtt{bew}(\underline{n},\ulcorner\alpha\urcorner)$ für ein n (Korollar 4.3). Da $\nvdash_T \neg\alpha$ wegen der Konsistenz von T, folgt $\vdash_T \neg\,\mathtt{bew}(\underline{k},\ulcorner\neg\alpha\urcorner)$ für alle k. Daher liefert C5 aus **6.3** $\vdash_T (\forall z{<}\underline{n})\neg\,\mathtt{bew}(z,\ulcorner\neg\alpha\urcorner)$. Somit $\vdash_T \mathtt{prov}(\ulcorner\alpha\urcorner)$. Nachweis von (b): Sei $\vdash_T \neg\alpha$, etwa $\vdash_T \mathtt{bew}(\underline{m},\ulcorner\neg\alpha\urcorner)$. Weil $\nvdash_T \alpha$, ist $\vdash_T (\forall y{\leqslant}\underline{m})\neg\,\mathtt{bew}(y,\ulcorner\alpha\urcorner)$ nach C5. Das ergibt $\mathtt{bew}(y,\ulcorner\alpha\urcorner) \vdash_T \underline{m}{<}y$ nach C6. Weil $\underline{m}{<}y \vdash_T (\exists z{<}y)\,\mathtt{bew}(z,\ulcorner\neg\alpha\urcorner)$ (wähle $z = \underline{m}$), folgt $\vdash_T \forall y[\mathtt{bew}(y,\ulcorner\alpha\urcorner) \to (\exists z{<}y)\,\mathtt{bew}(z,\ulcorner\neg\alpha\urcorner)] \equiv \neg\,\mathtt{prov}(\ulcorner\alpha\urcorner)$. Das beweist (b). Sei nun (c): $\gamma \equiv_T \neg\,\mathtt{prov}(\ulcorner\gamma\urcorner)$ nach (1). Die Annahme $\vdash_T \gamma$ führt mit (a) und (c) zum Widerspruch $\vdash_T \mathtt{prov}(\ulcorner\gamma\urcorner), \neg\,\mathtt{prov}(\ulcorner\gamma\urcorner)$, und die Annahme $\vdash_T \neg\gamma$ führt mit (b) und (c) zu demselben Widerspruch. Also ist weder $\vdash_T \gamma$ noch $\vdash_T \neg\gamma$. ❑

$T \subseteq \mathcal{L}^0_{ar}$ heißt *ω-unvollständig*, wenn es ein $\varphi = \varphi(x)$ gibt mit $\vdash_T \varphi(\underline{n})$ für alle n und dennoch $\nvdash_T \forall x\varphi$. Wir zeigen, PA ist auch ω-unvollständig: Sei γ ein Fixpunkt von $\neg\,\mathtt{bwb}_{\mathsf{PA}}(x)$ und $\varphi(x) := \neg\,\mathtt{bew}_{\mathsf{PA}}(x,\ulcorner\gamma\urcorner)$. Weil $\nvdash_{\mathsf{PA}} \gamma$ (siehe den Beweis von Satz 5.1′), ist auch $\nvdash_{\mathsf{PA}} \forall x\varphi$ $(\equiv \neg\exists x\,\mathtt{bew}_{\mathsf{PA}}(x,\ulcorner\gamma\urcorner) \equiv_{\mathsf{PA}} \gamma)$. Wohl aber ist $\vdash_{\mathsf{PA}} \varphi(\underline{n})$ für alle n wegen Korollar 4.3. Hier ist φ sogar Π_1.

$\alpha \in \mathcal{L}^0$ heiße *wahr* in einer Struktur $\mathcal{A}$, wenn $\mathcal{A} \vDash \alpha$. Insbesondere heißt $\alpha \in \mathcal{L}^0_{ar}$ *wahr*, wenn $\mathcal{N} \vDash \alpha$. Falls es ein $\tau(x) \in \mathcal{L}$ gibt mit $\mathcal{A} \vDash \alpha \Leftrightarrow \mathcal{A} \vDash \tau(\ulcorner\alpha\urcorner)$ für alle $\alpha \in \mathcal{L}^0$, sagt man *der Wahrheitsbegriff von $\mathcal{A}$ sei in $\mathcal{A}$ definierbar*. Gleichwertig: $Th\mathcal{A}$ ist in $Th\mathcal{A}$ repräsentierbar. Das Nichtrepräsentierbarkeitslemma schließt dies für $\mathcal{A} = \mathcal{N}$ aber aus. Damit erhalten wir

Satz 5.2 (Tarskis Nichtdefinierbarkeitstheorem). *$Th\mathcal{N}$ ist nicht definierbar in $\mathcal{N}$; mit anderen Worten, $Th\mathcal{N}$ ist nicht arithmetisch.*

In diesem Satz hat eine weit entwickelte Theorie über Definierbarkeit in $\mathcal{N}$ ihren Ursprung (siehe auch **6.7**). Er gilt sinngemäß für jeden Gegenstandsbereich $\mathcal{A}$, dessen Sprache gödelisierbar und in dem eine der Funktionen sb_x repräsentierbar ist.

Wir kommen nun zu Unentscheidbarkeitsresultaten. Zuerst wird die in Übung 1 in **3.5** formulierte Behauptung ohne Rückgriff auf die Churchsche These gezeigt.

5) Demnach ist speziell $\vdash_T \neg\,\mathtt{prov}_T(\ulcorner\bot\urcorner)$. Dass dies, wenn hier $\mathtt{bwb}_T$ statt $\mathtt{prov}_T$ geschrieben wird, z.B. für $T = \mathsf{PA}$ nicht der Fall ist, besagt der 2. Gödelsche Unvollständigkeitssatz 7.2.2. Obwohl also $\mathtt{bwb}_T(x) \equiv_{\mathcal{N}} \mathtt{prov}_T(x)$, verhalten sich $\mathtt{bwb}_T$ und $\mathtt{prov}_T$ innerhalb von T sehr verschieden.

Lemma 5.3. *Jede endliche Erweiterung T' einer entscheidbaren Theorie T ein und derselben Sprache $\mathcal{L}$ ist entscheidbar.*

Beweis. Sei T' Erweiterung von T um $\alpha_0, \dots, \alpha_m$, $\alpha := \bigwedge_{i \leqslant m} \alpha_i$, also $T' = T + \alpha$. Weil $\beta \in T' \Leftrightarrow \alpha \to \beta \in T$, erhalten wir $n \in \dot{T}' \Leftrightarrow n \in \dot{\mathcal{L}}^0 \;\&\; \dot{\alpha} \tilde{\to} n \in \dot{T}$. Mit $\dot{T}$, $\dot{\mathcal{L}}^0$ und $\tilde{\to}$ ist dann aber auch $\dot{T}'$ rekursiv. ❑

Dass T' derselben Sprache wie T angehört, ist hier wichtig. Eine durch $X \subseteq \mathcal{L}^0$ axiomatisierte entscheidbare Theorie T kann – betrachtet als Theorie in $\mathcal{L}' \supset \mathcal{L}$ mit demselben Axiomensystem X – wegen der hinzukommenden Tautologien von $\mathcal{L}'$ durchaus unentscheidbar sein. Dieses Lemma wird oft so angewendet, dass man aus der Unentscheidbarkeit von T' die von T folgert, siehe etwa Satz 5.5 unten.

$T_0 \subseteq \mathcal{L}_0$ heiße *streng unentscheidbar*, wenn T_0 konsistent ist und jede mit T_0 verträgliche Theorie $T \subseteq \mathcal{L}_0$ unentscheidbar ist. Dann ist sogar jede mit $T_0 \subseteq \mathcal{L}$ verträgliche Theorie T mit $\mathcal{L} \supseteq \mathcal{L}_0$ unentscheidbar, weil andernfalls auch $T \cap \mathcal{L}_0$ entscheidbar wäre. Mit T_0 ist jede konsistente Theorie $T_1 \supseteq T_0$ ebenfalls streng unentscheidbar; denn ist T mit T_1 verträglich, dann auch mit T_0. Ferner ist dann auch jede Subtheorie von T_0 in $\mathcal{L}_0$ unentscheidbar, oder T_0 ist *erblich unentscheidbar* in der Terminologie von [TMR]. Je schwächer eine streng unentscheidbare Theorie, um so größer ihr Anwendungsbereich. Das wird noch deutlich werden durch

Satz 5.4. ([TMR]). Q *ist streng unentscheidbar.*

Beweis. Seien T, Q verträglich. Offenbar ist $T' := T + \mathsf{Q}$ eine konsistente endliche Erweiterung von T. Annahme T ist entscheidbar. Dann gilt dasselbe nach Lemma 5.3 auch für T'. Also ist T' nach Satz 4.2 in Q und damit in sich selbst repräsentierbar, was das Nichtrepräsentierbarkeitslemma ausschließt. Also ist T unentscheidbar. ❑

Satz 5.5 (Unentscheidbarkeitssatz von Church). *Die Menge $\mathsf{Taut}_{\mathcal{L}}$ aller tautologischen Aussagen ist für $\mathcal{L} \supseteq \mathcal{L}_{ar}$ unentscheidbar.*

Beweis. $\mathsf{Taut}_{\mathcal{L}}$ ist mit Q sicher verträglich, also unentscheidbar nach Satz 5.4. ❑

Dieses Resultat lässt sich durch Interpretation unschwer auf die Sprache mit einer zweistelligen Relation und damit auf alle Expansionen dieser Sprache übertragen, siehe **6.6**, sowie überhaupt auf alle Sprachen mit Ausnahme derjenigen, die nur einstellige Prädikatensymbole und höchstens ein einstelliges Funktionssymbol enthalten. Für deren Tautologien gibt es tatsächlich auch Entscheidungsverfahren.

Nach Satz 5.4 ist speziell $Th\mathcal{N}$ unentscheidbar. Ebenso jede Subtheorie von $Th\mathcal{N}$, z.B. die Peano-Arithmetik PA, sowie deren Subtheorien und auch alle konsistenten Erweiterungen von PA. Denn diese sind mit Q alle verträglich. $Th\mathcal{N}$ ist nicht einmal axiomatisierbar, weil eine axiomatisierbare vollständige Theorie doch entscheidbar ist. Weitere Folgerungen über unentscheidbare Theorien werden in **6.6** gezogen.

Neben Unentscheidbarkeitsresultaten, die formalisierte Theorien betreffen, lassen sich auf ähnliche Weise auch zahlreiche spezielle Ergebnisse dieser Art gewinnen, etwa negative Lösungen von Wortproblemen aller Art, von Halteproblemen usw. (siehe z.B. [Ob], [Ba]). Von diesen war vielleicht die spektakulärste die Lösung des 10. Hilbertschen Problems: Gibt es einen Algorithmus, welcher für jedes Polynom $p(\vec{x})$ mit ganzzahligen Koeffizienten entscheidet, ob die diophantische Gleichung $p(\vec{x})=0$ ganzzahlig lösbar ist? Die Antwort ist nein, wie Matiyasevich 1970 bewies.

Wir skizzieren kurz den Beweisgang. Es genügt zu zeigen, dass es keinen Algorithmus für die Lösbarkeit aller diophantischen Gleichungen in $\mathbb{N}$ gibt. Denn nach einem bekannten Satz von Lagrange ist jede natürliche Zahl Summe von vier Quadraten ganzer Zahlen. Folglich ist $p(\vec{x})=0$ in $\mathbb{N}$ genau dann lösbar, wenn in $\mathbb{Z}$ die Gleichung $p(u_1^2+v_1^2+w_1^2+z_1^2,\dots,u_n^2+v_n^2+w_n^2+z_n^2)=0$ lösbar ist. Könnte man also über die Lösbarkeit diophantischer Gleichungen in $\mathbb{Z}$ entscheiden, so auch über das entsprechende Problem in $\mathbb{N}$. Dazu beachte man zunächst, dass die Frage der Lösbarkeit von $p(\vec{x})=0$ in natürlichen Zahlen gleichwertig ist zur Lösbarkeit einer diophantischen Gleichung, d.h. einer Gleichung $s(\vec{x})=t(\vec{x})$ mit Termen s,t aus $\mathcal{L}_{ar}$, indem man alle mit einem Minuszeichen versehenen Glieder von $p(x)$ „auf die andere Seite bringt“. Hilberts Problem reduziert sich so offenbar auf die Frage nach einem Entscheidungsalgorithmus für das Problem $\mathcal{N}\vDash\exists\vec{x}\delta(\vec{x})$, wobei $\delta(\vec{x})$ alle diophantischen Gleichungen aus $\mathcal{L}_{ar}$ durchläuft.

Die negative Lösung des Hilbertschen Problems folgt leicht aus dem viel weitergehenden Satz 5.6, der eine überraschende Verbindung zwischen Zahlen- und Rekursionstheorie herstellt und z.B. in [Mat] ausführlich bewiesen wird. Dieser Satz ist ein Paradebeispiel dafür, dass gewisse Fragen zu Ergebnissen führen können, die in ihrer Bedeutung weit über die einer Antwort auf die ursprüngliche Frage hinausreichen.

Satz 5.6. *Ein arithmetisches Prädikat P ist diophantisch dann und nur dann, wenn P rekursiv aufzählbar ist.*

Um den Beweis wenigstens anzudeuten, sei das diophantische Prädikat $P\subseteq\mathbb{N}^n$ definiert durch $P\vec{a}\Leftrightarrow\mathcal{N}\vDash\exists\vec{y}\delta^{\mathcal{N}}(\vec{a},\vec{y})$, mit der Gleichung $\delta(\vec{x},\vec{y})$. Die definierende Formel für P ist Σ_1, also ist P nach Übung 1 in **6.3** rekursiv aufzählbar. Dies ist sozusagen die triviale Richtung der Behauptung. Die Umkehrung – jedes r.a. Prädikat ist diophantisch – kann ihres Umfangs wegen hier nicht ausgeführt werden. Zahlreiche arithmetische Prädikate und Funktionen müssen durch trickreiche Überlegungen als diophantisch nachgewiesen werden, darunter das dreistellige Prädikat '$a^b=c$', das diesem Nachweis lange widerstanden hatte. Dieser Satz ergibt leicht das

Korollar 5.7. (a) *Das zehnte Hilbertsche Problem hat eine negative Antwort.* (b) *Für jede axiomatisierbare Theorie* $T \supseteq \mathsf{Q}$*, speziell für* $T = \mathsf{PA}$*, gibt es eine unlösbare diophantische Gleichung, deren Unlösbarkeit in* T *unbeweisbar ist.*

Beweis. bwb_{Q} ist nach **6.2** r.a. Gemäß Satz 5.6 existiert daher eine diophantische Gleichung $\delta(x, \vec{y})$ mit $(*)$ $bwb_{\mathsf{Q}}(n) \Leftrightarrow \mathcal{N} \vDash \exists \vec{y}\, \delta(\underline{n}, \vec{y})$. Wir behaupten, schon für die Schar $\exists \vec{y}\, \delta(\underline{n}, \vec{y})$ diophantischer Aussagen ($n = 0, 1, \dots$) gibt es kein Entscheidungsverfahren. Sonst wäre $\{n \in \mathbb{N} \mid \mathcal{N} \vDash \exists \vec{y}\, \delta(\underline{n}, \vec{y})\}$ rekursiv, und damit gemäß $(*)$ auch bwb_{Q} im Widerspruch zu Satz 5.4. Das beweist (a). Wäre die Unlösbarkeit jeder unlösbaren diophantischen Gleichung $\delta(\vec{x})$ in T beweisbar, so wäre entweder $\vdash_T \neg \exists \vec{x} \delta(\vec{x})$ (falls $\delta(\vec{x})$ unlösbar ist) oder $\vdash_T \exists \vec{x} \delta(\vec{x})$, wegen der Σ_1-Vollständigkeit von T. Weil die Sätze von T r.a. sind, hätte man so eine Entscheidungsprozedur für die Lösbarkeit diophantischer Gleichungen vor sich, im Widerspruch zu (a). ❑

Satz 5.6 kann noch weiter verschärft werden. Der gesamte Beweis ist nämlich in PA ausführbar. Man erhält so folgendes Theorem, dessen Name von **M**atiyasevich, J. **R**obinson, **D**avis und **P**utnam herrührt, die alle wesentliche Beiträge zur Lösung des 10. Hilbertschen Problems lieferten. Wir werden es seines langwierigen Beweises wegen nicht benutzen, obwohl manches damit vereinfacht werden könnte.

MRDP-Theorem. *Zu jeder* Σ_1*-Formel* α *gibt es schon eine* $\exists$*-Formel* α' *aus* $\mathcal{L}_{ar}$ *mit* $\alpha \equiv_{\mathsf{PA}} \alpha'$*. Dabei ist* α' *o.B.d.A. von der Gestalt* $\exists \vec{x}\, s = t$*.*

Bemerkung. Die Fermatsche Vermutung $(*)$ $(\forall x\, y\, z \neq 0)(\forall n{>}2)\, x^n + y^n \neq z^n$ ist eine Π_1-Aussage, weil $(x, y) \mapsto x^y$ nach Satz 4.5 Δ_1 ist. Sie ist also ein Kandidat für eine von PA unabhängige Aussage. Es wäre interessant zu erfahren, ob ein Beweis dieser Vermutung auch in PA ausführbar ist. Ein Nachweis, dass dies nicht der Fall ist, wäre kaum weniger sensationell als die Lösung des Problems selbst. Weil PA schon für Π_1-Formeln ω-unvollständig ist (Seite 196), könnte es sogar sein, dass $\vdash_{\mathsf{PA}} (\forall x \forall y \forall z {\neq} 0)\, x^{\underline{n}} + y^{\underline{n}} {\neq} z^{\underline{n}}$ für alle $n > 2$, obwohl $(*)$ in PA nicht beweisbar ist.

Übungen

1. Man zeige, eine ω-unvollständige Theorie in $\mathcal{L}_{ar}$ hat eine konsistente, aber ω-inkonsistente Erweiterung.

2. Sei T vollständig. Man zeige die Gleichwertigkeit von

   (i) T ist streng unentscheidbar, (ii) T ist erblich unentscheidbar.

3. Sei Δ eine endliche Liste expliziter Definitionen neuer Symbole mittels derjenigen von $\mathcal{L}$. Man zeige, mit T ist auch $T + \Delta$ entscheidbar. Es genügt im Prinzip zu fordern Δ ist r.a., damit $\varphi^{rd} \in \mathcal{L}$ für $\varphi \in T + \Delta$ wohldefiniert ist.

4. Man konstruiere eine p.r. Funktion f mit nichtrekursivem *ran* f.

6.6 Übertragung durch Interpretation

Interpretierbarkeit ist ein mächtiges Werkzeug zur Übertragung modelltheoretischer und rekursionstheoretischer Eigenschaften wie z.B. Unentscheidbarkeit von einer Theorie auf die andere. Wir behandeln hier die wichtigsten Konzepte, die (relative) Interpretierbarkeit nach Tarski und die Modellinterpretierbarkeit nach Rabin. Eine weitere, hier aber nicht näher diskutierte Anwendung der Interpretierbarkeit sind relative Konsistenzbeweise. Alle hier betrachteten Theorien seien konsistent.

Sei $\mathtt{P}$ ein 1-stelliges Prädikatensymbol. Die $\mathtt{P}$-*Relativierte* $\varphi^{\mathtt{P}}$ der Formel φ entsteht aus φ durch Ersetzung aller Subformeln der Gestalt $\forall x\alpha$ durch $\forall x(\mathtt{P}x \to \alpha)$, d.h. $(\forall x\varphi)^{\mathtt{P}} = \forall x(\mathtt{P}x \to \varphi^{\mathtt{P}})$. Natürlich kann $\varphi^{\mathtt{P}}$ auch rekursiv erklärt werden. Für offenes φ ist definitionsgemäß $\varphi^{\mathtt{P}} = \varphi$. Man zeigt leicht $(\exists x\varphi)^{\mathtt{P}} \equiv \exists x(\mathtt{P}x \land \varphi^{\mathtt{P}})$.

Beispiel 1. $(\forall x\exists y\, y = \mathtt{S}x)^{\mathtt{P}} = \forall x[\mathtt{P}x \to \neg\forall y(\mathtt{P}y \to y \neq \mathtt{S}x)]$. Diese Formel ist logisch äquivalent zu $\forall x(\mathtt{P}x \to \exists y(\mathtt{P}y \land y = \mathtt{S}x))$ und diese wiederum zu $\forall x(\mathtt{P}x \to \mathtt{PS}x)$.

Definition. $T_0 \subseteq \mathcal{L}_0$ heiße *interpretierbar* in $T \subseteq \mathcal{L}$ (wobei die Signatur von T_0 der Einfachheit halber endlich sei), wenn es eine Liste Δ von in T legitimen expliziten Definitionen der in T nicht vorkommenden Symbole von T_0 und eines neuen Prädikatensymbols $\mathtt{P}$ gibt mit $T_0^{\mathtt{P}} \subseteq T^{\Delta}$. Dabei sei stets $X^{\mathtt{P}} := \{\alpha^{\mathtt{P}} \mid \alpha \in X\}$ und $T^{\Delta} := T + \Delta$, eine Theorie in $\mathcal{L}^{\Delta}$, der Δ-Expansion von $\mathcal{L}$ (Signatur $L_0 \cup L \cup \{\mathtt{P}\}$).

Diese technisch etwas komplizierte Definition soll nur präzisieren, dass die Begriffe von T_0 in T „verstanden werden" und T_0 in T „bewahrt" wird. $\mathtt{P}$ soll den Träger der T_0-Modelle in T abgrenzen. Interpretierbarkeit verallgemeinert den Begriff der Subtheorie: Falls $T_0 \subseteq T$, ist T_0 trivial interpretierbar in T, mit $\Delta = \{\mathtt{P}x \leftrightarrow x = x\}$.

CA bezeichne die Menge aller sogenannten *Abschlußaxiome* $\exists x\mathtt{P}x$ $\big(\equiv (\exists x\, x = x)^{\mathtt{P}}\big)$, $\mathtt{P}c$ $\big(\equiv (\exists x\, x = c)^{\mathtt{P}}\big)$ und $\forall\vec{x}\,(\bigwedge_{i=1}^{n} \mathtt{P}x_i \to \mathtt{P}f\vec{x})$ $\big(\equiv (\forall\vec{x}\,\exists y\, y = f\vec{x})^{\mathtt{P}}\big)$ für $c, f \in L_0$. Offenbar ist *CA* eine endliche Teilmenge von $T_0^{\mathtt{P}}$ und damit auch von T^{Δ}. Auch ist *CA* ist bis auf Äquivalenz eine Menge der Gestalt $E^{\mathtt{P}}$ für ein endliches $E \subseteq \mathsf{Taut}_{\mathcal{L}_0}$. Die *CA*-Axiome garantieren, dass für jedes $\mathcal{B}$ der Signatur $L_0 \cup L \cup \{\mathtt{P}\}$ mit $\mathcal{B} \vDash \Delta$ eine wohldefinierte $\mathcal{L}_0$-Struktur $\mathcal{A}$ existiert, mit dem Träger $A = \mathtt{P}^{\mathcal{B}}$ und den auf A eingeschränkten, durch Δ definierten Relationen und Operationen. Diese $\mathcal{L}_0$-Struktur $\mathcal{A}$ wird mit $\mathcal{B}_{\Delta}$ bezeichnet und ist Substruktur des $\mathcal{L}_0$-Redukts von $\mathcal{B}$.

Lemma 6.1. *Sei $\mathcal{B} \vDash CA$. Dann gilt $\mathcal{B}_{\Delta} \vDash \alpha \Leftrightarrow \mathcal{B} \vDash \alpha^{\mathtt{P}}$, für alle Aussagen $\alpha \in \mathcal{L}_0^0$.*

Beweis. Sei $\mathcal{A} := \mathcal{B}_{\Delta}$. Induktiv über $\varphi \in \mathcal{L}_0$ zeigen wir $(\mathcal{A}, w) \vDash \varphi \Leftrightarrow (\mathcal{B}, w) \vDash \varphi^{\mathtt{P}}$, für beliebiges $w\colon \mathit{Var} \to A$, wovon das Lemma nur der Spezialfall $\varphi \in \mathcal{L}_0^0$ ist. Die Behauptung ist klar für Primformeln α wegen $\alpha^{\mathtt{P}} = \alpha$. Die Induktionsschritte über $\land, \neg$ verlaufen routinemäßig und der Induktionsschritt über $\forall$ ergibt sich wie folgt:

$$
\begin{aligned}
(\mathcal{A}, w) \vDash \forall x\varphi &\Leftrightarrow (\mathcal{A}, w_x^a) \vDash \varphi \text{ für alle } a \in A \\
&\Leftrightarrow (\mathcal{B}, w_x^a) \vDash \varphi^{\mathsf{P}} \text{ für alle } a \in A \quad \text{(Induktionsannahme)} \\
&\Leftrightarrow (\mathcal{B}, w_x^a) \vDash \mathsf{P}x \to \varphi^{\mathsf{P}} \text{ für alle } a \in B \quad (\text{weil } A = \mathsf{P}^{\mathcal{B}}) \\
&\Leftrightarrow (\mathcal{B}, w) \vDash \forall x(\mathsf{P}x \to \varphi^{\mathsf{P}}) = (\forall x\varphi)^{\mathsf{P}}. \quad \square
\end{aligned}
$$

Ist T_0 durch X_0 axiomatisiert, genügt es in obiger Definition statt $T_0^{\mathsf{P}} \subseteq T^{\Delta}$ nur $X_0^{\mathsf{P}} \cup CA \subseteq T^{\Delta}$ zu fordern. Dies ist sehr wichtig und folgt unmittelbar aus

$$(*) \qquad X \vdash \alpha \Rightarrow X^{\mathsf{P}} \cup CA \vdash \alpha^{\mathsf{P}}, \text{ für alle } X, \alpha \subseteq \mathcal{L}_0^0.$$

Zum Nachweis von $(*)$ sei $X \vdash \alpha$ und $\mathcal{B} \vDash X^{\mathsf{P}}, CA$, also $\mathcal{B}_\Delta \vDash X$ nach dem Lemma, daher $\mathcal{B}_\Delta \vDash \alpha$ und somit $\mathcal{B} \vDash \alpha^{\mathsf{P}}$. Weil $\mathcal{B}$ beliebig war, ist $X^{\mathsf{P}} \cup CA \vdash \alpha^{\mathsf{P}}$.

Satz 6.2. *Ist T_0 in T interpretierbar, so ist mit T_0 auch T streng unentscheidbar.*

Beweis. Sei T_1 $(\subseteq \mathcal{L})$ mit T verträglich. Dann ist mit $T + T_1$ auch die Theorie $(T + T_1)^{\Delta}$ konsistent. Nun ist $S := \{\alpha \in \mathcal{L}_0^0 \mid \alpha^{\mathsf{P}} \in T_1^{\Delta} + CA\}$ eine Theorie; denn $S \vdash \alpha$ impliziert $T_1^{\Delta} + CA \supseteq S^{\mathsf{P}} \cup CA \vdash \alpha^{\mathsf{P}}$ nach $(*)$ und folglich $\alpha^{\mathsf{P}} \in T_1^{\Delta} + CA$. Mit $\mathcal{B} \vDash (T + T_1)^{\Delta} \supseteq T^{\Delta}, T_1^{\Delta}, CA$ ist wegen $T_0^{\mathsf{P}} \subseteq T^{\Delta}$ gewiss auch $\mathcal{B} \vDash T_0^{\mathsf{P}}, S^{\mathsf{P}}$. Mithin $\mathcal{B}_\Delta \vDash T_0, S$ nach dem Lemma, d.h. S ist mit T_0 verträglich, also unentscheidbar. Wäre T_1 entscheidbar, dann auch T_1^{Δ} (Übung 3 in **6.5**), daher auch $T_1^{\Delta} + CA$ (Lemma 5.3) und folglich also auch S. Dies aber ist ein Widerspruch. $\square$

Beispiel 2. Q ist in der Theorie T_d der diskret geordneten Ringe interpretierbar, d.h. der geordneten Ringe $\mathcal{R} = (R, 0, +, \times, <)$ mit kleinstem positiven Element e, das kein Einselement von $\mathcal{R}$ sein muss. Man wähle folgende Definitionen für $\mathsf{P}, \mathsf{S}, \cdot$:

$$\mathsf{P}x \leftrightarrow x \geqslant 0 \land x \times e = e \times x \land \forall y \exists z\, z \times e = y \times x,$$
$$y = \mathsf{S}x \leftrightarrow y = x + e, \quad z = x \cdot y \leftrightarrow z \times e = x \times y \lor \forall u(u \times e \neq x \times y \land z = x).$$

Aus diesen Formeln ist e wegen $x = e \leftrightarrow 0 < x \land \forall y(0 < y \to x \leqslant y)$ eliminierbar. $0, +$ bleiben unverändert. Mit etwas geduldigem Rechnen beweist man in T_d^{Δ} alle auf P relativierten Axiome von Q, sowie die Abschlussaxiome.

Damit erweist sich T_d als streng unentscheidbar. Q ist zwar nicht direkt interpretierbar in der Theorie T_R der Ringe oder der Theorie T_K der Körper, wohl aber in einer gewissen endlichen Erweiterung von T_K (Julia Robinson), womit deren Subtheorien T_K und T_R sich als unentscheidbar erweisen. Dasselbe gilt auch für die Gruppentheorie T_G (Tarski). Keine dieser Theorien ist jedoch streng unentscheidbar. Sie haben sämtlich entscheidbare mathematisch interessante Erweiterungen, etwa die entscheidbare Theorie der abelschen Gruppen (Wanda Szmielew).

Q und sogar PA sind auch in ZFC interpretierbar: Sei $\mathsf{P}x \leftrightarrow x \in \omega$ und seien $\mathsf{S}, +, \cdot$ so erklärt, dass ihre Einschränkungen auf ω mit den üblichen Operationen übereinstimmen. Speziell sei $y = \mathsf{S}x \leftrightarrow y = x \cup \{x\}$. Damit ergibt sich sofort die Unentscheidbarkeit und nebenher auch die Unvollständigkeit von ZFC – die Konsistenz von ZFC natürlich vorausgesetzt. Q ist auch in bemerkenswert schwachen Subtheorien von ZFC interpretierbar, etwa in der Theorie mit folgenden drei Axiomen in $\mathcal{L}_\in$, dem *Tarski-Fragment* TF (nach [TMR, S. 34]), das dann auch streng unentscheidbar ist:

$$\begin{array}{ll} \forall x\forall y(\forall z(z\in x \leftrightarrow z\in y)\to x=y) & \text{(Extensionalität)},\\ \exists x\forall y\, y\notin x & (\emptyset \text{ existiert}),\\ \forall x\forall y\exists z\forall u(u\in z \leftrightarrow u\in x \vee u=y) & (x\cup\{y\} \text{ existiert}). \end{array}$$

Der anspruchsvolle Interpretationsbeweis wird ausgeführt in [Mo, S. 283–290]. Damit ist auch TF streng unentscheidbar. Mithin ist die Menge der Tautologien in einer binären Relation unentscheidbar, sogar ohne = in der Sprache, denn = ist in TF mittels der expliziten Definition $x=y \leftrightarrow \forall z(z\in x \leftrightarrow z\in y)$ offenbar eliminierbar.

Bemerkung 1. Hochinteressant ist auch die gegenseitige Interpretierbarkeit von PA und $\mathsf{ZFC}_{\text{fin}}$. Dies ist die Theorie der (erblich) endlichen Mengen; sie entsteht aus ZFC durch Ersetzung von AI durch das Axiom 'alle Mengen sind endlich' sowie Ersetzung des Fundierungsaxioms AF durch das Fundierungsschema $\exists x\varphi \to \exists x(\varphi \wedge (\forall y\in x)\neg\varphi\frac{y}{x})$ oder das gleichwertige $\in$-Induktionsschema $\mathsf{IS}_\in$: $\forall a((\forall x\in a)\varphi \to \varphi\frac{a}{x}) \to \forall x\varphi$ ($\varphi \in \mathcal{L}_\in$; ohne AI ist AF zu schwach um die Existenz transitiver Hüllen zu sichern, [De2]). Die einfachste Interpretation von $\mathsf{ZFC}_{\text{fin}}$ in PA ist die Ackermannsche, welche *alle* natürliche Zahlen als endliche Mengen ansieht. Sei bz_n^m die n-te Binärziffer von m (siehe Übung 5 in **6.1**) und $\in$ in PA definiert durch $n\in m \leftrightarrow \mathrm{bz}_n^m = 1$. Dann gelten alle $\mathsf{ZFC}_{\text{fin}}$-Axiome, Übung 4. Nach Satz 7.1.1 ist $(n, m) \mapsto \mathrm{bz}_n^m$ und damit auch $\in$ in PA explizit definierbar.

Q ist trivial interpretierbar in $Th\mathcal{N}$, und $Th\mathcal{N}$ nach dem Satz von Lagrange wiederum in $Th\mathcal{Z}$ mit $\mathcal{Z} = (\mathbb{Z}, 0, 1, +, \cdot)$. Also ist $Th\mathcal{Z}$ streng, und damit jede Subtheorie schlechthin unentscheidbar, z.B. die Theorie der kommutativen Ringe. Umgekehrt ist $Th\mathcal{Z}$ auch in $Th\mathcal{N}$ interpretierbar, z.B. indem nichtnegative ganze Zahlen durch gerade, negative durch ungerade natürliche Zahlen vertreten werden.

Wir erläutern jetzt eine strengere Form der Interpretierbarkeit, lassen der Einfachheit halber aber gewisse Feinheiten weg. Seien $\boldsymbol{K}_0$ und $\boldsymbol{K}$ Klassen von $\mathcal{L}_0$- bzw. $\mathcal{L}$-Strukturen und $Th\boldsymbol{K} = \{\alpha \in \mathcal{L}^0 \mid \boldsymbol{K} \vDash \alpha\}$. Sei Δ eine Liste der Definitionen der $\mathcal{L}_0$-Symbole und eines Prädikatensymbols P, sowie $\mathcal{L}^\Delta$, CA und $\mathcal{B}_\Delta$ für $\mathcal{B} \vDash CA$ definiert wie vorhin. $\mathcal{A}^\Delta$ bezeichne die Δ-Expansion von $\mathcal{A} \in \boldsymbol{K}$.

Definition. $\boldsymbol{K}_0$ heiße *modellinterpretierbar* in $\boldsymbol{K}$ (oder auch $Th\boldsymbol{K}_0$ in $Th\boldsymbol{K}$), wenn für eine passende Definitionsliste Δ und eine passende Aussage $\gamma \in \mathcal{L}^\Delta$

(1) $\boldsymbol{K}_\gamma \vDash CA$ und $\mathcal{B}_\Delta \in \boldsymbol{K}_0$ für alle $\mathcal{B} \in \boldsymbol{K}_\gamma$,
(2) Für jedes $\mathcal{A} \in \boldsymbol{K}_0$ gibt es ein $\mathcal{B} \in \boldsymbol{K}_\gamma$ mit $\mathcal{A} \simeq \mathcal{B}_\Delta$.

Dabei sei $\boldsymbol{K}_\gamma := \{\mathcal{A}^\Delta \mid \mathcal{A} \in \boldsymbol{K},\ \mathcal{A}^\Delta \vDash \gamma\}$. Zu jeder Aussage $\beta \in \mathcal{L}^\Delta$ lässt sich wie in **2.6** eine Reduzierte $\beta^{rd} \in \mathcal{L}$ effektiv konstruieren mit

(3) $\mathcal{A}^\Delta \vDash \beta \Leftrightarrow \mathcal{A} \vDash \beta^{rd}$, für alle $\mathcal{A} \in \boldsymbol{K}$.

Satz 6.3. *Sei $\boldsymbol{K}_0$ modellinterpretierbar in $\boldsymbol{K}$. Dann ist mit der Theorie $Th\boldsymbol{K}_0$ auch die Theorie $Th\boldsymbol{K}$ unentscheidbar.*

Beweis. Es genügt zu zeigen $(*)$ $\boldsymbol{K}_0 \vDash \alpha \Leftrightarrow \boldsymbol{K} \vDash \gamma^{rd} \to \alpha^{\mathsf{P}\,rd}$. Denn ein Entscheidungsverfahren für $Th\boldsymbol{K}$ hätte wegen $(*)$ ein solches für $Th\boldsymbol{K}_0$ zur Folge. $\Rightarrow$: Sei $\boldsymbol{K}_0 \vDash \alpha$, $\mathcal{A} \in \boldsymbol{K}$ und $\mathcal{A} \vDash \gamma^{rd}$, also $\mathcal{A}^\Delta \vDash \gamma$ nach (3), d.h. $\mathcal{B} := \mathcal{A}^\Delta \in \boldsymbol{K}_\gamma$. Nach (1) ist $\mathcal{B}_\Delta \in \boldsymbol{K}_0$, also $\mathcal{B}_\Delta \vDash \alpha$, d.h. $\mathcal{B} \vDash \alpha^{\mathsf{P}}$ nach Lemma 6.1, daher $\mathcal{A} \vDash \alpha^{\mathsf{P}\,rd}$. Das zeigt $\boldsymbol{K} \vDash \gamma^{rd} \to \alpha^{\mathsf{P}\,rd}$. $\Leftarrow$ folgt indirekt: Sei $\boldsymbol{K}_0 \nvDash \alpha$, etwa $\mathcal{A} \in \boldsymbol{K}_0$, $\mathcal{A} \nvDash \alpha$. Sei $\mathcal{B} \in \boldsymbol{K}_\gamma$ gemäß (2) gewählt, also $\mathcal{B} \vDash \gamma$ und $\mathcal{B}_\Delta \simeq \mathcal{A} \nvDash \alpha$. Daher $\mathcal{B} \nvDash \alpha^{\mathsf{P}}$ (Lemma 6.1). Somit $\mathcal{B} \nvDash \gamma \to \alpha^{\mathsf{P}}$, d.h. $\mathcal{B}' \nvDash \gamma^{rd} \to \alpha^{\mathsf{P}\,rd}$ für das $\mathcal{L}$-Redukt $\mathcal{B}'$ ($\in \boldsymbol{K}$) von $\mathcal{B}$. ❑

Beispiel 3. Sei $\boldsymbol{K}_0$ die Klasse aller Graphen (A, R) und $\boldsymbol{K}$ die Klasse aller einfachen Graphen (B, S), d.h. S ist irreflexiv und symmetrisch. Wir zeigen, $\boldsymbol{K}_0$ ist in $\boldsymbol{K}$ modellinterpretierbar, d.h. beliebige Graphen können durch einfache vollständig kodiert werden. Die Figur zeigt links ein $\mathcal{A} \in \boldsymbol{K}_0$ mit aRa, aRb, bRa und bRc,

und rechts den $\mathcal{A}$ gemäß (2) entsprechenden einfachen Graphen $\mathcal{B}$ mit $\mathcal{A} \simeq \mathcal{B}_\Delta$, die „Kodierungs-Struktur" von $\mathcal{A}$. Grob gesagt, wurden zu A neue Punkte so hinzugefügt, dass $\mathcal{A}$ durch $\mathcal{B}$ vollständig beschrieben wird. Dick gezeichnete Punkte in $\mathcal{B}$ vertreten die Punkte aus A. Es sind dies genau die Punkte aus $\mathsf{P}^{\mathcal{B}}$, kurz, die „alten" Punkte. Alle übrigen Punkte aus B heißen „neue" Punkte. Die Definition von P lautet informell '$\mathsf{P}x \Leftrightarrow x$ ist zu zwei oder drei Endpunkten benachbart' (in Endpunkten endet nur eine Kante). Die zu zwei Endpunkten benachbarten alten Punkte kennzeichnen die irreflexen, die zu drei Endpunkten benachbarten die reflexiven Punkte von $\mathcal{A}$. Führt in $\mathcal{A}$ eine Kante von x nach y so wird in $\mathcal{B}$ ein neuer Punkt zwischen x und y gesetzt, wobei für Richtungsanzeige ein weiterer Punkt benutzt wird, falls nötig. Informell lautet die Definition für R dann '$xRy \Leftrightarrow x, y \in \mathsf{P}^{\mathcal{B}}$ und entweder $x = y$ und x ist zu drei Endpunkten benachbart, oder es gibt genau einen neuen Punkt z mit $xSzSy$, oder es gibt genau zwei neue Punkte u, v mit $xSuSvSy$ und uSy'. Und γ lautet '$\mathsf{P}^{\mathcal{B}} \neq \emptyset$ und jeder neue Punkt ist entweder Endpunkt oder zu einem oder zwei alten Punkten benachbart'. Es liegt auf der Hand, dass mit diesen Definitionen von P, R und γ die Bedingungen (1) und (2) erfüllt sind.

Im Beispiel ist $Th\boldsymbol{K}_0$ die logische Theorie einer binären Relation, die wie schon festgestellt unentscheidbar ist. Demnach ist auch die Theorie aller einfachen Graphen unentscheidbar. Dies kann man nun wieder nutzen, um die Theorie SL der

Halbverbände als unentscheidbar nachzuweisen. Daraus folgt nach Satz 5.4 dasselbe für die Theorie SG der Halbgruppen, denn SL ist endliche Erweiterung von SG. Analog zum letzten Beispiel genügt es, für einen einfachen Graphen (A, S) den Kodierungshalbverband $(B, \circ)$ anzugeben. Die Figur links zeigt das Ordnungsdiagramm von B für $A = \{a, b, c, d\}$ und $S = \{\{a, b\}, \{a, c\}\}$, S verstanden als Kantenmenge, siehe **1.5**. Die alten Punkte sind gerade die maximalen Punkte von B. Nach Konstruktion hat B ein kleinstes Element 0 und ist von der Länge 3, d.h. es gibt bzgl. $<$ höchstens drei aufeinanderfolgende Punkte in B. Das muss die geforderte Aussage γ jetzt zum Ausdruck bringen. Diese Interpretationsmethode ist sehr flexibel. Sie macht z.B. hinreichend deutlich, dass die Theorie der Halbverbände nicht weniger kompliziert ist als die aller gerichteten Graphen schlechthin.

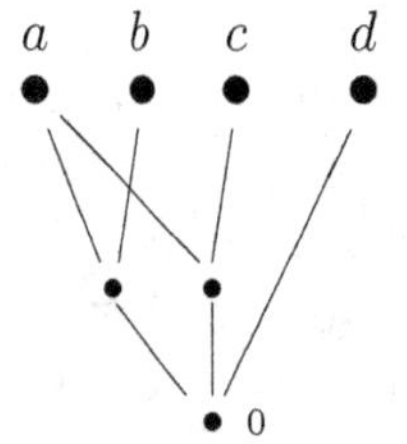

Bemerkung 2. Dieselbe Konstruktion zeigt, dass auch die Theorie der *endlichen* einfachen Graphen in der Theorie der endlichen Halbverbände modellinterpretierbar ist. Weil erstere unentscheibar ist – siehe z.B. [RZ] – gilt dies auch für die Theorie FSG der endlichen Halbgruppen. Setzt man über die maximalen Elemente der Figur noch ein Einselement, entstehen jeweils endliche Verbände. Also ist auch deren Theorie unentscheidbar. Das gilt auch für die Theorie der Klasse FPO aller endlichen partiellen Ordnungen, denn man braucht zur Beschreibung von (A, S) nur die partielle Ordnung von B.

Auch positive Resultate sind übertragbar. Viele Theorien sind z.B. in der Theorie der Bäume interpretierbar (siehe [KR]), insbesondere in der monadischen Theorie 2. Stufe der Bäume. Deren Entscheidbarkeit ist besonders weittragend. Für Einzelheiten und Literaturhinweise sei auf [Ba, C.2] oder [BGG] verwiesen.

Übungen

1. Eine konsistente Theorie $T_0 \subseteq \mathcal{L}_0$ heißt wesentlich unentscheidbar, wenn jedes konsistente $T \supseteq T_0$ unentscheidbar ist. Man zeige, $T_1 \subseteq \mathcal{L}_1$ ist wesentlich unentscheidbar, falls T_0 dies ist und T_0 in T_1 interpretierbar ist.

2. Man zeige, eine endlich axiomatisierbare Theorie T ist wesentlich unentscheidbar genau dann, wenn sie streng unentscheidbar ist.

3. Man zeige (informell), PA ist interpretierbar in ZF.

4. Man beweise für die $\in$-Relation in PA (Bemerkung 1) die Axiome von TF, das Schema Fin : $\varphi\frac{\emptyset}{x} \wedge \forall xy(\varphi \rightarrow \varphi\frac{x \cup \{y\}}{x}) \rightarrow \forall x\varphi$ und das Schema der $\in$-Induktion. Es lässt sich mühelos zeigen, dass aus $\mathsf{TF} + \mathsf{Fin} + \mathsf{IS}_{\in}$ sämtliche Axiome von $\mathsf{ZFC}_{\mathsf{fin}}$ herleitbar sind, also ist $\mathsf{ZFC}_{\mathsf{fin}}$ in PA interpretierbar.

6.7 Die arithmetische Hierarchie

Wir wollen abschließend noch etwas mehr über die Komplexität von Prädikaten von $\mathbb{N}$ sagen, speziell von Teilmengen. Die Menge der Gödelzahlen aller in $\mathcal{N}$ gültigen Aussagen ist Beispiel einer recht einfach definierten nichtarithmetischen Teilmenge von $\mathbb{N}$; sie besitzt nach Satz 5.2 keine Definition in $\mathcal{L}_{ar}$ [6]. Aber auch relativ einfach definierte arithmetische Mengen und Prädikate können rekursionstheoretisch hochgradig kompliziert sein. Es ist nützlich, diese nach der Komplexität der definierenden Formeln zu klassifizieren. Das Resultat ist die *arithmetische Hierarchie*, auch die *Kleene-Mostowski-Hierarchie der 1. Stufe* genannt. Die folgende Erklärung setzt die Definition der in **6.3** mittels der Δ_0-Formeln definierten Σ_1- und Π_1-Formeln und der Σ_1-, Π_1- und Δ_1-Prädikate in natürlicher Weise fort.

Definition. Eine Σ_{n+1}-Formel sei eine solche der Gestalt $\exists\vec{x}\alpha(\vec{x},\vec{y})$, wobei α eine Π_n-Formel ($\in \mathcal{L}_{ar}$) ist; analog heiße $\forall\vec{x}\beta(\vec{x},\vec{y})$ eine Π_{n+1}-Formel, falls β eine Σ_n-Formel ist. Dabei seien $\vec{x},\vec{y}$ beliebige Variablentupel, möglicherweise auch leer. Ein *Σ_n-Prädikat* bzw. *Π_n-Prädikat* ist ein durch eine Σ_n-Formel bzw. eine Π_n-Formel definiertes arithmetisches Prädikat P. Ist P zugleich Σ_n und Π_n (d.h. ein Σ_n- und ein Π_n-Prädikat), heißt P ein Δ_n-Prädikat oder kurz *P ist Δ_n*. Es bezeichnen Σ_n, Π_n und Δ_n die Mengen der Σ_n-, Π_n- bzw. der Δ_n-Prädikate, so dass $\Delta_n = \Sigma_n \cap \Pi_n$.

Eine Σ_n-Formel ist also eine pränexe Formel mit n abwechselnden Quantorenblöcken, deren äußerer ein $\exists$-Block ist, und deren Kern eine Δ_0-Formel ist. Offensichtlich ist $\Delta_0 \subseteq \Sigma_n, \Pi_n$. Bei der Betrachtung der arithmetischen Hierarchie ist es bequem, die Formelklassen unter Äquivalenz in $\mathcal{N}$ abzuschließen. Und wir sagen *α ist* Σ_n bzw. Π_n um anzudeuten, dass α in $\mathcal{N}$ zu einer *originalen* Σ_n- bzw. Π_n-Formel äquivalent ist. Weil $\exists\vec{x}\varphi \equiv \forall\vec{x}\varphi \equiv \varphi$ für $var\,\vec{x} \cap var\,\varphi = \emptyset$, ist jede Σ_n- oder Π_n-Formel sowohl Σ_{n+1} als auch Π_{n+1}. Also ist $\Sigma_n, \Pi_n \subseteq \Delta_{n+1}$. Damit ergibt sich das folgende Inklusionsdiagramm, wobei wir an dieser Stelle nur erwähnen, dass alle durch Striche symbolisierten Inklusionen echte sind:

$$
\begin{array}{ccccccccccc}
 & & & \Sigma_1 & & & \Sigma_2 & & & \Sigma_3 & \\
 & & / & & \backslash & / & & \backslash & / & & \\
\Delta_0 & — & \Delta_1 & & & \Delta_2 & & & \Delta_3 & & \cdots \\
 & & \backslash & & / & \backslash & & / & \backslash & & \\
 & & & \Pi_1 & & & \Pi_2 & & & \Pi_3 &
\end{array}
$$

Σ_1-, Π_1- und Δ_1-Prädikate sind uns schon begegnet. So sind Lösbarkeitsbehauptungen diophantischer Gleichungen Σ_1, und Unlösbarkeitsbehauptungen demnach Π_1.

6) Sie ist erst in der Arithmetik 2. Stufe definierbar, die nebst Zahlenvariablen auch solche für beliebige Mengen natürlicher Zahlen hat.

Weiter unten geben wir ein Beispiel eines Π_2-Prädikats. Σ_n-definierbare Funktionen sind immer auch Δ_n, wie eine leichte Verallgemeinerung von Lemma 3.4 zeigt. Man vereinbart als bloße Redeweise, dass Σ_n- bzw. Π_n-*Aussagen* 0-stellige Σ_n- bzw. Π_n-Prädikate definieren. In diesem Sinne ist z.B. die Konsistenz von PA ein Π_1-Prädikat.

Jede Formel ist zu einer Σ_n- oder einer Π_n-Formel für passendes n äquivalent; man braucht sie ja nur in pränexe Normalform zu bringen und die Quantoren zu Blöcken mit gleichen Quantoren zusammenzufassen. Bei neueren Untersuchungen betrachtet man z.B. oft auch Δ_0- oder Σ_n- oder Π_n-*Induktion*, d.h. man schränkt das Induktionsschema IS auf die jeweiligen Formelklassen ein. Ein wichtiges Beispiel ist $I\Delta_0$.

Wie in **6.4** schon gezeigt wurde, sind die Σ_1-Prädikate die rekursiv aufzählbaren, die Π_1-Prädikate sind deren Komplemente, und die Δ_1-Prädikate sind genau die rekursiven. Damit haben wir eine rein rekursionstheoretische Veranschaulichung von Σ_1, Π_1 und Δ_1 vor uns. Das unterstreicht die Bedeutung der arithmetischen Hierarchie, die im übrigen ziemlich stabil ist gegenüber leichten Veränderungen der Definition von Δ_0. Wegen Satz 5.6 könnte man z.B. mit einem Δ_0 starten, das aus allen in $\mathcal{N}$ polynomial (oder gleichwertig, quantorenfrei) definierbaren Relationen besteht. In einigen Darstellungen wird ein System von Formeln effektiv aufgezählt (und mit Δ_0 bezeichnet), durch welche bereits alle p.r. Prädikate in $\mathcal{N}$ definiert werden. **7.1** wird zeigen, wie sich ein solches System von Formeln gewinnen lässt. Zwischen diesen und den Δ_0-Formeln liegen noch viele r.a. Formelklassen, deren zugehörige Prädikate rekursiv sind und die für Theorie und Praxis der Berechenbarkeit bedeutsam sind, z.B. die in der Kapitel-Einleitung erwähnte Klasse der elementaren Funktionen.

Allerdings lässt sich nach Bemerkung 2 in **6.4** kein Formelsystem in $\mathcal{L}_{ar}$ effektiv aufzählen, durch das bereits alle rekursiven, d.h. alle Δ_1-Prädikate definiert werden, so dass die Definition der arithmetischen Hierarchie nicht in übersehbarer Weise mit einer repräsentativen „Menge von Δ_1-Formeln“ beginnen kann.

Ähnlich wie für den Fall $n = 1$ zeigt man, dass eine Konjunktion oder Disjunktion von Σ_n-Formeln wieder zu einer solchen äquivalent ist, und Analoges gilt für Π_n-Formeln. Auch ist die Negation einer Σ_n-Formel zu einer Π_n-Formel äquivalent und umgekehrt. Denn dies ist richtig für $n = 1$, womit der Induktionsanfang einer leicht ausführbaren Induktion über n bereits klar ist. Das Komplement eines Σ_n-Prädikats ist daher ein Π_n-Prädikat und umgekehrt. Daraus folgt leicht, dass Δ_n unter allen erwähnten Operationen abgeschlossen ist.

Durch Quantorenkompression (Übung 1 in **6.3**) erhält man noch eine etwas einfachere Darstellung der Quantorenblöcke. Es lassen sich die abwechselnd aufeinanderfolgenden $\exists$- und $\forall$-Blöcke zu jeweils einem Quantor zusammenziehen:

Satz 7.1. *Jedes Σ_n-Prädikat ist durch eine Formel der Gestalt $\exists x_1 \forall x_2 \cdots Q_n x_n \alpha$ mit einer Δ_0-Formel α definiert; dabei ist Q_n der $\forall$- bzw. der $\exists$-Quantor, je nachdem ob n gerade oder ungerade ist. Entsprechend ist ein Π_n-Prädikat durch eine Formel der Gestalt $\forall x_1 \exists x_2 \cdots Q_n x_n \alpha$ definiert.*

Beweis. Für Σ_1-Prädikate und Π_1-Prädikate zeigt dies Übung 1 in **6.3**. Für den allgemeinen Fall beachte man $Q\vec{x}\varphi \equiv_{\mathcal{N}} Qy(Qx_1{<}y)\dots(Qx_n{<}y)\varphi$. Dabei ist Q der $\forall$- oder $\exists$-Quantor. Es genügt daher zu zeigen, dass die Klassen Σ_n und Π_n unter beschränkter Quantifizierung abgeschlossen sind. Dies behauptet Übung 1. ❑

Häufig wird auch die Paarkodierung verwendet um Quantoren zu komprimieren. Es ist nicht immer einfach, die genaue Position eines vorgegebenen Prädikats in der arithmetischen Hierarchie zu bestimmen. Besser gesagt, dies erfordert wie jedes anspruchsvolle Spiel hinreichendes Training. Es ist z.B. nicht schwer zu sehen, dass die ω-Konsistenz der Form nach Π_3 ist. Aber erst Satz 7.5.2 wird zeigen, sie ist *echt* Π_3, d.h. nicht Σ_n, Π_n oder Δ_n für $n < 3$. Der Übersichtlichkeit halber benutzen wir im folgenden einfacheren Beispiel an einer Stelle die Churchsche These, die jedoch mit etwas Rekursionstheorie in erprobter Weise wieder eliminiert werden kann.

Beispiel. Sei $\mathcal{L}_r$ die Menge der $\alpha \in \mathcal{L}^1_{ar}$, welche in Q die rekursiven Teilmengen von $\mathbb{N}$ repräsentieren. Dazu gehören z.B. alle Δ_0-Formeln aus $\mathcal{L}^1_{ar}$. Weil $\mathbb{N}$ und $\emptyset$ rekursiv sind, gehören zu $\mathcal{L}_r$ auch alle Aussagen α aus $\mathsf{Q}^* := \mathsf{Q} \cup \{\alpha \mid \neg\alpha \in \mathsf{Q}\}$. Denn die $\alpha \in \mathsf{Q}$ repräsentieren trivialerweise $\mathbb{N}$ und die α mit $\neg\alpha \in \mathsf{Q}$ gerade $\emptyset$. Offenbar ist $\mathsf{Q}^* = \mathcal{L}_r \cap \mathcal{L}^0_{ar}$. Wir zeigen nun, $\mathcal{L}_r$ ist arithmetisch; genauer, eine echte Π_2-Menge, also weder Σ_1 noch Π_1. Gemäß Definition ist

$$\alpha \in \mathcal{L}_r \Leftrightarrow \alpha \in \mathcal{L}^1_{ar} \;\&\; \forall n \exists \Phi[\Phi \text{ ist Beweis für } \alpha(\underline{n}) \text{ oder für } \neg\alpha(\underline{n})].$$

Daraus gewinnt man unschwer eine Definition von $\dot{\mathcal{L}}_r$ durch eine Π_2-Formel $\varphi(x)$. In der Tat, sei das p.r. Prädikat '$a \in \dot{\mathcal{L}}^1_{ar}$' etwa durch die Σ_1-Formel $\lambda_1(x)$ definiert. Mit $\mathrm{sb} = \mathrm{sb}_{\boldsymbol{v}_0}$ setze man dann

$$\varphi(x) := \lambda_1(x) \wedge \forall y \exists u[\mathtt{bew}_{\mathsf{Q}}(u, \mathrm{sb}(x, y)) \vee \mathtt{bew}_{\mathsf{Q}}(u, \dot{\neg}\,\mathrm{sb}(u, y))],$$

genauer, die Reduzierte dieser Formel in $\mathcal{L}_{ar}$ nach Elimination der vorkommenden p.r. Funktionsterme mit weiteren $\exists$-Quantoren innerhalb der eckigen Klammern. Also beschreibt φ eine Π_2-Formel, d.h. $\mathcal{L}_r$ ist eine Π_2-Menge. Sie ist nicht Σ_1, weil $\mathcal{L}_r$ nach Bemerkung 2 in **6.4** nicht r.a. ist. Sie ist aber auch nicht Π_1. Angenommen dies sei der Fall. Dann ist $\mathsf{Q}^* = \mathcal{L}_r \cap \mathcal{L}^0_{ar}$ ebenfalls Π_1, denn $\mathcal{L}_r$ ist Δ_1. Nun ist Q^* sicher r.a. und damit Σ_1, also ist Q^* nach Satz 4.5 rekursiv. Wir erhalten daraus aber ein Entscheidungsverfahren für Q, also einen Widerspruch: Sei $\alpha \in \mathcal{L}^0_{ar}$ gegeben. Ist $\alpha \notin \mathsf{Q}^*$, so auch $\alpha \notin \mathsf{Q}$; ist $\alpha \in \mathsf{Q}^*$, setzen wir die Aufzählungsmaschine für Q in Aktion und warten, bis α oder $\neg\alpha$ erscheint.

In Vorbereitung auf **7.1** zeigen wir abschließend, dass die Σ_1-Formeln in PA durch spezielle Formeln vertreten werden können. In Satz 7.2 unten könnte PA allerdings durch eine wesentlich schwächere Theorie, z.B. N ersetzt werden.

Definition. *Spezielle* Σ_1-Formeln seien wie folgt erklärt:

(i) $\mathtt{S}x = y$, $x + y = z$ und $x \cdot y = z$ sind spezielle Σ_1-Formeln, wobei x, y, z paarweise verschiedene Variablen bezeichnen,

(ii) Mit α, β sind auch $\alpha \wedge \beta$, $\alpha \vee \beta$, $\alpha \frac{0}{x}$ und $\alpha \frac{y}{x}$ ($y \notin gbd\,\alpha$, Primterm-Substitution) spezielle Σ_1-Formeln, sowie $\exists x\alpha$ und $(\forall x{<}y)\alpha$ für $y \notin var\,\alpha$.

Satz 7.2. (a) *Jede originale* Σ_1*-Formel ist in* PA *zu einer speziellen* Σ_1*-Formel äquivalent.* (b) *Jede spezielle* Σ_1*-Formel ist modulo* PA *eine* Σ_1*-Formel.*

Beweis. (a): Es genügt offenbar, dies für alle Δ_0-Formeln zu beweisen, denn auch die Menge aller speziellen Σ_1-Formeln ist unter $\exists$-Quantifikation abgeschlossen. Weil $s = t \equiv \exists x(x = s \wedge x = t)$ mit $x \notin var\,s, t$ genügt es, Primformeln der Gestalt $x = t$ zu betrachten. Wir beweisen (a) für Formeln $x = t$ durch Terminduktion. Ist t ein Primterm, ergibt sich die Behauptung offensichtlich aus $x = 0 \equiv (x = y)\frac{0}{y}$, sowie $x = y \equiv_{\mathsf{PA}} (x + z = y)\frac{0}{z}$. Induktion über $\mathtt{S}, +, \cdot$ folgt aus $x = \mathtt{S}t \equiv \exists y(x = \mathtt{S}y \wedge y = t)$, $x = s + t \equiv \exists yz(x = y + z \wedge y = s \wedge z = t)$, und ganz analog verläuft der Beweis für $\cdot$. $x \neq y \equiv_{\mathsf{PA}} \exists uz(\mathtt{S}u = z \wedge (x + z = y \vee y + z = x))$ und $s \neq t \equiv \exists yz(x \neq y \wedge x = s \wedge y = t)$ zeigen, dass (a) für alle Literale gilt. Nach Übung 4 in **6.3** genügt es daher, die Induktionsschritte über $\wedge, \vee, (\forall x{\leqslant}t)$ und $(\exists x{\leqslant}t)$ auszuführen. Für $\wedge, \vee$ ist dies klar. Im übrigen beachte man $(\forall x{\leqslant}t)\alpha \equiv_{\mathsf{PA}} \exists y(y = t \wedge (\forall x{<}y)\alpha \wedge \alpha\frac{y}{x})$ mit $y \notin var\,\alpha$, sowie $(\exists x{\leqslant}t)\alpha \equiv_{\mathsf{PA}} \exists xyz(x + y = z \wedge z = t \wedge \alpha)$ mit $y, z \notin var\,\alpha, t$. (b) erfordert lediglich den Nachweis, dass für eine Σ_1-Formel $\exists z\varphi$ auch die Formel $(\forall x{<}y)\exists z\varphi$ zu einer Σ_1-Formel in PA äquivalent ist. Dieser Nachweis ist leicht, denn das Schrankenschema (Übung 3(c) Seite 86) zeigt $(\forall y{<}x)\exists z\varphi \equiv_{\mathsf{PA}} \exists u(\forall y{<}x)(\exists z{<}u)\varphi$. ❑

Übungen

1. Man zeige (induktiv über n) Σ_n, Π_n und damit auch Δ_n sind abgeschlossen unter beschränkter Quantifizierung. Ferner zeige man, Δ_n ist auch abgeschlossen unter primitiver Rekursion.

2. Man bestätige $\Delta_0 \subset \Delta_1 \subset \Sigma_1, \Pi_1$, womit gezeigt ist, dass diese vier Klassen arithmetischer Prädikate paarweise verschieden sind.

3. Eine Inspektion zeigt, dass alle Axiome von N schon in $I\Delta_0$ beweisbar sind (Seite 186; sogar offene Formeln im Induktionsschema in 0, $\mathtt{S}$, $+$, $\cdot$, $\leqslant$ würden genügen, siehe etwa [HA]). Man beweise in $I\Delta_0$ die Schemata der $<$-Induktion und der Minimalzahl für Δ_0-Formeln. Siehe hierzu die Übungen in **3.3**.

Kapitel 7

Zur Theorie der Selbstreferenz

Mit Selbstreferenz ist grob gesagt die Möglichkeit gemeint, in einer Theorie T über T selbst oder verwandte Theorien zu reden. Vorliegendes Kapitel kann nur einen Einblick in eine im letzten Viertel des 20. Jahrhunderts weit entwickelte Theorie geben. Wir beweisen den zweiten Unvollständigkeitssatz von Gödel, das Löbsche Theorem und andere mit der Selbstreferenz zusammenhängende Ergebnisse. Einige weiterführende Resultate werden anhand von geeigneten Anwendungen nur erläutert. Diese Thematik ist insgesamt von hohem erkenntnistheoretischen Wert.

Der Nachweis der sogenannten Ableitungsbedingungen für PA und andere Theorien in **7.1** ist der Berg, der zunächst erstiegen werden muss. Wer sich jedoch mit einem Überfliegen von **7.1** zufriedengibt, kann gleich in **7.2** beginnen; von dort ab sind nur Früchte zu ernten. Allerdings entgeht einem dabei ein wirkliches Abenteuer, die Verschmelzung von Logik und Zahlentheorie bei der Analyse von PA.

Schon Gödel hat versucht, den Begriff 'beweisbar' durch einen modalen Operator im Rahmen des Modalsystems S4 zu interpretieren. Dieser Ansatz widerspiegelt seine eigenen Resultate aber nicht adäquat. Erst nachdem die Modallogik nach 1970 einen hinreichend hohen Entwicklungsstand erreicht hatte, konnte ein entsprechendes Programm erfolgreich ausgeführt werden. Als geeignetes Instrument hat sich dafür eine mit G (oder GL) bezeichnete Modallogik erwiesen. Deren in **7.3** vorgestellte Kripke-Semantik ist ein handliches Werkzeug zur Untersuchung der Selbstreferenz.

Ein Hauptresultat der modallogischen Behandlung der Selbstreferenz ist der Solovaysche Vollständigkeitssatz in **7.4**. Glücklicherweise gehört dieser Satz ebenso wie die Vollständigkeit der Kripke-Semantik für G zu jener Art von Hilfsmitteln, die man bequem anwenden kann, ohne ihre Beweise im Detail zu kennen. Es gibt einige Erweiterungen von G, die für die Analyse anderer Begriffe oder ihren Vergleich nützlich sind, z.B. die in **7.5** behandelte bimodale Expansion von G oder die Interpretierbarkeitslogik, siehe [Vi]. Einen umfassenden Überblick gibt [Bu, Chapter VII].

7.1 Die Ableitungsbedingungen

Der zweite Unvollständigkeitssatz 2.2 besagt etwas vereinfacht, dass für eine hinreichend strenge konsistente axiomatisierbare Theorie $T \subseteq \mathcal{L}$ nicht $\vdash_T \mathtt{Con}_T$ gelten kann, wobei $\mathtt{Con}_T$ eine Aussage ist, welche die Konsistenz von T in $\mathcal{L}$ zum Ausdruck bringt. In populärer Formulierung: *Ist T konsistent, so ist dies im Rahmen von T nicht beweisbar.* Darüber hinaus ist die kursiv gesetzte Aussage unter gewissen Bedingungen in T schon formulierbar und dort auch beweisbar.

Diese Bedingungen sind die sogenannten *Ableitungsbedingungen* $D1$–$D3$ unten, die durchaus eigenes Interesse verdienen. Ihre Formulierung setzt die Gödelisierbarkeit von T voraus, was die Auszeichnung einer Termfolge $\underline{0}, \underline{1}, \ldots$ einschließt, Seite 194. Es sei $\mathtt{bew}_T(y,x)$ wie in **6.4** eine Σ_1-Formel, die das p.r. Prädikat bew_T in T repräsentiere. $\mathtt{bwb}_T(x)$ $(= \exists y\, \mathtt{bew}_T(y,x))$ werde durch $\Box(x)$ abgekürzt, und $\mathtt{bwb}_T \frac{\ulcorner\alpha\urcorner}{x}$ durch $\Box\alpha$, gelesen als 'box α' oder 'beweisbar α', weil es sich um die Formalisierung des Sachverhalts '$\vdash_T \alpha$' in T handelt. $\Box\alpha$ ist stets eine Aussage, auch wenn $frei\,\alpha \neq \emptyset$. Bezieht $\Box$ sich auf eine Theorie $T' \neq T$, ist $\Box$ entsprechend zu indizieren. In **7.3** wird $\Box$ zudem als modallogischer Operator in Erscheinung treten.

Wir erklären ferner $\Diamond\alpha := \neg\Box\neg\alpha$ für $\alpha \in \mathcal{L}^0$. Diese Aussage darf man lesen als α *ist verträglich mit T*, denn sie ist die Formalisierung von '$\nvdash_T \neg\alpha$', oder gleichwertig '$T + \alpha$ ist konsistent'. Schließlich wird $\mathtt{Con}_T$ in natürlicher Weise durch

$$\mathtt{Con}_T := \neg\Box\bot \;\big(= \neg\, \mathtt{bwb}_T(\ulcorner\bot\urcorner)\big)$$

definiert. Dabei sei $\bot$ eine beliebige Kontradiktion, etwa $\underline{0} \neq \underline{0}$. Es wird sich gleich herausstellen, dass $\mathtt{Con}_T$ modulo T unabhängig ist von der Wahl von $\bot$. Die erwähnten Ableitungsbedingungen lauten wie folgt:

$$D1\colon \vdash_T \alpha \Rightarrow\; \vdash_T \Box\alpha, \qquad D2\colon \vdash_T \Box\alpha \land \Box(\alpha \to \beta) \to \Box\beta, \qquad D3\colon \vdash_T \Box\alpha \to \Box\Box\alpha.$$

Dabei durchlaufen α, β alle Aussagen aus $\mathcal{L}^0$. Oft formuliert man $D2$ auch in der gleichwertigen Form $\Box(\alpha \to \beta) \vdash_T \Box\alpha \to \Box\beta$ oder $D3$ in der Form $\Box\alpha \vdash_T \Box\Box\alpha$. Die Ableitungsbedingungen stammen in der angegebenen Gestalt von Löb, wurden in etwas anderer Gestalt aber schon in [HB] formuliert.

Eine unmittelbare Konsequenz aus $D1, D2$ ist $D0$: $\alpha \vdash_T \beta \;\Rightarrow\; \Box\alpha \vdash_T \Box\beta$. Denn $\alpha \vdash_T \beta \;\Rightarrow \vdash_T \alpha \to \beta \;\Rightarrow \vdash_T \Box(\alpha \to \beta) \;\Rightarrow \vdash_T \Box\alpha \to \Box\beta \;\Rightarrow\; \Box\alpha \vdash_T \Box\beta$. Folglich kann „unter $\Box$" äquivalent ersetzt werden. Die Wahl von $\bot$ in $\mathtt{Con}_T$ ist also frei.

Bemerkung 1. Jeder nur $d1$: $\vdash_T \alpha \;\Rightarrow \vdash_T \partial\alpha$ und $d2$: $\partial(\alpha \to \beta) \vdash_T \partial\alpha \to \partial\beta$ erfüllende Operator $\partial\colon \mathcal{L} \to \mathcal{L}$ erfüllt demnach immer auch $d0$: $\alpha \vdash_T \beta \;\Rightarrow\; \partial\alpha \vdash_T \partial\beta$. Er erfüllt zudem $d\land$: $\partial(\alpha \land \beta) \equiv_T \partial\alpha \land \partial\beta$. Denn $\alpha \land \beta \vdash_T \alpha, \beta$, also $\partial(\alpha \land \beta) \vdash_T \partial\alpha, \partial\beta \vdash_T \partial\alpha \land \partial\beta$ nach $d0$. Ähnlich folgt $\partial\alpha \land \partial\beta \vdash_T \partial(\alpha \land \beta)$ mit $d0$, $d2$ leicht aus $\alpha \vdash_T \beta \to \alpha \land \beta$. Aus $d0$ schließt man unmittelbar auf $d00$: $\alpha \equiv_T \beta \Rightarrow \partial\alpha \equiv_T \partial\beta$.

Während $D2$ und $D3$ Aussagen(schemata) in T darstellen, ist $D1$ metatheoretischer Natur. $D1$ folgt unmittelbar aus der Repräsentierbarkeit von bew_T und gilt daher schon für relativ schwache Theorien wie z.B. $T = \mathsf{Q}$. Die Umkehrung von $D1$,

$$D1^*: \quad \vdash_T \Box\alpha \;\Rightarrow\; \vdash_T \alpha, \text{ für alle } \alpha \in \mathcal{L}^0$$

muss nicht richtig sein, gilt aber für alle ω-konsistenten axiomatischen Erweiterungen $T \supseteq \mathsf{Q}$ wie z.B. $T = \mathsf{PA}$. Denn aus $\nvdash_T \alpha$ folgt $\vdash_T \neg\,\text{bew}_T(\underline{n}, \ulcorner\alpha\urcorner)$ für alle n nach Korollar 6.4.3, also $\nvdash_T \exists y\,\text{bew}_T(y, \ulcorner\alpha\urcorner) = \Box\alpha$ wegen der ω-Konsistenz von T.

Anders als $D1$ sind $D2$ und $D3$ nicht so billig zu haben. T muss direkt oder indirekt (via Gödelisierung) über das Beweisen in T reden können. $D3$ ist nichts anderes als *die in T formalisierte Bedingung $D1$*, während $D2$ den Abschluss von T unter MP reflektiert, siehe (7) aus **6.3**. Wir zeigen zuerst, dass $D2$ aus

$$D2^*: \quad \text{bew}_T(u, x) \wedge \text{bew}_T(v, x \overset{\sim}{\to} y) \vdash_T \text{bew}_T(u * v * \langle y\rangle, y)$$

folgt, sofern die hier auftretenden p.r. Funktionen $\overset{\sim}{\to}$, $*$, und $y \mapsto \langle y\rangle$ Symbole von T oder in T definierbar sind. Allgemein heiße eine Funktion $f \in \mathbf{F}_n$ *in der arithmetisierbaren Theorie T definierbar*, falls es ein $\delta = \delta(\vec{x}, y) \in \mathcal{L}$ gibt mit

$$(1) \qquad \text{(a) } \vdash_T \delta(\underline{\vec{a}}, \underline{f\vec{a}}) \text{ für alle } \vec{a} \in \mathbb{N}^n, \qquad \text{(b) } \vdash_T \forall\vec{x}\,\exists! y\,\delta(\vec{x}, y).$$

f wird durch $\delta(\vec{x}, y)$ in T zugleich repräsentiert. Auch ist $y = f\vec{x} \leftrightarrow \delta(\vec{x}, y)$ dann eine legitime explizite Definition eines wiederum mit f bezeichneten Symbols in T. Nach Einführung von f in T folgt $\vdash_T \underline{f\vec{a}} = f\underline{\vec{a}}$ für alle $\vec{a} \in \mathbb{N}^n$, z.B. $\vdash_T \underline{a \overset{\sim}{\to} b} = \underline{a} \overset{\sim}{\to} \underline{b}$. Dabei unterscheiden wir von nun an nicht mehr zwischen T und definitorischen Erweiterungen. Wegen $\ulcorner\alpha \to \beta\urcorner = \dot{\alpha} \overset{\sim}{\to} \dot{\beta} = \underline{\dot{\alpha}} \overset{\sim}{\to} \underline{\dot{\beta}} = \ulcorner\alpha\urcorner \overset{\sim}{\to} \ulcorner\beta\urcorner$ liefert $D2^*$ dann $\text{bew}_T(u, \ulcorner\alpha\urcorner) \wedge \text{bew}_T(v, \ulcorner\alpha \to \beta\urcorner) \vdash_T \text{bew}_T(u * v * \langle\ulcorner\beta\urcorner\rangle, \ulcorner\beta\urcorner)$. Partikularisierung ergibt $D2$. Beim Beweis von $D2^*$ kommt es vor allem auf die Definierbarkeit der dort erscheinenden p.r. Funktionen an, der wir uns zuerst zuwenden.

Der Übersicht halber begrenzen wir alle folgenden Ausführungen auf die Theorien ZFC und PA, die bei fast allen grundlagentheoretischen Fragestellungen im Blickpunkt des Interesses stehen. ZFC wird nur kurz diskutiert, weil der Nachweis von $D2$, $D3$ hier ungleich einfacher ist als für PA. So sind $D2^*$ und damit $D2$ in ZFC deshalb klar, weil der naive Nachweis von $D2^*$ mit $\text{bew}_T = \text{bew}_{\mathsf{ZFC}}$ unschwer *in* ZFC formalisiert werden kann. Das schließt die Definierbarkeit der in $D2^*$ erscheinenden arithmetischen Funktionen natürlich ein. Diese wurden in **6.1** aber definiert – setze z.B. $a * b = \emptyset$ falls nicht $a, b \in \omega$. Man gödelisiert $\mathcal{L}_\in$ nach dem Muster von **6.2**[1]. Eine Formel $\varphi \in \mathcal{L}_\in$ wird so zum ω-Term $\ulcorner\varphi\urcorner$ in ZFC. $\mathcal{L}_{ar}$-Formeln identifizieren wir mit

---

[1] Dazu ist man eigentlich nicht genötigt, weil in ZFC über üblich definierte endliche Folgen und damit über $\mathcal{L}_\in$-Formeln nahezu direkt geredet werden kann. Dies geschieht nur, um die Kohärenz mit den Ausführungen in **6.2** zu wahren.

ihren Relativierten auf ω, den *arithmetischen* Formeln von $\mathcal{L}_\in$. Darüber hinaus wird das arithmetische Prädikat bew_{ZFC} nach Satz 6.4.2 in ZFC durch $\mathtt{bew}_{\mathsf{ZFC}}$ repräsentiert. Dieser Satz ist wie jeder andere in diesem Buch ein Satz *in* ZFC. Gewiss kann der auf Satz 6.4.2 (bishin zu Korollar 6.4.3) beruhende naive Beweis von $D1$ ganz in ZFC ausgeführt werden und damit ist $D3$ bewiesen. Die Ableitungsbedingungen für ZFC folgen grob gesagt einfach daraus, dass die gewohnte Mathematik in ZFC formalisierbar ist. Bei alledem braucht man keine typisch mengentheoretischen Konstruktionen wie z.B. ordinale Rekursion; man benötigt nur simple kombinatorische Fakten. Daher überrascht es nicht, dass $D2$ und $D3$ in hinreichend strengen arithmetischen Theorien wie PA beweisbar sind. Das ist natürlich nur dann nichttrivial, wenn diese Theorien konsistent sind, was wir meist stillschweigend voraussetzen.

Unser erstes Etappenziel ist es zu zeigen, dass nicht nur die Funktionen in $D2^*$, sondern sogar alle p.r. Funktionen in $T = \mathsf{PA}$ definierbar sind[2)]. Danach kann man mit diesen Funktionen umgehen, als wären sie von Anfang an in PA vorhanden. Erst diese grundlegende Tatsache erlaubt die Behandlung der elementaren Zahlentheorie und Kombinatorik in den Grenzen von PA. Die p.r. Funktionen erweisen sich sogar als definierbar in folgendem Sinne, einer Verschärfung von (1) auf Seite 211:

Definition. Eine n-stellige rekursive Funktion f heiße Σ_1-*definierbar in* PA oder auch *beweisbar rekursiv*, wenn es eine Σ_1-Formel $\delta_f(\vec{x}, y)$ gibt mit

(2) (a) $\mathcal{N} \vDash \delta_f(\underline{\vec{a}}, \underline{f\vec{a}})$ für alle $\vec{a} \in \mathbb{N}^n$, (b) $\vdash_{\mathsf{PA}} \forall\vec{x}\,\exists!y\,\delta_f(\vec{x}, y)$.

Wegen der Σ_1-Vollständigkeit von PA ist (a) gleichwertig mit $\vdash_{\mathsf{PA}} \delta_f(\underline{\vec{a}}, \underline{f\vec{a}})$ für alle $\vec{a}$. Daher wird (1) für $T = \mathsf{PA}$ durch (2) verschärft. Falls $\delta_f(\vec{x}, y)$ bereits Δ_0 ist, so heiße f Δ_0-*definierbar in* PA. Beispiele sind die Funktionen rest und $\boldsymbol{\beta}$, Übung 1.

Wichtig für die Σ_1-Definierbarkeit aller p.r. Funktionen ist Lemma 6.4.1, die Haupteigenschaft von $\boldsymbol{\beta}$, von der eine gewisse Variante auch in PA verfügbar sein muß. Dabei wird auch der Chinesische Restsatz benötigt, obwohl noch unklar ist wie dieser in $\mathcal{L}_{ar}$ zu formulieren ist, weil ja über endliche Zahlenfolgen quantifiziert wird.

Zwecks Überwindung dieser Hürde mögen c, d Symbole für in PA definitorisch eingeführte einstellige Funktionen bezeichnen, die noch von weiteren Parametern abhängen dürfen. Eine solches c bestimmt für gegebenes n die Zahlenfolge $c_0, \dots, c_n$ mit $c_\nu := c(\nu)$ für $\nu \leqslant n$. Damit ist dann der Chinesische Restsatz in PA wie folgt formulierbar: Für beliebige c, d wie oben verabredet gilt

(3) $\vdash_{\mathsf{PA}} \forall n[(\forall\nu, i, j{\leqslant}n)(c_\nu{<}d_\nu \wedge (i{\neq}j \to d_i \perp d_j)) \to \exists a(\forall\nu{\leqslant}n)\,\mathrm{rest}(a, d_\nu) = c_\nu]$.

2) Gödel gab in [Gö2] eine Liste von 45 p.r. Funktionen an, deren letzte χ_{bew} war. Er betrachtet dort in Anlehnung an [WR] eine arithmetische Theorie höherer Stufe. Dass Gödels Sätze auch in einer Arithmetik 1. Stufe gelten, wurde in [HB] erstmals nachgewiesen.

Aus suggestiven Gründen bezeichnen hier auch $n, \nu, \ldots$ Variablen von $\mathcal{L}_{ar}$. Der Beweis von (3) verläuft fast genauso wie der des Restsatzes auf Seite 189 durch Induktion. Im weiteren Verlauf beschränken wir uns auf den Fall, dass die einstelligen Funktionen c, d beweisbar rekursiv sind. Man erhält dann auch eine definierende Σ_1-Formel für $f\colon n \mapsto \mathrm{kgV}\{d_\nu \mid \nu \leqslant n\}$. In der Tat, weil die Teilbarkeit Δ_0 ist, leistet dies $\delta_f(x, y) := (\forall \nu \leqslant x) d_\nu \,|\, y \wedge (\forall z < y)(\exists \nu \leqslant x)\, d_\nu \nmid z$. Genauer, $\delta_f(x, y)$ beschreibt eine Σ_1-Formel, ähnlich wie δ_{exp} Seite 190. Weil $\mathcal{N} \vDash \delta_f(\underline{n}, \underline{\mathrm{kgV}\{d_\nu | \nu \leqslant n\}})$ für jedes n, gilt 2(a). Sei $\gamma(x, y) := (\forall \nu \leqslant x) d_\nu \,|\, y$, so dass $\delta_f(x, y) = \gamma(x, y) \wedge (\forall z < y) \neg\gamma(x, z)$. Das Schema der Minimimalzahl (Übung 3 in **3.3**) ergibt dann $\vdash_{\mathsf{PA}} \exists y \delta_f(x, y)$ (und damit offenbar auch $\vdash_{\mathsf{PA}} \exists! y \delta_f(x, y)$), wenn zuvor nur $\vdash_{\mathsf{PA}} \exists y \gamma(x, y)$ bewiesen wurde. Das erfolgt induktiv über x. Klar ist $\vdash_{\mathsf{PA}} \exists y \gamma(0, y)$. Der Induktionsschritt, nämlich $\exists y \gamma(x, y) \vdash_{\mathsf{PA}} \exists y' \gamma(\mathtt{S}x, y')$, wurde schon auf Seite 63 ausgeführt. Das beweist 2(b). Also ist f beweisbar rekursiv und damit in PA explizit definierbar, was für den Beweis der folgenden Version von Lemma 6.4.1 (Seite 190) wichtig ist. Dabei wird hier und nachfolgend $\boldsymbol{\beta} st$ für $\boldsymbol{\beta}(s, t)$ geschrieben:

(4) $\vdash_{\mathsf{PA}} \forall x \exists u (\forall v \leqslant x)\, c_v = \boldsymbol{\beta} uv$, für jede beweisbar rekursive Funktion c.

Satz 1.1. *Jede p.r. Funktion f ist beweisbar rekursiv und somit explizit definierbar in* PA. *Auch sind im Falle $f = \boldsymbol{Op}(g, h)$ die Rekursionsgleichungen für f beweisbar.*

Beweis. Für die Anfangsfunktionen und $+, \cdot$ sind $\boldsymbol{v}_0 = 0$, $\boldsymbol{v}_1 = \mathtt{S}\boldsymbol{v}_0$, $\boldsymbol{v}_n = \boldsymbol{v}_\nu$, sowie $\boldsymbol{v}_2 = \boldsymbol{v}_0 + \boldsymbol{v}_1$ und $\boldsymbol{v}_2 = \boldsymbol{v}_0 \cdot \boldsymbol{v}_1$ definierende Σ_1-Formeln. (2) ist hier offensichtlich. Für $f = h[g_1, \ldots, g_m]$ sei $\delta_f(\vec{x}, y)$ die Formel $y = h(g_1\vec{x}, \ldots, g_m\vec{x})$ – genauer, deren Reduzierte $\exists \vec{y}\,(\bigwedge_i \delta_{g_i}(\vec{x}, y_i) \wedge \delta_h(\vec{y}, y))$ in $\mathcal{L}_{ar}$ – und auch hier ist (2) offensichtlich. Geschick verlangt nur die Definition von δ_f für $f = \boldsymbol{Op}(g, h)$, in der wir nebst $\boldsymbol{\beta}$ auch die Symbole g, h nach Induktionsannahme schon benutzen dürfen. Man betrachte

$$(5) \quad \delta_f(\vec{x}, y, z) := \exists u[\underbrace{\boldsymbol{\beta} u0 = g\vec{x} \wedge (\forall v < y)\boldsymbol{\beta} u\mathtt{S}v = h(\vec{x}, v, \boldsymbol{\beta} uv) \wedge \boldsymbol{\beta} uy = z}_{\gamma(u, \vec{x}, y, z)}].$$

δ_f ist Σ_1, weil $\boldsymbol{\beta}$, g, h Σ_1-definierbar sind. Für $c_i := f(\vec{a}, i)$ mit $i \leqslant b$ gibt es nach Lemma 6.4.1 ein $c \in \mathbb{N}$ mit $\mathcal{N} \vDash \gamma(\underline{c}, \underline{\vec{a}}, \underline{b}, \underline{f(\vec{a}, b)})$, was 2(a) bestätigt. Eindeutigkeit in 2(b) ergibt sich aus $\gamma(u, \vec{x}, y, z) \wedge \gamma(u', \vec{x}, y, z') \vdash_{\mathsf{PA}} z = z'$. Dazu beweist man induktiv über y leicht $\gamma(u, \vec{x}, y, z) \wedge \gamma(u', \vec{x}, y, z') \vdash_{\mathsf{PA}} (\forall v \leqslant y) \boldsymbol{\beta} uv = \boldsymbol{\beta} u'v$. Auch folgt $\vdash_{\mathsf{PA}} \exists z \delta_f(\vec{x}, y, z)$ induktiv über y. Für $y = 0$ beachte man $\vdash_{\mathsf{PA}} \exists u \boldsymbol{\beta} u0 = g\vec{x}$ (daher $\vdash_{\mathsf{PA}} \exists z \delta_f(\vec{x}, 0, z)$) gemäß (4); man wähle darin c so, dass $c_0 = g\vec{x}$ und $c_v = 0$ sonst. Den Induktionsschritt $\exists z \delta_f(\vec{x}, y, z) \vdash_{\mathsf{PA}} \exists z' \delta(\vec{x}, \mathtt{S}y, z')$ beweisen wir wieder informell. Angenommen $\gamma(u, \vec{x}, y, z)$ mit gegebenen $u, \vec{x}, y, z$. Dann ist das durch $c_v = \boldsymbol{\beta} uv$ für $v < \mathtt{S}y$ und $c_{\mathtt{S}v} = h(\vec{x}, y, \boldsymbol{\beta} uv)$ definierte c offenbar beweisbar rekursiv. Nach (4) mit $\mathtt{S}y$ für x gibt es ein u' mit $\boldsymbol{\beta} u'v = c_v = \boldsymbol{\beta} uv$ für $v \leqslant y$ und $c_{\mathtt{S}v} = \boldsymbol{\beta} u'\mathtt{S}y = h(\vec{x}, y, \boldsymbol{\beta} uz)$. Mit diesem u' und $z' := \boldsymbol{\beta} u'\mathtt{S}y$ folgt $\gamma(u', \vec{x}, \mathtt{S}y, z')$, also $\exists z' \delta_f(\vec{x}, \mathtt{S}y, z')$. Das beweist den Induktionsschritt und somit 2(b). Schließlich zeigen wir für $f = \boldsymbol{Op}(g, h)$ noch

$$\text{(A)} \vdash_{\mathsf{PA}} f(\vec{x}, 0) = g\vec{x}, \quad \text{(B)} \vdash_{\mathsf{PA}} f(\vec{x}, \mathtt{S}y) = h(\vec{x}, y, f(\vec{x}, y)).$$

(A) gilt nach (2), weil $\vdash_{\mathsf{PA}} \delta_f(\vec{x}, 0, g\vec{x}), \delta_f(\vec{x}, 0, f(\vec{x}, 0))$. (B) folgt durch $<$-Induktion über y. Sei $\alpha := f(\vec{x}, \mathtt{S}y) = h(\vec{x}, y, f(\vec{x}, y))$. Angenommen $(\forall v{<}y)\alpha\,\frac{v}{y}$. Nach (5) gilt $\gamma(u, \vec{x}, \mathtt{S}y, f(\vec{x}, \mathtt{S}y))$ für gewisses u, was $f(\vec{x}, \mathtt{S}y) = h(\vec{x}, y, \boldsymbol{\beta} uy)$ ergibt, sowie auch $(\forall v{\leqslant}y)\boldsymbol{\beta} uv = f(\vec{x}, v)$, also $f(\vec{x}, \mathtt{S}y) = h(\vec{x}, y, f(\vec{x}, y))$. Dies zeigt $\forall y((\forall v{<}y)\alpha\,\frac{v}{y} \to \alpha)$, die Prämisse der $<$-Induktion, womit $\vdash_{\mathsf{PA}} \forall y\alpha$ bewiesen ist. ❑

Damit ist unser erstes Etappenziel erreicht. Wegen der Definierbarkeit ihrer charakteristischen Funktionen lassen sich die auf Seite 178 formulierten Eigenschaften der Prädikate bew_{PA} und bwb_{PA} nun auch im Rahmen von PA herleiten. Dazu sind nur die in der dortigen Bemerkung formulierten Eigenschaften von $*, \ell, \ldots$ auch in PA zu beweisen. Das ist ein kleines, dem Leser überlassenes Extraprogramm mit Einschluss des Beweises der eindeutigen Primzerlegung (Übung 3). Damit sind $D2^*$ und somit auch $D2$ für $T = \mathsf{PA}$ bewiesen. Durch Übertragung des naiven Beweises von (6) auf Seite 178 nach PA erhalten wir nunmehr sogar

$$(6) \quad \Box(x) \wedge \Box(x \mathbin{\tilde{\to}} y) \vdash_{\mathsf{PA}} \Box(y) \quad (\text{gleichwertig } \Box(x \mathbin{\tilde{\to}} y) \vdash_{\mathsf{PA}} \Box(x) \to \Box(y)).$$

Bemerkung 2. Nun sind auch die Gleichungen (a),(b),(c) der Übung 4 in **6.4** in PA beweisbar, denn alle dort erscheinenden Funktionen sind p.r. und in PA damit explizit definierbar. (b) lautet z.B. $\vdash_{\mathsf{PA}} \mathrm{sb}_{\vec{x}}(\ulcorner\alpha\urcorner, \vec{x}) = \mathrm{sb}_{\vec{x}'}(\ulcorner\alpha\urcorner, \vec{x}')$ mit $\mathit{var}\,\vec{x}' := \mathit{var}\,\vec{x} \cap \mathit{frei}\,\alpha$. Für $\mathit{frei}\,\alpha = \emptyset$ gilt demnach $\vdash_{\mathsf{PA}} \mathrm{sb}_{\vec{x}}(\ulcorner\alpha\urcorner, \vec{x}) = \mathrm{sb}_{\emptyset}(\ulcorner\alpha\urcorner) = \ulcorner\alpha\urcorner$. Eine der Gleichungen von (c) lautet formalisiert z.B. $\vdash_{\mathsf{PA}} \mathrm{sb}_{\vec{x}x}(\ulcorner\alpha\urcorner, \vec{x}, \mathtt{S}y) = \mathrm{sb}_{\vec{x}}(\ulcorner\alpha\,\frac{\mathtt{S}y}{x}\urcorner, \vec{x})$ und das Beispiel Seite 193 zeigt $\vdash_{\mathsf{PA}} \mathrm{sb}_{xy}(\ulcorner\varphi\urcorner, x, \mathtt{S}x) = \mathrm{sb}_x(\ulcorner\varphi\,\frac{\mathtt{S}x}{y}\urcorner, x)$. Zum Beweis benötigt man im Wesentlichen nur $\vdash_{\mathsf{PA}} \mathrm{zf}\,\mathtt{S}x = \tilde{\mathtt{S}}\,\mathrm{zf}\,x$. Details dieser Übertragung seien dem Leser überlassen.

Der Beweis von $D3$ erfordert noch einige weitergehende Vorbereitungen. Wegen ihres Umfangs werden auch in guten Lehrbüchern nicht alle Beweisschritte dargeboten. Aber alle nachfolgend nur beschriebenen Beweisschritte können vom Leser mit ausreichender Geduld leicht explizit ausgeführt werden. Man könnte sich das Leben durch die gegenseitige Interpretierbarkeit von PA und $\mathsf{ZFC_{fin}}$ (S. 202) erleichtern, weil in $\mathsf{ZFC_{fin}}$ über endliche Mengen und Folgen direkt geredet werden kann.

Wir führen nun einen weiteren Gebrauch von $\Box$ ein, wobei $\Box(x)$ bis zum Ende des Abschnitts die Formel $\mathtt{bwb}_{\mathsf{PA}}(x)$ meint. Der Eindeutigkeit halber sei x hier $\boldsymbol{v}_0$.

Definition. Für $\varphi = \varphi(\vec{x})$ sei $\Box[\varphi] := \Box(\mathrm{sb}_{\vec{x}}(\ulcorner\varphi\urcorner, \vec{x}))$ $\left(= \mathtt{bwb}_{\mathsf{PA}}\frac{\mathrm{sb}_{\vec{x}}(\ulcorner\varphi\urcorner, \vec{x})}{x}\right)$.

Nach Bemerkung 2 ist $\vdash_{\mathsf{PA}} \mathrm{sb}_{\vec{x}}(\ulcorner\varphi\urcorner, \vec{x}) = \mathrm{sb}_{\vec{x}'}(\ulcorner\varphi\urcorner, \vec{x}')$ mit $\mathit{var}\,\vec{x}' = \mathit{frei}\,\varphi$. Daher darf man o.B.d.A. von $\mathit{frei}\,\Box[\varphi] = \mathit{frei}\,\varphi$ ausgehen. Es ist $\Box[\alpha] \equiv_{\mathsf{PA}} \Box\alpha$ für Aussagen α, weil $\vdash_{\mathsf{PA}} \mathrm{sb}_{\vec{x}}(\ulcorner\alpha\urcorner, \vec{x}) = \ulcorner\alpha\urcorner$ nach Bemerkung 2. Durch $\vdash_{\mathsf{PA}} \Box[\varphi]$ (gleichwertig $\vdash_{\mathsf{PA}} \forall\vec{x}\,\Box[\varphi]$) wird in PA der Sachverhalt '$\vdash_{\mathsf{PA}} \varphi(\underline{\vec{a}})$ für alle $\vec{a}$', also die Existenz einer *Schar von Beweisen* in nur einer Aussage formuliert. Dies kann wegen der ω-Unvollständigkeit von PA weniger sein als $\vdash_{\mathsf{PA}} \Box\varphi$, oder gleichwertig $\vdash_{\mathsf{PA}} \Box\forall\vec{x}\varphi$.

Beispiel. Sei $\varphi(x,y) = \mathtt{S}x = y$. Wir zeigen $\varphi \vdash_{\mathsf{PA}} \Box[\varphi]$, gleichwertig $\vdash_{\mathsf{PA}} (\Box[\varphi])\frac{\mathtt{S}x}{y}$, wobei o.B.d.A. $x, y \notin gbd\,\Box(x)$. Weil $\vdash_{\mathsf{PA}} \mathrm{sb}_{xy}(\ulcorner\varphi\urcorner, x, \mathtt{S}x) = \mathrm{sb}_x(\ulcorner\varphi\frac{\mathtt{S}x}{y}\urcorner, x)$ (Bemerkung 2), genügt es $\vdash_{\mathsf{PA}} \Box[\alpha]$ oder gleichwertig $\vdash_{\mathsf{PA}} \forall x\Box[\alpha]$ für $\alpha(x) := \varphi\frac{\mathtt{S}x}{y} = \mathtt{S}x = \mathtt{S}x$ zu verifizieren, was in PA die Aussage 'für alle $a \in \mathbb{N}$ gilt $\alpha(\underline{a})$' reflektiert. Wir begründen $\vdash_{\mathsf{PA}} \Box[\alpha]$ im Detail: Man betrachte die p.r. Funktion $\tilde{\alpha}\colon a \mapsto \mathrm{sb}_x(\dot{\alpha}, a)$ (die Gödelzahl von $\alpha(\underline{a})$). Nach Axiom $\Lambda 9$ ist $\langle\tilde{\alpha}(a)\rangle$ ein besonders einfacher arithmetisierter Beweis für $\tilde{\alpha}(a) = \mathtt{S}\underline{a} = \mathtt{S}\underline{a}$. In PA formalisiert: $\vdash_{\mathsf{PA}} \mathtt{bew}_{\mathsf{PA}}(\langle\tilde{\alpha}(x)\rangle, \tilde{\alpha}(x))$. Das ergibt $\vdash_{\mathsf{PA}} \exists y\,\mathtt{bew}_{\mathsf{PA}}(y, \tilde{\alpha}(x)) = \Box(\mathrm{sb}_x(\ulcorner\alpha\urcorner, x)) = \Box[\alpha]$.

Es gelten folgende Varianten von $D1, D2$ für $\alpha = \alpha(\vec{x})$ und $\beta = \beta(\vec{x})$:

(7) (a) $\vdash_{\mathsf{PA}} \alpha \Rightarrow \vdash_{\mathsf{PA}} \Box[\alpha]$; (b) $\Box[\alpha \to \beta] \vdash_{\mathsf{PA}} \Box[\alpha] \to \Box[\beta]$.

Zum Beweis von (a) sei $\vdash_{\mathsf{PA}} \alpha$, also auch $\vdash_{\mathsf{PA}} \forall\vec{x}\alpha$ und $\vdash_{\mathsf{PA}} \Box\forall\vec{x}\alpha$. Ein Beweis von $\forall\vec{x}\alpha$ liefert ähnlich wie im Beispiel für jedes $\vec{a} \in \mathbb{N}^n$ in p.r. Weise einen solchen für $\alpha(\underline{\vec{a}})$ (man beachte $\Lambda 5$). In PA formuliert, $\Box\forall\vec{x}\alpha \vdash_{\mathsf{PA}} \Box(\mathrm{sb}_{\vec{x}}(\ulcorner\alpha\urcorner, \vec{x})) = \Box[\alpha]$. Daher $\vdash_{\mathsf{PA}} \Box[\alpha]$. (b) folgt aus (6) mit $\mathrm{sb}_{\vec{x}}(\ulcorner\alpha\urcorner, \vec{x})$ und $\mathrm{sb}_{\vec{x}}(\ulcorner\beta\urcorner, \vec{x})$ für x und y. Denn $\vdash_{\mathsf{PA}} \mathrm{sb}_{\vec{x}}(\ulcorner\alpha \to \beta\urcorner, \vec{x}) = \mathrm{sb}_{\vec{x}}(\ulcorner\alpha\urcorner, \vec{x}) \mathbin{\dot{\to}} \mathrm{sb}_{\vec{x}}(\ulcorner\beta\urcorner, \vec{x})$ nach Übung 4 in **6.4**. Die nach PA übertragenen Gleichungen (c) der Übung ergeben mit etwas Rechnung ferner

(8) $\Box[\alpha]\frac{t}{x} \equiv_{\mathsf{PA}} \Box[\alpha\frac{t}{x}]$ $(t \in \{0, y, \mathtt{S}y\}$ mit $y \notin gbd\,\alpha)$.

Die Einschränkung in (8) ist unerheblich, aber der Beweis wäre schwieriger und wir benötigen nur (8). $D3$ ist nun lediglich ein Sonderfall der Schlüsselbehauptung

(9) $\varphi \vdash_{\mathsf{PA}} \Box[\varphi]$ für alle Σ_1-Formeln φ (die *beweisbare* Σ_1-*Vollständigkeit*).

Denn wählt man in (9) für φ die Σ_1-Aussage $\Box\alpha$ für beliebiges $\alpha \in \mathcal{L}^0_{ar}$, ergibt sich $\Box\alpha \vdash_{\mathsf{PA}} \Box[\Box\alpha] = \Box\Box\alpha$, und $D3$ ist bewiesen. Man erhält (9) durch eine Anwendung des folgenden Satzes, weil der Operator $\partial\colon \alpha \mapsto \Box[\alpha]$ nach (7), (8) und wegen $frei\,\alpha = frei\,\Box[\alpha]$ die Voraussetzungen des Satzes erfüllt.

Satz 1.2. *Sei $\partial\colon \mathcal{L}_{ar} \to \mathcal{L}_{ar}$ ein Operator mit $frei\,\partial\alpha \subseteq frei\,\alpha$ und den Eigenschaften*

$$d1\colon \vdash_{\mathsf{PA}} \alpha \Rightarrow \vdash_{\mathsf{PA}} \partial\alpha, \qquad d2\colon \partial(\alpha \to \beta) \vdash_{\mathsf{PA}} \partial\alpha \to \partial\beta,$$
$$ds\colon (\partial\alpha)\tfrac{t}{x} \equiv_{\mathsf{PA}} \partial(\alpha\tfrac{t}{x}) \quad (t \in \{0, y, \mathtt{S}y\},\ y \notin gbd\,\alpha).$$

Dann gilt $\varphi \vdash_{\mathsf{PA}} \partial\varphi$ (gleichwertig $\vdash_{\mathsf{PA}} \varphi \to \partial\varphi$) für alle Σ_1-Formeln φ aus $\mathcal{L}_{ar}$.

Beweis. ∂ erfüllt nach Bemerkung 1 auch $d0$, $d00$ und $d\wedge$. Es genügt nach Satz 6.7.2, die Behauptung für spezielle Σ_1-Formeln zu beweisen. Sei φ zuerst die Formel $\mathtt{S}x = y$. Hier ist $\varphi \vdash_{\mathsf{PA}} \partial\varphi$ gleichwertig mit $\vdash_{\mathsf{PA}} \partial\varphi\frac{\mathtt{S}x}{y}$ $(= (\partial\varphi)\frac{\mathtt{S}x}{y})$, und dies nach ds mit $\vdash_{\mathsf{PA}} \partial\,\mathtt{S}x = \mathtt{S}x$ was nach $d1$ gilt. Ähnlich folgt $y = z \vdash_{\mathsf{PA}} \partial\, y = z$. Das wird für den

Induktionsbeweis von $\vdash_{\mathsf{PA}} \forall yz(\varphi \to \partial\varphi)$ mit $\varphi := x + y = z$ über x in PA benötigt: $\varphi\frac{0}{x} \vdash_{\mathsf{PA}} y = z \vdash_{\mathsf{PA}} \partial(y = z) \vdash_{\mathsf{PA}} \partial(\varphi\frac{0}{x}) \vdash_{\mathsf{PA}} \partial\varphi\frac{0}{x}$ und damit $\vdash_{\mathsf{PA}} \forall yz(\varphi \to \partial\varphi)\frac{0}{x}$. Weil $\varphi\frac{Sy}{y} \equiv_{\mathsf{PA}} \varphi\frac{Sx}{x}$, ist auch $\partial\varphi\frac{Sy}{y} \equiv_{\mathsf{PA}} \partial\varphi\frac{Sx}{x}$. Das liefert den Induktionsschritt, denn $\forall yz(\varphi \to \partial\varphi) \vdash \varphi\frac{Sy}{y} \to \partial\varphi\frac{Sy}{y} \vdash_{\mathsf{PA}} \varphi\frac{Sx}{x} \to \partial\varphi\frac{Sx}{x} = (\varphi \to \partial\varphi)\frac{Sx}{x}$. Die Formel $x{\cdot}y = z$ sei dem Leser überlassen. (*Hinweis:* $Sx{\cdot}y = z \equiv_{\mathsf{PA}} \exists u(x{\cdot}y = u \land u + y = z)$, $d\land$, $d2$). Die Schritte über $\land, \lor, \exists$ sind einfach: $\alpha \land \beta \vdash \alpha, \beta \vdash_{\mathsf{PA}} \partial\alpha \land \partial\beta \vdash_{\mathsf{PA}} \partial(\alpha \land \beta)$ nach $d\land$. Bei $\lor$ beachte man $\alpha \vdash_{\mathsf{PA}} \partial\alpha \vdash_{\mathsf{PA}} \partial(\alpha\lor\beta)$ nach $d0$, analog für β. Ferner ist wegen $\alpha \vdash \exists x\alpha$ auch $\alpha \vdash_{\mathsf{PA}} \partial\alpha \vdash_{\mathsf{PA}} \partial\exists x\alpha$ nach $d0$, und weil $x \notin \mathit{frei}\,\partial\exists x\alpha$ folgt $\exists x\alpha \vdash_{\mathsf{PA}} \partial\exists x\alpha$ mit Partikularisierung. Auch der Schritt über die Primterm-Substitution ist einfach: $\alpha \vdash_{\mathsf{PA}} \partial\alpha$ hat offenbar $\alpha\frac{t}{x} \vdash_{\mathsf{PA}} \partial\alpha\frac{t}{x} \vdash_{\mathsf{PA}} \partial(\alpha\frac{t}{x})$ zur Folge.

Es verbleibt der Schritt über die beschränkte Quantifizierung. Sei $\alpha \vdash_{\mathsf{PA}} \partial\alpha$ und $y \notin \mathit{var}\,\alpha$. Wir zeigen $\varphi \vdash_{\mathsf{PA}} \partial\varphi$ für $\varphi := (\forall x{<}y)\alpha$ induktiv über y. Wegen $\vdash_{\mathsf{PA}} \varphi\frac{0}{y}$ ist $\vdash_{\mathsf{PA}} \partial(\varphi\frac{0}{y}) \vdash_{\mathsf{PA}} \partial\varphi\frac{0}{y}$ nach $d1, ds$ und erst recht $\varphi\frac{0}{y} \vdash_{\mathsf{PA}} \partial\varphi\frac{0}{y}$ (Induktionsanfang). Nun ist $\varphi\frac{Sy}{y} \equiv_{\mathsf{PA}} \varphi \land \alpha\frac{y}{x}$, und $\alpha \vdash_{\mathsf{PA}} \partial\alpha$ liefert $\alpha\frac{y}{x} \vdash_{\mathsf{PA}} \partial\alpha\frac{y}{x} \vdash_{\mathsf{PA}} \partial(\alpha\frac{y}{x})$. Das ergibt $\varphi\frac{Sy}{y} \land (\varphi \to \partial\varphi) \vdash_{\mathsf{PA}} \varphi \land \alpha\frac{y}{x} \land (\varphi \to \partial\varphi) \vdash_{\mathsf{PA}} \partial\varphi \land \partial(\alpha\frac{y}{x}) \vdash_{\mathsf{PA}} \partial(\varphi \land \alpha\frac{y}{x}) \vdash_{\mathsf{PA}} \partial(\varphi\frac{Sy}{y})$, also $\varphi \to \partial\varphi \vdash_{\mathsf{PA}} \varphi\frac{Sy}{y} \to \partial(\varphi\frac{Sy}{y})$, was zum Induktionsschritt gleichwertig ist. ❑

Bemerkung 3. $D1$–$D3$ sind noch für erheblich schwächere Theorien als PA beweisbar, z.B. für die sogenannte *Elementare Arithmetik* $\mathsf{EA} = I\Delta_0 + \forall xy\exists z\delta_{exp}(x, y, z)$. Hier sei δ_{exp} als Δ_0-Formel verstanden (Bemerkung 1 Seite 186). Die in EA beweisbar rekursiven Funktionen sind die elementaren ([Si]). Fast alles was hier für PA bewiesen wurde, Satz 1.1 eingeschlossen, ist auch beweisbar in $I\Sigma_1$ (= Q + IS beschränkt auf Σ_1-Formeln). Beweisbar rekursiv sind dort genau die p.r. Funktionen, und dies sind auch die beweisbar rekursiven Funktionen in EA erweitert um das Π_2-Induktionsschema ohne Parameter ([Be3]). Mehr über die Metatheorie von PA und ihrer Fragmente findet man in [HP].

Übungen

1. Man beweise in PA die Definierbarkeit der Restfunktion rest, der Paarfunktion $\wp$ und der $\boldsymbol{\beta}$-Funktion durch geeignete Δ_0-Formeln.

2. Man beweise in PA (a) $(\forall a{>}1)\exists p(\mathrm{prim}\,p \land p \mid a)$, (b) das Lemma von Euklid (Seite 193), (c) $\vdash_{\mathsf{PA}} \forall abp(\mathrm{prim}\,p \land p \mid ab \to p \mid a \lor p \mid b)$.

3. $(\forall n{\geqslant}\underline{2})(\exists m{\geqslant}\underline{2})n = \prod_{i \leqslant \ell m} p_i^{(m)_i}$ formalisiert in PA die Existenz der Primfaktorzerlegung[3]. Man bestätige dies und beweise auch deren Eindeutigkeit.

4. Sei $T' = T + \alpha$ und T erfülle $D1$–$D3$. Man zeige (a) $\vdash_T \Box_{T'}\varphi \leftrightarrow \Box_T(\alpha \to \varphi)$ (das formalisierte Deduktionstheorem), (b) $D1$–$D3$ gelten auch für T'.

[3]Hier dient m als Variable für die Darstellung der Primzahlexponenten-Folge. Man könnte hierfür z.B. auch die $\boldsymbol{\beta}$-Funktion verwenden.

7.2 Die Theoreme von Gödel und Löb

Wir werden nun die Früchte der Bemühungen in **7.1** ernten. Solange nichts anderes vereinbart wird, sei eine Theorie T immer eine gödelisierbare und axiomatische, welche nebst dem Fixpunktlemma aus **6.5** die Ableitungsbedingungen $D1$–$D3$ aus **7.1** erfüllt. Wir richten unser Augenmerk sogleich auf die Eindeutigkeitsaussage in Lemma 2.1(b) unten. Danach kann bis auf Äquivalenz in T höchstens $\Box\alpha \to \alpha$ Fixpunkt der Formel $\Box(x) \to \alpha$ sein. Der Beweis von Satz 2.2 wird zeigen, dass auch $\neg\Box(x)$ bis auf T-Äquivalenz nur einen Fixpunkt hat. Dahinter verbirgt sich nach Korollar 4.6 eine ganz allgemeine Tatsache.

Lemma 2.1. *Sei T wie oben vereinbart und α, γ Aussagen aus $\mathcal{L}^0$ derart, dass*

$$(\star) \qquad \gamma \equiv_T \Box\gamma \to \alpha.$$

Dann gelten (a) $\Box\gamma \equiv_T \Box\alpha$, *sowie* (b) $\gamma \equiv_T \Box\alpha \to \alpha$.

Beweis. $(\star)$ liefert $\Box\gamma \vdash_T \Box(\Box\gamma \to \alpha) \vdash_T \Box\Box\gamma \to \Box\alpha$ mit $D0, D2$. Nach $D3$ ist aber $\Box\gamma \vdash_T \Box\Box\gamma$, also $\Box\gamma \vdash_T \Box\alpha$. Weil $\alpha \vdash_T \Box\gamma \to \alpha \vdash_T \gamma$ nach $(\star)$, folgt $\alpha \vdash_T \gamma$ und wegen $D0$ daher auch $\Box\alpha \vdash_T \Box\gamma$. Das beweist (a). Ersetzung von $\Box\gamma$ durch $\Box\alpha$ in $(\star)$ gemäß (a) ergibt (b). ❑

Satz 2.2 (Zweiter Unvollständigkeitssatz). PA *erfüllt nebst dem Fixpunktlemma auch $D1$–$D3$. Jede Theorie T dieser Art hat die folgenden Eigenschaften:*

(1) *Ist T konsistent, so ist* $\nvdash_T \mathtt{Con}_T$,

(2) $\vdash_T \mathtt{Con}_T \to \neg\Box\,\mathtt{Con}_T$.

Beweis. Der Beweis von $D1$–$D3$ für PA war Gegenstand von **7.1**. (1) folgt leicht aus (2). Denn angenommen $\vdash_T \mathtt{Con}_T$. Dann ist $\vdash_T \Box\,\mathtt{Con}_T$ nach $D1$ und $\vdash_T \neg\Box\,\mathtt{Con}_T$ nach (2), daher ist T inkonsistent. Das beweist (1). Zum Nachweis von (2) sei γ ein Fixpunkt von $\neg\,\mathtt{bwb}_T(x)$, also $\gamma \equiv_T \neg\Box\gamma \equiv \Box\gamma \to \bot$. Mit Lemma 2.1(b) für $\alpha = \bot$ folgt $\gamma \equiv_T \Box\bot \to \bot \equiv \neg\Box\bot = \mathtt{Con}_T$. Aus $\gamma \equiv_T \mathtt{Con}_T$ und $\gamma \equiv_T \neg\Box\gamma$ ergibt sich offenbar $\mathtt{Con}_T \equiv_T \neg\Box\,\mathtt{Con}_T$. Eine Hälfte hiervon ist die Behauptung (2). ❑

Keine noch so starke der hier betrachteten konsistenten Theorien kann demnach ihre eigene Konsistenz beweisen. Speziell gilt $\nvdash_{\mathsf{PA}} \mathtt{Con}_{\mathsf{PA}}$. Der Beweis zeigt ferner, dass $\mathtt{Con}_T$ modulo T der einzige Fixpunkt von $\neg\,\mathtt{bwb}_T$ ist. Er zeigt sogar

(3) $\mathtt{Con}_T \equiv_T \neg\Box\,\mathtt{Con}_T$.

Das verschärft (2) aber nur leicht. Denn $\neg\Box\,\mathtt{Con}_T \vdash_T \mathtt{Con}_T$ ist ein Sonderfall von

(4) $\neg\Box\alpha \vdash_T \mathtt{Con}_T$ (gleichwertig $\neg\,\mathtt{Con}_T \vdash_T \Box\alpha$), für jedes $\alpha \in \mathcal{L}$.

Dies folgt wegen $\bot \vdash_T \alpha$ und $\neg\,\mathtt{Con}_T \equiv \Box\bot$ bereits mit *D0* und reflektiert in T den Sachverhalt 'Ist T inkonsistent, so ist jede Formel beweisbar'. Nach (1) und (3) ist z.B. $\nvdash_{\mathsf{PA}} \neg\Box_{\mathsf{PA}}\mathtt{Con}_{\mathsf{PA}}$, obwohl 'in PA ist $\mathtt{Con}_{\mathsf{PA}}$ unbeweisbar' wegen (1) wahr ist.

Alle diese Behauptungen gelten unabhängig vom „Wahrheitsgehalt" der Sätze von T. Eine Folge des 2. Unvollständigkeitssatzes ist nämlich die Existenz konsistenter arithmetischer Theorien $T \supseteq \mathsf{PA}$, die auch Behauptungen beweisen, die in $\mathcal{N}$ falsch sind, in denen also Wahrheiten und Unwahrheiten über $\mathcal{N}$ friedlich miteinander leben. Solche „Traumtheorien" sind überaus reichhaltig und umfassen die gewöhnliche Zahlentheorie. Eine solche ist speziell $\mathsf{PA}^\bot := \mathsf{PA}+\neg\,\mathtt{Con}_{\mathsf{PA}}$, denn *die Unbeweisbarkeit von* $\mathtt{Con}_{\mathsf{PA}}$ *in* PA *ist gleichwertig mit der Konsistenz von* $\mathsf{PA}^\bot$. Die kursiv hervorgehobene Aussage ist in PA sogar beweisbar. In der Tat, nach dem Deduktionstheorem ist $\vdash_{\mathsf{PA}+\alpha} \bot \;\Leftrightarrow\; \vdash_{\mathsf{PA}} \alpha \to \bot \equiv \neg\alpha$, und dies lässt sich auch *in* PA verifizieren, also $\vdash_{\mathsf{PA}} \Box_{\mathsf{PA}+\alpha}\bot \leftrightarrow \Box_{\mathsf{PA}}\neg\alpha$ (Übung 4 in **7.1**), oder gleichwertig

$$(5)\quad \mathtt{Con}_{\mathsf{PA}+\alpha} \equiv_{\mathsf{PA}} \neg\Box_{\mathsf{PA}}\neg\alpha;\quad \text{allgemeiner } \mathtt{Con}_{T+\alpha} \equiv_T \neg\Box\neg\alpha.$$

Dies ergibt $\mathtt{Con}_{\mathsf{PA}^\bot} \equiv_{\mathsf{PA}} \neg\Box_{\mathsf{PA}}\neg\neg\,\mathtt{Con}_{\mathsf{PA}} \equiv \neg\Box_{\mathsf{PA}}\mathtt{Con}_{\mathsf{PA}}$, und mit (3) folgt

$$(6)\quad \mathtt{Con}_{\mathsf{PA}} \equiv_{\mathsf{PA}} \mathtt{Con}_{\mathsf{PA}^\bot};\quad \text{allgemeiner } \mathtt{Con}_T \equiv_T \mathtt{Con}_{T+\neg\,\mathtt{Con}_T}.$$

Zusammengefasst: Die Theorie $\mathsf{PA}^\bot$ umfasst einerseits die aus PA vertraute Zahlentheorie, beweist aber $\neg\,\mathtt{Con}_{\mathsf{PA}}$ und damit nach (6) auch $\neg\,\mathtt{Con}_{\mathsf{PA}^\bot}$, also ihre eigene Inkonsistenz, obwohl mit PA auch $\mathsf{PA}^\bot$ konsistent ist. $\mathtt{Con}_T$ kann somit in T eine andere Bedeutung haben als die Konsistenz von T in unserer Metatheorie, ähnlich wie die Bedeutungen von 'abzählbar' divergieren, je nachdem ob man sich in ZFC befindet oder auf ZFC blickt. Man mag zugespitzt auch sagen, $\mathsf{PA}^\bot$ belügt uns mit $\neg\,\mathtt{Con}_{\mathsf{PA}^\bot}$, d.h. der Existenzbehauptung eines Beweises von $\bot$. Wir lernen hieraus, dass mit einer konsistenten Theorie T nicht notwendig auch $T^+ := T + \mathtt{Con}_T$ konsistent sein muss, $\mathsf{PA}^\bot$ ist ein Beispiel. Mehr zur Bedeutung von $\neg\,\mathtt{Con}_T$ in Satz 2.4.

Wir diskutieren nun das neben (3) berühmteste Beispiel einer selbstbezüglichen Aussage. Offenbar behauptet ein Fixpunkt α von $\mathtt{bwb}_T$ gerade seine eigene Beweisbarkeit, also $\alpha \equiv_T \Box\alpha$. Ein triviales Beispiel ist $\alpha = \top$, denn mit $\vdash_T \top$ ist auch $\vdash_T \Box\top$, also $\top \equiv_T \Box\top$. Es wird sich wiederum zeigen, dass $\top$ modulo T einziger Fixpunkt von $\mathtt{bwb}_T(x)$ ist. Ein Satz kann also seine eigene Beweisbarkeit nur dann behaupten, wenn er tatsächlich beweisbar ist. $\vdash_T \alpha$ folgt sogar schon aus $\vdash_T \Box\alpha \to \alpha$. Damit gilt Letzteres nicht für jedes α, obwohl man $\vdash_T \Box\alpha \to \alpha$ für alle $\alpha \in \mathcal{L}^0$ z.B. für $T = \mathsf{PA}$ durchaus erwarten könnte, weil diese Aussagen wahr sind.

Satz 2.3 (Löbsches Theorem). *T erfülle D1–D3 und das Fixpunktlemma. Dann hat T die Eigenschaften*

$$D4\colon\; \vdash_T \Box(\Box\alpha \to \alpha) \to \Box\alpha, \qquad D4^\circ\colon\; \vdash_T \Box\alpha \to \alpha \;\Rightarrow\; \vdash_T \alpha \qquad (\alpha \in \mathcal{L}^0).$$

Beweis. Sei γ ein Fixpunkt von $\Box(x) \to \alpha$ gemäß Fixpunktlemma, $\gamma \equiv_T \Box\gamma \to \alpha$. Also $\gamma \equiv_T \Box\alpha \to \alpha$ nach Lemma 2.1(b). Hieraus folgt $\Box\gamma \equiv_T \Box(\Box\alpha \to \alpha)$ nach $D0$. Lemma 2.1(a) besagt $\Box\gamma \equiv_T \Box\alpha$, also $\Box\alpha \equiv_T \Box(\Box\alpha \to \alpha)$. Eine Hälfte hiervon ist $D4$. Nachweis von $D4°$: Es gelte $\vdash_T \Box\alpha \to \alpha$. Dann ist $\vdash_T \Box(\Box\alpha \to \alpha)$ nach $D1$. Mit $D4$ folgt hieraus $\vdash_T \Box\alpha$, und $\vdash_T \Box\alpha \to \alpha$ liefert alsdann $\vdash_T \alpha$. ❑

$D4$ ist die in T formalisierte Version von $D4°$. Eine von vielen Anwendungen des Satzes ist folgender Kurzbeweis des Gödelschen Resultats (1). Für $\alpha = \bot$ ergibt $D4°$ $\nvdash_T \bot \Rightarrow \nvdash_T \Box\bot \to \bot \equiv \mathtt{Con}_T$. Analog folgt (2) sofort aus $D4$ durch Kontraposition.

Anders als $\mathsf{PA}^\bot$ geht $\mathsf{PA}^+ = \mathsf{PA} + \mathtt{Con}_{\mathsf{PA}}$ mit der Wahrheit in $\mathcal{N}$ konform, weil $\mathcal{N} \vDash \mathtt{Con}_{\mathsf{PA}}$. Leider weiß man nicht genau, was $\mathtt{Con}_{\mathsf{PA}}$ zahlentheoretisch bedeutet. Das weiß man aber von einer von Paris und Harrington entdeckten und in ZFC beweisbaren arithmetischen Aussage α mit $\vdash_{\mathsf{PA}} \alpha \to \mathtt{Con}_{\mathsf{PA}}$, die nach (1) in PA nicht beweisbar sein kann. Inzwischen kennt man mehrere derartige Aussagen, die alle kombinatorisch gefärbt sind. Ein populäres Beispiel einer derartigen Aussage ist der

Satz von Goodstein. *Jede Goodstein-Folge endet mit* 0.

Darunter sei eine Zahlenfolge $(a_n)_{n\in\mathbb{N}}$ mit beliebig vorgegebenem a_0 verstanden, so dass sich a_{n+1} aus a_n wie folgt ergibt: Sei $b_n = n + 2$, also $b_0 = 2$. Man stelle a_n für $b := b_n$ in b-adischer Basis dar. Für ein gewisses k gilt dann

$$(*) \qquad a_n = \textstyle\sum_{i \leqslant k} b^{k-i} c_i, \text{ mit } 0 \leqslant c_i < b.$$

Dabei werden auch die Exponenten $k - i$ in b-adischer Darstellung geschrieben, auch die Exponenten der Exponenten, usw. Nun ersetze man b überall durch $b + 1$ und subtrahiere von der so entstehenden Zahl die Zahl 1. Das Ergebnis heißt dann a_{n+1}. Die Tabelle unten enthält ein Beispiel, beginnend mit $a_0 = 11$. Schon a_5 hat den Wert 134 217 728. Wie man an diesem Beispiel sieht, wächst a_n zunächst enorm an und es ist kaum glaubhaft, dass diese Folge mit 0 endet. Der Beweis hierfür ist nicht einmal schwierig. Man schätzt a_n nach oben ab durch eine Ordinalzahl ξ_n, die aus a_n grob gesagt dadurch entsteht, dass man die Basis b in $(*)$ durch ω ersetzt. Solange $a_{n+1} \neq 0$, gilt dann $\xi_{n+1} < \xi_n$. Da es keine unendlichen echt fallenden Folgen von Ordinalzahlen gibt, muss a_n schließlich mit 0 enden. Siehe hierzu auch [HP].

$a_0 = 11 = 2^{2+1} + 2 + 1$	$2 \rightsquigarrow 3$	$3^{3+1} + 3 + 1 = 85$
$a_1 = 84 = 3^{3+1} + 3$	$3 \rightsquigarrow 4$	$4^{4+1} + 4 = 1028$
$a_2 = 1027 = 4^{4+1} + 3$	$4 \rightsquigarrow 5$	$5^{5+1} + 3 = 15\,628$
$a_3 = 15\,627 = 5^{5+1} + 2$	$5 \rightsquigarrow 6$	$6^{6+1} + 2 = 279\,938$
$a_4 = 279\,937 = 6^{6+1} + 1$	$6 \rightsquigarrow 7$	$7^{7+1} + 1 = 5\,764\,802$

Viele metatheoretische Eigenschaften können durch Benutzung des Beweisoperators $\Box$ in T ausgedrückt werden, oft durch Aussagenschemata. Die folgenden Beispiele sind hilfreich, um die Bedeutung von $\neg\,\mathtt{Con}_T$ innerhalb von T zu erfassen. Keine dieser Eigenschaften trifft in unserer Metatheorie auf ein konsistentes T zu.

(i)	$\neg\,\mathtt{Con}_T$:	$\Box\bot$	(beweisbare Inkonsistenz),
(ii)	SyVo :	$\Box\alpha \vee \Box\neg\alpha$	(syntaktische Vollständigkeit),
(iii)	SeVo :	$\alpha \to \Box\alpha$	(semantische Vollständigkeit),
(iv)	ω-Vo :	$\forall x\Box[\varphi(x)] \to \Box\forall x\varphi(x)$	(ω-Vollständigkeit).

Satz 2.4. *Die Eigenschaften* (i)–(iv) *sind in T alle äquivalent.*

Beweis. Nach (4) sind (i)⇒(ii),(iii),(iv) klar. (ii)⇒(i): Rossers Theorem 6.5.1″ ergibt formalisiert (siehe **7.4**) ein α mit $\mathtt{Con}_T \vdash_T \neg\Box\alpha, \neg\Box\neg\alpha$, also $\Box\alpha \vee \Box\neg\alpha \vdash_T \neg\,\mathtt{Con}_T$. (iii)⇒(i): Nach SeVo ist $\mathtt{Con}_T \vdash_T \Box\,\mathtt{Con}_T$, Satz 2.2 sagt aber $\mathtt{Con}_T \vdash_T \neg\Box\,\mathtt{Con}_T$, also $\vdash_T \neg\,\mathtt{Con}_T$. (iv)⇒(i): $\neg\,\mathtt{bew}_T(x, \ulcorner\bot\urcorner) \vdash_T \Box[\neg\,\mathtt{bew}_T(x, \ulcorner\bot\urcorner)]$ gilt gemäß (9) in **7.1**, also $\mathtt{Con}_T = \forall x\neg\,\mathtt{bew}_T(x, \ulcorner\bot\urcorner) \vdash_T \forall x\Box[\neg\,\mathtt{bew}_T(x, \ulcorner\bot\urcorner)]$. Mit ω-Vo und (2) also $\mathtt{Con}_T \vdash_T \Box\forall x\neg\,\mathtt{bew}(x, \ulcorner\bot\urcorner) = \Box\,\mathtt{Con}_T \vdash_T \neg\,\mathtt{Con}_T$. Folglich gilt $\vdash_T \neg\,\mathtt{Con}_T$. ❑

Bemerkung. Auch $\mathtt{Con}_T$ ist in T mit anderen Eigenschaften äquivalent, etwa mit dem Schema $\Box\alpha \to \alpha$ für Π_1-Aussagen α (*lokales* Π_1-*Reflektionsprinzip*), sowie mit dem *uniformen* Π_1-*Reflektionsprinzip* $\forall x\Box[\alpha(x)] \to \forall x\alpha(x)$ für Π_1-Formeln α, siehe z.B. [Ba, D.1]. Sowohl der Satz von Paris-Harrington als auch der von Goodstein sind in PA zur uniformen Σ_1-Reflektion äquivalent, siehe etwa [Ba, D.8].

Wir erklären rekursiv $T^0 = T$ und $T^{n+1} = T^n + \mathtt{Con}_{T^n}$. Diese *n-fach iterierte Konsistenzerweiterung* hat nach Übung 3 die Darstellung $T^n = T + \neg\Box^n\bot$; dabei ist $\Box = \mathtt{bwb}_T$, $\Box^0\alpha = \alpha$ und $\Box^{n+1}\alpha = \Box\Box^n\alpha$. Es sei $T^\omega := \bigcup_{n\in\omega} T^n$. Da $T^n \subseteq T^{n+1}$, ist T^ω konsistent genau dann, wenn alle T^n konsistent sind, d.h. $\nvdash_T \Box^n\bot$ für alle n. Beispiel 2(a) in **7.3** wird zeigen $\mathsf{PA} \subset \mathsf{PA}^1 \subset \mathsf{PA}^2 \subset \dots$ Wie $\mathsf{PA}^1 = \mathsf{PA} + \mathtt{Con}_{\mathsf{PA}}$, geht auch PA^ω mit der Wahrheit konform, was kritisch beleuchtet allerdings nur heißt, dass PA^ω relativ konsistent ist zu ZFC, d.h. $\vdash_{\mathsf{ZFC}} \mathtt{Con}_{\mathsf{PA}^\omega}$. Hier das (in ZFC zu formalisierende) Argument: Wäre $\vdash_{\mathsf{PA}^\omega} \bot$, so folgt schon $\vdash_{\mathsf{PA}^n} \bot$ für ein n und mithin $\vdash_{\mathsf{PA}} \neg\Box^n\bot \to \bot \equiv \Box^n\bot$. Dies aber ist unmöglich, wie eine wiederholte Anwendung von $D1^*$ auf Seite 211 zeigt.

Übungen

1. Man beweise $D4°$ für T durch Anwendung von Satz 2.2 auf $T' = T + \neg\alpha$.

2. Man zeige mit dem Löbschen Theorem, $\mathtt{Con}_{\mathsf{PA}} \to \Diamond\,\mathtt{Con}_{\mathsf{PA}}$ ist in PA unbeweisbar (wohl aber wahr).

3. Man beweise $T^n = T + \neg\Box^n\bot$ und $\mathtt{Con}_{T^n} \equiv_T \neg\Box^{n+1}\bot$. Dabei sei $\Box = \Box_T$.

4. Man beweise $\vdash_{\mathsf{ZFC}} \Box_{\mathsf{PA}}\alpha \to \alpha$ für jede arithmetische Aussage $\alpha \in \mathcal{L}^0_\in$.

7.3 Die Modallogik G

In **7.2** wurde Prädikatenlogik kaum benötigt. Daher überrascht nicht, dass sich viele der dortigen Resultate aussagenlogisch, genauer, in einem sogenannten modalen Aussagenkalkül gewinnen lassen. Dieser enthalte nebst $\wedge, \neg$ auch das Falsumsymbol $\bot$, sowie einen weiteren einstelligen Junktor $\Box$, der den Beweisoperator interpretieren soll. Wir definieren zuerst eine aussagenlogische Sprache $\mathcal{F}_\Box$, deren Formeln durch H, G, F bezeichnet werden: (a) Die Aussagenvariablen $p_1, p_2, \ldots$ und $\bot$ gehören zu $\mathcal{F}_\Box$. (b) Mit $H, G \in \mathcal{F}_\Box$ sind auch $(H \wedge G), \neg H, \Box H \in \mathcal{F}_\Box$. Weitere Formeln gibt es in diesem Zusammenhang nicht. $H \vee G$, $H \to G$, $H \leftrightarrow G$ seien wie in **1.4** definiert, $\top := \neg\bot$. Ferner sei $\Box^0 H = H$ und $\Box^{n+1} H = \Box\Box^n H$, sowie $\Diamond H := \neg\Box\neg H$.

Sei G die Menge der Formeln von $\mathcal{F}_\Box$, die man mit Substitutionen $\sigma\colon \mathcal{F}_\Box \to \mathcal{F}_\Box$, dem Modus Ponens MP und der „Box-Regel" MN: $H/\Box H$ ableiten kann aus den Tautologien der 2-wertigen Aussagenlogik, vermehrt um die modalen Axiome

$$\Box(p \to q) \to \Box p \to \Box q, \quad \Box p \to \Box\Box p, \quad \Box(\Box p \to p) \to \Box p \ (\textit{Löbsches Axiom}).$$

Auf das Axiom $\Box p \to \Box\Box p$ könnte im Prinzip verzichtet werden; es ist aus den übrigen Axiomen beweisbar, siehe [Boo] oder [Ra1]. Für $H \in$ G schreiben wir meistens $\vdash_{\mathsf{G}} H$ (gelesen: G *beweist* H). Die Regel MN entspricht offenbar der Bedingung $D1$. Das erste Axiom von G gibt $D2$ wieder, das mittlere $D3$, und das letzte entspricht $D4$. Eine Beschreibung der Beziehung zwischen G und PA gibt **7.4**. Zunächst geht es nur um das formale System G und seine nachfolgend erläuterte Kripke-Semantik. Wir beschränken uns hier ganz auf endliche Kripke-Strukturen für G, kurz G-Strukturen genannt, und beginnen ohne lange Vorrede mit folgender

Definition. Eine G-*Struktur* sei eine endliche irreflexive Halbordnung $(g, <)$. Eine *Belegung* sei eine Abbildung w, die jeder Variablen p eine Teilmenge wp von g zuordnet. Die von w abhängige Relation $P \Vdash H$ zwischen Punkten $P \in g$ und Formeln $H \in \mathcal{F}_\Box$ (gelesen: *P akzeptiert H*) wird induktiv erklärt durch

$$P \Vdash p \Leftrightarrow P \in wp, \qquad P \nVdash \bot, \qquad P \Vdash H \wedge G \Leftrightarrow P \Vdash H, G,$$
$$P \Vdash \neg H \Leftrightarrow P \nVdash H, \quad P \Vdash \Box H \Leftrightarrow P' \Vdash H \text{ für alle } P' > P.$$

Falls $P \Vdash H$ für alle G-Strukturen g, alle $P \in g$ und alle Belegungen w, schreiben wir $\vDash_{\mathsf{G}} H$ und sagen H *sei* G-*gültig*.

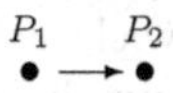

Die links dargestellte G-Struktur aus den Punkten P_1, P_2 mit $P_1 < P_2$ zeigt $\nvDash_{\mathsf{G}} p \to \Box p$. Denn sei $wp = \{P_1\}$. Dann ist $P_1 \Vdash p$, nicht aber $P_1 \Vdash \Box p$, weil $P_2 \nVdash p$. Ebenso gilt $\nvDash \Box p \to p$, da $P_2 \Vdash \Box p$. Ferner besagt $P \Vdash \Diamond H$ offenbar $P' \Vdash H$ für ein $P' > P$. Es stehe $H \equiv_{\mathsf{G}} H'$ für $\vDash_{\mathsf{G}} H \leftrightarrow H'$. Dies ist eine Kongruenz in $\mathcal{F}_\Box$, welche die logische Äquivalenz der Formeln ohne $\Box$ konservativ erweitert. So gelten z.B. die wichtigen Äquivalenzen $\neg\Box H \equiv_{\mathsf{G}} \Diamond\neg H$ und $\neg\Diamond H \equiv_{\mathsf{G}} \Box\neg H$.

Beispiele. (a) Es ist $P \Vdash \Box H$ für beliebiges H, falls P *maximal* ist in g, d.h. es gibt kein $P' > P$. Speziell werden $\Box\bot$ und $\Box\neg\Box\bot$ nur genau an den maximalen Punkten von g akzeptiert. Daher ist $\Box\bot \equiv_{\mathsf{G}} \Box\neg\Box\bot$, also $\neg\Box\bot \equiv_{\mathsf{G}} \neg\Box\neg\Box\bot$. Dies reflektiert in G den zweiten Unvollständigkeitssatz wie Beispiel 1 in **7.4** zeigen wird.

(b) Sei $\{P_0, \dots, P_n\}$ die G-Struktur mit $P_n < \cdots < P_0$. Induktion über n zeigt leicht $P_n \Vdash \Box^m\bot$ für $m > n$, jedoch $P_n \nVdash \Box^n\bot$. Daher auch $P_n \nVdash \Box^{n+1}\bot \rightarrow \Box^n\bot$. Folglich $\nvDash_{\mathsf{G}} \Box^{n+1}\bot \rightarrow \Box^n\bot$ ($\equiv_{\mathsf{G}} \neg\Box^n\bot \rightarrow \neg\Box^{n+1}\bot$) für jedes n. Erst recht also $\nvDash_{\mathsf{G}} \Box^n\bot$.

(c) $\vDash_{\mathsf{G}} \Box(\Box p \rightarrow p) \rightarrow \Box p$. Denn seien g und $P \in g$ beliebig. Ist $P \nVdash \Box p$, gibt es – weil g endlich ist – ein $Q > P$ mit $Q \nVdash p$ und $Q' \Vdash p$ für alle $Q' > Q$, also $Q \Vdash \Box p$. Das zeigt $Q \nVdash \Box p \rightarrow p$ und daher $P \nVdash \Box(\Box p \rightarrow p)$. Somit $P \Vdash \Box(\Box p \rightarrow p) \rightarrow \Box p$, was die Behauptung offenbar beweist. Ebenso einfach folgt $\vDash_{\mathsf{G}} \Box p \rightarrow \Box\Box p$ aus der Transitivität von $<$. Ganz leicht ist der Beweis von $\vDash_{\mathsf{G}} \Box(p \rightarrow q) \rightarrow \Box p \rightarrow \Box q$.

(d) Für $R_n := \bigwedge_{i=1}^n (\Box p_i \rightarrow p_i)$ ist $\vDash_{\mathsf{G}} \neg\Box^{n+1}\bot \rightarrow \Diamond R_n$. Denn sei $P \Vdash \neg\Box^{n+1}\bot$. Dann muss eine Kette $P = P_0 < \cdots < P_{n+1}$ in g existieren. Ein Konjunktionsglied von R_n wird aber von höchstens einem der $n+1$ Punkte $P_1, \dots, P_{n+1}$ nicht akzeptiert, wie man leicht einsieht. Also $P_i \Vdash R_n$ für wenigstens ein $i > 0$. Folglich $P \Vdash \Diamond R_n$. Die Formel R_n ist sehr wichtig für unseren Beweis von Satz 6.1 auf Seite 228.

Induktion in $\vdash_{\mathsf{G}}$ zeigt $\vdash_{\mathsf{G}} H \Rightarrow \vDash_{\mathsf{G}} H$. Beispiel (c) ist ein Teil des Induktionsanfangs. Bei MN schließe man indirekt: mit $P \nVdash \Box H$ folgt $P' \nVdash H$ für ein $P' > P$. Etwas mehr Anstrengung kostet der Nachweis von $\vDash_{\mathsf{G}} H \Rightarrow \vdash_{\mathsf{G}} H$ in folgendem Satz, den wir ohne Beweis benutzen werden. Danach kann $\vdash_{\mathsf{G}} H$ durch den Nachweis von $\vDash_{\mathsf{G}} H$ auch bestätigt werden. Die besondere Bedeutung des Satzes und seines Korollars wird erst klar durch Satz 4.2. Für einen Beweis des Satzes siehe [Boo], [Ra1], oder auch [Kr] mit sehr allgemeinen Kriterien der endlichen Modelleigenschaft, die auf alle in diesem Kapitel betrachteten Modallogiken zutreffen.

Satz 3.1 (Vollständigkeit der Kripke-Semantik für G). $\vdash_{\mathsf{G}} H \Leftrightarrow \vDash_{\mathsf{G}} H$.

Die in G beweisbaren Formeln sind damit rekursiv aufzählbar. Aber auch die dort widerlegbaren Formeln; denn G ist endlich axiomatisierbar und die G-Strukturen sind sicher aufzählbar. Damit ergibt sich in völliger Analogie zu Übung 3 in **3.6** das

Korollar 3.2. G *ist entscheidbar.*

Bemerkung. Sei $\mathcal{F}_{\Box}^0$ die Menge der variablenfreien Formeln. $\mathsf{G}^0 := \mathsf{G} \cap \mathcal{F}_{\Box}^0$ ist ein wichtiges Fragment von G. Dessen interessanteste Formeln sind die $\neg\Box^n\bot$ ($\equiv_{\mathsf{G}} \Diamond^n\top$). Denn diese bilden eine Boolesche Basis für G^0. Das sieht man leicht, indem man zeigt G^0 ist vollständig bzgl. aller linearen G-Strukturen und den Basissatz 5.2.3 entsprechend anpaßt. Zwei lineare G-Strukturen, die dieselben „Basisformeln“ $\Box^n\bot$ erfüllen, sind entweder beide endlich und bereits isomorph, oder beide sind unendlich und ununterscheidbar bzgl. aller $H \in \mathcal{F}_{\Box}^0$.

7.4 Modale Behandlung der Selbstreferenz

Sei T eine Theorie in $\mathcal{L}$ wie in **7.2**. T erfüllt also $D1$–$D4$. Eine Abbildung $\imath\colon p_i \mapsto \alpha_i$ $(\in \mathcal{L}^0)$, *Einsetzung* genannt, liefert zu jedem $H \in \mathcal{F}_\Box$ eine $\mathcal{L}$-Aussage $H^\imath$, indem $\imath$ durch $\bot^\imath = \bot$, $(\neg H)^\imath = \neg H^\imath$, $(H \wedge G)^\imath = H^\imath \wedge G^\imath$ und $(\Box H)^\imath = \Box H^\imath$ $(= \mathtt{bwb}_T(\ulcorner H^\imath \urcorner))$ auf ganz $\mathcal{F}_\Box$ fortgesetzt wird. $H^\imath$ entsteht aus $H = H(p_1, \ldots, p_n)$ einfach durch Ersetzung der p_ν durch die α_ν. So ist zum Beispiel $(\Box p \wedge \neg \Box \bot)^\imath = \Box \alpha \wedge \neg \Box \bot$, falls $p^\imath = \alpha$. Das folgende Lemma zeigt $\vdash_\mathsf{G} H \Rightarrow\ \vdash_T H$. Allein dieser Umstand erleichtert Beweise über selbstbezügliche Aussagen erheblich.

Lemma 4.1. *Für jedes H mit $\vdash_\mathsf{G} H$ und jede Einsetzung $\imath$ in $\mathcal{L}$ gilt $\vdash_T H^\imath$.*

Beweis durch Induktion über $\vdash_\mathsf{G} H$. Für eine aussagenlogische Tautologie H ist $H^\imath \in \mathit{Taut}_\mathcal{L} \subseteq T$. Ist H eines der modalen Axiome von G, gilt $\vdash_T H^\imath$ nach $D2$, $D3$ bzw. $D4$. Ist $\vdash_\mathsf{G} H$ und $\sigma\colon \mathcal{F}_\Box \to \mathcal{F}_\Box$ eine Substitution, gilt $\vdash_T H^{\sigma\imath}$, weil $H^{\sigma\imath} = H^{\imath'}$ mit $\imath' : p \mapsto p^{\sigma\imath}$ und $\vdash_T H^{\imath'}$ gemäß Induktionsannahme. Wurde MN verwendet, gilt also $\vdash_T H^\imath$ nach Induktionsannahme, folgt mit $D1$ sicher auch $\vdash_T \Box H^\imath = (\Box H)^\imath$. Für den Schritt über MP beachte man $(F \to G)^\imath = F^\imath \to G^\imath$. ❑

Beispiel 1. (a) Wir beweisen (3) und damit (2) aus **7.2**. Gemäß Lemma 4.1 und Satz 3.1 genügt zu zeigen $\vDash_\mathsf{G} \neg\Box\bot \leftrightarrow \neg\Box\neg\Box\bot$, was nach Beispiel (a) aus **7.3** richtig ist. (b) Man sieht leicht $\vDash_\mathsf{G} \Box(p \leftrightarrow \Diamond p) \to \Box\neg p$. Also $\vdash_\mathsf{PA} \Box(\alpha \leftrightarrow \Diamond\alpha) \to \Box\neg\alpha$. Das sagt in PA 'Eine Aussage, die ihre eigene Konsistenz mit PA behauptet, ist mit PA unverträglich'. Obwohl dies im ersten Moment wenig plausibel erscheint, ist hiervon auch die Umkehrung richtig und in PA beweisbar. Denn $\vDash_\mathsf{G} \Box\neg p \to \Box(p \leftrightarrow \Diamond p)$.

Wir erläutern nun einige Fakten, die die bisherigen Ausführungen in interessanter Weise ergänzen. Für PA und verwandte Theorien gilt auch die Umkehrung von Lemma 4.1. Mit anderen Worten, die Ableitungsbedingungen und das Löbsche Theorem enthalten bereits alles Wissenswerte über selbstreferierende Aussagenschemata. Für die subtilen Beweise der Sätze 4.2, 4.4 und 4.5 verweisen wir auf [Boo].

Satz 4.2 (Solovayscher Vollständigkeitssatz). *Für beliebiges $H \in \mathcal{F}_\Box$ gilt $\vdash_\mathsf{G} H$ (oder gleichwertig $\vDash_\mathsf{G} H$) genau dann, wenn $\vdash_\mathsf{PA} H^\imath$ für alle Einsetzungen $\imath$.*

Beispiel 2. (a) $\nvdash_\mathsf{PA} \Box^{n+1}\bot \to \Box^n\bot$. Denn $\nvDash_\mathsf{G} \Box^{n+1}\bot \to \Box^n\bot$, Beispiel (b) in **7.3**. Das zeigt $\mathsf{PA} \subset \mathsf{PA}^1 \subset \mathsf{PA}^2 \subset \ldots$, denn $\mathsf{PA}^n = \mathsf{PA} + \neg\Box^n\bot$ (Übung 3 in **7.2**). (b) Man zeigt leicht $\nvDash_\mathsf{G} \neg\Box\bot \to \Box\neg\Box\bot$. Daher $\nvdash_\mathsf{PA} \mathsf{Con}_\mathsf{PA} \to \Box\,\mathsf{Con}_\mathsf{PA}$ nach Satz 4.2. (c) $\mathsf{PA}_n := \mathsf{PA} + \Box^n\bot$ ist konsistent für $n > 0$ (folgt aus (a)), aber ω-inkonsistent, denn $D1^*$ Seite 211 ergibt $\vdash_{\mathsf{PA}_n} \Box^n\bot \Rightarrow\ \vdash_{\mathsf{PA}_n} \Box^{n-1}\bot \Rightarrow \ldots \Rightarrow\ \vdash_{\mathsf{PA}_n} \bot$, im Widerspruch zu $\nvdash_{\mathsf{PA}_n} \bot$. Weil $\vdash_\mathsf{PA} \Box^n\bot \to \Box^{n+1}\bot$ nach $D3$, gilt $\mathsf{PA}_n \supseteq \mathsf{PA}_{n+1}$, und weil $\mathsf{PA}_{n+1} \neq \mathsf{PA}_{n+2}$ sich leicht aus (a) ergibt, ist $\mathsf{PA}_0 \supset \mathsf{PA}_1 \supset \ldots \supset \mathsf{PA}$.

Infolge der Entscheidbarkeit von G ist Satz 4.2 ein sehr effizientes Instrument zur Entscheidung über die Beweisbarkeit selbstbezüglicher Aussagenschemata. Weil z.B. $\nvDash_{\mathsf{G}} \Box p \to p$, muss es ein $\alpha \in \mathcal{L}_{ar}^0$ mit $\nvdash_{\mathsf{PA}} \Box\alpha \to \alpha$ geben. Ein Beispiel ist $\alpha = \bot$.

Viele andere Theorien haben dieselbe Beweislogik wie PA. Dabei heiße eine modale Aussagenlogik M allgemein die *Beweislogik* für T, wenn das Analogon von Satz 4.2 bzgl. T und M gilt. Für spezielle Theorien kann die Beweislogik allerdings auch eine echte Erweiterung von G sein. So hat z.B. die ω-inkonsistente Theorie PA_n aus Beispiel 2(c) gerade die Beweislogik $\mathsf{G}_n := \mathsf{G} + \Box^n\bot$, die kleinste gegenüber allen Regeln von G abgeschlossene Erweiterung von G mit dem Zusatzaxiom $\Box^n\bot$, Übung 1 (man beachte, $\mathsf{G}_0 := \mathsf{G} + \bot$ ist inkonsistent). Andere Erweiterungen von G kommen nach folgendem Satz von Visser als Beweislogiken nicht in Frage.

Satz 4.3. *T sei mindestens so stark wie* PA. *Dann gelten*

(a) *Ist T^ω konsistent, so ist* G *die Beweislogik von T* (Beweis erfolgt in **7.6**),

(b) *Ist $\vdash_{T^\omega} \bot$ und n minimal mit $\vdash_{T^n} \bot$, so ist G_n die Beweislogik von T.*

Es lassen sich nun auch die Formeln $H \in \mathfrak{F}_\Box$ mit $\mathcal{N} \vDash H^\imath$ für alle Einsetzungen $\imath$ in $\mathcal{L}_{ar}$ überraschenderweise recht einfach charakterisieren. Offenbar gehören dazu alle $H \in \mathsf{G}$. Aber z.B. gehört dazu auch $\Box p \to p$, weil $\mathcal{N} \vDash \Box\alpha \to \alpha$ für alle $\alpha \in \mathcal{L}_{ar}^0$.

Sei GS ($\supseteq$ G) die Menge aller Formeln aus $\mathfrak{F}_\Box$, die sich aus denen von $\mathsf{G} \cup \{\Box p \to p\}$ mittels Substitution und alleiniger Anwendung von MP, also ohne Box-Regel gewinnen lassen. Induktion über die Erzeugung von GS zeigt $H \in \mathsf{GS} \Rightarrow \mathcal{N} \vDash H^\imath$, für alle Einsetzungen $\imath$. Auch hier gilt nach [So] wieder die Umkehrung:

Satz 4.4. *$H \in$ GS genau dann, wenn $\mathcal{N} \vDash H^\imath$ für alle Einsetzungen $\imath$.*

Auch GS ist entscheidbar, denn man zeigt unschwer $H \in \mathsf{GS} \Leftrightarrow H^* \in \mathsf{G}$, wobei

$$H^* := [\bigwedge\nolimits_{\Box G \in Sf^\Box H}(\Box G \to G)] \to H.$$

Hier ist $Sf^\Box H$ die Menge der Subformeln von H der Gestalt $\Box G$. Nach Satz 4.4 sind viele, die Beziehungen zwischen *beweisbar* und *wahr* betreffende Fragen effektiv entscheidbar. So ist z.B. $H(p) := \neg\Box(\neg\Box\bot \to \neg\Box p \wedge \neg\Box\neg p) \notin \mathsf{GS}$ leicht zu bestätigen. Aufgrund von Satz 4.4 ist also $\mathcal{N} \vDash \neg H(\alpha) \equiv \Box(\neg\Box\bot \to \neg\Box\alpha \wedge \neg\Box\neg\alpha)$ für ein gewisses $\alpha \in \mathcal{L}_{ar}^0$. Dies bedeutet: Für eine gewisse Aussage α ist *in* PA *beweisbar*, dass die Konsistenz von PA die Unabhängigkeit von α impliziert. Genau dies besagt der im Rahmen von PA formulierte Satz von Rosser. Nach [Be1] kann $\Box$ in den $H \in \mathsf{GS}$ in Satz 4.4 auch $\mathtt{bwb}_T$ für eine beliebige axiomatisierbare Theorie T mit $\mathsf{PA} \subseteq T \subseteq Th\mathcal{N}$ bedeuten; beweist T hingegen falsche Sätze, (wie z.B. $\mathsf{PA}^\bot$), kann GS vollkommen übersehbar neu definiert werden und ist stets entscheidbar.

Eine in H vorkommende Variable p heiße *modalisiert in* H, wenn p nur im Wirkungsbereich eines $\Box$-Operators steht, wie z.B. in $\neg\Box p$ und $\Box(p \to q)$, nicht aber in $\Box p \to p$. Ein weiterer hochinteressanter Satz ist

Satz 4.5 (Fixpunktsatz von DeJongh-Sambin). *Sei p modalisiert in $H(p,\vec{q})$, $\vec{q}=(q_1,\dots,q_n)$, $n\geqslant 0$. Dann gibt es ein $F=F(\vec{q})\in\mathcal{F}_\Box$ mit* (a) $F\equiv_{\mathsf{G}} H(F,\vec{q})$. *Ferner gilt* (b) $\vdash_{\mathsf{G}} \bigwedge_{i=1,2}[(p_i\leftrightarrow H(p_i,\vec{q}))\land\Box(p_i\leftrightarrow H(p_i,\vec{q}))]\rightarrow(p_1\leftrightarrow p_2)$.

Dieser Satz ergibt für alle $D1$–$D4$ erfüllende Theorien T leicht das

Korollar 4.6. *Sei p modalisiert in $H=H(p,\vec{q})$. Dann gibt es ein $F=F(\vec{q})\in\mathcal{F}_\Box$ mit $F(\vec{\alpha})\equiv_T H(F(\vec{\alpha}),\vec{\alpha})$ für alle $\vec{\alpha}=(\alpha_1,\dots,\alpha_n)$, $\alpha_i\in\mathcal{L}^0$. Bis auf Äquivalenz in T existiert zu jedem $\vec{\alpha}$ nur genau ein $\beta\in\mathcal{L}^0$ mit $\beta\equiv_T H(\beta,\vec{\alpha})$.*

Beweis. Sei F gemäß Satz 4.5 beliebig gewählt. Dann gilt $F(\vec{\alpha})\equiv_T H(F(\vec{\alpha}),\vec{\alpha})$ nach Lemma 4.1, mit $\vec{q}^{\,\imath}=\vec{\alpha}$. Zum Nachweis der Eindeutigkeit sei $\beta_i\equiv_T H(\beta_i,\vec{\alpha})$ für $i=1,2$. Das ergibt $\vdash_T (\beta_i\leftrightarrow H(\beta_i,\vec{\alpha}))\land\Box(\beta_i\leftrightarrow H(\beta_i,\vec{\alpha}))$ mit $D1$. Einsetzung von $\beta_i,\vec{\alpha}$ für p_i bzw. $\vec{q}$ in Satz 4.5(b) liefert nach Lemma 4.1 dann $\beta_1\equiv_T\beta_2$. ❑

Beispiel 3. Für $H=\neg\Box p$, d.h. $n=0$, ist $F=\neg\Box\bot$ eine „Lösung" von (a) in Satz 4.5, weil $\neg\Box\bot\equiv_{\mathsf{G}}\neg\Box(\neg\Box\bot)$. Nach dem Korollar ist $\mathtt{Con}_T=\neg\Box\bot$ einziger Fixpunkt von $\neg\,\mathtt{bwb}_T$ modulo T. Das ist die Aussage von (3) in **7.2**.

Viele Spezialfälle des Korollars repräsentieren ältere Resultate über Selbstreferenz von Gödel, Löb, Rogers, Jeroslow und Kreisel, die – modallogisch formuliert – Fixpunkte p von $\neg\Box p$, $\Box p$, $\neg\Box\neg p$, $\Box\neg p$ und $\Box(p\rightarrow q)$ betreffen. Der Reihe nach sind dies $\neg\Box\bot$, $\top$, $\bot$, $\Box\bot$, und $\Box q$. Diese Fixpunkte erhält man übrigens nach einem ganz einfachen Rezept. Denn die erstgenannten Formeln haben alle die Gestalt

$$H(p,\vec{q})=G\,\tfrac{\Box H'}{p}\qquad (p \text{ in } G(p,\vec{q}) \textit{ nicht} \text{ modalisiert, } H'(p,\vec{q}) \text{ passend gewählt}).$$

Dann nämlich ist $F=H\,\frac{G(\top,\vec{q})}{p}$ Fixpunkt von H, wie sich nachrechnen lässt. Für $H=\neg\Box p$ wie in Beispiel 3 ist $G=\neg p$. Daher ist $F=\neg\Box p\,\frac{\neg\top}{p}=\neg\Box\neg\top\equiv_{\mathsf{G}}\neg\Box\bot$. Für Kreisels Formel $\Box(p\rightarrow q)$ ist $G=p$, also $F=\Box(p\rightarrow q)\,\frac{\top}{p}=\Box(\top\rightarrow q)\equiv_{\mathsf{G}}\Box q$. Das Rezept betrifft auch $H=\Box p\rightarrow q$, mit $G=p\rightarrow q$. Der einzige Fixpunkt von H modulo T ist demnach $F=(\Box p\rightarrow q)\frac{\top\rightarrow q}{p}=\Box(\top\rightarrow q)\rightarrow q\equiv_{\mathsf{G}}\Box q\rightarrow q$. Genau dies war die Behauptung (b) des für Gödels Satz 2.2 wichtigen Lemmas 2.1.

Übungen

1. Man beweise, die Theorie PA_n aus Beispiel 2(c) hat die Beweislogik G_n.

2. Man zeige $\mathsf{PA}^n_\bot:=\mathsf{PA}^n+\neg\,\mathtt{Con}_{\mathsf{PA}^n}$ ist identisch mit $\mathsf{PA}+\Box^{n+1}\bot\land\neg\Box^n\bot$. Dabei ist $\Box=\Box_{\mathsf{PA}}$. Ferner zeige man $\mathsf{PA}^n_\bot$ hat die Beweislogik $\mathsf{G}_1=\mathsf{G}+\Box\bot$.

3. Man zeige $\top$, $\bot$ und $\Box\bot$ sind die Fixpunkte von $\Box p$, $\neg\Box\neg p$ und $\Box\neg p$.

4. (Mostowski). Sei $T\supseteq\mathsf{PA}$ axiomatisierbar und $\mathcal{N}\vDash T$. Man zeige, es gibt zwei relativ unabhängige (Σ_1-)Aussagen α,β über T, d.h. $\alpha\rightarrow\beta$, $\alpha\rightarrow\neg\beta$, $\neg\alpha\rightarrow\beta$, $\neg\alpha\rightarrow\neg\beta$ (und damit auch α, $\neg\alpha$, β, $\neg\beta$) sind unbeweisbar in T.

7.5 Eine bimodale Beweislogik für PA

Nach einer Bemerkung von Hilbert lässt sich das Unvollständigkeitsphänomen durch Benutzung der sogenannten *ω-Regel* ρ_ω : $\dfrac{X \vdash \varphi(\underline{n}) \text{ für alle } n}{X \vdash \forall x\varphi}$ sozusagen gewaltsam aus der Welt schaffen. ρ_ω hat unendlich viele Prämissen und es ist einfach, mittels ρ_ω jede in $\mathcal{N}$ gültige Aussage α aus den Axiomen von PA (sogar aus denen von Q) herzuleiten. Denn dies ist wegen der Σ_1-Vollständigkeit von Q sicher möglich für Primaussagen und deren Negationen; jede andere Aussage lässt sich aus diesen bis auf Äquivalenz mit $\wedge, \vee, \forall, \exists$ erzeugen und die Induktionsschritte über diese Junktoren sind einfach. Beim $\forall$-Schritt verwendet man gerade ρ_ω. Der uneingeschänkte Gebrauch der infinitären Regel ρ_ω widerspricht jedoch Hilberts eigenen Intentionen einer finiten Grundlegung der Mathematik. Schränkt man ρ_ω aber auf eine *einmalige* Anwendung beim Beweis von α ein, d.h. definiert man $\mathit{1bwb}_{\mathsf{PA}}(\alpha)$ durch

$$\mathit{1bwb}_{\mathsf{PA}}(\alpha) := (\exists\varphi{\in}\mathcal{L}^1_{ar})[\forall n\, \mathit{bwb}_{\mathsf{PA}}(\varphi(\underline{n}))\ \&\ \mathit{bwb}_{\mathsf{PA}}(\forall \boldsymbol{v}_0\varphi \to \alpha)],$$

so ist dieses Prädikat immerhin arithmetisch; genauer, es ist Σ_3 wegen des in $\mathit{bwb}_{\mathsf{PA}}$ noch verborgenen $\exists$-Quantors. Im Sinne der Bemerkung 1 in **6.2** unterscheiden wir dabei nicht mehr zwischen α und $\dot\alpha$; wir lesen $\mathit{1bwb}_{\mathsf{PA}}(\alpha)$ als 'α ist 1-beweisbar'. Sei $\mathtt{1bwb}(z)$ die $\mathit{1bwb}_{\mathsf{PA}}$ definierende Σ_3-Formel, $\boxed{1}\alpha := \mathtt{1bwb}(\ulcorner\alpha\urcorner)$ und $\langle 1\rangle\alpha := \neg\boxed{1}\neg\alpha$. Für $\alpha \in \mathcal{L}^0_{ar}$ darf man $\Box\alpha$ bekanntlich lesen als '$\mathsf{PA} + \neg\alpha$ ist inkonsistent', $\boxed{1}\alpha$ nach Lemma 5.1 hingegen als '$\mathsf{PA} + \neg\alpha$ ist ω-inkonsistent'. $\langle 1\rangle\top$ ($\equiv \neg\boxed{1}\bot$) meint demnach 'PA ($= \mathsf{PA} + \neg\bot$) ist ω-konsistent'. Dies erklärt das Interesse an dem Operator $\boxed{1}$.

Mit $\mathit{bwb}_{\mathsf{PA}}(\alpha)$ gilt gewiss auch $\mathit{1bwb}_{\mathsf{PA}}(\alpha)$ (man wähle $\varphi = \alpha$). Dies lässt sich auch in PA beweisen: $\vdash_{\mathsf{PA}} \Box\alpha \to \boxed{1}\alpha$, für jedes $\alpha \in \mathcal{L}^0_{ar}$. Die Umkehrung gilt nicht. Denn sicher ist $\nvdash_{\mathsf{PA}} \mathtt{Con}_{\mathsf{PA}}$, doch ist $\mathtt{Con}_{\mathsf{PA}}$ leicht 1-beweisbar: mit $\varphi(\boldsymbol{v}_0) := \neg\,\mathtt{bew}_{\mathsf{PA}}(\boldsymbol{v}_0, \bot)$ ist $\vdash_{\mathsf{PA}} \varphi(\underline{n})$ für jedes n, und $\vdash_{\mathsf{PA}} \forall\boldsymbol{v}_0\varphi \to \mathtt{Con}_{\mathsf{PA}}$ ist wegen $\forall\boldsymbol{v}_0\varphi \equiv \mathtt{Con}_{\mathsf{PA}}$ trivial.

Sei $\mathsf{PA}^\Omega := \mathsf{PA} + \Omega$ mit $\Omega := \{\forall x\varphi \mid \varphi \in \mathcal{L}^1_{ar},\ \vdash_{\mathsf{PA}} \varphi(\underline{n}) \text{ für alle } n\}$ und $x = \boldsymbol{v}_0$. Wie Satz 5.2 zeigen wird, ist PA^Ω echt Σ_3, also nicht mehr rekursiv axiomatisierbar.

Lemma 5.1. *Folgende Eigenschaften sind für beliebiges* $\alpha \in \mathcal{L}^0_{ar}$ *gleichwertig:*

(i) $\mathit{1bwb}_{\mathsf{PA}}(\alpha)$, (ii) $\vdash_{\mathsf{PA}^\Omega} \alpha$, (iii) $\mathsf{PA} + \neg\alpha$ *ist ω-inkonsistent.*

Beweis. (i)⇒(ii) folgt unmittelbar aus den Definitionen. (ii)⇒(iii): Sei $\vdash_{\mathsf{PA}^\Omega} \alpha$. Nun ist Ω modulo PA konjunktiv abgeschlossen. Also gibt es nach dem Deduktionstheorem ein $\forall x\varphi(x) \in \Omega$ mit $\vdash_{\mathsf{PA}} \forall x\varphi \to \alpha$ und $\vdash_{\mathsf{PA}} \varphi(\underline{n})$ für alle n. Weil dann offenbar $\vdash_{\mathsf{PA}+\neg\alpha} \exists x\neg\varphi$, ist $\mathsf{PA} + \neg\alpha$ ω-inkonsistent. (iii)⇒(i): Sei etwa $\vdash_{\mathsf{PA}+\neg\alpha} \beta(\underline{n})$ für alle n, sowie $\vdash_{\mathsf{PA}+\neg\alpha} \exists x\neg\beta(x)$, folglich $\vdash_{\mathsf{PA}} \forall x\beta \to \alpha$. Mit $\varphi(x) := \neg\alpha \to \beta(x)$ ist dann $\vdash_{\mathsf{PA}} \varphi(\underline{n})$ für alle n und weil $\forall x\varphi \equiv \alpha \vee \forall x\beta \vdash_{\mathsf{PA}} \alpha$, ist auch $\vdash_{\mathsf{PA}} \forall x\varphi \to \alpha$. Daher ist α 1-beweisbar. ❑

Satz 5.2. *Alle in $\mathcal{N}$ gültigen Σ_3-Aussagen sind 1-beweisbar. Für jedes derartige α ist sogar $\vdash_{\mathsf{PA}} \alpha \to \boxdot\alpha$ (die 1-beweisbare Σ_3-Vollständigkeit von* PA*).*

Beweis. Sei $\mathcal{N} \vDash \alpha = \exists x \forall y \gamma(x,y)$ und $\gamma(x,y)$ Σ_1. Dann gibt es ein m derart, dass $\mathcal{N} \vDash \gamma(\underline{m},\underline{n})$ für alle n. Daher $\vdash_{\mathsf{PA}} \gamma(\underline{m},\underline{n})$ für alle n, wegen der Σ_1-Vollständigkeit von PA. Also $\forall y\gamma(\underline{m},y) \in \Omega$ und mithin $\vdash_{\mathsf{PA}^\Omega} \exists x\forall y\gamma$, oder gleichwertig $\mathit{1bwb}_{\mathsf{PA}}(\alpha)$ nach Lemma 5.1. Diese Argumentation ist wegen der beweisbaren Σ_1-Vollständigkeit von PA in PA nachvollziehbar, so dass auch $\alpha \vdash_{\mathsf{PA}} \boxdot\alpha$. ❑

$D1$–$D4$ gelten auch für den Operator $\boxdot : \mathcal{L}^0_{ar} \to \mathcal{L}^0_{ar}$. In der Tat, $D1$ trifft zu wegen $\vdash_{\mathsf{PA}} \alpha \Rightarrow \vdash_{\mathsf{PA}} \Box\alpha \Rightarrow \vdash_{\mathsf{PA}} \boxdot\alpha$. $D2$ formalisiert '$\vdash_{\mathsf{PA}^\Omega} \alpha, \alpha \to \beta \ \Rightarrow \vdash_{\mathsf{PA}^\Omega} \beta$' nach Lemma 5.1, und $D3$ ist eine Anwendung von Satz 5.2 auf die Σ_3-Aussage $\boxdot\alpha$. In **7.2** wurden für den Beweis von $D4$ nebst dem Fixpunktlemma nur $D1$–$D3$ benutzt. Also gilt auch $D4$. Damit überträgt sich fast alles aus **7.2** auf $\boxdot$, speziell der Gödelsche Satz 2.2, der jetzt die Formulierung $\nvdash_{\mathsf{PA}} \neg\boxdot\bot$ ($\equiv \Diamond\!\!\!\cdot\,\top$) annimmt. Demnach ist die ω-Konsistenz von PA auch mit den erweiterten Mitteln nicht beweisbar. Ferner kann diese nach Satz 5.2 nicht Σ_3 sein. Sie ist der Form nach Π_3 und daher echt Π_3.

Nebst $\Box\alpha \to \boxdot\alpha$ gibt es weitere interessante Interaktionen zwischen $\Box$ und $\boxdot$. So ist $\vdash_{\mathsf{PA}} \neg\Box\alpha \to \boxdot\neg\Box\alpha$ für alle $\alpha \in \mathcal{L}^0_{ar}$, die Formalisierung von 'wenn $\nvdash_{\mathsf{PA}} \alpha$, so ist $\neg\Box\alpha$ 1-beweisbar' in PA. Dies ist richtig; denn $\nvdash_{\mathsf{PA}} \alpha$ impliziert $\vdash_{\mathsf{PA}} \varphi(\underline{n})$ für alle n mit $\varphi(x) := \neg\,\mathtt{bew}_{\mathsf{PA}}(x, \ulcorner\alpha\urcorner)$ und sicher ist $\vdash_{\mathsf{PA}} \forall x\varphi \to \neg\Box\alpha$, also ist $\neg\Box\alpha$ 1-beweisbar. Hingegen ist $\vdash_{\mathsf{PA}} \neg\Box\alpha \to \Box\neg\Box\alpha$ i.a. falsch, siehe etwa Beispiel 2(b) Seite 223.

Die Sprache der nunmehr definierten bimodalen Aussagenlogik GD entstehe aus $\mathcal{F}_\Box$ durch Aufnahme eines weiteren Junktors $\boxdot$, der syntaktisch wie $\Box$ zu handhaben ist. Axiome von GD seien die von G, formuliert für $\Box$ und auch für $\boxdot$, zuzüglich

$$\Box p \to \boxdot p, \quad \neg\Box p \to \boxdot\neg\Box p.$$

Die Regeln von GD seien dieselben wie für G. Einsetzungen $\imath$ nach $\mathcal{L}^0_{ar}$ seien definiert wie in **7.4**, mit der Zusatzklausel $(\boxdot H)^\imath = \boxdot H^\imath \ \big(= \mathit{1bwb}_{\mathsf{PA}}(\ulcorner H^\imath \urcorner)\big)$. Nach obigen Ausführungen sind die Axiome und Regeln von GD korrekt, was eine (die leichtere) Hälfte des folgenden bemerkenswerten *Satzes von Dzhaparidze* (1985) beweist:

Satz 5.3. $\vdash_{\mathsf{GD}} H \ \Leftrightarrow \vdash_{\mathsf{PA}} H^\imath$ *für alle Einsetzungen $\imath$. Auch* GD *ist entscheidbar.*

Durch GD werden also die Interaktionen zwischen $\mathit{bwb}_{\mathsf{PA}}$ und $\mathit{1bwb}_{\mathsf{PA}}$ vollkommen erfasst. Ferner überträgt sich auch Satz 4.5. Allerdings hat GD keine adäquate Kripke-Semantik mehr, was das Entscheidungsverfahren kompliziert gestaltet. Diesbezüglich und für Literaturangaben sei jedoch auf [Boo] und [Be3] verwiesen.

Zur Übung empfehlen wir $\boxdot(\Box p \to p)$ aus den Axiomen von GD zu beweisen. Also $\vdash_{\mathsf{PA}} \boxdot(\Box\alpha \to \alpha)$ für *jedes* $\alpha \in \mathcal{L}^0_{ar}$, während $\vdash_{\mathsf{PA}} \Box(\Box\alpha \to \alpha)$ nur im Falle $\vdash_{\mathsf{PA}} \alpha$ richtig ist. *Vorsicht*: GD erweitert G konservativ, also $\nvdash_{\mathsf{GD}} \Box p \to p$.

7.6 Modale Operatoren in ZFC

Betrachtungen über Selbstreferenz in ZFC oder ZF sind etwas komplizierter, weil es keine übergeordnete Theorie mehr gibt. Ist ZFC konsistent – wovon wir ausgehen – so ist $\mathtt{Con}_{\mathsf{ZFC}}$ arithmetisch wahr (in $\mathcal{N}$ gültig), aber in ZFC nicht mehr beweisbar. Es liegt daher nahe, gleich $\mathsf{ZFC}^+ := \mathsf{ZFC} + \mathtt{Con}_{\mathsf{ZFC}}$ zu betrachten. Denn wir wollen doch, dass die Mengentheorie möglichst viele plausible Tatsachen erfasst, aus denen sich vielleicht interessante mengentheoretische Einsichten ergeben.

Wie aber **7.2** lehrt, garantiert die bloße Konsistenzannahme von ZFC noch nicht die tatsächliche Konsistenz von ZFC^+. Der zweite Unvollständigkeitssatz verbietet zwar $\vdash_{\mathsf{ZFC}} \mathtt{Con}_{\mathsf{ZFC}}$, nicht aber $\vdash_{\mathsf{ZFC}} \neg\, \mathtt{Con}_{\mathsf{ZFC}}$. Dies hieße, ZFC ginge so weit über gesicherte Erfahrungen mit endlichen Mengen hinaus, dass ihre im eigenen Rahmen formulierte Konsistenz ihren äußerlichen Sinn verlöre. Gewisse Existenzannahmen über große Kardinalzahlen, die unschwer die Konsistenz von ZFC^+ implizieren, müssten dann ad acta gelegt werden. Und man müsste in Kauf nehmen, dass ZFC dann nebst wahren auch äußerlich falsche arithmetische Sätze beweist wie etwa $\neg\, \mathtt{Con}_{\mathsf{ZFC}}$.

Selbst wenn $\nvdash_{\mathsf{ZFC}} \neg\, \mathtt{Con}_{\mathsf{ZFC}}$, könnte immer noch eine der Aussagen aus der Folge $\Box\neg\, \mathtt{Con}_{\mathsf{ZFC}}, \Box\Box\neg\, \mathtt{Con}_{\mathsf{ZFC}}, \dots$ in ZFC beweisbar sein. Dies wird erst ausgeschlossen durch die Konsistenzannahme der ω-iterierten Konsistenzerweiterung ZFC^ω (siehe Seite 220), so dass G nach Satz 4.3 die Beweislogik von ZFC wäre. Diese Konsistenzannahme ist mit Letzterem sogar äquivalent. Das ist ein Spezialfall des folgenden Satzes, worin $Rf_T = \{\Box\alpha \to \alpha \mid \alpha \in \mathcal{L}^0\}$ das lokale Reflektionsprinzip bezeichne. Auch Satz 4.3(a) ist ein Korollar des Satzes, denn $(\forall n{\in}\mathbb{N})\nvdash_T \Box^{n+1}\bot$ ist gleichwertig mit der Konsistenz von T^ω. Die Äquivalenz (i) $\Leftrightarrow$ (ii) ist rein beweistheoretischer Natur und heißt auch *Satz von Goryachev*, siehe hierzu [Be2].

Satz 6.1. *Für eine hinreichend ausdrucksstarke Theorie T*[4] *sind äquivalent*

(i) T^ω *ist konsistent,* (ii) $T + Rf_T$ *ist konsistent,* (iii) G *ist die Beweislogik von* T.

Beweis. (i)$\Rightarrow$(ii) indirekt: Sei $T + Rf_T$ inkonsistent. Dann gibt es $\alpha_0, \dots, \alpha_n$ mit $\vdash_T \neg\varphi$ für $\varphi = \bigwedge_{i\leqslant n}(\Box\alpha_i \to \alpha_i)$, also auch $\vdash_T \neg\Diamond\varphi$ ($\equiv_T \Box\neg\varphi$). Weil $\vdash_{T^\omega} \neg\Box^{n+1}\bot$, ist nach Beispiel (d) in **7.3** und Lemma 4.1 dann auch $\vdash_{T^\omega} \Diamond R^\imath_n$ mit $\imath\colon p_i \mapsto \alpha_i$. Offenbar ist $R^\imath_n = \varphi$, also $\vdash_{T^\omega} \Diamond\varphi$. Folglich ist T^ω inkonsistent. (ii)$\Rightarrow$(iii): Der Beweis von Satz 4.2 für PA wie z.B. präsentiert in [Boo], verläuft für T genauso; denn nur an einer Stelle wird PA überschritten: es wird genutzt dass $\mathcal{N} \vDash Rf_{\mathsf{PA}}$. Die Existenz eines entsprechenden T-Modells ist aber gemäß (ii) gewährleistet. (iii)$\Rightarrow$(i): $\nvdash_{\mathsf{G}} \Box^{n+1}\bot$, also $\nvdash_T \Box^{n+1}\bot \equiv_T \neg\, \mathtt{Con}_{T^n}$ für alle n. Daher ist T^ω konsistent. ❏

[4] Das heiße hier die Ausführbarkeit der PA nicht überschreitenden Beweisschritte im Solovayschen Satz 4.2 in T, was noch nicht die Beweisbarkeit des Satzes selbst bedeutet.

Bemerkung. Für $T = \mathsf{ZFC}$ möglicherweise naheliegender als (i) oder (ii) ist die Annahme (A) ZFC *ist ω-konsistent*, d.h. $\vdash_{\mathsf{ZFC}} \alpha_x(\underline{n})$ für alle n impliziert $\nvdash_{\mathsf{ZFC}} (\exists x{\in}\omega)\neg\alpha$ für $\alpha \in \mathcal{L}_\in$. Die ω-Konsistenz hat $D1^*$ Seite 211 zur Folge, was seinerseits (i) in Satz 6.1 impliziert und damit (iii): G ist die Beweislogik von ZFC. Hier wurde Goryachevs Theorem verwendet. Wir erwähnen, dass auch ohne dieses Theorem die Konsistenz von $\mathsf{ZFC}+Rf_{\mathsf{ZFC}}$ und damit (iii) direkt aus der Annahme (A) folgt. Man beweist nämlich unschwer folgendes

Lemma. *Ist* ZFC *ω-konsistent, so existiert ein Modell $\mathcal{V} \vDash$* ZFC *mit $\mathcal{V} \vDash Rf_{\mathsf{ZFC}}$.*

Beweis. Sei $\Omega := \{(\forall x{\in}\omega)\alpha \mid \alpha = \alpha(x),\ \vdash_{\mathsf{ZFC}} \alpha(\underline{n}) \text{ für alle } n\}$. Dann ist $\mathsf{ZFC} + \Omega$ konsistent. Andernfalls folgt $\vdash_{\mathsf{ZFC}} \neg(\forall x{\in}\omega)\alpha \equiv (\exists x{\in}\omega)\neg\alpha$ für ein $(\forall x{\in}\omega)\alpha$ aus Ω wegen der konjunktiven Abgeschlossenheit von Ω, im Widerspruch zu (A). Für $\mathcal{V} \vDash \mathsf{ZFC}+\Omega$ ist auch $\mathcal{V} \vDash Rf_{\mathsf{ZFC}}$. Denn sei $\mathcal{V} \nvDash \alpha$, also $\nvdash_{\mathsf{ZFC}} \alpha$ und mithin $\vdash_{\mathsf{ZFC}} \neg\,\mathtt{bew}_{\mathsf{ZFC}}(\underline{n}, \ulcorner\alpha\urcorner)$ für alle n. Das bedeutet $(\forall y{\in}\omega)\neg\,\mathtt{bew}_{\mathsf{ZFC}}(y, \ulcorner\alpha\urcorner) \in \Omega$, was offenbar $\mathcal{V} \nvDash \Box\alpha$ zur Folge hat.

Wir interpretieren nunmehr den Modaloperator $\Box$ nicht mehr durch 'beweisbar in ZFC' oder gleichwertig, 'gültig in allen ZFC-Modellen', sondern durch die Gültigkeit in gewissen ausgezeichneten Modellklassen. Für die nachfolgend nicht erklärten Begriffe verweisen wir z.B. auf [Ku]. Besonders nützlich sind *transitive* Modelle. Dies sei ein ZFC-Modell $\mathcal{V} = (V, \in^{\mathcal{V}})$, so dass V *transitiv* ist, d.h. $a \in b \in V \Rightarrow a \in V$. Dabei sei $\in$ die gewöhnliche $\in$-Relation und $\in^{\mathcal{V}}$ deren Einschränkung auf V. Wir verstehen hier V als naive Menge unserer Metatheorie, die gleichfalls ZFC sei und schreiben einfach V für $\mathcal{V}$. Wie jede Menge, hat auch V einen ordinalen Rang, der mit ρV bezeichnet sei. Für $U \in V$ ist immer $\rho U < \rho V$. Für die hier bewiesene Hälfte des Satzes 6.3, die Korrektheit, verwenden wir

Lemma 6.2. ([JK]) *Es seien V, W transitive Modelle von* ZFC *mit $\rho V < \rho W$ und $V \vDash \alpha$. Dann gilt in W die Aussage 'es gibt ein transitives Modell U mit $U \vDash \alpha$'* [5].

Gi entstehe aus G durch Erweiterung um das Axiom $\Box(\Box p \to \Box q) \vee \Box(\Box q \to p)$. In demselben Sinne, wie G bzgl. aller endlichen Halbordnungen vollständig ist, ist Gi vollständig bzgl. aller *Präferenzordnungen.* Es sei dies eine endliche Halbordnung $(g, <)$, für die ein $h\colon g \to \mathbb{N}$ existiert mit $P < Q \Leftrightarrow hP < hQ$, für alle $P, Q \in g$. Das liefert die endliche Modelleigenschaft und Entscheidbarkeit von Gi.

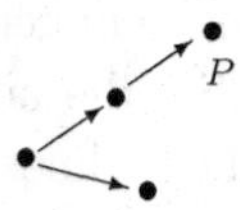

Die Figur zeigt eine irreflexive Halbordnung, die keine Präferenzordnung ist und in der das hinzugefügte Axiom mit $w(p) = \{P\}$ und $w(q) = \emptyset$ leicht widerlegt werden kann. Es gehört demnach nicht zu G, so dass $\mathsf{Gi} \supset \mathsf{G}$.

Einsetzungen $\imath\colon \mathcal{F}_\Box \to \mathcal{L}^0_\in$ seien analog erklärt wie in **7.4**, wieder mit der Klausel $(\Box H)^\imath = \Box H^\imath$, wobei $\Box\alpha$ für $\alpha \in \mathcal{L}^0_\in$ jetzt bedeute 'α gilt in allen transitiven

[5] In transitiven Modellen W ist die Aussage in ' ' (die mit etwas Kodierung in $\mathcal{L}_\in$ leicht formulierbar ist) absolut und daher gleichwertig mit der Existenz eines transitiven Modells $U \in W$ mit $U \vDash \alpha$. Die Existenz eines transitiven Modells folgt noch nicht aus der bloßen Konsistenz von ZFC. Aber die hier bewiesene Richtung von Satz 6.3 benötigt die Existenz transitiver Modelle nicht.

Modellen V', genauer die Formalisierung dieser Eigenschaft in $\mathcal{L}_\in$. Es besagt dann $\Diamond\alpha$ ($= \neg\Box\neg\alpha$) offenbar '$V \vDash \alpha$ für ein gewisses transitives V'.

Satz 6.3. $\vdash_{\mathsf{Gi}} H \;\Leftrightarrow\; \vdash_{\mathsf{ZFC}} H^\imath$ *für alle Einsetzungen* $\imath$.

Wir beweisen hier nur die Richtung $\Rightarrow$, also die Korrektheit. Was die Axiome von Gi betrifft, so genügt wegen der in **7.3** erwähnten Beweisbarkeit von $\Box p \to \Box\Box p$ aus den übrigen Axiomen von G offenbar der Nachweis von

$$\text{(A) } \Box(\alpha \to \beta) \wedge \Box\alpha \vdash_{\mathsf{ZFC}} \Box\beta, \quad \text{(B) } \Box(\Box\alpha \to \alpha) \vdash_{\mathsf{ZFC}} \Box\alpha,$$

$$\text{(C) } \vdash_{\mathsf{ZFC}} \Box(\Box\alpha \to \Box\beta) \vee \Box(\Box\beta \to \alpha), \quad \text{für alle } \alpha, \beta \in \mathcal{L}^0_\in .$$

(A) ist trivial, denn die Menge der in allen transitiven Modellen gültigen Aussagen ist sicher MP-abgeschlossen. (B) ist gleichwertig mit (B′) $\Diamond\neg\alpha \vdash_{\mathsf{ZFC}} \Diamond(\Box\alpha \wedge \neg\alpha)$. Hier der Beweis: Wenn es ein transitives Modell V gibt mit $V \vDash \neg\alpha$, dann auch ein derartiges V mit minimalem Rang ρV. Wir behaupten $V \vDash \Box\alpha$. Andernfalls wäre $V \vDash \Diamond\neg\alpha$, also gibt es ein transitives $U \in V$ mit $U \vDash \neg\alpha$ und $\rho U < \rho V$, im Widerspruch zur Wahl von V. Das zeigt $V \vDash \Box\alpha \wedge \neg\alpha$ und damit (B′). Wir beweisen (C) indirekt. Angenommen es existieren transitive Modelle V, W und α, β mit

(a) $V \vDash$ 'α gilt in jedem transitiven Modell und $\neg\beta$ gilt in einem solchen Modell',

(b) $W \vDash$ 'β gilt in allen transitiven Modellen, (c) $W \vDash \neg\alpha$.

Hieraus folgt zuerst $\rho W < \rho V$. Denn sei $U \in V$ ein transitives Modell für $\neg\beta$ nach (a). Wäre $\rho V \leqslant \rho W$, so auch $\rho U < \rho W$. Also gilt nach Lemma 6.2 $W \vDash$ 'es gibt ein transitives Modell für $\neg\beta$', im Widerspruch zu (b). Nun ist $W \vDash \neg\alpha$ nach (c) und $\rho W < \rho V$. In V gilt also 'es gibt ein transitives Modell für $\neg\alpha$' nach dem Lemma, im Widerspruch zu (a). Das beweist (C). Für die Substitutionsregel folgt die Korrektheit wie für G. Auch MN ist trivial korrekt, denn wenn $\vdash_{\mathsf{ZFC}} \alpha$, so gilt α natürlich in allen transitiven Modellen.

Eine andere interessante modelltheoretische Interpretation von $\Box\alpha$ ist 'α gilt in allen V_κ'. Hier durchläuft κ alle unerreichbaren Kardinalzahlen. Unter der Annahme, dass es genügend viele solcher κ gibt, ist $\mathsf{Gj} := \mathsf{G} + \Box(\Box p \wedge p \to q) \vee \Box(\Box q \to p)$ nach [So] die adäquate Modallogik für diese Interpretation von $\Box$. Diese auch mit G.3 bezeichnete Logik ist vollständig bzgl. aller endlichen linearen Ordnungen. Diese sind sicher Gi-Strukturen, also $\mathsf{Gi} \subseteq \mathsf{Gj}$. Die Figur zeigt eine Gi-Struktur, auf dem das Zusatzaxiom mit $wp = \{P\}$ und $wq = \emptyset$ leicht widerlegt werden kann. Folglich $\mathsf{Gi} \subset \mathsf{Gj}$. Aus der endlichen Modelleigenschaft folgt wie üblich auch die Entscheidbarkeit von Gj. Wir empfehlen dem Leser abschließend, den Korrektheitsbeweis von Gj für diese Interpretation von $\Box$ auszuführen; er ist dem obigen ähnlich. Man nutzt hier nur, dass V_κ ein transitives Modell ist, sowie $V_\kappa \in V_\lambda$ oder $V_\lambda \in V_\kappa$ für beliebige unerreichbare Kardinalzahlen $\kappa \neq \lambda$.

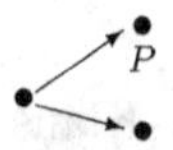

Lösungshinweise zu den Übungen

Abschnitt 1.1

1. Jedes lineare $f \in \boldsymbol{B}_n$ hat eine *eindeutige* Darstellung der angegebenen Art. Daher ist 2^{n+1} (= Anzahl der $(n+1)$-gliedrigen Folgen aus $0, 1$) die gesuchte Anzahl.

2. Induktion über α zeigt: Ist ξ echter Anfang von α oder α echter Anfang von ξ, so ist ξ keine Formel.

3. Sei etwa $(\alpha \circ \beta) = (\alpha' \circ' \beta')$. Wäre $\alpha \neq \alpha'$, so wäre α echter Anfang von α' oder umgekehrt. Das ist unmöglich nach Übung 2.

4. Für $\xi \notin \mathcal{F}$ genügt $\mathcal{F} \backslash \{\neg\xi\}$ den Bedingungen der Formeldefinition. Also $\neg\xi \notin \mathcal{F}$.

Abschnitt 1.2

2. $\neg p \equiv p + 1,\ 1 \equiv p + \neg p,\ p \leftrightarrow q \equiv p + \neg q$ und $p + q \equiv p \leftrightarrow \neg q$.

3. Induktion über α zeigt $\alpha^{(n)}$ ist monoton, weil mit $f, g \in B$ auch $\vec{x} \mapsto f\vec{x} \wedge g\vec{x}$ und $\vec{x} \mapsto f\vec{x} \vee g\vec{x}$ mononton sind. Induktionsschritt über die Stellenzahl von f zeigt, mit $f \in \boldsymbol{B}_{n+1}$ sind auch $f_k\colon \vec{x} \to f(\vec{x}, k)$ monoton, $k = 0, 1$. Werden f_0, f_1 durch α_0 bzw. α_1 repräsentiert, so f durch die Formel $\alpha_0 \vee \alpha_1 \wedge p_{n+1}$.

4. Sei f nicht durch eine Formel in $\{\wedge, \vee, 0, 1\}$ repräsentierbar. Dann ist f nicht monoton. Passende Einsetzung von Konstanten in f liefert die Negation.

Abschnitt 1.3

1. MP ergibt leicht $p \to q \to r,\ p \to q,\ p \vDash r$. Durch 3-malige Anwendung von (D) folgt hieraus $\vDash (p \to q \to r) \to (p \to q) \to (p \to r)$.

4. Sei $X^{\vdash} \vdash \alpha$, also $X \vdash X^{\vdash} \vdash \alpha$. Das ergibt $X \vdash \alpha$ nach (T).

5. $\vdash_0 \subseteq \vdash$: Sei $X \vdash_0 \alpha$, also $X_0 \vdash \alpha$ für ein endliches $X_0 \subseteq X$. Dann auch $X \vdash \alpha$.

Abschnitt 1.4

1. $X \cup \{\neg\alpha \mid \alpha \in Y\} \vdash \bot \Rightarrow X \cup \{\neg\alpha_0, \ldots, \neg\alpha_n\} \vdash \bot$, für gewisse $\alpha_0, \ldots, \alpha_n \in Y$. Das ergibt $X \vdash (\bigwedge_{i \leqslant n} \neg\alpha_i) \to \bot \equiv \bigvee_{i \leqslant n} a_i$.

2. Lemma 4.4 wie folgt ergänzen: $X \vdash \alpha \vee \beta \Leftrightarrow X \vdash \alpha$ oder $X \vdash \beta$.

4. Sei $X \nvdash \varphi$, $X \vdash' \varphi$ und $Y \supseteq X \cup \{\neg\varphi\}$ maximal konsistent in $\vdash$, sowie σ definiert durch $p^\sigma = \top$ für $p \in Y$ und $p^\sigma = \bot$ sonst. Simultane Induktion über $\alpha, \neg\alpha$ zeigt $\alpha \in Y \Rightarrow\ \vdash \alpha^\sigma$ und $\alpha \notin Y \Rightarrow\ \vdash \neg\alpha^\sigma$. Folglich $\vdash \neg\varphi^\sigma$. Daher $\vdash' \neg\varphi^\sigma$ und so $X^\sigma \vdash' \neg\varphi^\sigma$. Wegen $X \vdash' \varphi$ ist auch $X^\sigma \vdash' \varphi^\sigma$. Daher $\vdash' \alpha$ für alle α nach $(\neg 1)$.

5. Unter allen Konsequenzen mit den Eigenschaften $(\wedge 1)$–$(\neg 2)$ gibt es eine kleinste, $\vdash$, und $\vdash$ ist finitär (Übung 5 in **1.3**). Weil $\vdash$ maximal ist, kann nur $\vdash\ =\ \vDash$ gelten.

Abschnitt 1.5

1. Man muss den Formeln unter Beispiel 1 nur die Formeln $\{p_{ab} \mid a \leqslant_0 b\}$ hinzufügen.

2. Sei U trivial, $K \subseteq I$ koendlich, $K \notin U$, also $E = I \setminus K \in U$. Für jede Zerlegung $E = E_0 \cup E_1$ ist $E_0 \in U$ oder $E_1 \in U$. So erschließe man $\{i_0\} \in U$ für ein $i_0 \in I$.

Abschnitt 1.6

2. Kalküle mit MP als einziger Regel und A1,A2 unter den Axiomen erfüllen das Deduktionstheorem (Beweis wie Lemma 6.3). Für maximal konsistentes X beweist man $X \vdash \alpha \to \beta \Leftrightarrow$ wenn $X \vdash \alpha$ so $X \vdash \beta$.

3. Man wende das Lemma von Zorn an auf $H = \{Y \supseteq X \mid Y \nvdash \alpha\}$.

4. Sei $X \nvdash \alpha_0$ und X o.B.d.A. α_0-maximal (Übung 3). Definiert man $w \vDash X$ durch $w \vDash p \Leftrightarrow p \in X$, so gilt: $X \vdash \alpha \to \beta \Leftrightarrow (X \vdash \alpha \Rightarrow X \vdash \beta)$.

Abschnitt 2.1

1. Es gibt 10 wesentlich 2-stellige Boolesche Funktionen f. Die Menge der entsprechenden 10 Gruppoide $(\{0,1\}, f)$ zerfällt in 5 Paare isomorpher Algebren.

4. Man ordne dem Element $a \in 2^I$ die Teilmenge $I_a = \{i \in I \mid a_i = 1\} \subseteq I$ zu.

Abschnitt 2.2

2. Induktion über t. Klar für Primterme oder falls ζ erster Buchstabe von t ist. Sonst ist $t = ft_1 \cdots t_n$ und ζ kommt in der Zeichenfolge $t_1 \cdots t_n$ vor, also in einem t_i und ist erster Buchstabe eines Subterms in t_i gemäß Induktionsannahme.

3. (a): $\mathcal{E}$ gilt für Primterme. Annahme: $\mathcal{E}$ gilt nicht für $f\vec{t}$. Dann ist entweder $f\vec{t} = gs_1 \ldots s_m\xi$ oder $f\vec{t}\xi = gs_1 \ldots s_m$ für einen Term $gs_1 \ldots s_m$ und eine Zeichenfolge $\xi \neq \emptyset$. In jedem Falle $g = f$ und damit $m = n$. Die Induktionsannahme $\mathcal{E}t_1, \ldots, \mathcal{E}t_n$ ergibt schrittweise $t_1 = s_1, \ldots, t_n = s_n$. Damit ist $\xi = \emptyset$ im Widerspruch zu $\xi \neq \emptyset$. (b) folgt leicht aus (a).

Abschnitt 2.3

1. $\forall x\alpha, \forall x(\alpha \to \beta) \vDash \alpha \to \beta, \alpha \vDash \beta$. Sodann hintere Generalisierung.

2. Sei $\mathcal{M}^{cd}_{xy} \vDash \varphi \wedge \varphi\frac{y}{x}$ mit $c \neq d$. Dann gilt $\mathcal{M}^{a}_{x} \vDash \exists y(\varphi\frac{y}{x} \wedge x \neq y)$ für alle $a \in A$.

3. Nach Satz 3.1 und Satz 3.5 ist $\mathcal{A} \vDash \alpha(x)\,[a] \Leftrightarrow \mathcal{A}' \vDash \alpha(x)\,[a] \Leftrightarrow \mathcal{A}' \vDash \alpha\frac{\boldsymbol{a}}{x}$.

4. (b): $\exists_n \wedge \neg\exists_m$ ist für $n \leqslant m$ äquivalent zu $\bigvee_{k=n}^{m} \exists_{=k}$, für $n > m$ zu $\exists_{=0}$ $(\equiv \bot)$.

Abschnitt 2.4

1. $\alpha \equiv \beta \Rightarrow\ \vDash \forall\vec{x}\,(\alpha \leftrightarrow \beta) \Rightarrow\ \vDash (\alpha \leftrightarrow \beta)\frac{\vec{t}}{\vec{x}}\ \big(= \alpha\frac{\vec{t}}{\vec{x}} \leftrightarrow \beta\frac{\vec{t}}{\vec{x}}\big)$.

2. $\neg\forall x(x \lhd y \to \alpha) \equiv \exists x\neg(x \lhd y \to \alpha) \equiv \exists x(x \lhd y \wedge \neg\alpha)$ (Ersetzungstheorem).

3. O.B.d.A. ist $\alpha \equiv \forall\vec{y}\alpha'(\vec{x},\vec{y})$ und $\beta \equiv \forall\vec{z}\beta'(\vec{x},\vec{z})$ mit disjunkten Tupeln $\vec{x}$, $\vec{y}$, $\vec{z}$.

Abschnitt 2.5

2. $\Rightarrow$: $X \vDash \varphi \to \beta \Leftrightarrow X, \varphi \vDash \beta$ und (e) Seite 62. $\Leftarrow$: (10) in **2.4**.

3. Beweise zuerst $T_\alpha := \{\beta \in \mathcal{L}^0 \mid T, \alpha \vDash \beta\}$ ist eine Theorie und dann $T_\alpha = T + \alpha$.

Abschnitt 2.6

1. Man folge dem Beweis von Satz 6.1 (beachte $f\vec{t} = y \equiv_{T_f} \delta_f(\vec{t}, y)$). Für den „nur dann"-Teil beachte man $(y = f\vec{x} \leftrightarrow \delta(\vec{x}, y))^{\forall} \vDash \forall\vec{x}\,\exists! y\delta(\vec{x}, y)$.

2. In $(\mathbb{N}, 0, 1, \mathrm{S}, +, \cdot)$ gelten $x = 0 \leftrightarrow x + x = x$, $x = 1 \leftrightarrow x \neq 0 \wedge x \cdot x = x$, sowie $y = \mathrm{S}x \leftrightarrow y = x + 1$ $\big(\equiv \exists z(y = x + z \wedge z + z \neq z \wedge z \cdot z = z)\big)$.

3. Sei $xy = xz = e$ ($\circ$, $\vDash$ werden nicht geschrieben) und ein y' mit $yy' = e$ gewählt. Dann ist auch $yx = (yx)(yy') = y(xy)y' = yey' = e$. Analog folgt $zx = e$. Also $y = z$, denn $y = y(xz) = (yx)z = ez = (zx)z = z(xz) = ze = z$.

4. Wäre $<$ definierbar, wäre $<$ unter jedem Automorphismus von $(\mathbb{Z}, 0, +)$ invariant. Das ist nicht der Fall für den Automorphismus $n \mapsto -n$ (Methode von Padoa).

Abschnitt 3.1

1. Sei $X \vdash \alpha\frac{t}{x}$. Dann ist $X, \forall x\neg\alpha \vdash \alpha\frac{t}{x}, \neg\alpha\frac{t}{x}$. Daher $X, \forall x\neg\alpha \vdash \exists x\alpha$. Gewiß ist auch $X, \neg\forall x\neg\alpha \vdash \exists x\alpha$. Also $X \vdash \exists x\alpha$ nach $(\neg 2)$.

2. Sei $\alpha' := \alpha\frac{y}{x}$, $u \notin \mathrm{var}\,\alpha$, $u \neq y$. Dann ist $\forall x\alpha \vdash \alpha'\frac{u}{y}$ $(= \alpha\frac{u}{x})$ nach $(\forall 1)$. Also $\forall x\alpha \vdash \forall y\alpha'$ $(= \forall y\alpha\frac{y}{x})$ nach $(\forall 2)$.

Abschnitt 3.2

1. Modellexistenzssatz und Übung 4 in **3.1**.

2. Es gilt $t^{\mathfrak{T}} = t$ (Induktion über t). Danach beweise man $(*)$ $\mathfrak{T} \vDash \forall\vec{x}\varphi \Leftrightarrow \mathfrak{T} \vDash \varphi\frac{\vec{t}}{\vec{x}}$ für alle $\vec{t} \in \mathcal{T}^n$ (φ offen). Es gilt $\mathcal{M} \vDash \tilde{X} := \{\varphi\frac{\vec{t}}{\vec{x}} \mid \forall\vec{x}\varphi \in X,\ \vec{t} \in \mathcal{T}^n\}$. Induktion über $\wedge, \neg$ zeigt $\mathcal{M} \vDash \varphi \Leftrightarrow \mathfrak{T} \vDash \varphi$. Also $\mathfrak{T} \vDash \tilde{X}$ und so $\mathfrak{T} \vDash X$ nach $(*)$.

Abschnitt 3.3

2. $\vdash_{\mathsf{PA}} \forall z[(x + (y + z) = (x + y) + z)]$ folgt durch Induktion über z. Zum Beweis von $\vdash_{\mathsf{PA}} \forall x\, x + y = y + x$ benötigt man $\vdash_{\mathsf{PA}} \forall y\, 0 + y = y$ und $\vdash_{\mathsf{PA}} \forall y\, x + \mathtt{S}y = \mathtt{S}x + y$ (Übung 1). Induktion über die jeweils quantifizierte Variable.

3. (a): Sei $\varphi := (\forall y{<}x)\alpha\frac{y}{x}$ und $\vdash_{\mathsf{PA}} \forall x(\varphi \to \alpha)$. Um $\vdash_{\mathsf{PA}} \forall x\alpha$ zu zeigen, genügt es $\vdash_{\mathsf{PA}} \forall x\varphi$ induktiv über x zu beweisen, weil $\vdash_{\mathsf{PA}} \varphi\frac{\mathtt{S}x}{x} \to \alpha$. Trivial gilt $\vdash_{\mathsf{PA}} \varphi\frac{0}{x}$. Der Induktionsschritt $\varphi \vdash_{\mathsf{PA}} \varphi\frac{\mathtt{S}x}{x}$ folgt wegen $y{<}\mathtt{S}x \equiv_{\mathsf{PA}} y{\leqslant}x$ aus $\vdash_{\mathsf{PA}} \varphi \to \alpha$. (b): Folgt aus (a) durch Kontraposition, also durch Anwendung von IS auf $\neg\varphi$. (c): Für $\varphi := (\forall x{<}v)\exists y\gamma \to \exists z(\forall x{<}v)(\exists y{<}z)\gamma$ gilt $\vdash_{\mathsf{PA}} \varphi\frac{0}{v}$ und man beweist unschwer $\varphi \vdash_{\mathsf{PA}} \varphi\frac{\mathtt{S}v}{v}$. Dies liefert die Behauptung gemäß IS.

Abschnitt 3.4

1. $X = T \cup \{\boldsymbol{v}_i \neq \boldsymbol{v}_j \mid i \neq j\}$ ist erfüllbar, weil jede endliche Teilmenge dies ist.

2. $X = Th\mathcal{A} \cup \{\boldsymbol{v}_{n+1} < \boldsymbol{v}_n \mid n \in \mathbb{N}\}$ hat ein Modell mit unendlich absteigender Kette.

4. Sei $u \in \mathit{Var}$. Folgende Formelmenge (mit Symbolen $\boldsymbol{a}$ für die $a \in V$) ist konsistent:
$$Th(V, \in^V) \cup \{\boldsymbol{a} \in \boldsymbol{b} \mid a, b \in V,\ a \in^V b\} \cup \{\boldsymbol{a} \notin \boldsymbol{b} \mid a, b \in V,\ a \notin^V b\} \cup \{\boldsymbol{a} \in u \mid a \in V\}.$$

Abschnitt 3.5

1. $\beta \in T' \Leftrightarrow \alpha \to \beta \in T$. Wesentlich ist, dass T' zur selben Sprache gehört wie T.

2. (ii)⇒(iii): Ist $T + \{\alpha_i \mid i \in \mathbb{N}\}$ nichtendliche Erweiterung, kann $\bigwedge_{i\leqslant n} \alpha_i \nvdash_T \alpha_{n+1}$ angenommen werden. Sei T_n Vervollständigung von $T + \bigwedge_{i\leqslant n} \alpha_i + \neg\alpha_{n+1}$. Dann ist $T_m \neq T_n$. (iii)⇒(ii): Annahme $T + \alpha_0, T + \alpha_1, \ldots$ sei eine unendliche Folge paarweise verschiedener Vervollständigungen von T. Dann ist $T + \{\neg\alpha_n \mid n \in \mathbb{N}\}$ eine unendliche Erweiterung von T, weil $T + \bigwedge_{\nu\leqslant n} \neg\alpha_\nu \nvDash \neg\alpha_{n+1}$. (ii)⇒(i): Man zeigt leicht, jede konsistente Theorie ist identisch mit dem Durchschnitt ihrer Vervollständigungen. Das gilt speziell für die Erweiterungen von T.

3. $\alpha \in T \Leftrightarrow \alpha \in T_i$ für alle $i \leqslant n$; dabei seien $T_0, \ldots, T_n$ alle Vervollständigungen von T. Diese sind sämtlich axiomatisierbar, also entscheidbar.

Abschnitt 3.6

1. Es ist $x = y \nvDash \forall x\, x = y$. Wegen $\vdash \subseteq \vDash$ gilt daher auch nicht $x = y \vdash \forall x\, x = y$.

2. (a): Seien $(\varphi_n)_{n \in \mathbb{N}}$ und $(\mathcal{A}_n)_{n \in \mathbb{N}}$ effektive Aufzählungen aller Aussagen bzw. aller endlichen T-Modelle. Man notiere im n-ten Schritt alle φ_i für $i \leqslant n$ mit $\mathcal{A}_n \vDash \varphi_i$.
   (b): Seien $(\alpha_n)_{n \in \mathbb{N}}$ und $(\beta_n)_{n \in \mathbb{N}}$ effektive Aufzählungen der in T beweisbaren bzw. widerlegbaren Aussagen. Jedes $\alpha \in \mathcal{L}^0$ kommt in genau einer dieser Folgen vor.

3. Auch Bedingung (ii) aus Übung 2 ist erfüllt, weil nur endliche viele Axiome in einer endlichen Struktur auf ihre Gültigkeit getestet werden müssen.

Abschnitt 3.7

1. Für **H**: Sei h Homomorphismus: $ht^{\mathcal{A},w} = t^{\mathcal{B},hw}$ mit $x^{hw} = hx^w$. Für **S** siehe (3) in **2.3**. Für **P**: Sei $\mathcal{B} = \prod_{i \in I} \mathcal{A}_i$. Dann ist $t^{\mathcal{B},w} = (t^{\mathcal{A}_i,w_i})_{i \in I}$ mit $x^w = (x^{w_i})_{i \in I}$.

2. In $\mathcal{L}^1_Q$ ist $\alpha_{\text{üa}} := \mho x\, x = x$ eine Aussage mit $\mathcal{A} \vDash \alpha_{\text{üa}} \Leftrightarrow$ *A ist überabzählbar*. In $\mathcal{L}_{II}$ formalisiere man die Aussage 'es gibt eine lückenlose Ordnung ohne größtes Element'. Eine solche ist immer überabzählbar.

3. Sei α die Konjunktion aller Axiome für geordnete Körper unter Einschluss des in $\mathcal{L}_{II}$ leicht formulierbaren Stetigkeitsaxioms Seite 86. Diese legt den Körper der reellen Zahlen bis auf Isomorphie eindeutig fest. Sei ferner β die in $\mathcal{L}_{II}$ ebenfalls leicht formulierbare Aussage 'Jede überabzählbare Teilmenge des Trägers $\mathbb{R}$ ist zu $\mathbb{R}$ gleichmächtig'. Es gibt eine $\gamma := \alpha \wedge \beta$ erfüllende $\mathcal{L}_{II}$-Struktur genau dann, wenn CH gilt. Andernfalls ist $\neg\gamma$ eine Tautologie.

Abschnitt 4.1

1. Sei $\mathcal{B} = \prod_{i \in I} \mathcal{A}_i$. Es genügt, $(\star)$ $\mathcal{A}_i \vDash \alpha\ [w_i] \Leftrightarrow \mathcal{B} \vDash \alpha\ [w]$ mit $x^w = (x^{w_i})_{i \in I}$ induktiv für Basis-Hornformeln zu beweisen. Beachte dabei $t^{\mathcal{B},w} = (t^{\mathcal{A}_i,w_i})_{i \in I}$. $(\star)$ ergibt leicht die Induktionsschritte über $\wedge, \forall, \exists$.

3. Eine Menge positiver Hornformeln hat stets ein 1-elementiges Modell.

Abschnitt 4.2

1. Für $w_1 \vDash p_1, p_3, \neg p_2$ und $w_2 \vDash p_2, p_3, \neg p_1$ ist $w_1 \vDash \mathcal{P}$ und $w_2 \vDash \mathcal{P}$, aber es gibt keine Belegung $w \leqslant w_1, w_2$ mit $w \vDash \mathcal{P}$.

2. Für beliebiges $w \vDash \mathcal{P}$ folgt $w \vDash p_{m,n,m+n}$ induktiv über n, also $w_{\mathcal{P}} \leqslant w$.

3. (a) Resolutionssatz. (b) $w_{\mathcal{P}} \vDash \neg p_{n,m,k}$ für $k \neq n + m$.

Abschnitt 4.3

2. $\Rightarrow$: Annahme $x_i \in var\, t_j$. Dann $x_i^\sigma = t_j \neq t_j^\sigma = x_i^{\sigma^2}$.

3. Sei ω Unifikator von $K_0 \cup K_1$, also $K_0^\omega = K_1^\omega$. Sei $x^{\omega'} = x^{\rho\omega}$ für $x \in var\, K_0$ und $x^{\omega'} = x^\omega$ sonst. Dann ist $K_0^{\rho\omega'} = K_0^{\rho^2\omega} = K_0^\omega$ (beachte $\rho^2 = \iota$), sowie $K_1^{\omega'} = K^\omega$.

Abschnitt 4.4

1. Seien K_0, K_1 zerlegt wie in der Definition von UR und sei ρ ein Separator von K_0, K_1, sowie ω' definiert wie im Hinweis zu Übung 3 in **4.3**.

2. Man vereinige $\mathcal{P}_g$ und $\mathcal{P}_h$ und füge dem Resultat noch folgende Klauseln hinzu: $r_f(\vec{x}, 0, u) :\!- \, r_g(\vec{x}, u)$ und $r_f(\vec{x}, Sy, u) :\!- \, r_f(\vec{x}, y, v), r_h(\vec{x}, y, v, u)$.

3. Man füge den Programmen noch $r_f\vec{x}u :\!- \, r_{g_1}\vec{x}y_1, \ldots, r_{g_m}\vec{x}y_m, r_h\vec{y}u$ hinzu.

Abschnitt 5.1

3. Seien $a, b, c \in \mathbb{R}$ mit $a < b, c$. Die lineare Funktion $x \mapsto \frac{a-c}{a-b} \cdot x + \frac{c-b}{a-b} \cdot a$ vermittelt einen Automorphismus des (reellen) Intervalls $[a, b]$ auf das Intervall $[a, c]$.

4. O.B.d.A. sei $A \cap B = \emptyset$. Es genügt zu zeigen $D_{el}\mathcal{A} \cup D_{el}\mathcal{B}$ ist konsistent.

5. (a): $\{t^\mathcal{A} \mid t \in \mathcal{T}_E\}$ ist abgeschlossen gegenüber allen $f^\mathcal{A}$, ist also identisch mit dem Träger von $\mathcal{A}$. (b): $\mathcal{B} \vDash T + D_E\mathcal{A}$ lässt sich zu einem $\mathcal{B}' \vDash T + D\mathcal{A}$ expandieren: Für $a \in A \setminus E$ mit $a = t^\mathcal{A}$ und $t \in \mathcal{T}_E$ gemäß (a) sei $a^{\mathcal{B}'} = t^\mathcal{B}$ $(= t^\mathcal{A})$.

Abschnitt 5.2

2. IS auf $\alpha(x_n) = \forall x_0 \cdots x_{n-1}(\bigwedge_{i<n} \mathrm{S}x_i = x_{i+1} \to x_n \neq x_0)$ anwenden.

3. Sei $a \in G \vDash T$ und $\frac{a}{n}$ das Element mit $n\frac{a}{n} = a$, sowie $\frac{m}{n}\colon a \mapsto m\frac{a}{n}$ für $\frac{m}{n} \in \mathbb{Q}$. Dadurch wird G zur Vektorgruppe eines $\mathbb{Q}$-Vektorraums.

4. (b): Behauptung zuerst für beliebige Konjunktion aus den α_i und ihren Negationen beweisen. Beachte $\alpha_i \wedge \alpha_j \equiv_T \bot$ für $i \neq j$ und $\vdash_T \bigvee_{i \leqslant m} \alpha_i$.

Abschnitt 5.3

1. $(\mathcal{A}, \vec{a}) \sim_k (\mathcal{B}, \vec{b}) \Leftrightarrow a_i \mapsto b_i$ $(i = 1, \ldots, n)$ ist partieller Isomorphismus.

2. In Runde 1 spiele II beliebig, danach gemäß den Gewinnstrategien für Modelle von SO_{01} bzw. SO_{10} in den beiden Zerlegungshälften.

3. Falls I mit $a \in A$ beginnt und rechts und links von a mindestens 2^{n-1} Elemente verbleiben, wähle II entsprechend. Sonst mit Elementen derselben Distanz vom linken bzw. rechten Randelement antworten.

4. Fallunterscheidung ob $\mathcal{A} \vDash \mathsf{SO}$ unendlich oder endlich ist. Im ersten Falle folgt die Behauptung aus der Vollständigkeit aller Theorien $\mathsf{SO}_{ij} \cup \{\exists_i \mid i > 0\}$.

Abschnitt 5.4

1. Jeder Halbverband $(A, \cap)$ ist durch $a \mapsto \{x \in A \mid x \leqslant a\}$ in den Mengenhalbverband $(\mathfrak{P}A, \cap)$ einbettbar. Dabei sei $\leqslant$ die Halbordnung von $(A, \cap)$, Seite 39.

3. Sei A geordnet. Ersetzt man jedes $a \in A$ durch ein Exemplar von $(\mathbb{Z}, <)$ bzw. von $(\mathbb{Q}, <)$, so entsteht eine diskrete Ordnung bzw. eine dichte Ordnung $B \supseteq \mathcal{A}$.

4. Sei $\mathcal{A}_0 \vDash T_0$. Wähle $\mathcal{A}_1$ mit $\mathcal{A}_0 \subseteq \mathcal{A}_1 \vDash T_1$, $\mathcal{A}_2$ mit $\mathcal{A}_1 \subseteq \mathcal{A}_2 \vDash T_0$ usw. Das ergibt eine Kette $\mathcal{A}_0 \subseteq \mathcal{A}_1 \subseteq \mathcal{A}_2 \subseteq \dots$ mit $\mathcal{A}_{2i} \vDash T_0$, $\mathcal{A}_{2i+1} \vDash T_1$. Dann ist $\bigcup_{i \in \mathbb{N}} \mathcal{A}_{2i} = \bigcup_{i \in \mathbb{N}} \mathcal{A}_{2i+1} \vDash T$. Also sind T, T_i modellverträglich.

5. Die Vereinigung S einer Kette von mit T modellverträglichen induktiven Theorien ist wieder induktiv. S hat denselben $\forall$-Teil wie T, ist mit T also auch modellverträglich. Also gibt es nach dem Zornschen Lemma eine maximale, und nach Übung 4 damit auch eine größte Theorie dieser Art.

Abschnitt 5.5

1. Für $i \neq 0$ oder $j \neq 0$ besitzt DO_{ij} Modelle $\mathcal{A} \subseteq \mathcal{B}$ mit $\mathcal{A} \not\preccurlyeq \mathcal{B}$.

2. (a) Lindströms Kriterium. T ist $\aleph_1$-kategorisch, denn ein T-Modell kann als $\mathbb{Q}$-Vektorraum verstanden werden. (b) Jedes T_0-Modell G ist in ein T-Modell H einbettbar; man gewinnt ein solches H, indem auf der Menge aller Paare $\frac{a}{n}$ mit $a \in G$ und $n \in \mathbb{Z} \setminus \{0\}$ eine geeignete Äquivalenzrelation definiert wird.

3. Eindeutigkeit folgt ähnlich wie die der Modellvervollständigung.

4. Der algebraische Abschluß $\overline{\mathcal{F}_p}$ des Primkörpers $\mathcal{F}_p$ der Charakteristik p hat die Darstellung $\overline{\mathcal{F}_p} = \bigcup_{n \geqslant 1} \mathcal{F}_{p^n}$, wobei $\mathcal{F}_{p^n}$ den endlichen Körper aus p^n Elementen bezeichnet. Ferner gilt eine in allen a.a. Körpern mit Primzahlcharakteristik gültige Aussage bereits in allen a.a. Körpern.

Abschnitt 5.6

1. Seien $\mathcal{A}, \mathcal{B} \vDash \mathsf{ZG}_0$, $\mathcal{A} \subseteq \mathcal{B}$. Dann auch $\mathcal{A}', \mathcal{B}'$, denn das Prädikat $m\,|$ hat in ZG eine $\forall$- und eine $\exists$-Definition. Also $\mathcal{A}' \subseteq_{ec} \mathcal{B}'$, mithin $\mathcal{A} \subseteq_{ec} \mathcal{B}$.

2. Induktiv über quantorenfreies $\varphi = \varphi(x)$ ergibt sich: für jedes $\mathcal{A} \vDash \mathsf{RCF}^\circ$ ist $\varphi^{\mathcal{A}}$ oder $(\neg\varphi)^{\mathcal{A}}$ endlich, was für $\alpha(x)$ nicht der Fall ist.

4. Die Gruppe $2\mathbb{Z}$ ist Substruktur der geordneten Gruppe $\mathbb{Z}$, aber nicht $2\mathbb{Z} \preccurlyeq \mathbb{Z}$.

Abschnitt 5.7

1. Sei $\{\mathcal{A}_i \mid i \in I\} = \{\mathcal{A}_0, \dots, \mathcal{A}_n\}$ und $I_\nu = \{i \in I \mid \mathcal{A}_i = \mathcal{A}_\nu\}$, also $I = I_0 \cup \dots \cup I_n$. Damit gehört genau eines der I_ν zu F (Induktion über n).

3. Behauptung indirekt beweisen. Seien I, J_α, F definiert wie in Korollar **7.3**, sowie $\mathcal{A}_i \in \boldsymbol{K}$ und $w_i\colon AV \to A_i$ derart, dass $w_i\alpha \in D^{\mathcal{A}_i}$ für $\alpha \in i$, $w_i\varphi \notin D^{\mathcal{A}_i}$, $\mathcal{C} := \prod_{i\in I}^F \mathcal{A}_i$ $(\in \boldsymbol{K})$ und $w = (w_i)_{i\in I}$. Dann ist $wX \subseteq D^{\mathcal{C}}$, also $X \nvDash_{\mathcal{C}} \varphi$.

4. O.B.d.A. ist $\mathcal{A} = \mathit{2}$ und $\mathit{2} \subseteq \mathcal{B} \subseteq \mathit{2}^I$ für gewisses I nach dem Stoneschen Repräsentationssatz (siehe **2.1**). $\mathit{2} \vDash \alpha \Rightarrow \mathit{2}^I \vDash \alpha \Rightarrow \mathcal{B} \vDash \alpha$ nach Satz 7.2.

Abschnitt 6.1

1. $\Rightarrow$: $\chi_{\mathrm{graph}\,f} = \delta|f\vec{a} - b|$. $\Leftarrow$: $f\vec{a} = \mu b[f\vec{a} = b]$. Ferner: $f\vec{a} = \mu b \leqslant h\vec{a}[f\vec{a} = b]$.

3. Sei $s_m := \Sigma_{i\leqslant m}\, i$ und damit $\wp(a,b) = s_{a+b} + a$. *Injektivität*: Sei $\wp(a,b) = \wp(a',b')$. Angenommen $a{+}b \neq a'{+}b'$ und o.B.d.A. $a{+}b < a'{+}b'$. Dann $\wp(a,b) < \wp(a,b){+}b{+}1$ $= s_{a+b} + a + b + 1 = s_{a+b+1} \leqslant s_{a'+b'} \leqslant \wp(a',b')$. Also $a + b = a' + b'$ und so $a = \wp(a,b) - s_{a+b} = \wp(a',b') - s_{a'+b'} = a'$, also auch $b = b'$. *Surjektivität*: Da $0 = \wp(0,0) \in \mathit{ran}\,\wp$, genügt zu zeigen $\wp(a,b) + 1 \in \mathit{ran}\,\wp$ für alle a, b. Im Falle $b = 0$ ist $\wp(a,0) + 1 = s_{a+0} + a + 1 = s_{a+1} = \wp(0, a+1)$. Für $b > 0$ ist $\wp(a+1, b-1) = s_{a+1+b-1} + a + 1 = s_{a+b} + a + 1 = \wp(a,b) + 1$. Dieser Beweis bestätigt auch die Korrektheit der Paarkodierungs-Figur.

4. $\Rightarrow$: Sei $M = \{b \in \mathbb{N} \mid \exists a Rab\}$, R rekursiv, $c \in M$ fest gewählt. Sei $fn = b$, falls $(\exists a{\leqslant}n)\, n = \wp(a,b)\ \&\ Rab$, und $fn = c$ im anderen Falle. Dann gilt $M = \mathit{ran}\,f$. $\Leftarrow$: $M = \{b \in \mathbb{N} \mid (\exists a \in \mathbb{N}) fa = b\}$ und Übung 1.

Abschnitt 6.2

1. Es sei $\alpha_0, \alpha_1, \dots$ eine rekursive Aufzählung von X. Nach Übung 2 in **6.1** ist dann $\{\beta_n \mid n \in \mathbb{N}\}$ mit $\beta_n = \underbrace{\alpha_n \wedge \dots \wedge \alpha_n}_{n}$ rekursiv und ein Axiomensystem für T.

3. Sei $\Phi_n = (\varphi_0, \ldots, \varphi_n)$ ein Beweis von $\varphi = \varphi_n$ in $T + \alpha$ und seien Beweise Φ'_k für $\alpha \to \varphi_k$ zu $\Phi_i = (\varphi_0, \ldots, \varphi_i)$ für alle $i < n$ schon konstruiert. Man definiere einen Beweis Φ'_n für $\alpha \to \varphi$ durch p.r. Fallunterscheidung entsprechend dem Beweis von Lemma 1.6.3.

4. Zeige zuerst die Menge P der Primaussagen aus Tr_0 ist p.r. Dazu konstruiere eine p.r. Funktion f mit $ft = t^{\mathcal{N}}$ falls $\mathit{var}\, t = \emptyset$. Schließlich beachte man
$$\alpha \in \mathit{Tr}_0 \Leftrightarrow \alpha \in P \vee (\exists \beta, \gamma{<}\alpha)[\alpha = \beta \wedge \gamma \;\&\; \beta, \gamma \in \mathit{Tr}_0 \vee \alpha = \neg\beta \;\&\; \beta \notin \mathit{Tr}_0].$$

Abschnitt 6.3

1. $\exists\vec{x}\alpha \equiv_{\mathcal{N}} \exists y(\exists x_1{\leqslant}y)\ldots(\exists x_n{\leqslant}y)\alpha$ mit $y \notin \mathit{var}\,\alpha$. Für eine Belegung $\vec{a}$ von $\vec{x}$ belege y mit $\max\{a_1, \ldots, a_n\}$. Analog ist $\forall\vec{x}\alpha \equiv_{\mathcal{N}} \forall y(\forall x_1{\leqslant}y)\ldots(\forall x_n{\leqslant}y)\alpha$

2. $(\forall x{<}v)\exists y\alpha \equiv_{\mathsf{PA}} \exists z(\forall x{<}v)(\exists y{<}z)\alpha$ nach Übung 3(c) in **3.3**.

Abschnitt 6.4

1. $<$-Induktion über $s = a + b$. Richtig für $a = b = 1$ mit $x = 0$, $y = 1$. Sei $s > 2$. Dann ist $a \neq b$. Falls $a > b$ ist auch $a - b \bot b$. Da $(a - b) + b < s$, gibt es nach Induktionsannahme $x, y \in \mathbb{N}$ mit $x(a{-}b){+}1 = yb$. Also $xa{+}1 = y'b$ mit $y' = x{+}y$. Falls $a < b$ ist $a \bot b - a$ und man schließt analog.

2. (a): $p \nmid a \Rightarrow a \bot p \Rightarrow \exists xy\, xa + 1 = yp \Rightarrow \exists xy\, b = ybp - xab \Rightarrow p \mid b$. (b): führe $p \mid \mathrm{kgV}\{a_\nu \mid \nu{\leqslant}n\}$ und $(\forall \nu{\leqslant}n) p \nmid a_\nu$ zum Widerspruch. (c) folgt leicht aus (b).

4. (a): Beweise dies zuerst für x statt $\vec{x}$. (b): Zeige $\mathrm{sb}_x(\ulcorner\varphi\urcorner, x) = \ulcorner\varphi\urcorner$ für $x \notin \mathit{frei}\,\varphi$.

Abschnitt 6.5

3. Klar falls $T + \Delta$ inkonsistent ist. Andernfalls ist $T + \Delta$ nach **2.6** konservative Erweiterung von T und $\alpha \in T + \Delta \Leftrightarrow \alpha^{rd} \in T$. Da α^{rd} aus α effektiv hergestellt werden kann, ist mit T auch $T + \Delta$ entscheidbar.

4. $f \in \mathbf{F}_1$ mit $fa = (a)_{last}$ falls a einen Beweis in Q kodiert und $fa = (0{=}0)^{\boldsymbol{\cdot}}$ sonst, ist p.r. und zählt Q rekursiv auf.

Abschnitt 6.6

1. Sei $T \supseteq T_1$ konsistent. $S = \{\alpha \in \mathcal{L}_0 \mid \alpha^{\mathrm{P}} \in T^{\Delta}\}$ ist eine Theorie, die T_0 konsistent erweitert und daher unentscheibar. Dasselbe gilt für T^{Δ} und T.

4. $n \in m \to n < m$, sowie $m \cup \{n\} = m + 2^n$ falls $n \notin m$. Für den Nachweis von Fin und $\mathsf{IS}_{\in}$ wird die $<$-Induktion benötigt.

Abschnitt 6.7

1. Hinweis zu Übung 1 in **6.3** führt auch im Induktionsschritt zum Ziel.

2. Δ_0 ist r.a. aber Δ_1 nicht (Bemerkung 2 in **6.3**). $\dot{\mathsf{Q}}$ ist Σ_1 aber nicht Δ_1.

3. Der Hinweis zu Übung 3 in **3.3** zeigt, dass <-Induktion in $I\Delta_0$ durch Standard-Induktion über x für $\varphi := (\forall y{<}x)\alpha\frac{y}{x}$ bewiesen wird. Da das Minimalschema durch Kontraposition folgt, benötigen wir hierfür Induktion für $\neg\varphi$. Beides sind Δ_0-Formeln, sofern α Δ_0 ist.

Abschnitt 7.1

1. Für rest wähle man $\varphi(a,b,r) := (\exists q{\leqslant}a)(a{=}b\cdot q + r \wedge r < b) \vee b{=}r{=}0$ und beweise $\vdash_{\mathsf{PA}} \exists r\varphi(a,b,r)$ durch Induktion über a. Nutze die Axiome von N in **6.3**.

2. (a): <-Induktion. (b): Hinweis zu Übung 1 in **6.4** in PA formalisieren.

4. Für $\Box_{T+\alpha}\varphi \vdash_T \Box_T(\alpha\to\varphi)$ nutze man Übung 3 in **6.2**.

Abschnitt 7.2

1. $\vdash_T \Box\alpha\to\alpha \Rightarrow \vdash_{T'} \neg\Box\alpha \Rightarrow \vdash_{T'} \mathtt{Con}_{T'}$, weil nach (5) $\mathtt{Con}_{T'} \equiv_T \neg\Box\neg\neg\alpha \equiv_T \neg\Box\alpha$. Damit ist T' nach Satz 2.2 inkonsistent, also $\vdash_T \alpha$.

3. Angenommen $T^n = T + \neg\Box^n\bot$ und $\mathtt{Con}_{T^n} \equiv_T \neg\Box^{n+1}\bot$. Wegen $\Box^n\bot \vdash_T \Box^{n+1}\bot$ gilt $\neg\Box^{n+1}\bot \vdash_T \neg\Box^n\bot$. Somit $T^{n+1} = (T + \neg\Box^n\bot) + \neg\Box^{n+1}\bot = T + \neg\Box^{n+1}\bot$. Ferner ist nach (5) in **7.2** $\mathtt{Con}_{T^{n+1}} \equiv_T \neg\Box\neg(\neg\Box^{n+1}\bot) \equiv \neg\Box^{n+2}\bot$.

4. Für jede arithmetische Aussage α ist der Satz 'Wenn α in PA beweisbar ist, so gilt α' in ZFC beweisbar (PA ist interpretierbar in ZFC, siehe **6.6**). Formalisiert: $\vdash_{\mathsf{ZFC}} \Box_{\mathsf{PA}}\alpha\to\alpha$.

Abschnitt 7.4

1. Man beweist zuerst $\mathsf{G}_n = \{H \in \mathcal{F}_\Box \mid \vdash_{\mathsf{G}} \Box^{n+1}\bot\to H\}$. Damit ist

$$\begin{aligned}\vdash_{\mathsf{G}_n} H \Leftrightarrow \vdash_{\mathsf{G}} \Box^{n+1}\bot\to H &\Leftrightarrow \vdash_{\mathsf{PA}} (\Box^{n+1}\bot\to H)^\imath \text{ für alle } \imath && \text{(Satz 4.2)}\\ &\Leftrightarrow \vdash_{\mathsf{PA}} \Box^{n+1}\bot\to H^\imath \text{ für alle } \imath && \text{(Eigenschaft von } \imath)\\ &\Leftrightarrow \vdash_{\mathsf{PA}_n} H^\imath \text{ für alle } \imath && (\mathsf{PA}_n = \mathsf{PA} + \Box^n\bot).\end{aligned}$$

2. Die erste Behauptung ergibt sich unschwer aus Übung 3 in **7.2**. Die Bestimmung der Beweislogik folgt aus Satz 4.3 und $\mathtt{Con}_{\mathsf{PA}^n_\bot} \equiv_{\mathsf{PA}^n} \mathtt{Con}_{\mathsf{PA}^n}$ nach (6) in **7.2**.

4. $\nvdash_{\mathsf{GS}} \neg[\neg\Box(p\to q)\wedge\neg\Box(\neg p\to q)\wedge\neg\Box(p\to\neg q)\wedge\neg\Box(\neg p\to\neg q)]$ und Satz 4.4.

Literatur

[As] G. ASSER, *Einführung in die mathematische Logik, Teil III*, Teubner 1981.

[Ba] J. BARWISE (Hrsg.), *Handbook of Mathematical Logic*, North-Holland 1977.

[BD] A. BERARDUCCI, P. D'AQUINO, Δ_0*-complexity of the relation* $y = \prod_{i \leqslant n} F(i)$, Ann. Pure Appl. Logic 75 (1995), 49–56.

[Be1] L. D. BEKLEMISHEV, *On the classification of propositional provability logics*, Math. USSR – Izvestiya 35 (1990), 247–275.

[Be2] ——, *Iterated local reflection versus iterated consistency*, Ann. Pure Appl. Logic 75 (1995), 25–48.

[Be3] ——, *Bimodal logics for extensions of arithmetical theories*, J. Symb. Logic 61 (1996), 91–124.

[BF] J. BARWISE, S. FEFERMAN (Hrsg.), *Model-Theoretic Logics*, Springer 1985.

[BGG] E. BÖRGER, E. GRÄDEL, Y. GUREVICH, *The Classical Decision Problem*, Springer 1997.

[Bi] G. BIRKHOFF, *On the structure of abstract algebras*, Proceedings of the Cambridge Philosophical Society 31 (1935), 433–454.

[BJ] G. BOOLOS, R. JEFFREY, *Computability and Logic*, 3. Aufl. Cambridge Univ. Press 1989.

[BM] J. BELL, M. MACHOVER, *A Course in Mathematical Logic*, North-Holland 1977.

[Boo] G. BOOLOS, *The Logic of Provability*, Cambridge Univ. Press 1993.

[BP] P. BENACERRAF, H. PUTNAM (Hrsg.), *Philosophy of Mathematics, Selected Readings*, (Englewood Cliffs NJ 1964) 2. Aufl. Cambridge Univ. Press 1997.

[Bu] S. R. BUSS (Hrsg.), *Handbook of Proof Theory*, Elsevier 1998.

[Bue] S. BUECHLER, *Essential Stability Theory*, Springer 1996.

[Ca] G. Cantor, *Gesammelte Abhandlungen*, (Berlin 1932) Springer 1980.

[Ch] A. Church, *A note on the Entscheidungsproblem*, J. Symb. Logic 1 (1936), 40–41.

[CK] C. C. Chang, H. J. Keisler, *Model Theory*, (Amsterdam 1973) 3. Aufl. North-Holland 1990.

[CZ] A. Chagrov, M. Zakharyashev, *Modal Logic*, Clarendon Press 1997.

[Da] D. van Dalen, *Logic and Structure*, (Berlin 1980) 4. Aufl. Springer 2004.

[Dav] M. Davis (Hrsg.), *The Undecidable*, Raven Press 1965.

[De1] O. Deiser, *Einführung in die Mengenlehre*, (Berlin 2002) 2. Aufl. Springer 2004.

[De2] ———, *Axiomatische Mengenlehre*, voraussichtlich Springer 2009.

[Do] K. Doets, *From Logic to Logic Programming*, MIT Press 1994.

[EFT] H.-D. Ebbinghaus, J. Flum, W. Thomas, *Einführung in die Mathematische Logik*, (Darmstadt 1978) 5. Aufl. Spectrum Akad. Verlag 2007.

[En] H. Enderton, *A Mathematical Introduction to Logic*, (New York 1972) 2. Aufl. Academic Press 2001.

[Fe1] W. Felscher, *Berechenbarkeit*, Springer 1993.

[Fe2] ———, *Lectures on Mathematical Logic*, Vol. 1–3, Gordon & Breach 2000.

[Fef] S. Fefermann, *In the Light of Logic*, Oxford Univ. Press 1998.

[Fr] G. Frege, *Begriffsschrift, eine der arithmetischen nachgebildete Formelsprache des reinen Denkens*, (Halle 1879) G. Olms Verlag 1971, oder in [Hei, 1–82].

[Ge] G. Gentzen, *Untersuchungen über das logische Schließen*, Mathematische Zeitschrift 39 (1935), 176–210, 405–431.

[GH] H.-J. Goltz, H. Herre, *Grundlagen der logischen Programmierung*, Akademie-Verlag 1990.

[GJ] M. Garey, D. Johnson, *Computers and Intractability, A Guide to the Theory of NP-Completeness*, Freeman 1979.

[Gö1] K. Gödel, *Die Vollständigkeit der Axiome des logischen Funktionenkalküls*, Monatshefte für Mathematik und Physik 37 (1930), 349–360, oder *Collected Works I.*

[Gö2] ———, *Über formal unentscheidbare Sätze der Principia Mathematica und verwandter Systeme I*, Monatshefte für Mathematik und Physik 38 (1931), 173–198.

[Gö3] ———, *Collected Works*, Vol. I–V, Oxford Univ. Press, Vol. I 1986, Vol. II 1990, Vol. III 1995, Vol. IV, V 2003.

[Gor] S. N. GORYACHEV, *On the interpretability of some extensions of arithmetic*, Mathematical Notes 40 (1986), 561–572.

[Gr] G. GRÄTZER, *Universal Algebra*, (New York 1968) 2. Aufl. Springer 1979.

[HA] D. HILBERT, W. ACKERMANN, *Grundzüge der theoretischen Logik*, (Berlin 1928) 6. Aufl. Springer 1972.

[HB] D. HILBERT, P. BERNAYS, *Grundlagen der Mathematik*, Bd. I, II, (Berlin 1934, 1939) 2. Aufl. Springer, Band I 1968, Band II 1970.

[He] L. HENKIN, *The completeness of the first-order functional calculus*, J. Symb. Logic 14 (1949), 159–166.

[Hei] J. VAN HEIJENOORT (Hrsg.), *From Frege to Gödel*, Harvard Univ. Press 1967.

[Her] J. HERBRAND, *Recherches sur la théorie de la démonstration*, C. R. Soc. Sci. Lett. Varsovie, Cl. III (1930), oder in [Hei, 525–581].

[HeR] B. HERRMANN, W. RAUTENBERG, *Finite replacement and finite Hilbert-style axiomatizability*, Zeitsch. Math. Logik Grundlagen Math. 38 (1982), 327–344.

[Hi] P. HINMAN, *Fundamentals of Mathematical Logic*, A. K. Peters 2005.

[Ho] W. HODGES, *Model Theory*, Cambridge Univ. Press 1993.

[HP] P. HÁJEK, P. PUDLÁK, *Metamathematics of First-Order Arithmetic*, Springer 1993.

[HR] H. HERRE, W. RAUTENBERG, *Das Basistheorem und einige Anwendungen in der Modelltheorie*, Wiss. Z. Humboldt-Univ., Math. Nat. R. 19 (1970), 579–583.

[Id] P. IDZIAK, *A characterization of finitely decidable congruence modular varieties*, Trans. Amer. Math. Soc. 349 (1997), 903–934.

[Ig] K. IGNATIEV, *On strong provability predicates and the associated modal logics*, J. Symb. Logic 58 (1993), 249–290.

[Ih] T. IHRINGER, *Allgemeine Algebra*, (Stuttgart 1988) 2. Aufl. Heldermann 2003.

[JK] R. JENSEN, C. KARP, *Primitive recursive set functions*, in *Axiomatic Set Theory, Vol. I* (Hrsg. D. SCOTT), Proc. Symp. Pure Math. 13, I, AMS 1971, 143–167.

[Ka] R. KAYE, *Models of Peano Arithmetic*, Clarendon Press 1991.

[Ke] H. J. KEISLER, *Logic with the quantifier "there exist uncountably many"*, Annals of Mathematical Logic 1 (1970), 1–93.

[KK] G. KREISEL, J.-L. KRIVINE, *Modelltheorie*, Springer 1972.

[Kl1] S. KLEENE, *Introduction to Metamathematics*, (Amsterdam 1952) 2. Aufl. Wolters-Noordhoff 1988.

[Kl2] ______, *Mathematical Logic*, Wiley & Sons 1967.

[KR] I. KOREC, W. RAUTENBERG, *Model interpretability into trees and applications*, Arch. math. Logik 17 (1976), 97–104.

[Kr] M. KRACHT, *Tools and Techniques in Modal Logic*, Elsevier 1999.

[Kra] J. KRAJÍČEK, *Bounded Arithmetic, Propositional Logic, and Complexity Theory*, Cambridge Univ. Press 1995.

[Ku] K. KUNEN, *Set Theory, An Introduction to Independence Proofs*, North-Holland 1980.

[Li] P. LINDSTRÖM, *On extensions of elementary logic*, Theoria 35 (1969), 1–11.

[Ll] J. W. LLOYD, *Foundations of Logic Programming*, (Berlin 1984) 2. Aufl. Springer 1987.

[Lö] M. LÖB, *Solution of a problem of Leon Henkin*, J. Symb. Logic 20 (1955), 115–118.

[Ma] A. I. MAL'CEV, *The Metamathematics of Algebraic Systems*, North-Holland 1971.

[Mal] J. MALITZ, *Introduction to Mathematical Logic*, Springer 1979.

[Mat] Y. MATIYASEVICH, *Hilbert's Tenth Problem*, MIT Press 1993.

[Me] E. MENDELSON, *Introduction to Mathematical Logic*, (Princeton 1964) 4. Aufl. Chapman & Hall 1997.

[ML] G. MÜLLER, W. LENSKI (Hrsg.), *The Ω-Bibliography of Mathematical Logic*, Springer 1987.

[Mo] D. MONK, *Mathematical Logic*, Springer 1976.

[MV] R. MCKENZIE, M. VALERIOTE, *The Structure of Decidable Locally Finite Varieties*, Progress in Mathematics 79, Birkhäuser 1989.

[Ob] A. OBERSCHELP, *Rekursionstheorie*, BI-Wiss.-Verlag 1993.

[Po] W. POHLERS, *Proof Theory, An Introduction*, Lecture Notes in Mathematics 1407, Springer 1989.

[Pr] A. PRESTEL, *Einführung in die Mathematische Logik und Modelltheorie*, Vieweg 1986.

[Pre] M. PRESBURGER, *Über die Vollständigkeit eines gewissen Systems der Arithmetik ganzer Zahlen, in welchem die Addition als einzige Operation hervortritt*, Congrès des Mathématiciens des Pays Slaves 1 (1930), 92–101.

[Ra1] W. RAUTENBERG, *Klassische und Nichtklassische Aussagenlogik*, Vieweg 1979.

[Ra2] ———, *A Concise Introduction to Mathematical Logic*, Springer 2006.

[Ra3] ———, *Messen und Zählen, Eine einfache Konstruktion der reellen Zahlen*, Heldermann 2007.

[Ri] M. RICHTER, *Logikkalküle*, Teubner 1978.

[Ro1] A. ROBINSON, *Introduction to Model Theory and to the Metamathematics of Algebra*, (Amsterdam 1963) 2. Aufl. North-Holland 1974.

[Ro2] ———, *Non-Standard Analysis*, (Amsterdam 1966) 3. Aufl. North-Holland 1974.

[Rob] J. ROBINSON, *A machine-oriented logic based on the resolution principle*, Journal of the ACM 12 (1965), 23–41.

[Rog] H. ROGERS, *Theory of Recursive Functions and Effective Computability*, 2. Aufl. MIT Press 1988.

[Ros] J. B. ROSSER, *Extensions of some theorems of Gödel and Church*, J. Symb. Logic 1 (1936), 87–91.

[Rot] P. ROTHMALER, *Einführung in die Modelltheorie*, Spectrum Akad. Verlag 1995.

[RS] H. RASIOWA, R. SIKORSKI, *The Mathematics of Metamathematics*, (Warschau 1963) 3. Aufl. Polish Scientific Publ. 1970.

[RZ] W. RAUTENBERG, M. ZIEGLER, *Recursive inseparability in graph theory*, Notices Amer. Math. Soc. 22 (1975), A–523.

[Sa] G. SACKS, *Saturated Model Theory*, W. A. Benjamin 1972.

[Sam] G. SAMBIN, *An effective fixed point theorem in intuitionistic diagonalizable algebras*, Studia Logica 35 (1976), 345–361.

[Schö] U. SCHÖNING, *Logik für Informatiker*, (Mannheim 1987) 5. Aufl. Spectrum Akad. Verlag 2000.

[Se] A. SELMAN, *Completeness of calculi for axiomatically defined classes of algebras*, Algebra Universalis 2 (1972), 20–32.

[Sh] S. SHELAH, *Classification Theory and the Number of Nonisomorphic Models*, (Amsterdam 1978) 2. Aufl. North-Holland 1990.

[Shoe] J. R. SHOENFIELD, *Mathematical Logic*, (Reading Mass. 1967) A. K. Peters 2001.

[Si] W. Sieg, *Herbrand analyses*, Arch. Math. Logic 30 (1991), 409–441.

[Sm] R. Smullyan, *Diagonalization and Self-Reference*, Clarendon Press 1994.

[So] R. Solovay, *Provability interpretation of modal logic*, Israel Journal of Mathematics 25 (1976), 287–304.

[Sz] W. Szmielew, *Elementary properties of abelian groups*, Fund. Math. 41 (1954), 203–271.

[Ta1] A. Tarski, *Der Wahrheitsbegriff in den formalisierten Sprachen*, Studia Philosophica 1 (1936), 261–405, oder in [Ta3, 152-278].

[Ta2] ———, *A Decision Method for Elementary Algebra and Geometry*, (Santa Monica 1948, Berkeley 1951) Paris 1967.

[Ta3] ———, *Logic, Semantics, Metamathematics*, (Oxford 1956) 2. Aufl. Hackett 1983.

[TMR] A. Tarski, A. Mostowski, R. M. Robinson, *Undecidable Theories*, North-Holland 1953.

[Tu] A. Turing, *On computable numbers, with an application to the Entscheidungsproblem*, Proc. London Math. Soc., 2nd Ser. 42 (1937), 230–265, oder in [Dav].

[TW] H.-P. Tuschik, H. Wolter, *Mathematische Logik – kurzgefaßt*, (Mannheim 1994) 2. Aufl. Spectrum Akad. Verlag 2002.

[Vi] A. Visser, *An overview of interpretability logic*, in *Advances in Modal Logic, Vol. 1* (Hrsg. M. Kracht et al.), CSLI Lecture Notes 87 (1998), 307–359.

[Wae] B. L. van der Waerden, *Algebra I*, (Berlin 1930) 4. Aufl. Springer 1955.

[Wag] F. Wagner, *Simple Theories*, Kluwer 2000.

[Wi] A. Wilkie, *Model completeness results for expansions of the ordered field of real numbers ...*, Journal Amer. Math. Soc. 9 (1996), 1051–1094.

[WP] A. Wilkie, J. Paris, *On the scheme of induction for bounded arithmetic formulas*, Ann. Pure Appl. Logic 35 (1987), 261–302.

[WR] A. Whitehead, B. Russell, *Principia Mathematica*, I–III, (Cambridge 1910, 1912, 1913) 2. Aufl. Cambridge Univ. Press, Vol. I 1925, Vol. II, III 1927.

[Zi] M. Ziegler, *Model theory of modules*, Ann. Pure Appl. Logic 26 (1984), 149–213.

Stichwortverzeichnis

T

U

V

W

Z

Symbolverzeichnis